직업성 암을 유발하는 발암물질 시리즈

직업성 암을 유발하는 발암물질

Ⅰ

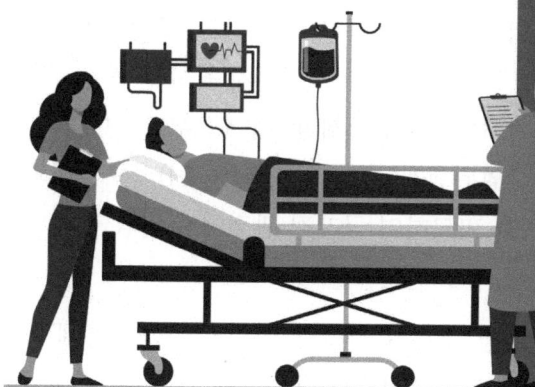

직업성 암의 개요

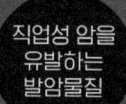
직업성 암을 유발하는 발암물질

직업성 암

이 책을 내면서

직업성 암을 유발하는 **발암물질 I**

매일 아침 출근하는 일터가 우리의 건강을 위협하는 공간이 될 수 있다는 사실을 인식하고 계십니까?

현대 산업 사회에서 수많은 근로자들이 자신도 모르는 사이에 발암 물질에 노출되고 있습니다. 석면 작업장에서 일하던 근로자가 수십 년 후 악성중피종으로 고통받고, 화학 공장에서 벤젠에 노출된 근로자가 백혈병 진단을 받는 사례들은 더 이상 남의 이야기가 아닙니다. 직업성 암은 특정 직업 환경에서 발암 인자에 장기간 노출되어 발생하는 암으로, 일반인에 비해 특정 직업군이나 작업 공정의 근로자들에게서 현저히 높은 발생률을 보이고 있습니다.

이 책을 집필하게 된 것은 바로 이러한 현실에 대한 절박한 인식에서 비롯되었습니다. 산업 현장에서 일하는 근로자들과 그들의 건강을 책임지는 관리자들에게 직업성 암의 위험성을 정확히 알리고, 실질적인 예방 대책을 제시하여 더 이상의 피해를 막고자 하는 간절한 마음이 이 책의 시작점입니다.

본서는 크게 네 가지 핵심 영역을 다룹니다.

첫째, 직업성 암의 정의와 특징, 일반 암과의 차이점 등 기본 개념을 명확히 하여 독자들의 이해를 돕습니다.

둘째, 석면, 벤젠, 니켈 화합물, 목재 분진, 결정형 유리규산 등 주요 발암 물질을 개별적으로 상세히 분석합니다. 각 물질의 물리화학적 특성부터 용도, 노출 경로, 인체 내 흡수 및 대사 과정, 표적 장기별 건강 영향에 이르기까지 최신 연구 결과를 바탕으로 한 종합적인 정보를 제공합니다. 특히 국제암연구소(IARC), 미국 국립독성프로그램(NTP), 미국 정부산업위생전문가협의회(ACGIH) 등 국내외 주요 기관들의 발암 물질 분류 기준을 비교하여 국제적 관점에서 발암 물질의 위험성을 평가할 수 있도록 했습니다.

셋째, 폐암, 악성중피종, 백혈병, 간암, 방광암 등 주요 직업성 암종별로 정의, 통계 현황, 위험 요인, 그리고 국내 인정 사례를 구체적으로 다룹니다. 이를 통해 직업성 암의 업무 관련성을 평가하고 적절한 예방 조치를 취할 수 있는 실무적 지식을 제공합니다.

넷째, 산업안전보건법에 명시된 유해·위험 물질의 분류 및 관리 기준과 함께 작업 환경 측정, 건강 관리 카드 제도, 정기 건강 진단 등 근로자 보호를 위한 제도적 장치를 안내합니다. 나아가 발암 물질의 작업장 도입 금지, 노출 수준 최소화, 적절한 보호구 착용 등 구체적인 예방 수칙을 제시하여 현장에서 즉시 적용할 수 있도록 했습니다.

이 책은 단순한 정보 전달을 넘어 실질적인 변화를 이끌어내고자 합니다. 의학, 산업보건, 안전관리 분야의 전문가뿐만 아니라 자신의 건강과 안전에 관심을 가진 모든 근로자들이 이 책을 통해 직업 환경의 위험을 정확히 인식하고, 스스로를 보호할 수 있는 지식과 방법을 습득하기를 바랍니다.

건강한 일터는 단순히 생산성을 높이는 공간이 아니라 근로자의 삶과 행복을 지켜주는 공간이어야 합니다. 이 책이 직업성 암으로부터 근로자들의 건강과 생명을 지키는 든든한 방패가 되고, 더 나아가 안전한 작업 환경 조성을 위한 사회적 인식 개선에 기여할 수 있기를 진심으로 기원합니다.

마지막으로 이 책의 집필 과정에서 도움을 주신 모든 분들께 감사의 마음을 전합니다. 특히 현장에서 직업성 암의 위험과 맞서 싸우며 귀중한 경험과 지식을 공유해 주신 산업보건 전문가들과 용기 있게 자신의 이야기를 들려준 직업성 암 환자 및 가족분들께 깊은 감사를 드립니다.

2025년 7월
건국대학교 연구실에서 저자 씀

직업성 암을 유발하는 **발암물질 I**

감사의 글

이 책을 쓰는 내내 저의 마음속에는 한 가지 생각이 떠나지 않았습니다. 바로 지금 이 순간에도 직업성 질환으로 고통받고 계신 노동자 여러분들의 모습이었습니다.

무엇보다 먼저, 직업성 암과 싸우고 계신 모든 노동자분들께 깊은 감사와 존경의 마음을 전합니다. 여러분은 단순히 환자가 아닙니다. 우리 사회의 발전을 위해 헌신하다가 불의의 질병을 얻게 된 산업 역군이자, 후배 노동자들의 안전한 일터를 위한 살아있는 증언자입니다.

석면에 노출되어 악성중피종으로 투병 중이신 조선소 노동자 김모 님, 벤젠 중독으로 백혈병과 사투를 벌이고 계신 화학공장 노동자 이모 님, 크롬 화합물 노출로 폐암 진단을 받으신 도금업체 노동자 박모 님... 이름을 다 거론할 수 없을 만큼 많은 분들이 병상에서도 후배들을 걱정하며 자신의 경험을 나누어 주셨습니다. 고통스러운 치료 과정 중에도 인터뷰에 응해 주시고, 작업 환경의 위험성을 생생히 증언해 주신 여러분의 용기가 이 책의 가장 큰 원동력이 되었습니다.

이미 우리 곁을 떠나신 직업성 암 피해 노동자분들께도 애도와 감사의 마음을 전합니다. 생전에 "나 같은 사람이 더 이상 나오지 않았으면 좋겠다"고 말씀하셨던 故 정모 님의 유언은 이 책을 쓰는 내내 저의 가슴에 무거운 책임감으로 남아 있었습니다. 여러분이 남기신 투쟁의 흔적과 증언들이 이 책에 고스란히 담겨 있습니다.

직업성 암 환자들을 곁에서 돌보고 계신 가족분들께도 감사드립니다. 특히 남편의 투병을 함께하며 산재 인정을 위해 10년 넘게 싸워오신 김모 님의 부인, 아버지의 폐암이 직업병임을 입증하기 위해 수년간 자료를 모으고 계신 이모 님의 자녀분들... 여러분의 헌신적인 노력과 사랑이 있었기에 많은 직업성 암이 세상에 알려질 수 있었습니다.

현재 발암 물질에 노출된 작업 환경에서 일하고 계신 노동자 여러분께도 감사의 말씀을 전합니다. 열악한 환경에서도 묵묵히 일하시면서, 후배들을 위해 작업장 개선을 요구하고 안전 교육에 적극 참여해 주시는 여러분이야말로 진정한 영웅입니다. 특히

INTRO

익명을 전제로 위험한 작업 환경의 실태를 폭로해 주신 여러 사업장의 노동자분들께 감사드립니다.

직업성 암 인정을 위해 싸우고 계신 모든 분들께도 연대의 마음을 전합니다. 긴 법적 투쟁 과정에서 지치지 않고 정의를 위해 싸우시는 여러분의 노력이 후배 노동자들에게는 희망의 빛이 되고 있습니다. 여러분의 투쟁은 개인의 권리를 위한 것이 아니라, 모든 노동자의 건강권을 위한 숭고한 싸움입니다.

이 책은 여러분의 고통과 희생 위에 쓰여졌습니다. 여러분이 몸으로 겪은 아픔을 단순한 의학적 사례로만 기록하지 않고, 생생한 인간의 이야기로 담아내고자 노력했습니다. 여러분의 목소리가 이 책을 통해 더 많은 사람들에게 전달되어, 더 이상 같은 비극이 반복되지 않기를 간절히 바랍니다.

마지막으로 약속드립니다. 이 책이 단순한 지식 전달에 그치지 않고, 실제로 작업 환경을 개선하고 노동자의 건강을 보호하는 데 기여할 수 있도록 끊임없이 노력하겠습니다. 여러분이 흘린 눈물과 땀이 헛되지 않도록, 안전하고 건강한 일터를 만드는 그날까지 함께하겠습니다.

직업성 질환으로 고통받는 모든 노동자 여러분, 진심으로 감사드리고 존경합니다. 여러분은 혼자가 아닙니다.

2025년 8월
연대와 존경의 마음을 담아 저자 김덕기 올림

직업성 암을 유발하는 발암물질 시리즈

이 책의 목차

직업성 암을 유발하는 **발암물질 I**

제1장 직업성 암의 개요

Ⅰ 직업성 암 ·········· 12
1. 직업성 암의 정의 ·········· 12
2. 직업성 암의 특징 ·········· 13
3. 용어 정의 ·········· 17

Ⅱ 직업성 암의 이해 ·········· 19
1. 직업성 암을 일으키는 발암인자 ·········· 19
2. 국내의 암 발생 현황 ·········· 22
3. 직업성 암 발생 현황 ·········· 30
4. 직업성 암의 예방 ·········· 30
5. 유해·위험물질의 분류 및 관리 ·········· 34
6. 유해화학물질 및 물리적 인자의 노출기준 ·········· 65

제2장 직업성 암을 유발하는 발암물질

Ⅰ 발암물질의 정의 및 분류 ·········· 70
1. 발암물질의 정의 ·········· 70
2. 발암물질의 분류 ·········· 71

Ⅱ 인정기준에 제시된 발암인자 ·········· 80
1. 니켈과 그 화합물(NIckel and inorganic compounds, as Ni) ·········· 82
2. 목재분진 ·········· 93
3. 베릴륨과 그 화합물 ·········· 100
4. 베다-나프탈아민(β-Naphthylamine) ·········· 106
5. 벤젠(Benzene) ·········· 107
6. 벤지딘(Benzidine) ·········· 117
7. 13 부타디엔(1,3-Butadiene) ·········· 121
8. 산화에틸렌(Ethylene oxide) ·········· 130
9. 비소와 그 화합물(Arsenic and inorganic compounds, as As) ·········· 137

CONTENTS

10. 결정적 유리 규산 ·············· 150
11. 카드뮴과 그 화합물 (Cadmium and compounds, as Cd) ·············· 159
12. 석면((Asbestos, chrysotile) ·············· 168
13. 염화비닐(클로로에틸렌), Vinyl Chloride(Chloroethylene) ·············· 178
14. 크롬과 그 화합물(Chromium and compounds, as Cr) ·············· 186
15. 다환방향족탄화수소(polynuclear aromatic hydrocarbons) ·············· 193
16. 콜타르 피치 (Coal tar pitch volatiles) ·············· 194
17. 검댕(soot) ·············· 199
18. 벤조 피렌(Benzo(a) pyren) ·············· 200
19. 광물 ·············· 202
20. 포름알데히드(Formaldehyde) ·············· 207
21. 전리방사선 ·············· 218
22. 라돈 ·············· 226
23. 도장작업 ·············· 233
24. B형 또는 C형 간염바이러스 ·············· 238

Ⅲ 고용노동부 고시에서 표기된 발암물질 ·············· 242

1. 가솔린 ·············· 242
2. 내화성 세라믹섬유 ·············· 246
3. 4-니트로디페닐 ·············· 249
4. 니트로톨루엔 ·············· 250
5. 2-니트로프로판 ·············· 255
6. 디니트로톨루엔 ·············· 257
7. 디메틸니트로소아민 ·············· 263
8. 디메틸 카바모일 클로라이드 ·············· 265
9. 1,1-디메틸하이드라진 ·············· 268
10. 1,2디브로모에탄 ·············· 272
11. 디아니시딘 ·············· 275
12. 디아조메탄 ·············· 277
13. 3,3-디클로로벤지딘 ·············· 278
14. 1,2-디클로로에탄 ·············· 280
15. 러버 솔벤트 ·············· 284

이 책의 목차

직업성 암을 유발하는 발암물질 Ⅰ

16. 4,4′-메틸렌디아닐린 ··· 285
17. 4,4′-메틸렌비스(2-클로로아닐린) ······················· 288
18. 베타-프로피오락톤 ·· 291
19. 벤조일클로라이드 ·· 293
20. 벤조트리클로라이드 ·· 295
21. 부탄(이성체) ·· 297
22. 브롬화 비닐 ··· 300
23. 브이엠 및 피 나프타 ··· 303
24. 비스-(클로로메틸)에테르 ······································ 306
25. 사염화탄소 ··· 309
26. 삼산화 안티몬(취급 및 사용물) ··························· 312
27. 삼수소화 비소 ··· 314
28. 스토다드 용제 ··· 316
29. 스트론티움크로메이트 ·· 317
30. 실리콘 카바이드 ··· 319
31. 4-아미노디페닐 ··· 322
32. 아세네이트 연(납과 그 화합물) ··························· 324
34. 아크릴아미드 ··· 339
35. 액화 석유가스 ··· 342
36. 에탄올 ·· 344
37. 에틸렌이민 ··· 346
38. 1,2-에폭시프로판 ·· 348
39. 2,3-에폭시-1-프로판올 ·· 352
40. 오쏘-톨루이딘 ··· 356
41. 오쏘-톨리딘 ·· 357
42. 캡타폴 ·· 359
43. 큐멘 ··· 361
44. 크로밀 클로라이드 ·· 362
45. 크리센 ·· 363
46. 클로로메틸 메틸에테르 ·· 364
47. 2-클로로-1,3-부타디엔 ·· 365
48. 1-클로로-2,3-에폭시 프로판 ······························· 367

49. 트리클로로에틸렌 ·· 369
50. 1,2,3-트리클로로프로판 ··· 370
51. 퍼클로로에틸렌 ·· 372
52. 페닐 글리시딜 에테르 ·· 375
53. 페닐 하이드라진 ·· 377
54. 프로판 설톤 ··· 379
55. 프로필렌 이민 ·· 381
56. 하이드라진 ·· 382
57. 헥사메틸 포스포르아마드 ··· 385
58. 헵타클로르 ·· 387
60. 황산 디메틸 ··· 399

제3장 직업성 암

I 호흡기계 암 ·· 404
1. 폐암 ·· 404
2. 악성중피종(Mesothelioma) ·· 413

II 조혈림프계암 ··· 416
1. 급성골수성 백혈병 ·· 416
2. 만성 골수성백혈병 ·· 419
3. 급성림프구성백혈병 ·· 420
4. 만성림프구성 백혈병 ·· 428
5. 다발성골수종 ·· 429
6. 악성림프종 ··· 430
7. 비호지킨림프종 ·· 433

III 기타 암 ··· 434
1. 후두암 ·· 434
2. 난소암 ·· 435
3. 비부비동암 ··· 439

직업성 암을 유발하는 **발암물질 I**

- 4. 비인두암 ·· 441
- 5. 방광암 ·· 442
- 6. 피부암 ·· 447
- 7. 신장암 ·· 454
- 8. 침샘암 ·· 462
- 9. 위암 ·· 463
- 10. 대장암 ·· 465
- 11. 간암 ··· 468
- 12. 갑상선 암 ··· 473
- 13. 뇌암 ··· 484

- **참고자료** ··· 534

제 1 장

직업성 암의 개요

I 직업성 암
II 직업성 암의 이해

직업성 암을 유발하는 발암물질 시리즈
직업성 암을 유발하는 **발암물질 I**

제 1 장
직업성 암의 개요

I 직업성 암

1. 직업성 암의 정의

직업성 암은 직업적 원인으로 인하여 발생하는 암을 말한다. 직업성 암은 일반인들에 비해서 직업환경을 통해 노출되는 발암인자로 인해 특정 직업군이나 작업공정에서 일하는 근로자들에게서 일반인보다 더 많이 발생하는 암을 말한다.[1]

근로자는 작업도 중 발암인자를 직접 취급하는 경우에 발암인자에 노출되어 암이 발생하게 되며, 근로자가 직접 발암인자를 취급하지 않더라도 발암물질을 취급하는 장소 근처에서 일하는 근로자라면 직업성 암에 걸릴 수 있다. 그 중에서 석면에 의한 악성중피종[2]이나 벤젠에 의한 백혈병이 대표적인 직업성 암이다. 석면에 의한 암은 석면 방직공장, 석면섬유제품을 제조하는 사업장, 석면이 함유된 브레이크 패드를 교환한 자동차 정비소, 슬레이트를 분쇄·파쇄 하는 건설현장 등에서 일하는 근로자에게 발생할 수 있다.

벤젠에 의한 백혈병은 벤젠을 취급하는 근로자에게 발생할 수 있는데, 석유에서 벤젠을 제조하는 공장과 벤젠이 함유된 화학제품 등을 사용하는 근로자가 그 대상이다. 또한 방사선을 이용하여 비파괴검사를 하거나 방사성 물질을 취급하는 근로자들처럼 전리방사선에 노출되어 백혈병에 걸릴 수 있다. 결정형 유리규산은 폐암을 일으킬 수 있으며, 진폐

---

[1] 김수근·김원술·권영준·정윤경·박소영「직업성 암 인정기준 해설 및 업무관련성 평가」의료정책연구소. 2016.
[2] 흉막종양은 흉막에 생기는 종양을 말하며 흉막종양은 원발성 흉막종양과 이차성 또는 전이성 흉막종양으로 나뉜다. 악성 중피종은 주로 흉막에 발생하여 흉막종양으로 알려져 있으나, 중피세포는 흉막 외에도 복막, 고환초막, 심낭막 등에도 존재하므로 흉막암이 아닌 다른 부위의 암종으로 발생할 수 있다. 악성중피종 [malignant mesothelioma] (국가암정보센터 암정보)

증이 있는 근로자들은 폐암의 발생 위험이 일반인 보다 현저히 높다. 주물공장에서 일하는 근로자의 경우 결정형 유리규산에 노출되어 폐암이 발생하기도 하며, 불용성 6가크롬이 함유된 분진에 노출된 근로자, 크롬광석을 고온의 용해로에 투입하는 근로자의 경우 폐암에 걸릴 수도 있다. 보건의료인의 경우에도 환자의 혈액에 오염되어 감염에 걸렸다가 암으로 발전하는 경우도 있다. 처음으로 직업성 암으로 알려진 것은 250여 년 전에 보고된 굴뚝 청소부의 음낭암이다.[3] 이후 1895년 염료공의 방광암이 보고되었으며 같은 해 벤젠에 의한 백혈병이 보고되었다. 우리나라에서는 공식적으로 보고된 첫 번째 직업성 암은 방사선을 이용한 비파괴검사를 하던 근로자에서 발생한 백혈병이다.[4] 그 이후 1993년 석면노출에 의해 발생한 악성중피종이다. 1994년 석면폐증에 병발된 폐암, 방사선에 폭도된 백혈병, 발암물질에 폭로된 폐암 등이 직업병으로 인정되어 직업성 암이 현실적인 문제로 대두되었으며, 직업성 암은 폐암, 악성중피암, 백혈병, 방광암, 간혈관육종, 비강과 부비동암, 후두암 및 피부암 등이 있으며 그중에 폐암이 가장 많이 발생하며 직업적인 노출로 인해서 폐암에 걸리는 구성비도 가장 높다.

2. 직업성 암의 특징

여성보다 남성에서 더 흔하고 비직업성 암의 호발연령보다 상대적으로 젊은 연령에서 발생하는 경향이 있다. 이는 남성이 직업적으로 발암물질에 더 많이 노출되고, 젊어서부터 노출되고, 발암물질이 발암 개시부터 종양 발생까지의 과정을 촉진 시키기 때문으로 판단된다. 일반적으로 발암물질의 작용을 받는 부위에 암이 발생한다. 피부와 폐는 발암물질과 직접 접촉하는 곳이기 때문에 직업성 암의 표적 장기가 되는 경우가 많으며, 경우에 따라서는 여러 장기가 표적장기가 될 수도 있다. 직업성 암은 처음 노출된 시점부터 암 발생 또는 진단까지 일정한 기간이 필요한데, 생물학적으로 최초의 발생을 정의하기는 어려우므로 일반적으로 처음 노출 시점부터 진단까지의 기간을 잠복기로 정의한다. 조혈계 암은 1년 이내도 가능하나, 고형암은 10년 이상이 필요하고 석면에 의한 중피종의 경우, 잠복기가 더 긴 것이 일반적이다. 그러나 잠복기는 절대적인 기준은 아니며, 노출수준, 노출양상 등에 따라 달라질 수 있다. 대체로 일반 인구집단에 비하여 직업성 발암물질에 노출되는 집단에서 특정 암의 발생률과 사망률이 높다.

---

3) 1775 포트(Percival Port)에 의하여 굴뚝 청소부에서 음낭암의 발생 위험이 높다는 사실이 처음으로 보고되었다.
4) 방사선피폭사망 첫 산재인정. 동아일보 1993년3월18일.

(1) **대표적인 직업성 암**

1) **폐암(Lung Cancer) C34**

폐암의 발생에는 흡연을 비롯해 여러 가지 원인이 관여하는데 전체 폐암의 약 10%가 직업적 원인에 의해 발생한다고 알려져 있고, 폐암 원인물질에 직업적으로 노출되어 발생한 폐암이 직업성 폐암이다.

폐암은 병리학적으로 편평세포암(squamous cell carcinoma), 선암(adenocarcinoma), 소세포암(small cell carcinoma), 대세포암(large cell carcinoma)의 4가지 종류가 대부분을 차지하여, 임상적으로는 병기판정과 치료방법 결정을 위해 소세포 폐암과 비소세포 폐암 (편평세포암, 선암, 대세포암)으로 구분한다. 직업성 폐암은 비직업성 폐암과 임상적, 조직학적으로 차이가 없으므로 직업성 폐암 여부를 확인하기 위해 다음의 사항을 집중 확인해야한다. 용접, 도금, 도장, 쇼트블라스팅, 사상, 주물사를 사용하는 주물공장 근무, 석재 가공, 지하작업 등의 업무를 주로 하였는지 확인해야 한다. 업무 공정으로는 알루미늄생산, 석탄가스화, 코크스생산, 제련, 고무제품제조 등에 종사하였는지 확인해야 한다. 유해요인으로 비소 및 무기비소 화합물, 베릴륨 및 그 화합물, 카드뮴 및 그 화합물, 니켈 및 그 화합물, 6가 크롬 및 그 화합물, 결정형 유리규산, 콜타르피치(검댕 또는 타르, 또는 다환방향족탄화수소), 간접흡연, 라돈, 석면, 디젤엔진배출물질 등의 유해요인이 있는지를 확인하여야 한다.

2) **백혈병(Leukemia) C90.1, C91~C96**

골수에 있는 조혈모세포 혹은 전구세포의 악성 전환에 의해 발생하는 백혈병은 모든 악성종양의 약 3%를 차지 진행 경과에 따라서 급성과 만성 그리고 발병된 혈액세포의 종류에 따라 골수성과 림프구성으로 분류한다. 백혈병의 잠복기는 고형암보다 짧다는 것이 받아들여지고 있는데 원폭 생존자의 급성 백혈병 위험의 최고치는 피폭 후 2~5년이었고, 10년 이후에는 감소한다. 림프계의 일부 종양들은 대부분 백혈병 상태(골수와 혈액을 침습한 상태)로 발현되나, 다른 종양들은 림프종(면역계의 고형 종양)의 형태로만 발현된다. 그러나 또 다른 부류는 림프종 혹은 백혈병 양자의 형태로 발현되는 경우도 있고 또한 이러한 임상양상이 환자의 임상경과에 따라서 변하기도 한다. 이러한 변화는 처음에는 림프종의 형태로 발현되었다가 시간이 경과함에 따라서 백혈병화 되는 양상으로 나타나기도 한다.

백혈병의 직업성 암 인정여부를 확인하기 위해서는 주요 노출 화학물질이 농약, 접착제, 코팅제, 페인트/락카/니스/도장, 절삭유, 윤활유, 세척액, 탈지제, 연료(석유류), 희석제(시너류)인지를 확인하여야 한다. 그리고 업무 공정이 전리방사선 (비파괴검사 등),

드라이클리닝, 고무제품제조, 의료용기기 소독, MDF 제조 공정, 도장, 코크스제조, 포름알데히드 레진, 벤젠술폰산, 크실렌술폰산을 사용하는 주물공장의 주입, 조형, 중자 작업, 석유화학시설 대정비, 실험실종사자 인지를 확인하여야 한다. 그리고 백혈병의 유해요인으로 벤젠, B/C형 간염 바이러스, 포름알데히드, 산화에틸렌, 전리방사선, 1,3-부타디엔, 트리클로로에틸렌 등이 있다.

3) 악성 중피종(Malignant Mesothelioma) C45

악성중피중은 흉막, 복막 등에 발생하는 악성 종양으로, 약 90%가 흉막에 발생한다. 치료가 잘 되지 않아 평균적인 생존기간이 12개월 정도로 알려진 예후가 좋지 않은 암이다. 악성 중피종의 70~90%는 석면에 의해 발생하며, 누적 노출량이 많을수록 발생 위험이 증가하나, 폐암보다 석면 노출량이 적거나 노출기간이 짧아도 발생가능하며, 평균 잠복기는 30~35년으로 폐암보다 길어 악성 중피종은 노출수준 추정보다는 석면 노출의 확인과 정확한 조직병리학적 진단이 더 중요하다.

악성 중피중은 석면 이외에도 에리오나이트도 악성 중피종의 발생에 대한 역학적 증거가 충분한 발암 요인이고 도장공 및 용접공의 경우에서도 역학적 증거가 충분한 것으로 알려져 있다. 악성중피중이 업무상 직업성 암으로 인정되기 위해서는 석면노출 가능성 확인이 재해조사의 핵심으로 아래 제시된 업종에서의 근무이력을 확인하고, 이 외에도 개별 노출 요인 관련 업종 확인 필요하다.

[표 1] 악성 중피종의 노출 직업군

노출군	구분	세부 노출직업	
1차 노출군	석면을 원료로 제품을 생산하는 산업	석면섬유 제조 가스킷 제조 건축자재 제조 내화단열재 제조	석면방직업 연마재 제조 자동차부품 제조 슬레이트 제조업
2차 노출군	석면함유제품을 생산과정에서 사용하는 산업	금속제품 제조 기계 제조 절연제 제조	접착제 플라스틱제품 제조 항공기부품 제조
3차 노출군	직무활동 중 석면함유 제품을 다루거나 취급하는 산업	건설업 선박건조 및 수리 자동차 정비, 제조	전기제품 제조 철강업 철도 차량 정비

직업성 암과 일반적인 암의 차이는 원인이 작업 중에 노출된다는 것으로 직업성 암을 일으키는 요인은 화학적 발암인자, 물리적 발암인자, 생물학적 발암인자로 분류할 수 있다.

직업성 암은 일반적인 암과 크게 다르지 않기 때문에 작업환경과의 관련성을 쉽게 밝힐 수 없는 경우가 많다. 의학적인 관점에서 볼 때 업무상 노출로 인한 종양과 기타 종양과의 차이는 구분 할 수가 없으며, 대부분의 암은 다인성 요인에 의한 질병이기 때문에 업무상 노출 여부를 파악하기가 쉽지 않다. 또한 직업성 암의 경우 노출된 후 증상이 나타나기 까지 잠복기가 평균적으로 20년에서 때로는 40년 가량의 시간이 소요되기 때문에 의료진이 진단 당시 환자의 직업력에 주의를 기울이는 경우가 매우 드물다. 직업성 암의 일반적인 특징으로는 첫째 임상적 또는 병리적 소견이 일반적인 암과 구분하기가 어렵다. 둘째, 노출 시작과 첫 증상이 나타나기까지 긴 시간이 필요하다. 경우에 따라서는 작업을 변경한 후이거나 퇴직 후에 발병할 수도 있다. 림프조혈기계 암은 5년 이내에도 가능하나(방사선에 의한 백혈병은 최소 4~6년), 고형암은 10년 이상이 필요하고(12~25년), 석면에 의한 악성중피종은 경우 최고 40년 이상인 경우도 있다.

셋째, 직업성 암은 업무상의 요인과 기타 요인이 복합적으로 작용하여 발병하는 경우가 많다.

넷째, 암의 발생에는 개인차가 있고 여성보다 남성에서 많이 발생하며 비 직업성 암의 호발 연령보다 젊은 연령에서 발생하는 경우가 많다. 이는 남성이 직업적으로 발암물질에 젊어서부터 더 많이 노출되고, 발암물질의 작용기전 중 개시부터 종양발생까지의 과정을 촉진시키기 때문으로 판단된다.

다섯째, 일반적으로 발암성 물질의 작용을 받는 부위에 암이 발생한다. 피부와 폐는 발암성 물질과 직접 접촉하는 곳이기 때문에 직업성 암의 표적 장기가 되는 경우가 많다.

여섯째, 신체 이상 증상이 직업성 암으로서의 특이성을 보이지 않는 경우가 많다.

일곱째, 새로운 직업성 암의 발생이 증가하지만 의학적 지식이 이를 따라가지 못하는 경우가 있다.

여덟째, 인체에 대한 영향이 확인되지 않은 발암인자가 많다.

3. 용어 정의[5]

(1) 악성 암(Cancer, 이하 암)

주변 조직 및 원격 장기로 침윤하거나 전이되는 암

(2) 상피내암(Carcinoma in situ)

암이 원발 장소에 머무르면서 다른 조직층으로의 침윤 및 악성의 행태를 보이지 않는 단계 혹은 그러한 성질을 가지는 경우의 암

(3) 조발생률(Crude Rate, CR)

조발생률은 해당 관찰기간 동안 특정 인구집단에서 새로이 발생한 암환자수로 정의된다. 일반적으로 인구 100,000명당 발생하는 암환자수로, 소아암의 경우는 1,000,000명당 발생하는 암환자수로 나타낸다. 산출식은 아래와 같다.

$$조발생률 = \frac{새롭게\ 발생한\ 암환자수}{연양인구} \times 100,000\ (또는\ 1,000,000)$$

한 환자에서 발생한 다중원발암(multiple primary cancers)은 중복으로 계산에 포함된다.

(4) 표준인구

표준인구는 기간별 또는 지역별 인구의 연령분포가 다른 것을 보정하기 위하여 하나의 표준화된 연령분포를 가지는 인구집단이다. 기준 시점의 연령을 0-4, 5-9,…, 80-84, 85세 이상의 5세 단위 연령군으로 나누어각 연령군에 해당하는 인구의 전체 인구에 대한 비율을 표시한 표로 제시되며, 국가 혹은 세계 기준의 표준인구를 사용할 수 있다. 본 보고서에서는 2000년 주민등록연앙인구와 세계표준인구를 사용하였다. 본 보고서에 사용된 표준인구를 부록 4에 수록하였다.

(5) 연령표준화발생률(Age-Standardized Rate, ASR)

연령표준화발생률은 각 연령군에 해당하는 표준인구의 비율을 가중치로 주어 산출한 가중평균발생률이다. 조발생률은 해당 인구집단에서의 암발생 정도를 절대적으로 평가할 때 주로 사용하며, 지역간 혹은 시기에 따른 암발생률을 비교하기 위해서는 연령구조 차이를 보정한 연령표준화발생률을 사용한다.

---

[5] 국가암등록사업 연례 보고서(2019년 암등록 통계), 13면.

$$\text{연령표준화발생률} = \frac{\Sigma(\text{연령군별 발생률} \times \text{표준인구의 연령별 인구})}{\text{표준인구}}$$

⑹ 누적발생률(Cumulative Rate, CUM)

누적발생률은 특정 연령군까지 각 연령군별 발생률을 합한 값으로써 일반적으로 백분율로 표현된다. 흔히 사용되는 누적발생률로는 0-74세까지의 누적발생률, 0-64세까지의 누적발생률 등이 있다.

⑺ 연간 % 변화율(Annual Percent Change, APC)

암발생률 추이를 요약하는 지표 중 하나로, 로그를 취한 연도별 연령표준화발생률에 대한 선형 추세선의 기울기를 구한 뒤 지수함수를 취한 값이며, 암발생률의 연평균 % 변화량으로 해석된다.

⑻ 요약병기(Summary Stage)

미국 국립암연구소 Surveillance Epidemiology and End Results (SEER) program에 의해 개발된 병기분류로 암이 그 원발부위로부터 얼마나 멀리 퍼져있는지를 범주화한 기본적인 분류 방법이다.

요약병기	설명
국한(Localized)	암이 발생한 장기를 벗어나지 않음
국소 진행(Regional)	암이 발생한 장기 외 주위 장기, 인접 조직, 또는 림프절을 침범
원격 전이(Distant)	암이 발생한 장기에서 멀리 떨어진 다른 부위에 전이
모름(Unknown)	병기 정보를 확인 할 수 없는 경우

⑼ 암유병자

「국가암등록사업 연례 보고서」에서 유병자는 암발생통계를 발표한 1999년 1월 1일부터 2019년 12월 31일까지 암을 진단받은 환자 중에서 2020년 1월 1일을 기준으로 생존해 있는 암환자로 정의되며, 따라서 암 치료 중인 환자뿐 아니라 완치된 암경험자도 포함된다. 암유병자 계산 시 다중원발암 환자의 경우 중복으로 계산된다.

⑽ 5년 암유병자수

2020년 1월 1일을 기준으로 이전 5년 동안 암을 진단받은 환자 중에 생존해 있는 암환자 수로 정의된다. 5년 암유병자 계산 시 다중원발암 환자의 경우 중복으로 계산된다. 대부분 암종에서 진단 후 5년이 지나면 일반인구의 생존율과 비슷해지므로 진단 후 5년 이내의 암유병자 지표가 일반적으로 많이 사용된다.

(11) 관찰생존율

암환자가 일정 기간(5년, 10년) 살아있을 확률로 사망원인을 고려하지 않은 생존율을 의미한다.

(12) 상대생존율

관심 질병을 앓는 환자의 관찰생존율을 동일한 성별, 연령군을 가지는 일반인구의 기대생존율로 나누어 구한 값으로 암 이외의 원인으로 사망했을 경우의 효과를 보정해준 생존율을 의미한다.

II 직업성 암의 이해

1. 직업성 암을 일으키는 발암인자

(1) 발암성이란?

발암성이란 사람이나 동물에서 암을 일으키는 성질을 말한다. 암의 발생 메커니즘은 완전히 해명되어 있지 않지만, 어떤 물질을 동물에 투여하였을 때 비투여군보다도 높은 비율로 악성종양을 발생시키는 경우, 그 물질은 발암성이 있다고 한다.

발암성 실험은 적정 경로를 통하여 노출 되었을 때 실험동물에 신생물을 유발 시키는 화학물질의 성질을 검사하는 시험법으로서 실험물질을 동물의 전 생애에 걸쳐 연속투여하고, 시험물질의 발암성의 유무를 밝히는데 목적이 있다. 실험에 이용되는 동물 종 및 성별은 마우스, 랫트 등 2종 이상의 암수를 이용 한다. 일반적으로 자연 종양 발생율, 화학물질에 대한 감수성 등 생물학적 특성이 잘 알려진 동물종이나 계통의 근교계나 그 1대 잡종을 이용한다. 이때 종양의 자연 발생율이 낮은 것을 이용하되 연령은 5~6 주령 정도로서 각 군마다 암수 각각 50마리 이상으로 하고 균등한 체중의 동물을 이용한다.

실험물질은 사료나 음료수에 첨가하여 실험물질의 농도를 5%(w/w) 이하로 하여 경구투여를 한다. 투여기간은 실험동물의 거의 전 생애에 걸쳐 투여하는데 생쥐(mouse)나 햄스터는 18개월 이상, 쥐(rat)는 24개월 이상 투여하나 마우스와 햄스터에서 18개월,

쥐에서 24개월이 됐을 때에 실험물질에 기인하는 종양성 병변 이외의 원인에 의한 사망율이 50% 이내인 것이 필요하다. 관찰 및 측정사항은 일반적 관찰과 체중, 섭취량 및 섭수량, 식이효율 등을 관찰하고, 필요에 따라 전자현미경, 조직화학적 검사도 한다.

(2) 발암인자(carcinogen)란 무엇인가?

발암인자란, 암을 일으킬 수 있거나 증가시킬 수 있는 물질이나 매체를 말한다. 잘 알려진 발암인자의 종류로는 바이러스 (B, C형 간염 바이러스), 호르몬 (에스트로겐 등), 화학물질 (벤젠), 천연광물(석면), 알코올, 전리방사선 및 자외선 등이 있다. 한편 어떤 경우에는 암 발생률의 증가가 관찰은 되지만 특별한 발암물질은 밝혀지지 않을 수도 있다. 발암물질은 사람이나 동물에게 악성종양을 발생시킨다. 이러한 사실이 최초로 알려진 것은 토끼의 귀에 콜타르를 발라서 피부암을 발생시킨 실험이다. 현재 동물실험을 통해 증명된 발암물질의 수는 1,500종에 이르고 있지만, 동물에게 악성종양을 유발한 물질이 사람에게도 똑같이 작용하는 것은 아니다.

발암물질은 합성 발암물질과 자연계에 존재하는 발암물질로 분류할 수 있다. 합성 발암물질로는 식물이나 세균에서 추출되는 시카신(cycasin)이나 아플라톡신(aflatoxin), 식품 제조 중에 생기는 니트로소(nitroso) 화합물, 배기가스의 공장 매연, 담배 연기에서 나오는 3,4-벤조피렌(benzo(a) pyrene), 음식물의 탄부분에서 검출되는 발암물질 그리고 착색료에 들어있는 방향족 아조(azo) 화합물과 그와 유사한 물질 등이 있고 자연계에 존재하는 발암물질은 고사리 등의 천연산물과 비소, 카드뮴 같은 무기화합물이 있다.

(3) 발암물질이란?

발암물질이라는 것은 세포의 DNA에 손상을 주어서 유전자를 변화시키는 물질을 말한다. 세포의 암화에 대한 연구는 비록 발암물질로 알려져 있는 물질을 먹거나 피부에 닿아도 곧바로 정상세포가 암세포로 변하는 것은 거의 없는 것으로 알고 있다. 암 세포가 생기기까지는 유전자 수준에서 여러 가지 변이를 거듭 할 필요가 있다.

WHO의 국제암연구기구(IARC)에 따르면, 인간에 명백한 발암성을 나타내는 물질은 100 종류 이상이고 의심물질은 330 종류에 달한다. 그리고 이러한 물질의 발암성이 동일한 것이 아니라 발암성이 가장 강한 것과 약한 것 간에는 100 만 배의 차이가 있는 것으로 알려져 있다. 발암물질 중에서 우리의 삶에 존재하는 물질 중 "최강의 발암물질"은 견과류에 발생하는 곰팡이가 방출하는 독소 "아플라톡신"이다. 이 "아플라톡신"는 1960년 영국에서 발생한 10 만 마리 이상의 칠면조 중독사의 원인 물질이다. 실제로 쥐를 사용한 실험에서 사료에 아플라톡신을 극히 낮은 농도(사료 1g에 대해 10 억분의 15g) 섞은 것만으로 모든 쥐에서 간암이 발생하였다고 한다6). 그래서 아플라톡신이 조금이라도 검출된 식품은 먹어서는 안 된다.

화학물질이 발암물질인지 아닌지를 확인하는 방법에는 역학연구, 동물실험, 시험관연구, 화학적 구조-발암작용 비교분석 등이 있다.

역학연구는 실제로 사람의 노출 상황을 근거로 하므로 발암작용에 대한 가장 분명한 자료원이다. 하지만 역학연구는 경우에 따라 교란(confounding), 노출자료의 부족, 그밖에 다른 문제 때문에 해석하기 어려울 때가 있다.

동물실험은 대개 수컷과 암컷, 두 종의 쥐에게 여러 수준의 발암물질을 노출해서 암 발생 여부를 조사하는 방법이다. 발암물질에 노출된 동물은 일정 기간 후에 종양 발생 부위와 수를 조사하게 된다. 이때 발암물질로 판명된 것은 사람에게도 발암물질일 가능성이 높다는 이론에 따라 동물실험 관찰 결과를 사람에게 확대 적용(외삽; extrapolation)하여 사용한다. 그러나 이런 방법에는 몇 가지 문제가 있다. 사람과 동물은 생물학적으로 다르기 때문에 같은 발암물질이라도 다른 반응을 보일 수 있기 때문이다. 또한, 동물에게 투여한 고용량은 종종 사람에게 적용했을 때의 노출 수준을 크게 넘어서기도 하고 동물 실험에서 유도된 종양은 사람에 비하면 양성이거나 상이한 부위의 종양일 수도 있다.

유해화학물질의 독성은 동물 종, 계통, 성에 따라 다르고 사람의 경우 인종이나 개체에 따라서도 다르다. 이것은 주로 화학물질의 생체 내 대사의 차이에 근거한다고 알려져 있다. 실험동물(설치류)에 있어서 약물을 장기간 투여로 볼 수 있는 갑상선 호르몬과 thyroxine의 대사촉진에 근거하는 갑상선 종양은 사람이나 그 밖의 동물종에서는 발생 가능성이 없다고 생각된다.

시험관 조사는 박테리아 혹은 사람 조직을 배양하여 발암물질에 노출 시키는 방식이다. 의심되는 발암물질을 첨가하여 DNA 손상을 반영하는 결과들을 조사하게 되는데, 시험관 조사는 역학조사나 동물실험보다는 사람에게 직접적으로 적용하는 데에 제한적이다. 하지만 결과를 확인 하기까지 걸리는 시간이 짧고, 비교적 비용이 적다는 장점이 있다.

화학적 구조와 발암작용의 분석은 잠재적으로 발암성을 가진 화학물질을 평가하는 데에 도움이 될 수 있다. 이러한 네 가지 자료에 근거하여 규제 및 연구 기관은 화학적 발암물질을 확인하고 분류하는 표준 방법을 개발하였다.

---

6) 吉川 佳秀. 最強の発がん物質. ニュース&コラム 칼럼

유전독성시험은 시험물질이 DNA나 염색체에 직접적으로 손상을 주어서 형태적 변화나 기능적 이상을 일으키는 현상을 관찰하는 시험분야이다. 또한 의약이나 농약, 각종 화학물질의 발암성 및 변이원성을 찾아내기 위한 시험이다. 특히, 유전독성시험은 발암성시험에 소요되는 많은 비용을 절감하는 차원에서 새로운 신약이나 화학물질을 개발 시 물질 선별(Screening) 단계에서 반드시 수행해야 하는 가장 중요한 시험항목 중의 하나이다. 독성을 일으키는 기작이 매우 다양하므로 시험물질에 대한 정확한 유전독성을 측정하기 위해서는 한 가지 유전독성 시험이 아니라 몇 가지 유전독성을 베터리(battery)로 수행해야 한다. 현재 일반적으로 가장 널리 수행하는 3-battery 시험법은 복귀돌연변이 시험(Bacterial reverse mutation test)[7], 시험관내 염색체이상시험(in vitro chromosome aberration assay)[8], 생체내 소핵시험((in vivo micronucleus assay)[9]을 포함한다.

2. 국내의 암 발생 현황

(1) 암 발생률

1) 암발생 현황

2020년 새로 발생한 암환자 수는 남자 130,618명, 여자 117,334명으로 총247,952명으로 집계되었다. 2020년 모든 암의 조발생률[10]은 인구 10만 명당 496.2명(남자 523.9명, 여자 463.5명)이었으며, 2020년 주민등록연앙인구로 보정한 연령표준화발생률[11]은 인구 10만 명당 295.8명(남자 308.1명, 여자 297.4명)이었다.

---

7) 특정 아미노산 합성이 저해된 미생물을 이용하여 시험물질에 의해서 아미노산 합성 균주로 전환 되는 지를 확인하는 시험으로서 일반적으로 Salmonella typhimurium TA98, TA100, TA1535, TA1537과 Escherichia coli WP2 uvrA 등의 5균주를 사용하고, 시험물질의 특성에 따라 TA102 균주를 사용하기도 한다. 유전독성시험 중 가장 빠르고 간편하면서도 발암성시험결과와 매우 밀접한 상관관계를 보이는 시험법으로서 신약개발의 초기 선별(Screening)단계에서 널리 사용된다.
8) 시험물질의 세포유전학적 영향(Cytogenetic Effect)을 보기 위한 시험법으로서 일반적으로 Chinese Hamster Lung (CHL) 포유동물세포를 이용하여 시험을 수행한다.
9) In vitro 시험의 경우 생체내에서 일어날 수 있는 모든 조건을 만족시켜 줄 수 없으므로 유전독성의 최종 판정을 위해서는 동물을 사용하는 In vivo 시험을 반드시 수행해야 한다. 현재 가장 널리 수행되는 in vivo 시험법은 소핵시험이다. 만일 소핵을 가진 다염성 적혈구가 증가한다면 시험물질이 염색체를 손상시켰거나 세포분열상치에 이상을 유발한 것으로 평가할 수 있게 된다.
10) 조발생률: 해당 관찰기간동안 특정 인구집단에서 새롭게 발생한 악성암 환자수를 전체 인구로 나눈 값으로 일반적으로 인구 100,000명당 암이발생하는 비율
11) 연령표준화발생률: 연령구조가 다른 지역별 또는 기간별 암발생률을 비교하기 위해 각 연령군에 해당하는 표준인구의 비율을 가중치로 부여해 산출한 가중평균발생률 *표준인구: 우리나라 2000년 주민등록연앙인구/연간%변화율(Annual Percent Change, APC): 암발생률의 연간 증가/감소율. 연도별 연령표준화발생률에 선형회귀모형을 적용하여 나온 값으로, 암발생률 추이를 요약하는 지표

2) 암 발생 확률

우리나라 국민들이 기대수명(83.5세)까지 생존할 경우 암에 걸릴 확률은 36.9%였으며, 남자(80.5세)는 5명 중 2명(39.0%), 여자(86.5세)는 3명 중 1명(33.9%)에서 암이 발생할 것으로 추정되었습니다.

※ 미국 – 남자: 5명 중 2명(40.5%), 여자: 8명 중 3명(38.9%)[12]

[표 2] 암발생자수, 조발생률, 연령표준화발생률 : 1999~2020

(단위 : 명, 명/10만 명)

구분	성	1999년	2010년	2014년	2015년	2016년	2017년	2018년	2019년	2020년
발생자수	남녀전체	104,849	208,659	221,206	218,525	233,094	236,725	246,692	257,170	247,952
	남자	57,888	106,302	115,063	115,252	122,115	124,584	130,265	135,484	130,618
	여자	43,961	102,357	106,143	103,273	110,979	112,141	116,427	121,686	117,334
조발생률	남녀전체	215.9	418.3	435.8	428.9	456.0	462.1	480.9	500.9	482.9
	남자	244.5	425.6	453.5	452.7	478.4	487.1	508.8	529.0	510.1
	여자	187.2	411.0	418.1	405.1	433.8	437.1	453.0	473.0	455.8
연령표준화발생률*	남녀전체	402.7	547.9	513.0	492.6	510.3	502.5	508.2	515.1	482.9
	남자	573.3	675.5	626.1	603.4	615.5	603.9	607.3	607.8	563.8
	여자	294.7	477.0	477.0	425.3	447.0	441.6	448.6	460.3	435.6

* 연령표준화발생률: 우리나라 2000년 주민등록연앙인구를 표준인구로 사용

(2) **암종별 발생 현황**

2020년 남녀 전체에서 가장 많이 발생한 암은 갑상선암이었으며, 이어서 폐암, 대장암, 위암, 유방암, 전립선암, 간암의 순으로 많이 발생하는 것으로 나타났다. 남자의 암 순위는 폐암, 위암, 전립선암, 대장암, 간암 순이었으며, 여자의 암 순위는 유방암, 갑상선암, 대장암, 폐암, 위암 순이다.

---

12) Cancer Statistics, 2022, CA: A Cancer Journal For Clinicians 2022)

[표 3] 주요 암발생 현황: 남녀전체, 2020

(단위: 명, %, 명/10만명)

순위	암종(2019년 순위)	발생자수	분율	조발생률	표준화발생율[13]
	모든 악성암	247,952	100.0	482.9	482.9
	갑상선 암제외	218,772	88.2	426.0	426.0
1	갑상선	29,180	11.8	56.8	56.8
2	폐	28,949	11.7	56.4	56.4
3	대장(4)	27,877	11.2	54.3	54.3
4	위(3)	26,662	10.8	51.9	51.9
5	유방	24,923	10.1	48.5	48.5
6	전립선	16,815	6.8	32.7	32.7
7	간	15,152	6.1	29.5	29.5
8	췌장	8,414	3.4	16.4	16.4
9	담낭 및 기타담도	7,452	3.0	14.5	14.5
10	신장	5,946	2.4	11.6	11.6

[표 4] 성별 주요 암 발생 현황: 2020

(단위: 명, %, 명/10만명)

순위	남자				
	암종(18순위)	발생자수	분율	조발생율	표준화발생율[14]
	모든 악성암	130,618	100.0	510.1	563.8
	갑상선암 제외	123,160	94.3	481.0	534.9
1	폐	19,657	15.0	76.8	88.0
2	위	17,869	13.7	69.8	76.2
3	전립선(4)	16,815	12.9	65.7	74.8
4	대장(3)	16,485	12.6	64.4	70.6
5	간	11,150	8.5	43.5	47.4
6	갑상선	7,458	5.7	29.1	28.9
7	췌장(8)	4,324	3.3	16.9	19.0
8	신장(7)	4,135	3.2	16.1	16.9
9	담낭 및 기타담도(10)	4,012	3.1	15.7	18.3
10	방광(9)	3,826	2.9	14.9	17.4

13) 연령표준화발생률: 우리나라 2020년 주민등록연앙인구를 표준인구로 사용
14) 연령표준화발생률: 우리나라 2020년 주민등록연앙인구를 표준인구로 사용

(단위: 명, %, 명/10만명)

순위	여자				
	암종(18순위)	발생자수	분율	조발생율	표준화발생율[15]
	모든 악성암	117,334	100.0	455.8	435.0
	갑상선암 제외	95,612	85.5	371.4	350.0
1	유방	24,806	21.1	96.4	95.8
2	갑상선	21,722	18.5	84.4	85.3
3	대장	11,392	9.7	44.3	40.6
4	폐(5)	9,292	7.9	36.1	33.1
5	위 (4)	8,793	7.5	34.2	31.6
6	췌장(7)	4,090	3.5	15.9	14.3
7	간(6)	4,002	3.4	15.5	14.1
8	자궁체부(9)	3,492	3.0	13.6	13.5
9	담낭 및 기타담도(8)	3,440	2.9	13.4	11.6
10	자궁경부	2,998	2.6	11.6	11.4

(3) 연령군별 암 발생률

모든 암의 연령군별 발생률을 보면, 65세 이상에서의 암발생률은 10만 명 당 1483.6명에 달하여 고령층에서 암 발생이 급격하게 증가하는 특성을 잘 보였다. 이와 같은 암 발생의 특성과 최근의 전체 암 연령표준화발생률 추세를 고려할 때, 인구 고령화에 따른 자연적인 암 발생 증가가 최근 암발생자 수 증가의 주요원인인 것으로 보인다.

성별로 나누어 살펴보면 50대 초반까지는 여자의 암발생률이 더 높다가 후반부터 남자의 암발생률이 더 높아지는 것으로 나타났다.

[표 5] 모든 암 연령군별 발생률: 2019

성별	0-14세	15-34세	35-64세	65세 이상
남녀전체	15.1	77.6	478.5	1,483.6
남자	15.6	50.2	425.2	2,120.0
여자	14.6	107.6	532.7	999.2

남자의 경우 44세 까지는 갑상선암, 45~54세까지는 대장암, 55세~64세까지는 위암, 65세이후에는 폐암이 가장 많이 발생하였으며, 여자의 경우에는 39세 까지는 갑상선암

---

15) 연령표준화발생률: 우리나라 2000년 주민등록연앙인구를 표준인구로 사용

이, 40세~69세 까지는 유방암이, 70세~74까지는 폐암이, 75세 이후에는 대장암이 가장 많이 발생하였다.

[표 6] 연령군별 주요 암발생률: 남녀전체, 2020

(조발생률, 단위: 명/10만 명)

순위	0-14세	15-34세	35-64세	65세 이상
1	백혈병 (4.6)	갑상선 (40.5)	갑상선 (86.4)	폐 (249.1)
2	비호지킨림프종 (2.3)	유방 (5.5)	유방 (80.2)	대장 (184.3)
3	뇌및중추신경계 (2.0)	대장 (3.6)	대장 (51.0)	위 (179.8)
4	갑상선 (0.5)	백혈병 (3.3)	위 (48.7)	전립선 (162.3)
5	신장 (0.4)	비호지킨 림프종 (2.5)	폐 (35.2)	간 (100.6)

(4) 암 발생률 추세분석

1) 1999~2020년 암발생률 추이분석

전국 단위 암발생통계를 산출하기 시작한 1999년 이후 2012년까지 남녀 전체에 대한 모든 암의 연령표준화발생률(이하 발생률)은 연평균 3.5%의 증가율을 보였으나, 2012년부터 2015년까지 연평균 -5.4%의 감소추세를 보였다.. 2015년부터 최근까지는 유의한 증감 추세를 보이지 않는다.

주요 암종에서의 남녀 전체 연령표준화발생률 추이는 다음과 같다. 유방암, 전립선암, 췌장암, 신장암은 1999년 이후로 지속적인 발생률 증가 추세를 보이고 있으나, 위암, 간암, 담낭 및 기타담도암의 발생률은 최근 감소 추세를 보이고 있다.

- 유방암, 전립선암 및 신장암은 급격하던 증가 추세가 최근 다소 완화되어 각각 2008년, 2015년, 2009년 이후로는 4.2%(유방암), 6.0%(전립선암) 및 2.0%(신장암)의 증가율을 보이고 있으며, 췌장암은 1999년부터 2020년까지 연평균 1.6%의 증가 추세를 보이고 있다.

- 위암, 간암, 담낭 및 기타담도암은 1999년 이후 지속적으로 감소 추세를 보이고 있으며, 각각 2011년, 2009년, 2004년 이후로는 -4.5%(위암), -4.1%(간암), -0.4%(담낭 및 기타담도암)의 연평균 감소율을 보이고 있다.

- 갑상선암의 발생률은 1999년부터 2008년까지 26.1%, 2008년부터 2012년까지 13.2%의 증가 추세를 보이다가, 2012년부터 2015년까지 -18.3%로 감소 추세를 보였다. 하지만 2015년부터 2019년까지는 다시 연평균 4.2%의 증가 추세를 보이고 있다.
- 대장암은 1999년부터 2011년까지 증가 추세를 보이다가, 2011년부터 2015년까지는 -5.5%, 2015년부터 2019년까지는 -2.0%의 연평균 감소 추세를 보이고 있다.
- 폐암은 1999년부터 2019까지 뚜렷한 증감 추세를 보이지 않으나, 남자는 2005년부터 연평균 -1.4% 감소하였다. 반면, 여자는 2015년부터 3.2% 증가 추세를 보이고 있다.

주요 암종에서의 연령표준화발생률 추이를 남녀별로 살펴보면 다음과 같다.

남자의 경우, 1999년부터 2011년까지 암발생률은 연평균 1.8%씩 증가 추세를 보였으나, 2011년 이후 2015년까지 연평균 -3.2%의 감소 추세를 보였다. 또한 2015년부터 최근까지는 유의한 증감 추세를 보이지 않고 있다.

- 폐암은 2005년 이후부터 감소하였으며(연간%변화율:-1.4%), 전립선암은 2009년까지 연평균 13.3%씩 증가 추세를 보인 이후, 2015년부터 2019년까지 그 추세가 다소 줄었다(연간%변화율: 6.7%).
- 위암은 2011년부터 2019년까지 연평균 -5.0%, 대장암은 2015년부터 2019년까지 연평균 -2.5%씩 감소 추세를 보였고, 간암은 1999년 이후 지속적인 발생률 감소 추세를 보였는데, 그 폭이 2009년 이후 더 커졌다(연간%변화율:-4.2%).

여자의 경우, 1999년부터 2002년까지 연평균 3.5%씩 증가 추세를 보인 후, 2002년부터 2012년까지 그 폭이 6.0로 늘었으나, 2012년부터 2015년까지 연평균 -7.1%로 감소하는 추세를 보였다. 하지만 2015년부터 다시 2.3%씩 증가하고 있다.

- 유방암의 발생률은 2007년까지 연평균 6.4%씩 증가 추세를 보였으나, 2007년 이후 그 폭이 감소하고 있다(연간%변화율: 4.3%).
- 갑상선암의 발생률은 2008년까지 연평균 26.0%씩 증가 추세를 보였으나, 2008년 이후부터 2012년까지 그 폭이 줄었으며(연간%변화율: 12.1%), 2012년부터 2015년까지는 연평균 -19.0%씩 급격하게 감소하는 양상을 보였다. 2015년부터 최근까지는 유의한 증감 추세를 보이지 않고 있다.
- 위암은 2011년부터 2019년까지 연평균 -4.0%, 대장암은 2012년부터 2015년까지 연평균 -6.1%씩 발생률이 감소하는 경향을 보였으며, 간암 발생률은 1999년부터 2010년까지 연평균 -1.6%씩 감소 추세를 보였는데, 2010년 이후 감소 추세가 더 커졌다(연간%변화율: -4.3%).

- 폐암의 발생률은 2012년까지 연평균 1.8%씩 증가하다가 2012년부터 2015년까지는 유의한 증감추세를 보이지 않다. 하지만 2015년부터 2019년까지 연평균 3.2%씩 증가하고 있다.
- 자궁경부암은 1999년 이후 지속적인 감소 추세를 보이고 있는데, 2007년까지는 연평균 -4.5%씩 감소하다가 이후 연평균 -2.3%로 감소폭이 줄어들었다.

(5) 암발생 국제비교

세계표준인구로 보정한 우리나라 암발생률은 인구 10만 명당 262.2으로 OECD 평균(300.9명)보다 낮은 수준이었다.

우리나라는 연령구조가 다른 지역, 기간별 비교를 위해 세계표준인구를 기준인구로 연령 표준화한 수치로 암발생률 국제 비교 시 [16] 미국(362.2), 프랑스(341.9), 이탈리아(292.6), 일본(285.148.0)보다 낮게 나타났다.

[연령 표준화 발생률 국제 비교]

남자	국가	여자
291.5	터키 (231.5)	188.0
279.1	한국 (262.2)	257.3
328.1	일본 (285.1)	253.8
308.0	스웨덴 (288.6)	273.0
317.5	이탈리아 (292.6)	274.8
338.1	OECD평균 (300.9)	273.2
397.2	프랑스 (341.9)	297.8
373.7	캐나다 (348.0)	327.6
400.9	미국 (362.2)	333.2
461.7	뉴질랜드 (422.9)	388.2
500.4	호주 (452.4)	408.6

(단위: 명/10만 명)

* 국제 비교를 위해 세계표준인구를 이용하여 산출한 연령표준화발생률로 우리나라 2020년 표준인구를 이용하여 산출한 수치와 다름
1) 2020년 암발생률 추정자료(Gold Cancer Observatory, 국제암연구소, 2022)
2) 한국: 2020년 암발생자료(2022년 발표)

---

[16] Segi M. Cancer mortality for selected sites in 24 countries (1950-1957). Sendai, Japan: Tohoku University School of Medicine; 1960)

[표 7] 연령표준화발생률 국제 비교 : 남자

(단위: 명/10만 명)

순위	한국[1](2020)		2020년도 추정치[2]					
			일본		미국		영국	
	모든 암	279.1	모든 암	328.1	모든 암	400.9	모든 암	344.7
1	폐	38.5	전립선	51.8	전립선	72.0	전립선	77.9
2	위	36.9	위	48.1	폐	36.3	대장	40.0
3	대장	34.8	대장	47.3	대장	28.7	폐	35.2
4	전립선	32.5	폐	47.0	피부의 악성 흑색종	19.2	피부의 악성흑색종	15.9
5	간	23.2	간	16.1	방광	18.3	비호지킨 림프종	14.4

1) 국제 비교를 위해 세계표준인구를 이용하여 산출한 연령표준화발생률로 우리나라 2000년 표준인구를 이용하여 산출한 수치와 다름, 2020년 암발생자료(2022년 발표)
2) 2020년 암발생률 추정자료(Global Cancer Observatory, 국제암연구소, 2022)

[표 8] 표준화발생률 국제 비교 : 여자

(단위: 명/10만 명)

순위	한국[1](2020)		2020년도 추정치[2]					
			일본		미국		영국	
	모든 암	257.3	모든 암	253.8	모든 암	333.2	모든 암	301.0
1	갑상선	62.4	유방	76.3	유방	90.3	유방	87.7
2	유방	59.9	대장	30.5	폐	30.4	폐	29.9
3	대장	20.2	위	19.5	대장	22.9	대장	29.0
4	위	15.9	폐	17.3	피부의 악성 흑색종	21.4	자궁체부	16.7
5	폐	15.9	자궁경부	15.2	갑상선	17.4	피부의 악성흑색종	16.3

1) 국제 비교를 위해 세계표준인구를 이용하여 산출한 연령표준화발생률로 우리나라 2000년 표준인구를 이용하여 산출한 수치와 다름, 2020년 암발생자료(2022년 발표)
2) 2020년 암발생률 추정자료(Global Cancer Observatory, 국제암연구소, 2022)

3. 직업성 암 발생 현황

2016년부터 2018년까지의 업무상 질병 요양결정 현황을 살펴보면 판정건은 2016년 9,479, 2017년 8,715건 2018년 10,006건으로 나타난다. 인정건과 인정율은 각각 2016년 4,182건, 44.1%에서 2018년 6,306건, 63.0%로 모두 증가하였다.

직업성 암 판정은 2016년 228건에서 2018년 302건으로 인정건과 인정율은 2016년 134건, 58.8%에서 2018년 220건, 72.8%로 역시 모두 증가하였다. 직업성 암 판정건이 전체에서 차지하는 비중 또한 2016년 2.4%에서 2018년 3.0%로 증가하였다.

[표 9] 업무상 질병 요양결정 현황(2016~2018)[17]

	2016년			2017년			2018년		
	판정	인정	인정률	판정	인정	인정율	판정	인정	인정율
전체	8,479	4,182	44.1	8,715	4,607	52.9	10,006	6,306	63.0
뇌심혈관질병	1,911	421	22.0	1,809	589	32.6	2,241	925	41.3
근골격계질병	5,345	2,885	54.0	5,201	3,199	61.5	6,375	4,461	70.0
기타질병	2,223	876	39.4	1,705	819	48.0	1,390	920	66.2
COPD	1,177	456	38.7	739	327	44.2	338	308	91.1
레이노중후군	129	13	10.1	59	10	16.9	35	10	28.6
직업성암	228	134	58.8	303	190	62.7	302	220	72.8
정신질병	169	70	41.4	186	104	55.9	226	166	73.5
세균성질병	109	56	51.4	75	50	66.7	81	51	63.0
간질병	52	25	48.1	14	3	21.4	22	4	18.2
기	359	122	34.0	329	135	41.0	386	161	41.7

4. 직업성 암의 예방

(1) 직업성 암을 예방하는 방법

직업성 암은 업무상 발암물질에 노출되어 발생하는 것이다. 따라서 이를 제거하거나 노출되지 않도록 하면 예방이 가능하다. 사업장은 예방적인 활동이 필요한 아주 중요한 곳으로, 사업장에서 취급하는 물질의 물질명, 사용용도, 물질이 인체의 미치는 영향에 대하여 알고 있어야 한다. 이것은 사용하는 물질의 물질안전보건자료(MSDS)로 확인할 수

---

17) 김경화, "직업성 암 요양결정사례 및 판례분석 연구", 근로복지공단 근로복지연구원, 12면.

있는데, 이 자료를 잘 활용하면 근로자의 알 권리의 충족뿐만 아니라 유해화학물질로 인한 재해와 직업병 등을 예방할 수 있고 사고 시 신속하게 대처할 수도 있다. 물질 안전보건 자료가 화학물질의 안전한 사용을 위한 설명서로서의 역할을 제대로 하려면 작업장 내 근로자들이 쉽게 볼 수 있는 장소에 비치되어야 한다.

기업은 적극적으로 발암물질을 대체물질로 전환시키는 사업을 추진해야 할 뿐만 아니라 불가피하게 발암성 물질을 사용할 경우에는 근로자가 발암물질에 노출되지 않도록 배기설비 및 안전장치가 제대로 구비 및 작동되어야 한다.

(2) 직업성 암 예방의 일반 원칙

직업성 암은 산업화에 따른 필수 불가결한 요소로 피할 수 없는 것은 아니다. 오히려 일반적인 개인적인 생활습관 요인보다 직업성 발암물질의 사업장에 대한 노출을 예방하고 최소화하는 것이 더 쉬울 수도 있다. 지금까지 최초의 굴뚝 청소부에 의한 음낭암, 방향족 아민 에 의한 방광암, 벤젠에 의한 백혈병 및 석면에 의한 악성중피종과 폐암은 산업화된 국가에서는 이미 예방 가능한 것으로 필요한 예방대책들이 실행되고 있다. 이에 따라 작업환경 노출에 대한 유의한 감소와 일부 일부 직업성 암의 감소현상이 나타나고 있다. Swerdlow(1990)[18]는 직업성 암 예방을 위해 다음 [표]에 제시하는 조치들과 같은 전략적 내용들을 제시하였다.

[직업성 암 예방을 위한 전략적 조치들]

1. 발암물질의 작업장 도입금지
   이는 거의 실현되기 어려운 다분히 이론적이고 이상적인 방안으로 여겨지지만, 실행 가능성이 전혀 없는 것도 아니다.

2. 알려진 발암물질의 제거
   도입금지 다음 가장좋은 선택은 알려진 발암물질을 작업장으로부터 제거하는 것이다. 영국에서 알파-나프틸아민과 베지딘 염료를 제조한느 공장의 폐쇄, 일본과 영국에서 겨자가스 공장의 폐쇄, 이스탄불의 제화산업에서 벤젠의 점진적인 제거 등의 사례가 있다.

3. 노출 수준의 축소
   대부분의 국가에서 이 전략을 적용하고 있다.

---

18) Swerdlow AJ(1990). Effectiveness of primary prevention of occupational exposures on cancer risk. In Hakama M, Veral V, Cullen JW and Parkin DM.eds. Evaluating Effectiveness of Primary Prevention of Cancer. Lyon, France: IARC scientific publication No.103, pp. 23-56

> 4. 위해행동의 축소
>
>   Port가 굴뚝 청소부에서 고환암의 존재를 보고한 이후로 1775년에 잉글랜드와 웨일즈에서 굴뚝 청소부가 굴뚝으로 올라가는 금지 법안이 통과 되었으며, 이후로 고환암의 숫자가 감소하였다(Waldron HA, 1983)[19]
>
> 5. 근로자의 보호의 확대
>
> 6. 작업장 발암물질의 노출에 대한 등록
>
>   핀란드에서는 작업장 발암물질의 노출을 지속적으로 등록하고 있다. 이러한 사업은 작업장에서 발암물질에 대한 노출을 감소시키는 데 최소한 부분적을 성공을 거둔 것으로 보인다.
>
> 7. 국제적 통계
>
>   위해산업과 위해폐기물의 이전을 통제하려는 노력이다. 제조국가가 책임을 져야만 한다. 선진국에서 환경과 보건상의 이유로 금지된 화학물질과 산업은 경제적 정치적 압력으로 인해 관심이 적은 국가로 이전되어서는 안된다.

직업성 암은 발암물질의 사용금지와 제한 등을 통하여 근로자의 노출을 제거하거나 최소화하는 것이 가장 좋은 예방대책이다. 그러나 산업사회에서 발암성 물질을 금지하거나 제한하는 것은 현실적으로 어려운 경우가 많다. 따라서 철저한 작업환경 관리와 보호구 착용 등 발암성 물질 노출을 최소화하고 조기발견 체계 구축 등 근로자 보호 대책을 수립하여 강력한 조치와 이행이 따를 수 있도록 법제화 하는 것이 현실적인 대책이 될 것이다.

일반적으로 발암인자에 노출빈도나 노출수준이 높으면 높을수록 암이 발생할 가능성도 높아진다. 즉, 암은 여러 가지 원인에 의해 발생하지만, 발암성 물질에 노출되는 빈도와 강도의 증가가 유력한 원인의 하나로 지목되고 있다. 따라서 노출을 줄이는 것은 발암물질에 노출로 인하여 암이 발생할 확률을 줄이는 것이다.

작업장에서 발암물질에 노출되는 경로는 호흡기로 흡입, 피부접촉 및 구강으로 섭취 등의 3가지이다. 노출경로에 따라서 미치는 영향에 차이가 있다. 직업성 암을 일으키는 발암물질은 대부분 공기를 통해 호흡기로 흡수된다. 일부 물질은 피부에 지속적으로 흡수되어 피부암을 일으키기도 한다. 전리방사선은 노출되는 신체 어느 곳을 통해서도 흡수된다.

---

19) Waldron HA(1983). A brief history of scrotal cancer. Br J Ind Med 40:390-401.

(3) **직업성 암 예방 수칙**[20]

직업성 암에 대한 예방대책이 산업안전보건 분야의 핵심 과제로 부각되고 있다. 이를 위해 사업장내 발암성 물질을 함유한 원료나 부품에 대해 특별한 관리가 이뤄져야 하고, 작업자의 위생 등에 대한 노력이 필요하다. 산업안전보건연구원 직업병관리센터가 제시하는 예방책은 다음과 같다.

[직업성 암 예방 수칙]

1. 우선일을 할 때 어떤 물질을 취급하는지 작업자가 스스로 알아야 한다.(이는 사용물질 사용물질의 물질안전보건자료 (MSDS) 로 확인할 수 있다 . 물질안전보건자료에는 화학물질의 이름 , 성질 , 유해위험성 , 비상시 조치사항 , 환경에 미치는 영향 등이 기록되어 있다. 이 자료는 근로자들이 쉽게 볼수 있는 장소에 비치하여야 한다)
2. 현장에서는 발암 물질을 사용하지 않아야 한다.
3. 대체물질이 있다면 대체물질을 써야 한다.
4. 불가피하게 발암성 물질을 사용할 때는 물질에 노출도지 않도록 밀폐하거나 배기장치를 설치한다.
5. 근로자는 반드시 보호구나 작업복을 착용해야 한다.
6. 작업장에서는 음식을 먹지 않아야 한다.(대부분의 독성물질은 위, 장에서 흡수된다. 발암물질도 위, 장에서 흡수 되는데 , 발암물질이 음식에 오염되면 암 발생 가능성이 높아진다. 때문에 작업장과 분리된 곳에 식당을 설치하고, 음식조리, 포장, 운반과정에 유해물질이 썩이지 않도록 주의해야 한다)
7. 작업복을 입고 출퇴근 하지 않도록 해야한다.
8. 작업 후에는 샤워를 한다.(피부나 머리카락 등에 남아있는 발암물질은 자신은 물론 가족까지 영향을 줄 수 있다)
9. 정기검진을 받고 건강관련 교육에 참석해야 한다.
10. 건강관리카드제도를 적극 활용한다.(직업병은 노출 후 오랜 기간이 지나 발생하기 때문에 이직, 퇴직한 후에 질병이 발생하는 경우가 많다. 이직 또는 퇴직 후에는 건강검진이나 특수건강진단 대상에서 제외도리 수 있으므로 건강 관리 수첩제도 활용해 검진을 받아야 한다)

---

[20] 김수근외 10, "직업성 암 관련 정보의 배포 및 확산을 위한 웹기반 통합 정보시스템 개발", 안전보건공단 산업안전보건연구원,(1) 2012, 133면.

5. 유해·위험물질의 분류 및 관리

(1) 산업안전보건법 기준의 작업장의 유해·위험물질의 분류 및 관리

- 산업안전보건법 제7장 유해·위험물질에 대한 조치
- 산업안전보건법 제1절 유해·위험물질에 대한 분류 및 관리
- 산업안전보건법 제104에 유해인자의 분류기준
- 산업안전보건법 제117조에 따른 유해·위험물질의 제조 등 금지
- 산업안전보건법 제118조에 따른 유해·위험물질의 제조 등 허가
- 산업안전보건법 제7장 제2절 석면에 대한 조치
- 산업안전보건법 시행령 제7장 유해·위험 물질에 대한 조치
- 산업안전보건법 시행령 제84조 유해인자 허용기준 이하 유지 대상 유해인자
- 산업안전보건법 시행령 제85조 유해성·위험성 조사 제외 화학물질
- 산업안전보건법 시행령 제86조 물질안전보건자료 작성·제출 제외 대상 화학물질
- 산업안전보건법 시행령 제87조 제조등이 금지되는 유해물질
- 산업안전보건법 시행령 제88조 허가대상 유해물질
- 산업안전보건법 시행규칙 제7장 유해·위험 물질에 대한 조치
- 산업안전보건법 시행규칙 제141조 유해인자의 분류기준
- 산업안전보건법 시행규칙 제143조 유해인자의 관리 등
- 산업안전보건법 시행규칙 제144조 유해인자의 노출기준의 설정 등
- 산업안전보건법 시행규칙 제145조 유해인자의 허용기준

등에서 해당 발암물질별로 관리하고 있다.

1) 유해인자의 분류

유해·위험물질의 분류는 「산업안전보건법」제104조(유해인자의 분류기준)에 "고용노동부장관은 고용노동부령으로 정하는 바에 따라 근로자에게 건강장해를 일으키는 화학물질 및 물리적 인자 등(이하 "유해인자"라 한다)의 유해성·위험성 분류기준을 마련하여야 한다", 고 명시되어 있으며, 산업안전보건법 시행규칙 141조에 의해 근로자에게 건강장해를 일으키는 화학물질 및 물리적 인자 등의 유해성·위험성 분류기준은 다음과 같이 분류한다.

[산업안전보건법 시행규칙 (별표 18)]

유해인자의 유해성·위험성 분류기준(제141조 관련)

1. **화학물질의 분류기준**

    가. **물리적 위험성 분류기준**

    1) **폭발성 물질** : 자체의 화학반응에 따라 주위환경에 손상을 줄 수 있는 정도의 온도·압력 및 속도를 가진 가스를 발생시키는 고체·액체 또는 혼합물

    2) **인화성 가스** : 20℃, 표준압력(101.3㎪)에서 공기와 혼합하여 인화되는 범위에 있는 가스와 54℃ 이하 공기 중에서 자연발화하는 가스를 말한다.(혼합물을 포함한다)

    3) **인화성 액체** : 표준압력(101.3㎪)에서 인화점이 93℃ 이하인 액체

    4) **인화성 고체** : 쉽게 연소되거나 마찰에 의하여 화재를 일으키거나 촉진할 수 있는 물질

    5) **에어로졸** : 재충전이 불가능한 금속·유리 또는 플라스틱 용기에 압축가스·액화가스 또는 용해가스를 충전하고 내용물을 가스에 현탁시킨 고체나 액상입자로, 액상 또는 가스상에서 폼·페이스트·분말상으로 배출되는 분사장치를 갖춘 것

    6) **물반응성 물질** : 물과 상호작용을 하여 자연발화되거나 인화성 가스를 발생시키는 고체·액체 또는 혼합물

    7) **산화성 가스** : 일반적으로 산소를 공급함으로써 공기보다 다른 물질의 연소를 더 잘 일으키거나 촉진하는 가스

    8) **산화성 액체** : 그 자체로는 연소하지 않더라도, 일반적으로 산소를 발생시켜 다른 물질을 연소시키거나 연소를 촉진하는 액체

    9) **산화성 고체** : 그 자체로는 연소하지 않더라도 일반적으로 산소를 발생시켜 다른 물질을 연소시키거나 연소를 촉진하는 고체

    10) **고압가스** : 20℃, 200킬로파스칼(kpa) 이상의 압력 하에서 용기에 충전되어 있는 가스 또는 냉동액화가스 형태로 용기에 충전되어 있는 가스(압축가스, 액화가스, 냉동액화가스, 용해가스로 구분한다)

    11) **자기반응성 물질** : 열적(熱的)인 면에서 불안정하여 산소가 공급되지 않아도 강렬하게 발열·분해하기 쉬운 액체·고체 또는 혼합물

    12) **자연발화성 액체** : 적은 양으로도 공기와 접촉하여 5분 안에 발화할 수 있는 액체

    13) **자연발화성 고체** : 적은 양으로도 공기와 접촉하여 5분 안에 발화할 수 있는 고체

14) **자기발열성 물질** : 주위의 에너지 공급 없이 공기와 반응하여 스스로 발열하는 물질(자기발화성 물질은 제외한다)

15) **유기과산화물** : 2가의 -O-O- 구조를 가지고 1개 또는 2개의 수소 원자가 유기라디칼에 의하여 치환된 과산화수소의 유도체를 포함한 액체 또는 고체 유기물질

16) **금속 부식성 물질** : 화학적인 작용으로 금속에 손상 또는 부식을 일으키는 물질

나. 건강 및 환경 유해성 분류기준

1) **급성 독성 물질** : 입 또는 피부를 통하여 1회 투여 또는 24시간 이내에 여러 차례로 나누어 투여하거나 호흡기를 통하여 4시간 동안 흡입하는 경우 유해한 영향을 일으키는 물질

2) **피부 부식성 또는 자극성 물질** : 접촉 시 피부조직을 파괴하거나 자극을 일으키는 물질(피부 부식성 물질 및 피부 자극성 물질로 구분한다)

3) **심한 눈 손상성 또는 자극성 물질** : 접촉 시 눈 조직의 손상 또는 시력의 저하 등을 일으키는 물질(눈 손상성 물질 및 눈 자극성 물질로 구분한다)

4) **호흡기 과민성 물질** : 호흡기를 통하여 흡입되는 경우 기도에 과민반응을 일으키는 물질

5) **피부 과민성 물질** : 피부에 접촉되는 경우 피부 알레르기 반응을 일으키는 물질

6) **발암성 물질** : 암을 일으키거나 그 발생을 증가시키는 물질

7) **생식세포 변이원성 물질** : 자손에게 유전될 수 있는 사람의 생식세포에 돌연변이를 일으킬 수 있는 물질

8) **생식독성 물질** : 생식기능, 생식능력 또는 태아의 발생·발육에 유해한 영향을 주는 물질

9) **특정 표적장기 독성 물질(1회 노출)** : 1회 노출로 특정 표적장기 또는 전신에 독성을 일으키는 물질

10) **특정 표적장기 독성 물질(반복 노출)** : 반복적인 노출로 특정 표적장기 또는 전신에 독성을 일으키는 물질

11) **흡인 유해성 물질** : 액체 또는 고체 화학물질이 입이나 코를 통하여 직접적으로 또는 구토로 인하여 간접적으로, 기관 및 더 깊은 호흡기관으로 유입되어 화학적 폐렴, 다양한 폐 손상이나 사망과 같은 심각한 급성 영향을 일으키는 물질

12) **수생 환경 유해성 물질** : 단기간 또는 장기간의 노출로 수생생물에 유해한 영향을 일으키는 물질

13) **오존층 유해성 물질** : 「오존층 보호를 위한 특정물질의 제조규제 등에 관한 법률」 제2조제1호에 따른 특정물질

2. 물리적 인자의 분류기준

　가. 소음 : 소음성난청을 유발할 수 있는 85데시벨(A) 이상의 시끄러운 소리

　나. 진동 : 착암기, 손망치 등의 공구를 사용함으로써 발생되는 백랍병·레이노 현상·말초순환장애 등의 국소 진동 및 차량 등을 이용함으로써 발생되는 관절통·디스크·소화장애 등의 전신 진동

　다. 방사선 : 직접·간접으로 공기 또는 세포를 전리하는 능력을 가진 알파선·베타선·감마선·엑스선·중성자선 등의 전자선

　라. 이상기압 : 게이지 압력이 제곱센티미터당 1킬로그램 초과 또는 미만인 기압

　마. 이상기온 : 고열·한랭·다습으로 인하여 열사병·동상·피부질환 등을 일으킬 수 있는 기온

3. 생물학적 인자의 분류기준

　가. 혈액매개 감염인자 : 인간면역결핍바이러스, B형·C형간염바이러스, 매독바이러스 등 혈액을 매개로 다른 사람에게 전염되어 질병을 유발하는 인자

　나. 공기매개 감염인자 : 결핵·수두·홍역 등 공기 또는 비말감염 등을 매개로 호흡기를 통하여 전염되는 인자

　다. 곤충 및 동물매개 감염인자 : 쯔쯔가무시증, 렙토스피라증, 유행성출혈열 등 동물의 배설물 등에 의하여 전염되는 인자 및 탄저병, 브루셀라병 등 가축 또는 야생동물로부터 사람에게 감염되는 인자

※ 비 고

제1호에 따른 화학물질의 분류기준 중 가목에 따른 물리적 위험성 분류기준별 세부 구분기준과 나목에 따른 건강 및 환경 유해성 분류기준의 단일물질 분류기준별 세부 구분기준 및 혼합물질의 분류기준은 고용노동부장관이 정하여 고시한다.

2) 구체적인 관리 내용

가. 제조금지

산업안전보건법 제117에는 유해·위험물질의 제조 등 금지에 대하여 , 시행령 제87조에는 제조 등이 금지되는 유해물질에 대하여, 시행규칙 제172조에는 제조 등이 금지되는 물질의 사용승인 신청등에 대한 법 조항으로 제조 금지에 대하여 제시하고 있다.

[산업안전보건법 (법률 제17433호, 2020. 6. 9., 일부개정)]

> 제117조(유해·위험물질의 제조 등 금지) ① 누구든지 다음 각 호의 어느 하나에 해당하는 물질로서 대통령령으로 정하는 물질(이하 "제조등금지물질"이라 한다)을 제조·수입·양도·제공 또는 사용해서는 아니 된다.
> 1. 직업성 암을 유발하는 것으로 확인되어 근로자의 건강에 특히 해롭다고 인정되는 물질
> 2. 제105조제1항에 따라 유해성·위험성이 평가된 유해인자나 제109조에 따라 유해성·위험성이 조사된 화학물질 중 근로자에게 중대한 건강장해를 일으킬 우려가 있는 물질
>
> ② 제1항에도 불구하고 시험·연구 또는 검사 목적의 경우로서 다음 각 호의 어느 하나에 해당하는 경우에는 제조등금지물질을 제조·수입·양도·제공 또는 사용할 수 있다.
> 1. 제조·수입 또는 사용을 위하여 고용노동부령으로 정하는 요건을 갖추어 고용노동부장관의 승인을 받은 경우
> 2. 「화학물질관리법」 제18조제1항 단서에 따른 금지물질의 판매 허가를 받은 자가 같은 항 단서에 따라 판매 허가를 받은 자나 제1호에 따라 사용 승인을 받은 자에게 제조등금지물질을 양도 또는 제공하는 경우
>
> ③ 고용노동부장관은 제2항제1호에 따른 승인을 받은 자가 같은 호에 따른 승인요건에 적합하지 아니하게 된 경우에는 승인을 취소하여야 한다.
>
> ④ 제2항제1호에 따른 승인 절차, 승인 취소 절차, 그 밖에 필요한 사항은 고용노동부령으로 정한다.

[산업안전보건법 시행령 (대통령령 제30509호, 2020. 3. 3., 타법개정)]

제87조(제조 등이 금지되는 유해물질) 법 제117조제1항에서 "대통령령으로 정하는 물질"이란 다음 각 호의 물질을 말한다.

1. β-나프틸아민[91-59-8]과 그 염(β-Naphthylamine and its salts)
2. 4-니트로디페닐[92-93-3]과 그 염(4-Nitrodiphenyl and its salts)
3. 백연[1319-46-6]을 함유한 페인트(함유된 중량의 비율이 2퍼센트 이하인 것은 제외한다)
4. 벤젠[71-43-2]을 함유하는 고무풀(함유된 중량의 비율이 5퍼센트 이하인 것은 제외한다)
5. 석면(Asbestos; 1332-21-4 등)
6. 폴리클로리네이티드 터페닐(Polychlorinated terphenyls; 61788-33-8 등)
7. 황린(黃燐)[12185-10-3] 성냥(Yellow phosphorus match)
8. 제1호, 제2호, 제5호 또는 제6호에 해당하는 물질을 함유한 혼합물(함유된 중량의 비율이 1퍼센트 이하인 것은 제외한다)
9. 「화학물질관리법」 제2조제5호에 따른 금지물질(같은 법 제3조제1항제1호부터 제12호까지의 규정에 해당하는 화학물질은 제외한다)
10. 그 밖에 보건상 해로운 물질로서 산업재해보상보험및예방심의위원회의 심의를 거쳐 고용노동부장관이 정하는 유해물질

[산업안전보건법 시행규칙 (고용노동부령 제272호, 2019. 12. 26., 전부개정)]

제172조(제조 등이 금지되는 물질의 사용승인 신청 등) ① 법 제117조제2항제1호에 따라 제조등금지물질의 제조·수입 또는 사용승인을 받으려는 자는 별지 제70호서식의 신청서에 다음 각 호의 서류를 첨부하여 관할 지방고용노동관서의 장에게 제출해야 한다.

1. 시험·연구계획서(제조·수입·사용의 목적·양 등에 관한 사항이 포함되어야 한다)
2. 산업보건 관련 조치를 위한 시설·장치의 명칭·구조·성능 등에 관한 서류
3. 해당 시험·연구실(작업장)의 전체 작업공정도, 각 공정별로 취급하는 물질의 종류·취급량 및 공정별 종사 근로자 수에 관한 서류

② 지방고용노동관서의 장은 제1항에 따라 제조·수입 또는 사용 승인신청서가 접수된 경우에는 다음 각 호의 사항을 심사하여 신청서가 접수된 날부터 20일 이내에 별지 제71호서식의 승인서를 신청인에게 발급하거나 불승인 사실을 알려야 한다. 다만, 수입승인은 해당 물질에 대하여 사용승인을 했거나 사용승인을 하는 경우에만 할 수 있다.

1. 제1항에 따른 신청서 및 첨부서류의 내용이 적정한지 여부
2. 제조·사용설비 등이 안전보건규칙 제33조 및 제499조부터 제511조까지의 규정에 적합한지 여부
3. 수입하려는 물질이 사용승인을 받은 물질과 같은지 여부, 사용승인 받은 양을 초과하는지 여부, 그 밖에 사용승인신청 내용과 일치하는지 여부(수입승인의 경우만 해당한다)

③ 제2항에 따라 승인을 받은 자는 승인서를 분실하거나 승인서가 훼손된 경우에는 재발급을 신청할 수 있다.

④ 제2항에 따라 승인을 받은 자가 해당 업무를 폐지하거나 법 제117조제3항에 따라 승인이 취소된 경우에는 즉시 승인서를 관할 지방고용노동관서의 장에게 반납해야 한다.

나. 제조허가

산업안전보건법 제118에는 유해·위험물질의 제조 등 허가에 대하여 . 시행령 제88조에는 허가대상 유해물질에 대하여, 시행규칙 제172조에는 제조 등 허가의 신청 및 심사등에 대한 법 조항으로 제조 허가에 대하여 제시하고 있다.

[산업안전보건법 (법률 제17433호, 2020. 6. 9., 일부개정)]

제118조(유해·위험물질의 제조 등 허가) ① 제117조제1항 각 호의 어느 하나에 해당하는 물질로서 대체물질이 개발되지 아니한 물질 등 대통령령으로 정하는 물질(이하 "허가대상물질"이라 한다)을 제조하거나 사용하려는 자는 고용노동부장관의 허가를 받아야 한다. 허가받은 사항을 변경할 때에도 또한 같다.

② 허가대상물질의 제조·사용설비, 작업방법, 그 밖의 허가기준은 고용노동부령으로 정한다.

③ 제1항에 따라 허가를 받은 자(이하 "허가대상물질제조·사용자"라 한다)는 그 제조·사용설비를 제2항에 따른 허가기준에 적합하도록 유지하여야 하며, 그 기준에 적합한 작업방법으로 허가대상물질을 제조·사용하여야 한다.

④ 고용노동부장관은 허가대상물질제조·사용자의 제조·사용설비 또는 작업방법이 제2항에 따른 허가기준에 적합하지 아니하다고 인정될 때에는 그 기준에 적합하도록 제조·사용설비를 수리·개조 또는 이전하도록 하거나 그 기준에 적합한 작업방법으로 그 물질을 제조·사용하도록 명할 수 있다.

⑤ 고용노동부장관은 허가대상물질제조·사용자가 다음 각 호의 어느 하나에 해당하면 그 허가를 취소하거나 6개월 이내의 기간을 정하여 영업을 정지하게 할 수 있다. 다만, 제1호에 해당할 때에는 그 허가를 취소하여야 한다.

1. 거짓이나 그 밖의 부정한 방법으로 허가를 받은 경우
2. 제2항에 따른 허가기준에 맞지 아니하게 된 경우
3. 제3항을 위반한 경우
4. 제4항에 따른 명령을 위반한 경우
5. 자체검사 결과 이상을 발견하고도 즉시 보수 및 필요한 조치를 하지 아니한 경우
⑥ 제1항에 따른 허가의 신청절차, 그 밖에 필요한 사항은 고용노동부령으로 정한다.

[산업안전보건법 시행령 (대통령령 제30509호, 2020. 3. 3., 타법개정)]

제88조(허가 대상 유해물질) 법 제118조제1항 전단에서 "대체물질이 개발되지 아니한 물질 등 대통령령으로 정하는 물질"이란 다음 각 호의 물질을 말한다.

1. α-나프틸아민[134-32-7] 및 그 염(α-Naphthylamine and its salts)
2. 디아니시딘[119-90-4] 및 그 염(Dianisidine and its salts)
3. 디클로로벤지딘[91-94-1] 및 그 염(Dichlorobenzidine and its salts)
4. 베릴륨(Beryllium; 7440-41-7)
5. 벤조트리클로라이드(Benzotrichloride; 98-07-7)
6. 비소[7440-38-2] 및 그 무기화합물(Arsenic and its inorganic compounds)
7. 염화비닐(Vinyl chloride; 75-01-4)
8. 콜타르피치[65996-93-2] 휘발물(Coal tar pitch volatiles)
9. 크롬광 가공(열을 가하여 소성 처리하는 경우만 해당한다)(Chromite ore processing)
10. 크롬산 아연(Zinc chromates; 13530-65-9 등)
11. o-톨리딘[119-93-7] 및 그 염(o-Tolidine and its salts)
12. 황화니켈류(Nickel sulfides; 12035-72-2, 16812-54-7)
13. 제1호부터 제4호까지 또는 제6호부터 제12호까지의 어느 하나에 해당하는 물질을 함유한 혼합물(함유된 중량의 비율이 1퍼센트 이하인 것은 제외한다)
14. 제5호의 물질을 함유한 혼합물(함유된 중량의 비율이 0.5퍼센트 이하인 것은 제외한다)
15. 그 밖에 보건상 해로운 물질로서 산업재해보상보험및예방심의위원회의 심의를 거쳐 고용노동부장관이 정하는 유해물질

[산업안전보건법 시행규칙 (고용노동부령 제272호, 2019. 12. 26., 전부개정)]

> 제173조(제조 등 허가의 신청 및 심사) ① 법 제118조제1항에 따른 유해물질(이하 "허가대상물질"이라 한다)의 제조허가 또는 사용허가를 받으려는 자는 별지 제72호서식의 제조·사용 허가신청서에 다음 각 호의 서류를 첨부하여 관할 지방고용노동관서의 장에게 제출해야 한다.
> 1. 사업계획서(제조·사용의 목적·양 등에 관한 사항이 포함되어야 한다)
> 2. 산업보건 관련 조치를 위한 시설·장치의 명칭·구조·성능 등에 관한 서류
> 3. 해당 사업장의 전체 작업공정도, 각 공정별로 취급하는 물질의 종류·취급량 및 공정별 종사 근로자 수에 관한 서류
> ② 지방고용노동관서의 장은 제1항에 따라 제조·사용허가신청서가 접수되면 다음 각 호의 사항을 심사하여 신청서가 접수된 날부터 20일 이내에 별지 제73호서식의 허가증을 신청인에게 발급하거나 불허가 사실을 알려야 한다.
> 1. 제1항에 따른 신청서 및 첨부서류의 내용이 적정한지 여부
> 2. 제조·사용 설비 등이 안전보건규칙 제33조, 제35조제1항(같은 규칙 별표 2 제16호 및 제17호에 해당하는 경우로 한정한다) 및 같은 규칙 제453조부터 제486조까지의 규정에 적합한지 여부
> 3. 그 밖에 법 또는 법에 따른 명령의 이행에 관한 사항
> ③ 지방고용노동관서의 장은 제2항에 따라 제조·사용허가신청서를 심사하기 위하여 필요한 경우 공단에 신청서 및 첨부서류의 검토 등을 요청할 수 있다.
> ④ 공단은 제3항에 따라 요청을 받은 경우에는 요청받은 날부터 10일 이내에 그 결과를 지방고용노동관서의 장에게 보고해야 한다.
> ⑤ 허가대상물질의 제조·사용 허가증의 재발급, 허가증의 반납에 관하여는 제172조제3항 및 제4항을 준용한다. 이 경우 "승인"은 "허가"로, "승인서"는 "허가증"으로 본다.

다. 석면관리 제도

석면관리 제도에 대해서는 산업안전보건법 제7장 제2절 석면에 대한 조치, 제119조(석면조사), 제120조(석면조사기관), 제121조(석면해체·제거업의 등록 등) 제122조(석면의 해체·철거), 제123조(석면해체·제거 작업기준의 준수), 제124조(석면농도기준의 준수)의 법조항에거 구체적인 관리 제도를 제시하고 있다.

라. 유해인자의 노출기준

산업안전보건법 제106조(유해인자의 노출기준 설정)에 의하여 고용노동부장관은 산업안전보건법 제105조제1항에 따른 유해성·위험성 평가 결과 등 고용노동부령으로 정하는

사항을 고려하여 유해인자의 노출기준을 정하여 고시하여야 한다고 명시하고 있다. 또한 동법 시행규칙 제144조(유해인자의 노출기준의 설정 등)에 고용노동부 장관이 노출기준을 산업안전보건법 제106조에 따라 정할 경우 ① 해당 유해인자에 따른 건강장해에 관한 연구·실태조사의 결과 ② 해당 유해인자의 유해성·위험성의 평가 결과 ③ 해당 유해인자의 노출기준 적용에 관한 기술적 타당성을 고려하여 정해야 한다고 명시하고 있다.

마. 유해인자의 허용기준의 준수

유해인자의 허용기준의 준수에 대해서는 산업안전보건법 제107조(유해인자 허용기준의 준수)와 시행령 제84조(유해인자 허용기준 이하 유지대상 유해인자)에 의한다. 사업주는 발암성 물질 등 근로자에게 중대한 건강장해를 유발할 우려가 있는 유해인자로서 대통령령으로 정하는 유해인자는 작업장 내의 그 노출 농도를 고용노동부령으로 정하는 허용기준 이하로 유지하여야 한다. 대통령령으로 정하는 유해인자는 다음과 같다.

[산업안전보건법 시행령 (별표 26)]

유해인자 허용기준 이하 유지 대상 유해인자(제84조 관련)

1. 6가크롬[18540-29-9] 화합물(Chromium VI compounds)
2. 납[7439-92-1] 및 그 무기화합물(Lead and its inorganic compounds)
3. 니켈[7440-02-0] 화합물(불용성 무기화합물로 한정한다)(Nickel and its insoluble inorganic compounds)
4. 니켈카르보닐(Nickel carbonyl; 13463-39-3)
5. 디메틸포름아미드(Dimethylformamide; 68-12-2)
6. 디클로로메탄(Dichloromethane; 75-09-2)
7. 1,2-디클로로프로판(1,2-Dichloropropane; 78-87-5)
8. 망간[7439-96-5] 및 그 무기화합물(Manganese and its inorganic compounds)
9. 메탄올(Methanol; 67-56-1)
10. 메틸렌 비스(페닐 이소시아네이트)(Methylene bis(phenyl isocyanate); 101-68-8 등)
11. 베릴륨[7440-41-7] 및 그 화합물(Beryllium and its compounds)
12. 벤젠(Benzene; 71-43-2)
13. 1,3-부타디엔(1,3-Butadiene; 106-99-0)
14. 2-브로모프로판(2-Bromopropane; 75-26-3)
15. 브롬화 메틸(Methyl bromide; 74-83-9)

16. 산화에틸렌(Ethylene oxide; 75-21-8)
17. 석면(제조·사용하는 경우만 해당한다)(Asbestos; 1332-21-4 등)
18. 수은[7439-97-6] 및 그 무기화합물(Mercury and its inorganic compounds)
19. 스티렌(Styrene; 100-42-5)
20. 시클로헥사논(Cyclohexanone; 108-94-1)
21. 아닐린(Aniline; 62-53-3)
22. 아크릴로니트릴(Acrylonitrile; 107-13-1)
23. 암모니아(Ammonia; 7664-41-7 등)
24. 염소(Chlorine; 7782-50-5)
25. 염화비닐(Vinyl chloride; 75-01-4)
26. 이황화탄소(Carbon disulfide; 75-15-0)
27. 일산화탄소(Carbon monoxide; 630-08-0)
28. 카드뮴[7440-43-9] 및 그 화합물(Cadmium and its compounds)
29. 코발트[7440-48-4] 및 그 무기화합물(Cobalt and its inorganic compounds)
30. 콜타르피치[65996-93-2] 휘발물(Coal tar pitch volatiles)
31. 톨루엔(Toluene; 108-88-3)
32. 톨루엔-2,4-디이소시아네이트(Toluene-2,4-diisocyanate; 584-84-9 등)
33. 톨루엔-2,6-디이소시아네이트(Toluene-2,6-diisocyanate; 91-08-7 등)
34. 트리클로로메탄(Trichloromethane; 67-66-3)
35. 트리클로로에틸렌(Trichloroethylene; 79-01-6)
36. 포름알데히드(Formaldehyde; 50-00-0)
37. n-헥산(n-Hexane; 110-54-3)
38. 황산(Sulfuric acid; 7664-93-9)

[산업안전보건법 시행규칙 (별표 19)]

유해인자별 노출 농도의 허용기준(제145조제1항 관련)

유해인자		허용기준			
		시간가중평균값 (TWA)		단시간 노출값 (STEL)	
		ppm	mg/m³	ppm	mg/m³
1. 6가크롬[18540-29-9] 화합물 (Chromium VI compounds)	불용성		0.01		
	수용성		0.05		
2. 납[7439-92-1] 및 그 무기화합물 (Lead and its inorganic compounds)			0.05		
3. 니켈[7440-02-0] 화합물 (불용성 무기화합물로 한정한다) (Nickel and its insoluble inorganic compounds)			0.2		
4. 니켈카르보닐(Nickel carbonyl; 13463-39-3)		0.001			
5. 디메틸포름아미드 (Dimethylformamide; 68-12-2)		10			
6. 디클로로메탄(Dichloromethane; 75-09-2)		50			
7. 1,2-디클로로프로판 (1,2-Dichloro propane; 78-87-5)		10		110	
8. 망간[7439-96-5] 및 그 무기화합물 (Manganese and its inorganic compounds)			1		
9. 메탄올(Methanol; 67-56-1)		200		250	
10. 메틸렌 비스(페닐 이소시아네이트) [Methylene bis(phenyl isocyanate); 101-68-8 등]		0.005			
11. 베릴륨[7440-41-7] 및 그 화합물 (Beryllium and its compounds)			0.002		0.01
12. 벤젠(Benzene; 71-43-2)		0.5		2.5	
13. 1,3-부타디엔(1,3-Butadiene; 106-99-0)		2		10	
14. 2-브로모프로판 (2-Bromopropane; 75-26-3)		1			
15. 브롬화 메틸(Methyl bromide; 74-83-9)		1			
16. 산화에틸렌(Ethylene oxide; 75-21-8)		1			
17. 석면(제조·사용하는 경우만 해당한다) (Asbestos; 1332-21-4 등)			0.1개 /cm³		

직업성 암을 유발하는 발암물질 I

물질명				
18. 수은[7439-97-6] 및 그 무기화합물 (Mercury and its inorganic compounds)		0.025		
19. 스티렌(Styrene; 100-42-5)	20		40	
20. 시클로헥사논(Cyclohexanone; 108-94-1)	25		50	
21. 아닐린(Aniline; 62-53-3)	2			
22. 아크릴로니트릴(Acrylonitrile; 107-13-1)	2			
23. 암모니아(Ammonia; 7664-41-7 등)	25		35	
24. 염소(Chlorine; 7782-50-5)	0.5		1	
25. 염화비닐(Vinyl chloride; 75-01-4)	1			
26. 이황화탄소(Carbon disulfide; 75-15-0)	1			
27. 일산화탄소(Carbon monoxide; 630-08-0)	30		200	
28. 카드뮴[7440-43-9] 및 그 화합물 (Cadmium and its compounds)		0.01 (호흡성 분진인 경우 0.002)		
29. 코발트[7440-48-4] 및 그 무기화합물 (Cobalt and its inorganic compounds)		0.02		
30. 콜타르피치[65996-93-2] 휘발물 (Coal tar pitch volatiles)		0.2		
31. 톨루엔(Toluene; 108-88-3)	50		150	
32. 톨루엔-2,4-디이소시아네이트 (Toluene-2,4-diisocyanate; 584-84-9 등)	0.005		0.02	
33. 톨루엔-2,6-디이소시아네이트 (Toluene-2,6-diisocyanate; 91-08-7 등)	0.005		0.02	
34. 트리클로로메탄 (Trichloromethane; 67-66-3)	10			
35. 트리클로로에틸렌 (Trichloroethylene; 79-01-6)	10		25	
36. 포름알데히드(Formaldehyde; 50-00-0)	0.3			
37. n-헥산(n-Hexane; 110-54-3)	50			
38. 황산(Sulfuric acid; 7664-93-9)		0.2		0.6

※ 비 고

1. "시간가중평균값(TWA, Time-Weighted Average)"이란 1일 8시간 작업을 기준으로 한 평균노출농도로서 산출공식은 다음과 같다.

$$TWA \text{ 환산값} = \frac{C_1 \cdot T_1 + C_1 \cdot T_1 + \cdots + C_n \cdot T_n}{8}$$

주) C : 유해인자의 측정농도(단위 : ppm, mg/m³ 또는 개/cm³)
　　T : 유해인자의 발생시간(단위 : 시간)

2. "단시간 노출값(STEL, Short-Term Exposure Limit)"이란 15분 간의 시간가중평균값으로서 노출 농도가 시간가중평균값을 초과하고 단시간 노출값 이하인 경우에는 ① 1회 노출 지속시간이 15분 미만이어야 하고, ② 이러한 상태가 1일 4회 이하로 발생해야 하며, ③ 각 회의 간격은 60분 이상이어야 한다.
3. "등"이란 해당 화학물질에 이성질체 등 동일 속성을 가지는 2개 이상의 화합물이 존재할 수 있는 경우를 말한다.

[산업안전보건법 시행령 (별표 13)]

유해·위험물질 규정량(제43조제1항 관련)

번호	유해·위험물질	CAS번호	규정량(kg)
1	인화성 가스	-	제조·취급 : 5,000 (저장 : 200,000)
2	인화성 액체	-	제조·취급 : 5,000 (저장 : 200,000)
3	메틸 이소시아네이트	624-83-9	제조·취급·저장 : 1,000
4	포스겐	75-44-5	제조·취급·저장 : 500
5	아크릴로니트릴	107-13-1	제조·취급·저장 : 10,000
6	암모니아	7664-41-7	제조·취급·저장 : 10,000
7	염소	7782-50-5	제조·취급·저장: 1,500
8	이산화황	7446-09-5	제조·취급·저장: 10,000
9	삼산화황	7446-11-9	제조·취급·저장 : 10,000
10	이황화탄소	75-15-0	제조·취급·저장: 10,000
11	시안화수소	74-90-8	제조·취급·저장: 500
12	불화수소(무수불산)	7664-39-3	제조·취급·저장: 1,000
13	염화수소(무수염산)	7647-01-0	제조·취급·저장: 10,000
14	황화수소	7783-06-4	제조·취급·저장: 1,000
15	질산암모늄	6484-52-2	제조·취급·저장: 500,000
16	니트로글리세린	55-63-0	제조·취급·저장: 10,000

17	트리니트로톨루엔	118-96-7	제조·취급·저장: 50,000
18	수소	1333-74-0	제조·취급·저장: 5,000
19	산화에틸렌	75-21-8	제조·취급·저장: 1,000
20	포스핀	7803-51-2	제조·취급·저장: 500
21	실란(Silane)	7803-62-5	제조·취급·저장: 1,000
22	질산(중량 94.5% 이상)	7697-37-2	제조·취급·저장: 50,000
23	발연황산(삼산화황 중량 65% 이상 80% 미만)	8014-95-7	제조·취급·저장: 20,000
24	과산화수소(중량 52% 이상)	7722-84-1	제조·취급·저장: 10,000
25	톨루엔 디이소시아네이트	91-08-7, 584-84-9, 26471-62-5	제조·취급·저장: 2,000
26	클로로술폰산	7790-94-5	제조·취급·저장: 10,000
27	브롬화수소	10035-10-6	제조·취급·저장: 10,000
28	삼염화인	7719-12-2	제조·취급·저장: 10,000
29	염화 벤질	100-44-7	제조·취급·저장: 2,000
30	이산화염소	10049-04-4	제조·취급·저장: 500
31	염화 티오닐	7719-09-7	제조·취급·저장: 10,000
32	브롬	7726-95-6	제조·취급·저장: 1,000
33	일산화질소	10102-43-9	제조·취급·저장: 10,000
34	붕소 트리염화물	10294-34-5	제조·취급·저장: 10,000
35	메틸에틸케톤과산화물	1338-23-4	제조·취급·저장: 10,000
36	삼불화 붕소	7637-07-2	제조·취급·저장: 1,000
37	니트로아닐린	88-74-4, 99-09-2, 100-01-6, 29757-24-2	제조·취급·저장: 2,500
38	염소 트리플루오르화	7790-91-2	제조·취급·저장: 1,000
39	불소	7782-41-4	제조·취급·저장: 500
40	시아누르 플루오르화물	675-14-9	제조·취급·저장: 2,000
41	질소 트리플루오르화물	7783-54-2	제조·취급·저장: 20,000
42	니트로 셀룰로오스 (질소 함유량 12.6% 이상)	9004-70-0	제조·취급·저장: 100,000
43	과산화벤조일	94-36-0	제조·취급·저장: 3,500
44	과염소산 암모늄	7790-98-9	제조·취급·저장: 3,500

45	디클로로실란	4109-96-0	제조·취급·저장: 1,000
46	디에틸 알루미늄 염화물	96-10-6	제조·취급·저장: 10,000
47	디이소프로필 퍼옥시디카보네이트	105-64-6	제조·취급·저장: 3,500
48	불산(중량 10% 이상)	7664-39-3	제조·취급·저장: 10,000
49	염산(중량 20% 이상)	7647-01-0	제조·취급·저장: 20,000
50	황산(중량 20% 이상)	7664-93-9	제조·취급·저장: 20,000
51	암모니아수(중량 20% 이상)	1336-21-6	제조·취급·저장: 50,000

※ 비 고

1. "인화성 가스"란 인화한계 농도의 최저한도가 13% 이하 또는 최고한도와 최저한도의 차가 12% 이상인 것으로서 표준압력(101.3 ㎪)에서 20℃에서 가스 상태인 물질을 말한다.

2. 인화성 가스 중 사업장 외부로부터 배관을 통해 공급받아 최초 압력조정기 후단 이후의 압력이 0.1 MPa(계기압력) 미만으로 취급되는 사업장의 연료용 도시가스(메탄 중량성분 85% 이상으로 이 표에 따른 유해·위험물질이 없는 설비에 공급되는 경우에 한정한다)는 취급 규정량을 50,000kg으로 한다.

3. 인화성 액체란 표준압력(101.3 ㎪)에서 인화점이 60℃ 이하이거나 고온·고압의 공정 운전조건으로 인하여 화재·폭발위험이 있는 상태에서 취급되는 가연성 물질을 말한다.

4. 인화점의 수치는 태그밀폐식 또는 펜스키마르테르식 등의 밀폐식 인화점 측정기로 표준압력(101.3 ㎪)에서 측정한 수치 중 작은 수치를 말한다.

5. 유해·위험물질의 규정량이란 제조·취급·저장 설비에서 공정과정 중에 저장되는 양을 포함하여 하루 동안 최대로 제조·취급 또는 저장할 수 있는 양을 말한다.

6. 규정량은 화학물질의 순도 100%를 기준으로 산출하되, 농도가 규정되어 있는 화학물질은 그 규정된 농도를 기준으로 한다.

7. 사업장에서 다음 각 목의 구분에 따라 해당 유해·위험물질을 그 규정량 이상 제조·취급·저장하는 경우에는 유해·위험설비로 본다.

   가. 한 종류의 유해·위험물질을 제조·취급·저장하는 경우: 해당 유해·위험물질의 규정량 대비 하루 동안 제조·취급 또는 저장할 수 있는 최대치 중 가장 큰 값($\frac{C}{T}$)이 1 이상인 경우

   나. 두 종류 이상의 유해·위험물질을 제조·취급·저장하는 경우: 유해·위험물질 별로 가목에 따른 가장 큰 값($\frac{C}{T}$)을 각각 구하여 합산한 값(R)이 1 이상인 경우, 그 계산식은 다음과 같다.

   $$R = \frac{C1}{T1} + \frac{C2}{T2} + \cdots\cdots + \frac{Cn}{Tn}$$

> 주) Cn : 유해·위험물질별(n) 규정량과 비교하여 하루 동안 제조·취급 또는 저장할 수 있는 최대치 중 가장 큰 값
> Tn : 유해·위험물질별(n) 규정량
> 8. 가스를 전문으로 저장·판매하는 시설 내의 가스는 이 표의 규정량 산정에서 제외한다.

바. 신규화학물질의 유해성·위험성 조사

산업안전보건법 제108조(신규화학물질의 유해성·위험성 조사)는 대통령령으로 정하는 화학물질 외의 화학물질(이하 "신규화학물질이라 한다)을 제조하거나 수입하려는 자(이하 "신규화학물질제조자등"이라 한다)는 신규화학물질에 의한 근로자의 건강장해를 예방하기 위하여 고용노동부령으로 정하는 바에 따라 그 신규화학물질의 유해성·위험성을 조사하고 그 조사보고서를 고용노동부장관에게 제출하여야 한다고 명시하고 있다. 또한 산업안전보건법 시행령 제85조에는 대통령령으로 정하는 화학물질에 대하여 명시하고 있으며, 화학물질은 다음과 같다.

[산업안전보건법 시행령 (대통령령 제30509호, 2020. 3. 3., 타법개정)]

> 제85조(유해성·위험성 조사 제외 화학물질) 법 제108조제1항 각 호 외의 부분 본문에서 "대통령령으로 정하는 화학물질"이란 다음 각 호의 어느 하나에 해당하는 화학물질을 말한다.
> 1. 원소
> 2. 천연으로 산출된 화학물질
> 3. 「건강기능식품에 관한 법률」 제3조제1호에 따른 건강기능식품
> 4. 「군수품관리법」 제2조 및 「방위사업법」 제3조제2호에 따른 군수품[「군수품관리법」 제3조에 따른 통상품(痛常品)은 제외한다]
> 5. 「농약관리법」 제2조제1호 및 제3호에 따른 농약 및 원제
> 6. 「마약류 관리에 관한 법률」 제2조제1호에 따른 마약류
> 7. 「비료관리법」 제2조제1호에 따른 비료
> 8. 「사료관리법」 제2조제1호에 따른 사료
> 9. 「생활화학제품 및 살생물제의 안전관리에 관한 법률」 제3조제7호 및 제8호에 따른 살생물물질 및 살생물제품
> 10. 「식품위생법」 제2조제1호 및 제2호에 따른 식품 및 식품첨가물
> 11. 「약사법」 제2조제4호 및 제7호에 따른 의약품 및 의약외품(醫藥外品)
> 12. 「원자력안전법」 제2조제5호에 따른 방사성물질

13. 「위생용품 관리법」 제2조제1호에 따른 위생용품
14. 「의료기기법」 제2조제1항에 따른 의료기기
15. 「총포・도검・화약류 등의 안전관리에 관한 법률」 제2조제3항에 따른 화약류
16. 「화장품법」 제2조제1호에 따른 화장품과 화장품에 사용하는 원료
17. 법 제108조제3항에 따라 고용노동부장관이 명칭, 유해성・위험성, 근로자의 건강장해 예방을 위한 조치 사항 및 연간 제조량・수입량을 공표한 물질로서 공표된 연간 제조량・수입량 이하로 제조하거나 수입한 물질
18. 고용노동부장관이 환경부장관과 협의하여 고시하는 화학물질 목록에 기록되어 있는 물질

사. 근로자의 환경에 대한 작업환경 측정

산업안전보건법 제125(작업환경측정)조에는 사업주는 유해인자로부터 근로자의 건강을 보호하고 쾌적한 작업환경을 조성하기 위하여 인체에 해로운 작업을 하는 작업장으로서 고용노동부령으로 정하는 작업장에 대하여 고용노동부령으로 정하는 자격을 가진 자로 하여금 작업환경측정을 하도록 한후 그 결과를 사업주는 작업환경측정 결과를 기록하여 보존하고 고용노동부령으로 정하는 바에 따라 고용노동부장관에게 보고하여야 한다. 라고 명시하고 있다.

"고용노동부령으로 정하는 작업장"이란 산업안전보건법 시행규칙[별표 21]의 작업환경측정 대상 유해인자에 노출되는 근로자가 있는 작업장을 말한다. [별표 21]은 다음과 같다.

[산업안전보건법 시행규칙 (별표 21)]

작업환경측정 대상 유해인자(제186조제1항 관련)

1. 화학적 인자

    가. 유기화합물(114종)

    1) 글루타르알데히드(Glutaraldehyde; 111-30-8)
    2) 니트로글리세린(Nitroglycerin; 55-63-0)
    3) 니트로메탄(Nitromethane; 75-52-5)
    4) 니트로벤젠(Nitrobenzene; 98-95-3)
    5) p-니트로아닐린(p-Nitroaniline; 100-01-6)
    6) p-니트로클로로벤젠(p-Nitrochlorobenzene; 100-00-5)
    7) 디니트로톨루엔(Dinitrotoluene; 25321-14-6 등)

8) N,N-디메틸아닐린(N,N-Dimethylaniline; 121-69-7)
9) 디메틸아민(Dimethylamine; 124-40-3)
10) N,N-디메틸아세트아미드(N,N-Dimethylacetamide; 127-19-5)
11) 디메틸포름아미드(Dimethylformamide; 68-12-2)
12) 디에탄올아민(Diethanolamine; 111-42-2)
13) 디에틸 에테르(Diethyl ether; 60-29-7)
14) 디에틸렌트리아민(Diethylenetriamine; 111-40-0)
15) 2-디에틸아미노에탄올(2-Diethylaminoethanol; 100-37-8)
16) 디에틸아민(Diethylamine; 109-89-7)
17) 1,4-디옥산(1,4-Dioxane; 123-91-1)
18) 디이소부틸케톤(Diisobutylketone; 108-83-8)
19) 1,1-디클로로-1-플루오로에탄
   (1,1-Dichloro-1-fluoroethane; 1717-00-6)
20) 디클로로메탄(Dichloromethane; 75-09-2)
21) o-디클로로벤젠(o-Dichlorobenzene; 95-50-1)
22) 1,2-디클로로에탄(1,2-Dichloroethane; 107-06-2)
23) 1,2-디클로로에틸렌(1,2-Dichloroethylene; 540-59-0 등)
24) 1,2-디클로로프로판(1,2-Dichloropropane; 78-87-5)
25) 디클로로플루오로메탄(Dichlorofluoromethane; 75-43-4)
26) p-디히드록시벤젠(p-Dihydroxybenzene; 123-31-9)
27) 메탄올(Methanol; 67-56-1)
28) 2-메톡시에탄올(2-Methoxyethanol; 109-86-4)
29) 2-메톡시에틸 아세테이트(2-Methoxyethyl acetate; 110-49-6)
30) 메틸 n-부틸 케톤(Methyl n-butyl ketone; 591-78-6)
31) 메틸 n-아밀 케톤(Methyl n-amyl ketone; 110-43-0)
32) 메틸 아민(Methyl amine; 74-89-5)
33) 메틸 아세테이트(Methyl acetate; 79-20-9)
34) 메틸 에틸 케톤(Methyl ethyl ketone; 78-93-3)
35) 메틸 이소부틸 케톤(Methyl isobutyl ketone; 108-10-1)
36) 메틸 클로라이드(Methyl chloride; 74-87-3)
37) 메틸 클로로포름(Methyl chloroform; 71-55-6)
38) 메틸렌 비스(페닐 이소시아네이트)
   [Methylene bis(phenyl isocyanate); 101-68-8 등]

39) o-메틸시클로헥사논(o-Methylcyclohexanone; 583-60-8)
40) 메틸시클로헥사놀(Methylcyclohexanol; 25639-42-3 등)
41) 무수 말레산(Maleic anhydride; 108-31-6)
42) 무수 프탈산(Phthalic anhydride; 85-44-9)
43) 벤젠(Benzene; 71-43-2)
44) 1,3-부타디엔(1,3-Butadiene; 106-99-0)
45) n-부탄올(n-Butanol; 71-36-3)
46) 2-부탄올(2-Butanol; 78-92-2)
47) 2-부톡시에탄올(2-Butoxyethanol; 111-76-2)
48) 2-부톡시에틸 아세테이트(2-Butoxyethyl acetate; 112-07-2)
49) n-부틸 아세테이트(n-Butyl acetate; 123-86-4)
50) 1-브로모프로판(1-Bromopropane; 106-94-5)
51) 2-브로모프로판(2-Bromopropane; 75-26-3)
52) 브롬화 메틸(Methyl bromide; 74-83-9)
53) 비닐 아세테이트(Vinyl acetate; 108-05-4)
54) 사염화탄소(Carbon tetrachloride; 56-23-5)
55) 스토다드 솔벤트(Stoddard solvent; 8052-41-3)
56) 스티렌(Styrene; 100-42-5)
57) 시클로헥사논(Cyclohexanone; 108-94-1)
58) 시클로헥사놀(Cyclohexanol; 108-93-0)
59) 시클로헥산(Cyclohexane; 110-82-7)
60) 시클로헥센(Cyclohexene; 110-83-8)
61) 아닐린[62-53-3] 및 그 동족체(Aniline and its homologues)
62) 아세토니트릴(Acetonitrile; 75-05-8)
63) 아세톤(Acetone; 67-64-1)
64) 아세트알데히드(Acetaldehyde; 75-07-0)
65) 아크릴로니트릴(Acrylonitrile; 107-13-1)
66) 아크릴아미드(Acrylamide; 79-06-1)
67) 알릴 글리시딜 에테르(Allyl glycidyl ether; 106-92-3)
68) 에탄올아민(Ethanolamine; 141-43-5)
69) 2-에톡시에탄올(2-Ethoxyethanol; 110-80-5)
70) 2-에톡시에틸 아세테이트(2-Ethoxyethyl acetate; 111-15-9)

71) 에틸 벤젠(Ethyl benzene; 100-41-4)

72) 에틸 아세테이트(Ethyl acetate; 141-78-6)

73) 에틸 아크릴레이트(Ethyl acrylate; 140-88-5)

74) 에틸렌 글리콜(Ethylene glycol; 107-21-1)

75) 에틸렌 글리콜 디니트레이트(Ethylene glycol dinitrate; 628-96-6)

76) 에틸렌 클로로히드린(Ethylene chlorohydrin; 107-07-3)

77) 에틸렌이민(Ethyleneimine; 151-56-4)

78) 에틸아민(Ethylamine; 75-04-7)

79) 2,3-에폭시-1-프로판올(2,3-Epoxy-1-propanol; 556-52-5 등)

80) 1,2-에폭시프로판(1,2-Epoxypropane; 75-56-9 등)

81) 에피클로로히드린(Epichlorohydrin; 106-89-8 등)

82) 요오드화 메틸(Methyl iodide; 74-88-4)

83) 이소부틸 아세테이트(Isobutyl acetate; 110-19-0)

84) 이소부틸 알코올(Isobutyl alcohol; 78-83-1)

85) 이소아밀 아세테이트(Isoamyl acetate; 123-92-2)

86) 이소아밀 알코올(Isoamyl alcohol; 123-51-3)

87) 이소프로필 아세테이트(Isopropyl acetate; 108-21-4)

88) 이소프로필 알코올(Isopropyl alcohol; 67-63-0)

89) 이황화탄소(Carbon disulfide; 75-15-0)

90) 크레졸(Cresol; 1319-77-3 등)

91) 크실렌(Xylene; 1330-20-7 등)

92) 클로로벤젠(Chlorobenzene; 108-90-7)

93) 1,1,2,2-테트라클로로에탄(1,1,2,2-Tetrachloroethane; 79-34-5)

94) 테트라히드로푸란(Tetrahydrofuran; 109-99-9)

95) 톨루엔(Toluene; 108-88-3)

96) 톨루엔-2,4-디이소시아네이트
(Toluene-2,4-diisocyanate; 584-84-9 등)

97) 톨루엔-2,6-디이소시아네이트(Toluene-2,6-diisocyanate; 91-08-7 등)

98) 트리에틸아민(Triethylamine; 121-44-8)

99) 트리클로로메탄(Trichloromethane; 67-66-3)

100) 1,1,2-트리클로로에탄(1,1,2-Trichloroethane; 79-00-5)

101) 트리클로로에틸렌(Trichloroethylene; 79-01-6)

102) 1,2,3-트리클로로프로판(1,2,3-Trichloropropane; 96-18-4)
103) 퍼클로로에틸렌(Perchloroethylene; 127-18-4)
104) 페놀(Phenol; 108-95-2)
105) 펜타클로로페놀(Pentachlorophenol; 87-86-5)
106) 포름알데히드(Formaldehyde; 50-00-0)
107) 프로필렌이민(Propyleneimine; 75-55-8)
108) n-프로필 아세테이트(n-Propyl acetate; 109-60-4)
109) 피리딘(Pyridine; 110-86-1)
110) 헥사메틸렌 디이소시아네이트
   (Hexamethylene diisocyanate; 822-06-0)
111) n-헥산(n-Hexane; 110-54-3)
112) n-헵탄(n-Heptane; 142-82-5)
113) 황산 디메틸(Dimethyl sulfate; 77-78-1)
114) 히드라진(Hydrazine; 302-01-2)
115) 1)부터 114)까지의 물질을 용량비율 1퍼센트 이상 함유한 혼합물

나. 금속류(24종)

1) 구리(Copper; 7440-50-8) (분진, 미스트, 흄)
2) 납[7439-92-1] 및 그 무기화합물(Lead and its inorganic compounds)
3) 니켈[7440-02-0] 및 그 무기화합물, 니켈 카르보닐[13463-39-3]
   (Nickel and its inorganic compounds, Nickel carbonyl)
4) 망간[7439-96-5] 및 그 무기화합물
   (Manganese and its inorganic compounds)
5) 바륨[7440-39-3] 및 그 가용성 화합물
   (Barium and its soluble compounds)
6) 백금[7440-06-4] 및 그 가용성 염(Platinum and its soluble salts)
7) 산화마그네슘(Magnesium oxide; 1309-48-4)
8) 산화아연(Zinc oxide; 1314-13-2) (분진, 흄)
9) 산화철(Iron oxide; 1309-37-1 등) (분진, 흄)
10) 셀레늄[7782-49-2] 및 그 화합물(Selenium and its compounds)
11) 수은[7439-97-6] 및 그 화합물(Mercury and its compounds)
12) 안티몬[7440-36-0] 및 그 화합물(Antimony and its compounds)
13) 알루미늄[7429-90-5] 및 그 화합물(Aluminum and its compounds)
14) 오산화바나듐(Vanadium pentoxide; 1314-62-1) (분진, 흄)

15) 요오드[7553-56-2] 및 요오드화물(Iodine and iodides)
16) 인듐[7440-74-6] 및 그 화합물(Indium and its compounds)
17) 은[7440-22-4] 및 그 가용성 화합물(Silver and its soluble compounds)
18) 이산화티타늄(Titanium dioxide; 13463-67-7)
19) 주석[7440-31-5] 및 그 화합물(Tin and its compounds)
 (수소화 주석은 제외한다)
20) 지르코늄[7440-67-7] 및 그 화합물(Zirconium and its compounds)
21) 카드뮴[7440-43-9] 및 그 화합물(Cadmium and its compounds)
22) 코발트[7440-48-4] 및 그 무기화합물(Cobalt and its inorganic compounds)
23) 크롬[7440-47-3] 및 그 무기화합물
 (Chromium and its inorganic compounds)
24) 텅스텐[7440-33-7] 및 그 화합물(Tungsten and its compounds)
25) 1)부터 24)까지의 규정에 따른 물질을 중량비율 1퍼센트 이상 함유한 혼합물

다. 산 및 알칼리류(17종)

1) 개미산(Formic acid; 64-18-6)
2) 과산화수소(Hydrogen peroxide; 7722-84-1)
3) 무수 초산(Acetic anhydride; 108-24-7)
4) 불화수소(Hydrogen fluoride; 7664-39-3)
5) 브롬화수소(Hydrogen bromide; 10035-10-6)
6) 수산화 나트륨(Sodium hydroxide; 1310-73-2)
7) 수산화 칼륨(Potassium hydroxide; 1310-58-3)
8) 시안화 나트륨(Sodium cyanide; 143-33-9)
9) 시안화 칼륨(Potassium cyanide; 151-50-8)
10) 시안화 칼슘(Calcium cyanide; 592-01-8)
11) 아크릴산(Acrylic acid; 79-10-7)
12) 염화수소(Hydrogen chloride; 7647-01-0)
13) 인산(Phosphoric acid; 7664-38-2)
14) 질산(Nitric acid; 7697-37-2)
15) 초산(Acetic acid; 64-19-7)
16) 트리클로로아세트산(Trichloroacetic acid; 76-03-9)
17) 황산(Sulfuric acid; 7664-93-9)
18) 1)부터 17)까지의 물질을 중량비율 1퍼센트 이상 함유한 혼합물

라. 가스 상태 물질류(15종)

  1) 불소(Fluorine; 7782-41-4)

  2) 브롬(Bromine; 7726-95-6)

  3) 산화에틸렌(Ethylene oxide; 75-21-8)

  4) 삼수소화 비소(Arsine; 7784-42-1)

  5) 시안화 수소(Hydrogen cyanide; 74-90-8)

  6) 암모니아(Ammonia; 7664-41-7 등)

  7) 염소(Chlorine; 7782-50-5)

  8) 오존(Ozone; 10028-15-6)

  9) 이산화질소(nitrogen dioxide; 10102-44-0)

  10) 이산화황(Sulfur dioxide; 7446-09-5)

  11) 일산화질소(Nitric oxide; 10102-43-9)

  12) 일산화탄소(Carbon monoxide; 630-08-0)

  13) 포스겐(Phosgene; 75-44-5)

  14) 포스핀(Phosphine; 7803-51-2)

  15) 황화수소(Hydrogen sulfide; 7783-06-4)

  16) 1)부터 15)까지의 물질을 용량비율 1퍼센트 이상 함유한 혼합물

마. 영 제88조에 따른 허가 대상 유해물질(12종)

  1) α-나프틸아민[134-32-7] 및 그 염(α-naphthylamine and its salts)

  2) 디아니시딘[119-90-4] 및 그 염(Dianisidine and its salts)

  3) 디클로로벤지딘[91-94-1] 및 그 염(Dichlorobenzidine and its salts)

  4) 베릴륨[7440-41-7] 및 그 화합물(Beryllium and its compounds)

  5) 벤조트리클로라이드(Benzotrichloride; 98-07-7)

  6) 비소[7440-38-2] 및 그 무기화합물
    (Arsenic and its inorganic compounds)

  7) 염화비닐(Vinyl chloride; 75-01-4)

  8) 콜타르피치[65996-93-2] 휘발물
    (Coal tar pitch volatiles as benzene soluble aerosol)

  9) 크롬광 가공[열을 가하여 소성(변형된 형태 유지) 처리하는 경우만 해당한다]
    (Chromite ore processing)

  10) 크롬산 아연(Zinc chromates; 13530-65-9 등)

  11) o-톨리딘[119-93-7] 및 그 염(o-Tolidine and its salts)

12) 황화니켈류(Nickel sulfides; 12035-72-2, 16812-54-7)

13) 1)부터 4)까지 및 6)부터 12)까지의 어느 하나에 해당하는 물질을 중량비율 1퍼센트 이상 함유한 혼합물

14) 5)의 물질을 중량비율 0.5퍼센트 이상 함유한 혼합물

바. 금속가공유[Metal working fluids(MWFs), 1종]

2. 물리적 인자(2종)

가. 8시간 시간가중평균 80dB 이상의 소음

나. 안전보건규칙 제558조에 따른 고열

3. 분진(7종)

가. 광물성 분진(Mineral dust)

1) 규산(Silica)

가) 석영(Quartz; 14808-60-7 등)

나) 크리스토발라이트(Cristobalite; 14464-46-1)

다) 트리디마이트(Trydimite; 15468-32-3)

2) 규산염(Silicates, less than 1% crystalline silica)

가) 소우프스톤(Soapstone; 14807-96-6)

나) 운모(Mica; 12001-26-2)

다) 포틀랜드 시멘트(Portland cement; 65997-15-1)

라) 활석(석면 불포함)
[Talc(Containing no asbestos fibers); 14807-96-6]

마) 흑연(Graphite; 7782-42-5)

3) 그 밖의 광물성 분진(Mineral dusts)

나. 곡물 분진(Grain dusts)

다. 면 분진(Cotton dusts)

라. 목재 분진(Wood dusts)

마. 석면 분진(Asbestos dusts; 1332-21-4 등)

바. 용접 흄(Welding fume)

사. 유리섬유(Glass fibers)

4. 그 밖에 고용노동부장관이 정하여 고시하는 인체에 해로운 유해인자

※ 비 고

"등"이란 해당 화학물질에 이성질체 등 동일 속성을 가지는 2개 이상의 화합물이 존재할 수 있는 경우를 말한다.

아. 건강진단

건강진단에 대해서는 산업안전보건법 제129조(일반건강진단)와 제130조(특수건강진단 등)에 명시하고 있다.

> **산업안전보건법 제129조(일반건강진단)** ① 사업주는 상시 사용하는 근로자의 건강관리를 위하여 건강진단(이하 "일반건강진단"이라 한다)을 실시하여야 한다. 다만, 사업주가 고용노동부령으로 정하는 건강진단을 실시한 경우에는 그 건강진단을 받은 근로자에 대하여 일반건강진단을 실시한 것으로 본다.
> ② 사업주는 제135조제1항에 따른 특수건강진단기관 또는 「건강검진기본법」 제3조제2호에 따른 건강검진기관(이하 "건강진단기관"이라 한다)에서 일반건강진단을 실시하여야 한다.
> ③ 일반건강진단의 주기·항목·방법 및 비용, 그 밖에 필요한 사항은 고용노동부령으로 정한다.

> **산업안전보건법 제130조(특수건강진단 등)** ① 사업주는 다음 각 호의 어느 하나에 해당하는 근로자의 건강관리를 위하여 건강진단(이하 "특수건강진단"이라 한다)을 실시하여야 한다. 다만, 사업주가 고용노동부령으로 정하는 건강진단을 실시한 경우에는 그 건강진단을 받은 근로자에 대하여 해당 유해인자에 대한 특수건강진단을 실시한 것으로 본다.
> 1. 고용노동부령으로 정하는 유해인자에 노출되는 업무(이하 "특수건강진단대상업무"라 한다)에 종사하는 근로자
> 2. 제1호, 제3항 및 제131조에 따른 건강진단 실시 결과 직업병 소견이 있는 근로자로 판정받아 작업 전환을 하거나 작업 장소를 변경하여 해당 판정의 원인이 된 특수건강진단대상업무에 종사하지 아니하는 사람으로서 해당 유해인자에 대한 건강진단이 필요하다는 「의료법」 제2조에 따른 의사의 소견이 있는 근로자
> ② 사업주는 특수건강진단대상업무에 종사할 근로자의 배치 예정 업무에 대한 적합성 평가를 위하여 건강진단(이하 "배치전건강진단"이라 한다)을 실시하여야 한다. 다만, 고용노동부령으로 정하는 근로자에 대해서는 배치전건강진단을 실시하지 아니할 수 있다.
> ③ 사업주는 특수건강진단대상업무에 따른 유해인자로 인한 것이라고 의심되는 건강장해 증상을 보이거나 의학적 소견이 있는 근로자 중 보건관리자 등이 사업주에게 건강진단 실시를 건의하는 등 고용노동부령으로 정하는 근로자에 대하여 건강진단(이하 "수시건강진단"이라 한다)을 실시하여야 한다.
> ④ 사업주는 제135조제1항에 따른 특수건강진단기관에서 제1항부터 제3항까지의 규정에 따른 건강진단을 실시하여야 한다.
> ⑤ 제1항부터 제3항까지의 규정에 따른 건강진단의 시기·주기·항목·방법 및 비용, 그 밖에 필요한 사항은 고용노동부령으로 정한다.

자. 건강관리카드

산업안전보건법 제137조(건강관리카드)와 시행규칙 제214조(건강관리카드의 발급대상)에 직업병의 조기발견 및 지속적인 건강관리를 위하여 건강관리카드 발급에 대하여 명시하고 있다.

> **산업안전보건법 제137조(건강관리카드)** ① 고용노동부장관은 고용노동부령으로 정하는 건강장해가 발생할 우려가 있는 업무에 종사하였거나 종사하고 있는 사람 중 고용노동부령으로 정하는 요건을 갖춘 사람의 직업병 조기발견 및 지속적인 건강관리를 위하여 건강관리카드를 발급하여야 한다.
> ② 건강관리카드를 발급받은 사람이 「산업재해보상보험법」 제41조에 따라 요양급여를 신청하는 경우에는 건강관리카드를 제출함으로써 해당 재해에 관한 의학적 소견을 적은 서류의 제출을 대신할 수 있다.
> ③ 건강관리카드를 발급받은 사람은 그 건강관리카드를 타인에게 양도하거나 대여해서는 아니 된다.
> ④ 건강관리카드를 발급받은 사람 중 제1항에 따라 건강관리카드를 발급받은 업무에 종사하지 아니하는 사람은 고용노동부령으로 정하는 바에 따라 특수건강진단에 준하는 건강진단을 받을 수 있다.
> ⑤ 건강관리카드의 서식, 발급 절차, 그 밖에 필요한 사항은 고용노동부령으로 정한다.

> **산업안전보건법 시행규칙 제214조(건강관리카드의 발급 대상)** "고용노동부령으로 정하는 건강장해가 발생할 우려가 있는 업무" 및 "고용노동부령으로 정하는 요건을 갖춘 사람"은 [별표 25]와 같다.

[산업안전보건법 시행규칙 (별표 25)]

건강관리카드의 발급 대상(제214조 관련)

구분	건강장해가 발생할 우려가 있는 업무	대상 요건
1	베타-나프틸아민 또는 그 염(같은 물질이 함유된 화합물의 중량 비율이 1퍼센트를 초과하는 제제를 포함한다)을 제조하거나 취급하는 업무	3개월 이상 종사한 사람
2	벤지딘 또는 그 염(같은 물질이 함유된 화합물의 중량 비율이 1퍼센트를 초과하는 제제를 포함한다)을 제조하거나 취급하는 업무	3개월 이상 종사한 사람

3	베릴륨 또는 그 화합물(같은 물질이 함유된 화합물의 중량 비율이 1퍼센트를 초과하는 제제를 포함한다) 또는 그 밖에 베릴륨 함유물질(베릴륨이 함유된 화합물의 중량 비율이 3퍼센트를 초과하는 물질만 해당한다)을 제조하거나 취급하는 업무	제조하거나 취급하는 업무에 종사한 사람 중 양쪽 폐부분에 베릴륨에 의한 만성 결절성 음영이 있는 사람
4	비스-(클로로메틸)에테르(같은 물질이 함유된 화합물의 중량 비율이 1퍼센트를 초과하는 제제를 포함한다)를 제조하거나 취급하는 업무	3년 이상 종사한 사람
5	가. 석면 또는 석면방직제품을 제조하는 업무	3개월 이상 종사한 사람
	나. 다음의 어느 하나에 해당하는 업무 　1) 석면함유제품(석면방직제품은 제외한다)을 제조하는 업무 　2) 석면함유제품(석면이 1퍼센트를 초과하여 함유된 제품만 해당한다. 이하 다목에서 같다)을 절단하는 등 석면을 가공하는 업무 　3) 설비 또는 건축물에 분무된 석면을 해체·제거 또는 보수하는 업무 　4) 석면이 1퍼센트 초과하여 함유된 보온재 또는 내화피복제(耐火被覆劑)를 해체·제거 또는 보수하는 업무	1년 이상 종사한 사람
	다. 설비 또는 건축물에 포함된 석면시멘트, 석면마찰제품 또는 석면개스킷제품 등 석면함유제품을 해체·제거 또는 보수하는 업무	10년 이상 종사한 사람
	라. 나목 또는 다목 중 하나 이상의 업무에 중복하여 종사한 경우	다음의 계산식으로 산출한 숫자가 120을 초과하는 사람: (나목의 업무에 종사한 개월 수)×10+(다목의 업무에 종사한 개월 수)
	마. 가목부터 다목까지의 업무로서 가목부터 다목까지의 규정에서 정한 종사기간에 해당하지 않는 경우	흉부방사선상 석면으로 인한 질병 징후(흉막반 등)가 있는 사람

6	벤조트리클로라이드를 제조(태양광선에 의한 염소화반응에 의하여 제조하는 경우만 해당한다)하거나 취급하는 업무	3년 이상 종사한 사람
7	가. 갱내에서 동력을 사용하여 토석(土石)·광물 또는 암석(습기가 있는 것은 제외한다. 이하 "암석등"이라 한다)을 굴착 하는 작업 나. 갱내에서 동력(동력 수공구(手工具)에 의한 것은 제외한다)을 사용하여 암석 등을 파쇄(破碎)·분쇄 또는 체질하는 장소에서의 작업 다. 갱내에서 암석 등을 차량계 건설기계로 싣거나 내리거나 쌓아두는 장소에서의 작업 라. 갱내에서 암석 등을 컨베이어(이동식 컨베이어는 제외한다)에 싣거나 내리는 장소에서의 작업 마. 옥내에서 동력을 사용하여 암석 또는 광물을 조각 하거나 마무리하는 장소에서의 작업 바. 옥내에서 연마재를 분사하여 암석 또는 광물을 조각하는 장소에서의 작업 사. 옥내에서 동력을 사용하여 암석·광물 또는 금속을 연마·주물 또는 추출하거나 금속을 재단하는 장소에서의 작업 아. 옥내에서 동력을 사용하여 암석등·탄소원료 또는 알미늄박을 파쇄·분쇄 또는 체질하는 장소에서의 작업 자. 옥내에서 시멘트, 티타늄, 분말상의 광석, 탄소원료, 탄소제품, 알미늄 또는 산화티타늄을 포장하는 장소에서의 작업 차. 옥내에서 분말상의 광석, 탄소원료 또는 그 물질을 함유한 물질을 혼합·혼입 또는 살포하는 장소에서의 작업 카. 옥내에서 원료를 혼합하는 장소에서의 작업 중 다음의 어느 하나에 해당하는 작업 1) 유리 또는 법랑을 제조하는 공정에서 원료를 혼합하는 작업이나 원료 또는 혼합물을	3년 이상 종사한 사람으로서 흉부방사선 사진 상 진폐증이 있다고 인정되는 사람(「진폐의 예방과 진폐근로자의 보호 등에 관한 법률」에 따라 건강관리수첩을 발급받은 사람은 제외한다)

용해로에 투입하는 작업(수중에서 원료를 혼합하는 작업은 제외한다)

2) 도자기·내화물·형상토제품(형상을 본떠 흙으로 만든 제품) 또는 연마재를 제조하는 공정에서 원료를 혼합 또는 성형하거나, 원료 또는 반제품을 건조하거나, 반제품을 차에 싣거나 쌓아 두는 장소에서의 작업 또는 가마 내부에서의 작업(도자기를 제조하는 공정에서 원료를 투입 또는 성형하여 반제품을 완성하거나 제품을 내리고 쌓아 두는 장소에서의 작업과 수중에서 원료를 혼합하는 장소에서의 작업은 제외한다)

3) 탄소제품을 제조하는 공정에서 탄소원료를 혼합하거나 성형하여 반제품을 노(爐: 가공할 원료를 녹이거나 굽는 시설)에 넣거나 반제품 또는 제품을 노에서 꺼내거나 제작하는 장소에서의 작업타. 옥내에서 내화 벽돌 또는 타일을 제조하는 작업 중 동력을 사용하여 원료(습기가 있는 것은 제외한다)를 성형하는 장소에서의 작업

파. 옥내에서 동력을 사용하여 반제품 또는 제품을 다듬질하는 장소에서의 작업 중 다음의 의 어느 하나에 해당하는 작업

1) 도자기·내화물·형상토제품 또는 연마재를 제조하는 공정에서 원료를 혼합 또는 성형하거나, 원료 또는 반제품을 건조하거나, 반제품을 차에 싣거나 쌓은 장소에서의 작업또는 가마 내부에서의 작업(도자기를 제조하는 공정에서 원료를 투입 또는 성형하여 반제품을 완성하거나 제품을 내리고 쌓아 두는 장소에서의 작업과 수중에서 원료를 혼합하는 장소에서의 작업은 제외한다)

2) 탄소제품을 제조하는 공정에서 탄소원료를 혼합하거나 성형하여 반제품을 노에 넣

	거나 반제품 또는 제품을 노에서 꺼내거나 제작하는 장소에서의 작업 하. 옥내에서 거푸집을 해체하거나, 분해장치를 이용하여 사형(似形: 광물의 결정형태)을 부수거나, 모래를 털어 내거나 동력을 사용하여 주물 모래를 재생하거나 혼련(열과 기계를 사용하여 내용물을 고르게 섞는 것)하거나 주물품을 절삭(切削)하는 장소에서의 작업 거. 옥내에서 수지식(手指式) 용융분사기를 이용하지 않고 금속을 용융분사하는 장소에서의 작업	
8	가. 염화비닐을 중합(결합 화합물화)하는 업무 또는 밀폐되어 있지 않은 원심분리기를 사용하여 폴리염화비닐(염화비닐의 중합체를 말한다)의 현탁액(懸濁液)에서 물을 분리시키는 업무 나. 염화비닐을 제조하거나 사용하는 석유화학설비를 유지·보수하는 업무	4년 이상 종사한 사람
9	크롬산·중크롬산 또는 이들 염(같은 물질이 함유된 화합물의 중량 비율이 1퍼센트를 초과하는 제제를 포함한다)을 광석으로부터 추출하여 제조하거나 취급하는 업무	4년 이상 종사한 사람
10	삼산화비소를 제조하는 공정에서 배소(낮은 온도로 가열하여 변화를 일으키는 과정) 또는 정제를 하는 업무나 비소가 함유된 화합물의 중량 비율이 3퍼센트를 초과하는 광석을 제련하는 업무	5년 이상 종사한 사람
11	니켈(니켈카보닐을 포함한다) 또는 그 화합물을 광석으로부터 추출하여 제조하거나 취급하는 업무	5년 이상 종사한 사람
12	카드뮴 또는 그 화합물을 광석으로부터 추출하여 제조하거나 취급하는 업무	5년 이상 종사한 사람
13	가. 벤젠을 제조하거나 사용하는 업무(석유화학 업종만 해당한다) 나. 벤젠을 제조하거나 사용하는 석유화학설비를 유지·보수하는 업무	6년 이상 종사한 사람

14	제철용 코크스 또는 제철용 가스발생로를 제조하는 업무(코크스로 또는 가스발생로 상부에서의 업무 또는 코크스로에 접근하여 하는 업무만 해당한다)	6년 이상 종사한 사람
15	비파괴검사(X-선) 업무	1년이상 종사한 사람 또는 연간 누적선량이 20mSv 이상이었던 사람

6. 유해화학물질 및 물리적 인자의 노출기준[21]

(1) 목적

고용노동부는 화학물질 및 물리적 인자의 노출기준에 대하여 1986년 12월22일 제정하여 최근 2020년 01월14일 개정을 통하여 고시하고 있다.

고시는 「산업안전보건법」 제106조 및 제125조, 「산업안전보건법 시행규칙」 제144조에 따라 인체에 유해한 가스, 증기, 미스트, 흄이나 분진과 소음 및 고온 등 화학물질 및 물리적 인자(이하 "유해인자"라 한다)에 대한 작업환경평가와 근로자의 보건상 유해하지 아니한 기준을 정함으로써 유해인자로부터 근로자의 건강을 보호하는데 기여함을 목적으로 한다.

(2) 용어의 정리

1) 노출기준

"노출기준"이란 근로자가 유해인자에 노출되는 경우 노출기준 이하 수준에서는 거의 모든 근로자에게 건강상 나쁜 영향을 미치지 아니하는 기준을 말하며, 1일 작업시간동안의 시간가중평균노출기준(Time Weighted Average, TWA), 단시간노출기준(Short Term Exposure Limit, STEL) 또는 최고노출기준(Ceiling, C)으로 표시한다.

2) "시간가중평균노출기준(TWA)"이란

1일 8시간 작업을 기준으로 하여 유해인자의 측정치에 발생시간을 곱하여 8시간으로 나눈 값을 말하며, 다음 식에 따라 산출한다.

---

[21] 고용노동부 고시 제2020-48호, "화학물질 및 물리적 인자의 노출기준", 개정 2020.1.14. 참조.

$$TWA환산값 = \frac{C_1 \cdot T_1 + C_2 \cdot T_2 + \cdots + C_n \cdot T_n}{8}$$

주) C : 유해인자의 측정치(단위 : ppm, mg/㎥ 또는 개/㎤)
    T : 유해인자의 발생시간(단위 : 시간)

3) "단시간노출기준(STEL)"이란

15분간의 시간가중평균노출값으로서 노출농도가 시간가중평균노출기준(TWA)을 초과하고 단시간노출기준(STEL) 이하인 경우에는 1회 노출 지속시간이 15분 미만이어야 하고, 이러한 상태가 1일 4회 이하로 발생하여야 하며, 각 노출의 간격은 60분 이상이어야 한다.

4) "최고노출기준(C)" 이란

근로자가 1일 작업시간동안 잠시라도 노출되어서는 아니 되는 기준을 말하며, 노출기준 앞에 "C"를 붙여 표시한다.

(3) 노출기준 사용상의 유의사항

① 각 유해인자의 노출기준은 해당 유해인자가 단독으로 존재하는 경우의 노출기준을 말하며, 2종 또는 그 이상의 유해인자가 혼재하는 경우에는 각 유해인자의 상가작용으로 유해성이 증가할 수 있으므로 제6조에 따라 산출하는 노출기준을 사용하여야 한다.

② 노출기준은 1일 8시간 작업을 기준으로 하여 제정된 것이므로 이를 이용할 경우에는 근로시간, 작업의 강도, 온열조건, 이상기압 등이 노출기준 적용에 영향을 미칠 수 있으므로 이와 같은 제반요인을 특별히 고려하여야 한다.

③ 유해인자에 대한 감수성은 개인에 따라 차이가 있고, 노출기준 이하의 작업환경에서도 직업성 질병에 이환되는 경우가 있으므로 노출기준은 직업병진단에 사용하거나 노출기준 이하의 작업환경이라는 이유만으로 직업성질병의 이환을 부정하는 근거 또는 반증자료로 사용하여서는 아니 된다.

④ 노출기준은 대기오염의 평가 또는 관리상의 지표로 사용하여서는 아니 된다.

(4) 적용범위

① 노출기준은 법 제39조에 따른 작업장의 유해인자에 대한 작업환경개선기준과 법 제125조에 따른 작업환경측정결과의 평가기준으로 사용할 수 있다.

② 이 고시에 유해인자의 노출기준이 규정되지 아니하였다는 이유로 법, 영, 규칙 및 안전보건규칙의 적용이 배제되지 아니하며, 이와 같은 유해인자의 노출기준은 미국산업위생전문가협회(American Conference of Governmental Industrial Hygienists, ACGIH)에서 매년 채택하는 노출기준(TLVs)을 준용한다.

(5) 화학물질 노출기준

① 화학물질의 노출기준은 별표 1[22])과 같다.

② 별표 1의 발암성, 생식세포 변이원성 및 생식독성 정보는 법상 규제 목적이 아닌 정보제공 목적으로 표시하는 것으로서 발암성은 국제암연구소(International Agency for Research on Cancer, IARC), 미국산업위생전문가협회(American Conference of Governmental Industrial Hygienists, ACGIH), 미국독성프로그램(National Toxicology Program, NTP), 「유럽연합의 분류・표시에 관한 규칙(European Regulation on the Classification, Labelling and Packaging of substances and mixtures, EU CLP)」 또는 미국산업안전보건청(American Occupational Safety & Health Administration, OSHA)의 분류를 기준으로, 생식세포 변이원성 및 생식독성은 유럽연합의 분류・표시에 관한 규칙(European Regulation on the Classification, Labelling and Packaging of substances and mixtures, EU CLP)을 기준으로 「화학물질의 분류・표시 및 물질안전보건자료에 관한 기준」에 따라 분류한다.

(6) 혼합물 노출기준

① 화학물질이 2종 이상 혼재하는 경우에 혼재하는 물질간에 유해성이 인체의 서로 다른 부위에 작용한다는 증거가 없는 한 유해작용은 가중되므로 노출기준은 다음식에 따라 산출하되, 산출되는 수치가 1을 초과하지 아니하는 것으로 한다.

$$\frac{C_1}{T_1} + \frac{C_2}{T_2} + \cdots\cdots + \frac{C_n}{T_n}$$

주) C : 화학물질 각각의 측정치
   T : 화학물질 각각의 노출기준

② 제1항의 경우와는 달리 혼재하는 물질간에 유해성이 인체의 서로 다른 부위에 유해작용을 하는 경우에 유해성이 각각 작용하므로 혼재하는 물질 중 어느 한 가지라도 노출

---

22) 고용노동부 고시 제2020-48호, "화학물질 및 물리적 인자의 노출기준", 개정 2020.1.14

기준을 넘는 경우 노출기준을 초과하는 것으로 한다.

(7) 유해화학물질의 표시단위

① 가스 및 증기의 노출기준 표시단위는 피피엠(ppm)을 사용한다.

② 분진 및 미스트 등 에어로졸(Aerosol)의 노출기준 표시단위는 세제곱미터당 밀리그램(mg/m^3)을 사용한다. 다만, 석면 및 내화성세라믹섬유의 노출기준 표시단위는 세제곱센티미터당 개수(개/cm^3)를 사용한다.

③ 고온의 노출기준 표시단위는 습구흑구온도지수(이하 "WBGT"라 한다)를 사용하며 다음 각 호의 식에 따라 산출한다.

1. 태양광선이 내리쬐는 옥외 장소:

   WBGT(℃) = 0.7 × 자연습구온도 + 0.2 × 흑구온도 + 0.1 × 건구온도

2. 태양광선이 내리쬐지 않는 옥내 또는 옥외 장소:

   WBGT(℃) = 0.7 × 자연습구온도 + 0.3 × 흑구온도

(8) 재검토기한

고용노동부장관은 「행정규제기본법」 및 「훈령·예규 등의 발령 및 관리에 관한 규정」에 따라 화학물질 및 물리적 인자의 노출기준 고시에 대하여 2020년 1월 1일을 기준으로 매 3년이 되는 시점(매 3년째의 12월 31일까지를 말한다)마다 그 타당성을 검토하여 개선 등의 조치를 하여야 한다.

제2장

직업성 암을 유발하는 발암물질

I 발암물질의 정의 및 분류
II 인정기준에 제시된 발암인자
III 고용노동부 고시에서 표기된 발암물질

직업성 암을 유발하는 발암물질 시리즈
직업성 암을 유발하는 **발암물질 I**

제 2 장
직업성 암을 유발하는 발암물질

I 발암물질의 정의 및 분류

1. 발암물질의 정의

발암물질(carcinogen)이란, 종양을 발생시키는 물질이다. 직업성 암의 원인은 발암물질이며, 이것의 사전적 정의는 '암종(癌腫) 또는 다른 악성 종양의 발육을 자극하는 물질'로 되어 있다.[23] 발암물질은 실험동물에 투여하거나 인간이 흡입했을 때 높은 비율로 암을 발생키는 물질이다. 따라서 발암물질의 확인은 인간을 대상으로 한 역학적 연구, 장기간의 동물실험, 기타 메커니즘 관련 연구결과들에 대한 평가를 통해서 이루어진다. 작업장에서 노출되는 모든 화학물질이 암을 일으키는 것은 아니고, 역학조사에 의해 암을 일으키는 것으로 알려진 물질만이 직업성 암을 일으키기 때문이다. 이때에 직업성 암을 일으킨다는 근거가 충분히 있는 물질도 있고, 아직 그 근거가 충분하지 못한 물질도 있다. 직업성 암을 예방하기 위한 차원에서 발암성이 의심되는 물질도 암 발생물질로 분류하여 관리하고 있다.[24] 발암물질을 폭넓게 정의하는 것은 사전예방원칙에 입각하여 관리를 하고자 하는 것이다. 발암물질은 노출 후 10~30년이 지나 발병할 수 있기 때문에 인과관계를 명확하게 밝힐 수 없어서 이러한 조치가 필요하다. 그러나 이러한 입장을 직업성 암의 인정기준에도 적용하는 것은 다른 문제이다[25]

---

23) Webster, 2011
24) 국가건강정보포털. http://health.cdc.go.kr/health/Main.do(2020.06.11 접속)
25) 김수근·김동일·김병권·김용규·김원술·권영준·박래웅·심상효·임남구·임대성·진영우, "직업성 암 관련 정보의 배포 및 확산을 위한 웹기반 통합 정보시스템 개발", 안전보건공단 산업안전보건연구원, 2013, 52면.

2. 발암물질의 분류

(1) GHS기준에 의한 분류

국제발암물질의 분류기준으로 현재 가장 많이 적용되는 기준은 UNECE[26]의 화학물질의 분류 및 표지에 관한 GHS[27]기준이다. 이를 근거로 작성된 고용노동부의 화학물질 분류표시 및 물질안전보건자료(MSDS)[28]에 관한 기준[29]에서는 구분 1A(사람에게 충분한 발암성 증거가 있는 물질), 구분 1B(실험동물에서 발암성 증거가 충분하거나, 실험동물과 사람 모두에서 제한된 발암성 증거가 있는 물질), 구분 2(사람이나 동물에서 제한된 증거가 있지만, 구분1로 분류하기에는 증거가 충분하지 않은 물질) 발암물질을 분류하고 있다. 발암물질에 대한 분류정보를 제공하고 있는 기관들은 IARC[30], NTP[31], ACGIH[32], EPA[33] 및 EU ECHA[34]의 CLP[35] 등이 있다. 미국의 OSHA[36]에서는 발암물질의 분류등급 없이 목록만을 제공하고 있다. 우리나라 고용노동부는 UN GHS 기준을 근거로 '화학물질의 분류 표시 및 물질안전보건자료에 관한 기준'[37]을 개정하여 발암성물질을 구분 1A, 구분 1B, 구분 2로 분류하고 있다. 또한 GHS의 발암물질 분류기준[38]에 따라 화학물질 및 물리적인자의 노출기준에서 728개의 화학물질 목록 중에 184개를 발암물질로 분류하여 표기하고 있다(표 10).

[표 10] 발암물질 등급 및 분류기준 비교

등급	정 의	종류
1A	사람에게 발암성이 있다고 알려진 물질	48
1B	사람에게 발암성이 있다고 추정되는 물질	46
2	사람에게 발암성이 있다고 의심되는 물질	90

출처 : Globally Harmonized System of Classification and Labelling of Chemicals(GHS). United Nations Economic Commission for Erope.

---

26) United Nations Economic Commission for Europe (유엔 유럽경제위원회)
27) Globally Harmonized System of Classification and Labelling of Chemicals(세계조화시스템).GHS분류 기준은 단일 화학물질 및 성분함량의 한계농도가 0.1%-1%이상의 혼합물에 대한 발암물질 분류를 1A,1B, 2의 3개 등급으로 구분하고 있다.
28) Material safety data sheet.
29) 고용노동부 고시 제2013-37호
30) International Agency for Research on Cancer(국제암연구기구)
31) National Toxicology Program(미국국립독성프로그램)
32) American Conference of Govermental Industrial Hygienists(미국산업위생전문가협회)
33) Enviromental Protection Agency(미국환경보호청)의 IRIS(Integrated Risk Information System)
34) Europen Union Europen Chemicals Agency(유럽연합화학물질관리기구)
35) REGULATION(EC) No 1272/2008 Classification, Labelling and Packaging of substances and mixtures
36) Occupational Safety and Health Administration(산업안전보건청)
37) 고용노동부 고시 제2013-37호
38) GHS 분류기준은 단일 화학물질 및 성분함량의 한계농도가 0.1%~1%이상인 혼합물에 대한 발암물질 분류를 1A, 1B, 2의 3 개 등급으로 구분하고 있다

그러나 이 분류에는 과산화수소, 클로로벤젠 및 사이클로 헥사논 등과 같이 현행의 IARC, NTP, ACGIH, EPA 및 EU ECHA 등의 발암물질 분류와 일치하지 않는 것들이 2군으로 분류되어 있어서 검토가 필요하다.

발암물질 분류는 신뢰할 수 있고 검증된 방법에 따라 얻어진 증거의 강도 (strength of evidence)에 따른다. 평가는 모든 기존자료, 잘 검토되어 발표된 연구 자료에 근거하여 수행되어야 한다. 증거의 강도는 사람 및 동물 연구에서 종양 수와 통계적 강도에 의해 결정된다. 사람에 대한 충분한 증거는 사람에서의 노출과 암 발생과의 인과관계로 확인하는 것이며, 동물에 대한 충분한 증거는 화학물질 흡입과 종양발생과의 인과관계로 확인하는 것이다. 사람에 대한 제한된 증거란 노출과 암 발생 사이에 관련성을 제시하지만 명확하지 못한 경우이며, 동물에서의 제한된 증거도 발암성을 암시하지만, 증거가 충분하지 않은 경우이다.[39]

(2) IARC의 발암물질 분류

국제암연구소(IARC)는 역학연구와 동물실험에 기초하고 전문가의 의견을 반영하여 발암성의 정도에 따라 5가지로 분류하고 있다(표 11).

IARC에서 발암성 평가에 사용되는 정보는 ① 인간에게 암을 일으키는 지에 대한 증거를 제시하는 역학연구, ② 동물에게 암을 일으키는 지에 대한 증거를 제시하는 동물실험연구[40] ③ 발암성의 기전을 제시하는 연구[41]의 성과들을 체계적으로 반영하여 수행된다. 사람에게 증거가 부족하다고 하더라도, 동물에게서 발견된 증거가 사람의 암 발생을 예측하는데 사용하는 것은 GHS에서도 동일하게 채택하고 있다.

[표 11] IARC 발암물질 분류 기준

구분	분류 기준
Group 1 (1군)	• 인체발암물질(carcinogenic to humans), 혼합물, 노출환경 — 인간발암성의 충분한 증거(sufficient evidence)가 있는 것. 단, 인간발암성의 증거는 불충분(less than sufficient evidence)하나 동물실험에서 충분한 증거(sufficient evidence)가 있고, 동물의 발암기전이 사람에서도 작용한다는 유력한 증거가 있는 것

---

[39] 김수근 외10, "직업성 암 관련 정보의 배포 및 확산을 위한 웹기반 통합 정보시스템 개발", 안전보건공단 산업안전보건연구원, 2013, 54면.
[40] 동물에서의 발암성 반응은 사람에게 암 발생을 가능하게(possible) 할 수 있는 지표로서 간주한다.
[41] 화학물질의 성질, 대사, 독성, 특히 유전독성에 대한 단기간 실험결과 등을 활용한다. 이러한 다른 정보들은 발암성 등급을 결정할 때 조정역할을 할 수 있다.

Group 2A (2A군)	• 인체발암추정물질(probably carcinogenic to humans), 혼합물, 노출환경 – 인간발암성의 제한된 증거(limited evidence)와 동물실험에서 충분한 증거(sufficient evidence)가 있는 것, 또는 인간발암성의 증거가 부적당(inadequate evidence)하나 동물실험에서는 충분한 증거(sufficient evidence)가 있고 동물의 발암기전이 사람에서도 작용한다는 유력한 증거가 있는 것 – 인간발암성의 제한된 증거(limited evidence)만 있는 것도 포함함
Group 2B (2B군)	• 인체발암가능물질(possibly carcinogenic to humans), 혼합물, 노출환경 – 인간발암성의 증거가 제한적(limited evidence)이고 동물실험에서는 불충분한 증거(less than sufficient evidence)가 있는 것, 또는 인간발암성의 증거가 부적당(inadequate evidence)하나 동물실험에서는 충분한 증거(sufficient evidence)가 있는 것
Group 3 (3군)	• 인체발암성 비분류물질(not classifiable as to carcinogenicity to humans) – 인간발암성의 증거가 부적당(inadequate evidence)하고 동물실험에서 부적당하거나 제한된 증거(inadequate or limited evidence)가 있는 것. 단, 인간발암성의 증거가 부적당(inadequate evidence)하나 동물실험에서는 충분한 증거(sufficient evidence)가 있고 동물의 발암기전이 사람에서는 작용하지 않는다는 유력한 증거[42]가 있는 것 – Group 1, 2A, 2B, 4에 속하지 않는 것도 3군으로 분류함 – 발암성이 없는 것이 아니고 더 연구가 필요한 것을 의미함
Group 4 (4군)	• 인체비발암 추정물질(probably not carcinogenic to humans) – 인간과 실험동물에서 발암성이 없다는 증거(evidence suggesting lack of carcino –genicity)가 있는 것

(3) NTP의 발암물질 분류

NTP는 ① 사람에게 발암물질로 알려진 것들(Known to be human carcinogens): 이 분류는 인체연구[43]에서 사람에 대한 암 발생의 충분한 증거가 있는 경우, ② 사람에게 발암물질이라고 합리적으로 예상되는 것들(Reasonably anticipated to be a human

---

[42] 사람과 동물의 기전이 달라 사람에게는 발암의 가능성이 없다는 결론을 내리려면 다음과 같은 조건을 충족시켜야 한다. ① 실험동물에서 해당 기전이 암을 일으키는 가장 중요한 기전이어야 하며, ② 사람에서는 같거나 유사한 기전이 존재하지 않아야 하며, ③ 실험대상 동물에게 다른 부위의 종양 발생이 없어야 한다.
[43] 인체 연구는 체내 발암 기전을 평가하는 데 유용한 모든 전통적인 암 역학 연구, 임상연구, 해당 물질에 노출된 인체에서 분리한 세포 혹은 조직에 관한 연구를 포함한다.

carcinogen) : 이 분류는 사람에 대한 암 발생의 제한적인 증거가 있거나, 실험동물에서 암 발생의 충분한 증거가 있는 경우의 두가지 분류기준을 가지고 있다.

NTP에서는 발암성 평가대상 물질로 선정된 경우에 대부분 인체 역학연구자료가 부족하기 때문에 동물실험을 실시하여 독성을 평가한다. 발암성 시험은 주로 쥐(rat)와 생쥐(mouse)를 세 단계의 노출량과 비노출 군으로 나누고 각 그룹에 50마리씩 배당하여 2년간 실시한다. 발암성 평가에서 음성은 대조군에 비해 악성종양 발생률이 높지 않은 경우이다. 양성은 발암성을 나타낸 물질이며, 인체에도 발암 가능성이 있다고 평가한다.

IARC는 인체의 제한적 증거와 동물실험에서 충분한 근거가 있으면 "발암가능성 높음(probably carcinogenic, 2A)"으로 분류하고, 동물실험에서 충분하고 인체에서 증거가 부적절하면 "발암 가능성 있음(possibly carcinogenic, 2B)"으로 분류하고 있다. 반면에, NTP에서는 이 두가지를 합쳐서 "사람에게 발암물질이라고 합리적으로 예상되는 것들(Reasonably anticipated to be a human carcinogen)"로 분류하고 있어 비교는 곤란하다고 할 수 있다.

(4) ACGIH의 발암물질 분류

ACGIH는 발암물질을 A1~A5까지 5단계로 분류하고 있다(표 12)

[표 12] ACGIH 발암성 물질 분류기준

구분		발암성 물질 분류기준
발암물질	A1	사람에 대한 발암성 확인물질(confirmed human carcinogen)
	A2	사람에 대한 발암성 의심물질(suspected human carcinogen)
	A3	동물에 대한 발암성 물질(animal carcinogen)
비발암물질	A4	발암성 물질로 분류되지 않는 물질(not classifiable as a carcinogen)
	A5	사람에 대해 발암성으로 의심되지 않는 물질(not suspected as a human carcinogen)

(5) EPA의 발암성물질 분류

EPA는 IARC, GHS 등과 유사한 분류기준을 가지고 있다. EPA분류에 사용되는 기술어(descriptor)는 생물학적 증거를 설명하는 것이라기 보다는 발암성의 증거를 요약한 상징어 정도로 이해해야 한다고 한다.[44]

---

44) 임종한. 발암물질 현황조사 및 효과적 정책 개입 방안 연구. 암정복추진연구개발사업. 최종연구개발결과보고서 (1120430). 2012. 3. 31

① 사람에게 암을 일으키는 물질(Carcinogenic to humans)

② 사람에게 암을 일으키는 것으로 의심되는 물질(Likely to be carcinogenic to humans)

③ 발암성을 시사하는 증거가 있음(Suggestive evidence of cacinogenic potential)

④ 사람에 대한 발암성을 평가하기에 데이터가 부적절함(Inadequate information to assess carcinogenic potential)

⑤ 사람에게 암을 일으키지 않는 것으로 보임(Not likely to be carcinogenic to humans)

(6) EU의 발암물질 분류

EU의 발암물질 분류는 유럽공동체에서 유통되는 유해물질의 분류, 포장, 라벨링에 대한 각국의 법령과 기준을 통일시키기 위한 것이다.45) CLP는 GHS를 반영하여 다음과 같은 발암물질 분류기준을 채택하고 있고(표4) 발암성 발암성 1군과 2군에 해당하는 물질은 별도로 정리되어 있다.46)

[표 13] CLP의 발암물질 분류기준

구분		기준
1군	인간에 대하여 발암성이 알려졌거나 간주되는 것 (Known or presumed human carcinogens)	인간에 대한 역학연구와 동물실험에서 발암성의 근거가 1군에 해당되는 물질
	1A	인간에 대하여 발암성이 알려진 것 (Known to have carcinogenic potential for humans)	발암성의 근거가 주로 인간에 대한 연구에 근거하는 경우(largely based on human evidence)
	1B	인간에 대하여 발암성이 간주되는 것 (Presumed to have carcinogenic pontial for humans)	발암성의 근거가 주로 동물실험에 근거하는 경우(largely based on animal evidence)
2군	인간에 대한 발암성이 의심되는 것 (Suspected human carcinogens)	인간에 대한 연구나 동물실험 뿐만 아니라 추가적인 고려에서도 1군으로 분류할 수 있을 정도로 발암성에 대한 근거가 충분하지지 못한 경우

---

45) CLP(Regulation (EC) No 1272/2008)의 발암물질 분류기준
46) CLP 목록 중 유럽연합은 REACH부속서 17 Restriction에 따라 발암성 Cat 1, 2에 해당하는 물질은 소비자들이 노출될 수 없도록 하고 있어, 발암성 Cat 1, 2의 물질 목록은 법에 따로 정리되어 있다.

(7) 인정기준에서 제시한 발암물질

산업재해보상보험법 시행령 제34조제3항 관련 업무상 질병에 대한 구체적 인정 기준에서 직업성 암에 대하여 다음과 같이 규정하고 있다.

가. 석면에 노출되어 발생한 다음의 어느 하나에 해당하는 폐암, 악성 중피종(中皮腫), 후두암 또는 난소암

나. 6가 크롬 또는 그 화합물(2년 이상 노출된 경우에 해당한다), 니켈 화합물에 노출되어 발생한 폐암 또는 비강·부비동(副鼻洞)암

다. 콜타르피치(10년 이상 노출된 경우에 해당한다), 라돈-222 또는 그 붕괴물질(지하 등 환기가 잘 되지 않는 장소에서 노출된 경우에 해당한다), 카드뮴 또는 그 화합물, 베릴륨 또는 그 화합물 및 결정형 유리규산에 노출되어 발생한 폐암

라. 검댕에 노출되어 발생한 폐암 또는 피부암

마. 콜타르, 정제되지 않은 광물유에 노출되어 발생한 피부암

바. 비소 또는 그 무기화합물에 노출되어 발생한 폐암, 방광암 또는 피부암

사. 스프레이 도장 업무에 종사하여 발생한 폐암 또는 방광암

아. 벤지딘, 베타나프틸아민에 노출되어 발생한 방광암

자. 목재 분진에 노출되어 발생한 비인두암 또는 비강·부비동암

차. 벤젠에 노출되어 발생한 백혈병, 다발성 골수종.

카. 포름알데히드에 노출되어 발생한 백혈병 또는 비인두암

타. 1,3-부타디엔에 노출되어 발생한 백혈병

파. 산화에틸렌에 노출되어 발생한 림프구성 백혈병

하. 염화비닐에 노출되어 발생한 간혈관육종또는 간세포암

거. 보건의료업에 종사하거나 혈액을 취급하는 업무를 수행하는 과정에서 B형 또는 C형 간염바이러스에 노출되어 발생한 간암

너. 엑스(X)선 또는 감마(γ)선 등의 전리방사선에 노출되어 발생한 침샘암, 식도암, 위암, 대장암, 폐암, 뼈암, 피부의 기저세포암, 유방암, 신장암, 방광암, 뇌 및 중추신경계암, 갑상선암, 급성 림프구성 백혈병 및 급성·만성 골수성 백혈병

이상에서 규정된 발암인자들에 대하여 고용노동부고시 제2012-31호 화학물질 및 물리적 인자의 노출기준에 발암성을 표시한 것과 중복되는 것을 순서대로 해당 인자의 정의, 물리화학적 특성, 용도와 노출 및 발암성에 대하여 정보를 제공할 수 있도록 정리하였다.

우리나라는 발암물질관리를 일반 화학물질관리 체계에 포함시키고 있다. 이때 가장 필요한 것이 발암물질 목록이다. 발암물질목록은 앞에서 살펴본 화학물질의 고유특성을 근거로 한 분류기준과 관리의 필요성과 수행가능성을 고려하여 작성하는 것이 바람직하다. 산업안전보건법을 보면 발암물질에 대해 규정하고 있으나 발암물질 목록을 지정하고 있지는 않다. 다만, 화학물질 및 물리적 인자의 노출기준 제5조에서 발암성 정보는 법상 규제 목적이 아닌 정보제공 목적으로 표시하는 것으로서 국제암연구기구, 미국산업위생전문가협회, 미국독성프로그램,「유럽연합의 화학물질의 분류・표시 및 포장에 관한 규칙 또는 미국산업안전보건청의 분류를 기준으로「화학물질의 분류・표시 및 물질안전보건자료에 관한 기준」에 따라 분류하여 표시하고 있다.

[표 14] 국제암연구소(IARC)에서 제시한 표적암종과 인간에서의 발암성

표적 장기	인간에서의 발암성 증거	
	충분	제한적
입술, 구강, 인두		
입술		태양광
침샘	X-선, 감마선	요오드-131을 포함한 방사성 요오드
인두		석면, 인쇄 과정, 간접흡연
비인두	포름알데히드, 목분진	
소화기계		
식도	X-선, 감마선	드라이클리닝, 고무생산산업
위	고무생산산업, X-선, 감마선	석면, 무기납화합물
대장과 직장	X-선, 감마선	석면
간과 담관	아플라독소, 1,2-디클로로프로판, B형 및 C형 간염 바이러스, 플루토늄, 토륨-232와 그 붕괴 생성물, 염화비닐	비소와 무기비소화합물, DDT, 디클로로메탄, 트리클로로에틸렌, X-선, 감마선
담낭	토륨-232와 그 붕괴 생성물	
췌장		토륨-232와 그 붕괴 생성물, X-선, 감마선
불특정 소화기		요오드-131을 포함한 방사성 요오드

호흡기계		
비강과 부비동	이소프로필알콜 생산, 가죽 분진, 니켈 화합물, 라듐-226과 그 붕괴 생성물, 라듐-228과 그 붕괴 생성물, 목분진	목수와 목공, 6가 크롬 화합물, 포름알데히드, 직물 제조
후두	강한 무기산 미스트, 석면	고무생산산업, 황화 머스터드(Sulfur mustard), 간접흡연
폐	에치슨공정, 알루미늄 생산, 비소 및 무기비소화합물, 석면, 베릴륨 및 그 화합물, 비스클로로메틸에테르(클로로메틸메틸에테르), 카드뮴과 그 화합물, 6가 크롬 화합물, 석탄가스화, 콜타르피치, 코크스생산, 디젤엔진배출물질, 지하적철광, 철과 강철 주조, 니켈 화합물, 외부공기오염 및 미세먼지, 도장, 플루토늄, 라돈-222와 그 붕괴 생성물, 고무생산산업, 결정형유리규산, 검댕, 황화 머스터드, 간접흡연, 용접흄, X-선, 감마선	강한 무기산 미스트, 유리 공예·유리용기·압착 유리 제조, 역청, 탄소전극제조, 알파-염화톨루엔과 염화벤조일 복합노출, 탄화텅스텐을 포함한 코발트 금속, 크레오소트, 섬유상 실리콘카바이드, 하이드라진, 비비소계살충제, 인쇄과정, 다이옥신(2,3,7,8-Tetrachloro dibenzo-para-dioxin)
뼈, 피부, 중피 (mesothelium), 내피 (endothelium)와 연조직 (soft tissue)		
뼈	플루토늄, 라듐-224와 그 붕괴 생성물, 라듐-226과 그 붕괴 생성물, 라듐-228과 그 붕괴 생성물, X-선, 감마선	요오드-131을 포함한 방사성요오드
피부(흑색종)	태양광, 자외선 방출 태닝 기구, 폴리염화비페닐(PCBs)	
피부 (흑색종외성종양)	비소 및 무기비소화합물, 콜타르 증류, 콜타르피치, 정제 안 된 또는 덜 된 광물유, 쉐일유, 태양광, 검댕, X-선, 감마선	크레오소트, 질소 미스타드, 셔유 정제, 자외선 방출 태닝 기구
중피(흉막과 복막)	석면, 에리오나이트, 불화에데나이트, 도장	

연조직		폴리염화페놀 또는 그 염, 요오드-131을 포함한 방사성요오드, 다이옥신(2,3,7,8-Tetrachloro dibenzo-para-dioxin)
유방 및 여성 생식기		
유방	X-선, 감마선	폴리염화비페닐(PCBs), 생물학적리듬 파괴와 관련한 교대근무
난소	석면	탈크 바디파우더, X-선, 감마선
남성 생식기		
전립선		비소 및 무기비소 화합물, 카드뮴 및 그 화합물, 고무생산공정, X-선, 감마선
고환		DDT, N,N-디메틸포름아미드, 퍼플루오로옥타노익 산
비뇨기계		
신장	X-선, 감마선, 트리클로로에틸렌	비소 및 무기비소 화합물, 카드뮴 및 그 화합물, 퍼플루오로옥타노익 산, 인쇄공정, 용접흄
방광	알루미늄생산, 4-아미노비페닐, 비소 및 무기비소화합물, 오라민생산, 벤지딘, 2-나프틸아민, 도장, 고무생산산업, 오르소톨루이딘, X-선, 감마선	4-염화-오르소톨루이딘, 콜타르피치, 드라이클리닝, 디젤엔진배출물질, 미용사와 이발사, 인쇄과정, 검댕, 직물생산, 테트라클로로에틸렌
안구, 뇌와 중추신경계		
안구	용접과정에서의 자외선 노출	태양광
뇌	X-선, 감마선	라디오파전자기장
내분비계		
갑상샘	요오드-131 포함 방사성 요오드, X-선, 감마선	

	조혈기계	
백혈병 and/or 림프종	벤젠, 1,3-부타디엔, 스트론튬-90을 포함하는 핵분열산물, 포름알데히드, C형 간염 바이러스, 인-32, 고무생산산업, X-선, 감마선	DDT, 디클로로메탄, 산화에틸렌, B형 간염 바이러스, 저주파자기장(소아백혈병), 질소머스터드, 도장(어머니 노출로 인한 자녀의 백혈병), 석유정제, 폴리염화비페닐, 요오드-131 포함 방사성 요오드, 라돈-222, 스티렌, 트리클로로에틸렌
	다발성 또는 특정하기 어려움	
다발성 (특정 어려움)	스트론튬-90을 포함함 핵분열 산물, X-선, 감마선	플루토튬
모든 암종 (다발 가능)	다이옥신(2,3,7,8-Tetrachloro dibenzo-para-dioxin)	

II 인정기준에 제시된 발암인자

산업재해보상보험법 시행령 제34조 제3항 관련 [별표 3]업무상 질병에 대한 구체적인 인정 기준 제10항에서 직업성 암에 대하여 다음과 같이 규정하고 있다.

[직업성 암 인정기준]

산업재해보상보험법 시행령 [별표3]
업무상 질병에 대한 구체적인 인정 기준(제34조 제3항 관련), 개정 2019. 7.2〉

10. 직업성 암
　가. 석면에 노출되어 발생한 폐암, 후두암으로 다음의 어느 하나에 해당하며 10년 이상 노출되어 발생한 경우
　　　1) 가슴막반(흉막반) 또는 미만성 가슴막비후와 동반된 경우
　　　2) 조직검사 결과 석면소체 또는 석면섬유가 충분히 발견된 경우
　나. 석면폐증과 동반된 폐암, 후두암, 악성중피종

다. 직업적으로 석면에 노출된 후 10년 이상 경과하여 발생한 악성중피종

라. 석면에 10년 이상 노출되어 발생한 난소암

마. 니켈 화합물에 노출되어 발생한 폐암 또는 코안·코곁굴[부비동(副鼻洞)]암

바. 콜타르 찌꺼기(coal tar pitch, 10년 이상 노출된 경우에 해당한다), 라돈-222 또는 그 붕괴물질(지하 등 환기가 잘 되지 않는 장소에서 노출된 경우에 해당한다), 카드뮴 또는 그 화합물, 베릴륨 또는 그 화학물, 6가 크롬 또는 그 화합물 및 결정형 유리규산에 노출되어 발생한 폐암

사. 검댕에 노출되어 발생한 폐암 또는 피부암

아. 콜타르(10년 이상 노출된 경우에 해당한다), 정제되지 않은 광물유에 노출되어 발생한 피부암

자. 비소 또는 그 무기화합물에 노출되어 발생한 폐암, 방광암 또는 피부암

차. 스프레이나 이와 유사한 형태의 도장 업무에 종사하여 발생한 폐암 또는 방광암

카. 벤지딘, 베타나프틸아민에 노출되어 발생한 방광암

타. 목재 분진에 노출되어 발생한 비인두암 또는 코안·코곁굴암

파. 0.5ppm 이상 농도의 벤젠에 노출된 후 6개월 이상 경과하여 발생한 급성·만성 골수성백혈병, 급성·만성 림프구성백혈병

하. 0.5ppm 이상 농도의 벤젠에 노출된 후 10년 이상 경과하여 발생한 다발성골수종, 비호지킨림프종. 다만, 노출기간이 10년 미만이라도 누적노출량이 10ppm·년 이상이거나 과거에 노출되었던 기록이 불분명하여 현재의 노출농도를 기준으로 10년 이상 누적노출량이 0.5ppm·년 이상이면 업무상 질병으로 본다.

거. 포름알데히드에 노출되어 발생한 백혈병 또는 비인두암

너. 1,3-부타디엔에 노출되어 발생한 백혈병

더. 산화에틸렌에 노출되어 발생한 림프구성 백혈병

러. 염화비닐에 노출되어 발생한 간혈관육종(4년 이상 노출된 경우에 해당한다) 또는 간세포암

머. 보건의료업에 종사하거나 혈액을 취급하는 업무를 수행하는 과정에 서 B형 또는 C형 간염바이러스에 노출되어 발생한 간암

버. 엑스(X)선 또는 감마(γ)선 등의 전리방사선에 노출되어 발생한 침샘암, 식도암, 위암, 대장암, 폐암, 뼈암, 피부의 기저세포암, 유방암, 신장암, 방광암, 뇌 및 중추신경계암, 갑상선암, 급성 림프구성 백혈병 및 급성·만성 골수성 백혈병

1. 니켈과 그 화합물[47](Nickel and inorganic compounds, as Ni)

일련번호	유해물질의 명칭		화학식	노출기준				비고 (CAS번호 등)
	국문표기	영문표기		TWA		STEL		
				ppm	mg/m³	ppm	mg/m³	
43	니켈(가용성화합물)	Nickel(Soluble compounds, as Ni)	Ni	–	0.1	–	–	[7440-02-0] 발암성 1A
44	니켈(불용성 무기화합물)	Nickel(Insoluble Inorganic compounds, as Ni)	Ni	–	0.2	–	–	[7440-02-0] 발암성 1A
45	니켈(금속)	Nickel(Metal)	Ni	–	1	–	–	[7440-02-0] 발암성 2
46	니켈, 카르보닐	Nickel carbonyl, as Ni	$Ni(CO_4)$	0.001	–	–	–	[13463-39-3] 발암성 1A, 생식독성 1B
372	아황화니켈	Nickel subsulfide(Inhalable fraction)	Ni_3S_2	–	0.1	–	–	[12035-72-2] 발암성 1A, 생식세포 변이원성 2, 흡입성
727	황화니켈 (흄 및 분진)	Nickel sulfide roasting(Fume & dust, as Ni)	NiS	–	1	–	–	[16812-54-7] 발암성 1A, 생식세포 변이원성 2

(1) 정의

니켈(nickel, Ni)은 원자번호 48인 단단한 은백색의 금속으로, 원소 주기율표 중 철 및 코발트에 이어 8족에 속하는 원소를 말한다. 니켈은 -1, 0, +2, +3, +4의 산화 상태로 존재할 수 있지만, 정상적인 자연 환경에서 가장 중요한 산화 상태는 +2이다. 순수한 니켈(nickel, Ni)은 은백색의 단단한 금속으로, 다른 금속과 결합하여 합금을 만들기에 이상적인 특성을 가지고 있다. 니켈과 합금을 만들 수 있는 금속으로는 철, 구리, 크롬, 아연 등이다. 또한 니켈은 염소, 황, 산소 같은 원소와 화합물을 형성하기도 한다.[48]

니켈은 국내에서 전량 수입된 후 2, 3차 가공되어(니켈의 제련을 1차 공정으로 본다면) 유통한다. 니켈은 또한 니켈화합물의 분말(니켈 도금용), 니켈 전지, 촉매용 니켈 등 다양한 형태의 제품으로 수입이 되고 유통되기도 한다. 주요 유통경로는 1차 제련된 산화니켈이 수입되어 울산소재의 니켈 정련 사업장에서 순도가 높아진 후 합금제조 및 스테인리스 제조 사업장으로 공급된다. 니켈 합금 및 스테인리스로 가공된 제품은 각종 장치 산업 및 가정용품 산업 등의 사업장에 제공되어 가공된다.

---

47) 김수근 외 10, 앞의 연구보고서, 136-153면.
48) 김수근 외 4, 「직업성 암 인정기준 해설 및 업무관련성 평가」, 대한의사협회 의료정책연구소, 2016, 93면.

니켈 및 니켈화합물에 대한 직업병 유발이 가능한 제품 생산 공정은 주조, 합금, 도금, 용접, 분말야금, 판금 등이 있다. 발생 가능한 직업병으로는 접촉성 피부염, 호산구성 폐질환, 알레르기성 천식 등 호흡기계 질환을 유발하며 불용성 니켈무기화합물은 발암성 물질이다.[49]

니켈 화합물은 금속 니켈, 불용성 니켈 화합물, 가용성 니켈 화합물로 구분한다. 불용성 니켈 화합물은 탄산니켈(nikel carbonate), 산화니켈(nickei oxide), 아황화니켈(nikei sudsulfide)이 있고 가용성 니켈 화합물로는 육수화질산화니켈(nickei nitrate hexa-hydrate), 육수화황산니켈(nickel nitrate hexahydrate), 염화니켈(nickel chloride)이 있다. 니켈 화합물은 독성을 가지고 있다[50].

[표 15] 주요 니켈 화합물의 종류

물질명	CAS 번호	화학식
아세트산니켈(nickel acetate)	373-02-4	$Ni(CH_3CO_2)_2$
니켈암모늄황산염(nickel ammonoium sulfate)	15699-18-0	$Ni(NH_4)_2(SO_4)_2$
탄산니켈(nickel carbonate)	3333-67-3	$NiCO\#$
염화니켈(nickel chloride)	7718-54-9	$NiCl_2$
시안화니켈(nickel cyanide)	557-19-7	$Ni(CN)_2$
산화니켈(nickel oxide)	1313-99-1	NiO
질산니켈(nickel nitrate)	13138-45-9	$Ni(NO_3)_2$
아황화니켈(nickel subsulfide)	12035-72-2	Ni_3S_2
설파민산니켈(nickel sulfamate)	13770-89-3	$Ni(NH_2SO_3)_2$
황산니켈(nickel sulfate)	7786-81-4	$NiSO_4$

(2) 물리·화학적 성질

CAS NO	7440-02-0	분자식	Ni
원자번호	28	분자량	58.71
녹는점	1,455℃	끓는점	2,730℃
비중	8.902(25℃)	증기압	1mmHg at 1810℃
성상	은회색의 광택 있는 금속 수요성 니켈 화합물 : 녹색의 냄새 없는 고체		

출처 : ACGIH, HSDB

---

49) 김수근 외 10, 앞의 연구보고서, 137면.
50) 김수근 외 4,「직업성 암 인정기준 해설 및 업무관련성 평가」, 대한의사협회 의료정책연구소, 2016, 93면.

(3) 용도 및 노출[51]

니켈 및 니켈화합물의 주된 용도는 스테인리스강 제조 시 사용되며 전체 생산량의 65%이다. 또한 각종 주방기구, 건물 설비, 자동차 및 전자 부품, 화학공장설비, 특수 합금에 사용되며 전체 생산량의 22%이다. 그리고 니크롬선 (전열기), 모넬, 인코넬 (화학공업에서 용기나 배관 등에 사용), 알니코 (자석), 백동 (Cupro-nickel 동전, 장식용), 니켈 도금 에 8%, 안료, 수소화 촉매 등을 위한 화합물의 제조에 5% 정도 사용된다. 니켈 및 니켈화합물에 노출이 주로 이루어지는 공정은 용접, 도금, 배합, 주조, 분말야금 등이다.

니켈의 정련과정에서 동 물질을 사용하는 작업, 고순도의 니켈을 제조하는 작업, 금속업종 및 전자업종에서 니켈 도금 작업, 프라스틱 제조공 중 아크릴 단성체를 합성하는 과정에서 합성 촉매제로 취급하는 작업, 석탄가스화 작업, 석유의 정유, 수소화 반응시 니켈 촉매제를 취급하는 작업, 각종합성화학물질을 제조하는데 동 물질을 취급하는 작업, 담배연기에도 포함된다.

작업장에서의 주요 노출 경로는 호흡기이며, 이를 통해 체내에 유입되어 혈액, 소변, 체조직의 니켈 농도를 증가시킨다. 니켈과 그 화합물에 노출되는 경우는 대개 다음과 같다.

- 니켈은 건식 또는 습식으로 제련 및 정련 공정을 거쳐서 제조될 때 노출될 수 있다.
- 니켈 정련작업이 밀폐된 전기로 내에서 이루어지는 경우에는 폐가스 및 분진을 동반하지 않으며, 니켈에 대한 노출이 거의 없다.
- 페로니켈(합금용) 또는 니켈금속(입자상 또는 분말상)을 정련과정에서 아르곤 및 질소의 폭기시 포함되어 있던 탄소성분과 결합하여 니켈카르보닐이 발생할 수 있다.
- 주조 작업을 할 때 니켈에 대한 노출은 용해작업(금속흄), 주탕작업(금속 흄), 사상 및 트리밍(금속분진), 절단공정(금속분진) 등의 발생에 의한다.
- 작업환경 관리가 부적합할 경우 용해공정에서 발생한 니켈 금속흄이 작업장 전역으로 확산될 수 있다.
- 도금공정에서는 도금조에 황산니켈 및 니켈염화물을 첨가하는 작업과 도금조에서 발생하는 미스트로 인해 니켈 또는 그 화합물에 대한 노출될 수 있다.
- 니켈의 분말에 의한 노출은 분말 야금 및 합금제조를 위한 배합 등에서 이루어진다.
- 분말야금 방법 중 금속용사를 이용한 방법으로 고압의 가스와 고온 가열된 금속을 피가공물에 분사시킬 때에 금속 분말이 비산되어 노출되거나 금속용사 과정처럼 피가공물에 부착되지 못하고 작업장으로 비산되는 분말에 의해 노출이 발생될 수 있다.

---
51) 김수근 외 4, 「직업성 암 인정기준 해설 및 업무관련성 평가」, 대한의사협회 의료정책연구소, 2016, 94~95면.

- 합금제조에서는 금속분말의 배합 과정에서 공기 중으로 미세한 금속 분말이 비산되어 노출될 수 있다.
- 니켈이 합금된 모재 금속을 용접하거나, 니켈이 함유된 도장 혹은 방청을 위한 피막처리가 되어 있거나 도금처리가 되어 있는 것을 용접할 때에 노출 될 수 있다.
- 스테인리스 및 니켈 합금 등의 금속을 연마하는 과정에서 금속분진에 들어있는 니켈에 노출이 된다.
- 도자기 및 유리의 채색에 사용되는 염료에 의한 노출이 될 수 있다.
- 촉매용 니켈합금 및 화합물의 분말, 폐촉매 재생시에 노출된다.
- 니켈-니켈, 니켈-수소 전지 등의 재생 시에 노출된다.

1) 니켈의 제조

황화광석인 경우에는 배소하여 황분을 어느 정도 낮추어 용광로나 반사로 등에서 제련[52]한 다음, 전로에서 불어 주어 소위 베세머매트를 만든 다음, 이것으로부터 금속니켈을 얻는다.

몬드법을 이용한 제련에서는 베세머매트를 산화 배소한 다음 수성가스를 써서 환원시키고, 이것을 일산화탄소와 60℃에서 반응시켜 니켈카르보닐로써 휘발시킨 다음, 180℃로 가열·분해시켜 금속니켈을 얻는다. 이때의 순도는 99.8~99.9%이다. 니켈 제조 시 용해 과정에서 근로자에게 니켈 노출이 발생할 수 있다.

- 원재료 → 배소 → 용광로 → 전로 → 정제 → 포장/출고

2) 니켈합금(nickel alloy)(용해)

니켈-구리 합금계는 모넬 메탈(Monel metal)[53]이라고 한다. 니켈-크롬 합금계로는 크롬을 20% 가한 크로멜A는 열전기쌍에, 또 여기에 철을 소량 가한 니크롬은 전열저항선에 사용되고 있다. 또 이 20% 크롬합금에 티탄·알루미늄을 가해서 석출 경화형으로 한다. 니켈-베릴륨 합금계는 니켈·베릴륨의 화합물을 석출하여 현저하게 경화되므로 그대로, 또는 니켈의 일부를 구리로 희석하여, 강력한 스프링 재료 등에 사용된다. 합금 제조 시 용해 과정에서 근로자에게 니켈 노출이 발생할 수 있다.

3) 니켈도금(nickel plating)

금속의 표면에 니켈층을 입히는 일로서 방법으로는 전기도금과 화학도금[54]이 있다. 전

---

52) 제련법으로는 건식법인 올퍼드법과 일산화탄소를 이용하는 몬드법, 그리고 전해정제법 등이 있다.
53) 표준화학조성은 니켈 67%, 구리 30%, 철 1.4%, 망간 1%로서, 기계적 성질이 좋고, 내식성도 뛰어나, 콘덴서 튜브, 열교환기관, 펌프부품 등에 이용된다.
54) 화학도금은 하이포인산염의 존재 하에서 니켈이온을 화학적으로 환원해서 도금하는 것으로 도금층에 약간의 인이 들어가 전기도금보다 다소 딱딱한 니켈층이 생긴다.

기도금에서는 황산니켈·염화암모늄·붕산용액, 또는 염화니켈을 첨가한 용액을 사용하여 니켈을 양극으로 하고 금속을 음극으로 해서 전류를 흐르게 한다.

- 원자재입고 → 초음파탈지 → 전해탈지 → 니켈도금 → 수세 → 포장/출하

4) 연료가스 제조(촉매투입)

탄화수소의 고온수증기 개질에 의하여 연료가스 또는 합성가스를 제조할 때에는 니켈을 촉매로 사용한다. 그 때 염기성 첨가제는 탄소질의 석출을 경감시킨다. 황화물의 수소화에는 황화니켈을 사용하는 경우도 있다. 산화니켈은 산화활성을 가지지만 고활성이 아니다. 탈수상태의 산화니켈은 H2-D2 교환, C2H4-C2D4교환에서는 활성이며 이것에 실리카(이산화규소)·알루미나(산화알루미늄) 등의 산성성분을 첨가시키면 에틸렌의 이합체화촉매가 된다. 할로겐화니켈의 포스핀착염에 Al(C2H5)3, Al(C2H5)3Cl 등을 공존시키면 마찬가지로 올레핀의 이합체화 촉매가 되는데, 극히 고활성이다. 이런 종류의 올레핀 이합체화 촉매계를 부타디엔에 적용하면 선택성이 좋아져서 1-4 중합을 일으킨다. 니켈카르보닐의 포스핀착염은 아세틸렌의 고리화 중합에 유효하며, 시안화니켈은 아세틸렌에서 시클로옥타테트라엔을 생성한다. 촉매 투입 시 근로자에게 니켈 노출이 발생할 수 있다.

5) 니켈크롬강[55])(nickel chrome steel)(원료 투입)

기계구조용으로 탄소 0.25~0.40%, 니켈 1.0~3.5%, 크롬 0.5~1.0%를 함유한 것이 많이 사용되며, 담금질과 뜨임처리에 의해서 뛰어난 강인성을 갖게 된다. 16~17% 이상의 크롬, 7~8% 이상의 니켈을 첨가한 것은 스테인리스강·내열합금으로 알려졌다. 스테인리스강은 크롬 18%, 니켈 8%, 내열합금은 크롬 25%, 니켈 20%를 함유한 것이 주로 사용된다. 니켈크롬강 제조 시 원료투입과정에서 근로자에게 노출이 발생할 수 있다.

(4) 흡수 및 대사

1) 흡수

호흡기를 통한 니켈의 흡수는 입자의 크기에 영향을 받게 된다. 5-30㎛의 큰 입자들은 비인두 영역에 주로 흡착되며 1-5㎛의 입자들은 기도 및 기관지영역에, <1㎛의 가장 작은 입자들은 세기관지및 폐포 영역에 흡착된다[56]. 인간에서는 폐에 흡착된 니켈의

---

[55] 니켈크롬강은 기계구강 특수강의 원조라고 할 만한 강으로서, 처음에는 포신용으로 발달하였고, 그 후 크랭크축·기어·추진축·커넥팅로드 등 큰 힘을 받으면서 강인성을 요하는 기계부품에 사용된다.

[56] Gordon T, Amdur MO. 1991. Responses of the respiratory system to toxic agents. In: Amdur MO, Doull J, Klaassen CD, eds. Casarett and Doull's toxicology. 4th ed. New York, NY: McGraw-Hill, Inc., 383-406.

20-30%가 혈액으로 흡수된다[57][58]. 흡수된 니켈은 소변을 통하여 검출함으로써 측정할 수 있다[59][60][61]. 염화니켈, 황화니켈 등과 같은 용해성이 높은 니켈들에 노출될 경우 소변 내 검출량이 높다. 그리고 산화니켈, 아황화니켈 등의 용해성이 낮은 경우에 노출될 경우에는 그렇지 않아 용해성에 따라 폐의 흡수량이 달라진다는 사실을 알 수 있다[62]. 니켈을 섭취할 경우에는 29-40%가 흡수 된다[63][8]. 황화니켈은 음료로 섭취할 경우 음식으로 섭취하는 것에 비하여 흡수율이 40배 더 높으며 혈청 니켈 레벨도 더 빠르게 상승한다[64][65]. 니켈은 피부를 투과할 수 있는 물질로써 흡수가 가능하다[66]. 연구결과 약 55-77%가 24시간 내에 피부를 통해 흡수됨이 보고되었다. 그러나 피부의 진피층을 통과하거나 혈류로 흡수될 수 있는지 여부는 불확실하다[67].

공기 중의 니켈 및 니켈 화합물 노출기준을 정할 때 대개 발암성 유무에 최대한의 비중을 둔다. 즉 미국의 ACGIH는 호흡기암, NIOSH는 폐암, 비강암 및 피부장해, OSHA는 호흡기 독성에 비중을 두어 동물실험자료 및 역학조사 자료를 근거로 기준치를 설정하였다.

---

57) Bennett BG. 1984. Environmental nickel pathways in man. In: Sunderman FW Jr, ed. Nickel in the human environment. Proceedings of a joint symposium. IARC scientific publication no. 53. Lyon, France: International Agency for Research on Cancer, 487-495.
58) Grandjean P. 1984. Human exposure to nickel. In: Sunderman FW Jr, ed. Nickel in the human environment. Proceedings of a joint symposium, IARC scientific publication no. 53. Lyon, France: International Agency for Research on Cancer, 469-485.
59) Angerer J, Lehnert G. 1990. Occupational chronic exposure to metals. II: Nickel exposure of stainless steel welders--biological monitoring. Int Arch Occup Environ Health 62:7-10.
60) Elias Z, Mur JM, Pierre F, et al. 1989. Chromosome aberrations in peripheral blood lymphocytes of welders and characterization of their exposure by biological samples analysis. J Occup Med 31:477-483.
61) Ghezzi I, Baldasseroni A, Sesana G, et al. 1989. Behaviour of urinary nickel in low-level occupational exposure. Med Lav 80:244-250.
62) Torjussen W, Andersen I. 1979. Nickel concentrations in nasal mucosa, plasma and urine in active and retired nickel workers. Ann Clin Lab Sci 9:289-298.
63) Patriarca M, Lyon TD, Fell GS. 1997. Nickel metabolism in humans investigated with an oral stable isotope. Am J Clin Nutr 66(3):616-621.
64) Sunderman FW Jr. 1989b. Mechanisms of nickel carcinogenesis. Scand J Work Environ Health 15:112.
65) Solomons NW, Viteri F, Shuler TR, et al. 1982. Bioavailability of nickel in man: Effects of food and chemically defined dietary constituents on the absorption of inorganic nickel. J Nutr 112:39-50.
66) Norgaard O. 1955. Investigation with radioactive Ni-57 into the resorption of nickel through the skin in normal and in nickel-hypersensitive persons. Acta Derm Venereol 35:111-117.
67) Sarkar B. 1984. Nickel metabolism. In: Sunderman FW Jr, Aitio A, Berlin A, eds. Nickel in the human environment. IARC scientific publication no. 53. Lyon, France: International Agency for Research on Cancer, 367-384.

2) 대사

니켈의 대사과정은 리간드 교환 반응들로 이루어져 있으며 주로 알부민, L-히스티딘, 알파 마크로글로불린 등과 상호작용을 일으킨다[68]. 이 중 L-히스티딘과 결합하여 저분자량복합체를 형성하면 체내의 생체막들을 통과할 수 있다[69]

3) 배설 및 반감기

니켈화합물은 크게 수용성 화합물과 비수용성(불용성) 화합물로 나누어 볼 수 있다. 초산니켈, 염화니켈, 질산니켈, 황산니켈 등의 수용성 화합물들은 허파와 위장 관에서 빠른 속도로 흡수되고 어떤 형태의 경로를 취하던 1~2일 사이에 소변에서 배설될 수 있다[70][71][72]. 따라서 수용성 화합물의 요중 니켈 농도는 최근 노출을 반영한다. 산화니켈, 수산화니켈, 탄산니켈 등과 같이 물에 잘 녹지 않는 화합물들은 기도와 허파에 쌓여서 니켈을 서서히 혈류로 배출, 일종의 내부노출원 역할을 하게 된다. 니켈카르보닐은 매우 독성이 강하고 휘발성도 아주 큰 화합물로, 유기 니켈 화합물 가운데 유일하게 인체에서 전신독성을 나타낸다. 작업 후 채취한 요중의 니켈 농도는 니켈 노출의 적절한 지표로서, 수용성 니켈에 흡입 노출되는 경우 최근 1~2일간의 노출을 반영하는 지표로 알려져 있다. 대변으로 배설되는 경우는 음식물을 통해 섭취하였거나 혹은 호흡기를 통해 흡수된 니켈이 섬모상승작용을 통해 배출되어 삼켰을 때만 일어난다[73][74]

(5) 표적 장기별 건강장해

1) 급성 건강영향

황화니켈, 염화니켈, 붕산에 오염된 물을 마신 근로자들에게서 소화기 증상들이 발생하였다[75]. 근로자들이 노출된 니켈의 양은 대략 7.1-35.7mg Ni/kg 였으며 오심(15명), 복통

---

68) environment. IARC scientific publication no. 53. Lyon, France: International Agency for Research on Cancer, 367-384.
69) Sunderman FW Jr, Dingle B, Hopfer SM, et al. 1988. Acute nickel toxicity in electroplating workers who accidentally ingested a solution of nickel sulfate and nickel chloride. Am J Ind Med 14:257-266.
70) Angerer J, Lehnert G. 1990. Occupational chronic exposure to metals. II: Nickel exposure of stainless steel welders--biological monitoring. Int Arch Occup Environ Health 62:7-10.
71) Elias Z, Mur JM, Pierre F, et al. 1989. Chromosome aberrations in peripheral blood lymphocytes of welders and characterization of their exposure by biological samples analysis. J Occup Med 31:477-483.
72) Ghezzi I, Baldasseroni A, Sesana G, et al. 1989. Behaviour of urinary nickel in low-level occupational exposure. Med Lav 80:244-250.
73) Grandjean P. 1984. Human exposure to nickel. In: Sunderman FW Jr, ed. Nickel in the human environment. Proceedings of a joint symposium, IARC scientific publication no. 53. Lyon, France: International Agency for Research on Cancer, 469-485.
74) Sunderman FW Jr. 1989b. Mechanisms of nickel carcinogenesis. Scand J Work Environ Health 15:112.
75) Sunderman FW Jr, Dingle B, Hopfer SM, et al. 1988. Acute nickel toxicity in electroplating workers who accidentally ingested a solution of nickel sulfate and nickel chloride. Am J Ind Med 14:257-266.

(14명), 설사(4명), 구토(3명)등의 증상이 나타났다[76]. 붕산에 의한 영향을 완전히 배제할 수는 없으나 20~200㎎ 의 붕산을 복용시에는 ≥4 g 복용시 나타나는 소화기증상들은 나타나지 않았다[77]. 동물실험에서 뇌하수체 무게가 증가되었다[78]. 직업적 뿐만 아니라 일반 인구집단에서도 니켈에 대한 피부노출은 접촉성 피부염의 가장 흔한 원인으로 피부 노출 뿐만 아니라 니켈을 섭취한 경우에도 피부염이 발생할 수 있다[79][80][81]. 장기간의 니켈 섭취는 니켈에 과민반응을 보이는 개인에 있어 탈감작 시키는 효과가 뿐 만아니라[82] 급성 노출 직전의 섭취도 예방적 효과가 있다[83]. 현기증, 권태감, 두통 등의 신경학적 증상도 나타날 수 있다[84].

2) 만성 건강영향

가. 호흡기계

암을 제외한 폐질환에 의한 사망률이 증가한다는 보고가 있었다.[85] 그러나 이 후의 연구들과 결과가 일치하지 않는다[86][87][88].

---

76) Burrows D, Creswell S, Merrett JD. 1981. Nickel, hands, and hip prosthesis. Br J Dermatol 105:437-444.

77) Burrows D, Creswell S, Merrett JD. 1981. Nickel, hands, and hip prosthesis. Br J Dermatol 105:437-444.

78) RTI. 1986. Two-generation reproduction and fertility study of nickel chloride administered to CD rats in the drinking water: 90-Day exposure of CD rats to nickel chloride administered in the drinking water. Final study report (I of III). Research Triangle Park, NC: Office of Solid Waste Management, U.S. Environmental Protection Agency.

79) Burrows D, Creswell S, Merrett JD. 1981. Nickel, hands, and hip prosthesis. Br J Dermatol 105:437-444.

80) Christensen OB, Moller H. 1975. External and internal exposure to the antigen in the hand eczema of nickel allergy. Contact Dermatitis 1:136-141.

81) Veien NK, Hattel T, Justesen O, et al. 1987. Oral challenge with nickel and cobalt in patients with positive patch tests to nickel and/or cobalt. Acta Derm Venereol 67:321-325.

82) Jordan WP, King SE. 1979. Nickel feeding in nickel-sensitive patients with hand eczema. J Am Acad Dermatol 1:506-508.

83) van Hoogstraten IMW, von Blomberg ME, Boden D, et al. 1994. Effects of oral exposure to nickel or chromium on cutaneous sensitization. Curr Probl Dermatol 20:237-241.

84) Burrows D, Creswell S, Merrett JD. 1981. Nickel, hands, and hip prosthesis. Br J Dermatol 105:437-444.

85) Cornell RG, Landis JR. 1984. Mortality patterns among nickel/chromium alloy foundry workers. In: Sunderman FW, Jr, Aitio A, Berlin A, eds. Nickel in the human environment. IARC scientific publication no. 53. Lyon, France: International Agency for Research on Cancer, 87-93.

86) Arena VC, Sussman NB, Redmond CK, et al. 1998. Using alternative comparison populations to assess occupation-related mortality risk. Results for the high nickel alloys workers cohort. J Occup Environ Med 40(10):907-916.

87) Cox JE, Doll R, Scott WA, et al. 1981. Mortality of nickel workers: Experience of men working with metallic nickel. Br J Ind Med 38:235-239.

88) Shannon HS, Walsh C, Jadon N, et al. 1991. Mortality of 11,500 nickel workers extended follow up and relationship to environmental conditions. Toxicol Ind Health 7:277-294.

나. 생식계

니켈 정제 공장 근로자들에서 자연유산의 발생이 증가하였다[89]. 동물실험에서 정자 수 및 정자 활동성의 감소가 나타났다[90].

다. 눈, 피부, 비강, 인두

0.05mg Ni/kg 의 니켈을 음용수에 섞어 마신 경우에는 외측 절반의 시력 소실이 발생하였으나, 0.018, 0.012mg Ni/kg 의 경우 어떠한 부작용도 나타나지 않았다[91]. 니켈연무에 만성적으로 노출될 경우(황산니켈의 경우처럼) 만성비염, 부비동염, 비중격 천공 및 후각소실 등이 발생할 수 있다.

(6) 발암성

니켈 정련 산업 근로자들로 구성된 몇 개의 코호트에서 폐 및 비강의 암으로 인한 사망률이 유의하게 증가하였다. 이것은 높은 농도의 니켈 산화물과 아황화 니켈을 포함한 정제 분진 때문이다[92].

대부분의 직업적 노출 연구에서 몇 종류의 니켈에 노출이 동시에 일어나기 때문에 각각에 따른 발암성을 구분하기는 어렵다. 그러나 1990년까지 출판된 연구를 재평가한 결과, 아황화니켈에 높은 농도($>10mg\ Ni/m^3$)로 노출될 경우 폐암 위험이 증가하였다. 높은 농도($>10mg\ Ni/m^3$)의 산화니켈에 노출되는 경우 근거가 약했으나, 기타 수용성 니켈에 동시 노출될 경우 발암성이 있었다.

영국의 한 연구는 크롬에 노출되지 않은 니켈 전기도금공의 한 소그룹을 조사했는데 폐암 발생 위험도가 증가하지, 않았다. 한 환자-대조군 연구에서는 크롬 함유 물질과 니켈에 함께 노출된 사람들에게서 폐암 발생 위험도가 높게 나왔다. 스테인리스스틸 용접공에 대한 역학 연구결과는 니켈 화합물에 노출된 다른 근로자들의 폐암으로 인한 사망률 결과와 일치했지만, 용접공들이 다른 화합물에도 노출되었기 때문에 신뢰성이 낮았다.

NIOSH의 REL은 금속니켈 및 불용성니켈화합물의 노출기준으로 0.015mg/m³이면서 잠재적 발암물질로 분류하고 있다.

---

89) Chashschin VP, Artunina GP, Norseth T. 1994. Congenital defects, abortion and other health effects in nickel refinery workers. Sci Total Environ, 148:287-291.
90) Pandey R, Srivastava SP. 2000. Spermatotoxic effects of nickel in mice. Bull Environ Contam Toxicol 64(2):161-167.
91) Sunderman FW Jr. 1989b. Mechanisms of nickel carcinogenesis. Scand J Work Environ Health 15:112.
92) Andersen A, Berge SR, Engeland A, Norseth T. Exposure to nickel compounds and smoking in relation to incidence of lung and nasal cancer among nickel refinery workers. Occup Environ Med. 1996; 53(10):708-13.

니켈금속과 니켈합금의 인체 발암성 근거는 부적합하고, 동물 실험 결과는 근거가 제한적이다. 니켈금속은 인체 발암 가능성이 있는 것으로

분류하고 있다. 불용성 니켈화합물은 비강암, 폐암과의 관련성이 보고되고 있다.

니켈 정제 공장의 경우 주로 황화니켈 및 산화니켈에 노출되며 이 경우 폐암의 사망률이 증가하였다[93].

반면 뉴 칼레도니아 소재의 정제 공장에서는 사망률 증가가 관찰되지 않았는데 이 공장은 황화니켈과 가용성 니켈에 대한 노출이 매우 적으며 산화니켈에 대한 노출만 높았다[94]. 니켈 정제 공장의 폐암 사망자 부검 연구결과 폐암의 조직학적 분류에 있어 니켈에 특이적인 형태는 없었다[95]. 니켈 정제 공장 연구와는 반대로 니켈 제련 및 채광업 에서는 폐암의 사망률 증가가 없었다[96].

[표 16] 기관별 발암성 분류

기관		분류
국제암연구소 (IARC)	니켈 화합물	Group 1 (Carcinogenic to humans), 1990년
	니켈, 금속 및 합금	Group 2B (Possibly carcinogenic to humans), 1990년
미국환경청 (US EPA)	니켈	평가하지 않음(not evaluated), 2005년
	니켈 정련 분진	Group A (Human carcinogen), 2005년
	니켈 카르보닐	Group B2 (Probable human carcinogen), 2005년
	아황화니켈	Group A (Human carcinogen), 2005년
미국 국립독성계획 (US NTP)	니켈, 금속	Reasonably anticipated to be a human carcinogen, 2002년
	니켈 화합물	Known human carcinogens, 2002년
유럽연합(EU)	니켈 화합물 (아황화니켈 포함 134종)	Cat 1 (Substances known to be carcinogenic to humans)

---

93) Andersen A, Berge SR, Engeland A, et al. 1996. Exposure to nickel compounds and smoking in relation to incidence of lung and nasal cancer among nickel refinery workers. Occup Environ Med 53(10):708-713.
94) Goldberg M, Goldberg P, Leclerc A, et al. 1987. Epidemiology of respiratory cancers related to nickel mining and refining in New Caledonia (1978-1984). Int J Cancer 15:300-304.
95) Sunderman FW Jr, Morgan LG, Andersen A, et al. 1989a. Histopathology of sinonasal and lung cancers in nickel refinery workers. Ann Clin Lab Sci 19:44-50.
96) International Committee on Nickel Carcinogenesis in Man. 1990. Report of the International Committee on Nickel Carcinogenesis in Man. Scand J Work Environ Health 16(1):1-82.

일본에서는 니켈의 제련 또는 정련공정에서의 업무로 인해 발생하는 폐암 또는 상기도암을 업무상 질병으로 규정하고 있다. 국내에 니켈과 관련된 직업병 사례는 폐암을 비롯하여, 천식, 피부염 등이 보고되었다. 주로 용접작업에 종사한 작업자에게서 많이 발생하며, 이밖에 금속합금 제조공정, 전자업종에서 니켈합금을 하는 작업자에게서 발생하였다. 니켈은 폐암을 비롯한 여러 암과 인과성이 있는 것으로 밝혀져 폐암유발물질로 알려져 있으나, 노출량을 정량적으로 평가한 역학연구가 드물고, 누적 노출량의 기준점을 잡기가 어렵다.[97]

(7) 발암성 분류

니켈은 화학 형태에 따라 발암성 평가가 다르지만, 국제암 연구기관(IARC)에서는 니켈 화합물을 하나의 그룹으로 평가하여 그룹 1(사람에 대해 발암성이 있는)에 금속 니켈을 그룹 2B(사람에게 발암성이 있을지도 모른다)로 분류하고 있다. ACGIH에서는 아황화니켈과 수용성 무기 니켈화합물의 TLV-TWA는 0.1mg/m³으로 규정하고 있으나 아황화니켈은 확인된 인간 발암물질 A1으로 분류한 반면, 수용성 무기 니켈 화합물은 인간발암물질로 분류될 수 없는 A4로 하 였다. 금속니켈의 TLV-TWA는 1.5mg/m³이면서 인간 발암물질로 보이지 않는 A5로 구분하였다.[98]

- IARC : 금속니켈 (Group 2B), 니켈 화합물 (Group 1)[99]
- EPA : 니켈 정제 공장 분진 및 황화 니켈 Group A[100]

그 외 니켈 화합물은 발암원으로 분류되지 않음

- ACGIH : A5 Not suspected as a human carcinogen(니켈금속)
- A4 Not Classifiable as a human carcinogen(가용성화합물)
- A1 Confirmed human carcinogen(불용성화합물)

---

97) 김수근 외 4,「직업성 암 인정기준 해설 및 업무관련성 평가」, 대한의사협회 의료정책연구소, 2016, 100면.
98) 김수근 외 10, 앞의 연구보고서, 154면.
99) IARC. 1990. IARC monographs on the evaluation of carcinogenic risks to humans. Volume 49: Chromium, nickel and welding. Lyon, France: International Agency for Research on Cancer, World Health Organization, 257-445.
100) IRIS. 2005. Nickel. Washington, DC: Integrated Risk Information System. http://www.epa.gov/iris/. January 13, 2005.

2. 목재분진

일련번호	유해물질의 명칭		화학식	노출기준				비 고 (CAS번호 등)
	국문표기	영문표기		TWA		STEL		
				ppm	mg/m³	ppm	mg/m³	
197	목재분진 (적삼목)	Wood dust(Western red cedar, Inhalable fraction)	-	-	0.5	-	-	흡입성, 발암성 1A
198	목재분진 (적삼목외 기타 모든종)	Wood dust(All other species, Inhalable fraction)	-	-	1	-	-	흡입성, 발암성 1A

(1) 정의101)

목재분진은 목재를 가공할 때에 발생하는 분진이다. 목재는 건축·가구·보드류·펄프·종이 등을 생산하는데 필요한 나무재료로서, 셀룰로즈, 반셀룰로즈 및 리그닌으로 구성되어 있다. 나무에는 글루코시드류(glycosides), 퀴논류(quinones), 탄닌류(tannins), 테르펜류(terpenes), 알데히드류(aldehydes), 쿠마린류(coumarins) 등 여러 가지 유기화합물이 함유되어 있는데, 목재 분진에는 이외에도 각종 용제, 접착제, 살충제, 항진균제, 미생물 등이 함유될 수 있다.

목재는 각종 건축재, 종이, 악기, 스포츠 용품 등의 자재로 사용되어 생활전반에서 많이 이용되고 있다.

(2) 물질의 특성102)

1) 물질의 개요

- 한글 물질 명 : 목재분진, 부드러운 목재, 단단한 목재
- 영어 물질 명 : wood dust, soft dust, hard dust
- 이명(관용명/동의어) : 소나무(pine), 히말라야삼목(cedar), 연재분진(softwood dust)
- CAS NO. : 없음.
- 외관 : 입자, 다양한 색상의 입자
- 주요 구성요소 : 리그닌, 셀룰로즈, 헤미 셀룰로즈

---

101) 김수근 외 10, 앞의 연구보고서, 154면.
102) 화학물질 노출기준 제·개정(안) 연구 및 물질별 산업보건 편람 작성. 산업안전보건연구원. 2006. 11, 41면

- 설명 : 목재분진은 모든 경질목 및 연질목에서 발생하는 분진으로 수작업 또는 기계적인 절단, 연마 과정에서 발생되는 목재 입자로 구성된다. 또한 목재분진은 목재 생산품에 접착되어 있는 formaldehyde에 노출될 수 있다.

2) 물리적 성상
   - 물리적 상태 : 고체, 입자
   - 색상 : 다양한 색상
   - 냄새 : 변화하는 냄새
   - 끓는점 : 해당 안 됨
   - 녹는점 : 없음
   - 증기압 : 해당 안 됨
   - 증기밀도 : 해당 안 됨
   - 비중 : 없음
   - 물 용해도 : 없음
   - 수소이온지수(pH) : 해당 안 됨
   - 휘발성 : 해당 안 됨
   - 취기한계 : 없음
   - 증발율 : 해당 안 됨
   - 옥탄올/물 분배계수 : 없음

(3) **용도 및 노출**[103]

국내에서 사용되는 원목은 대부분 미국, 카나다, 인도네시아, 말레이시아, 아프리카 등에서 수입된다. 목재를 사용하는 산업의 분류는 새로운 나무가 사용되는 벌목, 재목 제분소, 펄프 제분소와 건조 목재가 사용되는 것으로 분류된다.

목재분진은 일반적으로 나무를 부수거나 나무를 통째로 썰거나 모아서 쓰는 목공 과정에서 발생된다. 나무를 부수는 과정이 자르는 과정보다 아주 작은 입자 분진을 발생시킨다. 얇게 깎는 과정에서 생긴 분진은 입자 크기가 크고, 공기 중에 정지된 상태로 있지 않으며, 대부분의 환경에서 흡입되지 않기 때문에 건강에 대한 영향은 적다.

---

[103] 김수근 외 10, 앞의 연구보고서, 154-162면.

분진은 분쇄, 연삭, 취급, 급격한 충격, 폭발, 천공(穿孔) 및 가열파쇄 등에 의해서 발생하는 0.1~100μ의 고체입자를 말한다. 분진입자는 마이크로미터 단위를 사용해서 측정된다. 1마이크로미터(1μ)는 1㎜의 1/1000이며, 분진입자의 크기는 0.1~25μ의 범위에 있다. 0.5~25μ의 입자는 폐 속에 깊이 침착하며, 분진에 기인하는 대부분의 질병의 원인이 된다.

목재를 사용하는 산업은 목재 제재와 목제품 제조업으로 구분된다. 목재 제재업은 원목 절단(전기톱), 제재(Saw 절단), 포장으로 이루어지며, 절단 및 제재시에 목분진에 노출된다. 목제품(가구) 제조업은 각종 목재류(각목, 판재 및 합판)를 절단 가공을 거쳐 가구 종류를 제조하는 공정으로 절단 가공시 목분진에 노출된다[104]

주로 노출되는 직종은 톱질 작업자, 목수, 캐비닛 제조자, 가구 제조 근로자, 목재 가공 근로자 등이다.

경질 목재(hard wood) 분진은 가구 및 캐비닛을 제조할 때 노출될 수 있으며, 연질 목재(softwood) 분진(non-allergic dust)은 건축, 목재업, 제재소 등에 종사하는 근로자들에서 노출될 수 있다. 피부감작은 목수, 톱질 작업자, 가구 제작공 등에서 잘 발생된다.

1) 목재제재업 목재파렛트 생산(제재 및 절단)
원목을 이용하여 목재파렛트를 생산하는 산업에서 제재 및 절단 공정에서 목분진에 노출된다.

- 원재(원목) → 대차(원목을 대차를 이용하여 켜는 작업) → 제재 및 둥근톱 절단(띠톱, 둥근톱을 이용해 목재를 절단하는 작업) → 조립(정타기를 이용하여 파렛트 조립) → 포장 → 출하

2) 목재제재업(배차기)
원자재(원목)을 수입하여 목재를 제조하는 산업으로 주 생산품은 목재 제재이다. 목재 절단을 위한 배차기(절단도구) 가동시 목분진이 발생한다. 또한 포장 및 출하 작업시도 일부 목분진이 발생할 수 있다.

- 원자재 → 대차(원목을 테이블위에 올려놓기 전에 대차위에 고정하는 작업) → 테이블(절단 전 테이블위에 원목을 놓는 작업) → 절단 → 포장 및 출고

3) 목재가구 제조업(재단 작업)
목재제재를 사용하여 목재가구를 생산하는 산업으로 재단 작업(기계에 의한 목재의 절단)시 목분진 및 소음이 발생하고 가공 및 세공 작업에서 1차 도장 후 사포 작업시 목분진 발생이 많다.

- 원자재 → 재단 → 가공 및 세공 → 연마 → 도장 → 건조

---

104) 화학물질 노출기준 제·개정(안) 연구 및 물질별 산업보건 편람 작성. 산업안전보건연구원. 2006. 11, 43면.

4) 목재 가구 및 소파 제조업 : 단단한 나무 사용

목재(건조된 판재)를 사용하여 가구 및 소파를 제조하는 산업으로 원자재를 재단작업 및 가공작업에서 목분진이 발생한다.

- 원자재 → 재단 → 가공 → 조립

5) 목재 주택 제조업(테이블 제단)

목재 주택을 제조하기 위한 제품을 생산하는 산업으로 테이블재단 작업 및 연마 작업에서 목분진에 노출된다.

- 원자재 → 테이블재단 → 연마 → 출고

6) 악기부품 및 목제품 제조(연마 작업)

목재를 이용한 악기부품을 생산하는 산업으로 재단작업, 가공작업, 연마 작업에서 목분진에 노출된다.

- 원자재 → 재단 → 가공 → 연마(면치기) → 도장(외주) → 출고

7) 목재가구 제조업(세공작업)

목재를 이용하여 목재가구를 생산하는 산업으로 절단, 가공 및 세공 작업 시 목분진에 노출된다. 절단은 1개 또는 2개 이상의 이송 로울러 및 구동장치에 의해 테이블 위에서 공작물을 절단하는 공정으로 목분진이 연속적으로 발생한다.

- 원자재 → 대차 → 절단 → 가공 및 세공 → 출고

(4) **생체작용**

인체 노출은 흡입 또는 피부 접촉을 통해 일어난다. 수백 가지 종류의 목재가 피부염과 천식을 유발한다고 알려져 있다(e.g., Western red cedar, mahogany, and rosewood). 목재 분진에 의한 1차적인 자극성 피부염은 홍반, 수포형성으로 시작하고 이어서 미란이 생기고 2차 감염증을 일으킬 수 있다. 알레르기 피부염은 발적, 박피, 소양감으로 시작하여 반복해서 노출될 경우 수포성 피부염을 일으키는 것이 일반적인 특징적이다. 알레르기 피부염의 호발부위로는 손, 팔, 눈꺼풀, 얼굴, 목 및 외음부이며, 여러 해 노출된 후에 발생하기도 하지만 대개는 수일 내지는 수주 이내에 발생한다. 벌목자 습진(woodcutters' eczema)은 목재 분진 자체 보다는 기생하는 미생물 등에 접촉되어 발생한다.

목재 분진에 의해서 호흡기 자극증상, 기관지염, 코의 점액섬모운동의 정체, 폐환기능장해 및 천식, 만성폐쇄성 폐질환 등이 유발될 수 있다. 목재 분진에 노출된 근로자에서 발생하는 폐쇄성 폐질환의 경우 FEV1/FVC 값이 떨어지고, 고농도에 노출될 경우 최대

중간호기속도(MMEFR)가 감소한다고 알려졌다. 역학적인 연구에서도 목재 근로자들에서 기도 폐쇄와 폐 기능 감소가 유의한 결과로 관찰되었다. 여러 목재에 의해 과민반응이 유발되어 천식에 이환되기도 하는데, 이들 천식환자의 면역학적 소견은 다양하다. 목재 분진에 의한 양성피부반응 및 침강항체반응은 나타날 수도 있고, 나타나지 않을 수도 있다. 천식반응은 목재종류에 따라 특이적으로 나타나는 경향이 있으나 한 목재에 천식이 유발된 경우 근로자가 다른 목재에 대해서는 천식 반응이 나타나지 않는 특징이 있다. 목재 분진에 의해 비암(nasal cancer)이 발생된다고 알려져 있는데, 기전은 아직까지 확실치 않다. 단지, 암이 발생되는 과정은 다음과 같다. 첫 단계는 섬모가 탈락하고 배상세포(gobletcells)가 과증식하고 입방세포(cuboidal cells)의 이형성(metaplasia)를 거쳐 일정 기간이 지나면 편평세포의 이형성이 유발된다.

(5) **발암성**

목재분진에 직업적으로 노출되었을 때 비강암, 부비동암 및 비인두암에 이환될 수 있다. 암환자의 면담에 기초하여 조사한 결과 오크와 너도밤나무에 노출된 근로자는 자작나무, 마호가니, 티크 및 호두나무에 비하여 암의 발생위험이 높은 것으로 보고되었다.

비강과 부비동 암에 대한 이용 가능한 코호트 연구와 환자-대조군 연구의대부분은 목분진 노출과 관련되어 암 위험의 증가를 보여 준다. 이러한 소견은 수많은 환자 사례 연구에 의해 지지된다. 유럽에서는 목분지 노출과 관련하여 비강 및 부비동 선암종(adenocarcinoma)에 대한 매우 높은 상대 위험도를 보이고 있다. 미국에서는 낮은 위험도를 보이고 있으나 목 분진의 농도와 종류의 차이에 기인한다. 미국의 연구 중의 하나는 목재분진에 매우 높게 노출 된 경우 위험도가 의미 있게 증가하였다.

가구제조 등 목재분진 노출과 관련된 역학적 연구들을 메타 분석한 결과 목 분진과 부비강암 발생이 강한 관련성이 있었다. 12개의 환자-대조군 연구를 분석하였을 때 부비강암 중에서도 선암이 일관되게 증가하였고, 편평세포암은 일관성이 낮았다[105]. 이것은 목 분진의 종류에 따른 것으로 추정하였지만 밝히지는 못하였다. 초과 위험은 다양한 국가의 다른 시기 및 다른 직업군을 대상으로 한 연구에서도 나타났으며, 다른 화학물질의 직접 노출은 목분진 노출과 관련된 상대 위험도의 크기를 증가시키지 않았기 때문에 초과 위험은 작업장내 다른 물질에 의한 노출 보다는 목분진 노출에 의한 것으로 보여 진다. 목 분진 종류를 밝힌 소수의 연구에서는 경목분진이 강한 발암 증거가 있음이 밝혀졌다.

---

[105] Demers, P. A., P. Boffetta, M. Kogevinas, A. Blair, B. A. Miller, C. F. Robinson, et al. 1995 Pooled reanalysis of cancer mortality among five cohorts of workers in wood-related industries. Scand J Work Environ Health 21(3): 179-90.

연목분진 노출과 발암성을 조사한 환자-대조군 연구에서는 경목분진에 비하여 위험은 작지만 주로 편평세포암의 위험이 일관되게 증가하였다[106]

목재분진의 노출의 양적인 판단에서 비강암의 위험성과 관계를 널리 조사한 연구는 없었고, 많은 연구가 단지 용량-반응과의 관계에 따라 산업과 직종에 기초한 어느 정도 양적인 판단을 통하여 조사되었다. 비강암의 오랜 잠복기 때문에 1950년대와 1960년대의 대다수 연구들이 20~30년 전의 진단법과 같이 노출효과의 기간을 크게 가정하였고, 그 기간 동안 매우 소수에게서만 진단되었다. 최근 연구들에서는 낮게 노출되는 근로자에 비해 2~5의 상대 위험도(reative risks)가 있었다. 최근 자료에서는 직업적 목 분진의 노출 수준이 $1mg/m^3$(호흡성 분진) 미만일 경우 비강암 위험이 실질적 감소가 있을 것이라고 제시하고 있다[107]

목재 분진 노출과 구인두, 후두인두, 폐, 림프 및 조혈기계, 위, 대장 또는 직장암과의 관련성에 대한 연구들은 개별적으로 관련성이 없거나 낮은 위험을 보이고 있으며, 연구들 간에 서로 다른 결과를 보이고, 노출과 반응간의 관련성이 분석되지 않는다. 목재 분진 노출과 호치킨스병과의 관련성에 대한 증거는 어떤 환자-대조군 연구들에서 중등도 이상 위험도를 보이고 있어 어느 정도 제안되고 있으나, 이러한 결과들은 코호트 연구들과 잘 디자인된 환자-대조군 연구에서 입증되지 못하고 있다. 목재 분진 내 특정한 발암물질은 아직 확인되지 않았다. 비강암 외에도 백혈병, 비호즈킨 임파종, 대장암 등이 목재 분진과 관련이 있을 수 있다고 거론되고 있으나 목재 분진과 직접적인 관련성이 있는지는 아직 충분하지 않다. 폐암과 늑막 중피종이 보고되기도 하였으나 목재 분진 때문이라기보다는 석면에 의하여 발생하였을 가능성이 높다. [108][109]

[국내 직업병사례]

1. 4년간 나무제품제조업에 종사. 알래스카산 적삼목, 합판, 마호가니를 연마, 절단, 본드 칠하기 등의 업무를 수행. 감기로 잦은 약물 치료 받았으나 기침이 점차 심해지고 가슴 답답함 증상 동반됨. PFT : FVC 3.64 L (89.9%), FEV1 2.30 L (78.8%), FEV1/FVC 63.2%. 단순 흉부방사선 사진에서 기관지 확장증 소견. 작업 중 노출된

---

106) 안연수, "직업성 암의 최신 지견", 대한직업환경의학회지 제23권 제3호, 2011, 9, 241면.
107) 화학물질 노출기준 제·개정(안) 연구 및 물질별 산업보건 편람 작성. 산업안전보건연구원. 2006.11. p63-6
108) IARC. 1995. Wood, Leather and Some Associated industries. IARC Monographs on the Evaluation of Carcinogenic Risk of Chemicals to Humans, vol 62. Lyon, France: International Agency for Research on Cancer. 35-215 pp.
109) DHHS, NTP. Wood dust 2002. US Department of Health and Human Services (DHHS), National Toxicololgy Program(NTP) Report on Carcinogens, Eleventh Edition.
http://ntp.niehs.nih.gov/ntp/roc/eleventh/profiles/s189wood.pdf.

목재 추출물 및 목재 분진 자체를 이용한 흡입 유발검사에서 천식 반응이 유발되어 직업성 천식으로 인정.
2. 입사 시 건강하였으나 3개월 간 목재 샌딩 작업 후 호흡기 증상 발생. 분진을 이용한 항원유발시험 결과, 작업장에서 발생하는 나무분진에 의해 폐 기능 검사에서 제한성 환기기능 장애를 보임. 작업관련성이 높은 과민성 폐장염으로 인정.

(6) 발암성 분류

미국 ACGIH에서는 크게 총분진(흡입성 분진)으로 western red cedar(적삼 목)와 기타 모든 종류로 구분하고 있으며, 노출기준을 각각 TLV-TWA, 0.5mg/m3, TLV-TWA, 1mg/m3으로 설정하고 있다. 또한 western red cedar는 감작제 표시를 하고 있으며, 일부 나무 종류에 따라 발암성을 규정하고 있다.[110]

Oak(떡갈나무, 졸참나무류의 낙엽 활엽수), Beech(너도밤나무)는 발암성 물질 (A1)로, Birch(박달나무, 자작나무), Mahogany(마호가니), Teak(티크), Walnut(호두나무)는 발암 가능성 물질(A2)로 분류하고 있으며, western red cedar를 포함한 기타 다른 모든 종류의 나무 분진은 인체 발암성 물질로 분류되지 않는 물질(A4)로 규정하고 있다.

미국의 ACGIH외에 목분진을 발암성 물질로 규정하는 있는 국가나 기관은 미국 NIOSH REL(Ca, hard 및 soft dust, Oak, Beech, Birch, mahogany, teak, walnut), 미국 NTP(K, hard 및 soft dust, 서양 적삼목, Oak, Beech, Birch, mahogany, teak, walnut), British Columbia(1, hard 및 soft dust), Mexico(A1, hrad dust), 노르웨이(Ca, hard dust, 총분진), 영국(hard dust), 독일 Mak(1, Oak, Beech), 홍콩(A1, Oak, Beech), 뉴질랜드(A1, Oak, Beech), 일본 JSOH(1, 호흡성 및 총분진 class 2 dust)이다[111].

(7) 노출기준

- 한국(고용노동부, 2016) TWA : 0.5mg/m³(적삼목), 1mg/m³(적삼목외 기타 모든 종)
- 미국(TLV; ACGIH, 2011) TWA : 0.5mg/m³(북미산 적삼목, inhalable particulate matter), sensitizer 1mg/m³(북미산 적삼목 외, inhalable particulate matter)

---

110) ACGIH. Documentation of the TLV's and BEI's with Other World Wide Occupational Exposure Values. Cincinnati. 2001.
111) 산업안전보건연구원. 화학물질 노출기준 제개정(안) 연구 및 물질별 산업보건 편람 작성:목분진(보고서). 2006. 한양대학교 환경 및 산업의학연구소.

> 기준설정의 근거
> 북미산 적삼목 : 직업성 천식, 알러젠으로 작용한 역학조사들을 종합하여 설정
> 북미산 적삼목 외 : 폐 기능 저하 또는 작업관련증상에 대한 연구들을 종합하여 설정

- 미국(PEL; OSHA, 2012) TWA : 1mg/㎥ (hard wood), 5mg/㎥ (soft wood)
- 미국(REL; NIOSH, 2012) TWA : 1mg/㎥ (hard wood), 5mg/㎥ (soft wood)
- 유럽연합(OEL, 2012) TWA : 5mg/㎥
- 독일(DFG, 2012) MAK : -
- 일본(OEL; JSOH, 2012) TWA : -
- 일본(ACL; 후생노동성, 2012) TWA : -
- 핀란드(사회보건부, 2011) TWA : 5mg/㎥

3. 베릴륨과 그 화합물[112]

일련번호	유해물질의 명칭		화학식	노출기준				비 고 (CAS번호 등)
	국문표기	영문표기		TWA		STEL		
				ppm	mg/㎥	ppm	mg/㎥	
208	베릴륨 및 그 화합물	Beryllium&Compounds	Be	-	0.002	-	0.01	[7440-41-7] 발암성 1A

(1) 정의

베릴륨(Beryllium, CAS NO 7740-41-7)은 단단하고 부식되지 않는 은회색의 금속으로, 단단하고 부식되지 않는 은회색의 금속이다.

베릴리움은 매우 가볍고, 내열성이 있는 금속으로서 x-선을 잘 통과시키며, 열 중성자 흡수단면적이 가장 작은 금속이다. 자연에서는 순수한 형태로 발견되지 않으며, 주로 녹주석, 금록석 등에서 산출된다. 베릴륨화합물은 글루시늄이라고도 하며, 천연적으로는 녹주석으로 생산된다. 화합물 속에서 베릴륨은 단맛이 나고 +2 가의 원자가를 가진다. 주요 화합물로는 산화물, 수산화물, 할로겐화물, 황산염, 질산염, 탄산염, 인산염, 과염소산염, 과요오드산염, 탄수화물, 질소화물, 황화물, 시안화물 등의 무기화합물 외에 디알킬베릴륨, 디아릴베릴륨 등의 유기베릴륨화합물이 있다. 무기화합물은 무색이며, 염화물, 황산염, 질산염은 물에 잘 녹고, 탄산염, 인산염은 물에 잘 녹지 않는다. 화학적

---
112) 김수근 외 10, 앞의 연구보고서, 163~164면.

성질은 마그네슘과 비슷하지만, 알루미늄과 비슷한 점도 있다. 물에는 침식당하지 않는다. 또한, 염산, 황산 등에는 수소를 발생하며 잘 녹지만, 질산에는 잘 녹지 않는다. 알칼리에도 수소를 발생하며 녹는다. 염의 수용액은 가수분해 되기 쉽고 산성을 보이며, 수용액에서는 염기성 염이 생기는 일이 많다. 유기베릴륨화합물에는 휘발성인 것이 많다. 희석된 산과 알칼리에 잘 용해된다. 베릴륨은 토양에서 발견괴는 천연원소로 알루미늄보다 가벼우나 강철보다 강하다. 전기 및 열 전도체이며 비자기성으로 산업적으로 용도가 다양한 금속이다.

베릴륨은 1927년 이후 사용하기 시작한 금속으로 초기에는 군수용품으로 형광 빛 또는 네온사인 등에 사용되다가 세계 2차 대전 때 베릴륨 합금 용접봉에 사용되어 왔다. 지금은 항공기 제어부품, 우주개발용 구조체, X-선 관구, 원자력용 수조체 등의 제조와 트랜지스터, 컴퓨터 칩의 재료, 형광등, 네온사인 제조 등에 광범위하게 사용된다.

베릴륨은 알루미늄, 구리, 철, 니켈 등의 금속과 혼합화여 합금을 만들면 여러 가지 물리적 성질이 향상되는 효과를 볼 수 있다. 또한, 비중이 1.85로 가볍고 단단한데다가 열 전도율이 높아 미사일, 우주선, 인공위성 등 항공우주 분야와 전기·전자, 원자력, 합금 등에 사용된다. 공기 중에서 반응할 경우, 1000℃ 이상으로 가열될 때까지 반응하지 않으며, 발화하면 밝은 빛을 내면서 질화 베릴륨(Be_3N_2)과 산화 베릴륨이 생성된다. 산화 베릴륨은 내화성이 있는 흰색 고체로 열 전도율이 뛰어난 절연체이며, 산화물로서는 특이하게 양쪽성 물질이다. 보통 베릴륨 염을 생성할 때는 수산화 베릴륨($Be(OH)_2$)과 산을 반응시켜 얻는다. 또, 베릴륨은 고온에서 할로겐, 수소, 탄소 등과 반응하여 각각 할로겐화 베릴륨, 수소화 베릴륨, 탄화 베릴륨을 형성한다. 이 중 탄화 베릴륨(Be_2C)은 적색의 내화성이 있는 고체로 물과 반응하여 메테인을 생성한다.[113]

(2) 물리·화학적 성질

- 분자량 : 9.01218
- 밀도 : 1.8477
- 녹는점 : 1280℃
- 끓는점 : 2500℃

---

113) 김수근·김원술·권영준·정윤경·박소영, 「직업성 암 인정기준 해설 및 업무관련성 평가」, 2016, 121~122면.

(3) 용도 및 노출

베릴륨은 주로 합금 경화제로 사용되며, 베릴륨구리 합금이 대표적인 것이 있다. 베릴륨구리는 구리에 베릴륨 2~3%를 넣어 만든 합금으로, 구리보다 강도가 약 6배 정도 커지기 때문에 강력 용수철의 재료로 사용된다. 열처리를 통하여 특수강에 상당하는 상도가 생기고, 내마모성도 좋아지기 때문에 고급 용수철의 재료 또는 플라스틱 제품을 만드는 금형 및 탬버린이나 트라이앵글 등의 악기를 만들 때도 사용된다. 또한 열적 안정성 및 열전도율이 높고, 금속으로서는 비교적 낮은 밀도 등의 물성을 이용하여 항공기와 미사일, 우주선, 통신위성 등의 군사산업과 항공우주산업에서 구조 부재로 사용된다. 열전도율이 좋고 전기 전도율이 좋아 스프링 성이 우수하고 고온에서도 높은 응력이완 저항력을 보유하므로 자동차 엔진실 내 각종 전기 릴레이의 스프링 가동편 재료로 쓰인다.

베릴륨은 저밀도이고 원자량이 작기 때문에 엑스선이나 기타 전리방사선에 대해 투과성이 나타나는 특성이 있고 그 특성을 이용하여 엑스선장치 및 입자 물리학 시험에 있어서 엑스선 투과창으로 사용된다. 산화베릴륨(BeO)은 용융염 원자로에서는 감속재로, 방열을 요하는 전자 회로에서 인쇄 회로 기판으로 사용된다. 중성자를 흡착하거나 반사하는 특성도 있어 핵관련산업에서 필수적인 물질로 사용되고 있다. 일상생활에서는 치과보철물(크라운 등)에도 사용되고 있다(표 17).

[표 17] 베릴륨의 용도

종류	용도
금속 베릴륨	• 엑스선 창(의료, 측정, 분석) • 원자로 : 중성자 감속재, 제어봉 등 • 항공·우주·군수 등의 구조 부품 • 음향 스피커(고음)
베릴륨 구리 합금	• 전자제품 : 커넥터, 소켓, 스위, 릴레이, 마이크로모터 기타 • 고속 레이저 스캐너 • 의료 기기 : 박동기 등 • 방폭 안전공구 • 플라스틱, 유리, 금속 금형 • 해저 광케이블 중속기 구조재
베릴륨 알루미늄 합금	• 항공·우주(위성) 부품
산화 베릴륨	• 방열판(Cu-W 등) 첨가제 • 전자 레인지, 극초단파 통신 장비 • 고밀도 전자회로기판

- 베릴륨 제판 및 압연
- 전자제품의 세라믹으로 사용된다.
- 전자계기에 사용하는 합금과 경화제
- 원자로에 중성자의 반사제 및 조절자로 사용된다.
- X-선관의 창에 사용된다.
- 로케트 고체연료의 첨가제
- 비행기의 브레이크에 사용된다.
- 위성 광학시스템의 반사경으로 사용된다.

베릴륨의 대사는 호흡기, 소화기, 피부점촉을 통해 흡수되고, 폐, 뼈, 간, 비장에 축적되고, 신장으로 분비되지만 시간이 걸린다. 생물학적 반감기는 2~8주 정도이다. 흡입된 대부분의 베릴륨은 분진의 형태로 존재하기 때문에 기관과 기관지 분지 안에 침전된 입자의 점액 섬모수송을 통하여 주로 이루어지고 이 때문에 첫 날 동안 흡입된 입자 청소율이 신속하게 일어나며 또한 폐포 대식세포에 의한 베릴륨의 흡수를 통하여 이루어진다. 피부 흡수는 베릴륨에 노출된 사람들의 총 신체부하량 중 단지 소량만을 차지한다. 흡수된 베릴륨은 뼈에 저장된다. 간, 신장, 폐에 일시적으로 저장된다. 베릴륨은 기관 중에서 골격과 간에서 우선적으로 분포된다.

(4) 발암성

1980년에 국제암연구기구는 베릴륨을 취급하는 근로자들에게서 폐암 발생의 위험성이 높다는 보고가 있으나 아직 확실한 결론을 내릴 만한 근거는 없다고 평가하였다.

베릴륨과 그 화합물은 국제발암연구기구(IARC)에서 베릴륨의 직업적 노출로 인한 폐암 위험 증가와 동물실험에서 베릴륨 노출과 암 사망 사이에 관련성이 있기 때문에 1993년에 베릴륨을 인간의 발암 물질 Group 1로 분류하였다. 그 후, 2011년에 IARC의 평가가 다시 발표되었지만, 베릴륨 및 그 화합물은 계속 Group 1로 분류하였다.[114] ACGIH에서는 베릴륨에 의한 호흡기 질환 및 폐암 발생을 최소화하기 위하여 노출기준 TLV-TWA, 0.002mg/m³(2mg/m³), TLV-STEL, 0.01mg(10mg/m³)로 제시하고, 사람에게 발암성이 확인되었다고 평가하여 A1(Confirmed Human Carcinogen)으로 구분하였다.

사람에 대한 베릴륨 노출과 암 발생의 연구는 지속적으로 진행되었다.

---

[114] IARC. Beryllium and beryllium compounds. IARC Monographs on the Evaluation of Carcinogenic Risks to humans VOLUME 100(vol. 12 pp. 95-120). Lyon France. 2011.

IARC에서 평가 대상이 된 역학조사의 대부분은 베릴륨 처리시설을 대상으로 한 후향적 코호트 연구이다. 미국 펜실베니아와 오하이오의 7개의 베릴륨 처리시설의 연구에서는 흡연 등의 교란인자 보정 후에 베릴륨의 발암 위험이 증가하였다. 그러나 이러한 결과를 부정하는 연구 보고도 있다. 베릴륨의 장기노출과 암 발병의 관련성에 대한 연구를(표 18)에 제시하였다.[115]

[표 18] 베릴륨의 장기노출과 암 발생과의 관련성에 관한 연구보고[1]

연구방법	대상	증례·발암 위험도	참고문헌
코호트 연구	1970년 후반에 베릴륨 증례 등록(BCR)된 689명	폐암의 SMR은 2.00(95% CI 1.33~2.89)(흡연의 보정 후에도 결과는 변함없음). 기타 모든 원인을 포함한 사망률도 유의하게 상승하고 있고, SMR은 2.19 (원인은 주로 진폐증(베릴륨질환)의 매우 높은 사망률(SMR=34.23 ; 158명).	Steenland & Ward, 1991(94)
후향적 코호트 연구	미국 펜실베니아와 오하이오의 7개의 베릴륨처리 시설의 남성근로자 9,225명 (1940년~1969년)	전체 코호트에서 폐암 SMR은 1.26(95% CI 1.12~1.42)	Ward, Okun, Ruder, Fingerhut, & Steenland, 1992(95)
코호트 연구	1987년 이후 두 연구의 대상자 (Steenland and Ward 1991), (Ward, Okun, Ruder, 1992)	폐암 사망 건수의 증가는 베릴륨 노출이 원인이 아니라 흡연일 가능성이 높음.	MacMahon, 1994(96)
환자-대조군 연구 (과거의 코호트 대상을 추적)	미국 베릴륨 처리공장 근로자를 1992년까지 추적 (1940년 시작). 증례 142명, 대조 710명	베릴륨에 의한 발암위험 증가가 예상됨. 흡연의 영향에 대해서도 검토하여, 교란인자로 인정하였음.	Sanderson, Ward, Steenland, & Petersen, 2001(97)
과거 코호트의 재분석	미국 1992년 연구에 사용된 9,225명	베릴륨 노출이 호흡기의 암 발병 위험을 높이고 있다고는 하기 어려움.	Levy, Roth, Hwang & Powers, 2002(98)

---

115) 김수근 외 4명, 「직업성 암 인정기준 해설 및 업무관련성 평가」, 대한의사협회 의료정책연구소, 2016, 124-125면.

폐암에 의한 사망과 누적내부 선량의 관계를 보인 코호트 내 증례 대조연구 (베릴륨의 영향도 확인하고 있음)	미국 콜로라도의 Rocky Flats Plant의 근로자(1951년~1989년)	베릴륨에 의한 발암위험 증가는 확인되지 않았음(단, 베릴륨 노출 정도는 기재 되지 않음).	Brown et al., 2004(99)
과거 환자-대조군의 재분석	미국 1992년 연구에 사용된 데이터에서 증례 142명과 대조 710명	베릴륨 노출이 호흡기계암 발병위험을 높이고 있다고 말하기 어려움.	Levy, Roth, & Deubner, 2007(100)
과거 환자-대조군의 재분석	미국 1992년 연구에 사용된 데이터에서 증례 142명과 환자군에 나이를 대응시킨 대조 (1증례당 5명)	출생 코호트를 병행하여, 베릴륨 노출량과 폐암 위험의 관계에 대해 다시 분석한 결과 출생인자를 보정하면 베릴륨의 평균노출량과 폐암위험에 유의한 상관관계가 있었음.	Schubauer-Berigan, Deddens, Steenland, Sanderson & Petersen, 2008(101)
과거 코호트 연구의 재분석 (Cox 비례위험 단-다변량 모델)	미국 1992년 연구 대상이 된 9,225명	교란과 SMR 패턴을 평가한 결과, 폐암의 증가는 베릴륨으로 인한 것이라기보다는 흡연의 교란에 의한 것이 컸음.	Levy, Roth & Deubner, 2009(102)
코호트 연구	미국 오하이오와 펜실베니아 주 7개의 베릴륨 처리시설의 남성근로자(1940~2005년 추적) 9,119명	폐암과 만성 폐쇄성 폐질환, 신경계 암, 요도암은 베릴륨 노출에 의해 발병 위험이 높아졌음. 폐암(SMR 1.17 ; 95% CI 1.08-1.28) 만성폐쇄성 폐질환 (SMR 1.23 ; 95% CI 1.13-1.32)	Schubauer-Berigen et al., 2011(103)
코호트 연구	미국 오하이오와 펜실베니아주 7개의 베릴륨 처리 시설 남성근로자 5,436명 (1970년 이전)	평균 최대 누적 베릴륨 노출량과 폐암의 발병에 관련 있음. 위험 값으로 하루 평균 노출량이 0.033mg/m³로 계산되었음.	Schubauer-Berigan, Deddens, Couch & Petersen, 2011(104)

(5) 발암성 분류

ACGIH에서는 베릴륨에 의한 호흡기 질환 및 폐암 발생을 최소화하기 위하여 노출기준 TLV-TWA, 0.002 mg/m^3(2 mg/m^3), TLV--STEL, 0.01 mg/m^3(10 mg/m^3)로 제시하고, 사람에게 발암성이 확인되었다고 평가하여 A1(Confirmed Human Carcinogen)으로 구분하였다.

4. 베타-나프탈아민(β-Naphthylamine)[116]

(1) 정의[117]

무색 혹은 자색의 나뭇잎 모양 결정이며 냄새가 없다. 공기중에서 산화되면 붉은 자색으로 변한다. 나프탈렌으로부터 수소원자 하나를 취한 나프틸의 아민으로 두 이성질체 알파-나프틸아민(1-나프틸아민)과 베타-나프틸아민(2-나프틸아민)이 있다.

(2) 물리·화학적 성질[118]

- 분자량 143.18
- 비 중 1.06
- 녹는 점 110.2 ℃
- 끓는 점 306℃ (승화성 있음)
- 증기밀도 4.95
- 증기압 0.48 Pa (20 ℃)
- 용해도 : 1g 이하 /100㎖, (물, 20℃), 찬물에는 잘 녹지 않으나, 가열하면 물에 녹는다.

(3) 용도 및 노출[119]

암모니아와 아황산암모늄에 β-나프톨을 첨가한 다음 100℃로 가열하여 얻는다. 과거에는 염료제조 및 고무의 산화방지제, 고무 피복된 전선의 제조 등에 사용되었으나 현재는 사용이 중지되었다. 연구목적으로만 제한적으로 사용되고 있다.

날염공정, 염료제조 공정, 고무제조 공정과, 알파-나프틸아민을 사용하는 과정에 불순물(현재는 통상 1% 미만)로 섞여있는 것이 주요한 노출원이다.

---

116) 화학식은 $C_{10}H_7NH_2$ CAS번호 은 91-59-8 발암성 1A이다.
117) 김수근 외 10, 앞의 연구보고서, 165면.
118) 김수근 외 10, 앞의 연구보고서, 165면.
119) 김수근 외 10, 앞의 연구보고서, 165~166면.

(4) 발암성

호흡기, 소화기, 눈 및 피부를 통해서 흡수된다. 베타-나프탈렌에 노출된 사람에서 방광암과 요로계종양의 발생이 증가하였다. 간암의 발생도 발견된다. 빠르면 3-4년의 노출 이후에도 방광암의 발생이 보고되고 있으나 평균적으로는 10년 이상의 잠복기를 가진다.

생쥐, 햄스터, 개 및 원숭이를 이용한 동물실험 모두에서 발암성이 확인되고 있다. 특히 방광암이 주요한 암종이다. 다량 노출된 실험동물에서는 거의 대부분 다발성 암종이 발생된다. 유전독성(변이원성)이 여러 가지의 독성실험에서 밝혀지고 있다. 베타-나프틸아민이 대사되는 과정에서 생기는 중간대사 물질인 bis(2-amino-1-naphthyl)phosphate가 강한 발암성을 가지고 있는 것으로 알려져 있다.

(5) 발암성 분류

국제암연구기구(IARC)에서는 사람과 동물에서 발암성이 충분한 근거를 가지고 있다고 평가하여 사람에게 발암성이 확인된 물질로 Group 1로 구분하였다.

ACGIH에서는 노출기준을 제시하지 않고 있으며, 사람에게 확인된 발암물질로 평가하여 A1(Confirmed Human Carcinogen)으로 구분하였다.

5. 벤젠(Benzene)[120]

일련번호	유해물질의 명칭		화학식	노출기준				비 고 (CAS번호 등)
	국문표기	영문표기		TWA		STEL		
				ppm	mg/m³	ppm	mg/m³	
212	벤젠	Benzene	C_6H_6	1	3	5	16	[71-43-2] 발암성1A, 생식세포 변이원성 1B

(1) 정의

벤젠(Benzene)은 휘발성 탄화수소로서 상온·상압에서는 독특한 방향을 가진 무색투명한 액체로 존재하며 물에는 거의 녹지 않으나, 알코올, 에테르에는 녹는다. 벤젠은 1800년대에 처음으로 콜타르에서 분리·발견되었고 현재는 주로 석유에서 만들어진다. 벤젠은 자동차와 사업장, 가정에서 사용하는 유류 제품에서 많이 발생하여 증발에 의해 대기 중으로 퍼진다. 수계로는 유류 방출 등으로 지하수나 하천을 오염시킬 수 있다. 이렇

---

120) 김수근 외 10, 앞의 연구보고서, 168~179면.

게 퍼진 벤젠은 흡입이나 섭취를 통해 노출될 수 있다. 대부분 호흡으로 섭취되는 벤젠이 최근 비타민C 음료에서 검출되어 사회적 문제를 일으킨 적이 있는데 벤젠은 음료류 중 비타민C, 안식향산나트륨과 물속에 녹아있던 철, 구리 등의 반응에 의해 미량 생성될 수 있는 것으로 알려져 있다.

Michael Faraday가 1825에 석유에 압력을 가하여 응축하여 처음으로 벤젠을 얻었다. 그는 이 물질의 이름을 '수소의 bicarburet'이라 명명할 것을 제안하였다. 1833년에 Eilhard Mischerlich이 gum benzoin으로부터 얻은 benzoic acid를 증류하여 벤젠을 얻고, 이 물질의 이름을 'benzin'이라고 제안하였다. 벤젠은 가장 단순하고 가장 중요한 방향족탄화수소이며, 저비점의 석유분획물질로서 주로 지방족 탄화수소로 이루어진 benzine과는 구별하여야 한다.

벤졸(benzole)은 벤젠을 주성분으로 하는 물질의 상품명이다. 벤젠의 동의어로는 벤졸(benzol), 사이클로헥사트리엔(cyclohexatriene), 벤졸(benzole), 펜(phene), 피로벤졸(pyrobenzol), 피로벤졸(pyrobenzole), 탄소 오일(carbon oil), 콜타르 나프타(coal tar naphtha), 페닐 수화(phenyl hydride), 벤졸렌(benzolene), 수소의 비카르부렛(bicarburet of hydrogen), 석탄 나프타(coal naphtha), 모터 벤졸(motor benzol), 아눌렌(annulene), 미네랄 나프타(mineral naphtha)이 있다.

(2) 벤젠의 물리·화학적 성질[121]

CAS No	71-43-2	분자식 및 구조식	C_6H_6
모양 및 냄새	무색에서 옅은 노란색을 띄는 액체로서, 향료냄새(방향족 냄새)가 난다.(냄새의 역치 : 12mg/ℓ)		
분 자 량	78.12(1ppm = 3.25mg/m³ : 20℃)	비 중	0.879℃
녹 는 점	5.5℃	끓 는 점	80.1℃
증 기 밀 도	2.77	증 기 압	75mmHg(20℃)
인 화 점	-11.1℃ (밀폐 상태)	폭발 한계 공기중	1.4%~7.1%(vol %)
전 환 계 수	at 25℃ and 760torr: 1ppm=3.26mg/m³; 1mg/m³=0.31ppm		
용 해 도	0.06g/100㎖, (물, 20℃)		

기타 인화성이 강한 물질이다. 물에는 거의 녹지 않으며, 유기용제나 기름에는 잘 녹는다. 산화제와 격렬하게 반응하고 휘발성이 강하며 기화하기 쉽다.

출처 : the Merk index, ACGIH, HSDB

---

121) 세화 편집부, 「화학대사전」, 2001. 5. 20.

(3) 용도 및 노출

벤젠은 방향족화합물 생산에 주원료로 사용되는데, 순수 벤젠은 합성원료로서 염료, 합성고무, 유기안료, 유기 고무 약품, 합성섬유(나일론), 합성수지(폴리스티렌, 페놀, 폴리에스터), 농약, 가소제, 사진약품, 폭약(피크리산), 방충제 (파라디클로로벤젠), 방부제(PCP), 절연유(PDP) 등에 사용된다.

벤젠은 톨루엔, 크실렌 등과 더불어 휘발유의 구성성분이며, 휘발유의 옥탄가를 높이기 위한 첨가제로 사용되나, 현재는 사용량을 줄이도록 권고하고 있다. 유럽에서는 휘발율의 5~16%, 미국에서는 0.3~2.0%를 차지하고 평균농도는 0.8%이다. 우리나라에서는 휘발유의 벤젠함유량을 5% 이하로 규제하고 있다.

벤젠은 다양한 종류의 사업장에서 노출이 일어나고 있으며 직업적 노출은 벤젠을 생산, 취급하거나, 벤젠과 그 유도체를 원료로 사용하는 과정에서 일어난다. 벤젠을 사용하는 석유화학근로자, 실험실 종사자, 합성접착제 제조업자, 염료생산자, 인쇄공(특히 윤전 그라비아 인쇄공), 신발 가죽 또는 고무제품 및 가구공장에서 합성접착제를 사용하는 근로자, 페인트 도장공, 가솔린 저장소나 주유소 근무자 등이 벤젠에 노출될 위험성이 크다. 특히 보수-유지(maintenance), 세척(clean-up), 시료추출(sampling) 대량운송 공정에서 고농도 노출이 발생한다[122].

[표 19] 벤젠 노출 위험이 높은 업종 또는 작업

구분	업종 또는 작업
벤젠 및 벤젠 함유 제품제조업	• 석유화학계 기초 유기화합물 제조업 • 석탄 화합물 제조업 • 원유정제 처리업 • 코크스 및 관련제품 제조업

벤젠을 원료로 사용하는 제조업	• 염료 및 기타 착색제 제조업
	• 석유화학계 기초 유기화합물 제조업
	• 합성고무 제조업
	• 합성수지 제조업
	• 기타 화학제품 제조업
	  - 살균, 살충제 및 기타 농업용 화학제품 제조업
	  - 도료, 인쇄잉크 및 유사제품 제조업

---

[122] 김수근·김동일·김병권·김용규·김원술·권영준·박래웅·심상효·임남구·임대성·진영우, "직업성 암 관련 정보의 배표 및 확산을 위한 웹기반 통한 정보시스템 개발", 산업안전보건연구원, 2013, 170면.

벤젠을 원료로 사용하는 제조업	– 의약품, 의료용 화합물 및 생약제재 제조업 – 비누, 세정광택제 및 화장품 제조업 – 달리 분류되지 않은 화학제품 제조업
기타 벤젠에 노출되는 작업	• 가솔린 저장 및 운반작업, 주유 작업, 벤젠을 사용하는 노출되는 실험실 작업 등 벤젠 또는 벤젠 함유제품을 취급하는 작업 • 벤젠이 불순물로 함유된 제품을 취급하는 작업

1) 벤젠제조

원유에서 벤젠을 생산하는 사업장은 접촉분해나 접촉개질에 의하여 벤젠을 함유하는 탄화수소유를 얻고, 이것을 추출하고 분류하여 벤젠, 톨루엔, 크실렌(BTX)을 함께 제조한다.

납사전처리공정, 방향족생산공정, 촉매순환 및 재생공정, LPG 회수분리공정, 방향족분리공정, 수소제조공정에서 벤젠에 노출될 수 있다. 또한 설비 점검, 공정 운전 등의 이상 유무 확인·점검, 파이프라인 중간밸브에서 완제품 생산라인까지 매일 2회 시료를 채취하여 분석실에 의뢰하는 과정에서 노출이 발생한다.

정제현장 조작자와 정제현장 근조작자는 일반적으로 벤젠 노출위험이 있는 경우는 드물고, 기간도 짧다. 정제 유지보수작업자도 배수 작업, 뚜껑 열기, 세척 작업, 밀폐장치 작업 등 다양한 작업을 담당하므로 간헐적으로 벤젠에 노출될 수 있다. 실험실 요원들도 품질관리나 검사를 수행하는 과정에서 벤젠에 노출될 수 있다.

• 원료투입 → 석유 촉매 전환 재생성 반응(파라핀 환 생성 및 탈수소화) → 출하

2) 선박과 궤도차 선적(선적)

선박이나 바지선에 벤젠을 싣는 작업 중에 부두 노동자, 갑판원, 선박의 가교 노동자가 벤젠에 노출될 수 있다. 개방형 선적의 경우에는 벤젠 증기가 갑판까지 올라갈 수 있어서, 부두 노동자와 갑판원이 고농도로 노출될 수 있다. 현재는 폐쇄형 선적을 하고 있다. 폐쇄형 선적 중에는 벤젠 증기를 원격지로 배출하게 된다. 그 결과 부두 노동자와 갑판원의 노출농도가 현저히 감소하였다. 궤도차 선적작업도 궤도차에서 벤젠증기가 새어나와 고농도 벤젠에 노출될 가능성이 있다.

3) 탱크로리 운송(적재)

탱크로리 운송터미널은 여러 직종의 근로자에게 벤젠 노출을 유발할 수 있다. 탱크로리 감독자가 문제가 발생하였을 경우에 이를 처리하는 작업을 하거나 벤젠을 적재하는 작업 장소 근처에 있는 근로자의 경우 벤젠에 노출될 수 있다.[123]

---

[123] 정시 교대근무 상황에서 노출수준은 낮은 편으로 평균농도가 0.36mg/m^3(범위: 0.001–3.1mg/m^3)였다(Concawe, 2000).

4) 주유소 직원

주유원은, 차량에 휘발유를 주입하는 동안, 그리고 주변 대기에 포함된 벤젠을 호흡하여 저농도 벤젠에 노출될 수 있다[124]. 기온이 이들의 벤젠 노출 수준에 영향을 미치는데, 기온이 상승하면 벤젠 노출 정도도 증가하였다. 주유원과 마찬가지로 주유소의 다른 직업도 비슷한 수준으로 벤젠에 노출될 수 있다[125].

5) 차량 수리(교체 작업)

차량 수리공도 휘발유 엔진을 다루고, 배기가스에 함유된 벤젠으로 오염된 공기를 들여 마시기 때문에 벤젠에 노출될 수 있다.[126] 특히 연료분사장치, 배수장치, 연료탱크 세척, 실린더 덩어리와 헤드를 해체 재생하는 작업, 기화기 조정과 재생작업, 연료파이프, 필터, 펌프, 밸브 등의 교체작업에 종사하는 경우 단시간 노출수준이 특히 높았다. 겨울과 좁은 차고 등에서 수리작업 시 환기가 덜 되어 벤젠 노출량이 더 많았다.

6) 항공산업(탱크수리)

민간공항조작자가 항공기용 휘발유를 사용하는 경비행기에 연료를 주입하는 경우에 벤젠에 노출될 수 있다. 그러나 유럽에서는 개인노출은 거의 없을 것으로 보인다.[127]

군요원 중에서는 JP-8 제트연료를 취급하는 사람들에 대한 연구가 주로 이루어져있다.[128] 과거 20년동안 JP-8가 휘발유를 주성분으로 한 JP-4 연료를 대체하게 되면서 벤젠노출수준도 현저히 줄어들었다. 탱크 수리를 하는 경우에 노출농도가 가장 높고,[129] 벤젠 노출이 근로자에게 발생할 수 있다.

7) 소방관(진화)

소방관은 불길이 잡혀가기 시작할 때와 남아 있는 불씨를 확인할 때 벤젠에 노출될 수 있다.

8) 카프로락탐 생산(원료 투입)

주 생산품으로 카프로락탐 생산과정 중 벤젠이 사용되고, 노출이 발생할 수 있다. 취급량은 연간 7,388톤이다. 카프로락탐 제조에 시클로헥산이 사용되며 시클로헥산을 제조하

---

124) 가솔린 탱크 근처의 사무실이나 빌딩에서 근무하는 근로자들은 0.53ppm TWA까지 노출될 수 있다(Kullman과 Hill, 1990). 광범위한 조사를 한 결과 노출농도는 그다지 높지 않았고, 정시 교대근무시 평균노출농도는 0.102mg/m^3(범위: 0.012-0.478mg/m^3)였다(Merlo 등, 2001).
125) 유해물질을 취급하거나 지하 저장소에서 일하는 근로자들은 단기간에 0.4내지 9.1ppm에 노출될 수 있고, 30ppm 까지 노출되는 경우도 있다(Nelson, 1991).
126) 정시교대근무작업자의 평균노출농도의 범위는 0.03-2.6mg/m^{3}이었으며, 단기간 노출농도의 범위는 0.33-15.28mg/m^3 이었다(Concawe, 1986; HELA, 2000; Norlinder, 1987; Popp 등, 1994; Javelaud 등, 1998).
127) 항공기용 휘발유 대신에 백등유를 주성분으로 한 Jet A1이 주연료이다.
128) 연료관리 작업 중에 벤젠에 가장 많이 노출되는데, 정시 교대근무 시 노출농도의 중앙값이 0.252mg/m^{3}이었다 (Egeghy, 2003). 항공기정비사의 TWA 노출농도 평균값은 0.022mg/m^{3}였다(Puhala 등, 1997).
129) 단시간 노출농도의 최고치가 9.71mg/m^{3}에 이른다.

기 위해 대부분의 벤젠이 재료로 사용된다. 중간 생산물인 락탐을 추출하기 위해서도 벤젠이 사용되며 제품개발과 정도관리를 담당하는 시험실에서도 부정기적으로 벤젠에 노출될 수 있다.

- 원재료 투입 → 옥심화 반응 → 분리 → 재배열 → 중화 → 분리 → 락탐추출 → 추출 → 스트리핑(stripping) → 이온교환수지처리 → 수소화 → 증기화 → 추출 → 저장 → 포장/출하

9) 약품제조(현장관리)

의약품 제조 공정에서 벤젠을 사용하고, 사용량은 9톤이다. 액체류 제조, 에탄올 제조 등의 공정과 포장, 정유 과정에서 벤젠의 사용을 통한 노출이 발생할 수 있다. 현장관리 과정에서 벤젠에 근로자에게 노출이 발생할 수 있다.

- 원료투입 → 전처리 → 정제시설 → 응축기 → 냉각기 → 검사 → 포장/출고

10) 인쇄공정(인쇄기 세척)

인쇄 공정에서 벤젠이 사용되고, 벤젠 사용량은 연간 1.5톤이다. 주 사용공정은 오프셋 인쇄 과정에서 벤젠의 사용에 의한 근로자의 노출이 발생 할 수 있다. 또한 하루 3~4회 벤젠을 사용하여 인쇄기 세척을 할 때 근로자에게 벤젠이 노출될 수 있다.

- 주문 → 소부 → 인쇄 → 제본 → 납품

11) 제유공장(시료분석)

참기름과 후추를 주로 생산하며, 벤젠은 품질관리과에서 생산된 제품의 품질관리를 위한 분석 공정에서 사용된다. 벤젠 사용량은 88kg으로 소량 취급하였다.

- 원료투입 → 충진 → 포장

12) 식품제조(포장공정)

케찹과 마요네즈가 주 생상품이며, 벤젠 사용량은 25kg으로 양은 매우 적었다. 포장공정에서 근로자에게 벤젠 노출이 발생할 수 있다.

- 배합 → 충진 → 포장

13) 차량 부품제조(정전 도장)

도장 공정 중 벤젠이 사용되고, 연간 사용량은 3.2톤이다. 도장 과정 중 주노출이 발생할 수 있는 세부 공정은 행깅, 정전도장, 수동도장 3곳이다.

- 가공부품 → 행깅 → 탈지 → 수세 → 인산염피막 → 탕세 → 건조 → 정전도장 → 보정도장 → 상도건조 → 포장/출하

(4) 흡수 및 대사

호흡기, 소화기, 피부를 통해 흡수된다.(폐를 통해 빠르게 흡수됨)[130] 주된 대사 기관은 간이며 여기서 페놀 (hydroxybenzene), 카테콜(1,2-dihydroxybenzene), 또는 퀴놀 (1,4-dihydroxybe nzene)로 산화된다. 페놀은 inorganic sulfate와 결합하여 phenylsulfate가 되지만, 다른 것들은 많이 결합되지 않는다. 다른 경로는 카테콜이 더 산화되어 hydroxyhydroquinol(1,2,4-trihydro xybenzene)로 되거나, 이화되어 cis, cis- or trans, trans-muconic acids 가 되는 것, 그리고 페놀과 glucuronic acid가 결합하여 glucuronides가 되거나 cysteine과 결합하여 2-phenylm ercapturic acid가 되는 것 등이다[131]. 최종 분해산물들은 소변으로 배설된다[132]. 고지방조직에서의 반감기는 약 24시간 이다[133].

(5) 표적장기별 건강장해

1) 급성 건강영향

가. 신경계

섭취나 증기 흡입 등에 의해 많은 양의 벤젠에 단기간 노출될 경우 어지러움, 무력감, 다행감, 두통, 오심, 구토 등의 증상이 있을 수 있으며, 노출이 더 심각할 경우 시야 혼란, 진전, 호흡곤란, 심실 부정맥, 마비, 의식장애 등이 올 수 있다[134].

나. 간담도계

혈청 간기능 효소 및 빌리루빈 증가

다. 신장

혈청 크레아티닌 증가

라. 피부

직접 접촉시 발적, 수포발생 그리고 장기적으로 접촉시에 피부로부터 지방이 제거되어 건조한 각질형의 피부염을 유발한다[135].

---

130) IARC. Monographs on the Evaluation of the Carcinogenic Risk of Chemicals to Man. Geneva: World Health Organization, International Agency for Research on Cancer, 1972-PRESENT. (Multivolume work). Available at: http://monographs.iarc.fr/index.php p. V7 211 (1974)
131) Clayton, G.D., F.E. Clayton (eds.) Patty's Industrial Hygiene and Toxicology. Volumes 2A, 2B, 2C, 2D, 2E, 2F: Toxicology. 4th ed. New York, NY: John Wiley & Sons Inc., 1993-1994., p. 1320.
132) Clayton, G.D., F.E. Clayton (eds.) Patty's Industrial Hygiene and Toxicology. Volumes 2A, 2B, 2C, 2D, 2E, 2F: Toxicology. 4th ed. New York, NY: John Wiley & Sons Inc., 1993-1994., p. 1320
133) Zenz, C., O.B. Dickerson, E.P. Horvath. Occupational Medicine. 3rd ed. St. Louis, MO., 1994, p. 146.
134) Hardman, J.G., L.E. Limbird, P.B. Molinoff, R.W. Ruddon, A.G. Goodman (eds.). Goodman and Gilman's The Pharmacological Basis of Therapeutics. 9th ed. New York, NY: McGraw-Hill, 1996., p. 1683.

마. 기타

급성 국소적 자극으로는, 소화기를 통해 마셨을 때 구강, 후두, 식도, 위장을 자극하며 고농도의 벤젠 기체는 눈, 코, 호흡기의 점막을 자극한다.

2) 만성 건강영향

가. 조혈기계

① 범혈구 감소증[136], 재생불량성 빈혈[137][138] : 저농도에 만성적인 노출은 초기에 약간의 혈구 증가가 있다가 곧이어 혈구수의 감소를 나타내는 소견을 보인다. 적혈구, 백혈구, 혈소판이 각각 다 감소할 수 있으며, 범혈구 감소증(pancytopenia)에 골수괴사(bone marrow)가 동반되면 재생불량성 빈혈(Aplastic anemia)이 발생한다. 재생불량성 빈혈은 만성적인 벤젠 중독의 고전적인 사인이다.

② 백혈병[139][140], 다발성 골수종 및 임파종[141] : 직업적으로 벤젠에 노출되어 백혈병을 일으켰던 예는 1920년대에 처음으로 보고된 이후로 벤젠과 백혈병의 상관관계를 보여주는 예들이 다수 발생하였다. 백혈병 유형은 모든 유형(일반 인구에 비해 5배 발생)이 다 가능하지만 주로 myeloid, myelomonocytic이고 chronic type도 있으나 주로는 acute type이다. 누적노출량이 증가함에 따른 백혈병의 표준화사망비(SMR) 증가는 강한 양-반응관계를 나타낸다.

즉 40ppm-year이하까지는 표준화사망비(SMR)가 크게 증가하지 않으나 40ppm-year이상에서는 SMR이 322에서 6637(400ppm-year)까지 계속 증가하는 경향이 보고되었다. 벤젠에 의한 재생불량성 빈혈 환자는 백혈병이 발생할 위험이 매우 크다(벤젠에 의한 혈액학적 이상이 있는 사람 중 10-17%에서 백혈병이 발생하였다.). 그러나 벤젠에 의한 백혈병이 재생불량성 빈혈(범혈구 감소증)을 반드시 전제하는 것은 아니다. 암 발생까지의 노출기간은 1년보다 짧을 수도 있으나 대부분 15년 이상이다 (최소 0.8년에서 최고 49.6년). 벤젠에 의한 백혈병 발생에는 복합유기용제 노출 여

---

[135] Clayton, G.D., F.E. Clayton (eds.) Patty's Industrial Hygiene and Toxicology. Volumes 2A, 2B, 2C, 2D, 2E, 2F: Toxicology. 4th ed. New York, NY: John Wiley & Sons Inc., 1993-1994., p. 1308

[136] Snyder R, Lee EW, Kocsis JJ, Witmer CM. Bone marrow depressant and leukemogenic actions of benzene. Life Sci 1977;15;21(12):1709-21.

[137] Grant, W.M. Toxicology of the Eye. 3rd ed. Springfield, IL: Charles C. Thomas Publisher, 1986., p. 140

[138] Snyder R, Lee EW, Kocsis JJ, Witmer CM. Bone marrow depressant and leukemogenic actions of benzene. Life Sci 1977;15;21(12):1709-21.

[139] Vigliani EC, Forni A.. Benzene and leukemia.. Environ Res. 1976;11(1):122-7.

[140] Mehlman MA, ed; Adv Mod Environ Toxicol Vol IV: Carcinogenicity and Toxicity of Benzene p.52 (1983)

[141] Mehlman MA, ed; Adv Mod Environ Toxicol Vol IV: Carcinogenicity and Toxicity of Benzene p.52 (1983)

부, 가족력, 개인적인 민감성 등이 중요한 요소로 작용한다. 벤젠의 만성 노출은 다발성 골수종(SMR 409 : 이것은 1987년 OSHA PEL/TWA을 10ppm에서 1ppm으로 낮추는 계기가 됨), 임파종도 발생시킨다.

(6) 발암성

벤젠과 그 혼합물은 사람에 대한 발암물질이다. 벤젠은 수 많은 직업역학 연구에서 발암성 증거가 확인된 잘 알려진 인체발암물질이다. 화학공장, 제화공장, 정유공장 등에서 벤젠에 노출된 근로자의 백혈병, 특히 급성골수성백혈병의 위험도가 증가하였다. 많은 동물실험결과가 벤젠을 흡입투여하거나 경구투여할때, 동물의 혈액, 구강, 비강, 간, 전위, 음경 꺼풀샘 등을 포함한 여러 장기에 암발생 위험도를 증가시키는 것으로 나타났다[142]

벤젠 노출 후 백혈병 발병은 사망 전 최근 10년 동안 노출이 위험도를 증가시키는 것으로 보고되고 있으며[143] 환자-대조군 연구에서 벤젠에 중등도/고농도 노출군에서 미만성 림프종의 증가가 2.4배 높게 관찰되었다[144]. (IARC : 1, ACGIH : A1)

28,500명의 터키 근로자들을 대상으로 연구에서 그들 평균 근로기간은 9.7년(1~15년), 평균연령은 35.4세로 벤젠이 21~650ppm 정도인 환경에서 백혈병 발생자가 26명의 백혈병 환자가 발생하였다. 또한 백혈병 또는 백혈병 전구증상 발생자가 31명이 관찰되었다. 결과적으로 13/1,000,000의 백혈병 발생률이 추계되었다(자연 백혈 병 발생률 6/1,000,000).[145]

Infante 등[146])의 조사에서 1940~1949년 사이에 벤젠 노출공장에서 근무한 백인 남자 근로자를 대상으로 조사한 결과 백혈병의 발생률이 통계적으로 유의하게 증가되었다.

Rinsky 등[147]의 연구에서는 40ppm/year의 농도로 노출 시, 백혈병으로 인한 표준사망률(SMR)이 6,637로 산출되었다. 즉 벤젠은 뚜렷한 백혈병 발생원인 물질이며, 현재 작

---

142) U.S. EPA, Environmental Protection Agency (2004) Integrated Risk Information System (IRIS). Substance file - benzene. Washington, DC: National Center for Environmental Assessment. http://www.epa.gov/iris/subst/0276.htm
143) Finkelstein mm. Leukemia after exposure to benzene: temporal trends and implications for standards. Am J Ind Med 2000;38(1):1-7
144) Miligi L, Costantini AS, Benvenuti A, Kriebel D, Bolejack V, Tumino R, Ramazzotti V, Rodella S, Stagnaro E, Crosignani P, Amadori D, Mirabelli D, Sommani L, Belletti I, Troschel L, Romeo L, Miceli G, Tozzi GA, Mendico I, Vineis P. Occupational exposure to solvents and the risk of lymphomas. Epidemiology. 2006 ;17(5):552-561.
145) Aksoy M, Erdem S, Dincol G. Leukemia in shoe-workers exposed chronically to benzene. Blood 1974; 44:837-841
146) Infante PF, Wagoner JK, Rinsky RA, Young RJ. leukaemia in benzene workers. Lancet 1977;2:76-78
147) Rinsky RA, Alexander B, Smith MD, Hornung R, Filloon TG, et al.Benzene and leukemia an epidemiological risk assessment. New Engl J Med 1987;316:1044-1050

업장 노출농도 기준인 10ppm에서 40년간 근무를 한다면, 이로 인해 통계적으로 유의하게 백혈병 발생 위험이 증가될 것이라고 보고되었다.

Wong 등의 연구에서는 1946~1975년 동안 최소한 6개월 이상 근로한 근로자 4,062명을 대상으로 연구한 결과 노출용량과 비교하여 백혈병, 림프선 암, 혈액암 등의 발생이 증가하는 것을 관찰하였다. 4,602명의 연구대상자는 7개의 화학공장으로부터 모집되었고, 모든 피실험자들은 벤젠에 반복적으로 노출되었음이 확인되었다. 대조군의 3,074명은 같은 공장에서 최소한 6개월 동안직업을 유지했으나 벤젠에 노출되지 않은 사람들이다.

이 외에도 다수의 역학적 결과, 벤젠으로 인한 백혈병 발생 및 이로 인한 사망률이 증가된다고 보고되었다. 백혈병 위험성 및 림프선암, 조혈기암의 위험성은 벤젠 노출량에 비례하여 증가하였다. 이러한 현상은 동물실험에서도 확인되었다. 동물실험에서는 여러 종의 동물에서 여러 장기(조혈계, 구강, 비강, 간, 전위, 음경꺼풀샘(preputial gland), 폐, 난소, 젖샘)의 암발생 위험도가 증가되었다. 이러한 반응은 벤젠이 DNA와 상호작용하기 때문으로 보인다. 최근의 연구는 벤젠 노출로부터 백혈병 발생으로 가는 기전이 여러경로가 존재할 것이라는 해석을 뒷받침하고 있다.

벤젠의 표적 장기는 면역체계와 혈액계에 작용하는 골수이며, 순환혈액의 혈구의 감소로 시작하여 범혈구감소증과 무형성빈혈, 골수이형성 증후군이나 급성골수성백혈병으로 이행 할 수 있다. 벤젠은 모든 노출경로에 대하여 확실한 인체 발암성 증거와 동물실험 결과가 확보된 알려진 인체 발암물질이다.

역학적 연구와 환자군 연구에서도 벤젠 노출과, 급성비림프구성백혈병(acute nonlymphocytic leukemia)이나 만성비림프구성백혈병(chronic nonlymphocytic leukemia) 사이의 인과관계가 확인되었다. 전백혈병(preleukemia)이나 재생불량 성빈혈, 그리고 호지킨씨병, 골수이형성증후군(myelodysplastic syndrome)과 같은 혈액질환의 위험도를 상승시킨다. 중국에서 수행된 역학 연구에서 평균 농도 1ppm 이하로 혈액독성이 나타났다는 보고가 있다.[148]

(7) 발암성의 분류

벤젠은 IARC, ACGIH, EU, NTP, EPA 5개 기관 모두에서 1군으로 규정하고 있는 발암물질이다.

- U.S. EPA[149] : A(human carcinogen)

---

148) 김수근·김동일·김병권·김용규·김원술·권영준·박래웅·심상효·임남구·임대성·진영우, "직업성 암 관련 정보의 배표 및 확산을 위한 웹기반 통한 정보시스템 개발", 산업안전보건연구원, 2013, 179면.
149) 미국환경청 (U.S. Environmental Protection Agency)

- IARC[150]: Group 1(carcinogenic to humans)
- ACGIH[151] : A1(Confirmed human carcinogen)
- NTP[152] : K(Known To Be Human Carcinogen)
- EU[153] : C1(Substances known to be carcinogenic to humans)

(8) **노출기준**

• 한국(고용노동부, 2016)	TWA : 0.5ppm	STEL : 2.5ppm
• 미국(TLV; ACGIH, 2011)	TWA : 0.5ppm	STEL : -
기준설정의 근거 : 백혈병 발생의 가능성을 최소화할 수 있는 수준		
• 미국(PEL; OSHA, 2012)	TWA : 10ppm	STEL : -
	Ceiling : 25ppm	STEL : -
• 미국(REL; NIOSH, 2012)	TWA : 0.1ppm	STEL : 1ppm
• 유럽연합(OEL, 2012)	TWA : -	STEL : -
• 독일(DFG, 2012)	MAK : -	PL : -
• 일본(OEL; JSOH, 2012)	TWA : -	STEL : -
• 일본(ACL; 후생노동성, 2012)	TWA : 1ppm	STEL : -
• 핀란드(사회보건부, 2011)	TWA : -	STEL : -

6. 벤지딘(Benzidine)[154]

일련번호	유해물질의 명칭		화학식	노출기준				비 고 (CAS번호 등)
				TWA		STEL		
	국문표기	영문표기		ppm	mg/m³	ppm	mg/m³	
215	벤지딘	Benzidine	NH$_2$C$_6$H$_4$C$_6$H$_4$NH$_2$	-	-	-	-	[92-87-5] 발암성1A, Skin

---
150) 세계보건기구(WHO) 산하 국제암연구소 (International Agency for Research on Cancer)
151) 미국정부산업위생전문가협의회 (American Conference of Governmental Industrial Hygienists)
152) 미국국립독성프로그램 (National Toxicology Program)
153) 유럽연합 (European Union)
154) 김수근 외 10, 앞의 연구보고서, 180~181면.

(1) 정의[155]

벤지딘은 무기이온의 검출, 혈액의 검출반응 등에 사용된다. 벤지딘은 흰색의 고체 분말로써 염료의 원료로 사용되던 인공합성 유기화합물로서 1974년 이후 상업용 제조는 금지되었다. 비페닐의 4, 4′- 자리에 2개의 아미노기가 있는 방향족 디아민. H2NC6H4-C6H4NH2. 분자량 184, 녹는점 125℃, 안정형은 128℃이다. 흰색 또는 약간 붉은 색의 결정형 화합물이며 빛 또는 공기에 노출되어 산화되면 색이 검어진다.

벤지딘의 동의어로는 1, 1′-바이페닐-4, 4′-다이아민((1,1′-biphenyl)-4, 4-diamine), p,p′-바이아닐린(p,p′-bianiline), 4, 4′-바이아닐린(4, 4′-bianiline), 4, 4′-바이페닐디아민(4, 4′-biphenyldiamine), c.i. 아조 다이아조 성분 112(c.i. azoic diazocomponent 112), p, p′-다이아미노이페닐(p, p′-diaminobiphenyl), p-다이아미노디페닐(p-diaminodiphenyl), 4, 4′-다이아미노디페닐(4, 4′-diaminodiphenyl), 4, 4′-다이페닐렌디아민(4, 4′-diphenylenediamine)이 있다.

(2) 물리·화학적 성질

CAS No	92-87-5	분자식 및 구조식	$C_{12}H_{12}N_2$
모양 및 냄새	백색 혹은 약간 붉은색의 결정 파우더. 공기나 빛에 의해 색이 어두워짐		
분 자 량	184.23	비 중	1.25 (20℃)
녹 는 점	115-120℃	끓 는 점	400-402℃
증 기 밀 도	6.36	증 기 압	
인 화 점	인화성은 있으나, 알려지지 않음	폭발 한계	
용 해 도	1g/2,500㎖ cold water, 1g/107㎖ boiling water, 1g/5㎖ boiling alchol, 1g/ 50㎖ ethera		

출처 : the Merk index, ACGIH, HSDB

(3) 용도 및 노출

니트로벤젠을 염기성 매질 속에서 환원시키면 히드라조벤젠 ($C_6H_5NHNHC_6H_5$)이 되고, 이것을 다시 강산으로 처리하면 벤지딘이 된다.

벤지딘은 염료의 합성에 사용되는 전구물질이며, 과거에는 나염, 고무경화제, 플라스틱 제조, 인쇄용잉크, 페인트, 가죽 가공, 등등의 염색, 발색과정에서 널리 사용되었으나,

---
155) 화학용어사전편찬회, 「화학용어사전」, 일진사, 2011.

최근에는 사용이 현저히 감소되었다. 실험실, 혈색소의 검사를 위한 검사시약, 시안화산, 니코틴, 당류 등을 검출하기 위한 실험실의 시약, 과산화수소 검색 반응 등에서 제한적으로 사용되고 있다. 색소제조, 고무경화제, 실험용 시약(혈액 검지, 우유 속의 과산화 수소 검지 등)으로 사용된다. 혈흔을 확인하기 위해 법의학에서 사용하기도 한다. 현재는 사용이 금지되었고, 실험실에서 시약용으로 이용되고 있으며, 보통 염의 형태로 존재한다. 주로 노출되는 취급사업장으로는 색소제조, 고무경화제 제조업장에서 취급하면서 주로 노출된다. 주요취급 공정으로는 색소, 고무경화제 제조, 실험용시약 제조공정에서 노출된다.

(4) 흡수 및 대사

주로 흡입, 피부 흡수로 노출된다[156]. 벤지딘은 대사활성화를 통해 반응성 있는 중간대사산물(intermediates) 형성하여 DNA와 공유결합(DNA adducts)을 한다[157]. 벤지딘 대사와 관련된 주된 화학반응은 N-acetylation, N-oxidation, and N-glucuronidation이며 종간 특이성을 보인다. 이것은 장기 특이적 암 발생과 밀접한 관련이 있다[158].

벤지딘 제조 근로자에서 4-6%는 free benzidine으로 2-5%는 monoacetylbenzidine 으로, 5-10%는 diacetylbenzidine으로, 나머지는 3-hydroxy benzidine을 포함한 conjugates 형태로 소변을 통해 배설된다[159]. 실험동물에서 복강 내 투여 또는 정주하였을 때, 주된 배설 경로는 소변과 대변이었다. 랫트는 80%가 대변으로, 개는 67%가 소변으로, 원숭이는 50%가 소변으로 배설되었다[160]. 개에게 5시간에 걸쳐 1mg/kg 벤지딘을 정주했을 때 혈장 반감기는 30분이었고, 벤지딘 과 대사산물의 반감기는 3시간 이었다.

(5) 표적 장기별 건강장해

1) 급성 건강영향

급성 중독 증상으로 오심, 구토 등의 비특이적인 신경 증상이 나타날 수 있다. 자극이나 감작으로인한 접촉성 피부염이 발생할 수 있다[161]. 고농도 노출에서 메트헤모글로빈혈증을 유발할 수 있다[162].

---

156) Zavon MR, Hoegg U, Bingham E. Benzidine exposure as a cause of bladder tumors. Arch Environ Health 1973;27:1-7.
157) Beland FA, Beranek DT, Dooley KL, et al. Arylamine-DNA adducts in vitro and in vivo: Their role in bacterial mutagenesis and urinary bladder carcinogenesis. Environ Health Perspect 1983;49:125-34.
158) ATSDR; Toxicological Profile (2001), p.56~58.
159) Sciarini LJ, Meigs JW. Arch Environ Health 1961;2:423-8.
160) ATSDR; Toxicological Profile (2001), p.56~58.
161) Sittig M. Handbook of Toxic and Hazardous Chemicals and Carcinogens, 1985. 2nd ed. Park Ridge, NJ: Noyes Data Corporation, 1985., p.115
162) Current occupational and environmental medicine, 4th. Ladou. P.183

2) 만성 건강영향

가. 비뇨기계

장기적인 노출 시에 소변에서 혈뇨, 단백뇨, 염증세포 등의 증가가 현저한 것으로 나타나고 있다.

나. 면역장애

근로자에서 면역장애는 경미한 것으로 알려져 있으며, 연구 중 감염의 징후를 보이지 않았다[163].

(6) 발암성

벤지딘에 노출되면 방광암을 유발한다는 역학적 근거는 충분하다. 장기폭로에 대한 개인차가 있으며 노출에서 증상발현까지 수년~40년 걸리며, 평균16~18년이다. 몇몇 연구에서 위, 신장, 중추신경계, 구강, 후두, 식도, 간, 담낭, 담도, 췌장 등 다른 장기에서도 발암 위험이 증가한다는 연구들이 있다. 인간과 개에서는 일차적으로 방광암이 발생하였고, 설치류에서는 간암이 발생하였다[164].

(7) 발암성 분류

국제암연구기구(IARC)에서는 사람과 동물에서 암 발생에 대한 근거가 충분하다고 평가하여 Group 1로 구분하였다.

ACGIH에서는 흡입 및 피부를 통해 노출된 근로자들에게서 암 발생이 증가한 것에 근거하여 사람에게 발암성이 확인되었다고 평가하여 A1(Confirmed Human Carcinogen)로 구분하였다.

(8) 노출기준

- 한국(고용노동부, 2016) TWA : - STEL : -
- 미국(TLV; ACGIH, 2011) TWA : - STEL : -

  기준 설정의 근거: 방광암 발병율이 높아 발암성 물질로 (ACGIH 1A) 인정함. 최대한 노출을 줄이도록 권고함.
  피부를 통한 흡수는 전신 독성을 유발하는 주요 흡수 경로임; Skin notation is recommended.

---

163) ATSDR; Toxicological Profile (2001), p.56~58. Available : http://www.atsdr.cdc.gov.
164) ATSDR; Toxicological Profile (2001), p.56~58. Available : http://www.atsdr.cdc.gov.

- 미국(PEL; OSHA, 2012)　　　　TWA : −　　　　　　STEL : −
- 미국(REL; NIOSH, 2012)　　　TWA : −　　　　　　STEL : −
- 유럽연합(OEL, 2012)　　　　　TWA : −　　　　　　STEL : −
- 독일(DFG, 2012)　　　　　　　MAK : −　　　　　　PL : −
- 일본(OEL; JSOH, 2012)　　　　OEL : −　　　　　　STEL : −
- 일본(ACL; 후생노동성, 2012)　　TWA : −　　　　　　STEL : −
- 핀란드(사회보건부, 2011)　　　 TWA : −　　　　　　STEL : −

7. 13 부타디엔(1,3-Butadiene)[165]

일련번호	유해물질의 명칭		화학식	노출기준				비고 (CAS번호 등)
	국문표기	영문표기		TWA		STEL		
				ppm	mg/m³	ppm	mg/m³	
217	1,3-부타디엔	1,3-Butadiene	CH₂CHCHCH₂	2	4.4	10	22	[106-99-0] 발암성 1A, 생식세포 변이원성 1B

(1) 정의

1.3부타디엔은 화학식은 CH2CHCHCH2 으로 탄소원자 4개와 수소원자 6개로 이루어진 불포화탄화수소[166]이며, 1,2-부타디엔과 1,3-부타디엔의 두 가지 이성질체[167]가 있다. 흔히 부타디엔이라고 할 때는 1,3-부타디엔을 말한다. 1,3-부타디엔은 무색이며, 표준공기 상태에서 매우 가연성이 높은 가스이다. 약간 방향족 냄새가 있으며, 과산화물 형태로 공기 중에 있기 때문에 잠재적 폭발의 위험성도 있다.

1.3 부타디엔은 천연상태에서는 존재하지 않고, 1863년에 퓨젤유(油)의 열분해에 의하여 생기는 기체 속에서 처음으로 확인되었다. 방향성 가솔린과 같은 냄새가 난다.

동의어는 1,3-부타디엔(1,3-butadiene), 바이비닐(bivinyl), 바이에틸렌(biethylene), 피롤일렌(pyrrolylene), 비닐에틸렌(vinylethylene), 디비닐(divinyl), 부타-1,3-

---
165) 김수근 외 10, 앞의 연구보고서, 182~191면.
166) 탄화수소 중에서 분자내에 이중결합 또는 삼중결합 등의 불포화결합으로 이루어진 것으로 반응성이 풍부하며, 탄소 수가 적은 것(2~5개)은 화학공업의 원료로서 중요한 것이 많다.
167) 분자량은 같지만, 물리화학적 성질이 다른 물질을 말한다.

디엔(buta-1,3-diene), 알파, 감마-부타디엔(alpha, gamma-butadiene), 에리트렌(erythrene), 메틸알렌(methylallene), 부타디엔(butadiene)이 있다.

(2) 물리·화학적 성질

CAS No	106-99-0	분자식 및 구조식	C_4H_6 $H_2C\!=\!\!\!\!=\!\!CH\!-\!CH\!=\!\!\!\!=\!CH_2$
모양 및 냄새	무색의 가스로 약간 방향족 냄새가 남a 냄새역치 1- 1.6ppm (recognition)		
분자량	54.09	비중	0.65 (-6℃4, liquid)
녹는점	-108.9℃	끓는점	-4.5℃(760mmHg)
증기밀도	1.87(air = 1)	증기압	2,110mmHg (25℃)
인화점	-104.4℃	폭발 한계	lower, 2%; upper, 11.5% by volume in air
전환계수	1ppm = 2.21mg/m³ ; 1mg/m³ = 0.45ppm (25℃, 760mmHg)		
용해도	거의 물에 녹지 않으며, 알코올, 에테르, 벤젠, 아세톤에 녹음		
기타	매우 인화성이 강하고, 과산화물을 형성하므로 공기 중에서 폭발 가능성이 있다. 강한 산화제와 접촉하면 불이 나고 폭발하며, 동 및 동의 합금과 접촉하면 폭발성 동 화합물을 형성한다. 연소 시 일산화탄소와 탄산가스 같은 유독가스가 발생한다.		

출처 : the Merk index, ACGIH, HSDB

실온에서 기체 상태이며 물에 대한 용해성이 0.1g/100㎖ 이하이다. 인화성이 강해 강한 산화제, 동, 동 합금, 공기 및 철과 접촉할 때 폭발 위험이 크다[168]. 압력을 가하면 쉽게 화학반응이 일어나는 물질로 알려져 있다.

(3) 용도 및 노출

1,3-부타디엔은 부티렌(Butylene)에서 생산되거나 경유(light oil)나 나프타(naphtha)의 촉매 열분해(catalytic cracking)로 만든다. 합성 고무산업에서 가장 중요한 단량체이다[169]. 주로 합성고무, 합성수지, 플라스틱의 원료로 사용되며, 1,3-부타디엔을 원료로 하는 합성고무로는 '스티렌 부타디엔 고무'와 '부타디엔 고무'가 있다. 1,3 부타디엔은 합성고무인 스티렌-부타디엔 고무(SBR)에 24 %, 부타디엔 고무 (BR)에 20 %가 사용되며, 아크릴로니트릴-부타디엔-스티렌(ABS) 합성수지에 28 %가 사용된다.

---

168) NIOSH, International Chemical Safety Cards #0017, 1993 [cited 2013. July 1]Available from: URL
169) Kirk RA, Othmer DF. Butadiene. In: Encyclopedia of chemical technology, 3rd ed., Vol. 4, pp. 313-337. Wiley-Interscience, New York (1978).

기타 부타디엔-스티렌 라텍스(SB Latex), 스티렌-부타디엔- 스티렌(SBS) 등의 용도로 28 %가 사용된다.[170] '스티렌 부타디엔 고무'는 스티렌과 부타디엔을 공중합하여 천연고무를 대신하기 위해 개발된 고무이다. 합성고무 중에서 가장 많은 생산량으로 주로 자동차 타이어 및 신발과 마루재 등으로도 사용되고 있다.

'부타디엔 고무'는 '스티렌 부타디엔' 고무보다도 탄성, 내마모성, 저온 특성에 뛰어나, 타이어 기능을 개선하는 목적에 많이 사용하고 있다. 이 외에도 '1,3-부타디엔'은 다른 여러 가지 화학물질의 원료로 사용되고 있으며, 로켓 추진제, 수지중합체, 페인트, 코팅, 접착제의 유액, 윤활유 첨가제, 살균제 등의 원료로도 사용된다. 원유를 이용하여 1,3-부타디엔을 정련하는 석유정제업체에서 일하는 작업자, 샘플링하는 작업자, 품질관리팀의 분석자, 합성고무(SBR, BR) 또는 합성수지(ABS) 제조공정, 정유업 등에서 취급하고 있으며, 일하는 작업자에게서 호흡기를 통해 노출이 일어날 수 있다.

주요 취급 공정으로는 1,3 부타디엔 제조, 합성수지와 합성고무 제품을 가지고 2차 제품을 생산하는 업종에 종사하는 작업자(예를 들어 고무 타이어 제조 공장, 자동차 범퍼 사출(ABS 공정), 정유업에서 에틸렌 제조공정, 타이어 제조 시 고무혼합물의 혼합, 압연, 압출, 성형, 가류, 마감 등의 공정 등 노출된다.

1) 1,3-부타디엔 제조(시료 채취)

납사 분해공정에서 생산된 혼합 C4 유분을 원료로 하여 용매의 용해도차에 의한 추출증류 및 비점차에 의한 정제공정을 거쳐 1,3-부타디엔만을 선택적으로 생산하는 공정이다. 근로자들이 수시로 현장을 다니면서 점검하는 중에 누출이 발생되었을 경우 노출될 수 있다. 매 작업시작과 함께 샘플링 작업을 한 후, 각 실험실로 넘겨주어 제조된 1,3-부타디엔의 품질관리를 지원하기도 한다. 그러나 제조회사에 따라 샘플링 작업의 경우 실험실에서 수행하기도 하고, 노출이 발생할 수 있다.

- 납사 분해공정에서의 원료투입 → 분별증류 → 저장 → 포장/출고

2) 부타디엔 고무[171] 제조(현장 점검)

부타디엔 고무(BR)[172])는 부타디엔 모노머에서 고무가 만들어지기 위하여 유기용제 내에서 연속적으로 중합된다. 고분자화 된 혼합물은 시멘트로 불리는데, 오일(extending oil)과 카본블랙이 첨가될 수 있다. 이 시멘트 용액에서 휘발성 탄화수소가 증기에 의해

---

[170] 대한석유화학공업협회. 제품별, 업체별 시장규모 총람 2004. 대한석유협회. 공급총괄. [cited 2008. September 1] Available from: URL: http://www.petroleum.or.kr/
[171] 1,3-부타디엔과 관련된 (Butadiene Rubber, BR), 스티렌-부타디엔 고무(Styrene-Butadiene Rubber, SBR), 니트릴고무(Acrylonitrile- Butadiene Rubber, NBR)가 있다.
[172] Cis-Polybutadiene Rubber 즉, CB rubber로도 명명된다.

제거되고 고무(rubber crumb)만 남게 된다. 이렇게 남게 된 고무조각들은 탈수과정과 건조, 압출과정을 거치게 된다.

공정들은 전형적으로 자동화되어 있어 있고, 밀폐된 연속시스템 하에서 운전되고 있다. 샘플채취와 청소작업, 현장점검을 통해 노출이 발생할 수 있다.

- 원재료 투입 → 탱크 저장 → 블렌딩/건조 → 폴리머화 → 시멘트 혼합 → 응고/스트리핑 → 건조 → 포장/출하

3) SBR(Styrene-Butadiene Rubber)[173] 제조(원재료 투입)

합성고무 중 가장 대표적인 SBR은 부타디엔과 스티렌을 고온유화중합 또는 저온유화중합하여 만든 공중합체이다.

부타디엔과 스티렌모노머는 물과 지방산염과 함께 반응기내에서 중합반응을 하게 되며, 이때 촉진제(modifier)가 함께 첨가된다. 적절한 시간에 중합이 끝나면, 반응이 이루어지지 못한 모노머는 진공과 증기에 의해 제거되고, 액체 는 농축되어 SBR 라텍스로 판매된다. 고형화된 고무는 오일(extending oil)과 카본블랙이 첨가되며, 액상 라텍스는 산염(salt acid)을 첨가함으로써 응고된다. 고무조각(rubber crumb)은 탈수, 건조, 프레스 과정을 거친다.

공정들은 전형적으로 자동화되어 있어 있고, 밀폐된 연속시스템 하에서 운전되고 있다. 원재료 투입, 샘플채취와 청소작업을 통해 노출이 발생할 수 있다.

- 원재료투입 → 탱크저장 → 폴리머화 → 스트리핑 → 응고 → 건조 → 포장/출하

4) 니트릴고무(Acrylonitrile- Butadiene Rubber, NBR)[174] 제조(포장)

NBR은 유화중합에 의하여 제조된 아크릴로니트릴과 부타디엔의 공중합체로 가장 널리 사용되고 있는 내유성 고무이다.

제조공정은 SBR과 거의 유사하여 고온유화중합 또는 저온유화중합과정을 통해 만든다.

공정들은 전형적으로 자동화되어 있어 있고, 밀폐된 연속시스템 하에서 운전되고 있다. 샘플채취와 청소작업을 통해 노출이 발생할 수 있다. 또한 포장과정에서 소량 남아있는 1,3부타디엔이 근로자에게 노출될 수 있다.

- 원재료투입 → 탱크저장 → 폴리머화 → 스트리핑 → 응고 → 건조 → 포장/출하

---

[173] 가장 일반적으로 사용되는 범용고무이며 천연고무에 비하여 내마모성, 내열성이 우수하고 가황이 평 탄하고 안정된 스코치(Scorch)성과 용이한 가공성 등 폭넓게 사용이 가능한 물성을 지니고 있다.
[174] 니트릴함량이 42~46%의 극고 니트릴, 36~41%의 고니트릴, 31~35%의 중고 니트릴, 25~30%의 저 니 트릴 등으로 분류된다. 니트릴함량의 증대에 따라서 내유성, 내마모성, 기계적 성질이 향상되지만 내한성, 신장성, 탄성은 저하된다.

5) ABS 제조(교반)

합성수지 중 부타디엔이 포함되는 아크릴로니트릴-부타디엔-스티렌(Acrylo Nitrile-Buta diene-Styrene, ABS) 수지 공정은 크게 3부분으로 나누어진다.

폴리부타디엔 추출 라텍스, 폴리부타디엔 라텍스에 스티렌과 아크릴로 니트릴 융합, SAN(Styr ene-Acrylonitrile) 코폴리머형 분리로 나누어 볼 수 있다.

폴리부타디엔 반응기에 부타디엔, 유화제(emulsifier), 개시제(initiator)와 물을 충진시킨다. 생산된 폴리부타디엔은 스티렌, 아크릴로니트릴, 유화제와 개시제가 첨가된 ABS 라텍스 반응기에서 교반(agitation)된다. 반응 사이클이 끝나면, ABS 라텍스는 항산화제, 응고제와 증기를 이용하여 교반된 응고상태가 된다. 건조된 ABS 수지는 저장고로 이동되며, ABS 펠렛(pellet)으로 사출성형, 냉각, 그래뉼화(granulated)된다. 공정들은 전형적으로 자동화되어 있어 있고, 밀폐된 연속시스템 하에서 운전되고 있다. 반응기에 투입 후 교반과정에서 노출이 발생할 수 있다.

• 원재료 투입 → 반응기 → 스트리퍼 → 저장 → 반응기 → 저장 → 포장/출하

6) 타이어[175] 제조(가류)

타이어 제조공정은 다음으로 구성 되어 있다.

가류(Curing) 공정은 일명 가황처리 공정으로 불리며, 열과 압력을 가해 조립된 타이어를 가류하는 공정이다.

타이어 제조공정 중 1,3-부타디엔에 대한 잠재적 노출위험이 있는 공정은 가류(curing) 공정이다.

• 원재료 투입 → 밴버리 믹서 → 압출 → 타이어성형 → 큐어링 → 프레스 → 검사 → 포장/출고

7) 정유 공장(시료 분석)

에틸렌[176]을 제조하는 과정에서 부산물로 생산되는 C4 혼합유분에 1,3-부타디엔을 포함되며, 여기서 생산된 C4 혼합유분을 이용하여 1,3-부타디엔 모노머를 생산하게 되고, 잠재적인 노출 가능성이 있다. 중질유분해공정(fluid catalystic cracking, FCC)에서 생산된 분자량이 가벼운 올레핀의 제조과정과 MTBE를 제조하는 공정에서도 C4 혼합유분을 사용하므로 1,3-부타디엔에 근로자가 노출될 수 있다. 또한 품질관리팀에서 1,3-

---

[175] 타이어는 크게 트레드(tread), 사이드월(sidewall), 코드(cord) 또는 프라이(ply), 비드(bead), 라이너(liner)의 5부분으로 구성되어 있으며, 그 외 베이스(base), 벨트(belt), 필러(filler), 셰퍼(chafer) 등으로 구성되어 있다.

[176] 원유를 정제하여 생산된 나프타를 주원료로 고온(cracking heater)에서 열분해 반응 후 급냉 공정, 압축공정, 정제공정을 거쳐 주요 제품인 에틸렌, 프로필렌과 여러 종류의 부산물(C4 혼합유분, 중질연료유, 수소, 메탄 등)을 생산하는 공정을 에틸렌 제조공정이라 한다.

부타디엔의 순도 등을 평가 하기 위한 샘플링이나 분석과정에서 노출될 가능성이 있다. 또 상대적으로 가벼운 탄화수소를 포함하는 연료의 육상 출하팀에서도 일부 1,3-부타디엔이 포함될 수 있다.

- 원재료 투입 → 열분해로 → 급냉 공정 → 압축공정 → 정제공정 → 저장 → 포장/출하

(4) 흡수 및 대사

주로 흡입과 피부를 통해 직업적으로 노출된다[177]. 공기 중 130,000ppm에 2시간 노출된 랫트에서 perirenal fat (152mg%)의 농도가 가장 높았고, 간, 뇌, 비장, 신장에서 비교적 (36-51mg%) 낮았다[178].

부타디엔은 반응성 있는 대사체인 butadiene epoxide, diepoxide로 변환되고, 다시 3-butene-1,2-diol 과 3,4-epoxy-1,2-butanediol이 되었다가 최종적으로 산화되어 이산화탄소가 된다. 대사과정 중에 발생하는 epoxide는 유전독성, 발암성과 관련이 있다[179]. 쥐에서 주로 소변, 호기 중 공기로 제거되고, 반감기는 2-10 시간이다[180].

(5) 표적 장기별 건강 장해

1) 급성 건강영향

눈과 점막을 자극한다. 아주 고농도에서는 동물이 마취되며 사람에서도 같은 작용이 나타날 수 있다. 8000ppm에 8시간 노출 시 시야 장애, 눈·점막·상기도 자극 증상이 나타났다. 액체가 피부에 닿으면 냉동 화상을 입는다.

2) 만성 건강영향

임신한 랫트를 200, 1000, 8000ppm 에 임신 6일부터 15일까지 하루 6시간 노출하면, 1000, 8000ppm 노출군에서 체중 증가가 현저하게 억제되었다. 8000ppm 노출군에서 착상 후 사망률이 증가하였고, 태아 무게와 길이가 감소하였다. 모든 군에서 minor defects가 증가하였다[181].

---

177) HSDB Available : http://www.toxnet.nlm.nih.gov.
178) USEPA; Health Assessment Document: 1,3-Butadiene p.29 (1985) EPA-600/8-85-004A
179) IARC. Monographs on the Evaluation of the Carcinogenic Risk of Chemicals to Man. Vol 100F (2012). A review of human carcinogens: chemical agents and related occupations: 1,3-butadiene. pp.115-123.
180) Bond JA, Dahl AR, Henderson RF et al. Species differences in the distribution of inhaled butadiene in tissues. Am Ind Hyg Assoc J 1987;48(10):867-72.
181) Hazleton Laboratories Europe Ltd.: 1,3-butadiene inhalation teratology study in the rat. Europe report 2788-522/3. 1981

(6) 발암성

1,3-부타디엔은 대표적으로 림프종, 백혈병, 생식독성, 혈액주변의 변화 등이 관찰된다고 보고되다. 미국산업안전보건청(Occupational Safety and Health Administration, OSHA)에서는 7,600명 정도의 근로자가 직업적으로 1,3-부타디엔 노출 가능성이 있으며, 10ppm의 허용 기준하에서 약 76명이 암으로 인한 사망가능성이 있었던 것으로 파악하고 있다[182]. 현재까지 백혈병만이 유일하게 명확한 연관성을 보이고 있다.

후향적 코호트 연구의 대상은 스티렌-부타디엔 고무(SBR) 합성 공장의 근로자에 대한 코호트와 1,3-부타디엔 모노머 제조 공장의 근로자에 대한 코호트로 대별 할 수 있다. 이 중 하나의 보고를 제외하면 모든 보고서에서 전체 사망과 전체 암의 증가는 볼 수 없지만, 일부 장기의 암에 의한 표준화사망 비(SMR)의 증가가 보고되고 있다. 특히 림프 조혈기계의 악성 종양은 SBR 합성 공장 근로자 코호트에서는 백혈병이 증가하고 또한 부타디엔 모노머 제조 공장의 근로자 코호트에서는 비호지킨림프종 (림프 육종, 세망 육종)이 증가하고 있으며, 미묘한 차이가 있고, 공통적으로 SMR의 증가가 인정되고 있다.

1,3-부타디엔의 발암성에 관한 역학적 연구는 주로 부타디엔 단량체 산업과 스티렌-부타디엔 고무산업에 종사하는 근로자 코호트에서 이루어져 왔다. 그 중 가장 구체적이고 신뢰할 만한 연구결과는 버밍엄 알라바마 대학(University of Alabama at Birmingham, UAB)의 연구진(Delzell 등[183][184])이 수행한 연구에서 도출할 수 있었다. 이 연구는 미국 및 캐나다의 스티렌-부타디엔 고무공장 8곳에 종사하는 17,000 여명의 근로자의 사망률을 조사하였다. 이들 코호트에서 최근까지 업데이트된 결과상, 백혈병에 의한 사망은 약간의 상승만 관찰되었지만, 가장 고강도로 노출된 지역의 근로자와 시급제 근로자에서는 백혈병 사망률이 크게 높았고, 특히 초창기에 고용되고 10년 이상 장기간 종사한 근로자에서 그러하였다. 또한 부타디엔에 대한 누적노출량과 백혈병에 의한 사망에는 유의한 양반응 관계를 보였다. 양반응 관계는 만성 림프구성 백혈병(chronic lymphocytic leukemia) 및 만성 골수성 백혈병 모두에서 뚜렷이 나타났다. 한편, 이러한 연구결과가 해당 산업의 다른 화학물질 노출에 의한 혼란작용 (counfounding)에 의할 수 있다는 문제제기에 따라 최근에 다시 분석이 이루어졌다. 그 결과 벤젠, 스티렌, 디메틸디치오카바메이트

---

[182] Occupational Safety & Health Administration(OSHA). Occupational exposure 1,3-butadiene-61 :56746 -56856 29 CFR Parts 1910, 1915, and 1926 Final rules. 1997

[183] Delzell, E., Sathiakumar, N., Hovinga, M., Macaluso, M., Julian, J., Larson, R., Cole, P. & Muir, D.C. (1996) A follow-up study of synthetic rubber workers. Toxicology, 113, 182-189.

[184] Delzell, E., Macaluso, M., Sathiakumar, N. & Matthews, R. (2001) Leukemia and exposure to 1,3-butadiene, styrene and dimethyldithiocarbamate among workers in the synthetic rubber industry. Chem.-biol. Interact., 135-136, 515-534.

(dimethyl dithio carbamate) 노출과는 독립적으로 부타디엔-백혈병 간의 양반응 관계가 성립함이 확인되었다. 백혈병 사망률의 증가는 부타디엔 단량체 산업에서의 연구들에서도 관찰되었다. 대체로 누적노출량(ppm-years)이 증가할수록 위험도가 유의하게 높았고, 이는 노출강도(exposure intensity)가 높은 군($>$100ppm)에서는 더욱 강한 관련성을 시사하였다. 표를 종합하면, 평균 노출강도 1ppm 이상, 누적 노출량 20-40ppm-years 범위에서 백혈병, 특히 만성 림프구성 및 만성 골수성 백혈병의 발생이 증가하는 것으로 판단된다. 단량체 산업의 근로자를 대상으로 한 연구에서는 부타디엔과 비호지킨 림프종의 관련성에 관한 강력한 근거를 제시하였다. 세 연구 중 한 연구에서는 발생한 4건의 사례(림프육종, lymphosarco ma; 세망육종, reticulosarcoma)를 토대로 6배 정도 통계적으로 유의하게 증가함을 보고하였고, 다른 연구에서는 유의하진 않지만 50% 정도 비호지킨림프종 사망이 증가함을 보고하였다. 노출기간에 따른 증가는 관찰되지 않았지만, 2차 세계대전 기간동안 노출된 근로자(고강도의 노출 추정)에서는 확연한 증가를 보였다. 나머지 한 연구에서는 1건 만이 발생하였고 기대빈도는 0.2건이었다. 참고로 UAB의 연구에서는 비호지킨림프종에 의한 사망 증가가 관찰되지 않았다.[185]

만성적으로 Sprague-Dawley 랫트를 대상으로 1000, 8000ppm 농도에 하루 6시간, 주 5일, 총 2년간노출 시킨 결과 uterine sarcoma, pancreatic exocrine adenoma (males at 8000ppm), mammary glandadenomas & carcinomas (females), Leydig cell tumor(male), thyroid follicular cell adenomas(females at 8000ppm), Zymbal gland tumors 발생이 증가하였다[186]. 마우스를 6.25, 20, 62.5, 200, 6250ppm에 하루6시간, 주5일씩 2년간 노출하면, 625ppm에서 림프성 백혈병으로 인한 사망이 유의하게 증가하였으며, 200ppm 이하에서 심장, 폐, forestomach, Harderian gland, 유선, 난소, 간에서 신생물이 발생하였다[187].

1,3-butadiene 노출 근로자 코호트에서 림프 및 조혈기계 사망 증가를 보였고(non significant)[188] 생산부서에서 조혈기계 암 발생 증가를 보였다(non significant)[189].

---

185) 김수근외 10명, 앞의 연구보고서, 189면.
186) Owen PE, Glaister JR. Inhalation toxicity and carcinogenicity of 1,3-butadiene in Sprague Dawley rats. Environ Health Perspect 1990;86:19-25.
187) USNTP: Toxicology and carcinogenesis studies of 1,3-butadiene in B6C3F1 mice (inhalation studies). technical report series No. 288; DHHS(NIH) Pub. No. 84-2544. NTP, Research Triangle Park, NC. 1984.
188) Lemen RA, Meinhardt TJ, Crandall MS et al. Environmental epidemiologic investigations in the styrene-butadiene rubber production industry. Environ Health Perspect 1990;86:103-6.
189) Matanoski GM, Santos-Burgoa C, Schwartz L. Mortality of a cohort of workers in the styrene-butadiene polymer manufacturing industry 1943-1982. Environ Health Perspect 1990:86:107-17.

Nested case control study 에서는 부타디엔에 노출된 근로자에서 백혈병의 비차비가 유의하게 증가하였다[190]. 일반인구집단에 비해 암을 포함한 여러 질환에 대한 표준사망화비는 모두 유의하게 낮았으나, 예외적으로 림프 및 혈액 조혈기계암의 표준사망화비는 유의하게 높게 나타났다(lymphosarcoma, reticulos arcoma 증가)[191].

(7) 발암성의 분류

1,3-부타디엔은 사람에서 암을 일으킬 수 있는 가능성이 있는 물질(Group 1)로 국제암연구기관(International Agency for Research on Cancer, IARC)에서는 구분하고 있고[192], 미국산업위생전문가협의회(American Conference of Govern-mental Industrial Hygienists, ACGIH)에서도 A2로 사람에게 발암가능성이 있는 물질로 분류하고 있다.

ACGIH에서는 1,000명의 노출근로자 중 16.2명에서 암 발생과 조산을 예방하고, 암컷 생쥐에서 폐종양 또는 복합종양의 발현을 근거로 Threshold Limit Value(TLV) Time weighted average (TWA)로 2ppm을 권고하고 있다.

(8) 노출조건

• 한국(고용노동부, 2016)	TWA : 2ppm	STEL : 10ppm
• 미국(TLV; ACGIH, 2011)	TWA : 2ppm (4.4㎎/㎥)	STEL : -
기준설정의 근거 : 백혈병 발생의 가능성을 취소화할 수 있는 수준		
• 미국(PEL; OSHA, 2012)	TWA : 1ppm	STEL : 5ppm
• 미국(REL; NIOSH, 2012)	TWA : -	STEL : -
• 유럽연합(OEL, 2012)	TWA : -	STEL : -
• 독일(DFG, 2012)	MAK : -	PL : -
• 일본(OEL; JSOH, 2012)	OEL : -	STEL : -
• 일본(ACL; 후생노동성, 2012)	TWA : -	STEL : -
• 핀란드(사회보건부, 2011)	TWA : 1ppm (2.2㎎/㎥)	STEL : -

---

190) Matanoski GM, Santos-Burgoa C, Schwartz L. Mortality of a cohort of workers in the styrene-butadiene polymer manufacturing industry 1943-1982. Environ Health Perspect 1990:86:107-17.
191) Divine BJ. An update on mortality among workers at a 1,3-butadiene facilitiy-preliminary results. Environ Health Perspect 1990;86:119-28.
192) IARC. 1,3-Butadiene. VOL.: 71. 1999 Apr. [cited 2005. August 16] Available from URL : http://www.inchem.org/documents/iarc/vol71/002-butadiene.html

8. 산화에틸렌(Ethylene oxide)

일련번호	유해물질의 명칭		화학식	노출기준				비 고 (CAS번호 등)
				TWA		STEL		
	국문표기	영문표기		ppm	mg/m³	ppm	mg/m³	
265	산화 에틸렌	Ethylene oxide	$(CH_2)_2O$	1	2	–	–	[75-21-8] 발암성1A, 생식세포 변이원성 1B

(1) 정의

산화에틸렌의 영문어는 Ethylene oxide(에틸렌 옥사이드)이며, 흔히 앞글자의 약자를 따서 EO가스라고 말한다. 고리 모양 에테르의 하나로 상온에서는 상쾌한 냄새가 나는 무색의 인화성이 강한 기체이다. 물리적인 형태는 두개의 탄소 원자 사이에 산소가 붙어 있는 에폭시기의 형태를 이루고 활성이 매우 높은 화학물질로서 에폭시기 형태의 링이 열리면 열을 방출하면서 물, 알코올, 아민, Sulfhydryl 화합물과 반응을 일으키게 된다.[193]

동의어로는 옥시란(oxirane), 다이하이드로옥시렌(dihydrooxirene), 다이메틸렌 산화물(dim ethylene oxide), 에폭시에테인(epoxyethane), 1,2-에폭시에테인(1,2-epoxyethane), 에텐 산화물(ethene oxide), 옥사사이클로프로페인(oxacyclopropane), 옥산(oxane), 옥시도에테인(oxidoethane), 알파, 베타-옥시도에테인(alpha,beta-oxidoethane), 옥시란(oxiran)이다.

(2) 물리・화학적 성질

CASNo	75-21-8	분자식 및 구조식	C_2H_4O
모양 및 냄새	달콤한 냄새가 나는 무채색 가스		
분 자 량	44.05	비 중	0.8711
녹 는 점	-111℃	끓 는 점	10.7℃
증 기 밀 도	1.5(공기밀도=1)-18℃(개방상태	증 기 압	146mmHg(20℃)
인 화 점	20℃(밀폐상태)	폭발 한계	3~100% by volume
전 환 계 수	1ppm = 1.80mg/m³ ; 1mg/m³ = 0.556ppm (25℃, 760mmHg)		
용 해 도	물, 벤젠 알코올, 아세톤, 에테르, 사염화탄소에 잘 용해된다		
기 타	인화성이 높아서 폭발할 수가 있다		

출처 : Merck Index, ACGIH, HSDB

---

193) 김수근 외 10, 앞의 연구보고서, 192면.

- 산화에틸렌 증기는 공기보다 무거우며, 발원지에서 제법 먼 거리도 순간적으로 확산되는 성질을 가지고 있어 화재 및 폭발의 위험이 있다. 산, 가연성 물질, 염기, 금속염, 금속 화합물, 아민, 할로 탄소 화합물, 금속, 시안화물, 산화제 등과는 혼합하여 사용하는 것을 금지 하여야 한다.

(3) 용도 및 노출194)

산화에틸렌은 에틸렌글리콜의 합성원료 및 에탄올아민·알킬에테르의 유기합성등 다양한 방면에서 널리 사용된다. 산화에틸렌은 1920년대부터 상업적으로 널리 사용되었다. 산화에틸렌은 제1차 세계 대전 동안 냉각제인 에틸렌글리콜과 화학가스무기의 전구체 물질로서 사용되면서 산업적으로 매우 중요해졌다.

산화에틸렌은 폴리 옥시 에틸렌계 계면활성제, 에틸렌글리콜, 에탄올아민 등의 유기 합성의 원료이다. 화장품, 계면활성제, 글리콜에테르, 연료첨가제, 브레이크 윤활유의 원료로 사용될 뿐만 아니라 폴리에스테르 수지, 각종 유화제, 플라스틱류, 광택제 등의 원료로 사용하고 있다. 또한 산화에틸렌은 훈증제, 멸균제, 진균 살균제, 유기합성의 시약, 보건 의료품 생산, 1,2-에탄올 부동액, 테레프탈산, 병제조용 폴리에틸렌, 비전리성 표면장력제, 글리콜에스테르, 메탄올아민류 및 콜린 등에 사용되고 있다. 멸균성이 아주 뛰어나 많은 의료기관에서 멸균 가스의 용도로 가스 살균제에 도입되고 있다.

산화에틸렌의 취급사업장은 훈증제, 멸균제, 진균 살균제, 유기합성 시약제조 사업장, 보건 의료품 생산, 1,2-에탄올 부동액, 테레프탈산, 병제조용 폴리에틸렌, 폴리에스테르, 비전리성 표면장력제, 글리콜에스테르, 메탄올아민류 및 콜린 등을 제조하는 사업장에서 주로 취급한다. 그리고 주요 취급 공정으로는 훈증제, 멸균제, 진균 살균제, 유기합성의 시약, 보건 의료품 생산, 1,2-에탄올 부동액, 테레프탈산, 병제조용 폴리에틸렌, 폴리에스테르, 비전리성 표면장력제 등을 제조하는 공정에서 취급한다. 산화에틸렌은 열에 민감한 의료기기의 소독, 멸균에 주로 많이 이용되면서 병원 중앙공급실 등에서 노출이 많이 발생한다. 단 2%만이 살균제로 사용되지만 작업자의 대분분이 이때 산화에틸렌에 노출된다.

1) 산화에틸렌 제조(시료채취)

에폭시화 반응기 시스템, 산화에틸렌 회수 시스템 및 이산화탄소 제거 시스템을 구비하고, 이들이 서로 유기적으로 연결되어 산소에 의한 에틸렌의 부분산화로 산화에틸렌을 제조한다. 이렇게 제조된 에틸렌은 탱크로리에 저장하게 되고 탱크로리에 저장된 소량의

---
194) 김수근 외 10, 앞의 연구보고서, 192~199면.

산화에틸렌을 채취하여 품질관리를 하게 된다. 이 같은 시료채취 작업 근로자에게 산화에틸렌이 미량 노출될 수 있다.

2) 주사기 제조

주사기 제조에서 살균을 목적으로 소독을 할 때 산화에틸렌이 사용된다. 포장되기 전에 주사기를 소독장비에 통과시키는 공정에서 현장을 점검하는 근로자에게 산화에틸렌이 노출될 수 있다.

3) 폴리산화에틸렌[195] 제조(투입)

폴리산화에틸렌(폴리옥시에틸렌)은 산화에틸렌의 중합체로 활성탄산스트론튬이나 탄산칼슘 촉매로 사용하면 분자량이 수백만인 초고분자 결정성 고체가 생성된다. 산화에틸렌을 원료로 사용하기 위해 반응기에 투입하는 공정에서 근로자는 산화에틸렌에 노출될 수 있다.

4) 글리콜 제조(시료분석)

산화에틸렌의 가수반응에 의한 글리콜 제조는 산촉매 하에 원활히 진행되나[196] 무촉매로 과잉의 물(5~6배)과 함께 160~170℃, 15~21기압하의 반응으로 얻어진다. 산화에틸렌은 물과 반응하여 에틸렌글리콜을 생성하고, 생성된 에틸렌글리콜 수용액을 농축, 탈수하고 정류하여 제조된다[197]. 에틸렌글리콜을 생성 하기 위한 원료로 사용되는 산화에틸렌은 품질관리를 담당하는 실험실 근로자 에게 노출될 수 있다.

- 원료(산화에틸렌, 물) → 반응기 → 응축기 → 탈수증류탑 → 에틸렌글리콜 정류탑 → 디에틸렌글리콜정류탑 → 트리에틸렌글리콜정류탑

5) 부동액 제조(투입)

부동액은 물과 에틸렌글리콜(원료: 산화에틸렌)을 적당한 비율로 섞어 제조한다[198]. 에틸렌글리콜이 원료로 투입되는 공정에서 잔류 산화에틸렌에 근로자가 노출될 수 있다.

- 원료 투입 → 배합 → 저장 → 주입(제품용기) → 포장 → 출고

---

195) 중합조건에 따라 다양한 분자량의 중합체가 얻어지며 분자량 200~400인 액체, 600정도인 반고체, 1000정도인 연질 왁스, 3000이상인 경질 왁스 등이 있다. 가열한 상태에서는 알칼리 촉매에 의해 쉽게 중합하여 분자량 4400정도의 중합체를 만든다(카르보 왁스). 고분자사슬에 여러 개의 산소원자를 함유하므로 수용성이고 비이온성의 계면활성제나 분산염료로서 이용된다. 또한 Al · Zn · Mg 등의 알콕시드나 이들의 금속착물 및 유기금속화합물 등의 촉매를 사용하여 고분자 중합체를 생성할 수 있으며, 루이스산 촉매로는 저분자 중합체를 얻을 수 있다.
196) 산화에틸렌은 물과 반응하여 모노에틸렌글리콜, 디에틸렌글리콜, 트리에틸렌글리콜이 생성된다. 증류법(distillation)을 이용하여 생산품과 부산물을 분류하여 저장소로 옮긴다. 이때 글리콜에 노출될 수 있기 때문에 설비는 물로 세척되어야 하고 불활성가스를 이용하여 폭로를 줄여야 한다. 이렇게 하여 잔류 산화에틸렌에 노출되는 것을 예방할 수 있다.
197) 에틸렌글리콜의 제조에는 언제든지 디-, 트리에틸렌글리콜이 부수물로 함께 생성된다(보통 디가 9~10%, 트리 2~3%), 폴리에틸렌글리콜도 계면활성제 등의 제조, 보습제 등으로 사용된다.
198) 물과 에틸렌글리콜을 어느 정도의 비율로 혼합하느냐에 따라 동결점이 올라가기도 하고 내려 가기도 한다. 예를 들어 물은 0℃에서 동결하지만, 부동액인 에틸렌글리콜을 혼합하면 -20℃에서도 얼지 않게된다.

6) 폴리알킬렌글리콜(PAG)계 합성윤활유 제조(혼합)

폴리알킬렌은 반복되는 옥시알킬렌 단위체들로 결합된 선형 사슬로 이루어져 있으며, 옥시알킬렌 부분이 산화에틸렌과 산화프로필렌의 혼합물로 형성된 폴리옥시알킬렌글리콜의 단일 에테르이다. 이는 자동차용 유압 브레이크액, 컴프레서유, 그리스 등의 윤활제 합성원료로 사용된다[199]. 산화에틸렌이 혼합되는 공정에서 근로자에게 노출될 수 있다.

7) 농업용 살균제(토양 훈증제[200])(훈증)

훈증제로써 산화에틸렌은 증기압이 커 재빨리 통과하기 때문에 밀폐된 보관 장소나 기체가 통과하지 못하도록 된 판으로 봉한 물질을 처리하는 데 쓰인다. 비닐하우스 내에 산화에틸렌을 훈증하여 사용하는 경우 사람에게 다량 노출될 수 있다.

8) 아크릴로니트릴[201](Acrylonitrile, AN) 합성시 이용

원료 산화에틸렌과 시안화수소를 알카리성 촉매하에서 액상반응시키면 에틸렌시안히드린을 생성되고, 이를 탈수시켜 아크릴로니트릴을 제조한다. 산화에틸렌은 원료로 투입되기 전에 계량되는 데, 이 과정에서 근로자에게 노출될 수 있다.

9) 병원의 소독실[202](소독)

소독량에 비해 소독기가 너무 작아 하루에 여러 번 소독-통기 과정을 반복하고 있지만, 충분한 통기가 이루어 지지 않아 근로자가 소독된 물질을 통기후 꺼내거나 소독기로 넣을 때 가스에 노출된다[203].

---

199) 가장 광범위하게 사용되고 있는 옥사이드 혼합물은 산화프로필렌 혹은 산화프로필렌과 산화에틸렌 혼합물이다. 비록 성질들에 있어서의 적지 않은 변화가 에틸렌-프로필렌 옥사이드 비율을 변화시킴으로써 이루어지지만 이에 영향을 받는 가장 현저한 특징은 물에 대한 용해도이다. 고분자 사슬에서 옥시 에틸렌 군이 증가함에 따라 물에 대한 용해도는 증가한다.
200) 저장식품이나 씨앗, 인간의 주거지나 의복, 묘목 등에 해를 입히는 곤충이나 선형동물을 비롯한 동식물을 죽이는 데 쓰이는 휘발성의 독성 물질을 훈증제라고 한다. 토양 훈증제는 경작지역에 뿌리며 흙속에 스며들어가 병을 일으키는 균류·선형동물·잡초 등을 없앤다.
201) 아크릴로니트릴은 주로 아크릴계 합성섬유(카시미론, 엑스란)의 원료로 사용되며 합성고무(NBR), ABS수지, AS수지, 섬유수지가공, 합성수지, 도료, 글루타민산, 소다의 합성원료로 사용된다.
202) 병원의 소독실에서 노출되는 산화에틸렌의 환경 및 개인 노출 수준을 보고한 연구들에서 대다수가 5ppm의 상한농도와 1ppm의 시간가중 평균을 넘는 것으로 보고되고 있다. 소독실 내의 가스 실린더 교체 시, 근로자는 단시간에 고농도의 산화에틸렌에 노출되기도 한다.
203) 산화에틸렌 노출수준에 영향을 미치는 요인으로는 작업장의 환기상태, 중앙 공급실의 배치상황, 소독기의 특성, 소독 과정, 소독 후 통기 방식, 근로자의 작업행동 등이 있다. 예를 들어, 소독작업 후, 소독기의 문을 열어둔 채 소독실의 문을 밤 동안 잠가두었으나, 환기시설을 작동하지 않아 아침에 일을 시작하는 근로자가 고농도 폭로될 수 있다. 또한 자동 환기 시설이 없는 병원은 근로자가 직접 소독된 물질을 통기시설로 옮겨야 하며 이런 과정에서 근로자가 노출되는 것이다. 이외에도, 소독기가 너무 오래 되거나 소독실의 크기가 협소하거나 소독된 물질들을 저장하는 용기 등에서도 노출되고 있다고 하였다(서상옥과 백남원, 1995; Hori등, 2002).

(4) 흡수 및 대사

호흡기·소화기계를 통하여 흡수된다[204]. 혈액에 잘 녹는 성질 때문에 폐로 흡수된 것은 급속히 퍼진다. 그리고 그 정도는 폐포 환기율과 흡인된 공기 안의 물질 농도에 의존한다[205]. 간, 신장, 폐, 고환, 비장, 뇌 등에서 대사된다[206]. 글리콜 에틸렌으로 가수분해하는 것과 글루타티온 포합에 의해 메르캅터르산과 메르티오 대사물로의 변환하는 2가지 가능한 경로가 있다. 글리콜 에틸렌은 주된 대사산물로 24시간 이내에 7-20%가 소변으로 배설된다[207]. 클리콜에틸렌, 2-하이드록시메르캅터르산, 2-메틸티오에탄올, 그리고 2-메르캅토에탄올이 대사물로써 소변으로 배설된다[208]. 산화 에틸렌의 74%가 24시간 이내에 소변으로 배출되며 4%만이 다음 24시간에 배설된다[209]. 반감기는 약 10분정도이다[210].

(5) 표적 장기별 건강 장해

1) 급성

가. 피부 및 점막

눈의 자극, 오심, 구토, 희석되거나 농축된 용액에 의한 피부접촉은 피부염, 수포, 부종, 화상, 동상을 일으킬 수 있다[211].

나. 신경계

위약감, 의식저하, 운동실조증

---

204) U.S. Environmental Protection Agency: Health Assessment Document for Ethylene Oxide - Final Report. EPA-600/8-84-009F. Life and Environmental Sciences, Division of the Syracuse Research Corporation, Syracuse, NY. EPA, Research Triangle Park, NC (1985)

205) Eherenberg. L.A, Hiesche, K.D, Oserman-Golkar, S, Wenneberg, I. Evaluation of Genetic Risks of Alkylating Agents: Tissue Doses in the Mouse from Air Contaminated with Ehtylene Oxide. Mutat. Res 1974;24:83-104.

206) Appelgren LE, Eneroth G, Grant C, Landström LE, Tenghagen K. Testing of Ethylene Oxide for Mutagenicity Using Micronuleus Test in Mice and Rats. Acta. Pharmacol. Toxicol 1978;46:69-71.

207) Martix, L, Kroes, R, Darby, T.D, Woods, E.F. Disposition Kinetics of Ethylene Oxide, Ethylene Glycol, and 2-Chloroethanol in the Dog. J. Toxicol. Environ. Health 1982;10:846-847.

208) Koga, M, Hari, H, Tanaka, I. Analysis of Urinary Metabolites of Rats Exposed to Ethylene Oxide. Sangwy Ika Daigaku Zasshi. 1987;9(2):167-70

209) Eherenberg. L.A, Hiesche, K.D, Oserman-Golkar, S, Wenneberg, I. Evaluation of Genetic Risks of Alkylating Agents: Tissue Doses in the Mouse from Air Contaminated with Ehtylene Oxide. Mutat. Res 1974; 24:83-104.

210) U.S.National Institute for Occupational Safety and Health: Occupational Safety and Health Guideline for Ethylene Oxide, Potential Human Carcinogen. NIOSH, Division of Standards Development and Technology Transfer, Cincinnati, OH (1988)

211) U.S.National Institute for Occupational Safety and Health: Occupational Safety and Health Guideline for Ethylene Oxide, Potential Human Carcinogen. NIOSH, Division of Standards Development and Technology Transfer, Cincinnati, OH (1988)

다. 호흡기계

코, 목, 폐의 자극

2) 만성

가. 신경계

후각저하[212], 다발성 신경증, 특히, 하지의 감각저하 및 걸음걸이 이상을 호소함. 우선 하지에서 진동각에 대해 둔해지며 점차 상지나 다른 부위로 퍼진다[213].

나. 호흡기계

호흡기계 감염에 취약해진다[214].

다. 눈, 피부, 비강, 인두

감작되어 과민반응을 일으킨다[215].

(6) 발암성

역학적 연구에서 노출과 관련하여 빈번하게 보고 되어지는 것은 림프 조혈기계 암이었으며, 그 위험대상은 멸균제로서 산화에틸렌을 사용하는 사람들과 화합물을 제조하거나 사용하는 화학물질 취급근로자들로 보고되고 있다.

역학적 연구에 따르면 미국 전역에 산화 에틸렌을 소독, 멸균의 역할로 사용하는 작업자가 14개 산업장에 1만8천 명에 다다르는 것으로 알려졌다. 이 중 남자 작업자에서 총괄적이라고 할 수는 없지만 비호지킨림프종 또는 복합 골수종 등에 의한 사망이 점진적인 노출과 관련성이 있는 것으로 보고 있다. 하지만 다른 코호트 조사에서는 산화 에틸렌에 의한 일부 위험성은 보이지만 암과 관련성을 명확히 밝혀 내기가 어렵다는 결론을 얻었다. 예를 들어 7천5백 명의 여성 작업자를 대상으로 산화 에틸렌의 노출 농도와 유방암 증가의 관계를 보고자 하였으나, 뚜렷한 결론을 내지 못했다고 하였다.

---

212) U.S.National Institute for Occupational Safety and Health: Occupational Safety and Health Guideline for Ethylene Oxide, Potential Human Carcinogen. NIOSH, Division of Standards Development and Technology Transfer, Cincinnati, OH (1988)

213) Fukushima T, Abe K, Nakagawa A, Osaki Y, Yoshida N, Yamane Y. Chronic Ethylene Oxide Poisoning in a Factory Manufacturing Medical Appliances. J. Soc. Occup. Med 1986;36(4):118.

214) U.S.National Institute for Occupational Safety and Health: Occupational Safety and Health Guideline for Ethylene Oxide, Potential Human Carcinogen. NIOSH, Division of Standards Development and Technology Transfer, Cincinnati, OH (1988)

215) U.S.National Institute for Occupational Safety and Health: Occupational Safety and Health Guideline for Ethylene Oxide, Potential Human Carcinogen. NIOSH, Division of Standards Development and Technology Transfer, Cincinnati, OH (1988)

흡입에 의한 동물실험에서는 양성의 생쥐에게서 포상암 및 세기관지성암이나 악성림프종, 자궁선 암종, 유방선 암종이 암컷 생쥐에게서 발생되었다.[216]

흡입에 의한 단핵세포 백혈병과 두뇌의 신경 교종이 양성의 쥐에게서 그리고 수컷의 쥐는 복막 중피종 발생이 증가되었다.[217]

동물실험에서 산화에틸렌의 장기간 흡입에 의해 다양한 종양이 나타나서 동물에서의 발암성은 충분한 증거가 있으며, 인간의 DNA 변화를 증가시킨다는 연구가 있다[218] [219] [220].

(7) 발암성 분류

ACGIH에서는 A2로 인체 발암 의심물질로 분류하고 있다. 국제암연구기구(IARC)에서는 인체에 대한 조사결과의 제한된 증거와 동물실험결과 충분한 증거로 GROUP 1로 구분하고 있다.

미국 환경청(US EPA, 1985)에서는 인체발암 가능물질(Probable uman carcinogen)로 구분하여 관리하고 있다.

고용노동부에서는 1A 인체 발암성 물질로 구분하고 있다.

(8) 노출 기준

- 한국(고용노동부, 2016)   TWA : 1ppm   STEL : -
- 미국(TLV; ACGIH, 2011)   TWA : 1ppm   STEL : -

  기준설정의 근거 : 눈, 피부, 점막 그리고 상기도 자극의 가능성을 최소화할 수 있는 수준

- 미국(PEL; OSHA, 2012)   TWA : -   STEL : -

---

216) Snellings WM, Weil CS, Maronpot RR. A two-year inhalation study of the carcinogenic potential of ethylene oxide in Fischer 344 rats. Toxicol Appl Pharmacol 1984;75(1):105-17.
217) Lynch DW, Lewis TR, Moorman WJ, Burg JR, Groth DH, Khan A, Ackerman LJ, Cockrell BY. Carcinogenic and toxicologic effects of inhaled ethylene oxide and propylene oxide in F344 rats. Toxicol Appl Pharmacol 1984;76(1):69-84.
218) Snellings WM, Weil CS, Maronpot RR. A two-year inhalation study of the carcinogenic potential of ethylene oxide in Fischer 344 rats. Toxicol Appl Pharmacol 1984;75(1):105-17.
219) Lynch DW, Lewis TR, Moorman WJ, Burg JR, Groth DH, Khan A, Ackerman LJ, Cockrell BY. Carcinogenic and toxicologic effects of inhaled ethylene oxide and propylene oxide in F344 rats. Toxicol Appl Pharmacol 1984;76(1):69-84.
220) IARC. Monographs on the Evaluation of the Carcinogenic Risk of Chemicals to Man. Geneva: World Health Organization, International Agency for Research on Cancer, 1972-PRESENT. (Multivolume work). p. 60 139 (1994)

- 미국(REL; NIOSH, 2012)　　　　TWA : 0.1ppm미만(0.18㎎/㎥)　STEL : -
　　　　　　　　　　　　　　　Ceiling(10분) : 5ppm(9㎎/㎥)
- 유럽연합(OEL, 2012)　　　　　　TWA : -　　　　　　　　　　STEL : -
- 독일(DFG, 2012)　　　　　　　　MAK : -　　　　　　　　　　PL : -
- 일본(OEL; JSOH, 2012)　　　　　TWA : 1ppm(1.8㎎/㎥)　　　　STEL : -
- 일본(ACL; 후생노동성, 2012)　　TWA : 1ppm　　　　　　　　 STEL : -
- 핀란드(사회보건부, 2011)　　　　TWA : 1ppm(1.8㎎/㎥)　　　　STEL : -

9. 비소와 그 화합물(Arsenic and inorganic compounds, as As)

일련번호	유해물질의 명칭		화학식	노출기준				비고 (CAS번호 등)
	국문표기	영문표기		TWA		STEL		
				ppm	mg/㎥	ppm	mg/㎥	
244	비소 및 가용성화합물	Arsenic & Soluble compounds, as As	As	-	0.01	-	-	[7440-38-2] 발암성 1A
278	삼산화 비소(제품)	Arsenic trioxide (Production)	As_2O_3	-	-	-	-	[1327-53-3] 발암성 1A

(1) 정의[221]

비소는 지구의 지각에 널리 분포하는 풍부한 자연 발생 원소이다. 비소는 천연에서 원소 상태로 발견되기도 하나, 보통은 황, 철, 은, 코발트, 니켈 등 다른 원소와의 화합물로 존재한다. 비소는 주로 구리를 제련할 때 부산물로 얻으나, 황비철광에서 직접 얻기도 한다. 원소상태로 생산되는 양은 많지 않고, 주로 삼산화비소(As_2O_3) 형태로 생산되어 사용된다. 비소는 화학적으로 준금속(metalloid)로 분류되며 금속과 비금속의 특성을 모두 가지고 있다. 그러나 흔히 금속으로 간주한다. 비소는 환경 중에서 산소, 염소, 황 등과 화합물을 이룬 상태로 발견되는데 원소와 화합물을 이룬 비소를 무기비소 (inorganic arsenic)라 부르며 탄소 및 수소와 화합물을 이룬 경우는 유기비소 (organic arsenic)로 구분한다.

비소(Arsenic)는 자연 환경 중에 널리 분포하는 다양한 형태의 화합물로 강한 독성을 가지고 있는 주요 환경오염물질이다. 비소 화합물은 산소(O), 염소(Cl) 및 황(S)과 결합

---
[221] 김수근 외 10, 앞의 연구보고서, 198-200면.

한 무기 비소 화합물과 탄소(C)와 수소(H)와 결합한 유기 비소 화합물로 나뉘며 비소의 인체에 대한 위해성은 이온의 상태나 화합물의 형태에 따라 서로 다른 것으로 알려져 있다. 3가 비소화합물이 5가 비소화합물에 비해 독성이 강하며, 무기화합물이 유기화합물에 비해 인체에 대한 독성이 크다.[222]

비소의 동의어는 비소-75(Arsenic-75), 흑색 비소(Arsenic black), 금속 비소(arsenic metallic), 고체비소 (arsenic solid), 비소체(arsenicals), 회색비소(gray arsenic), 콜로이드 비소(colloidal arsenic), 금속 비소(metallic arsenic), As 이다.

[표 20] 환경 및 사람 노출에서 중요한 비소 화합물

3가 산화 상태	5가 산화 상태
• 아비산(Arsenite) • 삼산화비소(Arsenic trioxide, As_2O_3) • Monomethylarsonous acid • Dimethylarsinous acid	• 비산(Arsenate) • 오산화비소(Arsenic pentoxide, As_2O_5) • Monomethylarsonic acid(MMA) • Dinethylarsinic acid(DMA) • Trimethylarsine oxide • Arsenilic acid • Arsenbetaine

자료 : Hughes 등(133)

(2) 물리·화학적 성질

CAS No	7440-38-2	분자식 및 구조식	As
모양 및 냄새	원소의 대부분이 회색의 잘 부서지는 결정질의 고체이며, 3가지(노란색, 검정색, 회색) 동소체를 가지고 있다		
분자량	74.92	비 중	5.72
녹는점	613℃(승화)	끓는점	613℃(승화)
증기밀도		증기압	7.5×10^{-3} mmHg (280℃)
인화점		폭발한계	
용해도	녹지 않는다. 그러나, 노란색 비소는 약간 휘발성이고 이산화황에 녹는다.		

출처 : Merck Index, ACGIH, HSDB

---

[222] 김수근 외 10, 앞의 연구보고서, 200면.

(3) 용도 및 노출[223]

비소에 대한 용도는 의약, 농업, 목축업, 임업등 농업 뿐만 아니라, 구리, 납 및 합금생산, 색소생산, 유리류 제조, 살균제, 살서제 제조, 구리제련 등 기타 공업 부문까지 그 이용이 증대되고 있으며 현재의 주용도는 반도체, 합금첨가 원소, 특수 유리나 납의 경화제 등이다.

무기비소 화합물을 주로 목화밭과 과수원용 살충제로 사용하였으나 현재에는 더 이상 농업에 사용할 수 없도록 금지되었다. 그러나 카코딜산(cacodylic acid), DSMA(disodium methylarase nate), MSMA(monosodium methylarsenate) 같은 유기비소 화합물은 여전히 살충제로 사용되고 있으며, 주 사용대상은 목화이다.

일부 유기비소 화합물은 동물사료의 첨가물로 사용되기도 한다. 금속 비소는 주로 납과의 합금을 만들어 자동차용 납축전지, 땜납, 베어링 합금 등에 사용된다. 합금용으로 비소를 사용하는 경우 자동차용 납축전지(lead-acid battery) 비중이 가장 크다.

비소 화합물의 다른 중요한 용도로는 반도체 및 발광다이오드(light-emitting diode, 이하 LED) 등이 있다. 비소는 n-형 반도체 도판트로, 그리고 GaAs 화합물 반도체 제조에 사용된다.

의약 방면에서는 비소 화합물로 매독·빈혈을 치료하고 신체를 강하게 하는 약제로 사용하는 외에도 Fowler액으로 류머티즘, 백혈병, 마른버짐 등을 치료하였다. 또한 Na_3AsO_4은 호수의 수생 생물 뿌리의 성장을 억제하는데 약제량은 10mg/L 이하여야 한다. Fowler액은 일정한 농도의 비산칼륨(K_3AsO_3) 용액을 함유하고 있다. 칼바존은 구충제로 사용되며, 비산 소다(Na_3AsO_4)로 만성피부병, 기생충병과 빈혈을 치료할 수 있다. 삼산화비소는 독살(비상으로 알려짐) 이외에도, 수백 년간 암 치료와 건선 치료에 사용되어 왔으며, 최근에는 미국식품의약국(FDA)이 급성 골수성 백혈병 치료제로 허가하였다.

비소 화합물은 농업 방면에서 그 사용이 아주 광범위하다. 비산동[$Cu_3(AsO_4)_2$], 비산알루미늄[$Al_3(AsO_4)_2$], 비산연[$Pb_3(AsO_4)_2$] 등을 벌레를 없애는 약으로 사용하였다. 여러 비소 화합물들이 살충제, 제초제, 살균제, 살서제, 목재 방부제 등으로 사용되어 왔으며, 미국 등에서는 양계 농장에서 성장 촉진과 기생출을 죽이는 목적으로 비소 화합물이 사료에 첨가되기도 하였다. 메틸비소산, 디메틸기 칼슘비소산, 메틸기비소산 등 유기 화합물은 제초제로 과수원, 목화밭, 묘포와 잔디에 사용한다. 이러한 약제는 잡초를 제거하는 선택적인 기능을 갖고 있다. 원예에서도 비소화합물로 살충제를 만든다. 일부의 포도주에는 비교적 많은 비소가 함유되어 있는데, 이것은 살충제 과다 사용과 관계가 있다.

---

[223] 김수근 외 10, 앞의 연구보고서, 202면.

유리, 도자기 공업에서도 소량의 비소화물을 사용하며, 야금 공업에서도 비소화합물로 첨가제를 만들고, 제혁 공업에서도 비교적 많은 양의 비소화물을 사용하여 탈모제를 만든다. 이외에도 여러 비소 화합물들이 다양한 용도로 사용되어 왔다. 그러나 비소와 비소 화합물들은 체내에서 효소들의 작용 저해 및 대사 과정 교란으로 독성이 큰 심각한 환경 오염의 요인이 되어 점차 다른 화학물질로 대체되었다.

비소는 자연적으로 토양, 암석의 풍화작용, 침식작용, 비소계 농약 사용, 석탄연료 생산, 가정 혹은 산업용 폐기물 소각 등의 인간 및 산업 활동을 통해 노출될 수 있다. 일반인들은 음식물 섭취에 의해 비소에 노출된다. 음식을 통해서 매일 섭취되는 무기비소의 양은 1~20㎍이다. 그러나 모든 형태로 매일 섭취되는 비소의 양은 40㎍이다. 비소 살충제, 자연 암석에 함유된 비소, 비소 화학물질이 용해된 경우 등에 의해 비소에 오염된 음용수를 섭취한 경우 비소에 노출된다[224]. 비소의 주로 노출되는 공정은 구리, 납 및 합금 생산 공정, 색소생산, 유리류 제조, 살충제, 살균제, 살서제 제조, 구리 제련, 반도체 생산공정으로 비소가 함유된 입자의 호흡기 흡입을 통하여 인체에 유입 및 특수한 환경에서의 섭취 및 피부 노출에서 인체에 유입되고 있다. 비소에 대한 직업적 노출은 비철금속 제련과정에서 많이 발생한다. 이는 비소가 금, 아연, 구리, 납 등에 불순물로 함유되어 있어 이들 금속의 제련과정에서 노출될 수 있기 때문이다.

1) 삼산화비소 제조(포장)

치환-환원정석에 의한 부산물인 황산을 사용해 추출한 동 추출액에 의해 황화비소 침전물을 얻는다. 추출액 중 메타아비산을 냉각해 삼산화비소로서 침전시켜 제조한다. 치환 추출은 약 2시간 실시해, 그 후 20℃까지 냉각, 용해도의 차이로 비소는 아비산으로서 석출된다. 가공이 완료된 삼산화비소는 포장되어 출고되는데, 삼산화비소는 이 공정의 작업 근로자에게 노출될 수 있다.

- 황화비소전물 → 구리추출액 혼합 → 치환 → 냉각 → 치환잔류물 → 산화(구리추출액 혼합) → 산화추출액 → 환원(아황산가스 주입) → 치환종액 주입 → 삼산화비소 추출 → 포장/출고

2) 구리 제조(제련/출탕)

동정광 저장창고로 데이빈(Day-Bin)을 통하여 제련공정에 광석을 공급하고, 수분이 함유된 광석을 회전식 건조기로 건조시킨 후, 산화반으로 동정광을 용해시켜 비중 자에 의해 매트(matte)[225]와 슬래그(slag)[226]를 분리하는 공정을 거친다. 그리고 자용로/전기로

---

[224] 김수근 외 10, 앞의 연구보고서, 204면.
[225] 매트는 구리·니켈 등을 제련할 때 중간생산물로서 생기는 중금속으로, 황화물이 섞여 있는 혼합물이다.
[226] 슬래그는 광석으로부터 금속을 빼내고 남은 찌꺼기를 말하며, 광재라고도 한다.

의 슬래그 중 구리를 회수하는 공정으로 비중 차에 의해 매트/슬래그 분리 후 자용로/전기로에서 장입된 매트 중 철(Fe)과 황(S)을 제거하여 98.5% 구리의 조동을 만들고, 조동에 포함된 미량의 황(S)과 산(O)을 제거하여 순도를 높이는 공정으로 양극(anode)에서 분리되어 생산한다. 이러한 구리 제조 공정의 제련, 출탕 공정에서 비소에 직·간접적으로 노출될 수 있다.

- 저광사 → 건조로 → 자용로(S로) → 전기로(CL로) → 전로(C로) → 정제로

3) 산업용 유리제품(LCD용 정밀평판유리) 제조(시설점검)

LCD용 정밀평판유리를 제조하는 사업장에서 대기오염방지시설을 통해 비소에 주로 노출될 수 있다. 원료 투입 작업(톤백을 호이스트로 이동 후 투입하는 형태)후, 투입된 원료를 혼합하고 저장한다. 용해로에 투입한 다음 용융 작업, 성형 작업, 가공 작업, 검사 작업 후 출하 작업을 한다.

- 원료 투입 → 혼합 → 저장 → 용해로 투입 → 용융 → 성형 → 가공 → 검사 → 출하

4) 연주조물 제조(제련/주조)

연주조물(연괴)을 제조하는 사업장에서 제련, 주조공정을 통해 비소에 직·간접적으로 노출될 수 있다. 지게차나 집게크레인을 이용하여 원재료를 투입한 후 폐전지를 분쇄와 원재료 및 부재료를 용해로(큐브라)에 투입하고 용해 및 출탕, 불순물 제거, 용융납을 주조기(금형)에 부어서 생성된 제품 출하작업을 하게 된다.

- 원재료 투입 → 절단, 파쇄 → 제련(용해) → 주조 → 제품, 출하

5) 전자부품제조공장의 반도체웨이퍼 공정(결정, 성장)

전자부품(반도체 웨이퍼)을 제조하는 사업장에서 결정, 성장 공정을 통해 비소에 노출될 수 있다. 갈륨과 비소를 고열 하에서 화학 반응을 일으켜 성장시키고, 그라인딩 작업 후 슬라이딩 상으로 가공한다. 약품을 이용한 표면처리 작업 후, 검사와 출하 작업을 하게 된다.

- 결정, 성장 → 쉐이핑과 에칭 → 포리싱 → 검사 → 출하

6) 아연 제조정액/조액)

아연을 생산하는 사업장에서 정액, 조액공정을 통해 비소에 미량 노출될 수 있다. 50~55% 아연을 함유한 황화물을 약 950℃로 산화 후 배소하여 아연 배소광 및 황산가스(세정 처리 후 건조, 전화, 습수과정을 거쳐 황산을 제조)를 얻는 공정을 거친다. 그 후에 아연 배소광 및 정광을 황산용액으로 침출시켜 대부분의 불순물들을 불용성인 철산화물 잔사와 함께 공침시켜, 분리, 제거한 후, 전 공정에서 제거되지 않은 불순물(구리, 카드뮴, 니켈)들을 아연 금속분말을 사용하여 치환 제거하여 신액을 제조하게 된다. 전기분해과정

을 통하여 액 중에 존재하는 아연이온을 음극판에 전착시켜 회수하는 공정으로 아연은 박리공정을 거쳐 주조공정으로 보내진다. 전 공정의 아연음국(Zn Cathode)을 470℃~500℃로 유지되는 전기로(저주파유도로)에 투입 용융시켜 고순도 아연과(99.99% 이상)를 제조하게 된다.

- 배소 → 조액 → 정액 → 전해 → 주조

7) 목제품(철도부목) 생산(방부처리)

목제품(철도부목)을 생산하는 사업장으로 주약실의 방부처리 작업공정에서 삼산화비소에 비량 노출된다. 실크로스(Sill Cross) 작업, 크로스커터(Cross Cutter) 작업, 몰딩(Moulding)[227] 작업, 보링(Boring)[228] 작업, 방부처리 작업을 통하여 제조된다.

- 실크로스 → 크로스커터 → 몰딩 → 크로스커터 → 보링 → 주약실(방부처리)

8) 산화환원 적정시 환원성 적정제로 이용(실험실 분석)

산화환원반응을 이용한 적정법으로 부피분석법 중에서 가장 종류가 많은 분석법이다. 적정제가 산화제이면 분석물이 환원제가 되고, 반대로 적정제가 환원제이면 분석물이 산화제가 된다. 산화성 적정제로는 과망간산칼륨, 중크롬산칼륨, 세륨(Ⅳ), 요오드, 요오드산칼륨, 브롬산칼륨 등이 있다. 환원성 적정제로는 삼산화비소가 사용된다.

9) 유리섬유 제조(투입)

유리섬유는 규석분 36.43%, 석회석분 19.7%, 알루미나 14.5%, 탄산마그네슘 10.75% 형석분 0.74%, 탄산바륨 0.43%, 삼산화비소 0.45%를 균일하게 혼합시켜, 100~150 mesh로 만든 후, 노에서 1,500℃ 온도로 하루를 유지 용해시켜 만든 유리 생지를 가는 구멍을 통해 방사시켜 만든다. 원료로 투입되는 공정에서 삼산화비소가 근로자에게 노출될 수 있다.

10) 비산수소납[229] 제조(시료채취)

질산·산화납·비산을 혼합 반응시켜 생기는 침전을 건조·분쇄하여 제조한다. 원료인 비산 속에 미반응의 삼산화비소가 함유되어 있으면 일부는 아비산납으로서 나머지 그대

---

[227] 정반(定盤) 위레 모형판을 장치하고 주형틀을 놓은 다음, 모래를 넣어서 상하로 진동을 주고, 다시 압축하여 주형(鑄型)을 만드는 작업
[228] 기계가공에 있어서 이미 뚫려 있는 구멍을, 둥글게 깎아 넓히는 작업
[229] 무색의 투명한 광택을 가진 판상 결정으로 산성비산납이라고도 하며, 비산납의 수소염을 일컫는다. 200℃까지는 안정하나, 280℃ 이상에서는 피로비산납이 된다. 또한 남서아프리카에서 산출되는 슐테나이트(Schultenite)로서 천연으로 존재하기도 한다. 살충제로써 예부터 농약으로 사용되었으며, 특히 소화액(消化液)이 알칼리성인 나비목 유충에 효과가 있다. 살포할 때는 0.4% 정도의 현탁액으로 만들어 카세인 석회를 가한다. 시판되는 것은 잘못 사용되는 것을 방지하기 위한 목적으로 청색을 착색되어 있다. 알칼리와 작용시키면 비산이 생기므로, 암모니아나 이산화탄소를 함유하는 용수나 비·이슬에 의하여 약해가 생기기 쉽다. 작물 잔류성 농약으로 지정되어, 사용 목적, 방법 등이 제한되어 있다.

로 제품 속에 혼입된다. 품질관리를 위해 중간공정에서 원료 성분분석을 위해 시료채취를 하는데, 이 공정에서 근로자는 삼산화비소에 노출될 수 있다.

11) 비산석회[230] 제조(혼합)

삼산화비소와 진한 질산을 반응시키고, 거기에 공기를 불어 넣어 산화를 촉진시키면 비산용액이 생기는데, 이 용액에 80% 석탄유를 가하여 생기는 침전을 건조·분쇄하여 제조한다. 삼산화비소를 진한 질산과 혼합하는 과정에서 근로자에게 노출될 수 있다.

- 혼합/반응 → 산화 → 비산용액 → 석탄유 주입 → 침전 → 건조 → 분쇄 → 저장 → 포장/출고

12) 유리제조의 부원료(계량)

유리제조 시, 불순물인 철에 의해 생긴 색을 제거하기 위한 것으로 화학적 소색제로 삼산화비소를 소량 사용한다. 소색제로 투입되기 전에 계량을 하기 위해 삼산화비소를 취급하게 되는데, 이 과정에서 근로자에게 노출될 수 있다.

13) 도자기의 유약[231] 원료(투입)

삼산화비소는 불투명유로 도자기 제조 시 사용되며, 목적에 따라 안티몬·주석·아연·티탄·골회 등과 적당히 배합하여 사용된다. 원료로 투입되는 삼산화비소에 근로자는 노출될 수 있다.

- 소지토 조제 → 성형 → 건조 → 소성 → 유약칠 → 채식

(4) 노출규모

2009년 작업환경실태조사에서 비소 및 무기화합물을 제조하는 사업장으로 1개(8명), 사용하는 사업장이 비소 및 그 무기화합물이 11개(71명)이었다.

(5) 흡수 및 대사

장에서 흡수되어 혈액을 통해 간에서 제거된다[232]. 3가 비소는 5가 비소로 산화된다. 무기비소는 메틸화되어 monomethylarsonic acid와 dimethylarsinic acid로 변한

---

[230] 비산칼슘을 주성분으로 하고, 여기에 염기성 비산칼슘이 함유되어 있다. 물에는 조금밖에 녹지 않으나, 산에는 비교적 잘 녹아 비산을 생성한다.

[231] 유약은 연질유, 경질유, 불투명유, 색유 등으로 구분되는데, 연질유는 도기에 널리 사용되며, 특히 낮은 온도에서 녹는 납성분이 많은 유약을 납유약이라고 하여 조도기·토기 등에 많이 사용한다. 경질유는 주로 자기에 쓰이며, 불투명유는 목적에 따라 삼산화비소·안티몬·주석·아연·티탄·골회 등을 적당히 배합하여 사용한다. 색유는 모든 유약에 무기색소의 구실을 하는 코발트·크롬·철·구리·니켈·망간 등이나 적당량의 무기질 재료를 첨가하여 착색한 유약이다.

[232] Peoples SA, The metabolism of arsenic in man and animals. In: Arsenic industrial, biochemical, environmental perspectives, p. 125-130 (1983)

다[233]. 대부분의 비소는 소변으로 무기비소 또는 메틸화된 비소의 형태로 배설된다[234]. 반감기는 24~36시간 이다[235].

(6) 표적 장기별 건강장해

1) 급성

비소와 그의 화합물은 많은 양을 섭취하면 구토, 설사와 위장관 출혈이 생기고 순환부전으로 사망할 수 있다.[236][237] 또한 다발성 장기 손상으로 사망할 수 있다. 110ppm의 비소가 함유된 식수를 1주일 동안 먹은 가족 8명 중 2명이 사망하였다는 연구 보고도 있다.[238] 비소의 고농도 노출이 발생할 경우 두통, 무력감, 경련과 혼수가 발생할 수 있으며,[239][240] 비소를 경구로 섭취할 경우 심전도의 변화(QT 연장, ST 변화, 부정맥 등)가 발생 할 수 있다는 연구결과가 보고되었다[241][242].

2) 만성 건강영향

가. 조혈기계

빈혈과 백혈구감소증이 있을 수 있다.[243][244]

---

233) American Conference of Governmental Industrial Hygienists(ACGIH). Documentation of the Threshold Limit Values and Biological Exposure Indices, Cincinnati. 2010.
234) American Conference of Governmental Industrial Hygienists(ACGIH). Documentation of the Threshold Limit Values and Biological Exposure Indices, Cincinnati. 2010.
235) American Conference of Governmental Industrial Hygienists(ACGIH). Documentation of the Threshold Limit Values and Biological Exposure Indices, Cincinnati. 2010.
236) Levin-Scherz JK, Patrick JD, Weber FH, et al. Acute arsenic ingestion. Ann Emerg Med 1987;16(6):702-704.
237) Uede K, Furukawa F. Skin manifestations in acute arsenic poisoning from the Wakayama curry-poisoning incident. Br J Dermatol 2003;149(4):757-762.
238) Armstrong CW, Stroube RB, Rubio T, et al. Outbreak of fatal arsenic poisoning caused by contaminated drinking water. Arch Environ Health 1984;39(4):276-279.
239) Civantos DP, Rodríiguez AL, Aguado-Borruey JM, et al. Fulminant malignant arrhythmia and multiorgan failure in acute arsenic poisoning. Chest 1995;108(6):1774-1775.
240) Bartolome B, Cordoba S, Nieto S, et al. Acute arsenic poisoning: Clinical and histopathological features. Br J Dermatol 1999;141:1106-1109.
241) Cullen WR. Arsenic in the environment. In: Bunnett JF, Mikolajczyk M, eds. Arsenic and old mustard: Chemical problems in the destruction of old arsenical and 'mustard' munitions. Netherlands: Kluwer Academic Publishers, p. 123-134 (1998)
242) Goldsmith S, From AHL. Arsenic-induced atypical ventricular tachycardia. N Engl J Med 1986;303:1096-1097.
243) Armstrong CW, Stroube RB, Rubio T, et al. Outbreak of fatal arsenic poisoning caused by contaminated drinking water. Arch Environ Health 1984;39(4):276-279.
244) Chakraborti D, Mukherjee SC, Saha KC, et al. Arsenic toxicity from homeopathic treatment. J Toxicol Clin Toxicol 2003;41(7):963-967.

나. 간담도계

비소에 대한 직업적 노출로 인한 간경화의 사례보고들이 있었다[245]. 비소와 간암과의 연관성은 확정적이지는 않지만 역학적 연구들에서 보고되었다.

다. 호흡기계

비소 노출과 폐암과의 관련성에 대한 연구들이 있었다[246]. 초기 역학 연구는 아비산나트륨(sodiumarsenite)를 생산하는 작은 공장에서의 비례사망률을 조사한 연구로 공기 중 비소 노출은 약700 $\mu g/m^3$ 이었으나[247], 그 후 살충제 공장에서 비소에 노출되는 작업자에서 초과 폐암 사망률12)과 코호트 연구에서 초과 사망률이 보고되었다[248]. 흡연과 비소 노출은 폐암 발생에서 상호작용을 하고 있으며, 비소는 폐암의 촉진자(promoting agent)로 작용하는 것으로 연구되었다[249]. 또한 다수의 연구들에서 구리 제련소에서 비소 노출이 원인이 되어 발생한 호흡기암으로 인한 초과 사망이 보고되었다[250][251].

라. 신경계

비소의 저 농도 노출로 말초신경병증이 발생한 사례보고들이 있었다.[252][253] 감각과 운동신경이 손상되는 치명적인 손상이 발생되었으며, 일부는 노출 중단 후 회복되지만 대개 회복은 불가능 한 것으로 연구 결과가 발표되었다.[254][255]

---

245) American Conference of Governmental Industrial Hygienists(ACGIH). Documentation of the Threshold Limit Values and Biological Exposure Indices, Cincinnati. 2010.
246) American Conference of Governmental Industrial Hygienists(ACGIH). Documentation of the Threshold Limit Values and Biological Exposure Indices, Cincinnati. 2010.
247) Hill Ab, Faning EL. Studies in the incidence of cancer in a factory handling inorganic compounds of arsenic. I Mortality experience in the factory. Br J Ind Med. 1948;5:6.
248) Mabuchi K, Lilienfeld AM, Snell LM. Lung cancer among pesticide workers exposed to inorganic arsenicals. Arch Environ Health. 1979;34:312-320.
249) Harding-Barlow I: What is the status of arsenic as a human carcinogen? I: Arsenic industrial biomedical, Environmental Perspectives p 203-209 (1983)
250) Lee AM, Fraumeni JF. Arsenic and respiratory cancer in man: An occupational study. J Nati Cancer Inst. 1969;42:1045.
251) Pinto SS, Henderson V, Enterline PE. Mortality experience of arsenic-exposed to workers. Arch Environ Health. 1978;33:325-332.
252) Chakraborti D, Mukherjee SC, Saha KC, et al. Arsenic toxicity from homeopathic treatment. J Toxicol Clin Toxicol 2003;41(7):963-967.
253) Hindmarsh JT, McLetchie OR, Heffernan LPM, et al. Electromyographic abnormalities in chronic environmental arsenicalism. J Anal Toxicol 1977;1:270-276.
254) Fincher R, Koerker RM. Long-term survival in acute arsenic encephalopathy: Follow-up using newer measures of electrophysiologic parameters. Am J Med 1987;82:549-552.
255) Murphy MJ, Lyon LW, Taylor JW. Subacute arsenic neuropathy: Clinical and electrophysiological observations. J Neurol Neurosurg Psychiatry 1981;44:896-900.

마. 눈, 피부, 비강, 인두

비소 분진이나 흄에 노출로 쉰 목소리와 비중격 천공이 발생할 수 있다[256]. 비소가 함유된 피부질환 치료제(Fowler 용액)[257], 식수[258]와 포도 과수 살충제[259][260]에 노출로 피부암이 발생한 사례보고들이 있었다. 비소 경구 노출로 피부의 손과 발바닥에서 과각화증이 얼굴, 목 등에서 과색소침착증이 보고되었다[261][262].

바. 심혈관계

식수를 통한 비소 노출로 말초혈관질환이 발생한 사례연구들이 있었다. 0.17~0.8ppm 비소가 함유된 식수를 섭취한 주민에서 손과 발에 혈류가 감소하고 괴사를 동반한 Blackfoot Disease가 보고되었다.

사. 기타

가임한 여성이 비소가 함유된 살서제를 복용 한 후에 태아 손상이 보고되었다[263]. 비소에 노출된 식수를복용한 임산부에서 발생한 자연유산, 사생아 등의 증가를 보고하였다[264][265].

(7) **발암성**

사람의 비소에 대한 노출되는 주요 경로는 호흡기(코)와 소화기계(입)이며 피부를 통한 노출은 매우 드물다. 사람에서 비소노출과 발암과의 역학적인 증거는 2개의 노출경로를 통해 나타났는데. 하나는 흡입 노출에 의한 것으로 비소와 다양한 작업공정에서 노출되는 물질이 혼합되어 오염된 공기를 흡입하는 근로자에서 암 발생이 증가하였으며, 다른

---

256) American Conference of Governmental Industrial Hygienists(ACGIH). Documentation of the Threshold Limit Values and Biological Exposure Indices, Cincinnati. 2010.
257) Petres J, Baron D, Hagedorn M. Effects of arsenic cell metabolism and cell proliferation: Cytogenic and biochemical studies. Environ Health Perspect. 1977;19:223-227.
258) Morton W, Starr G, Pohl D et al., Skin cancer and water arsenic in Lane county, Oregon. Cancer. 1976;37: 2523-2532.
259) Wolf R. Occupational arsenic lesions in vine-growers. Berufsdermatosen. 1974;22:34-47.(in German)
260) Poirier R, Fvre R, Kleisbauer JP et al., Primary bronchial carcinoma in a vine-dresser. Role of Arsenates. Nouv Press Med. 1973;2:91-92. (in French)
261) Chakraborti D, Mukherjee SC, Saha KC, et al. Arsenic toxicity from homeopathic treatment. J Toxicol Clin Toxicol 2003;41(7):963-967.
262) Ahsan H, Chen Y, Parvez F, et al. Arsenic exposure from drinking water and risk of premalignant skin lesions in Bangladesh: Baseline results from the health effects of arsenic longitudinal study. Am JEpidemiol 2006;163(12):1138-1148.
263) Lugo G, Cassady G, Palmisano P. Acute maternal arsenic intoxication with neonatal death. Am J Dis Child. 1969;117:328-330.
264) von Ehrenstein OS, Guha Mazumder DN, Hira-Smith M, et al. Pregnancy of outcomes, infant mortality, and arsenic in drinking water in West Bengal, India. Am J Epidemiol 2006;163(7):662-669.
265) IARC. Monographs on the Evaluation of the Carcinogenic Risk of Chemicals to Man. Vol 23 (1980)

하나는 장기간 동안 음용수 내에 있는 높은 농도의 비소를 섭취한 사람을 대상으로 한 연구이다.

1) 폐암

독일 우라늄 광산에서 근무한 경력이 있는 근로자 중 폐암으로 사망한 3,174명(환자군)과 순환기계 질환으로 사망한 4,892명(대조군)을 대상으로 환자-대조군 연구를 수행한 결과 모든 광부에서는 비소 노출이 없는 근로자에 비해 노출이 1-125.83$\mu g/m^3 \times$ years인 군에서 교차비가 1.43(1.27-1.60), 125.83$\mu g/m^3 \times$ years보다 높게 노출되는 군에서 비차비는 1.07(0.94-1.21)이었으며, 실리카와 같이 노출되는 군에서는 0-125.83$\mu g/m^3 \times$ years 인군에서 교차비가 1.78(1.43-2.20), 125.83$\mu g/m^3 \times$ years보다 높게 노출되는 군의 교차비는 1.39(1.13-1.71)로 실리카와 동시에 노출되는 경우 폐암의 발생 위험이 높다는 것을 보고하였다[266].

코호트 연구에서는 대부분의 연구가 다양한 비소 노출군에서 일반 인구군 및 대조군에 비해 폐암 발생이 증가하는 것을 일관되게 보여주고 있으며, 대부분의 연구에서 비교위험도의 값이 2-3의 범위에 있는 것으로 보고하였다. 또한 일관되게 양-반응 관계를 보고하였다[267].

[표 21] 비소 흡입에 따른 다양한 연구들의 각 부위 암 사망률 비교

Cause	Lubin 등 (2000)		Enterline 등 (1995)		Simonato 등 (1994)		Xuan 등 (1993)		Wall (1980)		Binks 등 (2005)	
	Cases	SMR	Cases	SMR	Cases	SMR	Cases	SMR	Cases	SMR	Cases	SMR
All causes	5,011	1.1	1,234	1.2	201	0.8	2,591	1.1	953	1.2	380	0.9
All cancers	1,010	1.1	395	1.4	70	0.9	1,178	2.4	245	1.4	123	1.0
stomach ca	63	1.2	18	1.1	4	0.8	32	1.1	88	1.2	9	1.1
Liver ca	16	0.8	1	0.2			45	1.8	48	1.7	1	0.6
Lung ca	428	1.6	182	2.1	35	2.1	983	3.1	76	2.9	62	1.5
Prostate ca	92	1.2	28	1.1	1	0.2					11	1.3
Bladder ca	37	1.3	8	0.8	2	0.8	11	0.2			2	0.4
Kidney ca	12	0.6	11	1.6							2	0.8

자료 : IARC, 2012.

---

266) Taeger D, Krahn U, Wiethege T, Ickstadt K, Johnen G, Eisenmenger A, Wesch H, Pesch B, Bruning T. A study on lung cancer mortality related to radon, quartz and arsenic exposures in German uranium miners. J Toxicol Environ Health A 2008;71(13-14):859-65
267) IARC. Arsenic and arsenic compounds. IARC Monographs Vol 100C. 2012

모든 생태학적인 연구에서 음용수 내의 비소 노출과 폐암 사망률 증가가 관련이 있다는 것을 보여준다. 칠레에서 수행된 연구에 의하면 비소 노출지역의 폐암 표준화 사망률(SMR)이 일반 인구군의 사망률보다 3배 이상 증가함을 보고하였다[268]. 또한 1950-57년 사이에 태어나 Antofagasta와 Mejillones에 거주한 30-49세의 폐암 사망률 증가(RR, 7.0; 95% CI 5.4-8.9)를 보고하였다[269]. 북칠레에서 151명 환자군과 419명 대조군을 대상으로 연구한 결과 1958-1970년 사이에 고농도로 비소에 노출된 군에서 폐암의 교차비가 7.1(95% CI 3.4-14.8)로 증가하였다고 보고하였다[270].

대만 남서쪽 지역의 코호트 연구에서 고농도의 비소에 노출된 음용수의 노출기간과 폐암 사망 위험도와 양-반응관계가 관찰되었으며, 남서쪽 지역(n=2503)과 동북쪽 지역(n=8088)의 통합 코호트에 대한 추가 연구에서 비소가 함유된 음용수의 섭취와 흡연간의 상승 작용이 있는 것을 보고하였다[271].

2) 방광암과 신장암

대만의 남서쪽과 북동쪽 지역에 대한 많은 연구에서 음용수에 함유된 비소와 방광 및 신장암과의 관련성이 평가되었으며, 각각의 연구에서 비소의 고농도 노출과 관련된 1971-94년 기간 노출에 대해 방광 및 신장암 사망률이 증가함을 보고하였으며, 양-반응 관계도 보고하였다[272].

칠레의 II 지역의 1950-2000년 사이의 방광암 사망에 대한 시간적 경향성을 분석한 결과 고농도 노출 시작 10년 후에 상대 위험도(RR)가 증가하였으며, 최고 상대 위험도(RR)는 남성에서 6.10(95% CI: 3.97-9.39), 여성에서 13.8(95% CI: 7.74-24.5)로 나타났다[273].

---

268) Smith AH, Marshall G, Yuan Y et al. Increased mortality from lung cancer and bronchiectasis in young adults after exposure to arsenic in utero and in early childhood. Enviorn Health Perspect,

269) Smith AH, Marshall G, Yuan Y et al. Increased mortality from lung cancer and bronchiectasis in young adults after exposure to arsenic in utero and in early childhood. Enviorn Health Perspect, 2006;114: 1293-96.

270) Ferreccio C, Gonzalez C, Milosavjlevic V et al. Lung cancer and arsenic concentration in drinking water in Chile. Epidemiology 2000;11:673-679

271) Chen CJ, Hsu LI, Chiou HY et al. Blackfoot disease study group. Ingested arsenic cigarette smoking, and lung cancer risk: a follow-up study in arseniasis-endemic areas in Taiwan. JAMA. 2004;292:2984-90

272) Chiang HS, Guo HR, Hong CI, et al. The incidence of bladder cancer in the blackfoot disease endemic area in Taiwan. Br J Urol. 1993;71:274-8

273) Marshall G, Ferreccio C, Yuan Y et al. Fifty-year study of lung and bladder cancer mortality in Chile related to arsenic in drinking water. J Natl Cancer Inst. 2007;99:920-928

3) 피부암

비소와 관련된 피부암의 특성은 각화에 의해 생성되는 편평상피 세포암(squamous cell carcinoma)과 다발부위 기저세포암(basal cell carcinoma)이다.

여러 연구에서 대만지역 우물물 비소의 평균 농도에 따라 피부암의 위험이 증가하는 것이 일관되게 나타났다. Rivara 등[274]등은 1976-1992년의 II 지역에서 비노출 지역인 VIII 지역에 비해 피부암의 SMR이 3.2(95% CI: 2.1-4.8)로 보고하였다. 대만의 Blackfoot 질환을 가진 789명(남자 437명, 여자 352명)의 후향적 코호트 연구결과 7명의 피부암 환자가 발생하여, 비노출군에 비해 SMR이 28(95% CI: 11-59)로 증가됨을 보고하였다[275]. 대만 남서쪽 654명의 코호트 연구결과 관찰된 발생율은 14.7명/1000인-년으로 나타났으며, blackfoot 질환 유행지역 거주기간, 음용수 사용기간, 비소의 평균 농도, 비소의 누적 노출지수에 따라 피부암 발병 위험이 유의하게 증가하였다[276].

4) 간암

음용수에 함유된 비소와 간암 발병 위험과의 관련성이 대만의 여러 지역 연구에서 모두 양성 관련성이 관찰되었다[277]. 칠레 북쪽 지역에서 비소 노출 지역인 II 지역에서 비노출 지역인 VIII 지역에 비해 간암의 상대 위험도(RR)가 1.2(95% CI: 0.99-1.6)로 관찰되었으며,[278] 1989-93년 사이에 30세 이상의 성인에서 지역 II의 간암 사망률이 일반 인구군에 비해 유의하게 증가함을 관찰하였다[279].

(8) 발암성 분류

무기비소 화합물(삼산화비소, 비산, 아비산 포함)에 혼합 노출되는 경우 사람 발암성에 충분한 증거(sufficient evidence)가 있다. 무기비소 화합물(삼산화 비소, 비산, 아비산 포함)은 폐, 방광, 피부에 암을 일으킨다. 또한 비소 원소(arsenic)와 무기비소 화합물 노출은 신장, 간, 전립선 암과는 양성 연관성이 관찰된다. 비소원소(arsenic) 및 무기비소 화합물은 사람에게 발암물질이다(carcinogenic to humans: Group 1). Dimethylarsinic

---

[274] Rivara MI, Cebrian M, Corey G et al. Cancer risk in an arsenic-contaminated area of Chile. Toxicol Ind Health 1997;13:321-38.

[275] Chen CJ, Chuang YC, You SL et al. A retrospective study on malignant neoplasms of bladder, lung and liver in blackfoot disease endemic area in Taiwan. Br J Cancer 1986;53:399-405.

[276] Hsueh YM, Chiou HY, Huang YL et al. Serum β-carotene level, arsenic methylation capability and incidence of skin cancer. Cancer Epidemiol Biomarkers Prev. 1997;6:589-96.

[277] IARC. Arsenic and arsenic compounds. IARC Monographs Vol 100C. 2012.

[278] Rivara MI, Cebrian M, Corey G et al. Cancer risk in an arsenic-contaminated area of Chile. Toxicol Ind Health 1997;13:321-38.

[279] Smith AH, Goycolea M, Haque R, Biggs MI. Marked increase in bladder and lung cancer mortality in a region of Northern Chile due to arsenic in drinking water. Am J Epidemiol 1998;147:660-669.

acid와 monomethylarsonic acid는 사람에게 발암 가능물질이다(possibly carcinogenic to humans: Group 2B). Arsenobetaine과 다른 유기비소 화합물은 사람에게서 대사되지 않으며, 사람의 발암성 물질로 분류되지 않는다(Group 3).

(9) 노출기준

• 한국(고용노동부, 2016)	TWA : 0.01mg/m³	STEL : -
• 미국(TLV; ACGIH, 2011)	TWA : 0.01mg/m³	STEL : -
기준설정의 근거 : 암을 포함하여 피부, 간, 말초신경, 상기도와 폐에 영향을 최소화 할 수 있을 정도로 설정		
• 미국(PEL; OSHA, 2012)	TWA : 10㎍/m³	STEL : -
• 미국(REL; NIOSH, 2012)	Ceiling : 0.002mg/m³(15분)	STEL : -
• 유럽연합(OEL, 2012)	TWA : -	STEL : -
• 독일(DFG, 2012)	MAK : -	PL : -
• 일본(OEL; JSOH, 2012)	TWA : -	STEL : -
• 일본(ACL; 후생노동성, 2012)	TWA : 0.003mg/m³	STEL : -
• 핀란드(사회보건부, 2011)	TWA : 0.01mg/m³	STEL : -

10. 결정적 유리 규산

일련번호	유해물질의 명칭		화학식	노출기준				비 고 (CAS번호 등)
				TWA		STEL		
	국문표기	영문표기		ppm	mg/m³	ppm	mg/m³	
251	산화규소 (결정체 석영)	Silica (Crystalline quartz) (Respirable fraction)	SiO₂	-	0.05	-	-	[14808-60-7] 발암성 1A, 호흡성
252	산화규소 (결정체 크리스토바라이트)	Silica (Crystalline cristobalite) (Respirable fraction)	SiO₂	-	0.05	-	-	[14464-46-1] 발암성 1A, 호흡성

253	산화규소 (결정체 트리디마이트)	Silica (Crystalline tridymite) (Respirable fraction)	SiO₂	—	0.05	—	—	[15468-32-3] 발암성 1A, 호흡성
254	산화규소 (결정체 트리폴리)	Silica (Crystalline tripoli) (Respirable fraction)	SiO₂	—	0.1	—	—	[1317-95-9] 발암성 1A, 호흡성
697	기타 분진 (산화규소 결정체 1% 이하)	Particulates not otherwise regulated (no more than 1% crystalline silica)	—	—	10	—	—	발암성 1A (산화규소 결정체 0.1% 이상에 한함)

(1) 정의

"유리규산"이라 함은 이산화규소(SiO_2)라고도 하며, 결정형과 무정형 유리규산이 있다. 결정형 유리규산은 원자들이 일정한 규칙을 가지고 배열되어 있는 것을 말하며, 석영이 대표적이다. 일반적으로 규산이라고 하면 결정형이 아닌 무정형 규산을 말하며, 규조토나 오팔과 같이 대개 함수물이거나 결정성이 아닌 유리질과 같거나 분말형태의 모양이 된다. 결정형 유리규산 결정형태는 알파석영, 베타석영 외에 트리디마이트, 크리스토발라이트 등이 있는 제제를 말한다[280].

천연에 존재하는 가장 일반적인 형태는 결정형 실리카인 석영(CAS No. 14808-60-7)이다. 크리스토발라이트(CAS No. 14464-46-1), 트리디마트(CAS No. 15468-32-3)도 천연에 존재하지만, 알파-석영과 비정형 규산(amorphous silica)을 가열할 경우에도 생성된다. 이들은 규조토의 소성, 도자기 제조, 주조, 탄화 규소 제조 등의 산업 과정, 기타 석영을 고온에서 처리하는 모든 과정에서 생성된다. 농업폐기물이나 쌀의 껍질 같은 부산물의 연소 시에도 비정형 규산이 크리스토발라이트(결정형 형태)로 변환될 수 있다. 결정형 산화규소의 대표적인 다른 물질은 크리스토발라이트인데 이는 용결-소결 규조토의 20~25%에 포함되어 있는 것으로 알려져 있다. 한편, 결정편암 생산물의 61% 가량이 크리스토발라이트를 포함하고 있는 것으로 보고된 바도 있다. 내화벽돌은 대략 같은 분포의 석영, 트리디마이트, 크리스토발라이트와 비결정형 규산을 포함하고 있다.

---

280) 김수근 외 10, 앞의 연구보고서, 217면.

석영은 대부분 바위, 모래, 토양에 풍부하게 존재한다. 석영이 광범위하게 천연으로 존재하고 석영을 포함하는 물질이 다방면에 걸쳐 사용되는 것은 많은 산업이나 직업에 종사하는 작업자의 석영의 직업성 노출 가능성과 직접적으로 관계하고 있다. 토양의 이동(채광, 농경, 건설 등), 석조물이나 콘크리트 등 실리카를 함유하는 제품의 파괴, 또는 모래와 실리카를 함유하는 제품의 사용(주조 등) 등을 동반한 공정은 거의 모든 작업자들이 석영에 노출될 가능성이 있다.

규산광물이 건강에 영향을 미치는 것은 주로 결정형 실리카(crystalline silica)로 알려져 있다. 결정형 실리카는 흡입 시 규폐증을 일으키는 물질로만 인식되어 왔으나, 1997년에 IARC에서 사람에게 발암성이 있는 1군으로 분류하면서 관심이 커졌다[281](IARC, 1997).

(2) 물리·화학적 성질

석영은 결정 또는 일정한 형태나 모양이 없는 분말로 규소에 산소 2개가 이중결합하여 붙어 있는 구조로, 물보다 무겁고 흰 결정 또는 가루로 향이 없다.

CAS No	14808-60-7	분자식 및 구조식	SiO_2
모양 및 냄새	없음		
분 자 량	60.09	물 질 명	석영(silica, quartz)
녹 는 점	613℃(승화)	끓 는 점	2230 ℃
밀 도	2.65	증 기 압	석영, 알파-석영, 이산화 실리콘, 실리카
인 화 점		폭발 한계	
용 해 도	물과 산에 녹지 않음		

(3) 용도 및 노출

유리규산을 취급하는 업무에 종사하는 모든 근로자들은 결정형 유리규산에 노출될 위험이 있으나 그 중에서도 중점적으로 관리해야 할 결정형 유리 규산에 노출될 위험이 높은 업종 또는 작업은 다음과 같다[282].

- 금속광과 탄광, 채석과 석공, 내화벽돌, 초자제조, 주물업 또는 지하철, 터널, 댐 등의 토건업

---

281) International Agency for Research on Cancer. IARC monographs on the evaluation of the carcinogenic risks to humans: Silica, some silicates, coal dust and para-aramid fibrils. Vol 68. Lyon, France: World Health Organization, IARC, pp 49, 51, 1997

282) 한국산업안전보건공단, "결정형 유리규산 노출 근로자의 보건관리지침", 2013, 5-7면.

- 석면을 취급하는 업, 활석 취급업, 유리 또는 제지 제조업, 규조토의 채굴 및 취급업
- 금박제조, 알루미늄 제조 및 재생업
- 각종 산업의 용접, 소광운반과 처리업, 유황광산, 황산암모늄 취급업, 베릴륨의 제련 및 가공업
- 흑연공장, 전극공장, 흑연 채굴, 제묵, 카본블랙 제조, 활성탄 제조, 채광 탄광, 활석규조토 또는 용접에 종사하는 근로자
- 결정형 유리규산이 포함된 분진이 발생될 것으로 생각되는 주물, 콘크리트, 벽돌, 유리, 분쇄, 요업 등이다.

석영의 직업적 노출은 석영을 생산하고 이를 원재료로 이용할 때 발생이 가능하고 주로 단단한 바위에서 석영을 채굴하거나 세라믹 생산, 주조, 도로의 건설·유지 시 가능하다. 대표적으로 유리제조, 주물, 연마제, 굴절렌즈의 제조, 도자기, 도기제조(유약), 샌드블래스팅 등에 사용, 노출되며, 화강암 등이 포함된 채광작업에서 노출이 이루어진다. 발생 공정으로는 대부분 분진이 날리는 투입, 혼합, 분쇄, 절단, 성형, 연마, 원료배합, 포장 등에서 발생한다. 또한 비철 금속산업의 경우 용해, 조형, 탈사 등에서도 발생한다[283].

국내에서는 주물, 블라스팅(Abrasive blasting), 요업, 유리제조, 토사석 채취업을 주요 노출업종이라고 할 수 있다.

1) 규세 제조(파쇄 공정)

규소를 원료로 가공, 처리하여 생산한다. 주요 공정은 규석의 원석(채광석)을 파쇄하는 파쇄공정, 습식분쇄와 건조, 자력선별을 하는 선광(마광, 자선)공정으로 나누어져 있다.

주로 파쇄공정과 자선공정에서 발생하는 분말형태의 산화규소에 작업자가 노출된다.

- 원석(규석) → 파쇄 → 균질화 → 선광(마광, 자선) → 균질화 → 출고

2) 블라스팅 작업180)(abrasive blasting)[284]

가벼운 작업은 식물의 식물이나 씨앗이나 유리구슬, 플라스틱 등을 이용하며, 강하게 분사할 필요가 있는 것은 모래나 규사 또는 금속 등을 이용한다. 모래에는 결정형 규소가 포함되어 있어, 블라스팅을 막 했을 때 유리규산이 많이 발생한다. 블라스팅이 끝나고 나서 다시 재활용을 위하여 모래를 모으는 작업시 노출이 발생하기도 한다.

---

283) 화학물질 유통·사용 실태조사 결과 보고서-유리규산. 한국산업안전공단. 2007
284) 모래나 실리카, 또는 금속을 강하게 분사함으로써 금속 등의 표면에 붙어 있는 녹, 페인트, 각종 이 물질을 제거하는 작업을 블라스팅 작업이라 한다.

3) 도자기 제조

도자기의 제조공정은 제품의 종류에 따라서 공정의 일부가 다르긴 하지만 일반적으로 원재료의 파쇄, 분쇄, 체질, 혼합, 혼련 등에 의한 소지토의 조제, 성형, 건조, 소성, 유약 칠, 채식, 마무리, 검사 등으로 나눌 수 있다. 습식공정이 아닌 작업에서 주로 결정형 규산에 노출이 발생한다.

- 원재료 → 파쇄 → 분쇄 → 체질 → 혼합 → 혼련 → 성형 → 건조 → 소성 → 유약 칠 → 채식 → 마무리 → 검사

4) 유리 제조(투입)

유리의 일반적인 구성요소는 유리규산(SiO_2)으로 여기에 여러 가지의 산화 물질을 첨가하여 그 특성과 성질을 변화시킨다. 유리를 생산하는 공정은 크게 유리의 원재료를 배합하여 공급하는 배합공정과 약 1,400℃ 정도의 고열로 가열하여 원료를 녹이는 용해공정, 진공성형기 등을 이용하여 제품의 형태를 만들어 가는 성형공정, 그리고 제품을 인쇄하고 마무리하는 마무리공정으로 나누어진다. 유리규산을 배합기에 투입 시 발생하는 분진에 작업자가 노출될 수 있다.

- 원료배합 → 용해 → 성형 → 마무리 → 포장 → 출하

5) 유리제품 제조(투입)

소다회, 석회석, 기타 부원료가 입고하면, B-C유 및 전기를 열원으로 1,450℃까지 온도를 상승시켜 원료를 녹여 유리물화한다. 유리물을 생산제품의 중량에 맞게 쉬어블레이드(Shear Blade)로 절단하여 일정한 크기의 형틀에 주입한 후 공기를 불어 넣어 유리병을 성형한다. 온도차에 의한 변형 및 열 충격으로 제품의 파손을 막기 위해 도시가스를 이용하여 가열 후 냉각한다. 주로 원료투입(소석회, 규사 투입)공정에서 결정형 실리카에 노출이 발생하고 있으며, 노출 주기는 작업시간 동안 연속적이다.

- 원자재 입고(저장) → 용해 → 제조성형 (절단, 제병, 서냉) → 검사/인쇄 → 포장 → 출하

6) 무기안료 및 기타 금속산화물 제조(혼합)

모래 61%, 붕산 25%, Cullet(녹여서 재생하는 유리 부스러기) 10% 등을 혼합하여 GP 제조 파트 내에서 투입하여 용해한다. B/M공정에서 cullet를 분쇄한 후, S/D공정에서 원료를 혼합하여 재결정화 시켜 파우더형태로 제조한다.

작업이 이루어지는 동안 연속적으로 산화규소에 노출된다.

- 원료 → 용해 → B/M → S/D

7) 주물 작업

철이나 강을 이용하여 주물을 만드는 데(주철주물, 주강주물)는 고온이 필요하기 때문에 모래를 이용하므로 sand casting이라는 용어를 사용한다. 모래의 취급, 모래의 준비, 모래털기 등 먼지가 많이 나는 공정에서 노동자는 유리 규산(free silica)에 많이 노출될 수 있다. 주물에 들러붙어 있는 모래를 떼어내거나(chipping), 연마로 갈아 낼 때도 많은 먼지가 발생하여 노출 될 수 있다.

후처리(그라인딩)공정에서도 작업에 의해 연속적으로 노출이 되고 있다.

- 원자재 입고 → 조형 → 합형 → 용해 → 주입 → 탈사 → 절단 → 사상 → 보수 → 열처리 → 납품

8) SiO_2 Granule, Silicon 생산(분쇄)

원자재로 사용하는 산화규소 재활용품은 광학코팅용 원료로 사용되는 제품을 생산하는데 월 평균 약 2톤 정도를 사용하고 있다. 산화규소의 발생 주기는 작업시간 동안 연속적으로 노출되고 있다. 산화규소 재활용품의 분쇄와 선별공정에서 발생되는 알갱이 형태의 산화규소에 노출될 가능성이 높다.

- 원자재 입고 → 선별 → 분쇄 → 세척 → 건조 → 선별 → 포장 → 출하

9) 토사석 채취업

토사석을 채취하기 위해 암반을 폭파, 굴착하는 과정에서 다량의 분진이 발생하며 토사석은 유리규산의 성분이 높아 발생하는 분진에 노출될 가능성이 높다.

10) 시멘트 제조(Coal Mill 공정)

생산 현장은 예열기, 냉각기, Kiln, Raw Mill, Coal Mill Burner 등으로 나누어지며, 각각의 공정에 대하여 근로자가 배치되어 일상적인 계기 확인 및 기계 정상작동 여부, 기계 이상 유무 등의 점검 작업이나 보수 및 청소작업 등을 한다. Coal Mill 공정에서 주로 노출되며, 석탄의 치장 및 인출과정에서도 간헐적으로 노출이 된다. 작업 시 발생되는 입자상 물질은 알갱이에서 분말(Dust)에 이른다. 연속작업 형태의특성 상 결정형 실리카에 대한 노출 주기는 연속적이다.

- 석회선 광산 분쇄/치장, 부원료 치장(점토분, 규석, 철광석) → 원료분쇄 → 원료조합 사이로 → 원료 공급기 → 예열기 → 냉각기(크리카사이로 출하) → 시멘트 분쇄기(석고+슬라그) → 시멘트 사이로 → 포장 → 출하

11) 공업용 모래 제조(배합)

모래(SiO_2 함유)를 주원료로 하여 일련의 가공과정을 거쳐 공업용 모래를 생산한다.

모래의 입자상 특징은 알갱이 크기로 주로 코팅 및 배합 작업 시에만 노출된다.

- 모래입고 → 세척 → 건조 → 코팅 → 포장 → 출하

(4) 결정형 유리규산 취급현황

우리나라에서 결정형 유리규산을 사용하는 사업장 수는 2007년을 기준으로 약 215개이고, 총 근로자는 47,725명, 취급근로자는 1,905명, 사용 취급량은 2,960,469,661 kg/년으로 알려져 있다. 또한 결정형 유리규산을 제조하는 사업장은 총 6개소, 근로자수는 190명, 취급 근로자수는 74명, 취급량은 437,624,000kg/년으로 보고되고 있다[285].

결정형 산화규소의 한 종류인 석영은 국내에서 200여개 사업장에서 5만여 명의 근로자가 노출되고, 연간 3만톤 이상 사용되고 있으며 주로 주물사를 사용하는 업종이다[286]. 지각 질량의 59%, 암석의 95% 이상을 이루는 주요 구성성분으로, 석영(가장 풍부한 형태)·트리다이마이트·크리스토발라이트의 3가지의 주요 결정형태를 갖고 있다. 그 밖의 변종으로는 코에사이트·키아타이트·리카텔리어라이트 등이 있다. 실리카 모래는 건물을 지을 때와 도로포장을 할 때 자갈, 포틀랜드 시멘트, 콘크리트, 모르타르와 같은 형태로 사용한다. 실리카는 연삭유리와 연마유리, 회전 숫돌과 연마석, 주조틀로도 사용하고, 유리·세라믹스·탄화규소·페로규소·규소를 제조하는 데 쓰이며 내화물, 보석의 원석 등으로도 사용한다.

석영은 대부분 바위, 모래, 토양에 풍부하게 존재한다. 석영이 광범위하게 천연으로 존재하고 석영을 포함하는 물질이 다방면에 걸쳐 사용되는 것은 많은 산업이나 직업에 종사하는 작업자의 석영의 직업성 노출의 가능성과 직접적으로 관계하고 있다. 토양의 이동(채광, 농경, 건설 등), 석조물이나 콘크리트 등 실리카를 함유하는 제품의 파괴, 또는 모래와 실리카를 함유하는 제품의 사용(주조 등) 등을 동반한 공정은 거의 모든 작업자들이 석영에 노출될 가능성이 있다[287].

결정형 실리카는 흡입시 규폐증을 일으키는 물질로만 인식되어 왔으나, 1997년에 IARC에서 사람에게 발암성이 있는 1군으로 분류하면서 관심이 커졌다[288]. 결정형 유리규산의 발암성이 늦게 알려진 이유는 규폐증으로 인한 피해에 조명이 집중되었고, 대부분의 규폐증 환자가 암이 발생하기 전에 사망하였기 때문이다[289].

---

285) 화학물질 유통·사용 실태조사 결과 보고서-유리규산. 한국산업안전공단. 2007
286) 김현욱 등. 화학물질 노출 기준 개정 연구. 노동부 2005
287) IARC (1997). Silica, some silicates, coal dust and paraaramid fibrils. IARC Monogr Eval Carcinog Risks Hum, 68: 1-.475. PMID:9303953
288) IARC (1997). Silica, some silicates, coal dust and paraaramid fibrils. IARC Monogr Eval Carcinog Risks Hum, 68: 1-.475. PMID:9303953

암석에는 다양한 광물질이 존재하는데, 규산성분(silica, SiO₂)이 많은 비율을 차지하고 있다. 규산성분은 각섬석, 장석이나 운모 등에 구성성분으로 포함되지만 특히 규소와 산소가 독립사면체 형태로 결합된 물질은 결정형 규산인 석영(crystalline quartz) 혹은 비정형 유리규산(amorphous quartz)으로 존재할 수 있다. 현장에서는 통상 이를 자유규산(free silica, 유리규산은 정확한 용어가 아님[290])이라고 하는데, 석영군은 자연계의 조광물 중에 12%정도 포함되어 있다[291].

이산화규소(silicon dioxide, 二酸化硅素)는 규소와 산소의 화합물이다. 규산 무수물이라고도 한다. 일반적으로 실리카라고 하는데, 이것은 천연으로 존재하는 각종 규산염 속의 성분으로서의 이산화규산을 말한다. 화학식은 SiO₂이다.

천연으로는 석영·수정·옥수(玉髓)·마노(瑪瑙)·부싯돌·규사(硅砂)·인규석(鱗硅石)·홍연석(紅鉛石) 등에 결정 또는 비결정으로 산출된다. 석영은 장석류에 이어 풍부하며 지구상의 여러 곳에 분포하여 지각의 12%를 차지한다[292].

(5) 발암성

광산에서 분진작업에 종사한 근로자는 대부분 갱내의 분진에 섞여 있는 "결정형 유리규산"에 노출되었다고 볼 수 있다. 최근의 연구결과는 "결정형 유리규산"에 폭로된 근로자 중에서 진폐증의 병형이 1형 이상인 사람은 일반인에 비해 폐암 발병 확률이 최소 1.5배에서 최고 3.4배 높은 것으로 나타났다. 이러한 연구결과가 반영되어 "원발성 폐암"이 진폐증의 합병증에 포함된 것이다. 그러나 합병증으로 인정되는 것은 원발성 폐암(암의 최초 발생 장기가 폐인것)뿐이며, 전이성 폐암(다른 장기에서 발생한 암세포가 폐로 전이된 것)은 제외된다. 또 원발성 폐암인 경우에도 근로자가 분진작업을 한 사업장이 결정형 유리규산이 발생하는 "광업"이어야 하며, 진폐증의 병형이 1형 이상이어야 산재요양을 받을 수 있다.

---

[289] Akihiko K, 1999. Proved carcinogen: Silicic acid dust, JSHRC Newsletter, No 19, July. http://www.jca.apc.org/joshrc/english/19-2.html. We have no exhaustive information about the response to the IARC decision in other countries, but we know that South Korean authorities have started to revise the certification criteria recently. In US, the National Toxicity Program (NTP) is certain to revise the carcinogenecity rank of crystalline silica upward. Here in Japan, the Japanese Industrial Health Association began to investigate the possibility of revising the carcinogenecity for crystalline silica in the context of the IARC decision. UK authorities had established new certification criteria for lung cancer-complicated pneumonociosis victims before the IARC decision.
[290] 산업광물은행. http://www.kimb.or.kr/sub/sub4/n/n-85.htm
[291] Klein C, Hurlbut CS, 1993, Manual of Mineralogy, 21 st edition, John Wiley and Sons, NewYork.
[292] 두산백과

결정형 유리규산의 발암성에 대한 것은 1980년대부터 논란이 되었는데, 1997년 국제암기구(IARC)가 동물 시험 및 발병자 역학연구 등을 검토한 후 호흡기로 유입된 결정질 석영과 크리스토발라이트는 발암증거가 충분한 것으로 발표하였다[293]. 발암위험성이 있는 것은 광산채굴, 채석 및 화강암 작업, 요업 도자기, 유리, 내화벽돌, 규조토, 주물 등의 작업자들이다. 논란이 되었던 위암등에 대해서는 제한적 증거만을 인정하였고, 폐암에 대해서만 충분한 증거를 인정하였다[294].

(6) 발암성 분류

석영 등을 포함한 결정형 유리규산 동형 이성체를 국제암연구기구(International Agency for Research on Cancer, IARC)에서는 인체 발암물질(Group 1)로 분류하였다[199]. 유리규산(SiO_2)은 결정형과 비결정형이 있는데, 비결정형의 유리규산을 "인체 발암성으로 분류할 수 없는(unclassifiable as carcinogenicity to humans, Group 3)"물질로 분류하는 반면, 결정형의 유리규산은 "인체 발암성이 있는(carcinogenic to humans, Group 1)"물질로 분류하고 있다. 결정형 유리규산의 경우 그 자체가 폐암 발암성이 있는 지 아니면 규폐증이 있을 경우에만 폐암위험도가 증가하는 것인 지에 대해서는 아직 논란이 있지만 IARC에서는 1997년 결정형 유리규산을 발암물질로 정리하였다.

2000년도에 미국산업위생전문가협의회(American Conference of Governmental Industrial Hygienist, ACGIH)에서도 건강 위해성을 인지하여 석영의 노출기준을 호흡성 분진으로서 0.05 mg/m^{3}에서 0.025 mg/m^{3}으로 낮추었으며 발암성에 관한 분류도 인체 발암예상물질(A2)로 엄격하게 반영하였다[295]

ACGIH과 IARC에서 CAS 14808-60-7(이하 결정형 실리카)는 호흡성입자로 노출될 때 인체에 대한 발암성이 있다고 제시하고 있다. 혼합물질의 발암성에 대한 판단은 '무게비'로 0.1% 이상 함유된 경우로 정의하고 있다.

---

293) IARC (1997) Silica, some silicates, coal dust and para-aramid fibrils. Lyon, International Agency for Research on Cancer, pp.1-242 (IARC Monographs on the Evaluation of Carcinogenic Risks to Humans, Vol. 68).
294) Straif K, Benbrahim-Tallaa L, Baan R, Grosse Y, Secretan B, El Ghissassi F, Bouvard V, Guha N, Freeman C, Galichet L, Cogliano V; WHO International Agency for Research on Cancer Monograph Working Group. A review of human carcinogens-part C: metals, arsenic, dusts, and fibres. Lancet Oncol 2009;10(5):453-4.
295) American Conference of Governmental Industrial Hygienists. Threshold limit values for chemical substances and physical agents and biological exposure Indices. Cincinnati, ACGIH, 2011.

[표 22] 결정형 실리카의 발암성 분류

기관	분류
국제암연구소(IARC)	Group1 인체 발암성 물질
미국 산업위생전문가협의회(ACGIH)	A2 인체 발암성 추정 물질
미국 국립독물학프로그램(NTP)	K 인체 발암성 물질
고용노동부	1A 사람에게 충분한 발암성 증거가 있는 물질

11. 카드뮴과 그 화합물 (Cadmium and compounds, as Cd)

일련번호	유해물질의 명칭		화학식	노출기준				비 고 (CAS번호 등)
	국문표기	영문표기		TWA		STEL		
				ppm	mg/m³	ppm	mg/m³	
269	산화카드뮴(제품)	Cadmium oxide (Production)	CdO	-		-	-	[1306-19-0] 발암성 1A, 생식세포변이원성 2, 생식독성 2
487	카드뮴 및 그 화합물	Cadmium and compounds, as Cd	Cd	-		-	-	[7440-43-9] 발암성 1A, 생식세포변이원성 2, 생식독성 2, 호흡성

(1) **정의**296)

카드뮴 (cadmium :Cd)은 푸르스름한 빛을 띤 은백색의 광택이 있는 금속이다. 부드러운 칼로 쉽게 깎을 수 있고 연성·전성이 풍부하여 가공하기 쉽다. 수은과는 아말감을 만들기 쉽다. 공기 속에 방치하면 표면이 산화되는데, 이것이 보호막이 되어 내부는 침식되지 않는다. 대부분이 아연광에 불순물로 소량 함유되어 있는 상태(지각에서 0.00005%)에서 제련과정을 거쳐 생산되기 때문에 사용량 및 사용범위의 확대는 제한적이다.

카드뮴은 산화상태가 +2인 금속으로 화학적으로는 아연과 비슷하다. 대기중의 카드뮴은 입자형태고 산화카드뮴이 주요 구성원을 이룬다. 할로겐과 산과 반응하기 쉽고, 알카리와는 반응되기 어려우며, 화합물 중에는 Cd2+로 존재한다. 아연 야금시 부산물로 전해에 의해 최근 99.99% 이상의 카드뮴 순품을 얻는다.

---
296) 김수근 외 10, 앞의 연구보고서, 230면.

카드뮴의 동의어로는 카드뮴 원소(cadmium element), 카드뮴 블루(cadmium blue)이고, 카드뮴의 화합물은 산화카드뮴(cadmium oxide), 질산카드뮴(cadmium nitrate), 염화카드뮴(cadmium chloride), 황산카드뮴(cadmium sulfate), 스테아린산 카드뮴(cadmium stearate), 황화카드뮴(cadmium sulfide)이 있다.

(2) **물리·화학적 성질**

CAS No	7440-43-9	분자식	Cd/CdO
원자번호	48	분자량	112.41
녹는점	321℃(760mmHg)	끓는점	765℃(760mmHg)
비중	8.65(20℃) / 8.69(25℃)	증기압	1.4mmHg(400℃) / 16mmHg(500℃)
성상	부드럽고 연성의 흰색과 청색을 띠는 무취의 금속원소. 물과 알칼리 용액에서 용해되지 않고 산성용액에서 용해된다. 상대적으로 높은 증기압력 때문에 열처리 과정에서 증기로 방출된다. 이 증기는 빠르게 산화카드뮴으로 전환된다. 카드뮴 증기는 특징적인 노란색을 띤다. 염화카드뮴 : 무색의 결정, 물, 아세톤, 산에 녹음 황산카드뮴 : 무색의 결정, 물에 녹음 질산카드뮴 : 백색 결정, 물, 희석된 산, 유기용제에 녹음 산화카드뮴 : 짙은 갈색의 결정, 희석된 산과 암모늄염에 녹음 황화카드뮴 : 옅은 노랑 결정 및 녹황색분말, 황산에 녹음		

출처 : ACGIH, HSDB

1) **카드뮴 안정제 배합 등**
   - 카드뮴 안정제 제조를 위하여 배합기 원료(산화카드뮴) 투입 및 배합
   - 생산된 카드뮴 안정제를 드럼용기 및 1ton용기 등에 포장
   - 플라스틱 제품(천막) 제조를 위해 기본 원료에 카드뮴 안정제를 배합

2) **브레이징 용접 공정**
   - 용접 모재에 카드뮴이 포함된 은납을 부착시키거나 은납 용접봉을 사용

3) **카드뮴 도금 공정**
   - 분말의 산화카드뮴을 희석하여 만든 카드뮴 용액을 사용하여 도금작업을 하거나 전기도금조의 (-)극에 카드뮴괴를 담궈 (+)극의 제품을 전기도금

4) **용해 공정**
   - 산업용 및 가정용 폐배터리를 전기용융로에 넣어 용해시켜 카드뮴 수거
   - 구리, 아연, 니켈, 은(Ag)과 카드뮴을 전기로에 투입, 용해시켜 은땜납 생산

5) 축전지 제조
- 원료의 활물질인 카드뮴을 음극 성형기에서 성형하여 축전지 제조

6) 도장 공정
- 카드뮴 또는 카드뮴이 함유되어 있는 안료를 이용하여 도장부스 내에서 스프레이를 이용하여 분무도장

(3) 용도 및 노출[297]

주로 광산에서 채취(다른 광석 채광 중 부산물로, 카드뮴 자체를 위한 채광은 거의 없음), 아연, 구리, 연과 같은 금속을 제련하는 과정에서 부산물로 생성, 플라스틱 제조에서 안정제로 사용, 물감과 플라스틱을 만드는 과정에 사용, 알칼라인(니켈-카드뮴) 건전지에 이용, 저온합금제와 은 땜에서 이용한다.

유리 및 도자기의 착색원료로서 동 물질을 평량, 배합, 용해하는 공정이나 도료 등을 제조하는 사업장, 아연을 제련 또는 정련하는 공정에서 용광로, 용해로, 전로 등 카드뮴 물질을 취급, 이동 또는 이밖에 다른 처리를 하는 작업에서 노출될 수 있다. 플라스틱안료, 페인트, 인쇄잉크 등의 착색원료로 사용하는 사업장, , 치과용 아말감의 합금 또는 취급을 하는 작업, 카드뮴 축전지를 제조 또는 그 부분품을 제조, 수리 또는 해체하는 공정에서 카드뮴 또는 카드뮴 물질의 용해, 주조, 혼합 등의 작업, PVC 플라스틱 제품의 열안정제로 동 물질을 사용하는 작업, 카드뮴 축전지를 제조, 수리, 해체하는 공정에서 카드뮴 물질의 용해, 주조, 혼합 등을 하는 작업, 살균 및 살충제를 제조 또는 취급하는 작업, 형광등 제조 작업, 카드뮴이 혼합된 용접봉의 용접 작업, 자동차 및 항공기의 나사, 나사너트, 자물쇠 제조 공정에서 카드뮴 물질을 합금하는 작업에 노출될 수 있다.

카드뮴은 다른 금속에 비해 비등점은 낮고 증기압은 크기 때문에 가열 처리 시 산소와 결합하여 산화카드뮴 흄이 많이 발생될 수 있다. 그러므로 위 작업 시 고온상태가 동반된다면 카드뮴 흄이 발생되어 호흡기를 통해 카드뮴에 노출될 수 있다.

1) 카드뮴 제조(용해)

카드뮴은 아연(Zn) 전해의 정액공정으로 아연정제의 부산물로서 회수된다. 제법은 습식법과 건식법이 있으나 주로 습식법이 사용된다. 카드뮴은 아연광과 황화카드뮴 중에서 발견되며, 아연광의 제련 시 증기 중이나 황산아연을 정제 할 때 슬러지로 얻어진다. 용해 과정에서 근로자에게 카드뮴에 노출이 발생할 수 있다.

---
[297] 김수근 외 10, 앞의 연구보고서, 230-241면.

2) 세라믹칼라 생산(믹싱)

세라믹칼라 생산 과정에서 카드뮴이 사용되고, 노출이 발생할 수 있다. 특히 믹싱과 용해 공정에서 카드뮴 분진과 흄이 발생할 수 있고, 근로자에게 노출이 일어날 수 있다.

- 계근 → 믹싱 → 용해 → 칼라믹싱 → 분쇄 → 검사/출하

3) 용접봉, 귀금속 재생재료 생산(주조)

용접봉의 생산은 원재료입고, 카드뮴, 구리, 아연 등의 금속재료를 용해로에 투입하여 용해된 금속에 탈산, 탈가스, 처리를 한 후에 용융한 후, 주조, 절단, 산처리의 과정을 거친다. 그리고 검사한 후 출하하게 된다. 카드뮴 주요 발생 공정은 용해, 주조 과정에서 발생하게 되고, 근로자에게 노출이 발생하게 된다.

- 원재료입고 → 입고 → 용해 → 주조 → 절단 → 산처리 → 검사/출하

4) 샷시 제작(래핑 공정)

샷시 제작 시 카드뮴을 사용한다. 노출 발생 가능 공정은 카드뮴을 비롯한 분말원료를 배합하는 공정과 제품시트 접착작업인 래핑 공정이고, 근로자에게 노출이 발생할 수 있다.

- 원자재투입 → 배합 → 압출 성형 → 냉각 → 마킹 → 래핑 → 검사/출하

5) PVC 구성요소(components) 생산(압출 성형)

PVC 분말을 원자재로서 투입하여, 구성요소를 생산하는 과정에서, 저장, 배합, 열처리, 압출 성형공정에서 카드뮴의 노출이 근로자에게 발생할 수 있다.

- 원자재 → 투입 → 저장(Siro) → 배합실(배합작업) → 열처리(130℃) → 압출성형공정 → 커팅 → 포장 후 출고

6) 산화카드뮴 제조(운반)

순수한 카드뮴 금속을 용해한 다음에 증발시킨다. 그 결과로 생긴 뜨거운 증기 사이를 공기가 통과하면서 카드뮴을 산화시키고 그 결과물을 포집, 운반한다. 산화카드뮴이 운반되는 과정에서 근로자에게 노출될 수 있다.

7) 셀렌광전지(selenium photocell)[298] 제조(박막공정)

철, 알루미늄 등의 기판 위에 셀렌박막을 도포, 또는 증착하고 가열해서 결정화한 뒤 표면에 산화카드뮴 박막을 입혀 광전지를 제조한다. 이러한 박막 공정에서 근로자는 산화카드뮴에 노출될 수 있다.

- 세척 → 증착 → 포토리소그래피(photolithography) → 식각(Etching)

---

[298] 표면막을 통해 빛을 조사하면 셀렌 표면 부근의 광기전력효과에 의해 기판과 표면 박막의 사이를 연결하는 외부회로에, 기판에서 표면 박막을 향하는 전류가 흐른다. 내부저항은 작지만 대부분 증폭시켜 사용하기 때문에 조도계·노출계 등에 이용된다.

8) 포토크로믹유리(photochromic glass)[299] 제조(첨가)

원료에 감광성의 할로겐화 은을 첨가하여 유리 속에 Ag+, Cl- 등의 이온 형태로 녹여둔 다음, 산화카드뮴을 첨가한다. 그리고 약간 낮은 온도로 다시 열처리함으로써 10mm 정도의 AgCl206)의 미세한 결정을 석출하여 콜로이드입자로 분산시켜 제조한다. 산화카드뮴을 첨가하는 공정에서 근로자는 산화카뮴에 노출될 수 있다.

(4) 흡수 및 대사

1) 흡수

주로 호흡을 통한 흡수로 피부를 통한 흡수는 거의 없다. 직업적 노출에서 가장 많이 흡수되는 경로는 폐를 통한 흡수이며, 50%까지도 흡수된다[300]. 담배 한 개비에는 1-2μg 정도의 카드뮴이 들어 있으며, 5-10% 정도는 흡수된다[301][302]. 폐에 카드뮴이 침착하는 정도는 카드뮴 입자의 크기에 따라 다르며, 흡입된 입자 50%의 평균 길이는 0.1μm이고, 20%의 흡입된 입자는 2μm이다. 60%의 카드뮴은 산화카드뮴으로 하부 기관지에 침착된다. 작은 입자 (약 0.1μm)는 폐포에 침투하며, 큰 입자 (직경 약 10μm의 이상)는 상부기도에 침투한다. 일부 수용성 카드뮴 화합물(카드뮴 염화물 및 황산카드뮴)이 호흡 가지(respiratory tree)에서 흡수되기도 하지만, 흡수의 주요 사이트는 폐포이다. 폐포 흡수에 있어서 입자 크기는 폐의 카드뮴 흡수의 주요 결정자이다[303].

2) 대사

카드뮴은 주요 기관인 간과 신장에서 축적되며 거의 전 장기에 분포한다. 카드뮴의 직접적인 대사전환은 알려져 있지 않으나 알부민이나 메탈로티오네인(metallothionein)과 높은 친화력을 가져 이들과 결합하여 인체 내에 존재한다. 흡수된 카드뮴은 일차적으로 혈액 내 적혈구를 통해 이동하며, 주요 저장장소는 신장, 간 및 근육으로 이 3개의 조직 저장량이 몸 전체 양의 70%까지 차지할 수 있다. 카드뮴은 조직에서 카드뮴-메탈로티오네인 복합물로 유리되며 신장사구체에 걸러지고 근위 세뇨관에서 능률적으로 재흡수 된다. 재흡수

---

299) 빛이 조사되면 색이 나타나고, 빛이 조사되지 않으면 처음의 투명한 상태로 되돌아 가는 성질을 가진 유리. 현재 할로겐화 은의 미립자를 함유한 유리가 선글라스용 렌즈로 실용화되어 있다.

300) Gylseth B, Leira HL, Steinnes E, et al. 1979. Vanadium in the blood and urine of workers in a ferroalloy plant. Scand J Work Environ Health 5:188-194.

301) Lewis CE. 1959. The biological effects of vanadium. II. The signs and symptoms of occupational vanadium exposure. AMA Arch Ind Health 19:497-503.

302) NIOSH. 1983. Health hazard evaluation report HETA 80-096-1359, Eureka Company, Bloomington, IL. Washington, DC: U.S. Department of Health and Human Services, National Institute of Occupational Safety and Health. PB85163574.

303) Kiviluoto M, Pyy L, Pakarinen A. 1981b. Serum and urinary vanadium of workers processing vanadium pentoxide. Int Arch Occup Environ Health 48:251-256.

된 카드뮴은 근위 세뇨관 세포에 축적된다. 세뇨관 세포내 축적된 카드뮴의 양이 경계치(신장 조직 당 100~300㎍ 정도)를 초과하는 경우, 세포는 손상을 입고 기능은 손상된다[304].

3) 배설 및 반감기

폐로 흡입된 카드뮴은 mucociliary mechanism을 통해 1차적으로 제거되고 나머지는 흡수되어 온몸(주로 간, 신장)에 걸쳐 존재하다가 주로 소변으로 배설된다[305]. 카드뮴의 노출 중지 후 혈액에 있는 카드뮴의 제거는, 초기 급속한 제거단계(대략 100일의 반감기)와 이후 느린 제거 단계(대략 10년의 반감기)의 2단계로 이루어진다[306].

(5) 표적장기별 건강장해

1) 급성

비특이적인 감기증상(오한, 발열, 식은땀), 호흡곤란, 기관지염, 폐렴, 폐부종 등을 일으킬 수 있고, 며칠 이내에 사망에 이를 수도 있다[307]. 피부나 눈이 높은 농도의 카드뮴 증기에 노출된 경우 자극증상이 발생한다[308].

2) 만성

가. 비뇨기계

단백뇨, GFR감소 등의 증상으로 신기능 저하가 나타난다. 많은 연구에서 신장에 대한 카드뮴의 영향에 대하여 다양한 영향을 보고하고 있다[309][310]. 신장에서 첫 번째 현상은 β2 microglobulin, human complex-forming glycoprotein (α1-microglobulin 같은), retinol binding protein 등의 저분자 단백뇨 발생이고, 소변 중 N acetyl β

---

[304] NIOSH. 1983. Health hazard evaluation report HETA 80-096-1359, Eureka Company, Bloomington, IL.Washington, DC: U.S. Department of Health and Human Services, National Institute of Occupational Safety and Health. PB85163574.

[305] Byczkowski JZ, Kulkarni AP. 1998. Oxidative stress and pro-oxidant biological effects of vanadium. In: Nriagu JO, ed. Vanadium in the environment. Part 2: Health effects. Vol. 31. New York, NY: John Wiley & Sons, 235-264.

[306] Conklin AW, Skinner CS, Felten TL, et al. 1982. Clearance and distribution of intratracheally instilled vanadium-48 compounds in the rat. Toxicol Lett 11:199-203.

[307] Adachi A, Ogawa K, Tsushi Y, et al. 2000b. Balance, excretion and tissue distribution of vanadium in rats after short-term ingestion. J Health Sci 46(1):59-62.

[308] Patterson BW, Hansard SL, Ammerman CB, et al. 1986. Kinetic model of whole-body vanadium metabolism: Studies in sheep. Am J Physiol 251:R325-R332.

[309] Zenz C, Berg BA. 1967. Human responses to controlled vanadium pentoxide exposure. Arch Environ Health 14:709-712.

[310] Sjöberg SG. 1950. Vanadium pentoxide dust: A clinical and experimental investigation on its effect after inhalation. Stockholm: Esselte AB, 6-188.

glucosaminidase (NAG)과 같은 세포내 효소결합 단백질의 증가이다[311)312)]. 그 다음 알부민과 같은 고분자 단백뇨의 발생이고 이는 신사구체 손상이나 심한세뇨관 손상을 의미한다[313)].

나. 조혈기계

빈혈은 경미하고, 회복될 수 있는 헤모글로빈의 감소이다. 이 기전은 명확하게 밝혀지진 않았지만 카드뮴이 철 흡수를 방해하고 아마 이것이 경미한 용혈 효과를 나타낼지 모른다[314)].

다. 간담도계

혈청 alanine aminotransferase activity를 증가시키고, 이는 간 손상의 지표이다. 동물실험에서 노출중단 2개월 뒤 정상화되었다[315)].

라. 심혈관계

직업적으로 카드뮴에 노출된 영국 남성에 대한 연구에서는 심혈관 질환과의 관계가 없는 것으로 나타났다[316)].

마. 신경계

일반적으로 관련이 없는 것으로 알려져 있으나 집중과 기억, psychomotor speed가 떨어지거나[317)] 후각의 손상이 나타날 수 있다.

바. 근골격계

칼슘결핍, 골다공증, 골연화증을 일으킬 수 있다. 이러한 원인은 일반적으로 신장에서 손상이 발생한 뒤에 칼슘, 인, 비타민 D의 대사 변화로 발생한다.

---

311) Levy BS, Hoffman L, Gottsegan S. 1984. Boilermakers' bronchitis. J Occup Med 26:567-570.
312) NIOSH. 1983. Health hazard evaluation report HETA 80-096-1359, Eureka Company, Bloomington,IL. Washington, DC: U.S. Department of Health and Human Services, National Institute of Occupational Safety and Health. PB85163574.
313) Musk AW, Tees JG. 1982. Asthma caused by occupational exposure to vanadium compounds. Med J Aust 1:183-184.
314) NIOSH. 1983. Health hazard evaluation report HETA 80-096-1359, Eureka Company, Bloomington, IL. Washington, DC: U.S. Department of Health and Human Services, National Institute of Occupational Safety and Health. PB85163574.
315) Kiviluoto M. 1980. Observations on the lungs of vanadium workers. Br J Ind Med 37:363-366.
316) Irsigler GB, Visser PJ, Spangenberg PA. 1999. Asthma and chemical bronchitis in vanadium plant workers. Am J Ind Med 35(4):366-374.
317) NTP. 2002. NTP toxicology and carcinogenesis studies of vanadium pentoxide (CAS No. 1314-62-1) in F344/N rats and B6C3F1 mice (inhalation). Natl Toxicol Program Tech Rep Ser (507):1-343.

(6) 발암성

카드뮴은 발암성 물질로 만성적으로 노출되는 경우 폐암과 전립선암을 일으킬 수 있다는 연구결과가 있으나 일관성 있는 결과가 나타나지는 않았다. 국제암연구기구(IARC) 뿐만 아니라, NTP, NIOSH, EPA등에서 발암성 물질로 규정하고 있다.

1) 인체발암

직업적 노출 연구에서 카드뮴 노출과 폐암 발생률 증가에 대한 연관성이 있을 수 있으나 일관성이 없다는 보고가 잇었다. 대부분의 연구에서 금속 발암물질 및 흡연과 같은 교란인자에 대한 부적절한 대조군을 사용함으로써 결과 해석에 어려움이 있었다. 전립선암은 유럽 근로자들을 대상으로 한 초기 연구에서 암 발생이 증가하는 것으로 나타났으나, 이후 연구에는 암 발생이 통계적으로 유의하지 않다는 결과를 도출하였다[318].

영국 17개 카드뮴 가공 공장에서 시행된 대규모 코호트 연구에서 전립선암의 사망률은 감소하였고, 전체 코호트에서 폐암의 사망률은 증가하였으며, 고용기간의 증가와 노출량의 증가는 상호 비례하는 것으로 나타났다. 폐암 위험의 증가는 고농도 카드뮴에 노출된 소수의 근로자 군에서 더욱 크게 나타났다. 이 연구는 비소를 포함한 다른 발암 물질을 통제하지 않았으며, 카드뮴 노출의 정도와 관계없이 위암의 초과 사망률이 관찰되었다[319]. 전립선암은 초기 연구에서 발생 위험이 증가하였으며, 이후 연구에서는 연구결과가 일관성이 나타나지 않았으며, 폐암의 경우에는 카드뮴에 노출된 근로자에게서 발생 위험의 증가하는 일관성 있는 결과가 도출되었다[320].

Sorahan과 Waterhous[321]는 3,025명의 니켈-카드뮴 전지 근로자들을 대상으로 한 코호트 연구에서 사망률이 호흡기와 관련된 암이 89건(70건이 유의수준 5%이하에서의 기대치)으로 나타났다.

Thun 등[322]은 미국 카드뮴 제련소 근로자들의 사망률에 관한 코호트 연구에서 요중 카

---

318) ASTDR (2008) Draft toxicological profile for cadmium U.S. Department of Health and Human Services Public Health Service Agency for Toxic Substances and Disease Registry
319) Kazantzis G., Blanks, R.G. & Sullivan, K.R. Is cadmium a human carcinogen? In: Nordberg, G.F., Herber, R.F.M. & Alessio, L., eds, Cadmium in the Human Environment: Toxicity and Csrconogenicity (IARC Scientific Publications No. 118), Lyon, IARC, 1992. pp. 435-446
320) Kazantzis G., Blanks, R.G. & Sullivan, K.R. Is cadmium a human carcinogen? In: Nordberg, G.F., Herber, R.F.M. & Alessio, L., eds, Cadmium in the Human Environment: Toxicity and Csrconogenicity (IARC Scientific Publications No. 118), Lyon, IARC, 1992. pp. 435-446
321) Sorahan, T., Waterhouse, J.A.H. Mortalit Study of Nickel-Cadmium Battery Workers by the Method of regression Models in Life Tables. Br. J. Ind. Med. 1983, 40:293.
322) Thun. M.J., Schnorr, T.M., Smith, A.B. et al. Mortality among a Cohort of U.S. Cadmium production workers an update. J. Natl. Cancer Inst. 1985. 74:325-333.

드뭄 농도는 높은 노출이 폐암의 위험이 증가된 것을 암시하였다. 측정치의 90%에서 카드뮴 농도의 중위수(median)가 10㎍/ℓ 이상이었고, 81%에서 20㎍/ℓ 이상이었다. 폐암 사망자의 통계적으로 유의한 증가는 오직 누적 카드뮴 노출량이 2,920 mg-days/m^3(140㎍/m^{3}의 40년 TWA)을 초과하였던 근로자들에서 발생하였다.

누적 카드뮴 노출량이 21~40㎍/m^{3}의 40년 TWA인 근로자들에게서 폐암에 대한 표준화사망비(SMR)가 100(초과 암 발생 없음)를 나타난다고 보고하였다. 카드뮴 근로자들과 폐암 발생에 대한 상관성 연구와 다른 연구들에서 비소 그리고 다른 발암성 물질들에 대한 노출 영향은 충분히 평가될 수 없었다.

미국의 카드뮴 노출 근로자에서 비소 노출 수준에 따른 영향을 감별하기 위한 연구가 수행되었으며, 이 연구에서 폐암 발생 위험의 증가는 비소 노출에 의해 분명하게 설명되지 않았다. 최근 비소와 니켈에 혼합 노출을 보정한 연구에서는 과거에 비해 폐암의 상대위험도가 낮아진 것을 보고하였다[323](Nordberg etc, 2007).

2) 동물발암

실험동물 연구에서는 카드뮴 흡입이 폐암을 유발할 수 있다는 것이 분명하게 입증되었으나, 쥐를 대상으로 한 연구에 한정되었고 대부분의 경우 경구 노출 연구에서는 암 발생률의 유의한 증가가 관찰되지 않았다[324].

Takenaka 등[325]의 흰쥐에게 하루 23시간씩 18개월간 각각 12.5, 25, 50㎍/m^3(카드뮴으로서)의 농도로 염화카드뮴을 흡입시킨 연구에서 일차적인 폐의 암종 유발률이 각각 15.4%, 52.6%, 71.4%이었으나, 대조군에서는 폐의 암종이 유발되지 않았다.

(7) 발암성 분류

국제암연구기구(IARC)는 인체 및 동물 발암근거가 충분하다고 보고 카드뮴 및 카드뮴 화합물을 인체 발암물질(Group 1)로 구분하였다.

미국 산업위생전문가협의회(ACGIH) 미국 산업안전보건청(OSHA), 미국 산업안전보건연구원(NIOSH)와 같은 기관에서는 발암 의심 물질로 규정하고 있다.

---

323) Nordberg G, Nogawa K, Nordberg M, Friberg L. Cadmium. In: Handbook on toxicology of metals. Nordberg G, Fowler B, Nordberg M, Friberg, L editors New York: Academic Press, 2007. p. 65-78
324) ASTDR (2008) Draft toxicological profile for cadmium U.S. Department of Health and Human Services Public Health Service Agency for Toxic Substances and Disease Registry
325) Takenaka, S.; Oldiges, H.; Konig, H.; et al.: Carcinogenicity of Cadmium Chloride Aerosols in W Rats. J. Natl. Cancer Inst. 70:367 (1983).

(8) 노출기준

• 한국(고용노동부, 2016)	TWA : 0.01mg/㎥	STEL : -
• 미국(TLV; ACGIH, 2011)	TWA : 0.002mg/㎥(카드뮴 화합물)	STEL : -
기준설정의 근거 : 폐암을 일으킬 수 있는 하기도 축적을 최소화하는 수준		
	TWA : 0.01mg/㎥(카드뮴)	STEL : -
기준설정의 근거 : 신장기능장애를 일으키는 위험을 최소화하는 수준		
• 미국(PEL; OSHA, 2012)	TWA : -	STEL : -
• 미국(REL; NIOSH, 2012)	REL : -	STEL : -
• 유럽연합(OEL, 2012)	TWA : 0.004(repiratory fraction)	STEL : -
• 독일(DFG, 2012)	MAK : -	
• 일본(OEL; JSOH, 2012)	TWA : 0.05mg/㎥	
• 일본(ACL; 후생노동성, 2012)	TWA : 0.05mg/㎥	

12. 석면((Asbestos, chrysotile)

일련번호	유해물질의 명칭		화학식	노출기준				비 고 (CAS번호 등)
	국문표기	영문표기		TWA		STEL		
				ppm	mg/㎥	ppm	mg/㎥	
283	석면 (모든 형태)	Asbestos (All forms)	-	-	3 0.1개/cm	-	-	발암성 1A

(1) 정의[326]

석면은 직경이 0.02~0.03㎛ 정도로 유연성과 열에 대한 저항력 강한 약산성을 띄고 있다. 석면은 건설, 자동차 제조 및 가정용품 등 다양한 분야에 이용되었으며 3,000여 종류에 달하는 공업제품에 사용되었다.

석면은 산업혁명 이후 20세기 이후 뛰어난 단열성, 내열성, 절연성 등의 물성과 값이 싼 경제성으로 건축 내·외장재와 공업용 원료로 널리 사용되었다.

---

[326] 김수근 외 10, 앞의 연구보고서, 242면.

석면이 폐에 흡입되면 폐암 등의 악성 질병을 유발하게 된다는 사실이 알려지고 석면의 유해성에 대한 인식이 높아지면서 석면사용은 금지되었고, 석면 대체물질이 개발되어 사용되고 있다.

(2) 일반적 성질

석면은 크게 크리소타일(Chrysotile; 백석면)과 앰피볼(Amphibole; 각섬석) 석면류로 구분할 수 있다. 앰피볼(Amphibole; 각섬석) 석면류에는 아모사이트(Amosite; 갈석면), 크로시도라이트(Crocidolite; 청석면), 안토피라이트(Anthophyllite), 트레모라이트(Tremolite; 투각섬석), 그리고 액티노라이트(Actinolite; 양기석)들이 속하고 서펜타인(Serpentine; 사문석)에는 크리소타일(Chrysotile; 백석면)이 포함된다.

(3) 용도[327]

석면은 방화제, 단열제, 마찰제, 장력보호제, 내마모제, 항부식제, 여과제, 응집제, 충진제 등의 용도로 주로 사용된다. 석면노출은 석면제품의 제조 및 사용 시 발생할 수 있다. 석면물의 제조에는 석면을 다른 원료와 혼합하는 과정, 만들어진 석면제품을 규격에 맞게 자르거나 구멍을 내는 과정에서 주로 문제가 된다. 석면제품의 사용 시에는 석면제품을 자르고, 설치하는 과정 그리고 구조변경과 보수를 위하여 설치된 것을 떼어내거나 부수는 과정에서 노출될 수 있다.

석면제품을 직접 다루지 않으면서도 노출될 수 있는 경우로는 석면천정제, 타일, 스프레이 등이 사용된 건물에 거주하는 일반인, 석면브레이크를 사용하는 지하철 운행공간에서 근무하는 근로자, 석면이 사용된 지하참호에 근무하는 군인, 철도주변, 특히 철도정비창 근처에서 거주하는 사람, 선박을 건조, 수리하는 사업장 근처에서 거주하는 사람, 석면을 사용한 선박의 선원, 자동차 수리, 정비업 근처에 거주하는 사람, 석면 함유 광상 근처에 거주하는 사람, 기타 석면 관련 산업장 근처에 거주하는 사람, 그리고 석면사업장에서 근무하는 가족을 둔 사람 등이다.

1) 석면함유물질의 분류

① **표면재** : 분사 또는 미장바름재

② **단열재** : 열전달 및 결로 방지를 위해 배관, 보일러, 탱크 등에 사용

③ **기타 자재** : 천정재, 바닥재, 지붕재 등

---

[327] 김수근 외 10, 앞의 연구보고서, 242-250면.

2) 석면함유 주요 건축자재

① **지붕재(슬레이트)** : 석면함유율이 8~14%이며, '04.11이후 생산이 중단되었다.

② **천장재(텍스)** : 석면함유율이 3~6%이며, '05.4이후 석면대체물질(규회석, 해포석)을 사용하여 생산한다.

③ **내장 벽재** : 석면함유율 10%내외이며, '02.4이후 석면대체물질(규회석, 해포석)을 사용하여 생산한다.

④ **석면압축 외벽재** : 석면함유율 8~14%이며, '06년부터 생산이 중단되었다.

3) 석면함유 주요 건축자재의 사용처

① **지붕재(슬레이트)**

60~70년대 농어촌의 지붕개량사업에 주로 많이 사용되었으며, 장기간의 자연계 풍화작용에 의해 부식되어 외부의 조그마한 압력에도 쉽게 부스러져 석면분진이 비산될 우려가 많은 골판 또는 평판형태의 제품으로 최초 생산 시 연한 회색을 띠나 장기간 사용된 경우 짙은 회색으로 변색되면서 쉽게 부스러져 해체 및 제거 작업시 주의가 요망된다.

② **천장재(텍스)**

일명 텍스라고 호칭되는 시멘트 배합제품으로 주로 천장재로 사용되었으며, 보통 표면이 백색으로 벌레무늬를 띠며 장기간 사용된 경우 외부의 충격에 의하여 쉽게 부스러져 석면분진의 비산이 우려되어 관리나 제거 시 주의가 요망된다.

③ **내장 벽재(밤/나무라이트)**

일반 건축물 내부의 사무실 및 화장실 칸막이용으로 사용되었으며, 가공업체의 시공 또는 사용과정에서 코팅이나 페인팅을 많이 한 관계로 표면상으로 판별이 곤란하여 시료채취 후 정밀조사가 필요하다.

④ **뿜칠 석면**

- 극장 : 무대의 후면 및 천장에 사용되었으며, '80년대 이후에는 암면, 펄라이트(다공질 진주암) 등이 사용되어 면밀한 확인이 필요하다.
- 주차장 : 주로 천장에 사용되었으며, 거의 암면이 뿜칠 되어있어 견본을 채취하여 손으로 비벼서 뭉치는 경우 석면으로 추정하여 정밀검사를 실시한다.
- 체육관 : 주로 천장과 벽면에 사용되었으며, 주차장의 확인방법과 동일하게 실시한다.

- **철골(데크플래이트)** : 철골의 부식방지를 위하여 사용되었으며, 섬유질상태의 내화피복을 채취하여 육안 및 손으로 비벼 검사 후 정밀검사를 실시한다.
- **기관실(공조실)** : 석고 및 불연 테이프와 함께 거의 고형상태로 기계를 감싸고 있어 견본을 채취하여 정밀검사 실시한다.
- **기타 냉동창고 등** : 일반적으로 스티로폼이 사용되나 오랜 건물의 경우 암면이나 석면을 사용한 사례가 있어 1차 육안 및 손으로 검사 후 정밀검사가 필요하다.

(4) 노출사항

석면에 노출되는 공정으로는 노출되는 단열재, 전기절연체, 진화용 덮개, 방화복, 플라스틱 충전제, 슬레이트, 석면직물, 석면시멘트, 마찰재료, 석면지, 페인트와 타일제조, 자동차의 제어장치, 가스켓 제조공정, 건축자재 제조공정, 조선업종에서 목공으로 선실의장 작업, 조선업종에서 천정크레인 브레이크 보수작업, 조선업종에서 석면이 함유된 선박수리해체 작업, 기타 석면을 취급하거나 석면제품을 절단, 파괴, 분쇄하는 업종에서 주로 노출된다.

1) 자동차부품(주로 브레이크라이닝) 제조업

브레이크라이닝에는 석면이 포함되어 있으며 현재 비석면 브레이크라이닝이 생산되고 있으나 가격이 높아서 아직 석면이 사용되고 있다. 석면을 배합할때와 완성품을 천공할 때 주로 석면이 공기중으로 발생하며 공기중 석면농도는 0.2~2.0개/cc였다.

2) 석면방직업

1984년 이후 현재까지 발표된 석면방직업에서의 공기중 석면농도는 사업장에 따라 차이가 많아서 가장 열악한 공장과 가장 우수한 공장 사이에는 60배~400배의 차이가 있었다. 가장 우수한 공장에서는 0.1~0.2개/cc이었다.

3) 슬레이트 제조업

슬레이트는 석면을 물에 배합한 후 압착하여 제조-한다. 따라서 석면을 배합하는 과정에서 석면이 공기중에 발생하고 그 후의 공정은 습식이므로 석면농도가 비교적 낮다.

약 30년전 1969년도에 모 슬레이트공장의 배합공정에서 본 바에 의하면 당시의 근로자는 가제 마스크(전혀 효과가 없음)를 쓰고 석면포대를 칼로 찢은 후 높이 쳐들고 석면을 물 탱크에 쏟았다. 당시 에는 국내에서 석면농도를 측정할 수 없었으므로 석면농도를 알 수는 없으나 아마 천문학적 숫자의 농도(약100~200개/cc 정도)였으리라 짐작한다.

1990년대에는 배합공정의 작업방법이 개선되었으며 포대를 뜯지 않고 그대로 물탱크에 넣으면 포대가 녹는 작업방법을 채택하고 있다. 따라서 1980년 대에는 배합실에서의 석면농도가 0.20~0.60개/cc 였으나 1994년도에는 0.10개/cc 미만으로 내려갔다.

4) 기타 사업장 자동차 정비와 선박수리자동차

정비시 브레이크라이닝을 교체하는 작업에서 고농도의 석면이 발생하였으며 압축공기로 브레이크라이닝을 청소할 때는 석면농도가 7.0개/cc를 초과하였다.

선박수리시에 석면이 포함된 단열재를 취급할 수 있으며 이때 선진국에서는 엄격한 규정에 따라 작업이 이루어지고 있으나 국내에는 무방비 상태이다. 국내의 자료에 의하면 선박수리시에 석면농도가 2.5 ~7.8개/cc이었다.

(5) 생체 작용 및 건강장해

1) 생체작용

폐에 침착되는 분진의 직경은 10㎛ 이하로 매우 작은 크기이다. 이런 크기의 분진이 기도를 타고 폐에 들어오면, 분진 크기 및 무게, 모양, 정전작용, 화학조성, 용해도, 흡입하는 속도 등에 따라 코에 가까운 기관지로부터 세기관지에 침착하거나, 혹은 세기관지를 통하여 아주 깊숙이 폐포까지 도달하거나, 아니면 침착하지 않고 호흡으로 다시 배출된다[328)329)].

석면 분진이 유해성을 나타내는 크기는 직경의 길이가 5㎛ 이상이다. 직경과 길이의 비가 3:1이상인 호흡성 분진인 석면이 섬모세포가 없는 말단 기관지에 침착될 경우, 몸에서 쉽게 밖으로 제거되지 않는다. 폐포에 침착된 분진을 제거하기 위해서는 폐조직의 대식세포가 분진을 소화 분해시키거나 혹은 섬모가 있는 점막이나 림프관까지 이동하여 다른 장소로 옮기는 일을 한다. 분진이 폐포내 흡입 시 방어기전에 의해 일정량은 정화될 수 있으나, 석면과 같은 광물들은 그 분진표면의 높은 산화력 때문에 세포막에 접촉하는 경우 손상을 준다. 결과적으로 대식세포가 먼지를 소화 분해 시키는 것이 아니라, 손상을 받아 부작용이 일어난다. 석면은 그 모양이 기다란 섬유형태이기 때문에, 하나의 대식세포가 제거하는 것이 어렵다. 이런 과정에서 대식세포는 석면으로 부터 손상 받게 된다. 또한 석면은 산이나 알칼리 등에도 부식되지 않고 매우 내구성이 높기 때문에, 제거되지 않는 한 몸에 남아 있으면서 손상을 주게 된다[330)331)].

---

328) American Conference of Governmental Industrial Hygienists. Threshold Limit Values and Biological Exposure Indeces 1999.
329) McCunney RJ, Brandt-Rauf PW. A Practical Approach to Occupational and Environmental Medicine, 2nded. Boston: Little, Brown and Company, 145-165, 1994.
330) Rosenstock L, Cullen M. Textbook of Clinical Occupational and Environmental Medicine. Philadelphia: W.B.Saunders Co., 1994.

2) 건강장해

석면은 피부나 점막과 접촉하여 접촉성 피부염을 일으키기도 하나, 호흡기를 통하여 폐에 침입함으로서 유발되는 석면폐증, 폐암, 그리고 중피종을 잘 일으킨다. 보통 석면노출 후 20년~30년 이상 지나야 석면폐증의 증상이 나타난다. 반면에 단지 1-3년 이하의 석면노출로 20년~30년후 석면폐증이나 늑막질환이 일어날 수 있다.

석면폐증의 가장 흔한 초기증상은 호흡곤란, 자극성 기침으로, 다른 진폐증과는 달리 초기부터 호흡곤란이 시작되며, 점차 진행하면서 마른 기침을 동반한다. 심한 기침에 비해서 담액은 적은 편이지만, 기도감염이 있으면 객담액이 많아진다. 객담에는 100μm이상의 석면소체가 자주 발견된다[332]. 그러나 이런 석면소체가 발견되었다고 하여 석면폐증으로 진단내릴 수 있는 것은 아니다. 석면폐증의 초기에는 운동부하에 따른 산소의 포화도가 현저히 감소하고, 폐포모세혈관 차단에 의한 가스 확산장해가 동반된다. 청진소견상 양폐 하엽에서 연발음이 청취되면 석면폐증 진단에 도움이 된다. 질환이 진행하면서 호흡곤란이 심해지고, 심계항진, 체중감소, 흉통, 곤봉상지를 보인다. 또한 폐성심은 석면폐증의 합병증의 하나이고, 주 사망원인중 하나이다. 흉부방사선검사에서 가장 흔한 소견은 늑막비후와 판상석회화이며, 판상석회화의 유병률은 흡연과 석면노출의 축적량과 관계있다.[333][334] 그러나 병리학적인 확인 없이 판상석회화자체가 석면폐증과 관련 있다고 설명할 수는 없다. 흉부방사선검사상 양폐하엽에 폐음영이 증가한 불규칙성 음영이 관찰된다. 석면 분진은 세기관지염을 자주 발생시키고, 기관지확장증, 폐기종을 조기에 발생시킨다. 석면 분진이 임파선으로 이행하거나 섬유증식을 일으키는 것은 규폐증보다 약하고, 폐포벽 탄력섬유의 증식, 폐하엽의 기관지확장 그리고 상피증식은 석면폐증의 특징적인 병리소견이다. 늑막비후, 석회침착 또는 판상석회화 등은 석면 분진에 노출된 흉부 사진에서 자주 관찰되는 소견이다. 석면 분진에 의한 진폐증과 감별해야 할 질병은 미만성 폐섬유화증, 폐포단백질증, 전이성 폐암, 유육종(sarcoidosis) 등이다[335][336].

---

331) Banks D. Occupational Medicine: State of the Art Reviews, The Miniong Industry. Philadelphia: Hanley & Belfus, Inc., 1993.
332) Haber P, Schenker MB, Balmes JR. Occupational and Environmental Respiratory Disease. St. Louis : Mosby-Year Book, Inc., 1996.
333) Greenberg MI, Hamilton RJ, Phillips SD. Occupational, Industrial, and Environmental Toxicology. St. Louis: Mosby-Year Book, Inc., 471-488, 1997.
334) Harber P, Balmes JR. Occupational Medicine: State of the Art Reviews, Prevention of Pulmonary Disease in the Workplace. Philadelphia: Hanley & Belfus, Inc., 1991.
335) Greenberg MI, Hamilton RJ, Phillips SD. Occupational, Industrial, and Environmental Toxicology. St. Louis: Mosby-Year Book, Inc., 471-488, 1997.
336) Fauci AS, Braunwald E, Isselbacher KJ, Wilson JD, et al. Harrison's Principles of Internal Medicine, 14thed. New York: McGraw-Hill, 1998.

(6) 발암성

석면에 의해서 발생하는 대표적인 암은 악성중피종과 폐암이다. 석면에 의한 암발생은 석면의 크기(Dimension), 체내 지속성(Durability), 양(Dose) 등으로 설명할 수 있다.

- 크기 : 폐로 흡입된 석면섬유는 폐포에 있는 대식세포 (탐식세포 , 이물질을 탐식소화) 의 공격을 받게 되는데 길이가 5㎛ 이상이고 직경이 3㎛ 이하의 석면 섬유는 대식세포에 의해 완전히 포위되지 못하고 오히려 석면소체 (asbestos) 형성하여 조직의 섬유화가 진행된다.

- 체내의 지속성 : 석면섬유는 내산성이 강하여 용해되지 않고 조직에 잔존(대식세포는 pH가 4 정도)하게 된다. 청석면이나 갈석면이 백석면보다 내산성이 강하다.

- 흡수량 : 석면은 한 번 또는 단시간 노출되거나 간헐적으로 노출되어도 발병될 수 있다.

미국이나 독일에서 수행한 동물실험 결과에 의하면 섬유의 길이가 중 피종을 유발하는데 중요한 요소이며, 길이가 8㎛ 이상이며 직경이 0.25㎛ 이하인 섬유가 가장 위험하다고 하였다. 석면 섬유의 길이가 인체에 미치는 영향에 대한 결과에 의하면 짧은 섬유(<5㎛)는 사람의 섬유증과 종양을 유발하지 않는다[218]. 백석면은 가장 얇고 가운데가 비어있는 곡선형 석면으로 폐에서 안정적이지 않다. 백석면은 쉽게 짧은 섬유로 쪼개져서 대식세포에 탐식되며, 산 환경(acid environments)에서도 안정적이지 않아서 대식세포(phagolysosome)는 백석면의 마그네슘(magnesium)과 규소(silicon)를 녹인다[337].

쥐에 고농도로 흡입시킨 캐나다산 백석면 (>20㎛)의 반감기(clearance half-time)는 11일 이었다[338]. 인체에서의 반감기는 수주에서 몇 개월로 평가되었다[339]. 백석면이 폐 내 섬유조직 내에 들어있을 경우에는 녹지 않고 남아 있기도 한다[340].

석면형 각섬석은 폐 내에서 조각이 나지 않고 화학적 공격에 민감하지 않다. 쥐에 흡입된 갈석면(200 fibers/㎤)의 반감기는 400일 이상이었으며, 인체 내에서 각섬석 반감기는 수 십년이다[341].

---

337) Hume LA, Rimstidt JD.The biodurability of chrysotile. Am Mineral. 1992;77(9-0):1125-1128.

338) Bernstein DM, Rogers R, Smith P. The biopersistence of Canadian chrysotile asbestos following inhalation. Inhal Toxicol.2003;15(13):1247-1274.

339) Churg A, Wright JL. Persistence of natural mineral fibers in human lungs: an overview. Environ Health Perspect. 1994;102(suppl 5):229-233.

340) Roggli VL ,Gibbs AR, Attanoos R, Churg A, Popper H, Cagle P, Corrin B,Franks TJ, Galateau-Salle F,Galvin J,Hasleton PS, Henderson DW ,Honma K. Pathology of asbestosis- An update of the diagnostic criteria: Report of the asbestosis committee of the college of american pathologists and pulmonary pathology society. Arch Patho lLab Med. 2010 Mar;134(3):462-80.

341) Churg A, Wright JL. Persistence of natural mineral fibers in human lungs: an overview. Environ Health Perspect. 1994;102(suppl 5):229-233.

안소필라이트는 백석면 광석에 혼합되어 발견되기도 한다. 각섬석의 유해성은 화학적 구성원소보다 섬유의 길이와 길이-직경 비와 관련이 있다. 얇고 긴 섬유는 짧고 넓은 섬유보다 위험하다[342].

질병 유발하는 섬유의 크기와 내구성의 중요성은 터키의 화산지역에서 발생한 중피종 사례에서 볼 수 있다. 그 지역의 화산재에 함유되어 있던 에리오라이트는 각섬석 석면과 유사한 크기 및 생체내구성을 가지고 있다[343][344].

폐 내에서 내구성이 강한 각섬석은 석면폐증 정도와 농도가 관련성이 높지만, 폐 내에서 용해가 빠른 백석면은 석면폐증 정도와 관련성이 낮다[345].

섬유는 회화기 내에서 회화시키는 시간이 길어지면 작은 크기의 섬유가 많아질 수 있다[346]

석면소체의 수는 폐 내의 석면 형태, 길이, 석면 농도 등에 영향을 받기 때문에 폐 내의 석면소체의 수와 석면 수는 일관성 있는 상관성을 보이지는 않으며 폐 내의 석면수를 정확히 반영하지는 않는다[347]. 석면소체를 분석한 결과에 의하면 갈석면과 청석면은 많이 나타나지만 백석면은 적은 비율 (0.14%)로 나타났다[348].

석면작업 경력이 없는 근로자 82명으로부터 600개의 석면소체를 분석한 결과에서는 98%가 각섬석이었으며 백석면은 2% 뿐이었다[349]

---

342) Baris YI, Grandjean P. Prospective study of mesothelioma mortality in Turkish villages with exposure to fibrous zeolite. J Natl CancerInst.2006;98(6):414-417.
343) Baris YI, Grandjean P. Prospective study of mesothelioma mortality in Turkish villages with exposure to fibrous zeolite. J Natl CancerInst.2006;98(6):414-417.
344) Emri S, Demir A, Dogan M, et al. Lung diseases due to environmental exposures to erionite and asbestos in Turkey. Toxicol Lett. 2002;127(1):251-257.
345) Roggli VL ,Gibbs AR, Attanoos R, Churg A, Popper H, Cagle P, Corrin B,Franks TJ, Galateau-Salle F,Galvin J,Hasleton PS, Henderson DW ,Honma K. Pathology of asbestosis- An update of the diagnostic criteria: Report of the asbestosis committee of the college of american pathologists and pulmonary pathology society. Arch Patho lLab Med. 2010 Mar;134(3):462-80.
346) Roggli VL. Asbestos bodies and nonasbestos ferruginous bodies. In: Roggli VL, Oury TD, Sporn TA, eds. Pathology of Asbestos-Associated Diseases. 2nd ed.New York,NY:Springer; 2004:34-70.
347) Roggli VL ,Gibbs AR, Attanoos R, Churg A, Popper H, Cagle P, Corrin B,Franks TJ, Galateau-Salle F,Galvin J,Hasleton PS, Henderson DW ,Honma K. Pathology of asbestosis- An update of the diagnostic criteria: Report of the asbestosis committee of the college of american pathologists and pulmonary pathology society. Arch Patho lLab Med. 2010 Mar;134(3):462-80.
348) Pooley FD, Ransome DL. Comparison of the results of asbestos fibre counts in lung tissue obtained by analytical electron microscopy and light microscopy. J Clin Pathol. 1986; 39(3):313-317.
349) Churg A .Fibre counting and analysis in the diagnosis of asbestos fibresfrom lung tissue. Human Pathol. 1982; 13(4):381-392

1) 악성중피종(Mesothelioma)

악성중피종은 흉부나 장기를 감싸고 있는 복부 외벽에 붙어있는 막인 중피에 발생하는 암으로 전체 환자 중 85%가 석면노출과 관련 있는 것으로 알려져 있다. 악성중피종은 석면가루가 폐를 통해 직접 흉막까지 도달하거나 임파선을 따라 흉막까지 도달하여 발생한다. 중피는 흉부나 복부의 외벽에 붙어 있는 막이다. 악성중피종은 석면노출과 관련된 대표적인 질병이다. 초기에는 거의 증상이 없이 지내다가 진단될 당시에는 이미 질병이 악화되어 대부분 사망하게 된다. 즉, 효과적인 치료법이 없다.

악성중피종을 예방하기 위한 석면의 노출한계는 설정되어 있지 않다. 석면 노출 근로자들의 가족들도 악성중피종이 발생하는 것으로 미루어 노출한계를 설정할 수 없음이 타당하다. 명확하지는 않지만 석면노출 근로자들의 의복을 깨끗이 하는 것이, 본인은 물론 주위 사람에게 중피종을 예방하는 방법이다. 즉, 중피종은 다른 석면관련 질병과 다르게 양·반응관계를 설정할 수 없다. 중피종의 잠복기는 다른 석면관련 질병들이 긴 것과 같이 30~40년 정도이다. 악성중피종의 역학적 특징은 다음과 같다.

- 중피에 발생하는 예후가 매우 불량한 종양
- 발생장소 : 늑막(80%), 복막(10~15%)233), 기타(희귀)
- 남 : 여자 = 4.5 : 1
- 잠복기 : 20~40 년
- 진단 시 평균연령 : 60 세
- 진단 후 생존수명 : 6~18 개월

직업적인 원인의 평가에 있어서는 다음의 점을 고려할 필요가 있다.

- 중피종의 대다수는 석면 노출에 의한 것이다.
- 중피종은 낮은 순위의 석면 노출의 경우에도 일어날 수 있다. 그러나 매우 낮은 배경 환경노출이 있을 경우에 위험도는 매우 낮다.
- 약 80 %의 중피종 환자는 어떤 석면에 직업적인 노출이 있었다. 따라서 신중한 직업 달력과 환경력을 조사해야한다.
- 단시간 또는 낮은 수준의 직업적인 노출이 있다면, 중피종의 원인이 그 직업에 관련이 있는 것으로 간주한다.
- 중피종의 원인을 석면 노출로 간주하려면 처음 노출에서 최소 10 년이 필요하지만 많은 경우 대기 시간은 더 길다(예를 들면, 약 30~40 년).
- 흡연은 중피종의 위험에 영향을 전혀주지 않는다.

2) 폐암

석면이 폐암 발병에 미치는 영향은 이미 많은 연구들을 통해 증거가 입증 되었다. 석면 노출이 많을수록 폐암 발생률이 높아지고, 후두암도 석면 노출자에게서 발병 가능성이 훨씬 높다. 석면에 의한 폐암은 편평세포암, 선암, 소세포암, 대세포암 등 흔한 폐암의 형태가 모두 가능하다.

석면 노출에 의한 폐암 발병 환자를 조사한 결과 폐암의 종류 중 하나인 편평상피암은 43%로 가장 많았으며 소세포암 28%, 선암 19%, 대세포암 10%로 보고되고 있다. 석면에 노출 된 후 폐암으로 발병되기까지의 잠복기가 15~40년 걸린다.

석면을 호흡기를 통해 반복적으로 흡입하게 되면 폐에 직접적인 화학반응을 일으켜 '만성 염증' 및 '폐 섬유화'를 초래하게 된다. 이렇게 손상된 폐 세포상피층은 항산화 방어기전이 피로에 의해 점차 고갈되게 된다.

폐에 미치는 지속적인 스트레스는 혈액 속에 있는 면역 단백질 중 하나인 싸이토카인과 염증 매개물질에 영향을 주고 결국 DNA 손상으로 이어져 석면폐증, 폐암, 악성중피종을 유발하는 것이다.

석면 노출자중 흡연을 하는 사람은 폐암 사망률이 일반인보다 53배 높아지는 등 흡연이 석면 노출자에게 많은 영양을 미친다.

(7) 노출기준

- 한국(고용노동부, 2016)　　　　　　TWA : 0.1 개/cm³　　　　STEL : -
- 미국(TLV; ACGIH, 2011)　　　　　　TWA : 0.1 f/cc, respirable fibers　STEL : -
- 미국(PEL; OSHA, 2012)　　　　　　TWA : 0.1 fiber/cm³, 30 min　　STEL : -
- 미국(REL; NIOSH, 2012)　　　　　　TWA : 0.1 f/cc　　　　　STEL : -
- 유럽연합(OEL, 2012)　　　　　　　TWA : -　　　　　　　STEL : -
- 독일(DFG, 2012)　　　　　　　　　MAK : 0.25 f/cc　　　　PL : -
- 일본(OEL; JSOH, 2012)　　　　　　TWA : 2f/cc　　　　　　STEL : -
- 일본(ACL; 후생노동성, 2012)　　　　TWA : -　　　　　　　STEL : -
- 핀란드(사회보건부, 2011)　　　　　TWA : -　　　　　　　STEL : -

13. 염화비닐(클로로에틸렌), Vinyl Chloride(Chloroethylene)[350]

일련번호	유해물질의 명칭		화학식	노출기준				비 고 (CAS번호 등)
				TWA		STEL		
	국문표기	영문표기		ppm	mg/m³	ppm	mg/m³	
533	클로로에틸렌	Chloroethylene	CH₂CHCl	1	—	—	—	[75-01-4] 발암성 1A

(1) 정의

무색의 달콤한 냄새가 나는 가연성 기체이다. 보통은 가압상태에서 액체로 취급한다. 동의어는 클로로에틸렌(chloroethylene), 클로로에텐(chloroethene), 클로르에텐(chloreth ene), 트로비두르(trovidur), 에틸렌 모노염화물(ethylene monochloride), 모노클로로에틸렌(monochloroethylene), 모노클로로 에텐(monochloro ethene), 바이닐 염화물 단량체(vinyl chloride monomer), 바이닐 염화물(vinyl chloride, inhibited) 이다.

(2) 물리·화학적 성질

CASNo	75-01-4	분자식 및 구조식	C₂H₃Cl
모양 및 냄새	무색의 가연성 기체이며, 가압 상태에서는 액체 상태이다. (냄새의 역치 : 3,000ppm)		
분 자 량	62.50 (1ppm = 2.60mg/m³ : 20℃)	비 중	0.9106 (20℃)
녹 는 점	-153.8℃	끓 는 점	-13.4℃
증 기 밀 도	2.15	증 기 압	2,530 mmHg (20℃)
인 화 점	-77.88℃ (개방상태)	폭 발 한 계	공기 중 4~22% (vol %)
용 해 도	0.11 g/100mℓ, (물, 20℃), 기름, 알코올, 에테르, 사염화탄소, 벤젠에 녹는다.		
기 타	물에 녹아 있는 경우에는 3.4ppm이 냄새의 역치이며, 공기 중에는 3,000ppm이 냄세의 역치이다. 빛이나 촉매가 존재하는 상황에서 중합반응이 일어난다. 연소시에는 염화수소 및 일산화탄소 등의 유독가스가 발생한다.		

(3) 용도 및 노출

염화비닐의 합성, PVC 수지의 제조, 클로로아세트알데히드와 메틸클로로포름 제조, 에어로솔 추진제, 혼합추진제의 성분, 유기약품과 화장품의 제조, 냉장고의 냉매, 열에 민

---
350) 김수근 외 10, 앞의 연구보고서, 251면.

감한 물질의 추출용제로 사용된다. 주로 노출되는 공정은 염화비닐(VCM) 합성공정, PVC 수지의 제조 및 중합조 청소, PVC 가공 공장의 레진 혼합 공정이다.

(4) 흡수 및 대사

1) 흡수

염화비닐은 흡입이나 경구를 통해 급속하게 흡수된다. 2.9ppm에서 23.5ppm까지 6시간 동안 노출시키면, 농도에 관계없이 30분 후면 흡입된 염화비닐의 평균 42%가 흡수된다[351]. 경구를 통한 흡수율은 80%이상으로 매우 높으나 대부분의 경우 노출되는 양이 적어서 흡수되는 절대량은 적다.

쥐를 대상으로 0.05-92mg/kg의 농도로 경구 투입하였을 때, 10-20분 후에 혈중 최고 농도에 도달하였다[352]. 액상 염화비닐을 피부에 직접 도포하는 것을 제외한 피부 흡수에 관해, 원숭이를 대상으로 한 실험에서 7000ppm 노출 시 2~2.5시간 후 단지 0.023%만 흡수되었다[353].

2) 대사

대사되기 전 상태의 염화비닐은 지방조직에 주로 분포하며, 혈액, 간, 신장, 근육, 그리고 비장 등에서도 소량 발견된다. 염화비닐은 쉽게 태반을 통과하여 태아 혈액이나 양수에서 검출된다. 흡수된 염화비닐은 주로 간에서 cytochrome P-450 mono-oxygenase에 의하여 대사되어 변이원성이 있는 중간대사산물을 만들어내며, 이 물질들은 주로 간, 신장, 피부, 폐 등에 주로 분포한다. 체내에 흡수된 염화비닐은 빠르게 체내에 분포한 후 대사되고 배설된다[354)355]. 염화비닐의 가장 중요한 대사경로는 mixed-function oxidase에 의하여 산화되어 2-chloroethylene oxide가 되고, 저절로 2-chloroacetaldehyde로 변화하는 경로이다. 이 물질은 glutathione S-transferase에 의하여 glutathione과 결합하여 독성을 잃게 된다.

---

351) Krajewski, J.; Dobecki, M.; Gromiec, J.: Retention of Vinyl Chloride in the Human Lung. Br. J. Ind. Med. 37:373-374 (1980)

352) Watanabe, P.G.; McGowan, G.R.; Gehring, P.J.: Fate of 14C-Vinyl Chloride After a Single Oral Administration in Rats. Toxicol. Appl. Pharmacol. 36:339-352 (1976)

353) Hefner, Jr., R.E.; Watanabe, P.G.; Gehring, P.J.: Percutaneous Absorption of Vinyl Chloride. Toxicol. Appl. Pharmacol. 34:529-532 (1975)

354) Butcher, A.; Bolt, H.M.; Kappus, H.; et al.: Tissue Distribution of 1,2-14C-Vinyl Chloride in the Rat. Int. Arch. Occup. Environ. Health 39:27-32 (1977)

355) Bolt, H.M.; Kappus, H.; Buchter, A.; et al.: Disposition of 1,2-14C-Vinyl Chloride in the Rat. Arch. Toxicol. 35:164-163 (1976)

3) 배설 및 반감기

흡수된 염화비닐은 호기와 소변을 통하여 배설되는데, 그중에서도 주로 소변을 통해서 전체 흡수량의 70%가 배설된다. 소변 배설의 주된 배설 산물은 thiodiglycolic acid이다[356]. 호기를 통한 배설은 3-4시간이 소요된 이후 종료되지만, 소변을 통한 배설은 수일이 걸린다.

(5) 표적장기별 건강장해

1) 급성

염화비닐을 흡입하는 경우에는 급성으로 호흡기 염증반응이 유발되며, 충혈, 울혈, 부종, 폐 조직내 출혈이 나타난다. 폐조직의 세기관지 상피의 증식과 비대, 폐포 상피세포의 숫자 증가, 점액의 분비증가, Clara 세포의 소포체(endoplasmic reticulum)와 유리 리보솜(free ribosome)의 증가, 폐포 대식세포의 이동, 후각 상피의 과도증식 등도 관찰되었다. 레이노 현상(Raynaud's phenomenon)도 보고된 바 있으며[357][358] 이러한 증상은 특히 고농도의 염화비닐에 반복적으로 노출되는 청소부에게서 흔하게 나타난다[359][360][361].

염화비닐에 노출된 근로자에서 혈소판 감소증이 유의하게 증가하는데, 노출을 멈추면 이러한 현상은 사라진다. 직업적으로 노출된 근로자에서 혈장 단백질이 증가된다. 간 비대가 소수의 근로자에서 나타난다[362]. 병리조직학적 소견은 간세포의 증식과 비대, 시누소이드 세포의 활성화와 증식, 문맥 경로(portal tract), 중격, 소엽 내 시누소이드 주변부의 섬유화, 시누소이드 확장, 국소적인 간세포의 변성 등이다. 염화비닐과 관련된 간질환이 있는 근로자들의 간 기능 검사 수치는 비노출자에 비하여 유의하게 높지는 않다. 단지 혈청 담즙산 수치와 인도시아닌 그린 청소율(indocyanine green clearance) 만이 간 손상 정도와 상관성을 보인다. 동물에서 신장 울혈이나 변성 변화가 관찰되었으나,

---

356) Muller, G.; Norpoth, K.; Kusters, E.; et al.: Determination of Thiodiglycolic Acid in Urine Specimens of Vinyl Chloride Exposed Workers. Int. Arch. Occup. Environ. Health 41:199-205 (1978)

357) Laplanche, A.; Clavel, F.; Contassot, J.C.; et al.: Exposure to Vinyl Chloride Monomer. Report on a Cohort Study. Br. J. Ind. Med. 44:711-715 (1987)

358) Suciu, I.; Prodan, L.; Ilea, E.; et al.: Clinical Manifestations in Vinyl Chloride Poisoning. Ann. N.Y. Acad. Sci. 246:53-69 (1975)

359) Danziger, H.: Accidental Poisoning by Vinyl Chloride. Report of Two Cases. Can. Med. Assoc. J. 82:828 (1960).

360) Veltman, G.; Lange, C.E.; Juhe, S.; et al.: Clinical Manifestations and Course of Vinyl Chloride Disease. Ann. N.Y. Acad. Sci. 246:6-17 (1975)

361) Walker, A.E.: Clinical Aspects of Vinyl Chloride Disease: Skin. Proc. R. Soc. Med. 69:286-289 (1976)

362) IARC. Monographs on the Evaluation of the Carcinogenic Risk of Chemicals to Man. Geneva: World Health Organization, International Agency for Research on Cancer, 1972-PRESENT. (Multivolume work). Available at: http://monographs.iarc.fr/index.php p. V7 303 (1974)

소변 검사 상 이상이 발견된 경우는 없었다. 경피증과 비슷한 피부변화가 근로자의 손에 잘 나타난다363).

염화비닐 노출에 의한 피부변화의 특징이라고 할 수 있는 피부의 비후, 탄력성 감소, 약한 부종 등은, 레이노 현상이 나타나는 염화비닐 노출 근로자에서는 거의 예외 없이 관찰된다. 조직 생검에서는 피부의 상피하층의 콜라젠 섬유수가 증가하는데, 이러한 현상은 손상 받은 세포에서 콜라젠 생성이 증가하기 때문이다. 흔히 나타나는 부위는 손, 손목, 팔, 가슴, 얼굴 등이다. 염화비닐을 피부에 급성으로 도포하면, 증발하면서 국소 동상을 유발할 수도 있다364). 고농도로 노출되는 경우에는 중추신경계 억제작용도 나타날 수 있다. 500ppm 농도의 염화비닐에 7.5시간 동안 노출된 사람들에서는 신경반응에 이상이 없었으나, 20,000ppm의 염화비닐을 5분 동안 흡입하면 현기증과 구역질이 나타나며, 머리가 띵하고, 시력 및 청력이 둔해진다. 지원자들을 대상으로 3분간 25,000ppm에 흡입 노출 후 두통, 어지럼증, 정신혼란이 유발된 보고도 있었다365).

2) 만성

가. 간담도계

염화비닐 취급 근로자에서 간 비대나 간 기능 이상소견이 흔히 발견된다. 간의 섬유화, 비장비대, 혈소판 감소증 등의 문맥압 상승을 시사하는 소견들이 관찰된다. 일반적으로 간 기능 검사 상 이상소견은 비교적 늦게 나타나는 현상이다. 간 기능에 이상이 없는 경우에도, 복강경 검사에서 간 캡슐의 섬유화가 발견되는 경우가 많다. 조직학적 검사에서 간 세포의 변화는 미약하지만, 간의 시누소이드 세포의 활성화와 간 섬유화 등의 소견을 보인다. 드물게는 간자반병(peliosis hepatitis)나 간세포성 간암(hepatocellular carcinoma) 등이 생기기도 한다366).

나. 호흡기계

PVC 중합 공정 근로자에서 폐 기능의 저하나 호흡곤란이 나타나거나, 흉부 X-선 사진에서 미약한 변화가 확인되기도 한다. PVC 수지를 다루는 근로자에서 PVC 수지에 의한 진폐증이 발생된 경우도 있다. 주로 보고되는 폐 손상은 폐기종(emphysema), 호흡량

---

363) International Labour Office. Encyclopaedia of Occupational Health and Safety. 4th edition, Volumes 1-4 1998. Geneva, Switzerland: International Labour Office, 1998., p. 104.245
364) Budavari, S. (ed.). The Merck Index - Encyclopedia of Chemicals, Drµgs and Biologicals. Rahway, NJ: Merck and Co., Inc., 1989., p 1572.
365) Patty, F.A.; Yant, W.P.; Waite, C.P.: Acute Response of Guinea Pigs to Vapors of Some New Commercial Organic Compounds. V. Vinyl Chloride. Public Health Rep. 45:1963-1971 (1930)
366) Fujisawa K; Japanese Journal of Traumatology and Occupational Medicine 36 (5): 366-73 (1988)

(respiratory volume)과 폐활량(vital capacity) 감소, 호흡 부전(respiratory insufficiency), 산소 및 이산화탄소 이동 감소, 선형의 폐 섬유화, 흉부 X-선 사진 상의 변화, 호흡곤란 등이다.

다. 생식계

동물실험에서는 또한 수컷의 수태능력이 저하된 현상이 관찰되었으며, 세정관(seminferoustu bule)의 손상과 정모세포(spermatocyte)의 고갈 등이 확인되었다. 어미 생쥐는 음식 섭취량과 체중 증가량이 줄고, 사망률은 늘었으며, 그 새끼에서는 골화(ossification)가 지연되었고, 머리마루엉덩이길이(crown-rump length)가 늘었으며, 요추의 자침(spur)이 나타났다. 또, 소안구증(microphthalmia)과 무안구증(anophthalmia)이 발견되었다. 태아의 출혈, 부종, 뇌수종, 혈색소와백혈수 수 감소, 간, 신장, 비장 등의 무게가 감소하였다. 염화비닐 노출 근로자의 림프구에 대한 세포유전학적 검사에서 염색체 이상의 빈도가 증가하였다. 57명의 작업자들의 배양된 말초혈액 림프구에서 대조군과 비교했을 때, 의미있는 염색체 이상소견이 증가하였다. 특히 오토클레이브 작업자들에서 통계적으로 가장 큰 증가를 보였다[367]. 또, 염화비닐 취급 근로자의 부인들은 자연유산율이나, 선천성 기형아 출산율이 증가하였다. 남녀의 성기능과 호르몬 레벨에 관한 러시아 연구에서, 염화비닐에 노출된 근로자가 대조군에 비해서 남녀의 성기능이 떨어지고, 여성에 있어 난소 기능이상과 같이 부인과 질환이 77% 더 높았다고 보고되었다[368].

라. 신경계

신경계 반응으로는 외부 자극에 대한 반응성 저하, 평형 감각 장해 등의 이상소견이 관찰되기도 하였으며, 병리조직학적 검사에서는 회질과 백질의 변성, 소뇌의 Purkinje 세포층의 변성, 주변 신경의 말단에 섬유조직 침투 등의 소견을 보였다.

마. 근골격계

염화비닐 취급 근로자에서 노출 시작후 1-2년이 지난 다음부터 지단골 용해증이 생긴다[369]. 이 경우 주로 나타나는 증상은 레이노 현상, 손가락 지단골의 용해증, 그리고 손과 팔의 피부 두께 증가와 융기성 결절 등이다. 지단골 용해증이 있는 손가락은 외견상 곤봉형으로 보인다. 발에서 나타나는 용해성 병변, 슬개골 피질의 미란, 천장관질(sacroiliacjoint)의 간격이 벌어지고 경계부위가 경화되는 현상 등이 관찰되기도 한다. 손의 혈관변화가

---

367) PURCHASE I HF ET AL; MUTAT RES 57 (3): 325 (1978)
368) Makarov IA et al; Gig Tr Prof Zabol 3: 22-7 (1984)
369) Wilson, R.H.; McCormick, W.E.; Tatum, C.F.; Creech, J.L.: Occupational Acroosteolysis: Report of 31 Cases. JAMA 201(8):577-581 (1967)

나타나는데, 혈관조영사진에서 혈관 내경이 좁아지고, 그 일부나 전부가 막히는 소견이 나타나기도 한다.

지단골 용해증(acro-osteolysis)이나 손가락의 말단 지골(terminal phalange)의 흡수가 소수의 근로자에서 나타나는데, 주로 중합조 청소부에서 흔하다[370]. 몇몇 근로자에서는 천장관절(sacroiliacjoint), 발가락 뼈, 팔, 다리, 골반, 하악 등에서 이와 비슷한 현상이 발현되기도 한다. 지단골 용해증은 레이노 현상이 나타난 다음에 주로 발현된다. 일부에서는 관절통이 나타날 수도 있다.

바. 기타

염화비닐에 노출된 근로자는 비노출자에 비하여 혈중 면역 복합체 (circulating immune complex)의 양이 증가된다. 특히 여자나 고농도로 노출된 사람에서 잘 나타나며, IgG의 증가가 특징적이다. 레이노 현상, 지단골 용해증, 관절과 근육의 통증, 콜라젠 침착 증가, 손의 경직, 경피증양(scleroderma-like) 피부 변화 등을 통칭하여 '염화비닐 병(vinyl chloride disease)'이라고 부른다[371].

(6) 발암성

염화비닐에 의한 발암성은 주로 간의 악성종양에 초점이 맞추어져 왔다. 동물에서는 유암, Zymbal, 선암(Zymbal gland carcinoma), 신아세포종(nephroblastoma), 간의 혈관육종, 신경아세포종(neuroblastoma), 전위 유두종(forestomach papilloma), 극세포종(acanthoma), 폐포원성 폐종양(alveogenic lung tumor), 폐의 선종(pulmonary adenoma), 그리고 세기관지폐포 선종(bronchioloalveolar adenoma) 등의 발생률이 상승한다. 염화비닐은 사람에 대한 발암성 물질로 규정되어 있다.

염화비닐 중합작업에 종사하는 근로자에게 간의 혈관육종이 흔히 발생하는데, 이종양은 매우 드물기 때문에, 간의 혈관 육종이 발생하는 경우에는 과거에 염화비닐에 노출되었을 가능성이 크다. 간의 혈관육종에 의한 사망사례는 1974년에 처음 보고되었다[372]. 이 종양의 증상은 전혀 없는 경우도 있고, 무력증, 늑막통, 복통, 체중감소, 위장관 출혈 및 간종대 및 비장종대에 이르기까지 다양하다.

---

370) Harris, D.K.; Adams, W.G.F.: Acroosteolysis Occurring in Men Engaged in the Polymerization of Vinyl Chloride. Br. Med. J. 3(567):712-714 (abstract) (1967)

371) Juhe, S.; Lange, C.E.; Stein, G.; Veltman, G. Concerning the So-Called Vinyl Chloride Disease. Dtsch. Med. Wochenschr. 98:2034-2037 (German) (1973)

372) Creech, J.L.; Johnson, M.N.: Angiosarcoma of Liver in the Manufacture of Polyvinyl Chloride. J. Occup. Med. 16(3):150-151 (1974)

일반적으로 간 기능의 이상소견이 나타나지만, 그 유형이 일정하지는 않다. 염화비닐에 만성노출될 때에는 악성종양 이외에 문맥 섬유화(portal fibrosis)와 문맥압 상승 등의 간질환이 생기기도 한다. 그 외에 중추신경계, 호흡기계, 림프 및 조혈기계 종양등도 유의하게 증가한다.

염화비닐과 간의 악성종양의 관계만큼의 강도 및 관련성은 아니지만, 염화비닐은 다른 암(폐암, 결체조직 및 연부조직암, 뇌암, 림프조혈기계암, 흑색종 등)과도 관련이 있다고 보고되고 있다.

1) 간혈관육종

염화비닐에 의해 혈관육종이 발생한 대부분의 근로자는 장기간 노출된 경우이며, 10년 이상의 잠복기를 거쳐 발생하는 것으로 알려져 있다. 인체에서 염화비닐의 발암성에 관한 역학적 근거는 주로 두 개의 대규모 다중(multicentric) 코호트 연구로부터 도출되었는데, 하나는 미국, 다른 하나는 유럽에서 수행된 연구였다.

두 연구 모두 염화비닐 단량체, PVC 및 그 생산물 제조공장에 초점을 맞추었으며, 노출된 근로자에서 간혈관육종의 상대위험도가 현저히 증가함을 발견하였다. 유럽의 연구에서는 누적노출량의 증가에 따른 위험도 증가의 경향도 명확하였다. 다른 소규모의 코호트 연구에서도 간혈관육종 사례가 여럿 보고되었으며, 전체적으로 보아 염화비닐이 간혈관육종을 야기하는 것은 강력한 근거 하에 뒷받침된다.[373]

간혈관육종에 대한 연구결과를 종합하면 다음과 같다.

- 노출기간은 5-10년 이상일 때 위험도가 유의하게 증가한다.
- 누적노출량은 735ppm-years 이상에서 위험도의 유의한 증가(상대위험도 6.56; 95%신뢰구간=1.85-23.3)를 보였으나, 그 이하의 누적노출량에 의한 위험도를 영으로 단정할 수 없어 이를 임계치로 적용하기에는 무리가 있다.

2) 간세포암

염화비닐이 간혈관육종 외에 간세포암을 유발하는지에 대한 평가는 좀더 복잡하다. 이는 많은 연구에서 조직학적 혹은 기타 명확한 임상정보를 통해 간혈관육종과 이차성 종양으로부터 간세포암을 구별하지 않았기 때문이다.

그러나 유럽 코호트 연구에서 확진된 9건의 사례에 기초하여 내부분석(internal comparison)한 결과, 염화비닐의 누적노출량에 따라 간세포암의 위험이 유의하게 증가함이 확인되었다. 또한 유럽 코호트 연구에 포함되었던 한 이탈리아 공장의 분석에서는

---

373) 김수근 외 10, 앞의 연구보고서, 253면.

12건의 간세포암이 확진되었는데, 이 부분코호트에서도 염화 비닐의 누적노출량에 따라 간세포암의 발생률이 증가하였다. 염화비닐은 간경화(잘 알려진 간세포암의 위험요인)의 위험을 증가시키는 것으로 알려져 있는데, 이 사실로 보아도 간혈관육종 이외에 간세포암의 위험이 증가한다고 볼 수 있다. 또한 염화비닐에 의한 간세포암의 위험은 간염바이러스에 감염되었거나 평소 과음을 하는 사람에서 상당히 높다는 연구결과도 제시되고 있다.

간담도계 악성신생물의 연구결과를 고려해 볼 때, 간세포암에 대한 연구결과의 결론은 다음과 같다.

- 노출기간은 10년 이상일 때 위험도가 유의하게 증가한다.
- 누적노출량은 간의 악성신생물의 경우 735ppm-years 이상에서 위험도가 유의하게 증가(상대위험도 3.97; 95%신뢰구간=1.81-8.71)하였으나, 간세포암에서는 통계적인 유의성이 없어(상대위험도 3.02; 95%신뢰구간=0.50-18.1) 현재로서는 위험도를 증가시키는 누적노출량에 대해 추정하기 어렵다. 기타 암(폐, 결체조직, 연부조직, 뇌, 림프조혈기계, 흑색종, 유방) 염화비닐 근로자에서 폐암의 위험증가에 대해서는 전체적으로 근거는 부족하다. PVC 포장 작업자에서 염화비닐의 누적노출량에 따라 폐암의 위험이 현저히 증가한 연구결과가 있으나, 이들의 작업에서는 PVC 먼지의 노출이 수반되는 것으로 알려져 있고, 이 외 다른 위험인자에 의한 혼란작용을 고려하지 않은 한계점이 있다.

북미지역의 다중 연구에서는 다른 어떠한 암 부위보다도 결체조직 및 연부조직의 악성종양의 위험증가를 시사하였는데, 발생률상 통계적으로 유의한 위험증가가 거의 세 배에 달하였으며 이는 부위가 불명확한 혈관육종 4건을 배제한 후에도 여전히 유의하였다. 그 위험은 종사기간이 긴(10-19년, 20년 이상) 근로자에서 높았다. 그러나 유럽의 다중 연구에서는 결합조직의 종양이 극히적어 노출량-반응관계를 평가할 수가 없어서 이와 같은 소견이 지지되지 못하였다.

염화비닐과 뇌암, 림프조혈기계암, 흑색종의 관련성에 대한 역학적 근거는 명확하지 않다. 비록 일부 연구에서 이들 암과의 관련성을 시사하고 있긴 하나, 연구들간의 일관성이 부족하고 분명한 노출량-반응관계를 보이지 못하였으며 다양한 부위에 걸쳐 그 관찰빈도 및 기대빈도가 적기 때문이다. 유방암에 대해 서는 연구에 포함된 여성이 매우 적어서 결론에 도달하지 못하였다.

(7) 노출기준

- 한국(고용노동부, 2016) TWA : 1ppm
- 미국(TLV ACGIH, 1999) TWA : 1ppm
- 미국(PEL; OSHA, 1999) TWA : 1ppm STEL : 5ppm
- 스웨덴(1999) TWA : 1ppm STEL(15분) : 5ppm(피부)
- 일본(1999) 관리농도 : 2ppm 6.5mg/m³

14. 크롬과 그 화합물(Chromium and compounds, as Cr)

일련번호	유해물질의 명칭 국문표기	유해물질의 명칭 영문표기	화학식	노출기준 TWA ppm	노출기준 TWA mg/m³	노출기준 STEL ppm	노출기준 STEL mg/m³	비 고 (CAS번호 등)
512	크롬(6가)화합물 (불용성무기화합물)	Chromium(Ⅵ) compounds(Water insoluble inorganic compounds)	Cr	—	0.01	—	—	[18540-29-9] 발암성 1A
513	크롬(6가)화합물 (수용성)	Chromium(Ⅵ) compounds (Water soluble)	Cr	—	0.05	—	—	[18540-29-9] 발암성 1A
514	크롬산 연	Lead chromate, as Cr	PbCrO4	—	0.012	—	—	[7758-97-6] 발암성 1A, 생식독성 1A
515	크롬산 연	Lead chromate, as Pb	PbCrO4	—	0.05	—	—	[7758-97-6] 발암성 1A, 생식독성 1A
516	크롬산 아연	Zinc chromate, as Cr	ZnCrO4/ ZnCr2O4/ ZnCr2O7	—	0.01	—	—	[13530-65-9] 발암성 1A

(1) 정의[374]

크롬은 광석, 동물, 식품, 흙, 화산의 재 또는 가스에서 발견되는 자연적으로 존재하는 물질이다. 크롬은 일반적으로 공기 및 습기에 대해서 매우 안정하고 단단한 중금속이며,

---

[374] 김수근 외 10, 앞의 연구보고서, 257면.

통상 존재하는 화합물로서는 2가에서 6가까지 있지만, 토양이나 암석 등에서는 대부분 크롬(0), 크롬(III), 크롬(VI)으로 존재한다. 크롬(III)은 환경 중 자연적으로 생성되며 인체에 필수 영양소로서 인슐린분비를 촉진시키는 기능을 수행하며, 크롬(0), 크롬(VI)은 일반적으로 산업공정중에 생산되는 것으로 알려져 있다. 자연 상태에서 유리상태로 산출되는 경우는 없으며, 보통 크롬철석(FeCrO4), 홍연석(PbCrO4) 등에 함유되어 있다. 크롬 화합물에는 2가(수용액은 청색), 3가(수용액은 녹색~보라색), 4가(수용액은 불안정), 5가(수용액은 불안정), 6가(수용액은 황색~오렌지적색)의 이있는데, 이중 3가(예 크롬백반[K2SO4·Cr2(SO4)3·24H2O] 등)와 6가(예 중크롬산칼륨[K2Cr2O7] 등)의 화합물이 중요하다.

크롬 및 그 화합물의 주요 원료인 크롬철광은 크롬(III)이며, 크롬(VI) 화합물은 크롬산염 및 중크롬산염이 주류를 이루고 있고 화학적 활성이 높으며 또한 생체에서 영향력도 강하다. 크롬과 그 화합물의 동의어는 다음과 같다.

1) 크롬 화합물

크롬(chrome), 크로뮴 원소(chromium element), 크로뮴 금속(chromium metal), 금속성 크로뮴(metallic chromium), 크로뮴 분말(chromium powder)

2) 크롬 화합물

크롬, 이온 (Cr6+)(chromium, ion (Cr6+)), 크롬(6+)(chromium(6+)), 크롬(cr6+)(chrom ium(cr6+)), 크롬 이온(6+)(chromium ion(6+)), 크롬(6+) 이온 (chromium (6+) ion), 6가 크롬(chromium (vi)), 6가 크롬(hexavalent chromium), 크롬 6가 이온 (hexavalent ion chromium)

(2) 물리・화학적 성질

CAS No	7440-47-3	원소기호	Cr
모양 및 냄새	회색의 냄새 없는 금속이다		
분자량	51.996	비 중	7.20
녹는점	1,903±10℃	끓는점	2,642℃
증기밀도	해당 없음	증기압	1 mmHg(1616℃에서)
인화점		폭발한계	
전환계수	해당 없음		
용해도	질산을 제외한 산과 강알칼리에 녹고 물에는 녹지 않는다b.		
기타	강한 산화작용에 의해 6가 크롬으로 전환되고 크롬산이온으로 변한다.		

출처 : Merck Index, ACGIH, HSDB

(3) 용도 및 노출[375]

1) 크롬의 주요 용도

  가. 크롬(2가)화합물

   촉매제, 테이프 자성물질, 전기도금, 수렴제(약), 방부제, 살균제, 목재 보존제, 제혁

  나. 크롬(3가)화합물

   촉매제, 염색, 부식방지제, 연마제, 전기 반도체

  다. 크롬(6가)화합물

   강철의 합금과 다양한 화합물을 생산

2) 주로 노출되는 공정

  가. 크롬(2가)화합물

  - 취급사업장 : 금속가공공장, 화학공장, 안료공장, 조선업, 전기도금공장
  - 주요취급공정 : 화학물질 촉매 공정, 전기도금 공정, 가죽 무두질, 방부 및 살균처리 공정

  나. 크롬(3가)화합물

  - 취급사업장 : 금속가공공장, 화학공장, 안료공장, 조선업, 반도체공장
  - 주요취급공정 : 화학물 촉매 공정, 연마 공정, 반도체 제조공정

  다. 크롬(6가)화합물

  - 취급사업장 : 안료공장, 염색, 전기도금, 가죽제조사업장
  - 주요취급공정 : 유약 원료 제조, 내화제 제조, 시멘트 제조, 배합

(4) 흡수 및 대사

1) 흡수

6가 크롬이 3가 크롬에 비해 호흡기 흡수율이 높다.(Kiilunen et al. 1983) 경구 흡수도 가능하며 3가 크롬의 경우 위에서 흡수율은 매우 낮고 주로 소장에서 흡수된다. 그러나 총 흡수량은 1~2%이다[376][377]. 3가크롬와 6가크롬 모두 피부를 통과하여 흡수될 수 있다. 피부 노출 후 약 14일 뒤 소변, 대변, 위 내용물 모두에서 크롬이 검출되었다[378].

---

375) 김수근 외 10, 앞의 연구보고서, 257-265면.
376) itio A, Jarvisalo J, Kiilunen M, et al. 1984. Urinary excretion of chromium as an indicator of exposure to trivalent chromium sulphate in leather tanning. Int Arch Occup Environ Health 54:241-249.
377) Garcia E, Cabrera C, Lorenzo ML. 2001. Estimation of chromium bioavailability from the diet by an in vitro method. Food Addit Contam 18(7):601-606.

2) 대사

3가 크롬은 당, 단백질, 지방대사에 필수적인 성분이다. 또한 3가 크롬은 핵산을 구성할 수 있으며 세포내 산화, 환원 반응의 구성요소다[379)380)]. 6가 크롬은 매우 체내에서 매우 불안정한 물질로 여러 가지 환원 기전을 통해 3가 크롬으로 환원된다[381)]. RES, 간, 쓸개, 고환, 골수 등이 크롬에 대하여 친화성이 높다[382)].

3) 배설

호흡기를 통한 노출의 경우 주로 소변을 통해 배출되며 6가 크롬은 배출 전 3가 크롬으로 모두 환원되기 때문에 검출되지 않는다[383)]. 경구 섭취한 경우 전체 섭취량의 약 89-99%가 대변으로 배출되었으며 이 경우 6가 크롬도 검출된다[384)].

(5) 표적장기별 건강장해

1) 급성

- 피부 및 점막 : 구강 내 화상 및 심각한 각막 손상을 유발할 수 있으며[385)], 심한 천공성 궤양 및 피부염이 보고된 바 있다.
- 심혈관계 : 고용량에 노출된 후 쇼크의 발생이 보고된 바 있다[386)].
- 호흡기계 : 폐부종, 폐장염, 금속열, 기관지 천식 등이 발생한다[387)].
- 신경계 : 간성혼수, 뇌부종, 코마 등이 유발된다[388)].

---

378) Brieger H. 1920. [The symptoms of acute chromate poisoning.] Z Exper Path Therap 21:393-408.(German)

379) Jacquamet L, Sun Y, Hatfield J. Characterization of chromodulin by x-ray absorption and electron paramagnetic resonance spectroscopies and magnetic susceptibility measurements. J Am Chem Soc 2003;125:774-780.

380) Anderson RA. Chromium and insulin resistance. Nutr Res Rev 2003;16(2):267-275.

381) Suzuki Y, Fukuda K. Reduction of hexavalent chromium by ascorbic acid and glutathione with special reference to the rat lung. Arch Toxicol 1990;64:169-176.

382) Casarett, L.J., and J. Doull. Toxicology: The Basic Science of Poisons. New York: MacMillan Publishing Co., 1975., p. 471

383) Cavalleri A, Minoia C. Distribution in serum and erythrocytes and urinary elimination in workers exposed to chromium(VI) and chromium(III). G Ital Med Lav 1985;7:35-38.

384) Donaldson RM, Barreras RF. Intestinal absorption of trace quantities of chromium. J Lab Clin Med 1966;68:484-493.

385) Rumack BH POISINDEX(R) Information System Micromedex, Inc., Englewood, CO, 2012; CCIS Volume 154, edition expires Nov, 2012. Hall AH & Rumack BH (Eds): TOMES(R) Information System Micromedex, Inc., Englewood, CO, 2012; CCIS Volume 154, edition expires Nov, 2012

386) Rumack BH POISINDEX(R) Information System Micromedex, Inc., Englewood, CO, 2012; CCIS Volume 154, edition expires Nov, 2012. Hall AH & Rumack BH (Eds): TOMES(R) Information System Micromedex, Inc., Englewood, CO, 2012; CCIS Volume 154, edition expires Nov, 2012

387) Olaguibel JM, Basomba A. Occupational asthma induced by chromium salts. Allergol Immunopathol 1989;17(3):133-6.

- 소화기계 : 장염, 궤양, 출혈 등이 경구 섭취 후 주로 발생한다[389].
- 간담도계 : 황달을 동반한 급성 간염이 발생하여 오심, 구토, 식욕부진, 간비대 등의 증상을 보였다.
- 비뇨기계 : 급성 신부전 및 이후 발생하는 신세뇨관 손상이 보고된 바 있다.
- 조혈기계 : 혈소판 감소증과 빈혈이 노출 3-7일 후 유발되었고, 메트헤모글로빈혈증도 보고된 바 있다.
- 면역계 : 아나필락시스를 유발한다는 보고가 있다[390].

2) 만성[391][392][393]

- 눈, 피부, 비강, 인두 : 만성적인 노출은 비중격 천공을 유발할 수 있다[10]. 6가 크롬에 노출된 경우 만성적으로 피부염과 궤양 등을 유발하는 부식성 물질이다.
- 호흡기계 : 횡격막의 유착, 기관지폐렴, 기관지염, 만성적인 염증, 만성 인후염, 만성 비염, 폐 기종 등을 유발할 수 있으며 폐 기능 검사상의 이상소견이 동반된 폐장염, 상기도의 용종, 기도염 등도 보고된 바 있다.
- 위장관계 : 저농도의 크롬에 오염된 음용수에 장기간 노출될 경우 주기적인 오심을 보였다.
- 비뇨기계 : 신독성이 발생한다는 보고가 있으나 논란의 여지가 있다[10]. 동물 실험에서는 신독성이 유발되었다.
- 간담도계 : 간경화에 의한 사망이 보고된 바 있다.
- 조혈기계 : 말초혈액의 림프구 및 백혈구에서 염색체 이상을 증가시킨다는 보고가 있다.

---

388) Rumack BH POISINDEX(R) Information System Micromedex, Inc., Englewood, CO, 2012; CCIS Volume 154, edition expires Nov, 2012. Hall AH & Rumack BH (Eds): TOMES(R) Information System Micromedex, Inc., Englewood, CO, 2012; CCIS Volume 154, edition expires Nov, 2012

389) Lucas JB, Kramkowski RS. 1975. Health hazard evaluation determination report number 74-87-221. Cincinnati, OH: U.S. Department of Health, Education, and Welfare, Center for Disease Control, National Institute for Occupational Safety and Health.

390) Rumack BH POISINDEX(R) Information System Micromedex, Inc., Englewood, CO, 2012; CCIS Volume 154, edition expires Nov, 2012. Hall AH & Rumack BH (Eds): TOMES(R) Information System Micromedex, Inc., Englewood, CO, 2012; CCIS Volume 154, edition expires Nov, 2012

391) Rumack BH POISINDEX(R) Information System Micromedex, Inc., Englewood, CO, 2012; CCIS Volume 154, edition expires Nov, 2012. Hall AH & Rumack BH (Eds): TOMES(R) Information System Micromedex, Inc., Englewood, CO, 2012; CCIS Volume 154, edition expires Nov, 2012

392) Moulin JJ, Wild P, Mantout B. Mortality from lung cancer and cardiovascular diseases among stainless-steel producing workers. Cancer Causes Control 1993;4:75-81.

393) Lucas JB, Kramkowski RS. 1975. Health hazard evaluation determination report number 74-87-221. Cincinnati, OH: U.S. Department of Health, Education, and Welfare, Center for Disease Control, National Institute for Occupational Safety and Health.

(6) 발암성

1) 크롬(VI)

크롬(VI)에 직업적으로 노출될 경우 호흡기암(특히 기관지와 코) 발생 위험이 증가하는 것으로 알려져 있다. 크롬산 생산 근로자들의 암 사망률에 대한 연구는 상당히 많으며, 이러한 연구 결과를 종합하면 폐암 사망률과 크롬산 생산 작업 사이에 연관성이 있는 것으로 나타난다. 이러한 위험은 작업 위생이 개선될수록 감소하는 경향이 있었다. 크롬산 안료 및 크롬 코팅 작업자들 사이에서도 일반 집단에 비해 폐암 발생률이 높게 나타났다. 스테인리스스틸 용접 및 철크롬 합금업체에서 일하는 근로자들의 경우 니켈 같은 다른 위해요인과 함께 크롬(VI) 화합물에 노출되는데, 이러한 집단의 암 사망률에 대해서는 서로 상충되는 연구 결과들이 존재한다. 식수를 통해 크롬(VI)에 노출되는 경우 위암 발생률이 통계적으로 유의하게 증가한다[394].

2) 크롬(III)

인체에서 크롬(III)의 발암성을 입증한 연구는 아직 없다.

3) 발암성 분류

[6가크롬 화합물의 발암성 분류]

기관		분류
국제암연구소 (IARC)	Group1	인체 발암성 물질
미국 산업위생전문가협의회	A1	인체 발암성 확인 물질
미국 산업안전보건연구원		잠재성 발암성 물질
미국 국립독물학프로그램 (NTP)	K	인체 발암성 물질
미국 환경청 (EPA)	A	인체 발암성 물질

(7) 노출기준[395]

- 한국(고용노동부, 2016)
  TWA : 0.5mg/㎥(크롬(금속))   STEL : -
  TWA : 0.05mg/㎥(크롬6가 화합물 (수용성))   STEL : -
  TWA : 0.01mg/㎥(크롬6가 화합물(불용성 무기화합물))   STEL : -

---

394) ASTDR (2008), Draft toxicological profile for chromium U.S. Department of Health and Human Services Public Health Service Agency for Toxic Substances and Disease Registry.
395) 산업안전보건연구원, 「근로자 건강진단 실무지침 제3권 유해인자별 건강장해」, 2017.11.

- 미국(TLV; ACGIH, 2011)
  - TWA : 0.5mg/m³(Metal and Cr III compounds)　　　　STEL : −
  - TWA : 0.05mg/m³(Water-soluble Cr VI compounds)　　STEL : −
  - TWA : 0.01mg/m³(Insoluble Cr VI compounds)　　　　STEL : −

  > 기준설정의 근거 : − 호흡기 및 피부 자극과 피부염의 가능성을 최소화할 수 있는 수준
  > 　　　　　　　　　Water-soluble Cr VI compounds
  > 　　　　　　　− 호흡기 자극, 폐암, 피부염, 신장 손상가능성을 최소화할 수 있는 수준
  > 　　　　　　　　　Insoluble Cr VI compounds
  > 　　　　　　　− 호흡기 자극, 폐암, 피부염의 가능성을 최소화할 수 있는 수준
  > 　　　　　　　　　Metal and Cr III compounds

- 미국(PEL; OSHA, 2012)
  - TWA : 1mg/m³(Chromium metal and insol salts (as Cr))　STEL : −
  - TWA : 1mg/m³(Chromic acid and chromates)　　　　　STEL : −
  - TWA : 0.5mg/m³(Chromium (II) compounds (as Cr))　　STEL : −
  - TWA : 0.5mg/m³(Chromium (III) compounds (as Cr))　STEL : −
  - TWA : 5mg/m³(Chromium (VI))　　　　　　　　　　STEL : −
- 미국(REL; NIOSH, 2012)
  - TWA : 1mg/m³(Chromium metal)　　　　　　　　　　STEL : −
- 유럽연합(OEL, 2012)
  - TWA : −　　　　　　　　　　　　　　　　　　　　STEL : −
- 독일(DFG, 2012)　　　　MAK : −　　　　PL : −
- 일본(OEL; JSOH, 2012)　　TWA : −　　　　STEL : −
- 일본(ACL; 후생노동성, 2012)
  - TWA : 0.05mg/m³(Chromium and Its Compounds)　　　STEL : −
- 핀란드(사회보건부, 2011)
  - TWA : 0.5ppm(Chromium and chromium (II, III) compounds; Chrome metal)
  　　　　　　　　　　　　　　　　　　　　　　　　STEL : −

15. 다환방향족탄화수소(polynuclear aromatic hydrocarbons)

일련 번호	유해물질의 명칭		화학식	노출기준				비 고 (CAS번호 등)
	국문표기	영문표기		TWA		STEL		
				ppm	mg/m³	ppm	mg/m³	
593	특수다환식방향족 탄화수소 (벤젠에 가용성)	Particulate polycyclic aromatic hydrocarbons (as benzene solubles)	$C_{14}H_{10}$/ $C_{16}H_{10}$/ $C_{12}H_9N$/ $C_{20}H_{12}$	–	0.2	–	–	발암성 1A~2 (물질의 종류에 따라 발암성 등급 차이가 있음)

(1) 정의[396]

둘 이상의 벤젠 고리를 가지고 있는 방향족 탄화수소로, PAHs라고도 한다. 세계보건기구(WHO) 산하 국제암연구센터(IARC)가 지정한 1급 발암물질인 벤젠 등 각종 발암물질과 신경 독성물질 등 인체에 특히 해로운 유해물질을 통칭하는 용어다. 여기에는 아세나프렌, 벤조피렌, 나프탈렌, 안트라센, 크리센 등이 포함된다[397].

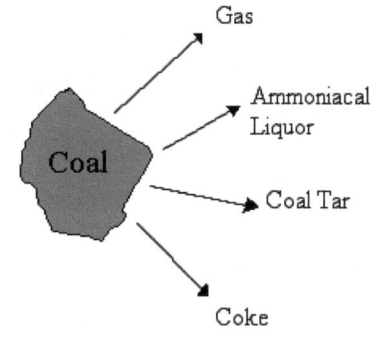

다환방향족탄화수소(PAHs)는 주로 화석연료의 불완전 연소로 인해 발생 하므로 석탄이나 석유계 콜타르 관련 제품을 취급하는 경우 노출될 수 있다. PAHs는 100가지 이상의 물질이 밝혀져 있지만, 단일 물질보다는 복합물질로 존재한다.

(2) 발암성

다환방향족탄화수소(polynuclear aromatic hydrocarbons, PAHs)는 선박폐유나 공장폐수 등에서 나오는 난분해성 탄화수소 성분으로, 암 또는 도련변이를 유발하는 등 독성이 강한 물질로 알려져 있으며 주로 피부암과 폐암, 방광암의 주요 원인이 되는 것으로 알려졌다. 또한 후두암, 신장암 등의 발생증가에 대한 연구도 진행되고 있는 물질이다[398]. 국내에서도 콜타르 함유 도료를 취급하는 도장공, 광물유가 포함된 금속가공유

---

[396] 김수근 외 10, 앞의 연구보고서, 266면.
[397] 한국해양학회,「해양과학용어사전」, 2005.
[398] Boffetta P, Jourenkova N, Custavsson P. Cancer risk from occupational and environmental exposure to polycyclic aromatic hydrocarbons. Cancer Causes Control 1997;8:444-72.

취급, 열처리 근로자의 후두암, 금속가공유 취급 연마공의 비인강암이 직업성 질환으로 인정되었다[399].

16. 콜타르 피치 (Coal tar pitch volatiles)

(1) 정의[400]

콜타르는 고온(1000~1200℃)에서 석탄을 건류하는 과정에서 발생된 흑색 혹은 진갈색의 끈적끈적한 액체나 반고형 상태의 물질을 말하며, 고온 타르와 저온 타르가 있으나, 간단히 콜타르라 할 때는 고온 타르를 의미한다. 대부분은 제철용 코크스 제조과정의 부산물로 얻어진다. 정제하여 각종 타르제품이 된다.

동의로는 CTVP, 천연 석탄 tar(crude coal tar), 석탄 타르(coal tar), 픽살볼(pixalbol), 타르(tar), 휘발성 콜타르핏치(coal tar pitch volatiles), 피치, 콜타르, 고온.(pitch, coal tar, high-temp.), 피치(pitch), 콜타르 피치(pitch, coal tar), 콜 타르 피치(coal tar pitch), 피치, 콜타르피치, 고열(pitch, coal tar, high temperature), 고온 콜타르피치(coal tar pitch high temp.), 오일피치(oil pitch), 콜타르(토핑된)(topped coal tar) 등 이다.

(2) 물리·화학적 성질

C A S N o	65996-93-2	분자식 및 구조식	CnHm
모양 및 냄새	대부분 검고, 진한 액체 또는 반고형물, 특징적인 냄새		
분 자 량	178-260 정도	비 중	1.27-1.28 g/cm³
녹 는 점	100-220℃ 정도	끓 는 점	342-380℃ 정도
증 기 밀 도	5.7-6.8	증 기 압	1 mmHg 이하 (20℃)
인 화 점		폭발 한계	
용 해 도	용해되지 않음, (물, 20℃)		
기 타	콜타르 피치에 오염된 공기에는 많은 양의 phenanthrene, anthracene, pyrene, carbazole을과 10%의 다환성 탄화수소를 포함하고 있고, 1.4%의 benzo[a]pyrene을 포함한다[401].		

출처 : Merck index, ACGIH

---

399) Kang SK, Ahn YS, Jeong HG. Occupational Cancer in Korea in the 1990s. Korean J Occup Environ Med 2001;13;(4): 351-9 (Korean)
400) 김수근 외 10, 앞의 연구보고서, 268면.
401) Sawicki, E.; Fox, F.T.; Elbert, W.; et al.: Polynuclear Aromatic Hydrocarbon Composition of Air Polluted by Coal Tar Pitch Fumes. Am. Ind. Hyg. Assoc. J. 23:482-486 (1962)

(3) 용도402)

콜타르의 제조법은 석탄의 고온건류 때에 발생한 수 백도의 석탄가스를 세정하면서 상온까지 냉각시키면 수분 및 타르분이 응축하여 가스에서 분리 된다. 냉각은 공기 또는 물로 하거나 양자를 병용한다. 끝까지 가스 속에 남는 미립자인 타르를 제거하기 위해서 타르 배제기에 의해 기계적으로 분리시키든가, 또는 전기적으로 분리시킨다. 이렇게 해서 타르는 수분과 함께 한 탱크에 정치되어, 비중의 차에 의해서 수분과 분리된다.

타르의 수율(收率)은 석탄 중량의 5% 내외이다. 건류조건, 즉 건류온도·장치·형태와 석탄의 종류 등에 의해 콜타르의 성질 및 생성량이 달라지는데, 이상의 조건 중에서 특히 건류온도는 콜타르의 성질 및 생성량에 가장 중요한 영향을 미치는 요인이 된다. 온도가 450~700℃인 경우의 생성물은 저온 타르라고 하는데, 그 구성성분은 크레졸과 같은 산성성분과 파라핀·나프텐과 같은 지방족 탄화수소가 많고 전체적으로 방향성이 적다. 건류온도가 900~1,200℃인생성물은 고온 타르라고 하며 일반적으로 석탄 가스 공업이나 코크스 공업에서 얻어진다. 그 구성성분은 저온 타르와는 많이 다른데, 알킬곁사슬이 적은 방향족 탄화수소, 예를 들면 벤젠·톨루엔·나프탈렌·안트라센이 많고 파라핀·나프텐등의 지방족 탄화수소나 산성성분은 비교적 적다. 또한 산성성분에서는 페놀의 비율이 많고 크레졸·크실렌 등은 적다.

콜타르는 방부도료403) 등으로 그대로 사용하기도 하지만, 이것을 분리·정제하면 생기는 수많은 방향족탄화수소는 약품의 원료로서 중요하다404). 타르의 공업적 증류의 초기에는 연료·방부제용 크레오소트유·도로포장용 타르 등 주로 중질유가 이용되었으나, 점차 경질유에서 회수하는 방향으로 나아가다가, 현재는 경유에서 분류된 제품이 반 이상을 차지한다. 콜타르에서 얻는 공업약품이나 제품은 방수제·방부제·의약품·합성수지·염료·향료·가소제·유화제·용제 등에 이용되고 있다.

(4) 노출

주로 흡입과 피부접촉 등에 의해 노출될 수 있고, 콜타르 생산업, 코크스를 연료를 쓰는 제철 공업에서 코우크스 사용공정과 도로의 아스팔트 산업, 콜타르를 포함하는 폐수를 관리하는 직업 등에서 노출될 수 있다. 이 중에서 콜타르에 가장 많이 노출되고 있는 작업은 제철소에서 코크스를 생산하는 과정이며 이때 가스 상태로 발생하는 물질을 코크스오븐배

---

402) 김수근 외 10, 앞의 연구보고서, 268-269면.
403) 철구조물, 콘테이너, 선박, 자동차 하체, 목재, 방수, 방부, 녹방지, 도로 아스팔트 포장 등에도 사용한다.
404) 콜타르는 각종 방향족 화합물을 함유하고 있으며 증류 등에 의해 타르 경유, 나프탈렌유, 세정유, 안라센유, 타르 피치로 분별되어 사용된다.

출물질(Cokes Oven Emissions, COE)이라고 한다. 또한 타르를 포함하는 에폭시 수지계 성분이 포함된 페인트의 사용으로 인한 피부 또는 호흡기 계통으로 흡입될 수 있다. 콜타르류에 노출되는 작업장은 콜타르를 발생시키는 작업장, 타르제조 및 가공작업장, 타르 및 가공품을 사용하는 작업장으로 나눌 수가 있다. 콜타르류가 발생되는 사업장으로는 가스발생로, 제철용 코크스로, 도시가스용 코크스로, 레토르트, 저온건류로를 사용하는 작업장 등을 들 수가 있다. 콜타르의 제조 및 가공으로 수반되는 노출 작업장으로는 타르증류소, 타르정제, 가공작업장 등이 있으며, 타르 및 그 가공품을 사용하는 주된 작업장으로서는 전극제조, 알루미늄 정련, 카본블랙 제조, 피치코크스 제조, 주물공장(주물사배합), 강관방식도장, 목재방부작업, 지붕이나 바닥 등의 방수작업, 선박도장, 도로포장, 내화연와제조, 연탄제조, 코크스원료탄제조, 각종 방향족화합물이나 절연테이프 등을 제조하는 작업장 등을 들 수가 있으며 이외에 콜타르류를 저장하거나 운반하는 작업도 콜타르에 폭로될 가능성이 있다.

(5) 표적 장기별 건강장해

1) 급성

가. 피부 및 점막

주로 눈과 피부, 점막의 자극 증상이다.

2) 만성

가. 피부

쥐를 이용한 실험에서 종양이 관찰되었다[405]. 목, 팔 신전부, 어깨, 얼굴 (광대뼈 주위) 등의 노출부위를 중심으로 한 광과민성 피부염을 일으킬 수 있으며, 지속되는 경우 피부 백반증(vitiligo)가 발생되기도 한다. 모낭염이나 건성피부염의 발생이 증가하며, 심한 피부 접촉에서는 화학적인 화상 (chemical burn)이 발생하기도 한다.

나. 호흡기계

동물실험에서 다핵방향족 탄화수소에 오염된 공기에 노출된 쥐의 폐에서 용량에 따른 변화가 관찰되었다[406]. 동물실험에서 콜타르 에어로졸 노출 시 폐에 종양을 유발하였다[407].

---

405) Kotin, P.; Falk, H.L.; Mader, P.; Thomas, M.: Aromatic Hydrocarbons. I. Presence in the Los Angeles Atmosphere and the Carcinogenicity of Atmospheric Extracts. Arch. Ind. Hyg. Occup. Med. 9:153-163 (1954).

406) Simmers, M.H.: Petroleum Asphalt Inhalation by Mice. Arch. Environ. Health 9:727-734 (1964).

407) Redmond, C.K.; Strobino, B.R.; Cypess, R.H.: Cancer Experience Among Coke By-product Workers. Ann. N.Y. Acad. Sci. 271:102-115 (1976).

다. 비뇨기계

동물실험에서 콜타르 에어로졸에 노출 시 신장에 종양을 유발하였다408).

(4) 발암성

콜타르 피치는 인체 발암 물질로 피부암, 폐암, 비강암 등을 유발하는 것으로 알려져 있으며 IARC group1 (인간에 대한 발암성이 확정된) 발암물질로 분류되어 있다. 유명한 굴뚝청소부의 음낭암이 발견된 이래 타르의 발암성은 되풀이해서 발표되고 있다. 영국에서는 콜타르, 피치, 크레오소트유 등의 취급자가 피부암을 직업병으로서 신고하는 제도를 만들고 있다. 또 가스상의 타르 흡입에 따른 폐암도 보고되고 있다. 잠복기는 평균 20년 정도이다. 암원성 물질로서 benzo(a) pyrene 등 방향족 탄화수소가 연구되는 계기가 되었다. 코우크스로 근무자들을 대상으로 한 연구에서는 폐암과 피부암 이외에도 입술의 암, 음낭암, 결장암, 방광암, 신장암, 뇌종양, 백혈병, 악성임파종 등의 초과발생이 보고되고 있다. 퇴직한 근로자에서 폐와 흉막암의 사망자수가 두배에 달했고409), 알루미늄 제련소 근로자에서 폐암사망률의 증가를 보였고6). 미국 코크 오븐근로자에서 신장과 폐암의 증가는 노출 후 5년이 지나서 많아졌다410). 콜타르 도료 자체의 쥐를 이용한 연구411)412)에서 폐암 발생이 확인되었고 방청도료의 유전자독성 연구를 통해 발암기전이 연구되었다413).

1) 피부종양

콜타르 피치 등에 노출되는 작업자에서 종양성 병변으로 피치사마귀(pitchwarts)가 가장 많다. 이것은 노출 개시 후 수개월~수년에 걸쳐서 손등, 전완, 안면, 발등 등에 나타나며 조직학적으로 각화자세포종(keratoacanthoma)으로 진단되는 것까지 포함된다. 각화자세포종은 수포성의 소구진으로 발증하여 급속히 커지는데 나중에는 흔히 자연치유되는 수가 있는 종양(유사암의 일종) 으로서 의심스러운 피치사마귀 일 때는 조직 진단이 필요하다.

---

408) Redmond, C.K.; Strobino, B.R.; Cypess, R.H.: Cancer Experience Among Coke By-product Workers. Ann. N.Y. Acad. Sci. 271:102-115 (1976).
409) Doll, R.: The Causes of Death Among Gas Workers with Special Reference to Cancer of the Lung. Br. J. Med. 9:180-185 (1952).
410) Redmond, C.K.; Strobino, B.R.; Cypess, R.H.: Cancer Experience Among Coke By-product Workers. Ann. N.Y. Acad. Sci. 271:102-115 (1976).
411) Robinson M, Laurie RD, Bull RJ, Stober JA. Carcinogenic effects in A/J mice of particulate of a coal tar paint used in potable water systems. Cancer Lett 1987; 34(1):49-54.
412) Robinson M, Bull RJ, Munch J, Meier J. Comparative carcinogenic and mutagenic activity of coal tar and petroleum asphalt paints used in potable water supply systems. J Appl Toxicol 1984;4(1):49-56.
413) Silvano M, Meier JR. Mutagenicity of coal tar paints used in drinking water distribution systems. Sci Total Environ 1984; 39(3):251-63.

2) 폐암

콜타르 등에 장기간에 걸쳐 직업성 노출이 되면 폐암을 유발시킬 가능성도 있다. 미국 제철용 코크스로 작업자에 대한 광범위한 결과에서는 코크스로 작업자의 폐암사망률이 기대치의 2.9배로 나타났으며, 이 중 5년 이상 종사자는 3.5배, 5년미만 종사자는 1.7배라고 하였다. 그리고 5년 이상 종사자의 폐암사망률을 작업별로 보면 로상 작업에만 종사한 자는 기대치의 6.9배, 로상과 로곁의 양작업 경험자는 3.2배, 로곁에서만 작업하는 자는 2.1배로 타르에의 폭로정도와 폐암사망률 사이에 양-반응관계가 나타났다.

(5) 발암성 분류

국제 발암성 연구소(IARC), 미국 산업위생전문가협의회(ACGIH), 노동부에서는 인체 발암성 물질로 규정하고 있다.

[콜타르피치의 발암성 분류]

기관	분류	
국제암연구소(IARC)	Group 1	인체 발암성물질
미국 산업위생전문가협의회(ACGIH)	A1	인체 발암성 물질
미국 산업안전보건연구원(NIOSH)	잠재적 발암성 물질	

(6) 노출기준

- 한국(고용노동부, 2016)   TWA : 0.2mg/m³   STEL : -

  기준 설정의 근거 : 폐암 및 다른 암종의 발생 위험을 최소화하는 수준

- 미국(PEL; OSHA, 2012)   TWA : 0.2mg/m³   STEL : -
- 미국(REL; NIOSH, 2012)   TWA : 0.1mg/m³   STEL : -
- 유럽연합(OEL, 2012)   TWA : -   STEL : -
- 독일(DFG, 2012)   MAK : -   PL : -
- 일본(OEL; JSOH, 2012)   TWA : -   STEL : -
- 일본(ACL; 후생노동성, 2012)   TWA : -   STEL : -
- 핀란드(사회보건부, 2011)   TWA : -   STEL : -

17. 검댕(soot)[414]

(1) 정의

검댕은 그을음이나 연기가 맺혀서 생긴 검은 빛깔의 물질을 말한다. 굴뚝 이나 아궁이 속같은 데에 많이 앉는 연기나 그을음이 맺혀서 된다[415]. 1~20μ 의 입자 지름을 갖고, 성분의 50%는 탄소이고, 약간의 산소 및 미량의 질소와 수소를 포함한다. 생성되는 과정은 연료의 종류, 화염 생성에 따라 다르고, 발생률은 일반 연료 가운데 LPG가 가장 적고 타르가 가장 많다. 연료로서의 열손실 영향은 비교적 적지만 전열면에 부착해 열전도율을 저하시키고, 외부로 발산되어 가까운 인가, 농작물에 피해를 미친다. 때로는 화재의 원인이 되기도 한다[416].

(2) 발암성

검댕의 경우 암발생에 대한 사례는 1775년 굴뚝청소원의 음낭암이 처음 보고되었으며 이후 폐암, 피부암, 위암, 방광암, 혈액암 등에 대한 연구들이 주로 이루어졌다. 18세기 영국의 많은 가정에서는 벽난로에 석탄을 피워 난방을 해결하였다. 이로 인해 신종 직업이 생겨나기 시작했는데, 바로 주기적으로 벽난로의 굴뚝 그을음을 청소하는 굴뚝 청소부였다. 헐렁한 옷을 입고 굴뚝을 넘나 들며 검댕을 닦아내는 여윈 소년들의 모습은 당시 흔히 볼 수 있는 풍경이었다. 1775년 의사였던 퍼시벌 포트는 굴뚝 청소부들에게는 유난히 음낭암이 자주 발생한다는 사실을 깨달았다. 대게의 암이 나이든 사람들에게서 발병하는 것과는 달리 굴뚝 청소부들은 비교적 젊은 나이에 암이 발생한다는 사실에서 포트박사는 이들의 직업적 환경이 암을 일으키는 원인이 될 것이라고 예상하였다[417].

벽난로 굴뚝안에 덕지덕지 붙어 있는 시커먼 검댕 속에 포함된 물질 중에 암을 일으키는 물질이 포함되어 있고, 이 물질이 음낭세포와 반응하여 암을 일으키는 것으로 추측했던 것이다. 포트 박사는 당시 어떤 물질이 암을 일으키는 지 알아내지 못했지만, 이후의 연구 결과 검댕 속에 포함된 벤조피렌(benzopyrene)이 굴뚝청소부들을 단명시키는 원인으로 지목되었다. 검댕은 주로 다환방향족탄화수소로 이루어져 있고, 다환방향족탄화수소 중에서 발암인자와 관련된 것은 주로 벤조피렌이다.

(3) 발암성 분류

국제암연구기구에서는 검댕을 사람에게 발암성이 확인된 Group 1로 구분 하였다.

---

414) 김수근 외 10, 앞의 연구보고서, 274-275면.
415) 출처: 국가환경기술정보센터(환경부), 2020.08.01접속
416) 환경용어연구회, 「환경공학용어사전」, 1996.
417) 출처: http://www.scienceclarified.com

18. 벤조 피렌(Benzo(a) pyren)[418]

일련 번호	유해물질의 명칭		화학식	노출기준				비 고 (CAS번호 등)
				TWA		STEL		
	국문표기	영문표기		ppm	mg/㎥	ppm	mg/㎥	
214 의2	벤조 피렌	Benzo(a) pyrene	$C_{20}H_{12}$	-	-	-	-	[50-32-8] 발암성 1A, 생식세포 변이원성 1B, 생식독성 1B

(1) 정의

벤조피렌(Benzo(a)pyrene, BaP, $C_{20}H_{12}$)은 다환방향족탄화수소(Polycyclic Aromatic Hydrocarbons, 이하 PAHs)에 속하는 황색의 결정성 석탄의 타르 중에 존해하는 발암성 물질이다. 화석 연료 등의 불완전연소 과정에서 생성되며 인체에 축적될 경우 각종 암을 유발 하고 돌연변이를 일으킨다.

(2) 물리·화학적 성질

CASNo		분자식 및 구조식	$C_{20}H_{12}$
모양 및 냄새			
분 자 량	252.32g/mol	비 중	1.27-1.28 g/cm³
녹 는 점	177.9~180.3℃	끓 는 점	495℃
증 기 밀 도	1.24g/cm³	증 기 압	1 mmHg 이하 (20℃)
인 화 점		폭발 한계	
용 해 도	0.2~6.2㎍/L		
기 타	물에는 잘 녹지 않으나 에탄올에는 조금 녹는다. 석탄타르 속에 존재하고 그 밖에 자동차의 배기가스, 담배 연기, 훈제식품 등에 매우 미량이 함유되어 있다. 예를 들면, 자동차 배기가스 속의 검댕 1g 속에 수십㎍이 함유되어 있다고 한다.		

---

418) 김수근 외 10, 앞의 연구보고서, 276-279면.

(3) 노출

일반적으로 석탄 액화, 석탄의 가스화, 코크스 생산, 코크스 오븐, 콜타르 증류 및 포장작업, 알루미늄 생산(쉴더버그 공정)에서 근로자에게 노출되며 노출량은 다음과 같다[419].

- 고농도 노출 : 알루미늄 생산(쉴더버그 공정) 100 $\mu g/m^3$
- 중농도 노출 : 지붕청소 및 포장 작업 10~20 $\mu g/m^3$
- 저농도 노출 : 석탄 액화, 콜타르 증류 등 1$\mu g/m^3$ 미만

(4) 발암성

피부접촉 시 피부암(동물실험에서), 림프종암 등이 발생되고 있다. 벤조피렌의 발암성은 경구투여, 피부도포, 기관내 주입, 피하주사 등의 각종 투여경로로 쥐, 생쥐, 햄스터, 몰모트나 원숭이 등 9종류의 실험에서 검토한 결과 발암성이 확인되었다[420].

- 피부 접촉시 : 쥐 실험결과 피부암이 발생되었음
- 주사시 : 주사된 부위에 암 발생
- 경구투입시 : 림프종 발생
- 흡입시 : 양-반응정 관계로 Papilomas, Squamous cell 에 발암성 보고됨

체내에 흡수된 벤조피렌은 Benzo(a)pyrnne 7,8-oxide로 변환되고, 이것은 다시 에틸렌옥사이드와 결합하며, 이 중간체는 변이원성독성 및 발암성을 보여 주고 있다[421].

(5) 발암성 분류

국제암연구기구(IARC)에서 사람에게 발암성이 있는 물질로 평가하여 Group 1 (Carcinogenic to humans)로 구분하였다. 또한 벤조피렌은 잔류기간이 길고 독성도 강하여 내분비계 장애물질 이면서 유전변이원성 물질이기도 하다. 벤조피렌은 인체에서 유전정보를 갖는 DNA에 작용해 DNA의 정상적인 복제를 저해함으로서 암을 일으키게 된다.

ACGIH에서는 동물실험에서 발암성에 대한 근거가 충분하고 폐암과의 상관성을 근거로 사람에게 암발생이 의심되는 물질로 평가하여 A2(Suspected Human Carcinogen)로 구분하였다. 그러나 노출기준치는 제시하지 않았다.

---

[419] IARC Monograph 2010
[420] IARC Monograph 2010
[421] IARC Monograph 2010

19. 광물유

(1) 정의[422]

광물유(鑛物油) 또는 미네랄 오일(mineral oil)은 원유를 정제하는 과정에서 생성되는 부산물이다. 주성분은 알케인(alkane)과 파라핀(paraffin)이다. 보통은 석유화학 계통의 원료에서 얻어진 성분들을 말하며, 광물유의 다른 이름으로는 미네랄오일, 베이비 오일, 케이블 오일, 파라핀왁스, 그리고 바세린에 사용되는 페트롤라튬 오일들이 광물유로 불린다. 이것은 정제공정에서 lubricating oil base stock이라는 이름으로 생산된 마지막 산물로 절삭유, 엔진유, 기어유 등 다양한 윤활유들을 제조하는데 사용한다. 또한 비윤활유성 제품의 원료로도 사용된다.

국제암연구소(IARC)에서는 광물유를 "원유와 원유로부터 정제된 모든 물질들을 일컫는 보편적 명칭"이라고 정의하였으며, 혼동을 피하기 위해 "윤활 기유 및 그로부터 생산된 물질을 다룬다"고 명시하고 있다.

(2) 용도 및 노출

광물유는 절삭유, 연삭유와 더불어 산업현장에서 사용되는 용어로서 보건분야에서는 금속가공유(Metalworking fluids, MWF)[423]로 더 잘 알려져 있다. 금속가공유란 기계 가공공장에서 다듬질 면의 개선, 가공정도의 향상, 공구 수명의 연장, 가공물의 방청, 열과 칩의 제거 등을 목적으로 사용하는 복합 화학물질이다. 미국의 국립안전보건연구원(NIOSH)에서는 금속가공유는 주요 성분에 따라 4가지로 분류하는데, 물이 들어있지 않고 100 %에 가까운 광물유, 첨가제[424]로 된 비수용성(straight oil ; 윤활기유에 첨가제만 섞음), 물이 기본으로 들어가는 수용성(water-soluble), 합성(synthetic) 그리고 준합성(semisynthetic) 금속 가공유이다[425]. 광물유 함유량은 비수용성 절삭유가 60~100%, 수용성은 30~85% 그리고 준 합성유는 5~30%이다[426]. 모두 20여 가지가 넘는 금속가공유는 화학물질을 포함한 매우 복잡한 물질이다.

---

422) 김수근 외 10, 앞의 연구보고서, 274-278면.
423) 금속 절삭유는 금속 절삭시 윤활 또는 냉각을 위해 사용되며, 잘린 토막(Swarf) 및 금속 조각과 같은 부스러기를 제거하는데 이용된다. 또한 가공 작업의 성능을 개선하며, 가공기계의 수명을 연장하는 한편, 가공 표면의 부식을 방지하는 효과가 있다.
424) "광물유의 첨가제"란 절삭속도의 고속화, 높은 이송화, 다듬질 면 정도의 향상, 공구수명의 연장, 미 생물성장억제, 부식방지제, 세정제, 극압첨가제 등 각종 화학물질 들이 첨가된 것이다.
425) 한국공업규격에서는 금속가공유를, 광유를 기유로 한 비수용 금속가공유와, 물로 희석하여 사용하는 수용성 금속가공유로 분류한다(1988, 한국유화시험연구소). 수용성 금속가공유는 다시 물에 희석하면 유백색이 되는 W1종(emulsion)과 투명 내지 반투명하게 용해되는 W2종 (soluble)로 분류한다.
426) NIOSH, "Criteria for Recommended Standard Occupational Exposures to Metalworking Fluids," US. Dep. of Health and Human Services, CDC. NIOSH.February, 1998.

석유의 정제과정에서 생산되는 광물유는 윤활유로 사용되는 경우와 비윤활유로 사용되는 경우가 있으며, 윤활유로 사용되는 것의 대표적인 것이 금속 가공유[427]이다. 금속 가공유는 금속가공을 위한 선반, 연마, 천공, 인선, 암나사 깎기, 형삭반, 확공, 압연, 톱니내기, 띠톱질, 쇠톱질 등과 같은 기계가공 공정에서 다듬질 면의 개선, 가공정도의 향상, 공정 수명의 연장, 가공물의 방청, 열과 칩의 제거 등을 목적으로 사용된다. 또한, 자동차 및 비행기 등의 부품, 철강제품, 스크류, 파이프, 농기구, 각종 기계류 등의 제조 작업과 놋쇠 및 알루미늄 생산, 엔진수리, 구리채광, 신문 및 기타 인쇄 작업 등은 물론 기계정비, 공무과 등에서 필수적으로 사용되는 물질이다. 방적기계 및 암반천공 작업 시에도 사용되고, 금속제품의 부식방지 작업, 잉크의 첨가제, 고무 유연제로 사용되기도 한다.

광물유에 대한 인체의 일차적 노출경로는 흡입, 섭취, 피부흡수이다. 금속 가공유가 포함하는 물질의 성상에 따라 분포, 대사, 배설이 다양하게 나타날 수 있다. 금속가공유 취급 작업자의 광물유 노출경로는 크게 2가지 경로를 거쳐 인체에 노출되게 된다. 첫 번째는 금속 가공작업 시 공기 중으로 에어로졸 형태로 발생된 금속가공유를 흡입함으로서 인체에 노출되는 경로와 두 번째 경로는 금속가공유가 묻어 있는 작업공구, 원재료 또는 제품을 직접 손으로 취급함 으로써 금속가공유가 피부에 접촉되어 흡수되는 경로이다[428]. 피부접촉은 준비 작업 또는 절삭유의 처리, 공작물의 취급, 공구의 교체 와 설정, 유지, 보수 및 청소 작업 시 일어날 수 있다. 절삭유는 또한 보호구를 제대로 갖추지 못했을 경우 절삭작업 중에 몸에 튈 수 있다. 밀폐된 공간에서 기준치 이내의 농도에서도 적절한 조치가 취해지지 않는다면 피부접촉 및 흡입에 의한 현저한 흡수가 가능한 것으로 알려져 있다. 따라서 이들 생산물의 생산, 사용, 폐기 과정에서 직업 및 환경적으로 노출될 가능성은 다양하다.

(3) 발암성

광물유의 발암성에 대한 연구가 축적됨에 따라 IARC는 1987년 정제되지 않았거나 경미하게 정제된 광물유를 사람에서 발암성이 확인된 group 1로 분류하였다[429], 광물유의 노출로 인한 가장 큰 건강상의 장애는 췌장, 피부, 담낭, 방광, 소화기계 등 인체에 여러 조직에 암을 유발한다는 것이다[430].

---

[427] 금속가공유는 원유(crude oil)를 정제한 기유(base oil)에 공정특성에 맞는 각종 첨가제를 혼합한 것 을 말하며, 그 조성은 원유의 출처, 정제과정, 첨가제에 따라 다양하다.
[428] Bennett EO and Bennett DL(1987). Minimizing human exposure to chemicals in metal working fluids. J Am Soc Lub Eng 43(3):167-175
[429] IARC (1987). Overall evaluations of carcinogenicity: an updating of IARC Monographs volumes 1 to 42. IARC Monogr Eval Carcinog Risks Hum Suppl, 7: 1.440. PMID:3482203
[430] 박동욱, 윤충식, 이송권. 절삭유(Metalworking Fluids)의 발암성에 대한 고찰. 한국정밀공학회지 2003; 20(1): 50-62.

이외에도 폐암, 위암, 식도암, 전립선암 등도 금속가공유 노출로 인해 발생될 수 있다고 주장하는 연구결과도 있다[431]. 2006년에는 금속가공유 노출이 유방암의 발생위험도 있다고 주장하였다[432].

금속가공유를 취급하는 작업은 금속가공, 인쇄기, 산업기계제작 등인데 이러한 근로자에서 폐암 발생의 증가가 있었다고 보고되고 있으며, 금속가공유에 포함된 광물유에서 발생되는 PAHs가 원인으로 추정되고 있다[433].

금속가공유는 매우 다양하고 복잡한 물질들의 혼합물로 이루어져 있어 단일물질 노출에 의한 건강상 영향과는 달리 쉽게 특징지어 설명하기 어렵다. 금속가공유 노출에 의한 건강상 영향은 금속가공유에 함유되어 있는 미네랄오일, 박테리아, 곰팡이, 내독소 등에 의한 호흡기계 및 접촉성 피부염 등의 피부질환과 각종 첨가제 성분에 의한 발암성 등이다.

Silverstein 등(1988)은 베어링 공장 근무 작업자를 대상으로 사망자료를 분석한 결과 금속가공유를 사용한 작업자에게서 위암, 췌장암, 대장암, 폐암 및 후두암으로 인한 사망자가 일반인표준화 사망비에 비해 1.2~3.1비로 높았다고 보고하였다.

Bardin 등(1997)도 합성금속가공유를 사용하는 작업자에게서 췌장암 위험도가 일반근로자에 비하여 3배나 높다고 보고하였다. 그러나 정확히 어떤 성분에 의해서 이러한 암 발생율이 높아졌는지에 대하여는 정확하게 알려진 바가 없다.

1) 피부암

광물유에 5년 이상 노출된 682명의 선반공(turner)에서는 피부의 편평세포암의 기대빈도가 0.8건이었으나, 5건(그 중 음낭암이 4건)이나 발생하기도 하였다. 환자-대조군 연구에서는 광물유의 잠재적 노출 근로자에서 음낭암의 상대 위험도가 4.9에 달하였다.

1936~1976년 기간 동안 발생한 음낭암 344례를 연구한 바에 의하면 62%가 광물유에 노출될 수 있는 직업에 종사한 경험이 있었으며, 평균잠복기는 34년 이었다.

1990년에 Jarvholm은 스웨덴의 베어링을 제조하는 회사에서 금속가공유에 노출되는 근로자들로부터 7건의 음낭암, 13건의 피부암을 보고하였다[434].

---

431) NIOSH. Criteria for a Recommended Standard Occupational Exposures to Metalworking Fluids. US. Dep. of Health and Human Services, CDC.; 1998 February.
432) Thompson D, Kriebel D, Quinn MM, Wegman DH, Eisen EA. Occupational exposure to metalworking fluids and risk of breast cancer among female autoworkers. Am J Ind Med 2005;47(2):153-160.
433) Schroeder JC, Tolbert PE, Eisen EA et.al. (1997). Mortality studies of machining fluid exposure in the automobile industry. IV: A case-control study of lung cancer.
434) Jarvholm B., Easton, D., " Models for Skin Tumor Risks in Workers Exposed to Mineral Oils,"Br J Cancer, Vol. 62, pp, 1039-1041, 1990

2) 기타 암

금속산업 근로자로 구성된 코호트 연구 셋 중 둘에서 위장관계 악성신생물(위암은 두 연구, 대장암은 한 연구)에 의한 사망률 및 이환율 증가가 관찰되었다. 여러 국가에서 기계공을 대상으로 한 환자-대조군 연구에서는 방향성 아민류(aromatic amines) 및 그 첨가제가 함유된 절삭유에 노출된 군에서 방광암이 증가함을 보고하였다. 영국과 미국 워싱턴 주의 사망통계자료에 의하면, 광물유 노출이 수반되는 직업군에서 폐암 및 피부암 등록의 증가가 관찰되었다.

(4) 발암기전

석유정제과정에 따라 암 발생이 다르다는 것이 동물실험에 의해서 증명되었기 때문에 지금까지의 연구에서 폭로된 광물유의 종류가 다양하여 암 발생에 관한 일치된 결과를 볼 수 없었다는 것은 이상할 것이 없다[435].

석유를 산으로 처리한 것이 용제로 정제된 오일 보다 발암성이 크고 산으로 정제한 광물유를 사용한 작업자에서 피부암 발생이 증가한다는 것이 밝혀졌으며, 동물실험에서도 산으로 정제된 오일에서 피부암이 발생한다고 보고되었다. 그리고 3~7개의 환이 있는 다환방향족탄화수소(PAHs)의 농도는 산으로 정제한 광물유에서 용제로 정제한 광물유에서 보다 높았다.

이러한 연구결과로 금속가공유에 함유 된 광물유는 정제과정[석유를 진공 증류하여 얻은 윤활유를 백토처리(clay treating), 용제정제(solvent refining), 수소화처리(hydrogenation treating), 황산처리(sulfuric acid treating)과정 등이 있다]에 따라 발암성과 변이원성에 차이가 있다는 것이 확인되었다. 광물유에 황이 첨가된 것은 동물실험에서 공동발암특성이 있다는 것이 밝혀졌다. 금속가공유에는 0.2~0.9%의 황이 첨가되며 이것은 발암성을 증가시키는 것으로 생각된다.

정제가 덜된 기유를 사용하는 금속가공유나, 정제가 잘된 기유를 사용하는 금속가공유라 할지라도 금속가공유가 사용되는 공정에서의 고열에 의해 여러종류의 다환방향족탄화수소가 생성될 수 있고, 금속가공유 중에 함유된 질산염과 이차아민이 금속가공과정에서 발생되는 고열에 의해 니트로소아민을 생성시 킬 수 있는데 이들 중 상당부분은 발암물질인 것으로 알려져 있다(Simpson 등, 2003).

---

435) Bingham E & Horton AW (1966). Environmental carcinogenesis: Experimental observations related to occupational cancer. Advances in Biology of Skin, 7: 183.193.

(5) 발암성 분류

IARC가 정제정도가 불량한 32가지의 광물유를 인간에게 암을 유발하는 발암물질로 평가하였다[436]. NTP 에서도 정제되지 않거나 중질로 정제된 광물유는 인간에게 암을 유발하는 물질(Known to human carcinogens, K)로 규정하였다[437] IARC는 정제되지 않은 천연원유와 중질로 정제된 광물유는 인간에게 암을 유발하는 물질로 분류(Group 1)하였고 고도로 정제된 광물유는 인간에게 암을 유발하지 않는다고 하였다.

1950년 이전에 불량하게 정제되거나 혹은 정제되지 않은 광물유를 함유한 금속가공유에 노출된 근로자들이 손, 팔, 음낭 등에 피부암이 발생되었다는 것은 PAHs의 노출에 따른 것이었다[438]. 이에 따라 1950년 이후부터 원유에 대한 고도 정제방법이 도입되었고 이러한 변화는 금속가공유의 PAHs 함량을 낮추게 하는 계기가 되었다.

지금까지 보고된 광물유의 노출과 암 발생에 대한 역학조사는 1970년대 이전에 사용된 광물유를 대상으로 한 것이다. 선진국에서 1970년대에 사용되었던 광물유 중 일부 성분은 암과 같은 건강상의 문제를 일으켜 규제되는 과정에서 없어지거나 변화되고 또는 함량이 감소되어[439] 지금 사용되고 있는 광물유의 성분과는 차이가 있다[440]. 광물유의 생산과정은 세월이 지나면서 많은 변화를 겪었는데, 최근에는 다환방향족탄화수소(PAHs)와 같은 불순물의 함량이 매우 낮게 포함된 고도로 정제된 생산품이 생산되고 있다. 과거에 사용되었던 비 정제 석유는 노출된 피부, 특히 손 및 팔에 영향을 미쳐 피부암을 발생하였다. 또한 석유가 묻은 옷을 입거나 작업복 주머니에 석유가 묻은 헝겊을 그냥 두었을 때 음낭암 발생이 높았다. 우리나라의 경우 지금까지 금속가공유 노출과 암 발생과의 상관관계에 관한 역학적 연구는 아직 보고된 것이 없다. 광물유가 포함된 금속가공유 취급 열처리 근로자의 후두암, 금속가공유 취급 연마공의 비 인강암이 직업성 질환으로 인정되었다[441].

---

436) International Agency Research Center(IARC), "IARC Monographs on the Evaluation of the Carcinogenic Risk of Chemical to Humans, Part 2. Carbon Blacks, Mineral Oils(lubricant Base Oils and Derived Products) and Some Nitroarenes," Vol.33, pp.87-168, 1984

437) National Toxicological Program(NTP), " Ninth Report on Carcinogens, Tars and Mineral Oils," US Department of Health and Human Services, URL : http://ehis.niehs.nih.gov/roc/toc9.html, 2001.

438) International Agency Research Center(IARC), "IARC Monographs on the Evaluation of the Carcinogenic Risk of Chemical to Humans, Part 2. Carbon Blacks, Mineral Oils(lubricant Base Oils and Derived Products) and Some Nitroarenes," Vol.33, pp.87-168, 1984

439) Calvert, GM., Ward, E., Schnorr, TM., Fin, LJ., "cancer Risks among Workers Exposed to Metalworking Fluids: a Systematic Review," Am J Ind Med, pp 33, pp.282-292,1998

440) Sheehan, MJ., "Summary: Final Report of the OSHA Metalworking Fluids Standards Advisory Committee. Summary of the Recommendations of the OSHA Metalworking Fluids." Standards Advisory Committee, URL:http://www.osha-slc.gov/1999 .

441) 강성규,안연순,정호근. "1990년대 한국의 직업성암". 대한산업의학회지 2001;13(4):351-359

20. 포름알데히드(Formaldehyde)

일련번호	유해물질의 명칭		화학식	노출기준				비 고 (CAS번호 등)
				TWA		STEL		
	국문표기	영문표기		ppm	mg/m³	ppm	mg/m³	
636	포름알데히드	Formaldehyde	HCHO	0.5	0.75	1	1.5	[50-00-0] 발암성 1A

(1) 정의442)

포름알데히드(formaldehyde)는 실온에서 자극성이 강한 냄새를 띤 무색의 환원성이 강한 기체로 메탄알(methanal)이라고도 한다. 탄소나 목재·설탕 등 많은 유기물질이 불완전 연소할 때에 쉽게 생긴다. 공기 중에서는 메테인과 같은 탄화수소에 햇빛과 산소가 가해지면서 합성된다.

미량이 인간을 포함한 대부분의 생물의 물질대사의 부산물로 만들어진다. 메탄올을 촉매 하에서 산화시키면 얻을 수 있다. 이 반응은 메탄올 증기와 산소를 적열한 백금·구리 또는 은망을 촉매로 사용한다.

$$2CH_3OH + O_2 \rightarrow 2HCHO + 2H_2O$$

또 염화메틸렌의 가수분해에 의해서도 합성할 수 있다. 특히 물에 잘 녹아 40% 수용액을 만드는데, 이것을 포르말린이라 하며 소독약과 생체의 조직절편의 고정에 사용된다.

포름알데히드는 환원성이 강해 펠링용액이나 은암모늄 용액을 환원시키는 반응을 통해 쉽게 검출되며, 산화시키면 포름산(HCOOH, 개미산)이 된다.

$$2HCHO + O_2 \rightarrow 2HCOOH$$

포름알데히등의 동의어는 메타날(methanal), 포름알데히드(formic aldehyde), 옥소메탄(oxomethane), 옥시메틸렌(oxymethylene), 산화메틸렌(methylene oxide), 메틸알데히드(methyl aldehyde), 포르말린(formalin), 메트알데히드(methaldehyde), morbicid, paraform, dormol, fannoform, formol, karsan, lysoform, superlysoform 등이다.

---

442) 김수근 외 10, 앞의 연구보고서, 295-302면.

(2) 물리·화학적 성질

CASNo	50-00-0	분자식 및 구조식	CH$_2$O
모양 및 냄새	공기 중에서 1ppm이하에서 인지할 수 있는 심한 자극성 냄새가 나는 무색 기체 (냄새 역치 : 0.05-1.0ppm 또는 0.83ppm)		
분 자 량	30.03	비 중	0.815(-20℃)
녹 는 점	92℃	끓 는 점	-19.5℃(760mmHg)
증 기 밀 도	1.067(공기=1)	증 기 압	10mmHg(-88℃)
인 화 점	37% 포르말린(15%메타놀 포함)은 50℃(밀폐상태), 37% 포르말린(메타놀 포함안함)은 83℃(밀폐상태)	폭발 한계	7~73vol%
전 환 계 수	1ppm = 1.23mg/㎥ ; 1mg/㎥ = 0.81ppm(25℃, 760mmHg)		
용 해 도	물에 매우 잘 녹으며, 에테르와 알코올에도 잘 녹는다.		
기 타	• 흔히 보는 것은 37%(by weight) 포름알데히드인 포르말린 액체이다. • 산화제로서 여러 가지 화학물질과 쉽게 반응하며, 순도가 높은 경우에는 반응성이 매우 커서 강하게 중합 반응을 하는 경향이 있다. • 농약, 수용성 페인트, 방직업 등에 사용된다. • 폭약 제조, 방화제 성분, 연료, 가스 흡수제, 석유 산업, 금속 산업에서의 산 방지제 등으로 사용한다.		

출처 : Merck index, ACGIH, HSDB

주요발생원은 포르말린제조, 합판제조, 합성수지 및 화학제품제조, 소각로, 석유정제, 유류 및 천연가스 연소시설 등으로 매우 광범위하다. 포름알데히드는 또한 실내공기오염의 주요 원인물질로 일반주택 및 공공건물에 많이 사용되는 단열재인 우레아폼(Urea Formaldehyde Form Insulation)과 이 외에 실내가구의 칠, 가스난로 등에서의 연소과정, 접착제, 흡연 등에 의해 발생된다.

여러 건축자재에 함유된 포름알데히드의 경우는 공기 중으로 증발되면서 실내 공기를 오염시키며 인체에 영향을 주게 된다. 최근에는 새집으로 이사한 뒤 두통, 피로, 호흡곤란, 천식, 비염, 피부염 등의 증상이 나타나는 새집증후군에 대한 관심이 늘어나는데 새집증후군의 원인물질 중 하나가 포름알데히드이다.

포름알데히드를 생산·취급하는 산업시설 종사자나 의사, 간호사, 치과의사, 수의사, 병리학자, 장의사, 실험실 종사자 등은 높은 농도의 포름알데히드에 노출될 가능성이 있다[443].

(3) 용도 및 노출[444]

포름알데히드는 우레아(urea) 포름알데히드, 페놀(phenol) 포름알데히드, 멜라민(melamine) 포름알데히드 및 폴리 아세탈(polyacetal) 수지의 생산[445][446][447] 에틸렌 글리콜(ethylene glycol), 펜타에리트리톨(pentaerythritol), 헥사메틸렌 테트라민(hexamethylene tetramine)의 생산[448][449], 조직표본의 고정, 백신 제조[450][451][452], 비료, 합판, 단열제, 주물중자 등에 수지원료(resin)[453][454], 가구용 접착제, 사진필름, 가죽, 염료, 화장품, 폭약, 농약, 소독제, 방부제 등의 원료[455][456][457][458]로 사용된다. 자동차 배기가스나 나무를 태울 때, 대기오염, 담배연기에도 포함[459][460] 되어 있다.

---

443) 김수근 외 10, 앞의 연구보고서, 296면.
444) 김수근 외 10, 앞의 연구보고서, 295-302면.
445) O'Neil, M.J. (ed.). The Merck Index - An Encyclopedia of Chemicals, Drugs, and Biologicals. 13th Edition, Whitehouse Station, NJ: Merck and Co., Inc., 2001. pp 751
446) Lewis, R.J. Sr.; Hawley's Condensed Chemical Dictionary 14th Edition. John Wiley & Sons, Inc. New York, NY 2001. pp 511
447) Kirk-Othmer Encyclopedia of Chemical Technology. 4th ed. Volumes 1: New York, NY. John Wiley and Sons, 1991-Present., p. V11: 944 (1994)
448) Lewis, R.J. Sr.; Hawley's Condensed Chemical Dictionary 14th Edition. John Wiley & Sons, Inc. New York, NY 2001. pp 511
449) Kirk-Othmer Encyclopedia of Chemical Technology. 4th ed. Volumes 1: New York, NY. John Wiley and Sons, 1991-Present., p. V11: 944 (1994)
450) Goodman, L.S., and A. Gilman. (eds.) The Pharmacological Basis of Therapeutics. 5th ed. New York: Macmillan Publishing Co., Inc., 1975. pp 993
451) Milne, G.W.A. Veterinary Drugs: Synonyms and Properties. Ashgate Publishing Limited, Aldershot, Hampshire, England 2002. pp 104
452) Ullmann's Encyclopedia of Industrial Chemistry. 6th ed.Vol 1: Federal Republic of Germany: Wiley-VCH Verlag GmbH & Co. 2003 to Present, p. V. 15 19 (2003)
453) O'Neil, M.J. (ed.). The Merck Index - An Encyclopedia of Chemicals, Drugs, and Biologicals. 13th Edition, Whitehouse Station, NJ: Merck and Co., Inc., 2001. pp 751
454) Kirk-Othmer Encyclopedia of Chemical Technology. 4th ed. Volumes 1: New York, NY. John Wiley and Sons, 1991-Present., p. V11: 944 (1994)
455) O'Neil, M.J. (ed.). The Merck Index - An Encyclopedia of Chemicals, Drugs, and Biologicals. 13th Edition, Whitehouse Station, NJ: Merck and Co., Inc., 2001. pp 751
456) Kirk-Othmer Encyclopedia of Chemical Technology. 4th ed. Volumes 1: New York, NY. John Wiley and Sons, 1991-Present., p. V11: 944 (1994)
457) Gilman, A. G., L. S. Goodman, and A. Gilman. (eds.). Goodman and Gilman's The Pharmacological Basis of Therapeutics. 6th ed. New York: Macmillan Publishing Co., Inc. 1980. pp 970
458) Ashford, R.D. Ashford's Dictionary of Industrial Chemicals. London, England: Wavelength Publications Ltd., 1994. pp 440

포름알데히드가 주로 노출되는 공정은 . 주로 노출되는 공정은 포름알데히드 수지류와 플라스틱류의 생산 공정461)462)463), 비료, 합판, 단열제 생산 공정464)465), 가구제조, 필름, 가죽, 염료, 화장품, 폭약, 농약, 방부제 등의 제조466)467), 철 주물공정, 플라스틱 몰딩 과정468)469), 포름알데히드를 취급하는 병리학자 등 의료 종사자470)471)472), 환경적으로는 이동 차량집(mobile home)에서 사는 사람, 흡연자 또는 간접흡연자 473)474)475)에게 노출된다.

1) 의료용구 소독(소독)

포름알데히드는 의료기구의 냉살균과 방부제로 많이 이용되고, 외과용 스테인레스 기기의 저온 살균을 위해 사용되며, 중앙공급실과 투석실에서 소독제로 사용된다. 근로자는 소독과정에서 포름알데히드에 노출이 발생할 수 있다.

---

459) Bingham, E.; Cohrssen, B.; Powell, C.H.; Patty's Toxicology. 5th ed. NY, NY: John Wiley & Sons Inc. 2001. pp 5: 980-7
460) ATSDR; Toxicological Profile (1999)
461) O'Neil, M.J. (ed.). The Merck Index - An Encyclopedia of Chemicals, Drugs, and Biologicals. 13th Edition, Whitehouse Station, NJ: Merck and Co., Inc., 2001. pp 751
462) Lewis, R.J. Sr.; Hawley's Condensed Chemical Dictionary 14th Edition. John Wiley & Sons, Inc. New York, NY 2001. pp 511
463) Kirk-Othmer Encyclopedia of Chemical Technology. 4th ed. Volumes 1: New York, NY. John Wiley and Sons, 1991-Present., p. V11: 944 (1994)
464) O'Neil, M.J. (ed.). The Merck Index - An Encyclopedia of Chemicals, Drugs, and Biologicals. 13th Edition, Whitehouse Station, NJ: Merck and Co., Inc., 2001. pp 751
465) Lewis, R.J. Sr.; Hawley's Condensed Chemical Dictionary 14th Edition. John Wiley & Sons, Inc. New York, NY 2001. pp 511
466) Gilman, A. G., L. S. Goodman, and A. Gilman. (eds.). Goodman and Gilman's The Pharmacological Basis of Therapeutics. 6th ed. New York: Macmillan Publishing Co., Inc. 1980. pp 970
467) Ashford, R.D. Ashford's Dictionary of Industrial Chemicals. London, England: Wavelength Publications Ltd., 1994. pp 440
468) O'Neil, M.J. (ed.). The Merck Index - An Encyclopedia of Chemicals, Drugs, and Biologicals. 13th Edition, Whitehouse Station, NJ: Merck and Co., Inc., 2001. pp 751
469) Kirk-Othmer Encyclopedia of Chemical Technology. 4th ed. Volumes 1: New York, NY. John Wiley and Sons, 1991-Present., p. V11: 944 (1994)
470) Goodman, L.S., and A. Gilman. (eds.) The Pharmacological Basis of Therapeutics. 5th ed. New York: Macmillan Publishing Co., Inc., 1975. pp 993
471) Milne, G.W.A. Veterinary Drugs: Synonyms and Properties. Ashgate Publishing Limited, Aldershot, Hampshire, England 2002. pp 104
472) Ullmann's Encyclopedia of Industrial Chemistry. 6th ed.Vol 1: Federal Republic of Germany: Wiley-VCH Verlag GmbH & Co. 2003 to Present, p. V. 15 19 (2003)
473) Lewis, R.J. Sr.; Hawley's Condensed Chemical Dictionary 14th Edition. John Wiley & Sons, Inc. New York, NY 2001. pp 511
474) Bingham, E.; Cohrssen, B.; Powell, C.H.; Patty's Toxicology. 5th ed. NY, NY: John Wiley & Sons Inc. 2001. pp 5: 980-7
475) ATSDR; Toxicological Profile (1999)

2) 조직 표본 제작(조직 보관)

병리조직학에서 조직 표본을 만드는 과정 중 수술실이나 조직검사실에서 포르말린에 담겨져 오거나 하루 동안 포르말린에 담가 보관하는 과정이 이루어지고, 남은 조직을 약 2개월간 보관하는 보관장이 있어 이곳에서 작업하는 의사들과 병리사들이 하루 중 일정 시간씩 포름알데히드에 노출되고 있었다. 위에서 급기, 아래에서 배기로 이루어지는 전체 환기가 이루어지고 있었고, 모든 작업은 클린벤치와 후드 안에서 이루어지고 있었다. 포름알데히드가 담겨진 통은 후드 안에 설치되어 있었으며, 간헐적으로 후드 안에서 포름알데히드를 꺼내서 쓰는 방식으로 작업이 이루어졌다. 조직이 들어있는 지퍼백이 테이블 옆으로 군데군데 쌓여 있어 지퍼백에서 포름알데히드 냄새가 새어나올 위험이 있다.

3) 동도금 공정(첨가제 투입)

포름알데히드는 동도금 공정에서 화학도금을 하는 환원제 역할을 하며 주로 첨가제 형태로 사용하고 있었다. 도금 과정에서 포름알데히드가 주요 물질이 아니라 첨가제로 아주 소량을 사용하고 있었다.

- 원자재 입고 → 재단 → 내층회로 → 적층 → CNC 드릴 → 동도금 → 외층회로→ 인쇄 → 표면처리 → 라우터→ BBT → 검사 → 포장 → 출하

4) 포르말린 제조(시료 채취)

메탄올을 반응기로 투입, 스팀과 공기를 공급하여 은촉매상에서 반응시킨 후 포름알데히드를 생성하여, 흡수탑에서 물을 흡수시켜 포르말린을 제조하는 장치산업이다. 이러한 제조업에서는 실외의 탱크에서 배관을 따라 흐르게 하는 밀폐공정으로 되어 있어 근로자는 부스에서 컴퓨터 프로그램을 통한 점검을 하고 하루 두세 번 샘플링, 농도측정, 순회 및 점검을 실시하는 작업형태로 이루어진다. 농도 측정은 메스실린더에 담긴 포르말린을 측정하는 작업인데, 메스실린더가 뚜껑이 없이 공기 중에 개방된 채로 오랜 시간 방치되어 있었으며, 이때에도 보호구를 착용하지 않았다. 샘플링과 농도 측정은 하루에 20번 정도로 이루어진다.

- 원재료 → 반응 → 포르알데히드 → 물흡수 → 포르말린생성

5) 변성알코올(denatured alcohol)(현장점검)

소량의 변성제를 가한 에탄올(에틸알코올)은 공업용 알코올로 사용한다. 변성제는 악취, 불쾌한 맛, 독성을 가지며 쉽게 알코올에서 분리할 수 없지만, 공업에서의 용도에는 지장이 없는 물질이 선택된다. 보통의 변성알코올은 에탄올 180ℓ 당 메탄올 7kg, 포르말린 30g, 콜리딘 400g 및 로다민(적색염료) 0.5g 을 첨가해서 만든다. 이 밖의 변성제로서 아세트알데히드·이소부틸메틸케톤·프로피온산에틸·벤젠·석유 등이 알려져 있다.

6) 흡수 및 대사

포름알데히드는 주로 흡입 또는 섭취를 통해 흡수되며 일부에서는 피부를 통해 흡수된다[476) 477)478)]. 흡입된 포름알데히드의 95% 정도는 흡수되어 포름알데히드 탈수효소(formaldehyde dehydrogenase)에 의해 개미산(formic acid)으로 빠르게 대사된다. 포름알데히드는 세포내에서 중요한 대사산물인 N5,N20-메틸렌테트라하이드로포린산(methylenetatrahydrofolic acid)를 형성한다[479)480)481)]. 포름알데히드는 대부분 개미산염(formate)을 거쳐 이산화탄소로 호기를 통해 배출되며, 소변으로 배설되는 개미산염과 다른 대사물질은 극히 소량이다[482)483)484)]. 혈장내 포름알데히드의 반감기는 1-1.5분이므로 고농도를 흡입한 경우가 아니라면 노출직후에도 고농도로 검출되지는 않는다[485)486)].

(4) 표적장기별 건강장해

1) 급성

가. 눈, 피부, 비강, 인두

포름알데히드는 강한 자극제로 보통 2-3ppm에서 눈, 코 등에 염증을 일으키고, 10-20ppm에서는 심한 눈물을 동반한 코와 목의 작열감 등 자극 증상을 일으키며[487)488)489)490)] 눈에 들어간 경우에는 각막에 심한 손상이 발생한다.[491)492)]. 피부 노

---

476) ATSDR; Toxicological Profile (1999)
477) Sullivan, J.B., Krieger G.R. (eds). Clinical Environmental Health and Toxic Exposures. Second edition. Lippincott Williams and Wilkins, Philadelphia, Pennsylvania 1999. pp 1008
478) Jeffcoat AR et al. Chem Ind Inst Toxicol Conf on Formaldehyde. Toxicol 1983. pp 38-50.
479) ATSDR; Toxicological Profile (1999) .
480) Matsumoto K, Moriya F, Nanikawa R. The movement of blood formaldehyde in methanol intoxication. II. The movement of blood formaldehyde and its metabolism in the rabbit. Nippon Hoigaku Zasshi 1990;44(3):205-11.
481) Casanova-Schmitz M, David RM, Heck HD. Oxidation of formaldehyde and acetaldehyde by NAD+-dependent dehydrogenases in rat nasal mucosal homogenates. Biochem Pharmacol 1984;33(7):1137-42.
482) Bingham, E.; Cohrssen, B.; Powell, C.H.; Patty's Toxicology. 5th ed. NY, NY: John Wiley & Sons Inc. 2001. pp 5: 980-7
483) ATSDR; Toxicological Profile (1999)
484) Sullivan, J.B., Krieger G.R. (eds). Clinical Environmental Health and Toxic Exposures. Second edition. Lippincott Williams and Wilkins, Philadelphia, Pennsylvania 1999. pp 1008
485) Sullivan, J.B., Krieger G.R. (eds). Clinical Environmental Health and Toxic Exposures. Second edition. Lippincott Williams and Wilkins, Philadelphia, Pennsylvania 1999. pp 1008
486) The Chemical Society. Foreign Compound Metabolism in Mammals Volume 3. London: The Chemical Society, 1975. pp 339
487) Goodman, L.S., and A. Gilman. (eds.) The Pharmacological Basis of Therapeutics. 5th ed. New York: Macmillan Publishing Co., Inc., 1975. pp 993

출 시에는 두드러기, 농포 및 수포성 발진을 유발하며, 피부가 갈색으로 변할 수도 있다[493]. 포름알데히드는 직업성 피부질환으로 자극성 접촉성 피부염(irritant) 및 알레르기성(allergic) 접촉성 피부염 모두를 유발한다. 급성 노출 시에는 얼굴을 직접 자극하여 눈 주변의 부종 (periorbital edema)을 일으킬 뿐만 아니라 7-10일의 induction period를 거쳐 피부의 과민반응을 발생시키는 과정을 통하여 손이나 팔에 피부염 (chronic eczema)을 유발한다[494)495].

나. 호흡기계

0.1-0.2ppm의 낮은 농도에서도 기침 등 호흡기 자극증상 및 흉부 압박감이 발생하며 0.5ppm 이상의 농도에서는 천명음이 나타날 수 있다. 낮은 농도에서도 기관지, 인두 등에 염증을 일으킬 수 있으며, 10-20ppm에서는 호흡곤란이 발생한다. 더 높은 농도에서는 기도에 손상을 입힐 수도 있으며, 폐부종 및 폐렴, 사망에까지 이를 수 있다[496)497)498]. 또한 3ppm에서 짧은 시간 노출되어도 감작된 사람에게 후기 천식 반응을 야기할 수 있다는 보고도 있다[499].

다. 신경계

흡입 시 두통, 쇠약 등의 증상이 나타났으며, 섭취 시 어지러움, 의식소실, 경련 등의 증상이 발생하였다는 보고가 있다[500)501)502].

---

488) Bingham, E.; Cohrssen, B.; Powell, C.H.; Patty's Toxicology. 5th ed. NY, NY: John Wiley & Sons Inc. 2001. pp 5: 980-7
489) Green DJ, Bascom R, Healey EM, Hebel JR, Sauder LR, Kulle TJ. Acute pulmonary response in healthy, nonsmoking adults to inhalation of formaldehyde and carbon. J Toxicol Environ Health 1989;28(3):261-75.
490) ITII. Toxic and Hazardous Industrial Chemicals Safety Manual. Tokyo, Japan: The International Technical Information Institute, 1988. pp 249
491) ITII. Toxic and Hazardous Industrial Chemicals Safety Manual. Tokyo, Japan: The International Technical Information Institute, 1988. pp 249
492) Health and Safety Executive Monograph: Formaldehyde. 1981. pp 8
493) ITII. Toxic and Hazardous Industrial Chemicals Safety Manual. Tokyo, Japan: The International Technical Information Institute, 1988. pp 249
494) Gilman, A. G., L. S. Goodman, and A. Gilman. (eds.). Goodman and Gilman's The Pharmacological Basis of Therapeutics. 6th ed. New York: Macmillan Publishing Co., Inc. 1980. pp 971
495) Bingham, E.; Cohrssen, B.; Powell, C.H.; Patty's Toxicology. 5th ed. NY, NY: John Wiley & Sons Inc. 2001. pp 5: 980-7
496) Bingham, E.; Cohrssen, B.; Powell, C.H.; Patty's Toxicology. 5th ed. NY, NY: John Wiley & Sons Inc. 2001. pp 5: 980-7
497) ITII. Toxic and Hazardous Industrial Chemicals Safety Manual. Tokyo, Japan: The International Technical Information Institute, 1988. pp 249
498) Plunkett ER, Barbela T. Are embalmer's at risk? Am Ind Hyg Assoc J 1977;38: 61.
499) Hendrick DJ, Rando RJ, Lane DJ, Morris MJ. Hendrick DJ, Rando RJ, Lane DJ, Morris MJ. Formaldehyde asthma: challenge exposure levels and fate after five years. J Occup Med 1982;24 (11):893-7.

라. 위장관계

섭취 시 메스꺼움, 구토, 설사, 복통 등의 증상이 발생할 수 있다[503][504].

마. 간담도계

섭취 시 황달이 나타났다는 보고가 있다[505].

바. 비뇨기계

섭취 시 단백뇨, 혈뇨, 무뇨 및 산증이 나타날 수 있다[506].

사. 심혈관계

섭취 후 저혈압이 발생했다는 보고가 있다[507].

2) 만성

가. 눈, 피부, 비강, 인두

인두, 기관, 기관지 등의 염증을 야기하고 냄새를 잘 맡지 못하게 된다[508].

조직학적으로는 코 점막의 염증반응을 일으켜 비염증상을 발생시키고, 섬모의 소실, goblet cell 과증식, 편평상피화생(squamous metaplasia) 및 경증의 이형 증식증(dysplasia)을 보인다. 이형 증 식증은 암의 전단계이다[509][510].

---

500) Goodman, L.S., and A. Gilman. (eds.) The Pharmacological Basis of Therapeutics. 5th ed. New York: Macmillan Publishing Co., Inc., 1975. pp 993
501) ITII. Toxic and Hazardous Industrial Chemicals Safety Manual. Tokyo, Japan: The International Technical Information Institute, 1988. pp 249
502) Goldfrank, L.R. (ed). Goldfrank's Toxicologic Emergencies. 7th Edition McGraw-Hill New York, New York 2002. pp 1284
503) ITII. Toxic and Hazardous Industrial Chemicals Safety Manual. Tokyo, Japan: The International Technical Information Institute, 1988. pp 249
504) Goldfrank, L.R. (ed). Goldfrank's Toxicologic Emergencies. 7th Edition McGraw-Hill New York, New York 2002. pp 1284
505) ITII. Toxic and Hazardous Industrial Chemicals Safety Manual. Tokyo, Japan: The International Technical Information Institute, 1988. pp 249
506) ITII. Toxic and Hazardous Industrial Chemicals Safety Manual. Tokyo, Japan: The International Technical Information Institute, 1988. pp 249
507) Goldfrank, L.R. (ed). Goldfrank's Toxicologic Emergencies. 7th Edition McGraw-Hill New York, New York 2002. pp 1284
508) Holmstorm M, Wilhelmsson B. Respiratory symptoms and pathophysiological effects of occupational exposure to formaldehyde and wood dust. Scandinavian J Work Environ Health 1988;14(5):306-11.
509) Edling C, Hellquist H, Odkvist L. Occupational exposure to formaldehyde and histopathological changes in the nasal mucosa. Br J Ind Med 1988;45(11):761-5.
510) Boysen M, Zadig E, Digernes V, Abeler V, Reith A. Nasal mucosa in workers exposed to formaldehyde: a pilot study. Br J Ind Med 1990;47(2):116-21.

나. 호흡기계

3ppm이하의 노출에서도 폐활량의 감소를 가져오고, 만성적으로 폐쇄성 기도 혹은 만성 기관지염을 발생시킨다. 반복된 노출은 과민성 반응을 일으켜서 천식을 유발하거나 후두 염증 또는 부종을 일으키기도 한다[511].

다. 신경계

저농도의 포름알데히드에 만성적으로 노출될 경우 두통, 기억력 저하, 수면장애 등의 발생이 증가한다는 보고가 있다[512].

라. 위장관계

저농도의 포름알데히드에 만성적으로 노출된 경우 메스꺼움, 위장관 장해 등이 발생 할 수 있다[513].

(5) 발암성[514][515][516]

포름알데히드에 의한 암 발생은 흡입을 통해 비강암과 비인두암을 증가시키는 것으로 다수의 역학적 연구에서 보고되었다. 또한 최근의 연구에서는 포름알데히드의 노출과 백혈병(특히 골수성 백혈병)의 발생 사이에 양적인 상관관계가 있다는 보고들도 있다. 포름알데히드 노출경로는 흡입, 피부접촉을 통해 주로 흡수가 이루어진다.

체내에 들어와 신속히 대사가 되어 인체 내에서 생성되는 포름알데히드와 합쳐진다. 탄소원자는 체내 거대분자와 결합하거나 이산화탄소로 되어 호기를 통해배출된다. 매우 짧은 시간에 대사가 되므로 노출직후에 호흡기입구의 점막이나 혈중에서 포름알데히드를 검출하기가 어렵다. 따라서 특별한 생체지표가 존재하지 않는다. 포름알데히드는 DNA를 교차 연결하는 특성 때문에 잠재적인 발암물질로 알려져 있다. 병원에서 병리학 관련 작업에 종사하는 사람들에 대하여 말초혈액 림프구와 혈청 중의 포름알데히드 노출에 의한 DNA-단백질 교차 결합물(cross-links) 형성연구[517]에서 포름알데히드 노출

---

511) Uba G, Pachorek D, Bernstein J, Garabrant DH, Balmes JR, Wright WE, Amar RB. Prospective study of respiratory effects of formaldehyde among healthy and asthmatic medical students. Am J Ind Med 1989;15(1):91-101.
512) Bingham, E.; Cohrssen, B.; Powell, C.H.; Patty's Toxicology. 5th ed. NY, NY: John Wiley & Sons Inc. 2001. pp 5: 980-7
513) Bingham, E.; Cohrssen, B.; Powell, C.H.; Patty's Toxicology. 5th ed. NY, NY: John Wiley & Sons Inc. 2001. pp 5: 980-7
514) IARC. Monographs on the Evaluation of the Carcinogenic Risk of Chemicals to Man. Vol 88 (2006).
515) Formaldehyde exposure and Leukemia: A New Meta-Analysis and Potential Mechanisms. 681 (2-3).Mutation Research/Reviews in Mutation Research. March-June 2009. pp 150-168
516) Formaldehyde and Leukemia: Epidemiology, Potential Mechanisms, and Implications for Risk Assessment. 51. Environmental and Molecular Mutagenesis. 2010. pp 181-191

정도와 교차결합물 형성 간에 유의한 관계가 있었다. 그러나 포름알데히드는 우리 체내의 정상적인 대사활동에서도 생성된다[518].

발암성 연구는 코호트 연구와 사례 연구를 통하여 행해졌는데, 1960～1986년 사망한 해부학자들과 장의업체 종사자들과 같이 직업적으로 노출된 그룹을 대상으로 한 연구에서 백혈병과 뇌암의 발생이 증가한다는 결과가 나왔다. 최근에 미국의 국립암연구소(NCI)가 수행한 연구에서는 작업장에서 높은 농도의 포름알데히드에 노출된 근로자 25,619 명에게서 백혈병(특히 골수성 백혈병)으로 인한 사망률이 증가하였다. 사망률은 포름알데히드 노출 최대농도, 평균농도, 노출지속 기간에 비례하여 증가했으며 노출 축적량과는 연관이 없었다[519].

Hauptmann[520][521]은 1966년 이전에 10개 산업시설에서 포름알데히드에 노출되기 시작한 근로자 25,619명을 대상으로 1994년까지 실시한 추적조사 결과 고농도의 포름알데히드에 노출된 근로자들은 노출정도가 낮은 사람들에 비해 백혈병 발병 위험이 3.5배 높았다고 하였다. 조사기간에 백혈병으로 사망한 사람은 모두 69명으로 전체에 비해 그리 많은 수는 아니지만 포름알데히드가 백혈병과 연관 있다는 사실이 중요한 것이라고 언급한다. 골수성 백혈병으로 인한 사망은 염습사, 장례식장 근로자, 병리학자, 해부학자를 대상으로 한 연구에서 비교적 일관성 있게 관찰되었다[522][523][524]. 최근 meta-analysis에서 이러한 근로자들의 백혈병 비교위험도(relative risk)가 증가하지만 연구 사이에서 유의한 차이는 나타나지 않았다[525].

---

517) IARC(2006) IARC Monographs on the Evaluation of Carcinogenic Risks to Humans, Volume 88 Formaldehyde, 2-Butoxyethanol and 1-tert-Butoxypropan-2-ol
518) L-methionine, histamine, methylamine등의 메칠화와 탈메칠화 과정을 통하여 세포 내에서 발생되기도 한다. 이러한 대사과정의 비정상적인 조절이 여러 가지 병인 요소로 작용한다. 따라서 포름알데히드의 정량적 변화는 내인성 및 외인성 요인 때문일 수 있다.
519) Beane Freeman LE, Blair A, Lubin JH et al. (2009). Mortality from lymphohematopoietic malignancies among workers in formaldehyde industries: the National Cancer Institute Cohort. J Natl Cancer Inst, Mortality from lymphohematopoietic malignancies among workers informaldehyde industries: the National Cancer Institute Cohort. J Natl Cancer Inst, 101: 751-.761. PMID:19436030
520) Hauptmann M, Lubin JH, Stewart PA et al. (2003). Mortality from lymphohematopoietic malignancies among workers in formaldehyde industries. J Natl Cancer Inst, 95: 1615-.1623. PMID:14600094
521) Hauptmann M, Stewart PA, Lubin JH et al. (2009). Mortality from lymphohematopoietic malignancies and brain cancer among embalmers exposed to formaldehyde. J Natl Cancer Inst, 101: 1696- 1708. PMID:19933446
522) Walrath J & Fraumeni JF Jr (1984). Cancer and other causes of death among embalmers. Cancer Res, 44:4638-.4641. PMID:6467219
523) Logue JN, Barrick MK, Jessup GL Jr (1986). Mortality of radiologists and pathologists in the Radiation Registry of Physicians. J Occup Med, 28: 91-.99. PMID:3950788
524) Hall A, Harrington JM, Aw TC (1991). Mortality study British pathologists. Am J Ind Med, 20: 83 -.89.doi:10.1002/ajim.4700200108 PMID:1867220

산업장의 근로자들을 대상으로 수행된 코호트 연구 중 가장 크고 확실한 연구에 의하면 포름알데히드가 비인두암으로 인한 사망을 통계적으로 유의하게 높인다고 밝혔다[526]. 비인두암으로 인한 사망은 염습사를 대상으로 수행된 가장 큰 미국 코호트 연구에서도 비례하는 사망률이 관찰되었다[527]. 또한 덴마크의 포름알데히드 제조, 사용 공장의 근로자들에게도 비례하는 발암이 관찰되었다[528].

포름알데히드를 동물실험한 경우에 암 발생에 대해서는 일관성 없었다. 수컷 쥐에게 0, 1.2, 15, 82 mg/kg/day, 암컷 쥐에게 0, 1, 8, 21 또는 109mg/kg/day 포름알데히드를 24개월간 식수로 공급했을 때, 암 발생이 증가하지 않았다[529]. 반면에 Soffritti 등[530]의 연구에서는 104주 동안 0, 10, 100, 500, 1000, 1500 mg/L 투여했을 때, 조혈관계 발암률이 증가하였다.

(6) 발암성 분류

국제암연구기구(IARC)에서 포름알데히드를 비인두암을 유발하는 인체 발암물질로 분류하였다. 미국의 산업위생전문가협의회(American Conference of Governmental Industrial Hygiene Association, ACGIH)에서는 포름알데히드를 인체에서 암을 일으키는 물질인 A2(발암성 의심물질)으로 분류하였다.

(7) 노출기준

- 한국(고용노동부, 2016)　　　　　　TWA : 0.3ppm　　　　　　STEL : -
- 미국(TLV; ACGIH, 2011)　　　　　Ceiling : 0.3ppm(0.37mg/m³)　STEL : -

기준설정의 근거 : 자극증상이 나타나지 않는 농도 수준으로 설정하였다.

---

525) Collins JJ & Lineker GA (2004). A review and meta-analysis of formaldehyde exposure and leukemia. Regul Toxicol Pharmacol, 40: 81-.91. PMID:15450712.
526) Hauptmann M, Lubin JH, Stewart PA et al. (2004). Mortality from solid cancers among workers in formaldehyde industries. Am J Epidemiol, 159: 1117-.1130. doi:10.1093/aje/kwh174 PMID:15191929
527) Hayes RB, Blair A, Stewart PA et al. (1990). Mortality of U.S. embalmers and funeral directors. Am J Ind Med, 18: 641-.652. doi:10.1002/ajim.4700180603 PMID:2264563
528) Hansen J & Olsen JH (1996). [Occupational exposure to formaldehyde and risk of cancer Ugeskr Laeger, 158: 4191-.4194. PMID:8701536
529) Til H. P., R. A. Woutersen, V. J. Feron, V. H. M. Hollanders and H. E. Falke(1989) Two-yeardrinking-water study of formaldehyde in rats, Food Chem. Toxicol. 27 pp. 77-87
530) Soffritti M., C. Maltoni, F. Maffei and R. Biagi,(1989) Formaldehyde: an experimental multipotential carcinogen, Toxicol. Indl. Health 5 , pp. 699-730.

- 미국(PEL; OSHA, 2012)　　　　TWA : 0.75ppm　　　　STEL : 2ppm
　　　　　　　　　　　　　　　　TWA : 0.016ppm
- 미국(REL; NIOSH, 2012)　　　　　　　　　　　　　　STEL : -
　　　　　　　　　　　　　　　　Ceiling : 0.1ppm (15분)
- 유럽연합(OEL, 2012)　　　　　　TWA : 0.2ppm　STEL : 0.4ppm
- 독일(DFG, 2012)　　　　　　　　MAK : 0.3ppm(0.37mg/㎥) PL : I 2
　　　　　　　　　　　　　　　　TWA : 0.1ppm(0.12mg/㎥)
- 일본(OEL; JSOH, 2012)　　　　　　　　　　　　　　　STEL : -
　　　　　　　　　　　　　　　　Ceiling : 0.2ppm(0.24mg/㎥)
- 일본(ACL; 후생노동성, 2012)　　TWA : 0.1ppm　STEL : -
- 핀란드(사회보건부, 2011)　　　　TWA : 0.3ppm(0.37mg/㎥)
　　　　　　　　　　　　　　　　STEL : 1ppm(1.2mg/㎥)(C)

21. 전리방사선

(1) 정의[531]

　방사선이란 전자파 또는 입자선 중 직접 또는 간접으로 공기를 전리하는 능력을 가진 것으로서[532] 넓은 의미에서는 가시광선·적외선·자외선 등도 포함 되지만 좁은 의미로는 알파(α)선, 베타(β)선, 감마선(γ)선, X선, 중성자선 등 전리나 이온화를 일으키는 방사선을 가리킨다. 전리를 일으킨다고 하는 것은 전기적으로 중성인 원자나 분자로부터 전자를 빼앗거나 주기도 하는 것을 말한다.

　모든 물질은 음전하를 띤 전자들로 둘러싸여진 핵으로 구성되는 원자들로 만들어진다. 핵은 중성자들과 양전하를 띠는 양성자들로 구성된다. 어떤 원자들은 방사능을 띠고 있는데, 이것들을 방사성 핵종이라고 한다. 방사성 핵종들의 핵은 에너지를 방출하면서 구조를 바꿀 수 있다. 이때에 방출되는 에너지는 주로 알파선, 베타선, 그리고 감마선과 같은 형태이다. 이 방사선들은 물체를 투과하면서 그 지나간 주위의 물질을 양전하를 띠는 입자와 음전하를 띠는 입자로 만들 수 있다. 이 과정을 이온화라고 하며, 주위의 물질을 이온화시킬 수 있는 에너지를 갖는 것들을 전리방사선이라고 한다.

---

531) 김수근 외 10, 앞의 연구보고서, 303면.
532) 김수근 외 10, 앞의 연구보고서, 303-315면.

(2) 전리방사선의 종류

1) X-선

X-선은 빛과 같은 전자파이다. 일반적인 전자파보다는 에너지가 훨씬 강하며 투과력도 강하다. X-선은 병원에서 진단이나 치료목적으로 이용된다.

2) 감마선(γ)

감마선(γ)은 방사성원자가 붕괴할 때에 방출된다. 감마선은 X-선과 같이 투과력이 상당히 강하다. 우리 몸을 X-선 보다도 더 쉽게 통과할 수 있어서, 암 치료 등에 이용되고 있다.

3) α선, 중양자선 및 양자선

방사성 동위원소(radioisotope)의 붕괴과정 중에 원자핵에서 방출되는 α입자(양자 2개와 중성자 2개가 결합한 helium핵)를 말한다. α선은 질량(4원자질량단위)과 하전량(+2)이 가장 크며 따라서 매우 높은 밀도의 이온을 형성하나(대기 중 1 cm 거리에 3~10만 이온쌍) 투과력은 가장 작아서 공기 중에서 수 cm, 신체조직에서는 0.2 mm정도만 투과하며 약간 두꺼운 종이 한 장으로 차단된다. 따라서 외부 조사로 건강상의 위해가 오는 일은 드물며 주로 동위원소를 입, 섭취할 때의 내부조사로 심한 노출효과가 일어난다.

4) β선 및 전자선

베타선(β)은 방사성원자의 원자핵으로부터 나오는 전자이다. 알파선보다는 크기가 작지만 에너지가 많아서 움직이는 속도가 매우 빠르며, 투과력이 알파선보다는 강하다. β입자는 α입자에 비해 질량이 작고(약 1,825분의 1원자질량단위) 음으로 하전(-1)되어 있다. 속도는 약 10배나 빠르므로 충돌할 때마다 튕겨져서 방향을 바꾼다. 따라서 그 비정은 지그재그형을 이루며 공기 중에서는 수 10 cm~1 m, 물에서는 1 cm이내를 투과할 수 있으며 피부 전층을 관통할 수 있어서 β화상을 일으킨다. 외부조사도 잠재적 위험이 되나 내부조사가 더욱 큰 건강상의 문제를 일으킨다. 1~2cm 두께의 물을 투과할 수 있어서, 우리 몸에서도 그만한 두께의 신체부위는 쉽게 통과할 수 있다. 그러나 얇은 알루미늄 종이로 차단할 수 있다.

5) 중성자

원자핵이 분열할 때 방출되며 1원자질량단위의 무게를 가지며 전하를 갖지 않으므로 물질을 직접 전리시키지는 않으나 다른 원자핵에 충돌되면 포획되어 α, β, γ선 등을 방출하는 관계로 간접적인 전리작용을 지닌다. 중성자는 투과력이 상당히 강한 입자이다. 중성자는 멀리 우주의 외계로부터 날아오기도 하고, 공기 중에 있는 원자가 서로 부딪칠 때에 나오기도 한다. 또 원자로 안에서 우라늄 원자가 핵분열 할 때에 튀어나오기도 한다. 원자로 안에서 중성자 방사선을 차단키 위해서는 물이나 콘크리트벽이 이용된다. 중성자는 상대 물질을 방사성물질로 만들 수가 있다.

(3) 단위

1) 렌트겐(Roentgen: R, 조사선량의 단위)

조사선량이란 공간상의 어떤 위치에서 방사선 강도의 세기를 나타내는 양으로, 단위는 뢴트겐(Roentgen, R)으로 노출량(exposure)을 나타내는 단위이다. 렌트겐(Roentgen : R, 조사선량의 단위)은 0.001293gm의 공기(0℃, 1기압 표준상태에서 1 cc)에 X선 또는 γ선을 조사해서 1정전단위(esu)의 이온을 발생하게 하는(하전량으로 1kg의 공기 속에 2.58×10^{-4} coulomb) 방사선량이다. 노출량은 투여량(dose), 즉 흡수량과는 다르며 렌트겐을 투여량으로 환산할 수가 없어서 혼란을 일으키기 때문에 요즘에는 잘 사용되지 않는다.

1뢴트겐은 표준상태(STP)에서 1cm3의 건조한 대기에서 이온화에 의해 1전하량을 만들 X-선 또는 감마 방사선의 양이다.

2) 라드(Radiation absorbed dose: rad, 흡수선량의 단위)

흡수선량은 전리방사선이 지나가는 곳에 어떤 물체가 자리하면 방사선의 에너지 전부 또는 일부가 그 물체에 흡수된다. 물체나 조직의 단위질량(1kg)당 흡수된 방사선 에너지량(J)을 흡수선량이라 한다. 1gm의 물체나 조직에 0.01joules(100ergs)의 에너지 흡수를 일으키는 선량의 단위이다. 1그레이(gray:Gy)는 100 rads에 해당한다. 전술한 바와 같이 조사(노출)선량을 흡수량(dose)으로 환산할 수는 없으나 실제 상황판단을 돕기 위해 대략의 관계를 규정한다면, 신체중앙선을 따라 고르게 노출됨을 전제로 할 때 노출량(R)의 약 2/3가 흡수량이 된다고 보면 될 것이다. 즉 전신에 300R의 노출을 받았을 때의 흡수량은 약 200rads 또는 2Gy가 된다.

$$1Gy = 1J/kg, \ 1Gy = 100rad$$

3) 시버트(Dose equivalent: Sivert : Sv, 등가선량)

동일한 흡수량(dose)에 있어서도 방사선의 종류에 따라 생물학적 작용의 역가가 다르므로 X선 또는 γ선의 역가를 기준으로 생물학적 상대유효도(relative biological effectiveness, RBE)를 고려하여 전에는 roentgen equivalent man(rem)이 쓰였으나 최근에는 시버트(1Sv = 100rem)라는 계수가 쓰인다.

선당량은 정성인자(quality factor)와 흡수선량(dose)의 적(product)으로 표시되고 정성인자(Qfactor)라 함은 각 방사선이 그 통과하는 경로 상에 이온을 만들어내는 능력(linear energytransfer, LET)을 말한다.

등가선량(Equivalent dose, H)은 방사선이 살아있는 조직과 상호 작용할 때의 영향은 방사선의 유형에 따라 다르다. 알파선은 조직 손상을 유발하는데 있어서 베타선과 감마선보다 20배 더 효력이 있다. 이것을 참작하기 위해서, 그레이(Gy)로 나타내는 선량에 방사선가중계수를 곱한 것으로, 이 단위를 시버트 (Sievert, Sv)라고 한다. 선종별로 방사선가중계수는 X-선, 감마선, 베타선은 1 이고, 알파선은 20이다.

$$H = D \times W_R$$

(H = 등가선량, D = 흡수선량, W_R = 방사선가중계수)

4) 유효선량(Effective dose, E)

유효선량은 인체 내부 조직간 선량분포에 따른 위험정도를 하나의 하나의 양으로 나타내기 위하여 각 조직의 등가선량에 해당 조직의 조직가중치를 곱하여 피폭한 모든 조직에 대해 합산한 양을 말한다. 단위는 시버트(Sv)를 사용한다.

$$E = W_T \times H_T$$

(E = 전신 유효선량 , W_T = 조직가중계수 , H_T = 조직 T에서의 등가 선량)

(4) 노출

1) 의학적 노출

방사선진단 목적에서의 노출은 의료보급의 정도(X선장치 대당 인구수), 사용하는 기재의 성능(신형일수록 안전도가 개선되고 있다), 의료의 수준(어떤 검사가 많이 이루어지고 있는가)에 따라 지역적인 차이가 크다. 기재성능의 개선으로 불필요한 노출이 줄어드는 것은 사실이지만 기재의 대체는 많은 재원을 필요로 하므로 장기간에 걸쳐 점진적으로 이루어질 수밖에 없으며 전산화단층촬영술, 초음파촬영술, 자기공명영상화 등 새로운 진단기법의 도입은 X선 노출의 빈도에 영향을 미치게 된다. 핵의학적 검사는 반감기가 매우 짧은 방사핵종(예: 테크네튬 99m)의 도입으로 상황은 더욱 호전되고 있다. 자연노출의 정도가 평균 1인당 0.24 rem정로로 추정되는 데 비해서 의학적 노출은 약 0.04~0.1 rem 정도로 추정된다. 의학적 필요성이 요구되는 현실속에 방사선 노출이 건강상의 문제가 될 만한 수준은 아니나 방사선 진단에 대한 기계 조작하는 사람들에 대한 X선 진단장치의 안전성의 개선과 적절한 교육 및 훈련이 필수적으로 요구된다.

2) 직업적 노출

핵에너지시설, 방사선 약제공장, 의료시설의 진단방사선 및 핵분야 등 이외에도 재료의 두께를 측정하거나 용접결과의 평가(결함유무) 등 산업장 전반에 걸쳐서 종사자들이 방사선에 노출되는 기회는 계속 증가되고 있다. 그 정도는 통상의 산업장 허용기준에 비해 대체로 훨씬 밑돌고 있으나 방사선피해에 관한 한 어떤 수준의 노출 이하에서는 인체에 유해효과가 발생치 않는다는 소위 역치가 없다는 개념(No threshold concept)에 비추어 볼 때 계속적인 개선이 요구됨은 물론이다[533].

3) 주로 노출되는 공정

- X-선 장치의 사용 또는 X-선 발생을 수반하는 당해 장치의 검사업무
- 싸이크로톤, 베타트론, 기타의 하전입자(荷電粒子)를 가속시키는 장치의 사용 또는 방사선의 발생을 수반하는 당해장치의 검사업무
- X-선관 또는 케노트론의 가스빼기 또는 X-선 발생을 수반하는 검사업무
- 방사선 물질을 장비하고 있는 기기의 취급업무
- 방사선을 방출하는 동위원소인 방사선 물질 또는 이것에 오염된 물질을 취급하는 업무
- 원자로의 운전업무
- 갱내에서의 핵연료 물질 굴채업무

(4) 건강장해[534]

1) 급성방사선조사증후군(acute radiation syndrome)

원자탄 폭발 또는 체르노빌 사고와 같은 경우 일시에 전신이 다량의 방사선에 노출되는 경우에는 인체 내에많은 세포가 사멸하게 되며 이로 인한 각종 장해가 나타난다. 전신노출의 임상경과는 대체로 4 단계로 나뉘어진다.

① 전구증상기(prodromal stage) : 전구증상을 일으킬 수 있는 노출의 최소량(ED50)은 1Gy (100rad)이고 약 2일간에 걸치는 식욕감퇴, 구역과 구토, 피로감 등 비 특이적인 증상들이 나타난다. 일부 사람들에게서는 백혈구와 혈소판의 감소 등을 볼 수 있다.

② 잠복기(latent stage) : 전구증상이 소실되면서 비교적 건강하게 느껴지는 시기가 보통 약 1주일 지속된다. 노출량이 클 때는 이상 두 시기의 구분이 안 된 채 바로 주증상기에 들어갈 수도 있고 매우 경증일 때는 전구증상만으로 끝나거나 경미한 혈액학적 변화에 머물기도 한다.

---

533) 윤덕노, 박항배: 환경의학개론. 서울, 신구출판사, 1993
534) 산업안전보건연구원, 「근로자건강진단 실무지침제3권 유해인자별 건강장해」,2017.

③ 주증상기(toxic stage) : 발열, 인후통, 체모의 탈락, 점상출혈로부터 위장관출혈에 이르기까지 각기 다른 정도의 출혈과 감염 등이 나타난다. 혈소판감소에 이어 시간이 경과함에 따라 빈혈도 발생한다. 1000rem 이상의 방사선에 피폭된 경우에는 치료방법이 전혀 없으나 그 이하인 경우에는 골수이식으로 치료할 수 있다.

- 경한 노출(<1000rem)에서는 골수의 조혈세포가 사멸하여 이로 인한 출혈 및 패혈증으로 30일 정도 후에 사망하게 된다.
- 중등도의 노출(1000-10000rem)의 경우 위장관계의 상피세포가 사멸하여 10일 이내에 탈수 및 패혈증으로 사망한다.
- 노출(>10000rem)의 경우 중추 신경계 및 심혈관계의 장해로 인하여 수 시간 내에 사망한다.

④ 회복기(recovery) : 임상적인 극기는 3~5주에 나타나고 전체적인 경과로 보아 6~8주에 이르면 점차 골수조직의 재생이 일어나면서 회복기에 들어선다. 예후판정에 가장 신뢰도가 높은 기준은 조사 48시간 경, 말초혈액중의 림프구의 수로서 500/㎟ 이하이면 불량, 1,200/㎟ 이상이면 우량하다고 판단된다.

2) 조혈장해

- 조혈세포는 방사선에 대한 감수성이 커서 쉽게 재생불량성 빈혈에 빠진다.
- 1Sv의 노출에서도 수분 내에 변성되어 재생불량성빈혈에 빠지게 된다.
- 2~3Sv의 방사선에 전신이 노출될 경우 백혈구, 혈소판, 적혈구의 수가 급격하게 감소하여 노출 후 3~5주에 백혈구와 혈소판의 수는 최고로 저하된다.
- 5Sv 이상에 급격히 노출될 경우 백혈구감소증, 혈소판감소증이 심하여 감염 및 출혈로 사망하게 된다.
- 수개월에 걸쳐 조사되면, 누적조사량이 5Sv 이상이 되어도 골수에 대한 영향이 적다.
- 노출 후 가장 먼저 잠시 동안 과립구가 증가하며 임파구는 급격하게 감소하게 된다. 이러한 변화는 약 0.5~1 그레이(Gy) 정도 노출량에서 시작될 수 있으며, 노출정도가 심할수록 임파구 감소가 급격한 경사를 보이며 낮은 값으로 떨어져 면역기능이 심하게 저하된다.

3) 피부장해

- 대체로 화상의 모양으로 출현하며 흔히 전자가속장치를 취급하는 사람들이 갑자기 응급실을 방문함으로써 임상의의 관심을 끌게 되어 베타 화상으로 불리 운다. 노출 초기(수분 내지 수시간)에 일과성 홍반이 가장 먼저 나타난다. 노출당시에는 통증이 없으며

2~4주의 잠복 기간을 거친 후에 발현되기 때문에 원인을 알기 어렵다. 만성 피부염으로 나타나기도 한다.

- 6Sv에 의한 급성 노출 시 홍반이 수 시간 지속되다 소실되나, 2~4주후 깊고 더 오래 지속되는 홍반이 나타난다.
- 10Sv이상 노출되는 경우 건조성 표피탈락, 습성 표피탈락, 피부괴사, 탈모가 나타나고 이후 색소침착이 일어난다.
- 이후 수개월 내지 수 년 후 표피 및 부속기관의 위축, 모세혈관확장증, 피부섬유화가 나타난다.

4) 위장관계

장점막 상피의 발아성 세포가 사멸하여 점막이 탈피되고 궤양을 형성한다. 소장 점막상피의 분화세포는 방사선에 고도로 민감하여 10Sv에 노출될 경우 심각한 정도의 세포가 사멸되어 정상적인 상피의 재생이 억제된다. 이에 따라 상피세포가 탈락하고, 심화되면 수일내에 궤양이 형성되어 치명적인 이질양 설사가 발생한다.

5) 생식기관

- 정조세포(spermatogonia)는 방사선에 매우 민감하며, 정조관(seminiferous tubules)은 인체조직 중 방사선에 가장 예민한 기관이다.
  - 0.15Sv에 의한 급성 조사에서도 고환에 영향을 주어 수개월간 정자수가 저하된다.
  - 2Sv이상에서는 영구 불임이 초래된다.
- 난모세포(oocytes)도 역시 방사선에 민감하여
  - 1.5~2Sv에 의한 양측 급성조사의 경우 일시적 불임상태에 빠지게 되며, 2~3Sv의 경우 노출시의 연령이 주요 변수이지만 가임여성의 경우 영구불임이 초래된다.

6) 수정체

노출 후 수개월 내지 수년 후에 수정체 상피세포의 수정체 섬유의 배열에 장해가 와서 수정체 혼탁이 온다.

- 한 번의 짧은 노출에서 시력에 장해를 주는 혼탁이 오는 역치는 2~3Sv이며, 수개월에 걸친 반복노출의 경우 5.5~14Sv으로 증가한다.

(5) 발암성

전리방사선이 암을 일으킨다는 사실은 많은 연구를 통해서 확인되었다. 그러나 사실 이런 연구들은 고선량과 고선량률 피폭에 의한 결과들인데, 이런 결과를 보여준 연구들은 일본 히로시마, 나가사키 원폭 피해자들의 추적조사연구, 강직성 척추염, 자궁경부암 등의 악성 및 양성 질환의 방사선치료에 의한 2차 발암 추적조사 연구 등이 그 예이다. 방사선조사의 결과, 상당한 시일이 경과되면서 나타나는 신체장애 중가장 중요한 것이 발암이다. 비록 방사선이 암을 발생하게 하는 정확한 기전도 양-반응관계의 특성에 대해서도 만족할만한 설명이 불가능하지만 이제까지의 인체노출의 경험과 수많은 동물 실험으로부터 그 인과관계는 의심할 여지가 없다할 것이다.

국제연합전리방사선장해학술위원회에 따르면 가장 대표적인 백혈병의 발생위험은 피폭선량에 비례하여 1mSv(또는 100rem)의 노출을 기준으로 500대 1(골수에 선당량으로 1Sv에 해당하는 방사선노출을 받은 사람이 백혈병으로 언젠가는 사망하게 될 확률이 500분의 1)이며 잠복기간은 최소한 2~4년, 평균 10년 내외 이지만 길면 30년을 넘을 수도 있다. 충실질암종의 경우는 잠복기가 이보다 길다. 방사선에 기 인하는 암에는 인체의 여러 조직이 감수성을 지니고 있어서 종전에 알려진 유방, 갑상선, 폐 등 이외에 오랜 기간의 추적조사 끝에 최근 추가 판명된 발암조직으로는 대장, 난소와 다발성 골수종 등이 있고 또한 내부노출로 골육종(osteosarcoma) 등의 발생률의 증가가 인정되고 있다.

(6) 전리방사선에 의해서 발생 할 수 있는 암의 종류

1) 백혈병

급성 및 만성 골수성 백혈병의 경우 조혈세포의 방사선 피폭으로 발병위험도가 증가한다. 위험도의 증가 정도는 방사선 피조사량, 피폭기간, 피폭시의 환경조건, 나이, 및 성별 등에 따라 다르다. 피폭 후 발병까지의 잠복기간도 여러 조건에 따라 다른데, 대략 피폭 후 2-3년 후에 발병위험도가 가장 높고, 25년이 경과하면 위험도는 피폭 이전 수준이 되는 것으로 알려져 있다.

2) 갑상선암

갑상선암도 방사선 영향이 큰 것으로 알려져 있다. 특히 5세 미만의 어린이에게서는 백혈병보다 갑상선암의 발병 위험도가 더 높아 방사선에 매우 민감한 편이다. 그러나 갑상선암에 의한 사망률은 백혈병보다 현저히 낮고, 발병과정도 서서히 진행되는 편이어서 방사선에 의한 발병임을 밝히기가 어렵다.

3) 여성 유방암

여성의 유방조직도 다른 장기에 비해 방사선에 대한 민감도가 높은 것으로 알려져 있다. 특히 10세 이전에 방사선에 피폭된 여자 아이의 경우 30세 이후에 유방암 발병 위험도가 높다.

4) 폐암

방사선 피폭과 폐암 발생과의 관계는 알파 입자를 방출하는 라돈과 그 핵에 의한 것이라는 사실이 광부들에 대한 연구로 밝혀진 바 있다. 또한 일본의 원폭 생존자들의 추적조사에서도 폐암 발병 위험도가 높다는 것이 보고되었다.

5) 뼈암

의료기기 등의 X-선 또는 감마선에 대한 연구에서 저 LET 방사선의 고선량 피조사(4Gy 이상)로 골암을 유발할 수 있음이 보고 되었다. 방사선 조사에의한 발암의 양-반응 관계는 Ra-224 및 Ra-226에 의한 알파입자의 피폭을 받은 자에서만 나타났고, 방사선 피폭으로 인한 골암의 유발 정도는 갑상선, 골수, 폐, 유방 등 보다 덜 민감한 것으로 나타났다.

6) 간암

간암은 알파입자와 베타입자를 방출하는 핵종과 관련성이 있으며, 방사선취급 기사에서 간암 발병예가 보고 된 바 있으나 방사선 피폭과의 인과성에 관하여는 자료가 많지 않다.

이 외에 방사선 피폭과 식도암, 결장암, 췌장암, 신장암, 방광암 등의 발병위험도와의 관련성이 제기 되기도 하나 아직 긍정적인 증거가 미약한 상태이고, 다른 발암 요인, 예를 들어 생활습관 요인 등의 원인 점유율이 월등 높아 방사선 피폭의 중요도는 매우 낮다. 전리방사선은 만성 임파구성 백혈병, 악성중피종 외에 거의 모든 암이 발생할 수 있는 것으로 알려져 있다.

22. 라돈[535]

(1) 정의

라돈은 인간이 피폭되는 총 방사선피폭 중에 단일 피폭원으로는 가장 크다. 인간은 우주 방사선, 지각 또는 인체 내에서 방출되는 자연 방사선에 항상 노출되어 있다. 한 사람당 연간 자연방사선 피폭량은 2.4mSv[536]이며, 라돈이 50% 이상으로 1.3mSv이다.

라돈은 흡연에 이어서 폐암의 두 번째로 크게 작용하는 원인으로 자연적으로 발생하는 것이므로 방치해 둘 수 있는 것은 아니다. 우라늄의 붕괴로 생성된 라듐-226이 지각에 만연하므로 라돈은 지하공간 뿐만 아니라 모든 건물 내에도 존재하면서 일반인, 직장 근로자가 주된 피폭원이다. 그러나 피폭수준은 지역의 지질, 건물 유형과 환기, 나아가 거주자의 행동에 따라서 매우 큰 폭으로 변한다.

---

[535] 김수근 외 10, 앞의 연구보고서, 316-318면.
[536] 인간이 자연 방사선으로부터 1년간에 받는 방사능 노출 산량은 우주선으로부터 0.36mSv, 음식으로부터 0.33mSv, 대지로부터 0.41mSv, 공기 중의 라돈으로부터 1.3mSv로합계 2.4mSv가 된다.

라돈은 암석이나 토양 중에 천연적으로 존재하는 우라늄 (238U)과 토륨(232Th)의 방사성 붕괴에 의해서 만들어진 라듐(226Ra)이 붕괴했을 때 생성된다. 라돈은 반감기가 3.8일의 희유가스 원소로 우리의 생활공간의 어디에라도 존재하는 무색, 무미, 무취의 방사능을 띤 불활성 기체이다. 라돈은 지각에서 생성된 후에 암석이나 토양의 틈새에 존재하다가 확산 또는 압력차에 의해 지표 공기 중으로 방출된다. 라돈의 80~90%는 토양이나 지반의 암석에서 발생된 라돈 기체가 건물바닥이나 벽의 갈라진 틈을 통해 들어온다. 그 밖에 건축자재에 들어있는 라듐 등으로부터 발생(2~5%)하거나, 지하수에 녹아 있던 라돈이 실내로 유입(1%)되기도 한다. 실내 공기 중 라돈 농도에는 큰 편차가 있는데 주로 지역 지질과 환기율, 건물 난방, 기상조건처럼 실내외 압력차에 영향을 미치는 인자들 때문이다. 환기가 잘 안되는 건물 내에서 라돈의 농도는 옥외환경보다 수십 배, 내지 수백 배 이상 높다. 통상적으로 라돈가스가 실내로 유입되는 경로는 다음과 같다.

① 건물 하부의 갈라진 틈
② 벽돌과 벽돌 사이
③ 벽돌내의 기공
④ 바닥과 벽의 이음매
⑤ 건물에 직접 노출된 토양
⑥ 우수 배관로
⑦ 모르타르 이음매
⑧ 접합이 느슨한 파이프의 사이
⑨ 출입문의 틈새
⑩ 건축 자재
⑪ 지하수의 이용

라돈은 불활성이므로 흡입한 양 거의 전부가 날숨으로 나온다. 그러나 라돈-222가 붕괴되어 생성된 자핵종을 흡입하면 호흡기 내에 침적된다. 이들 자핵종의 짧은 반감기(30분 미만)로 인해 주로 폐에서 제거되기 전에 붕괴한다. 짧은 수명 자핵종 중 폴로늄-218과 폴로늄-214은 알파입자를 방출하는데 이것이 폐암을 유발한다[537].

2009년 전국 실내 라돈 농도 조사가 있었는데 우리나라의 연평균 실내 라돈의 전체 산술평균은 79.3 Bq/m³로 조사되었으며 표준편차는 85.1 Bq/m³였다. 관공서의 연평균 실

---

[537] ICRP Publication 115. Lung Cancer Risk from Radon and Progeny(이재기 역. ICRP 간행물 115 라돈과 자핵종에 의한 폐암위험. 대한방사선방어학회, 2011)

내 라돈 산술평균은 51.0 Bq/m³였으며 초등학교의 연평균 실내 라돈 산술평균은 98.4 Bq/m³로 관공서보다 실내 라돈 농도가 높게 나타났다. 연평균 실내 라돈의 최고값은 관공서가 318 Bq/m³이며, 초등학교는 1,004 Bq/m³이었다[538].

(2) 노출

체코의 우라늄 광산 근로자들에게서 폐암의 발생율이 높은 것은 작업환경 중의 고농도 라돈 방사능에 노출되었던 것이 원인으로 밝혀졌다. 최근에는 우라늄 광산뿐만이 아니라 다른 철, 주석, 형석 등의 광산 근로자들의 사이에서도 폐암 발생율이 라돈 노출량에 비례하여 증가하는 것을 알게 되었다.

 광부들의 라돈에 대한 직업적 피폭에 의하여 폐암이 증가한다는 것은 이미 오래전부터 알려져 왔으나 건물의 실내에서 근로자들이 라돈 피폭이 높을 가능성에 관심이 모아지고 있다. 밀폐된 공간이나 지하 작업 공간에서 일하는 근로자들은 높은 농도의 라돈에 노출될 수 있다. 따라서 광산이 아닌 일반 사업장에서의 피폭에도 주의를 기울일 필요가 있다. 근로자들은 1년 중 약 2000시간을 직장에서 보내고 있으므로 작업장에서 라돈의 농도와 거동을 조사하는 것이 필요하다.

라돈 피폭이 높을 가능성이 있는 작업 활동은 다음과 같다.

① 인광을 이용하는 경우(인산염의 처리, 비료 제조)
② 광사의 채굴과 정련
③ 광물의 이용(티탄 안료, 내화성의 토륨 혼합물의 제조, 시멘트 생산)
④ 화석연료 추출(석유·가스의 추출에 사용되는 물에 방사능이 농집)
⑤ 화석연료의 연소
⑥ 건재의 골재 등으로 이용(토탄 흙, 용광로의 슬러그, 플라이 에쉬)
⑦ 폐기물의 이용(스크랩 메탈 산업)

(3) 발암성

1988년에 국제암연구소(IARC)는 라돈을 폐암 발암물질로 인정하였다[539]. 호흡을 통해 인체에 흡입된 라돈과 자핵종은 붕괴를 일으키면서 알파(α)선을 방출한다. 방출된 알파

---

538) National Institute of Environmental Research. National radon survey in Korea. Incheon: National Institute of Environmental Research; 2009.
539) IARC, 1988. Monographs on the Evaluation of Carcinogenic Risk to Humans: Man-made Fibres and Radon. IARC 43. International Agency for Research on Cancer, Lyon.

(α) 선은 폐세포와 조직을 파괴한다. 세계보건기구(WHO)는 라돈을 흡연 다음으로 폐암 발병원인의 3~14% 차지한다고 보고하고 있으며[540], 미국 환경보호청(EPA)은 미국에서 연간 폐암 사망자의 10% 이상인 약 20,000명 정도가 라돈에 의한 것이며, 폐암을 유발시키는 제2의 원인으로 지목하고 있다.

직업적인 라돈유발 폐암에 관한 주된 정보원은 광부에 대한 역학연구였다. 11개 라돈피폭 광부 코호트에 근거한 포괄적 역학분석 결과가 1994년 발표되었다. 이 분석에서 100 WLM 당 ERR 0.49(95% CI 0.2-1.0)을 얻었다[541].

같은 11개 코호트에 대해서 자료를 업데이트하고 새로운 통합분석 결과에서 5년의 잠복기를 가정하여 평가된 100WLM 당 통합 ERR은 0.59였다[542]. 이 통합분석은 총 60,606명 광부 중 2,674 폐암사망에 근거한다. 이러한 조사 중 8개 집단은 우라늄 광부로, 나머지는 주석과 형석광과 철광산의 광부였다. 폐암 비율은 일반적으로 축적 라돈 노출량에 비례하여 증가하였다. 그러나 다른 조사(콜로라도 일대)에서는 폐암 비율은 중간 축적 노출량은 증가했지만 높은 축적 노출량에서는 감소하였다. 이 조사의 3,200WLM 이상의 축적 노출량 증례를 제외하면 11 코호트 모두에서 축적 노출량이 증가함에 따라 거의 선형으로 폐암 비율이 증가하였다. WLM 당 폐암 사망률 증가(%)는 노출 후 시간 변화, 노출 후 4~15년이 가장 높았다. 또한, 이 사망률 증가(%)는 노출된 개인의 나이에 따라 변화하였다. 즉, 노출시 연령이 젊으면 젊을수록 사망률 증가(%)는 높아졌다. BEIR VI 연구의 또 다른 발견은 비교적 낮은 라돈 농도마다 노출된 광부는 고농도의 라돈 농도에 노출된 광부와 비교하여 WLM 당 폐암 사망 증가율(%)이 높았다[543].

국제방사선방호위원회(ICRP)는 광부에 대한 역학연구 통합분석에 근거하여 라돈과 자핵종 유발 폐암의 생애초과절대위험 5×10^{-4}/WLM(또는 mJh/m^3 당 14×10^{-5}Bqh/m^3 당 8×10^{-10})을 제시하였다[316]. 이것은 백그라운드 선량률과 광부 코호트 연구들의 통합분석[544][545]에서 도출된 위험모델에 근거한 것이다.

---

[540] WHO, 2009. WHO Handbook on Indoor Radon: a Public Health Perspective. WHO Press, Geneva.
[541] Lubin, J., Boice, J.D., Edling, J.C., et al., 1994. Radon and Lung Cancer Risk: A Joint Analysis of 11 Underground Miner Studies. Publication No. 94-3644. US National Institutes of Health,
[542] ICRP Publication 115. Lung Cancer Risk from Radon and Progeny(이재기 역. ICRP 간행물 115 라돈과 자핵종에 의한 폐암위험. 대한방사선방어학회, 2011)
[543] WHO, 2009. WHO Handbook on Indoor Radon: a Public Health Perspective. WHO Press, Geneva.
[544] NRC, 1999. Health Effects of Exposure to Radon. BEIR VI Report. National Academy Press, Washington, DC.
[545] Tomášek, L., Rogel, A., Tirmarche, M., et al., 2008. Lung cancer in French and Czech uranium miners -risk at low exposure rates and modifying effects of time since exposure and age at exposure. Radiat. Res. 169, 125-137

BEIR VI[546] 보고서가 발표된 이후 체코 West Bohemian과 캐나다 Newfoundland[547] 과 Eldorado[548][549], 미국 Colorado Plateau[550], 프랑스 CEA-COGEMA 광산[551][552][553][554]에 대해 새로운 결과들이 발표되었다. 2006년UNSCEAR 보고서[555]는 미국 New Mexico와 호주 연구를 제외하고 126,000명부를 포함한 9개 연구로부터 가용한 역학적 결과에 대한 포괄적 검토를 제공했다. 여기에서도 100 WLM 당 가중평균 ERR은 0.59(95% CI 0.35-1.0)였다.

UNSCEAR 2006 보고서 이후 체코와 프랑스 광부 코호트에 대한 통합분석 결과가 발표되었다. 이 분석은 비교적 낮은 누적피폭(평균 46.8 WLM)을 받았고 비교적 오래 추적한 (평균 약 24년) 광부 10,100명을 포함한다. 100 WLM 당 평가된 ERR은 1.6(95% CI 1.0-2.3)이었다[556][557][558].

---

546) NRC, 1999. Health Effects of Exposure to Radon. BEIR VI Report. National Academy Press, Washington, DC.
547) Villeneuve, P.J., Morrison, H.I., Lane, R., 2007. Radon and lung cancer risk: an extension of the mortality follow-up of the Newfoundland fluorspar cohort. Health Phys. 92, 157-169.
548) Howe, G.R., 2006. Updated Analysis of the Eldorado Uranium Miner's Cohort: Part I of the Saskatchewan Uranium Miner's Cohort Study. RSP-0205. Columbia University, New York.
549) Lane, R.S., Frost, S.E., Howe, G.R., et al., 2010. Mortality (1950-1999) and cancer incidence (1969-999) in the cohort of Eldorado uranium workers. Radiat. Res. 174, 773-785.
550) Schubauer-Berigan, M.K., Daniels, R.D., Pinkerton, L.E., 2009. Radon exposure and mortality among white and American Indian uranium miners: an update of the Colorado Plateau cohort. Am. J. Epidemiol. 169, 718-730.
551) Rogel, A., Laurier, D., Tirmarche, M., Quesne, B., 2002. Lung cancer risk in the French cohort of uranium miners. J. Radiol. Prot. 22, A101-A106.
552) Laurier, D., Tirmarche, M., Mitton, N., et al., 2004. An update of cancer mortality among the French cohort of uranium miners: extended follow-up and new source of data for causes of death. Eur. J. Epidemiol. 19, 139-146.
553) Vacquier, B., Caer, S., Rogel, A., 2008. Mortality risk in the French cohort of uranium miners: extended follow-up 1946-1999. Occup. Environ. Med. 65, 597-604.
554) Vacquier, B., Rogel, A., Leuraud, K., et al., 2009. Radon-associated lung cancer risk among French uranium miners: modifying factors of the exposure-risk relationship. Radiat. Environ. Biophys. 48, 1-9.
555) UNSCEAR, 2009. UNSCEAR 2006 Report, Annex E. Sources-to-Effects Assessment for Radon in Homes and Workplaces. United Nations, New York.
556) Tirmarche, M., Laurier, D., Bergot, D., et al., 2003. Quantification of Lung Cancer Risk After Low Radon Exposure and Low Exposure Rate: Synthesis from Epidemiological and Experimental Data. Final Scientific Report, February 2000-July 2003. Contract FIGH-CT1999-0013. European Commission DG XI, Brussels.
557) Tomášek, L., Rogel, A., Tirmarche, M., et al., 2008. Lung cancer in French and Czech uranium miners-risk at low exposure rates and modifying effects of time since exposure and age at exposure. Radiat. Res. 169, 125-137.
558) ICRP Publication 115. Lung Cancer Risk from Radon and Progeny(이재기 역. ICRP 간행물 115 라돈과 자핵종에 의한 폐암위험. 대한방사선방어학회, 2011)

독일의 코호트는 동독 비스무토 회사에 고용된 총 59,001명의 남성으로 구성된 코호트 연구에서 첫 사망률 추적 조사 시점까지 2,388 명의 폐암 죽음이 발생하였다[559]. 독일 코호트는 BEIR VI위원회가 분석한 11 개 코호트를 모두 더한 것과 같은 규모를 가지고 있기 때문에 매우 중요하다. 또한, 광부는 모두 동일한 지리적 위치 및 사회배경을 공유하고 있었다. 또한 추적 조사 방법과 노출 평가 시스템도 일반적이다. 이 조사 모델에서는 WLM 당 폐암 사망률은 평균 0.21%(95% 신뢰 구간 : 0.18~0.24%) 증가하고, 그 값은 BEIR VI의 분석 값의 절반을 조금 웃도는 수치이다. BEIR VI 위원회가 사용한 노출-나이-농도 모델을 독일 일대에 적용시켜 보면, WLM 당 폐암 사망률 증가가 최대였던 것은 BEIR VI 모델은 5~15 년의 기간이었지만, 독일 일대에서는 15~24 년의 기간에 관찰되었다. BEIR VI 모델처럼 사망률의 증가는 고령자는 하락했지만, 연령에 따른 하락 기울기는 계속 감소하였다. 두 조사 집단도 단위 노출량 당 사망률 증가는 라돈 농도가 증가함에 따라 감소하여 15.0+ WL 노출은 0.5WL 미만에 비해 위험은 1/10로 감소하였다[560]. 전세계 지하광업 근로자 코호트 11개를 분석한 결과 프랑스의 우라늄 광업 근로자 코호트를 제외한 10개에서 모두 역관계 노출속도(inverse exposure rate)효과가 나타났다[561]. 특히 규모가 큰 코호트 7개에서는 통계적으로도 유의하게 총 누적노출량이 일정하다면 고농도로 짧은 기간 노출된 경우보다 저농도로 오랜 기간 노출된 경우 더 위험하지만, 50 WLM 이하에서는 이러한 효과가 나타나지 않았다.

ICRP 115에서는 ICRP 65에서 고려했듯이 라돈과 자핵종 피폭으로부터 폐암치사의 생애초과절대위험(LEAR)[562]평가에 초점을 두며 특정국가에 해당하는 기저율을 위해 도출된 평가치는 배제했다. 개별 연구보다는 통합분석에서 도출된 모델에 우선을 두었다.

ICRP 103[563]에 있는 기저율에 ICRP 65와 같은 위험계수를 적용하여 Tomášek 등은 WLM 당 폐암 LEAR을 2.7×10^{-4}으로 계산했다. 이 비교는 ICRP 60에서 ICRP 103으

---

559) Grosche, B., Kreuzer, M., Kreisheimer, M.A., 2006. Lung cancer risk among German male uranium miners: a cohort study, 1946-.1998. Br.J. Cancer 95, 1280-1287.
560) WHO, 2009. WHO Handbook on Indoor Radon: a Public Health Perspective. WHO Press, Geneva.
561) Lubin JH, Boice Jr. TD, Edling C, et al. Radon exposed underground miners and inverse dose rate(protraction enhancement) effects. Health Phy 1995; 69:494-500
562) 초과절대위험EAR : 방사선피폭으로 인한 초과위험이 선량에 의존하지만 기저의 자연적 또는 백그라운드 위험과는 독립적인 증분으로 기저위험에 더해진다는 가정에 근거한 위험 표현법. 이 보고서에서는 폐암의 생애초과절대위험이 계산된다. 생애위험lifetime risk : 한 개인에게 주어진 연령까지 누적 위험, 이 보고서에서 사용하는 생애위험 평가치는 만성피폭 시나리오와 연계하여 WLM 당 1만 인-년 당 사망자 수로 표현되는 생애초과절대위험이다(때로는 방사선기인초과사망으로 불린다). 이 보고서는 따로 설명하지 않으면 생애기간은 다른 ICRP 간행물에서처럼 90년으로 하며, (직무피폭에 대한) 시나리오는 ICRP 65(1993)에 제안된 것처럼18세부터 64세까지 연간 2 WLM로 일정하게 낮은 준위 피폭이다.
563) ICRP, 2007. The 2007 Recommendations of the International Commission on Radiological Protection. ICRP Publication 103. Ann. ICRP 37(2-4).

로 참조집단의 암 기저율 수정이 평가된 LEAR에 작은 영향만 미침을 보여준다. ICRP 65와 같은 피폭 시나리오와 ICRP 103의 기준 기저율을 사용하여 Tomášek 등은 BEIR VI의 노출 후 경과시간(TSE)-연령-농도 모델(NCR 1999)도 이용하여 LEAR을 계산하기도 했다. 이 모델은 11개 광부 코호트 데이터의 통합분석에 의존하고 도달연령, TSE 및 피폭률의 수정효과를 고려한다. 이 모델을 기반으로 평가된 LEAR은 WLM 당 5.3 X 10-4이었다[564].

BEIR VI위원회는 유효한 몇 광부 조사에서는 흡연의 정보를 얻을 수 있으며, 그 조사에서는 WLM당 폐암 사망률은 평균 0.53%(95% 신뢰 구간 :0.20~1.38%) 증가하였다. 이 값은 BEIR VI위원회가 사용한 11개 연구 전체에서 얻은 평균값과 근사하였다. 한 번도 흡연하지 않은 사람(평생 비 흡연자)과 흡연 경험자(현재 흡연자와 금연자)로 나누어 분석하면 WLM당 폐암 사망률의 증가는 평생 비흡연자에서 1.02%(95% 신뢰 구간 :0.15~7.18%), 흡연 경험자는 0.48%(95% 신뢰 구간 :0.18~1.27%)이었다. WLM당 폐암 사망률의 증가는 비흡연자가 흡연 경험자보다 크지만, 그의 차이는 통계적으로 유의하지 않았다[565].

독일 코호트는 일반적으로 흡연 습관의 정보는 수집하지 않았다. 그러나 1990 년대에 특정 여러 병원에서 진단을 받은 독일 우라늄 광산 회사의 전 직원에 대해 폐암에 관한 증례 대조 연구가 실시되었다[353]. 이 조사에서도 WLM당 폐암 사망률 % 증가는 평생 비흡연자가 금연자보다 높고, 금연은 현재 흡연자보다 높았다(현재 흡연자 : 0.05% (95% 신뢰 구간 :0.001~0.14 %), 금연자: 0.10%(95% 신뢰 구간 :0.03~0.23 %), 평생 비흡연자 : 0.20%(95% 신뢰 구간:0.07~0.48%)).

WLM당 폐암 사망률 % 증가가 실제로 평생 비흡연자와 흡연 경험자가 다른 여부는 문제이지만, WLM당 절대 사망률은 현재 흡연자가 평생 비흡연자 보다 계속 높은 것에 주목해야한다. 그 이유는 일정한 라돈 농도에 노출된 흡연자는 비흡연자에 비해 폐암 사망률이 높다는 사실에 있다.

---

564) ICRP Publication 115. Lung Cancer Risk from Radon and Progeny(이재기 역. ICRP 간행물 115 라돈과 자핵종에 의한 폐암위험. 대한방사선방어학회, 2011)
565) NRC, 1999. Health Effects of Exposure to Radon. BEIR VI Report. National Academy Press, Washington, DC.

23. 도장작업[566]

(1) 정의

도장작업은 제품을 보호하거나 아름답게 보이기 위하여 도료를 제품표면에 얇게 칠하고 굳히는 과정을 말한다. 이러한 보호 및 미장을 위해서 뿐만 아니라 전기전도, 반전도, 오염방지, 방화, 온도변화를 표시 하는 도장, 자기도장 등의 특수한 목적을 위하여 도장작업을 하기도 한다.

도장공은 도료에 포함된 수많은 화학물질에 노출된다. 도료는 안료, 결합제[567], 용제의 세 가지 주요 화합물로 구성된다. 안료는 도료 무게의 20~60%를 차지한다. 이들 안료 성분 중에는 국제암연구기구(IARC)에서 1군 발암물질로 분류하고 있는 것들이 있다. 안료는 결합제(또는 수지)에 퍼지며 이는 도료가 건조될 때 표면에 부착되게 한다. 크롬화합물은 밝은색 도료의 색소로 사용되며 스프레이 도장 작업 시에 흡입노출로 인하여 폐암에 걸릴 수 있다. 결합제는 도료 표면을 방어하고 광택을 결정한다. 초기의 결합제는 아마나 콩기름과 같은 자연물질로 만들어진 것으로 어떤 유성 도료에는 여전히 존재한다.

콜타르 함유도료나 타르에폭시 도료 등 콜타르를 함유하는 도료를 장기간 다루면 폐암에 걸릴 수 있다. 도료의 사용에 따라 포함되는 부가물로는 두껍게 하는(진하게 하는) extenders, 건조 약품, 살충제, 살균제, 평평하게 하는 약품, 방취제, 부식을 방지하는 약품, 화염방지물질 등이 있다. 또한 도료의 성질에 따라 가소제, 경화제, 피막방지제, 방부제등의 첨가제를 넣게 된다.

도장공에서는 방광과 다른 비뇨생식기계암, 다발성 골수종, 폐암, 위암의 위험이 증가한다. 그러나 도료 성분의 복잡성과 다양성 때문에 어떤 물질이 원인인지 밝혀내는 일이 쉽지 않다.

(2) 도료의 구성성분

도장공정에서 사용되는 페인트의 종류는 서로 다르기 때문에 발생되는 유해인자의 성분도 약간씩 다르다. 그러나 대부분의 유해인자는 지방족탄화수소, 방향족탄화수소, 알코올류, 케톤류, 글리콜, 에스테르, 염화탄화수소 등의 유기용제와 안료와 각종 첨가제 속에 포함되어 있는 납, 크롬, 카드뮴, 니켈 등의 중금속, 그리고 기타 수지 및 첨가제 속에 들어 있는 합성수지 계통의 유해인자들이 문제되고 있다.

---

566) 김수근 외 10, 앞의 연구보고서, 332면.
567) 고분자물질은 보통 중합유, 수지, 섬유소, 고무유도체 등의 성분으로 이루어지는데 도료의 용도나 도장법에 따라 다른 종류의 성분을 함유하게 되며 그에 따라 사람에게 미치는 건강장해도 달리 나타나게 된다.

우리들이 흔히 말하는 페인트(도료)의 구성성분을 보면 주로 착색도막의 두께, 도막의 강인성, 내구성 등을 목적으로 첨가되는 각종 수지와 안료 그리고 각종 특수한 용도를 목적으로 첨가되는 보조제(첨가제) 등으로 구성되어 있다. 이와 같은 도료를 이용하기 위해서는 흔히 말하는 신나와 같은 용제를 이용하여 적당한 점도 상태를 가지는 도료로 희석하여 사용하게 되는데 바로 이러한 용제에 각종 유기용제를 첨가하게 된다.

색을 내기 위해 첨가되는 안료는 유기안료와 무기안료로 나뉘어지는데 이중 무기안료(납, 크롬, 아연화합물등의 중금속, 흑연)는 내후성, 은폐력 등이 뛰어나 널리 사용된다. 이러한 중금속 안료들은 도장이 되어있는 상태에서는 유해성이 거의 나타나지 않지만 도장을 하는 과정에서는 안개상태로 떠다니며 작업자들의 입이나 코를 통해 몸 안에 흡입될 수 있다.

도료를 제조하는 과정에는 안료, 증량제, 결합제, 유기용제 및 첨가제 등 수많은 화학물질을 사용한다. 주로 사용되는 유기 용매는 톨루엔, 자일렌, 지방 족 화합물, 케톤, 알코올, 에스테르, 글리콜 에테르 등이다. 비록 자유 방향족아민(free aromatic amines)은 양적으로 중요하지 않지만, 3,3'-디클로로벤지딘(3,3'- dichlorobenzidine)를 함유하고 있는 아조안료가 가장 일반적으로 사용된다. 석면은 1990년대 초반까지 페인트 및 장식 코팅 충전제로 사용되었다. 그 것들은 여전히 일부 국가에서 사용되고 있지만, 벤젠, 다른 용제, 프탈레이트 (가소제), 크롬과 납 산화물 등 여러 가지 유해 화학 물질들은 페인트 내에서 줄이거나 다른 것으로 대체되고 있다. 수성 페인트와 분말 코팅의 사용 증가는 이러한 경향을 촉진하고 있다. 새로운 페인트 제법에서는 독성이 낮은 용매, 중화제(neutralizing agents), 아민 등 그리고 살균제가 포함되어 있다.

도장공들은 페인트를 제조할 때에 사용된 화학 물질에 노출될 가능성이 있다. 디클로로메탄(dichloromethane)은 목재나 급속 제품의 표면으로부터 페인트를 제거할 때 노출된다. 디이소시아네이트는 결합제의 한 성분이므로 도장장업을 할 때에 노출될 수 있다. 실리카는 표면 처리에 사용된다. 도장공은 건축공사를 할 때에 주변 작업자로서 석면 또는 결정형유리규산에 노출 될 수 있다. 페인트를 제거할 때에는 안료나 충진제에 노출되나 도장작업을 할 때에는 주로 유기용제에 노출된다. 과거의 노출수준은 자주 노출기준을 초과하였지만, 시간이 지남에 따라 많이 감소하였다.

흡입은 가장 주요한 흡수 경로이고 다음으로 피부이다. 도장공은 호흡보호구와 보호장갑 등 피부보호구를 적절하게 선택하여 착용하여야 실질적인 흡입을 줄일 수 있다. 페인트 구성성분에 대한 생물학적 모니터링은 혈액이나 소변에서 이들의 대사산물이 증가한 것을 보여준다.

(3) 발암성

도장작업자는 안료, 확장제, 결합제, 용제 및 첨가제 등 다양한 화학물질과 결정형유리규산 및 석면 등에도 노출될 수 있다. 코호트나 자료 결합 연구 등에서 일반인구집단에 비하여 도장공에서 폐암의 증가가 일관되게 관찰되었다. 흡연을 통제한 코호트 연구는 없었지만 흡연을 통제한 환자-대조군 연구에서도 일관되게 폐암 발생이 증가하였다[568].

도료에 포함되어 있는 화학물질 중의 일부는 발암물질 또는 돌연변이 물질로 알려져 있다. 벤조피렌(Benzo[a] pyrene)은 carbon black 염료에 들어있는 불순물로 영국의 굴뚝 청소부에서 음낭암을 일으킨 발암물질로 알려져 있는 물질이다. 카본 블랙 그 자체에 관한 연구에서는 발암 위험이 증가하지 않았다. 도장공의 이러한 탄화수소에의 노출은 소량이지만, 벤젠이나 염소계 탄화수소 (사염화탄소, 클로로포름, 테트라클로로에틸렌, 트리클로로에틸렌)등의 유기 용제는 발암물질로 밝혀졌다. 최근 연구에 따르면, 페인트의 직업적 노출은 폐, 방광, 췌장, 림프조혈계 암 등 여러 종류의 암 발생 위험이 증가될 수 있다[569]. 이러한 연구 결과는 1989년 국제암연구기구(International Agency for Research on Cancer)의 보고서에서 도장작업을 발암인자로 분류한 것과 일치하며, 이러한 근거를 추가하는 것이다.

1) 폐암

폐암은 전 세계적으로 가장 흔한 암이고 남자에서는 가장 많이 사망하는 암이다. 국제암연구기구(IARC)에서는 남성에서 매년 90만건 이상 여성에서는 33만건 이상의 폐암이 발생한다고 추정하였다[570]. 선진국에서 폐암 부담의 약 90%가 흡연에 기인하고 흡연은 다른 폐암 인자와 독립적 또는 상승적인 작용을 한다[571][572]. 사업장에서 노출되어 폐암을 일으키는 발암인자로는 석면, 다환방향족탄화수소(polycyclic aromatic hydrocarbons), 비소, 베릴륨, 카드뮴, 크롬(VI) 및 니켈 화합물 등이 있다[573] 1999년 Steenland 등[574]이

---

568) Straif K, Baan R, Grosse Y, Secretan B, El Ghissassi F, Bouvard V, Altieri A, Benbrahim-Tallaa L, Cogliano V. Carcinogenicity of shift-work, painting, and firefighting. Lancet Oncol 2007;8(12):1065-6.

569) Brown LM, Moradi T, Gridley G, Plato N, Dosemeci M, Fraumeni JF., Jr Exposures in the painting trades and paint manufacturing industry and risk of cancer among men and women in Sweden. J Occup Environ Med. 2002;44:258-64.

570) IARC (International Agency for Research on Cancer). 2003. World Cancer Report (Stewart B, Kleihues P, eds).

571) Peto R, Lopez AD, Boreham J, Heath C, Thun M, eds. 1994. Mortality from Tobacco in Developed Countries, 1950-2000. Oxford, UK:Oxford University Press.

572) Boffetta P, Trichopoulos D. 2002. Cancer of the lung, larynx and pleura. In: Textbook of Cancer Epidemiology. New York:Oxford University Press, 248-280.

573) IARC (International Agency for Research on Cancer). 2008. World Cancer Report (Boyle P, Levin B, eds). Lyon, France:IARC Press, 9-510.

도장공 57,000명을 대상으로 한 연구와 2002년 Bouchardy 등[575]이 스위스 암등록 자료를 이용하여 직종별 암발생을 분석한 대규모 연구를 포함하여 메타분석을 실시하였을 때, 폐암의 초과위험이 약 20%이었다.

도장공에 대한 17건의 코호트와 연계 연구(linkage studies)폐암에 대해서 중등도의 강도(36%)로 일관성 있게 증가하는 것을 보여주었다. 이들 연구 중에서 3건은 흡연을 보정하고도 일관성 있게 폐암의 증가를 보여주었다[576]. 이와 같이 도장공에서 폐암의 증가 발생률과 사망의 증가는 국제암연구기구(IARC)로 하여금 1989년에 도장작업을 1군 발암인자로 분류하게 하는 근거가 되었다[577]. 도장공은 아직까지 특정 발암성에 대해서 확인되지는 않았지만, 호흡기 와 피부를 통해서 석면이 함유된 활석, 6가 크롬, 염화 유기용제류(chlorinated solvents) 및 카드뮴 등 이미 알려진 많은 발암인자에 노출된다[578].

이러한 초과발생은 흡연을 보정한 환자-대조군 연구결과와 일치한다. 도장공의 폐암에 관한의 29건의 환자-대조군 연구결과 평가에서 폐암의 초과 위험은 일관성을 보였다. 이 중에 3건을 제외하고는 교차비가 2 이상이었고 14건은 통계적으로 유의하게 증가하였다. 흡연을 보정한 환자-대조군 연구에서는 50%이상 증가하였다. 메타분석을 한 결과 초과위험은 35%이었다. 중피종 사망은 석면이 페인트에 함유된 페인트를 사용한 도장공에서 경계역의 초과위험이 일관성 있게 관찰되었다[579][580][581].

2) 방광암

도장공 코호트 연구에서 방광암은 약 20~25% 일관되게 증가하였고, 흡연을 통제한 환자-대조군 연구에서도 유사한 증가가 관찰되었다[582][583][584].

---

574) Steenland K, Palu S. Cohort mortality study of 57,000 painters and other union members: a 15 year update. Occup Environ Med 1999;56:315-21.
575) Bouchardy C, Schüler G, Minder C, Hotz P, Bousquet A, Levi F, Fisch T, Torhorst J, RaymondL. Cancer risk by occupation and socioeconomic group among men?a study by the Association of Swiss Cancer Registries. Scand J Work Environ Health 2002;28:1-88.
576) IARC (International Agency for Research on Cancer). In press. Shift-work, painting and fire-fighting. IARC Monogr Eval Carcinog Risks Hum 98.
577) IARC (International Agency for Research on Cancer). 1989. Occupational exposures in paint manufacture and painting. IARC Monogr Eval Carcinog Risk Hum 47:329-442.
578) Straif K, Benbrahim-Tallaa L, Baan R, Grosse Y, Secret-an B, El Ghissassi F, et al. 2009. A review of human carcinogens—part C: met als, arsenic, dusts, and fibres. Lancet Oncol 10:453-454.
579) IARC (International Agency for Research on Cancer). In press. Shift-work, painting and fire-fighting. IARC Monogr Eval Carcinog Risks Hum 98.
580) Peto J, Hodgson JT, Matthews FE, Jones JR. Continuing increase in mesothelioma mortality in Britain. Lancet 1995;345:535-39.
581) Brown LM, Moradi T, Gridley G, Plato N, Dosemeci M, Fraumeni JF Jr. Exposures in the painting trades and paint manufacturing industry and risk of cancer among men and women in Sweden. J Occup Environ Med 2002;44:258-64.

국제암연구기구(IARC)는 방광암은 전 세계적으로 9번째로 흔한 암으로 평가하고 있다. 매년 33만 건의 새로운 방광암이 발생하고 13만 명이 사망한다[585]. 방광암의 가장 대표적인 위험인자는 흡연이며, 선진국에서 남자에서 발생하는 새로운 방광암 중에 66%와 여성에서 30%가 흡연 때문이라고 하였다[586)587]. 이러한 위험도는 담배에 2-나프틸아민(2-naphthylamine), 4-아미노바이페닐(4-aminobiphenyl), 4-클로로-오르토-톨루이딘(4-chloro-ortho-toluidine)과 같은 방향족 아민이 존재하기 때문일 가능성이 높다[588].

담배 흡연에 의한 혼란 가능성이 이러한 코호트 연구에서 배제할 수 없었지만, 도장공에서 방광암은 일관성 있게 발생율과 사망률이 증가하였다. 환자-대조군에서도 도장공에서 방광암의 위험도는 다소 덜 일관성을 보였지만, 증가하였고, 흡연을 보정한 후에도 유의하게 증가하였다[589].

3) 림프조혈계암과 기타

도장공의 코호트 연구에서 통계적으로 유의하게 증가된 암 종으로는 인암, 식도암, 간암 등이 있다. 이들은 흡연 및 음주와 관련이 강한 암 종들이다.

많은 도장공의 림프조혈계암의 위험도를 평가한 환자-대조군 연구가 있었지만 일관성을 보이지 않았다. 그러나 5개 환자-대조군 연구 중 4개에서 어머니가 도장 작업에 노출된 경우 어린이에서 백혈병이 유의하게 증가하였다. 특히 임신 전이나 임신 중 노출이 임신 후 노출보다 백혈병 위험이 더 컸고, 2건의 연구에서는 노출이 증가함에 따라 발병 위험도가 증가하는 증거를 보여주었다[590)591].

---

582) Steenland K, Palu S. Cohort mortality study of 57,000 painters and other union members: a 15 year update. Occup Environ Med 1999;56:315-21.

583) Bouchardy C, Schüler G, Minder C, Hotz P, Bousquet A, Levi F, Fisch T, Torhorst J, RaymondL. Cancer risk by occupation and socioeconomic group among men?a study by the Association of Swiss Cancer Registries. Scand J Work Environ Health 2002;28:1-88.

584) Silverman DT, Levin LI, Hoover RN, Hartge P. Occupational risks of bladder cancer in the United States: I. White men. J Natl Cancer Inst 1989;81:1472-80.

585) IARC. World cancer report. In: Stewart B, Kleihues P, eds. Lyon, France: IARC Press, 2003.

586) Brennan P, Bogillot O, Cordier S, et al. Cigarette smoking and bladder cancer in men: a pooled analysis of 11 case-control studies. Int J Cancer 2000;86:289-94.

587) Brennan P, Bogillot O, Greiser E, et al. The contribution of cigarette smoking to bladder cancer in women (pooled European data). Cancer Causes Control 2001;12:411-17.

588) IARC. World Cancer Report 2008. In: Boyle P, Levin B, eds. Lyon: International Agency for Research on Cancer, 2008.

589) Neela Guha, Nelson Kyle Steenland, Franco Merletti, Andrea Altieri, Vincent Cogliano, 1Kurt Straif. Bladder cancer risk in painters: a meta-analysis. Downloaded from oem.bmj.com on June 4,2013 - Published by group.bmj.com

(4) 발암성 분류

국제암연구기구(IARC)는 도장공으로서의 직업적 노출이 폐암 및 방광암 발생에 충분한 증거가 있다는데 근거하여 도장작업을 Group 1으로 분류하였다. 또, 어머니가 임신 전이나 임신 중 도장작업을 한 경우 태어난 어린이에서 백혈병이 증가한다는 제한적 증거가 있다는 결과도 제시하였다[592].

우리나라는 도장공에서 발생한 암이 다수 업무상 질병으로 인정되었는데, 도장공의 방광암 인정사례는 없으며, 폐암은 몇 건이 있었는데 주로 6가크롬, 다환방향족탄화수소 등의 노출에 의한 것으로 추정하였다[593]. 안연순[594]은 우리나라는 많은 도장공이 있는 만큼 관련하여 코호트를 구축하여 폐암, 림프조혈기계암 등 다양한 암과 관련한 최근의 쟁점 등에 대한 연구를 수행하여 학문적으로 발전을 도모할 필요가 있다고 하였다.

국제암연구기구의 평가에 따르면 도장공의 폐암과 방광암에 대해서 업무관련성을 인정할 수 있으나 1970년대 이전의 도료를 사용한 도장공들을 대상으로 한 연구들이라는 점, 특정 발암인자가 확인되지 않았다는 점 그리고 초과 위험도가 중등도 정도(20~30%)라는 점을 고려하여 앞으로 도장공의 폐암과 방광암의 업무관련성 평가를 하여야 할 것이다.[595]

24. B형 또는 C형 간염바이러스[596]

(1) 정의

간염이란 간세포 조직에 염증이 생기는 질환을 의미하며, 중요한 원인 중 하나가 바이러스에 의한 감염이다. 대부분의 간암은 B형 간염 바이러스(Hepatitis B virus : HBV)나 C형 간염 바이러스(Hepatitis C virus, HCV)의 장기간의 감염[597]으로 생긴다. 한국인

---

590) Shu XO, Stewart P, Wen WQ. Parental occupational exposure to hydrocarbons and risk of acute lymphocytic leukemia in offspring. Cancer Epidemiol Biomarkers Prev 1999;8:783-91.
591) Schüz J, Kaletsch U, Meinert R, Kaatsch P, Michaelis J. Risk of childhood leukemia and parental self-reported occupational exposure to chemicals, dusts, and fumes: results from pooled analyses of German population-based case-control studies. Cancer Epidemiol Biomarkers Prev 2000;9:835-8.
592) Straif K, Baan R, Grosse Y, Secretan B, El Ghissassi F, Bouvard V, Altieri A, Benbrahim-Tallaa L, Cogliano V. Carcinogenicity of shift-work, painting, and firefighting. Lancet Oncol 2007;8(12):1065-6.
593) Lim JW, Park SY, Choi BS. Characteristics of occupational lung cancer from 1999 to 2005. Korean J Occup Environ Med 2010;22(3):230-9. (Korean)
594) 안연순. 직업성 암의 최신 지견. 대한직업환경의학회지 제 23 권 제 3 호 (2011년 9월) Korean J Occup Environ Med, 2011;23(3):235-252
595) 김수근 외 10, 앞의 연구보고서, 2013, 344면.
596) 김수근 외 10, 앞의 연구보고서, 345-346면.
597) '감염'이란 병원체가 사람 몸에 침입하여 증식하는 상태를 말하며, 감염으로 인해 증상이 생길 수도 있고(현성감염), 증상은 없지만 여전히 병원체에 감염되어 있는 경우(불현성감염)도 있다. 감염의 대부분은 몸의 면역반응을 통해 또는 치료를 통해 병원체가 사멸되면서 증상이 없어지지만, 드물게는 병원체가 사멸되지 않고 체내 일부에 지속적

에서 가장 흔한 감염은 B형 간염 바이러스(Hepatitis B virus : HBV)가 원인이 되는 B형 간염이며 C형 간염 바이러스 (Hepatitis C virus : HCV)로 인한 C형 간염 또한 발견된다.

(2) 발암성

바이러스의 지속적인 감염에 의해 간세포에 장기간 염증과 재생이 반복되는 가운데, 유전자의 돌연변이가 쌓여 간암으로 진전에 중요한 역할을 하고 있다고 생각한다. 간염 바이러스에는 A, B, C, D, E 등 다양한 종류가 존재하지만, 간암과 관계가 있는 것은 주로 B, C의 두 종류이다.

간염 바이러스로 인한 만성 간염을 예방하지 못하면 간암이 발생할 수 있다. 대체로 HBV나 HCV 바이러스에 감염된 후 적어도 20년 내지 40년이 지난 후에 발견되기도 한다. 우리나라 간암 환자 100명 중 70명은 B형 간염 바이러스 때문에, 10명은 C형 간염 바이러스 때문에 암이 발생한다. 간염 바이러스는 간염을 유발하여 간세포에 손상을 일으킨다(급성 간염). B형 간염, C형 간염 환자의 경우는 특별한 치료 없이도 절 반 이상 완전 회복되거나 자연 치유된다. 그러나 일부 감염자는 만성 감염으로 간염 증상은 없지만 바이러스를 계속 가지고 있다. 수개월, 수년 동안 바이러스가 계속 활동성으로 작용하면 간세포는 점점 더 파괴되어 정상이 아닌 조직(반흔 조직)으로 변화되는데(만성 간염), 지속적 손상과 반흔 조직으로의 변환 과정이 반복되면 간경변증으로 진행 되후, 결국 간암으로 진행된다[598].

(3) 간염 바이러스의 감염경로[599]

B형 간염 바이러스(HBV)는 전세계에서 발생하는 간암의 80~85%를 차지하고 있는 무서운 바이러스로 한국인에게 가장 많이 노출된 바이러스다. 감염의 주된 경로는 주로 피 혹은 체액(피에 비하면 훨씬 적음)으로 전염되며 보균자의 3/4은 주로 출생 시에 감염되었거나, 유, 아동기에 감염된다.

B형 간염 바이러스의 경우 모자간 수직 감염이 가장 중요한 감염경로이다. 출생 시 감염(수직 감염이라고도 한다)은 주로 보균모의 피에서 신생아로 HBV가 감염되는 것이고 그 후에 보는 감염 경로는 수평 감염으로 깨물기 (어린이들), 칫솔 나눠 쓰기, 면도칼 나눠 쓰기, 문신, 소독 안된 주사 바늘 나눠 쓰기, 성교 등이다.

으로 생존하면서 아무런 증상을 유발하지 않는 경우(건강보균자)도 있다.
598) 김수근 외 10, 앞의 연구보고서, 2013, 346면.
599) 김수근 외 10, 앞의 연구보고서, 2013, 346면.

C형 간염 바이러스의 경우는 수혈이 가장 중요한 감염경로이다. HCV는 1989년에 발견되어 1992년 이후에야 혈액은행에서 HCV 검사를 한 후 수혈을 할 수 있게 되었는데 그 전에 수혈 받은 사람들 중 증상 없이 HCV에 감염되어 만성 간염 앓는 사람들이 많이 발견되고 있다. HCV는 HBV와 전염 경로는 주로 피를 통하는 점에서는 같으나 HBV가 출생 시 감염이 많은데 비해 HCV는 주로 과거에 수혈했다던가, 소독 안된 주사침 나눠 쓰는 일, 오염된 주사침이나 날카로운 기구에 찔리는 일 등으로 감염되는 일이 더 많다.

HCV에 걸린 사람들도 HBV에 감염된 사람들과 같은 과정을 밟아 보균상태 → 만성 간염 → 간경화 → 간암으로 진행하는데 만성 간염 환자에서 20%가 간경화로 되고 5~10%가 간암으로 진전한다. 다만 일단 HCV가 몸에 들어온 후 계속 감염되어 있는 소위 보균율은 100%고, 만성 간염은 70~80%에서 일어난다는 보고가 있다[600].

직업적으로 간염 바이러스에 감염되는 경우는 주사침 손상으로 인한 감염이다. 이것은 의사·간호사 등 의료종사자가 채혈 시 및 검사·처치·수술 등 간염바이러스를 가진 사람의 혈액이 있는 바늘을 실수로 자신의 피부에 찌르는 등의 자상사고에서 일어나는 감염이다. 사실, 문신을 넣은 사람과 마약 중독자는 간염 바이러스 감염이 높은 비율로 인정하고 있다.

(4) 예방[601]

간염 바이러스는 혈액이나 체액을 통해 전파되기 때문에 아래와 같은 경우를 주의해야 한다.

- 감염된 어머니의 혈액 속에 있는 바이러스가 출산 혹은 출산 직후 자녀를 감염(모자간 수직 감염)
- 오염된 혈액제제를 수혈 받거나 혈액 투석 받을 때
- 오염된 날카로운 기구, 바늘, 칼에 의한 시술(문신, 귀걸이, 피어싱 등)
- 오염된 주사기 공동 사용
- 감염된 환자와 면도기, 칫솔 등의 공동 사용
- 감염된 배우자와의 성관계

예방접종은 간염바이러스에 의한 감염증을 예방하고 암을 예방할 수 있다. 현재 B형 간염에 대한 예방 백신이 개발되어 있다. 우리나라에서는 영유아를 대상으로 B형 간염 정기 예방접종 프로그램이 시행되고 있어 보건소에서 무료로 접종받을 수 있다. 이를 통해 B형

---

600) 김수근 외 10, 앞의 연구보고서, 2013, 347면.
601) 김수근 외 10, 앞의 연구보고서, 2013, 348-349면.

간염은 물론 궁극적으로 간염과 관련된 암을 예방할 수 있다. C형 간염에 대해서는 아직 백신이 개발되지 않아 예방접종의 효과를 기대할 수는 없다. 간염에 걸리는 것을 예방하려면 다음과 같이 해야 한다.

- B형 간염 예방접종은 모든 신생아와 항원과 항체를 가지고 있지 않은 성인을 대상으로 시행하여야 한다.
- 감염된 임산부는 출산 전 반드시 의사의 검진을 받아야 한다.
- 오염된 날카로운 기구, 바늘, 칼에 의해 감염될 수 있으니 무자격자에 의한 시술을 받지 않도록 주의한다.
- 공동으로 주사기를 사용하는 행위는 하지 않아야 한다.
- 칫솔이나 면도기와 같은 개인 용품은 공용으로 사용하지 않아야 한다.
- 40세 이상으로 간경변증이나 간염 바이러스 항원을 가진 경우는 6개월마다 간기능 혈액검사와 초음파 검사를 받아야 한다.
- 금주, 금연, 적절한 영양 섭취 등 건강한 생활습관을 통해 간암을 예방할수 있다.
- 배우자가 간염 바이러스에 감염되어 있다면 성관계 시 반드시 콘돔을 사용한다.

간염 바이러스에 감염되면 "간암의 고위험군"으로 간주해서 대처해야한다. C형, B형 간염 바이러스에 감염된 사람(간염 발병하지 않은 경력 포함)은 간암에 걸리기 쉬운 "간암의 고위험군(고위험 그룹)"이다. 위험이 높은 사람은 간암이 발병해도 조기에 발견하여 치료할 수 있도록 정기적으로 검사를 받는 것이 필요하다. 또한 B형과 C형 간염 바이러스에 감염된 사람은 인터페론 등의 항 바이러스 치료에 의해 발암 가능성을 감소시키는 것으로 밝혀지고 있다. 알코올의 과다 섭취는 발암 가능성을 높이고 있기 때문에 주의가 필요하다.

간암의 고위험군에 해당하는 사람에 간암을 발생하지 않도록 예방 방법에 대해서도 연구가 진행되고 있다. 현 단계에서는 C형 간염의 경우 인터페론을 중심으로 한 치료가 이루어지고 있다. 최근에는 페그 인터페론이라는 새로운 인터페론과 리바비린이라는 인터페론의 효과를 높이는 내복약도 등장했다. 이러한 치료에 의해 발암을 억제하는 효과가 기대되고 있다. 또한 B형 간염의 경우, 복용하는 항 바이러스 약물인 라미부진이나 엔테카비루가 발암 기간이나 간경변으로 진행을 억제했다는 보고도 있다. 그러나 모두 아직 충분한 결정적 수단이 없는 것이 현실이다.

III. 고용노동부 고시에서 표기된 발암물질[602]

1. 가솔린

일련번호	유해물질의 명칭		화학식	노출기준				비 고 (CAS번호 등)
	국문표기	영문표기		TWA		STEL		
				ppm	mg/m³	ppm	mg/m³	
1	가솔린	Gasoline	-	300	-	500	-	[8006-61-9] 발암성1B (가솔린 증기의 직업적 노출에 한함), 생식세포변이원성1B

(1) 가솔린이란?

가장 널리 알려진 석유제품으로 휘발유라고도 한다. 이것은 원유를 분별증류하여 얻는다. 끓는점이 50~200℃인 무색의 투명한 가연성 휘발성 액체로 특유한 냄새가 난다. 상온에서 증발하기 쉽고 인화성이 좋아 공기와 혼합되면 폭발성을 지닌다. 가솔린은 수백 가지의 다양한 6~10개 정도의 탄소를 가진 탄화수소의 혼합물이다.

휘발유는 무색투명하지만 용도를 밝히기 위해 흔히 붉은색의 착색제를 넣어서 판매한다.

가솔린은 연료로서 매우 효과적인 물질이지만, 불완전연소에 의해 뜻하지 않는 폭발을 일으킬 위험이 있다. 따라서 원치 않는 폭발을 방지하기 위해 사에틸납(tetraethyl lead)[603]과 같은 내폭제를 조금 첨가하여 사용한다. 내폭제는 앤티노크제(antiknock agent)라고도 하며 연료의 완전연소를 도와 열효율을 높여주는 물질을 말한다.[604]

---

602) 화학물질 및 물리직 인자의 노출기준(고용노동부고시 제2020-48호)
603) 납성분은 연소되지 않고 빠져 나와 공기를 오염시키기도 하고, 독성이 강해 기관지나 피부, 점막 등을 통해 인체에 흡수되면 중독증세를 나타내고 심하면 죽을 수도 있다. 즉, 연료의 효율을 높이는 데에는 좋은 물질로 평가받고 있지만 환경적 측면에서는 이롭지 못한 물질이다. 이에 대한 방안으로 사에틸납 대신 MTBE라는 물질을 내폭제로 사용하도록 했고, 그 결과 대기오염의 심각한 원인이던 자동차 배기가스의 문제를 어느 정도 해결할 수 있게 되었다. 내폭제로 사에틸납을 사용하는 가솔린을 흔히 유연휘발유, MTBE를 사용하는 휘발유를 무연휘발유라고 한다. 1993년 1월 1일부터 인체에 해로운 유연휘발유는 사라지고 모두 무연휘발유를 사용하고 있다.
604) 두산백과. 가솔린; http://terms.naver.com/entry.nhn?cid=200000000&docId=1054812&mobile&categoryId=200000542

(2) 가솔린의 종류

① 직류가솔린은 원유산지에 따라서 파라핀계 탄화수소가 풍부한 것, 나프텐 성질의 것, 그리고 방향족 탄화수소를 다량으로 함유한 것 등의 3종이 있다.

② 분해가솔린은 경유나 중유와 같은 중질유를 분해하여 분자량이 보다 작은 가솔린을 제조한 것이다.

정유공장에서는 휘발유가 값이 비싸고 공해가 적기 때문에 원유에서 휘발유 성분을 더 많이 생산하기 위해서 열분해와 개질공정을 이용한다. 말하자면 원유중 큰 분자의 탄화수소를 작게 자르는 공정이다. 제올라이트나 백금 촉매 덕분에 지금은 원유의 거의 절반을 휘발유로 만들 수 있게 되었다.

휘발유에 곧은 사슬 모양의 탄화수소가 많으면 너무 쉽게 점화되어 노킹(휘발유의 기화 불량으로 엔진이 푸드득거리는 현상)을 일으킨다. 고리 모양의 벤젠이나 톨루엔을 넣으면 옥탄가가 어느 정도 올라가기는 하지만 발암성 물질이라서 문제가 된다.

1980년대까지는 휘발유의 옥탄가를 높이기 위해서 테트라에틸납을 첨가한 유연 휘발유를 사용했다. 납 화합물은 그 자체가 오염 물질일 뿐만 아니라 비싼 촉매전환장치를 망가뜨리기 때문에 지금은 사용이 금지되었다. 그대신 에테르 계통의 화합물인 MTBE를 7%까지 첨가한 무연 휘발유가 개발되었다. MTBE는 휘발유가 너무 빨리 점화되는 것을 막아주기 때문에 유용하다. 휘발성이 낮아서 인체와 환경에 더 안전한 ETBE도 개발되고 있다.

(3) 가솔린의 물리화학적 특성

가솔린은 60~70%는 파라핀계(alkanes), 6~9%는 올레핀계(alkenes) 그리고 25~30%는 방향족 탄화수소(benzene, toluene, ortho-가솔린)의 혼합물이다.

- **끓는점(760 mmHg)** : 처음에는 39℃, 60℃(10% 증류후), 110℃(50% 증류후), 170℃(90% 희석), 204℃(최종)
- **물에 대한 용해도** : 녹지 않음

(4) 용도 및 노출

- 기계나 바닥을 닦을 때 용제로 사용된다.
- 자동차, 항공기 등의 연료를 넣을 때 사용된다.
- 석유 화학의 원료로도 널리 쓰인다.
- 항공용휘발유는 프로펠러가 달린 경비행기의 연료로 사용되고 있다.

- 공업용휘발유는 드라이크리닝이나 고무공업용, 도료용, 세척용 등으로 사용되고 있다.
- 공업가솔린은 주로 용제로 쓰이는 것으로, 천연가솔린이나 직류가솔린 등의 정제도가 높은 것이 쓰인다. 용도에 따라 여러 가지 끓는점 범위에서 조제한다. 유지 등의 추출용 가솔린(60~110℃)·벤젠(30~150℃), 고무용제가 되는 고무용 가솔린(80~175℃), 페인트·니스 등의 희석제가 되는 미네랄스피리트(150~210℃) 등이 있다.
- 자동차가솔린은 직류가솔린에 분해가솔린·개질가솔린 등을 섞고, 다시 옥탄가를 높이기 위해 앤티노크제나 안정제를 첨가하여 제조한다.
- 항공가솔린은 점화식 내연기관을 가진 프로펠러기의 연료로서, 접촉분해 가솔린·개질가솔린·중합가솔린·알킬레이트 등을 혼합하여 사용한다.
- 제트연료는 항공가솔린과 전혀 다른 성상이 요구되고, 옥탄가와는 무관하며, 가솔린과 등유유분에 걸친 액상 탄화수소의 혼합체이다. 끓는점은 100~130℃가 많다.[605]

(5) 직업적 노출

주유소, 차량수리장, 가솔린 엔진 작업장, 모타 이동 운전, 파이프라인 작업, 정유소 작업, 탱크차 세척 등의 업종에서 직업적으로 노출될 수 있다.

석유 정제, 가솔린 운반 시, 지하 저장고의 유지에 관여할 때, 자동차, 항공기 등의 연료를 넣을 때, 또는 용제 취급공정(기계를 닦고 기름칠하는 경우)에서 노출된다.

주요 노출되는 업종은 다음과 같다.

- 연료 생산 및 공급업(자동차, 항공기, 각종 기계 등의 연료)
- 주유 및 정유업(파이프라인 작업 등)
- 차량 정비 및 수리업(엔진, 모타 이동운전 등)
- 세차업(탱크차등 연료를 실은 차량 세척)

1) 가솔린 제조(시료채취)

석유의 수소화 분해, 즉, 수소를 첨가하여 분해, 증류를 통하여 얻는다. 합성 이후 품질 관리를 위해 시료채취 과정에서 근로자에게 가솔린에 노출될 수 있다.

2) 가솔린 제조(현장점검)

석유의 수소화 분해, 즉, 수소를 첨가하여 분해, 증류를 통하여 얻는다. 합성 이후 공정에서부터 발생되며 각종 점검을 수행하는 현장운전원이 노출될 우려가 가장 높다.

---

605) 두산백과. 가솔린의 용도 분류. http://terms.naver.com/entry.nhn?cid=200000000&docId=1190556&mobile&categoryId=200000534

3) 가소홀(gasohol) 제조(혼합)

가솔린에 메탄올·에탄올 등의 알코올류를 10~20% 혼합한 연료이다[606]. 혼합하는 과정에서 작업자가 가솔린에 노출될 수 있다.

4) 연료로 사용(연소)

가솔린은 내연기관의 연료로서 사용된다. 이러한 내연기관의 운전 근로자에게 가솔린의 노출이 발생할 수 있는 가능성이 있다.

(6) 발암성

C4-C12 화합물질은 분자량이 큰 물질보다 휘발성이 크기 때문에 공기 중에 다량 함유되어 있다. 독성이 가장 강한 방향족 탄화수소의 공기 중 함량은 2% 이하로 감소되고 독성이 가장 낮은 저분자의 지방족 탄화수소의 함량은 90%로 증가한다. 증기에 함유되어 있는 벤젠이 가장 문제가 된다.

정유산업 근로자에서의 신장암에 대한 최근의 환자-대조군연구에 의하면 가솔린 증기의 노출은 신장암과 연관이 없었다. 영국과 캐나다에서의 가솔린 보급시스템 근로자들에서는 신장암과 백혈병의 많은 사례가 보고되었다. 그러나 이러한 사례들이 가솔린 노출과 통계적으로 연관성이 유의하지는 않았다.

가솔린은 동물실험결과 충분한 증거가 있는 인체 발암성 가능 물질로 동물실험에서 신장암, 백혈병 등을 일으키는 것으로 알려져 있다.

(7) 흡수 및 대사

혈액/가스 분배계수가 높은 탄화수소의 함량이 높아 흡입 시 폐로 빨리 흡수된다. 높은 친지방성을 가지고 있어 장관 표면에서 잘 흡수된다. 피부로의 흡수는 경구 섭취보다는 낮은 섭취율을 보인다. 혼합물에 대한 대사기전은 알려져 있지 않다.

일부 탄화수소가 간의 미세 효소계에 의해 분해되고 소변으로 배설된다. Alkanes은 상대적으로 안정하기 때문에 대사되지 않고 그대로 소변과 호기로 배설되며, 벤젠의 생물학적 지표인 페놀이 가솔린에 노출된 근로자에게서 높게 나온다는 보고가 있다.

---

[606] 이른바 오일쇼크 이후, 브라질이나 미국에서 가솔린 부족을 보충할 목적으로 사용하게 되었다. 메탄올이나 에탄올은 옥탄가는 높지만, 용적당 발열량이 가솔린에 비해 매우 낮기 때문에 가소홀의 용적당 발열량은 조금 낮다. 또한 알코올의 혼입에 의해 가솔린의 증기압·증류성상·연소배기조성 등이 변화하고 엔진 운전성능에 영향을 끼치며, 가소홀의 저장 중 수분이 혼입되면 상분리현상을 일으킬 가능성이 있다. 또한 엔진이 연료계통의 퍼킹, 그 밖의 재료를 손상할 염려도 있어 이런 문제들에 대한 기술적 대책 및 알코올의 경제적 공급체제를 준비하는 일이 필요하다.

(8) 발암성 분류

국제암연구기구(IARC)에서는 동물실험에서의 증거가 제한적이지만 가솔린에 벤젠과 1,3-부타디엔 성분이 들어 있는 것을 고려하여 가솔린을 인간에게 암을 일으킬 가능성이 있는 물질, 2B(Possibly carcinogenic to humans)로 분류하였다.

미국 산업위생전문가협회(ACGIH)에서는 A3(Confirmed Animal Carcinogen with Unknown Relevance to Humans)로 분류하였다.

미국 산업안전보건연구원(NIOSH)에서는 잠재적 발암물질로 추정하였다.

2. 내화성 세라믹섬유

일련번호	유해물질의 명칭		화학식	노출기준				비 고 (CAS번호 등)
				TWA		STEL		
	국문표기	영문표기		ppm	mg/m³	ppm	mg/m³	
23	내화성세라믹섬유	Refractory ceramicfibers (Respirable fibers)	-	-	0.2 개/cm³	-	-	호흡성, 발암성 1B (알칼리 산화물 및 알칼리토금속 산화물의 중량비가 18% 이하인 불특정 모양의 인공 유리규산 섬유에 한정함)

(1) 내화성 세라믹섬유(ceramic fibers)란?

내열성·내식성·내마찰성이 뛰어난 세라믹계 물질로 만든 섬유이다. 내화세라믹 섬유는 산화 알루미늄과 규소의 조합으로 만들며 내산성 규산염 유리섬유를 만드는 주요 성분이다. 내열성·내식성·내마찰성이 뛰어난 세라믹계 물질로 만든 섬유이다. 알루미나 실리카 (alumina silica)계의 물질을 녹여서 섬유로 만든다. 필요에 따라 붕산 글라스, 지르코니아(zirconia), 산화 크롬 등을 더한다. 2,000℃ 이상의 고온에서 원료를 용융하여 섬유로 만들며, 내화섬유로 사용된다[607].

상대적으로 매우 높은 온도(1,000-1,460℃)에서 사용이 가능하며, 낮은 열전도성, 매우 낮은 열식 질량, 열 충격에 강하고 낮은 밀도(경량)를 갖는다는 것이 주요 특징이다.

---

607) 패션전문자료사전. http://terms.naver.com/entry.nhn?cid=694&docId=280811&mobile&categoryId=696

(2) 용도 및 노출

- 섬유로 얻는 방법은 녹는점이 낮은 물질 또는 유리질의 경우에는 용융방사가 이용되고, 녹는점이 높은 물질의 경우에는 유기계 섬유에 무기물질을 수용액과 함께 담근 후 태워서 얻는 방법, 탄화규소섬유처럼 규소와 탄소를 포함하는 유기물로 섬유를 만든 후 열분해하여 규소·탄소만을 남기게 하는 방법 등이 이용되고 있다. 녹인 유리를 기계적으로 잡아 늘이는 방법, 공기나 수증기로 날리는 방법, 원심력에 의해 주위에 날려 붙이는 방법 등으로 섬유 모양을 만든다. 내열성 섬유는 고온에서의 단열재 또는 금속에 섞어 넣어 강화하는(fiber reinforced metal)용도로 사용한다.

- 보온·흡음용으로는 5~20μm의 것, 여과용으로는 40~150μm의 것이 주로 사용된다. 유리섬유로 만든 건축재료에는 유리섬유판·유리섬유통·유리섬유여 과기 등이 있다.

- 수지의 성질을 강화하고, 방화성능도 향상시킨 유리섬유를 플라스틱의 보강재로 사용한 섬유강화플라스틱(FRP: fiberglass reinforced plastics)이 개발되었다.

- 내화 세라믹 섬유는 1950년대 최초로 상업화되어 화덕용 단열제 등에 사용되는데, 최근에 개발된 알칼리성 토금속 규산염 모직은 몇몇 제품에서 내화 세라믹 섬유를 대신하여 사용되고 있다.

- 내화 세라믹 섬유는 생활 기구(보일러 연소실, 건강 보조기구, 벽난로용 통나무, 스토브의 윗면), 자동차 용품(배기 정화 장치, 브레이크 패드, 에어백, 열 차폐재), 화학 처리용(에틸렌 화덕 절연제, 성형기기 절연제, 화학적 기기, 원유 히터), 화재 방지용(방화문 내벽, 굴뚝 내벽제, 신축이음(expansion joint)), 철 및 강철 소각로(용해로용 레이들 예열 스탠드(ladle preheat stand) 및 덮개, 연속주조기(continuous caster), 재가열로, 코크스로), 비철금속 소각로, 균열로 덮개, 용융로, 전력 생산(열병합발전) 시스템, 터빈 배기관 작업, 배열회수보일러 및 많은 종류의 보일러, 항공우주산업, 열 차단제에 쓴다.

- 담요, 동물의 털을 이용해 압축하여 만드는 펠트(felt) 등에 사용된다.

- 제품들은 생산, 사용, 제거과정에서 대기를 통해 흡입되어 사람에게 노출될 수 있다. 생산 과정에서 노출될 수 있다.

- 특수 목적의 유리섬유의 생산과 내화 세라믹 섬유, 조임틀 없이 절연체로 느슨하게 채우는 설치 작업, 절연체 제거 작업 중에 특히 높은 수준으로 검출된다.

- 최근 평균적인 노출 수준은 일반적으로 8시간 기준 시간가중평균(TWA)으로 흡입될 수 있는 섬유 농도가 0.5 fibre/cm3정도이다.

(3) 발암성

아직까지 한정적인 역학 자료로 내화 세라믹 섬유의 노출과 암 위험과의 상관관계를 평가하기는 적합하지 않다. 미국의 글라스울(glass wool), 유리 장섬유에 노출된 근로자들과 암면, 슬래그 울에 노출된 유럽 근로자들을 대상으로 실시된 코호트 연구와 코호트 내 환자 대조군 연구결과 이런 섬유와 폐암, 혹은 중피종과의 관계에 대해 일관된 결론을 보여주지 않았다. 이런 연구들에서 사용된 노출 연구 방법이 가장 역학적인 연구들보다 훨씬 좋다고 하더라도 여전히 노출에 대한 오분류(misclassification)의 가능성과 흡연 및 다른 잠재적인 교란 요소의 영향을 받기 쉬운 점이 충분히 검토되지 않았다.

다양한 동물을 통해 만성적으로 흡입 실험한 많은 연구들이 있다. 초기 흡입 연구는 폐종양 혹은 중피종의 확연한 증가가 나타나지 않았다. 이런 연구들 몇몇에서 석면(Group 1)이 대조군에 종양을 일으키지 않아 아마도 에어로졸 속에 짧은 섬유를 넣어 사용한 것과 관련 있는 듯 보였다. 최근 연구를 보면 E-glass 섬유를 처리한 쥐에서 폐 종양과 중피종이 확실히 증가했으며, '475' 섬유를 처리한 햄스터에서 중피종이 나타났다.

쥐의 복막강 안에 높은 용량의 섬유들을 주입 또는 삽입 후 E-glass 섬유와 '475' 섬유를 처리한 실험에서 복막강 종양들의 증가가 보고되었다. 다양한 동물들의 기관지 투여 실험을 종합하면 한 개의 쥐 연구에서 폐종양이 확실히 증가하였다. 햄스터 연구 한 개에서는 폐종양과 중피종이 증가하는 것으로 관찰되었다. 장기간의 흡입 실험으로 내화 세라믹 섬유가 쥐에서 폐 종양과 확실한 증가와 약간의 중피종 증가를 유발하는 것이 관찰되었다. 햄스터에서도 역시 중피종의 유발이 확실히 증가되었다. 기관 내로 점적 주입한 2개의 연구와 쥐를 이용한 3개의 흉강 내 연구에서는 쥐에서 종양 발생이 대조군에 비해 과도하게 나타나지 않았지만, 쥐와 햄스터에게 복강 내 주사한 연구에서는 종양 발생이 섬유의 길이와 투여한 용량과 관련 있음을 관찰했다.

내화 세라믹 섬유 제조 근로자들을 대상으로 실시된 미국과 유럽의 코호트 연구에서는 적은 양의 노출로 발생하는 영향을 보여주는데, 흉막 석회 자체가 직접적으로 암을 발전하는지는 알 수 없으나 석면이 플라크와 흉막암을 유도한다고 보았을 때, 이러한 섬유들의 잠재적인 발암 가능성을 확인했다. 유리섬유는 세포 안으로 들어가 체세포분열하는 동안 일어나는 염색체 분리를 물리적으로 방해해 유전적 변형을 유발하며, 산화제를 생산하거나 세포내 칼슘을 변형시켜 전사인자 활성을 조절하는 신호 경로를 활성화시킨다.

실험 연구결과 많은 글라스울 시료가 DNA를 손상시키고, 염색체 이상, 핵기능 이상, 세포 변형을 유도한다는 것이 밝혀졌으며, 동물 실험에서는 폐에 잔류하는 섬유들과 관련된 일련의 면역반응과 섬유화 과정이 관찰되었다.

(4) 발암성 분류

국제암연구기구(IARC)에서는 내화 세라믹 섬유가 인체에 미치는 발암성의 근거는 부적합하지만, 동물 실험에서 충분한 근거가 확인되었다. E-glass와 '475' 유리섬유를 포함한 특수 유리섬유는 동물 실험에서 발암성에 대한 근거가 충분하게 검증되었다. 이에 따라서 E-glass와 '475' 유리섬유를 포함한 특수 유리섬유와 내화 세라믹 유리섬유는 인체 발암 가능성 물질((Possibly carcinogenic to humans, Group 2B)로 분류하였다.

3. 4-니트로디페닐

일련 번호	유해물질의 명칭		화학식	노출기준				비고 (CAS번호 등)
	국문표기	영문표기		TWA		STEL		
				ppm	mg/m³	ppm	mg/m³	
51	4-니트로디페닐	4-Nitrodiphenyl	$C_6H_5C_6H_4NO_2$	−	−	−	−	[92-93-3] 발암성 1B, Skin

(1) 4-니트로디페닐은 무엇인가?

황색의 침상 결정체이며 향기로운 냄새가 난다. p-니트로디페닐이라고도 한다. 물에는 녹지 않고, 알코올에 약간 녹으며, 에테르나 벤젠에는 녹는다.

(2) 물리화학적 특성

항 목	내 용	항 목	내 용
분자량	199.21	어는 점	114~114.5℃
끓는 점	340℃	반응성	환원하여 4-아미노디페닐이 생성된다.

(3) 용도 및 노출

- 산업안전보건법에서 제조금지물질로 규정하고 있다.
- 화학적 촉매제나 연구용으로 사용된다.
- 염료 중간제로도 사용된다.
- 수지, 폴리스틸렌, 셀룰로즈 아세테이트와 나이트레이트의 가소제로 사용된다.
- 섬유의 항진균제로 사용된다.
- 나무의 방부제로 사용된다.
- 4-니트로디페닐은 4-아미노디페닐을 제조하는 데에 사용되고, 대사과정을 거쳐서 4-아미노디페닐이 생성되기 때문에 두 가지의 노출을 분리해서 보기 어렵다.

(4) 발암성

인간에게서 4-니트로디페닐의 발암성 데이터는 없다. 그러나 4-니트로디페닐은 인간의 방광암 발암성물질로 알려진 4-아미노디페닐의 생산에 사용되고 있다. 4-니트로디페닐은 지금까지 개에게 경구 투여한 유일한 실험에서 방광암이 발생하였다[608]. 4-니트로디페닐은 생체내의 대사과정을 거쳐서 4-아미노디페닐과 4-아미노디페닐-3-일 하이드로겐 설페이트로 전환된다[609].

(5) 발암성 분류

국제암연구기구(IARC)에서는 동물에서 불충분한 발암성 근거가 부적합분하다고 평가하여[610], 인체발암성 비분류물질(Not classifiable as to carcinogenicity to humans, Group 3)로 분류하였다.

미국 산업위생전문가협회(ACGIH)에서는 인간에 대한 발암성 의심물질 A2(Suspected human carcinogen)로 분류하고 있다. 이것은 4-니트로디페닐의 대사물인 4-아미노디페닐이 인체에 확정적인 발암물질이라는 것을 근거로 한 것이다.

4. 니트로톨루엔

일련번호	유해물질의 명칭		화학식	노출기준				비 고 (CAS번호 등)
	국문표기	영문표기		TWA		STEL		
				ppm	mg/m³	ppm	mg/m³	
55	니트로톨루엔 (오쏘, 메타, 파라-이성체)	Nitrotoluene (o, m, p-isomers)	$CH_3C_6H_4NO_2$	2	–	–	–	[88-72-2] 발암성 1B, 생식세포 변이원성 1B, 생식독성 2, Skin, [99-08-1] [99-99-0]

---

608) Deichmann, W.B.; Kitzmiller, K.V.; Dierker, M.;Witherup, S.: Observations on the Effects of Diphenyl oand p-Aminodiphenyl, o- and p-Nitrodiphenyl, and Dihydroxyoctachlorodiphenyl Upon Experimental Animals. J. Ind. Hyg. Toxicol. 29:1-13 (1947).

609) The International Agency for Research on Cancer:IARC Monographs on Evaluation of Carcinogenic Risk of Chemicals to Man, Vol. 4, Some Aromatic Amines,Hydrazine and Related Substances, N-NitrosoCompounds and Miscellaneous Alkylating Agents, pp.113-117. IARC, Lyon, France (1974).

610) International Agency for Research on Cancer: IARCMonographs on the Evaluation of Carcinogenic Risks to Humans, Suppl. 7, Overall Evaluations ofCarcinogenicity: An Updating of IARC Monograph Volumes 1 to 42, p. 67. IARC, Lyon, France (1987).

(1) 니트로톨루엔이란?

니트로톨루엔은 상온에서 노란색 액체로 휘발성 물질이다.

(2) 물리화학적 특성

항 목	내 용	항 목	내 용
외관(색)	노란색 액체	분자량	137.14
끓는 점	221.7℃	증기압	20Pa(0.15mmHg), 17Pa(0.12mmHg),(20℃)

(3) 용도 및 노출

- 톨루엔의 니트로화에 의해 생성되고, 분별증류에 의해 분리된다. 결과 생성물은 55-60 wt % o-니트로톨루엔, 3-4 wt % m-니트로톨루엔, 그리고 35-40 wt % p-니트로톨루엔을 함유한다. 모노니트로톨루엔의 수득률은 약 96%이다. 이성질체들의 분류는 분별증류와 결정화의 조합에 의해 이루어진다.
- 오르토-니트로톨루엔은 2,4-디니트로 톨루엔을 황화암모늄과 함께 처리 후 디아조화(diazotization)와 에탄올과 함께 끓임으로서 얻을 수 있다.
- 다른 화학 물질의 원료로 사용되며, 염료(톨루이딘 등)의 원료로 사용되고 있다. 톨루이딘, 톨리딘, 푹신(fuchsine) 그리고 다양한 인공 염료, 폭약제조 등에 사용된다. 오르토-니트로톨루엔은 아조 염료, 황화 염료, 고무 화합물, 농업 화합물 등을 제조하는데 중간물질로 사용된다.
- 석유화학물질, 농약, 약품제조 등을 포함하는 다양한 물질의 유기합성에 사용된다.
- 인체 노출은 제조 및 사용 과정에서 흡입과 피부 접촉을 통해 발생한다.
- 2-니트로톨루엔의 제조 및 사용(염료, 폭발물, 그리고 살충제에 들어갈 화학물질 제조를 위해)하는 작업에서 노출 될 수 있다.
- 염료, 폭발물, 농약과 같은 화학물질을 제조하거나 사용 중 호흡기나 피부를 통해서 노출될 수 있다.
- 2-니트로톨루엔은 톨루엔(toluene)과 혼합산(mixed acids: 질산, 황산, HNO3/방향족 설폰산, HNO3/인산)을 이용한 니트로화(nitration) 반응을 이용하여 제조한다.
- 농업, 제약, 고무화학 분야 그리고 면, 모, 실크, 가죽, 종이를 만들 때 필요한 아조(azo) 염료와 황화 염료(sulfur dye)를 만들 때도 사용한다.

1) m-니트로톨루엔 제조(포장)

p-톨루이딘으로부터, 아세틸화, 니트로화, 탈아세트화, 디아조화를 거쳐 에탄올과 함께 끓여서 제조한다. 생성물은 55~60%의 o-니트로톨루엔, 3~4%의 m-니트로톨루엔, 그리고 35~40%의 p-니트로톨루엔을 포함한다. 이성질체의 분리는 분별증류와 결정화를 통해 이루어진다. 근로자에게 m-니트로톨루엔의 노출은 포장과정에서 발생할 수 있다.

2) 아조-및 아족시스틸벤 염료[611] 제조(첨가)

다음의 과정을 거쳐 제조 된다. 중간체로서 사용을 통해 근로자에게 노출이 발생할 수 있다.

- 물 12kg+수산화나트륨 4kg → 용해 → 4-니트로톨루엔-2-설폰산 46kg → 투입 → 교반(1시간동안 65℃~70℃) → 가온(74℃)/승온(78~80℃) → 5시간 교반 → 축합반응 완료 → 생성된 물질+물 10kg → 상온 냉각 → 진한 황산 첨가 → 30분~1시간 산염석 과정 → 디에틸렌글리콜 첨가 → 가온(70℃~75℃ 30분~1시간 유지) → 트리부틸아민 첨가 →1차 양이온 교환반응 → 냉수 첨가 → 상온으로 냉각 → 농 황산 30분~1시간에 걸쳐서 서서히 첨가 → 산염석과정 → 디에틸렌글리콜 첨가 → 70℃~75℃로 승온하여 30분~1시간 동안 유지 → 트리부틸아민 첨가 → 30분~1시간 유지하면서 1차 양이온 교환 반응 → 축합물 여과 → 냉수로 수세

3) 벤즈아제핀유도체[612] 제조(현장관리)

혈관 확장제로 사용되는 벤즈아제핀유도체의 제조는 출발물질로서 2-니트로톨루엔을 벤질리딘 말로네이트와 수소화나트륨과 같은 강염기 존재하에 극성 비양성자성 용매(디메틸포름아미드)중에서 반응시키며, 이로부터 제조된 화합물을 디메틸포름아미드 또는 디메틸술폭시드와 같은 불활성 용매 중에서 알칼리 금속 수소화물(수소화나트륨)로 처리 하면 벤즈아제핀유도체가 생성 된다.

- 2-니트로톨루엔을 벤질리딘 말로네이트+수소화나트륨+디메틸포름아미드 → 반응 → 디메틸포름아미드+수소화 나트륨 첨가 → 벤즈아제핀 유도체 생성

4) 니트로벤즈알데하이드의 제조(시료 분석)

약학석으로 유용한 4-니트로페닐-1,4-디하이드로피리딘 유도체의 제조 시 중간물질로서 2-니트로벤즈알데히드의 합성에 니트로톨루엔이 사용된다. 근로자에 m-니트로톨루엔의 노출은 시료 채취 및 분석과정에서 발생한다.

---

[611] 제조된 아조 및 아족시스틸벤 염료의 고 농축 저장-안정성 수용액은 황색 염료로서의 용도를 갖는다.
[612] 혈관 확장제로서 작용하며, 특히 항고혈압제로서 유용하고, 항-부정맥제, 항-앙기나제, 항-세동제, 항-천식제 및 심근 수축을 억제하며, 이뇨제 또는 안지오텐신 전환 효소 억제제와 조합해서 제제할 수 있다.

- 나트륨에틸레이트, 에탄올, 옥산산의 디에틸에스테르, 2-니트로톨루엔 혼합물 → 반응(35℃) → 스팀증류 → 물과 탄산나트륨 첨가 → 하이포염소산나트륨수용액, 수산화나트륨 및 톨루엔의 혼합물 적가하면서 10℃에서 교반 → 진공농축 → 2-니트로벤질리덴클로라이드

5) 우레탄의 제조에 사용(원료 투입)

질소 함유 유기 화합물과 메탄올로 이루어진 용액을 루테늄 촉매 존재 하에서 일산화탄소와 반응시켜 농약, 이소시아네이트 및 폴리우레탄의 제조에 유용한 우레탄을 제조할 수 있다.

니트로톨루엔, 메탄올, 아닐린, 2-아미노-4-니트로톨루엔 혼합 → 루테늄아세틸아세토네이트+일산화탄소 → 반응(80℃~230℃, 10~1000kg/Cm2 압력으로 5분~6시간) → N-페닐카르바메이트, 에틸 N-페닐우레탄 제조

6) 니트로톨루엔 제조(시료 채취)

톨루엔은 질산 처리기에 투입되고 약 25℃로 냉각된다. 질산 처리 산(황산, 질산)은 톨루엔의 표면 밑에 천천히 첨가한다. 모든 산이 첨가된 후, 온도를 35~40℃로 서서히 높인다. 반응 혼합물은 분리기에 투입된다. 분류되지 않은 생성물은 여러 단계에 걸쳐서 부식제로 세척된 다음에 물로 세척된다. 과잉 톨루엔을 제거하기 위해 그 생성물은 증류되고 그 다음에 남아있는 물기를 증류함으로써 건조된다. 결과 생성물은 o-, m-, 그리고 p-니트로톨루엔의 이성질체를 얻게 되고, 분별증류와 결정화를 통해 분리된다.

반응 후 시료 채취과정에서 근로자에게 노출이 발생할 수 있다.

- 원료 투입 → 질산 처리기 → 반응 → 분리기 → 세척 → 증류 → 분별증류/결정화 → 포장/출고

7) 니트로톨루엔 제조(포장/출고)

톨루엔은 질산 처리기에 투입되고 약 25℃로 냉각된다. 질산 처리 산(황산, 질산)은 톨루엔의 표면 밑에 천천히 첨가한다. 모든 산이 첨가된 후, 온도를 35~40℃로 서서히 높인다. 반응 혼합물은 분리기에 투입된다. 분류되지 않은 생성물은 여러 단계에 걸쳐서 부식제로 세척된 다음에 물로 세척된다. 과잉 톨루엔을 제거하기 위해 그 생성물은 증류되고 그 다음에 남아있는 물기를 증류함으로써 건조된다. 결과 생성물은 o-, m-, 그리고 p-니트로톨루엔의 이성질체를 얻게 되고 분류는 분별증류와 결정화의 조합에 의해 이루어진다.

포장/출고과정에서 근로자는 니트로톨루엔에 노출될 수 있다.

- 원료 투입 → 질산 처리기 → 반응 → 분리기 → 세척 → 증류 → 분별증류/결정화 → 포장/출고

8) 톨루이딘 제조 원료(원료 투입)

니트로톨루엔은 메틸기와 아미노기의 위치에 따라 3가지 이성질체가 있으며, 톨루이딘 각각의 이성질체는 모두 대응하는 니트로톨루엔 이성질체의 환원으로 얻어진다. 원료를 반응기에 투입 시 근로자는 니트로톨루엔에 노출될 수 있다.

9) 디니트로톨루엔 제조(현장 점검)

톨루엔을 혼산으로 니트로화하면 o-NT이 62~63%, p-NT이 33~34%, m-NT이 3~4%인 혼합물을 얻을 수 있다. 여기에서 폐산을 제거한 조니트로톨루엔에 혼산을 첨가하여 교반하고 질화하면 조(crude) 디니트로톨루엔을 얻을 수 있다. 정제는 우선 메탄올 또는 에탄올에 녹인 후 냉각시키고 26℃에서 2,4-DNT를 결정시켜 모액과 분리, 증류하여 제조한다. 더 순수한 2,4-DNT는 p-NT을 질화하여 만든다. 제조과정을 현장 점검하는 과정에서 누출에 의한 니트로톨루엔의 노출이 발생할 수 있다.

10) 니트로톨루엔 파라-이성체 제조(포장)

톨루엔의 니트로화로부터 제조되고, 분별증류에 의해 분리된다. 모노니트로톨루엔은 회분식 또는 연속공정으로 생산될 수 있다. 결과 생성물은 55~60%의 o-니트로톨루엔, 3~4%의 m-니트로톨루엔, 그리고 35~40%의 p-니트로톨루엔을 포함한다. 이성질체의 분리는 분별증류와 결정화를 병합하여 수행한다. p-니트로톨루엔의 노출은 반응이 완료된 후 제품의 포장과정에서 발생할 수 있다.

11) p-톨루이딘(toluidine) 제조(원료투입)

톨루이딘은 방향족 아민. 아미노톨루엔・메틸아닐린이라고도 하며 p-,m-,o- 세가지 이성질체가 있다. p-톨루이딘은 p-니트로톨루엔의 환원으로 얻는다.[613] p-니트로톨루엔의 근로자에게 노출된 원료투입공정에서 발생할 수 있다.

(4) 발암성

인체 발암성 연구는 유용한 결과가 없다. 쥐에 13주간 경구투여한 실험에서는 고환초막(tunica vaginalis)에 중피세포 과증식(mesothelial cell hyperplasia)과 중피종(mesothelioma)이 드물게 나타났다. 그러나 이전에 실시한 다른 13주간 실험들에서는 중피종이 발견되지 않았다. 2-니트로톨루엔은 간세포 내 거대분자(macromolecule)와 공유결합하였으며, DNA 공유결합에 관여하는 대사물은 아미노벤질 설페이트(2-aminobenzyl sulfate)인 것으로 확인되었다.

---

[613] p-톨루이딘은 광택있는 무색의 나뭇잎모양 결정으로, 녹는점 43.5℃, 끓는점 200.3℃, pK(25℃)=8.93이다. 모두 물에 조금 녹고 대부분의 유기용매에 녹는다. 염료・색소의 합성원료로서 중요하다

2-니트로톨루엔은 포유동물 배양 세포에 자매염색분체 교환을 일으켰고, 쥐의 생체 내에서 DNA를 비롯한 거대분자(macromolecule)들과 결합했으며, 수컷에서만 간세포에 미예정DNA합성(unscheduled DNA synthesis)을 유도했다.

수컷에서만 이 현상이 나타나는 것은 담관을 통한 대사물 배출량이 암컷에 비해 수컷이 더 많은 것과 관련이 있다.

(5) 발암성 분류

국제암연구기구(IARC)에서는 인체의 발암성 연구결과는 근거가 부적합하고, 동물 실험 결과는 발암성 근거가 제한적이라고 평가하여 인체발암추정물질(probably carcinogenic to humans, Group 2A)로 분류하였다.

5. 2-니트로프로판

일련번호	유해물질의 명칭		화학식	노출기준				비 고 (CAS번호 등)
	국문표기	영문표기		TWA		STEL		
				ppm	mg/㎥	ppm	mg/㎥	
58	2-니트로프로판	2-Nitropropane	$CH_3CHNO_2CH_3$	10	–	–	–	[79-46-9] 발암성 1B

(1) 2-니트로프로판이란?

1-니트로프로판과 2-니트로프로판이 있다. 2-니트로프로판은 무색의 액체이며 약간의 가열에 의해 발화하거나 폭발할 위험성이 있다. 2-니트로프로판은 투명하고 무색의 액체로 과일향 냄새가 난다. 물에 잘 녹지 않으며 가연성 물질이다.

(2) 물리화학적 특성

2-니트로프로판은 무색의 액체이며 끓는점 120.3℃이다. 약간의 가열에 의해 발화하거나 폭발할 위험성이 있다. 물에 잘 녹지 않는다.

항 목	내 용	항 목	내 용
냄새	과일향 냄새	분자량	89.09
외관(색)	투명하고 무색의 액체	비중	0.9921
녹는 점	93℃	끓는 점	120.3℃
증기압	2.4kPa(18 mmHg, 25℃)	증기밀도	3.07-

(3) 용도 및 노출

- 잉크, 페인트, 니스, 폴리머 등 제조시 사용된다.
- 내부 연소 엔진 연료에 사용되며 폭발물, 로켓 연료 제조시 사용된다.
- 비닐, 에폭시, 고무 등의 코팅제로 사용된다.
- 2-나이트로프로판은 주로 산업용 용제로 사용한다.
- 에폭시(epoxy), 폴리우레탄(polyurethane), 폴리에스터(polyester), 비닐(vinyl), 유레아-포름알데하이드(urea-formaldehyde), 페놀(phenolic) 등과 같은 다양한 수지를 용해할 때 알코올과 혼합하여 사용하기도 한다.
- 이 용제와 수지의 혼합물은 음료수 캔을 코팅하는 데도 사용한다.
- 화학 반응을 내기 위한 용제, 천연 물질을 분리하는 용제, 프로판 유도체를 제조하기 위한 중간체, 폭발물과 추진제(propellant)의 구성요소, 내연기관용 연료에도 들어간다.
- 직업적 노출은 이 물질을 제조하고 용제로 사용하는 과정에서 발생할 수 있다.

1) 2-니트로프로판 제조(현장관리)

350~450℃에서 질산에 의한 프로판의 증기 상 니트로화 후, 빠른 냉각, 화학물질 세척 과정, 그리고 분별증류에 의해서 얻는다. 근로자의 2-니트로프로판 노출은 현장관리 과정에서 반응기 등의 설비에서 누출에 의해서 발생할 수 있다.

(4) 발암성

인체의 발암성에 대한 적절한 역학 연구결과가 없다. 동물실험에서 간암을 일으키는 것으로 알려져 있다. 쥐에 흡입 투여하는 실험 두 가지 중 한 실험에서 간세포 암종이 발생했고 다른 한 실험에서 간세포 결절 발생률이 높게 나왔다.

다른 실험에서 쥐에 위장관으로 투여한 후 간에 양성 및 악성 종양이 발생했다. 쥐에 2-나이트로프로판을 3주간 흡입 투여하고 1주일 후 폴리염화 바이페닐(polychlorinated biphenyl, Group 2A)을 8주간 경구투여 하였더니 간에 아데노신-5-트라이포스파타아제(adenosine-5-triphosphatase)가 결핍된 종양전(preneoplastic) 병소의 수가 증가했다. 이 결과는 2-나이트로프로판이 종양 개시인자로서 작용한다는 것을 보여주었다. 사람의 간세포 배양 실험에서는 6명 중 3명의 간세포에 2-나이트로프로판이 미예정DNA 합성(unscheduled DNA synthesis)을 유도했으며, 사람의 말초림프구 배양 세포에 외인성 대사계가 존재할 때 자매염색분체 교환과 염색체 이상 현상을 일으켰다.

동물 실험에서는 다양한 생체 내외 실험에서 모두 돌연변이를 유발했고, 생체 실험에서 간의 DNA에 8-하이드록시데옥시구아노신(8-hydroxydeoxyguanosine) 생성을 유도했다.

(5) 발암성 분류

국제암연구기구(IARC)에서는 인체의 발암성 연구결과는 근거가 부적합하지만, 동물 실험 결과는 발암성 근거가 충분하다고 평가하여, 2-나이트로프로판은 인체 발암 가능물질(Possibly carcinogenic to humand, Group 2B)로 분류하였다.

미국 산업위생전문가협의회(ACGIH)은 작업장에서 8시간 근무에 대한 시간가중평균(TWA) 허용한계를 36 mg/m3로 제시하였고, 동물 발암성 근거는 충분하나 인겐에 대한 발암성은 알수 없다고 평가하여 A3(Confirmed Animal Carcinogen with Unknown Relevance to Humans)로 분류하였다.

6. 디니트로톨루엔

일련번호	유해물질의 명칭		화학식	노출기준				비 고 (CAS번호 등)
				TWA		STEL		
	국문표기	영문표기		ppm	mg/m³	ppm	mg/m³	
67	디니트로톨루엔	Dinitrotoluene	$(NO_2)_2C_6H_3CH_3$	-	0.2	-	-	[25321-14-6] 발암성 1B, 생식세포 변이원성 2, 생식독성 2, Skin

(1) 디니트로톨루엔이란?

디니트로톨루엔은 물에 녹지 않고, 상온에서 노란색 고체이다. 디니트로톨루엔은 니트로기(-NO2)의 위치의 차이에 따라 2,4-, 2,6-, 3,4- 등 6 종류의 이 성체가 있다. 일반적인 이성질체 혼합물의 제품에 포함된 각 이성체의 비율은 2,4- 이 약 75 %, 2,6- 이 약 20 %로 되어 있다. 상업적인 DNT인 Tg-DNT는 약 76%의 2,4-DNT와 19%의 2,6-DNT 및 5%의 다른 이성체가 혼합된 것이다.

(2) 물리화학적 특성

DNT는 강한 산화제와 접촉하면 화재가 나거나 폭발할 수 있다. 분해되면 일산화탄소, 탄산가스 및 질소산화물이 발생된다.

항 목	내 용	항 목	내 용
CAS 번호	25321-14-6	분자량	182.14
외관(색)	노란 고체	냄새	독특한 냄새
녹는 점	71℃ (1atm)	끓는 점	해당 안됨 300℃(sl.dec.) (1atm)
비중	1.3208 (71℃)	pH	녹지 않음
증기압	해당안됨	증기밀도	녹지 않음
용해도	물에 녹지않고, 알코올, 에테르, 아세톤, 벤젠에 녹음		

(3) 용도 및 노출

- 디니트로톨루엔은 톨루엔을 니트로화함으로써 생산된다. 디니트로톨루엔은 연속 공정에서 황산 존재 하에 질산으로 2-단계로 톨루엔을 니트로화(nitrofication) 시킴으로써 생성된다. 먼저 모노니트로톨루엔(MNT)이 생성되고 바로 디니트로톨루엔가 생성된다.

- 2,4-디니트로톨루엔의 90%는 제한된 조건하에서 4-니트로톨루엔을 "혼합 산(질산과 황산이 같은 그램분자량(equimolar)으로 혼합된 것)"으로 계속 니트로화 시킴으로써 생성된다.

- 톨루엔을 2.1 당량의 질산으로 비슷한 조건하에서 직접 니트로화 시키면 2,4-디니트로톨루엔과 2,6-디니트로톨루엔가 80:20의 비율로 생산되고, 때로 과다하게 존재하는 2-니트로톨루엔의 니트로화는 2,4-DNT와 2,6-DNT 혼합물 비율이 약 67:33으로 생성된다[614)615)]. 3,5-DNT는 혼합산으로 니트로톨루엔을 니트로화 하면 얻을 수 있다[616)].

- 디니트로톨루엔은 대부분 톨루엔디아민의 원료로 사용되는 것 외에 화약과 염료의 원료로 사용되고 있다.

- 대부분의 2,4-디니트로톨루엔은 폴리우레탄 다중합체를 만드는 전구물질인 2,4-TDI를 만들기 위해 수소화 시켜(니켈 촉매 사용) 2,4-디아미노톨루엔이 된다.

---

614) Levine RJ, Corso RDD, Blunden PB. Fertility of workers exposed to dinitrotoluene and TDA at three chemical plants. In: Rickert DE, ed. Toxicity of nitroaromatic compounds. Chemical Industry Institute of Toxicology Series. Washington, DC: Hemisphere Publishing Corp: 1985a;243-254.
Levine RJ, Turner MJ, Crume YS, et al. Assessing exposure to dinitrotoluene using a biological monitor. J Occup Med 1985b; 279:627-638.

615) Booth G. Nitro compounds, aromatic. In: Elvers B, Hawkins S, & Schulz G. Eds., Ullmann's Encyclopedia of Industrial Chemistry, 5th rev. Ed., Vol. A17, New York, NY. VCH Publishers, pp.411-455, 1991.

616) Lewis RJ Sr. Hawley's Condensed Chemical Dictionary, 12th Ed., New York, NY, Van Nostrand Reinhold Co., p. 424, 1993.

- 폭발물 제조에 사용되며 TNT를 만들기 위해 더 니트로화 된다.
- 2,4- 및 2,6-디니트로톨루엔의 혼합물은 TDAs(80:20 또는 67:33, 사용된 니트로화 과정에 따라 다름) 생산에도 사용되며, 이는 폴리우레탄을 만들기 위한 TDIs로 전환된다.
- 2,4-, 2,6- 및 3,5-이성체를 포함한 디니트로톨루엔은 톨루이딘, TDAs, 염료 생산(예, 아조 염료가 주인 o-아니시딘), 의약품(예, 리도카인 lidocaine), 살충제(예, 빈클로조린 vinclozolin), 그리고 플라스틱(예, 폴리우레탄) 제조, 폭발물 제조, 젤라틴 폭약 제조, 셀룰로오즈 질산염 가소제, 추진제의 연소율 조정제, 그리고 무연화약 방수제로도 사용된다[617)618)].
- 2,4-디니트로톨루엔은 자동차의 에어백 제조에도 사용된다[619)].
- 군수품 제조 공장에서 무연 폭약이나 TNT를 제조·생산하는 과정에서 상당한 양의 디니트로톨루엔를 함유하는 폐수가 발생한다[620)](Spanggord와 Suta, 1982).
- 직업적으로는 디니트로톨루엔 제조, 운송, TNT 제조, 아조 염료(azo dyes) 제조, 및 유기합성 시에 노출될 수 있으며[621)], 짧은 시간 동안 고농도에 노출될 수 있다[622)623)].
- 디니트로톨루엔 제조 공정 전 과정에서 디니트로톨루엔에 노출될 수 있다. 사업장내 디니트로톨루엔 관련 모든 생산공정은 관(pipe line)으로 이루어져 있으나 각 공정의 펌프관 또는 연결관의 노후 또는 연결 부위의 부식 등으로 근로자가 디니트로톨루엔에 노출될 가능성이 있고, 사업장마다 일정 기간 사용 후 디니트로톨루엔 관련 전 공정을 돌아가며 청소하게 되는데(PTA, plant turn around), 이 과정에서 디니트로톨루엔 저장 탱크 및 연결관에 남아 있던 다량의 디니트로톨루엔이 그대로 흘러 나와 근로자가 디니트로톨루엔에 노출될 가능성이 있다. 제조 후 탱크에 저장되어 있던 디니트로톨루엔은 운반차량(탱크로리, 보통 45,000ℓ)에 옮겨져 운송된다. 운송차량에 디니트로톨

---

617) Howard PH. Handbook of Environmental Fate and Exposure Data for Organic Chemicals, Vol. 1, Chelsea, MI, Lewis Publishers, pp.305-318, 1989.
618) Lewis RJ Sr. Hawley's Condensed Chemical Dictionary, 12th Ed., New York, NY, Van Nostrand Reinhold Co., p. 424, 1993.
619) Ellenhorn MJ. Ellenhorn's medical toxicology: Diagnosis and treatment of human poisoning. 2nd ed., Baltimore, MD. Williams and Wilkins, pp.1366-8, 1997.
620) Spanggord RF, Suta BE. Effluent analysis of wastewater generated in the manufacture of 2,3,6-trinitrotoluene: 2. Determination of a representative discharge of ether-extractable components. Environ Sci Technol 1982;16:233-236.
621) Howard PH. Handbook of Environmental Fate and Exposure Data for Organic Chemicals, Vol. 1, Chelsea, MI, Lewis Publishers, pp.305-318, 1989.
622) Turner MJ Jr, Levine RJ, Nystrom DD, et al. Identification and quantification of urinary metabolites of dinitrotoluenes in occupationally exposed humans. Toxicol Appl Pharmacol 1985;80:166-174.
623) Woollen BH, Hall MG, Craig R, et al. Dinitrotoluene: An assessment of occupational absorption during the manufacture of blasting explosives. Jnt Arch Occup Environ Health 1985;55:319-330.

루엔를 주입하기 위하여 디니트로톨루엔 주입관을 차량의 저장탱크에 탈·부착하게 되는데, 이 때 작업자가 다량의 디니트로톨루엔에 노출될 수 있었다

- 디니트로톨루엔 이동경로, 디니트로톨루엔 공정과 TDA 연결부위 그리고 디니트로톨루엔 저장탱크 주위에서 디니트로톨루엔에 노출될 수 있었다. 사용만 하는 사업장은 탱크로리로 운반된 디니트로톨루엔을 공급받기 위해 운송차량과 주입구를 탈·부착하게 되는데 이때 작업자가 디니트로톨루엔에 노출될 수 있었다.
- TDA를 만들기 위해 H2와 혼합하게 되는데 이 과정에서 펌프 및 연결관에서 노출될 가능성이 있었다.
- 용도는 주로 톨루엔 다이아민(toluene diamine) 제조 시 화학반응 중간체로 사용되는데, 이 톨루엔 다이아민을 다이아이소시안산 톨루엔(toluene diisocyanate, Group 2B)으로 전환하여 폴리우레탄의 원료로 쓴다.
- 염료, 폭발물, 추진제(propellant)를 만드는 데도 쓰인다.
- 폭발물을 만들 때 트리니트로톨루엔(trinitrotoluene)과 젤라틴 폭약을 제조하고, 질산염 셀룰로오스(cellulose nitrate)에 가소성을 부여하고, 추진제(propellant)의 연소율을 조절하며, 일부 무연화약을 방수 처리를 하는 용도로도 사용한다.
- 노출 경로는 톨루엔 다이아이소사이안산, 폭발물, 아조 염료 중간체, 유기화합물 등을 제조하는 과정에서 발생하는 흡입이나 피부 접촉을 통해서이다.

1) 디니트로톨루엔 제조(저장)

디니트로톨루엔 제조공정은 크게 원료투입·저장과 니트로화, 2-단계로 나뉜다. 원료인 톨루엔, 질산, 황산을 투입한다. 우선 톨루엔이 모노니트로화 된 후, 한 번 더 니트로화 되면 디니트로톨루엔이 생성된다. 이때는 모노니트로톨루엔과 디니트로톨루엔이 공존한다. 이 반응은 대기압 하에서 수행되고, 생성된 디니트로톨루엔이 용융상태를 유지하기 위해 온도는 높아야 한다. 노출이 가능한 공정은 질화공정, 분리공정, 정제공정, 제품 저장, 포장, 운반이다.

- 원료 투입(톨루엔, 98%질산, 황산) → 질화 반응 → 분리 → 정제 → 저장 → 포장→ 운송/출하

2) 디니트로톨루엔 제조(포장)

제조 후 탱크에 저장되어 있던 디니트로톨루엔은 운반차량(탱크로리, 보통 45,000ℓ)에 옮겨져 운송되는데, 이 때 운송차량에 디니트로톨루엔을 주입하기 위하여 주입관을 차량의 저장탱크에 탈·부착하는 과정에서 작업자가 다량의 디니트로톨루엔에 노출될 수 있다.

3) 디니트로톨루엔 제조(공정 청소)

사업장마다 일정 기간 사용 후 전 공정을 돌아가며 청소하게 되는데(PTA, plant turn around), 이 과정에서 저장 탱크 및 연결관에 남아 있던 다량의 디니트로톨루엔이 그대로 흘러 나와 근로자가 노출될 가능성이 있다.

(4) **발암성**

미국의 군수용품 공장에서 근무하는 근로자를 대상으로 실시된 코호트 연구결과, 2,4-디니트로톨루엔과 2,6-디니트로톨루엔에 노출된 근로자에게서 간과 담낭암 발생률이 증가했다. 노출기간에 따른 간담도계 암 사망률과의 사이에 노출-반응 관계는 발견되지 않았으며 다른 화학물질에도 노출되었을 가능성이 있었고 장기간의 DNT 노출 대상자가 적었다는 점이 제한점으로 지적되었다.

Levine 등[624]은 노출정도가 확인되지 않은 작은 규모의 2,4-DNT와 Tg-DNT에 노출된 코호트를 대상으로 한 연구에서 간, 폐, 담낭, 콩팥 등의 암이 증가되지 않았음을 보고하였다. 고농도의 디니트로톨루엔에 장기간 노출된 광부에서 요로계의 암유발 가능성을 제기하고 있다.

동물에서의 확실한 발암물질에 대한 근거는 Tg-디니트로톨루엔에 노출된 쥐와 생쥐에서 발생된 간세포암과 그 밖의 암이었다. 생쥐와 쥐에 경구투여하는 실험을 했다. 그 암컷에서 젖샘(mammary gland)에 섬유샘종(fibroadenoma) 이 증가했으며, 암수 모두 간세포 암종이 증가했다. 수컷 쥐에 경구투여했는데 그 결과, 간세포에 종양성 결절과 암종이 증가했다. 3,5-디니트로톨루엔은 발암성 연구결과가 없다.

2,4-디니트로톨루엔과 2,6-디니트로톨루엔의 비율이 약 80:20인 공업용 디니트로톨루엔을 쥐에 2회 경구투여했는데, 한 번은 수컷에 간세포 종양성 결절과 간세포 암종을 유발했다. Tg-디니트로톨루엔에 노출된 쥐와 생쥐에서 발생된 간세포암과 그 밖의 암이었다[625][626]. 쥐에서 2,4-디니트로톨루엔에 의해 발생된 간암이 사람에서도 발생될 수 있느냐의 여부는 중요한 문제이다. 2,4-디니트로톨루엔의 발암성에 관한 자료는 쥐 실험에서 얻어진 연구결과이다[627].

---

624) Levine RJ, Andjelkovich DA, Kersteter SL, et al. Mortality of munitions workers exposed to dinitrotoluene. Final Report. Research Triangle Park, NC: Chemical Industry Institute of Toxicology. Government Accession No. ADA 167600. 1986b.

625) NCI. Bioassay of 2,4-dinitrotoluene for possible carcinogenicity. CAS No. 121-14-2. Techical Report Series No. 54. Washington, DC, USA: National Cancer Institute, U.S. Department of Health, Education, and Welfare, Public Health Service, National Institutes of Health. NCI-CG-TR-54. 1978.

626) NIOSH. Dinitrotoluene(DNT). Current Intelligence Bulletin 44. DHHS(NIOSH) Pub. No 85-109; NTIS Pub. No. PB-86-105-913. US National Technical Information Service, Springfield, VA, 1985.

2,6-디니트로톨루엔 대사산물중의 하나인 2,6-dinitro- benzaldehyde는 S9 혼합물에 의한 대사성 활성화가 없는 상태하에서 Salmonella typhimurium TA98 종과 TA100 시스템에서 직접적으로 작용하는 변이원성이 있음이 밝혀졌다.

디니트로톨루엔은 Salmonella typhimurium 균주를 이용한 복귀돌연변이(reverse mutation)[628] 평가에서 유전자 돌연변이를 유발하였다. 포유동물세포 배양 실험에서 유전자 돌연변이, 미예정 DNA합성 (unscheduled DNA synthesis), 세포 형질변환에 관한 반응은 비활성적이었지만, 독성 수치에 도달하면 세포 간 신호전달을 억제했다. 쥐의 생체 실험에서 장 박테리아가 존재할 때 간세포에 미예정 DNA합성을 유발했고 림프구 세포에 자매염색분체 교환을 일으켰다. 생쥐는 골수 소핵 검사, 우성치사 검사, 점적분석(spot test)에서 음성으로 나왔다.

불순물이 없는 2,4-디니트로톨루엔은 쥐 체내의 여러 기관에서 DNA 결합을 유도했는데 특히 간에서 가장 강하게 나타났다. 포유동물세포 배양 실험에서 생쥐의 림프종 세포에(활성화계 없이) DNA 가닥 절단(strand break), 유전자 돌연변이를 유발했지만, 햄스터 난소 세포에는 그렇지 않았고 자매염색분체 교환 빈도가 낮았지만 염색체 이상은 나타나지 않았다. 세포 간 신호전달을 억제했지만 세포 형질변환을 일으키지 않았다. 포유동물의 생체 실험에서 2,4-디니트로톨루엔은 쥐 간세포에 미예정 DNA합성 반응을 약하게 유발했지만 우성치사 검사와 정자 형태 검사에서 음성으로 나왔다.

2,6-디니트로톨루엔은 박테리아에 돌연변이 유발성이 약하다. 포유동물세포 배양 실험에서 DNA 가닥 절단을 유도했지만 유전자 돌연변이나 세포 형질전환은 유발하지 않았다. 세포 간 신호전달 억제 현상에 관해서는 연구결과들이 명확하지 않다. 쥐의 생체 내 노출 후에 DNA 부산물이 발견되었고, 세포배양 실험에서 간세포에 미예정 DNA합성을 유도했으며, 쥐 소변에서 돌연변이 유발성 대사물이 검출되었다.

3,5-디니트로톨루엔은 박테리아에 돌연변이를 유발했으나 포유동물 배양세포에는 DNA 손상이나 돌연변이를 유도하지 않았다.

(5) 발암성 분류

국제암연구기구(IARC)는 2,4-와 2,6-에 대한 실험동물에서는 발암성 증거가 여럿 있었지만, 사람에서는 충분한 지식을 얻을 수 없어서 인체발암가능물질(Possibly carcinogenic

---

627) Tchounwou PB, Newsome C, Glass K, etal. Environmental toxicology and health effects associated with dinitrotoluene exposure. Rev Environ Health. 2003;18(3):203-229.
628) 돌연변이체 대립유전자가 거꾸로 정상 대립유전자로 변화하는 돌연변이를 뜻함.

to humans, Group 2B)로 분류하였다. 한편, 3,5-는 Group 3(Not classifiable as to carcinogenicity to humans)로 분류하였다[629].

미국 산업위생전문가협회(ACGIH)에서는 A2, 즉, 인체 발암의심물질(Suspected Human Carcinogen)로 분류하였다. 그러나 Stayner 등[630]이 보고한 DNT의 간담도계 암 사망률에 대한 영향에 관한 역학적 연구 결과, A2 설정에 대한 근거가 충분하지 못하여 A3, 즉, 확인된 동물 발암물질로서 인체관련성은 미상(Confirmed Animal Carcinogen with Unknown Relevance to Humans)인 물질로 다시 분류하였다.

7. 디메틸니트로소아민

일련번호	유해물질의 명칭		화학식	노출기준				비 고 (CAS번호 등)
				TWA		STEL		
	국문표기	영문표기		ppm	mg/m³	ppm	mg/m³	
69	디메틸니트로소아민	Dimethylnitrosoamine	$(CH_3)_2NNO$	–	–	–	–	[62-75-9] 발암성 1B, skin

(1) 디메틸니트로소아민이란?

황색의 점성이 낮은 유성 액체이다. 물, 유기용제 및 지방에 용해된다.

(2) 물리화학적 특성

항 목	내 용	항 목	내 용
분자량	74.08	끓는 점	151℃
비 중	1.0061 at 20℃	반응성	실온에서 안정적임

(3) 용도 및 노출

- 디메틸니트로소아민(DMNA)은 로켓 추진제인 1,1-디메틸히드라진 제조의 중간 원료로 사용된다.
- 작업장에서는 일반적인 유기 아민의 혼합된 오염물로 존재하거나 반응 부산물로 생성되어 작업자에게 노출될 수 있다. 암을 연구하는 실험실에서 노출될 수 있다.

---

629) IARC. http://www-cie.iarc.fr/htdocs/monographs/vol65/dinitrotoluene.htm. 1997. cited on Aug 02, 2005
630) Stayner LT, Dannenberg AL, Bloom T, et al. Excess hepatobiliary cancer mortality among munitions workers exposed to dinitrotoluene. J Occup Med 1993;35:291-296.

(4) 발암성

근로자 그룹에서 어떠한 사례보고나 역학적 연구가 없다. 현재 이용 가능한 정보는 디메틸니트로소아민의 낮은 농도에 대부분의 인구가 노출되어있다는 것인데 역학 조사를 위한 적절히 노출된 그룹이 아직 확인되지 않았다. 상대적으로 높은 수준의 특정 농약제제나 공장에서 발생할 수 있는 직업 노출, 그리고 로켓 연료 사용의 보고들은 노출된 그룹들을 확인 할 수 있을 것이다.

디메틸니트로소아민은 실험된 모든 종류의 동물에서 발암성을 발생시킨다(생쥐, 쥐, 시리언 골든Syrian golden, 중국과 유럽 햄스터Chinese and European hamsters, 기니피그, 토끼, 오리, 마스토미mastomys, 물고기, 뉴트, newts 개구리). 디메틸니트로소아민은 섭취, 흡입 등의 다양한 경로로 투여하였을 때, 다양한 종의 장기에 양성과 악성 종양을 발생시키다. 그것은 주로 간, 신장, 호흡기관에 발생한다. 출생 전 투여와 일회 투여에서 암을 유발시킨다. 여러 연구에서 양-반응 관계가 확립되었다[631)632)633)634)635)].

디메틸니트로소아민은 설치류에서 간, 신장 및 비강의 암을 유발하는 물질이다. 디메틸니트로소아민은 다른 유전독성 물질과 상승작용을 하여 암 발생을 증가시키고 잠복기를 단축시킨다[636)]. 디메틸니트로소아민 300 mmole에서 Bacillus subtilis를 배양한 실험에서 변이원성이 확인되지 않았다. 간마이크로솜이 있는 경우에는 변이원성이 보고되었다[637)].

디메틸니트로소아민은 사람과 설치류에서 간마이크로솜에 의해서 대사되어 변이원성과 발암성 대사산물로 활성화된다. 이 반응으로 생성된 반응성 대사물은 DNA의 알킬화를 유도하고 염기의 결손을 초래하여, 디메틸니트로소아민의 유전독성 기전과 발암성을 유발하는 것으로 보고 있다[638)639)].

---

631) Magee, P.N.; Barnes, J.M.: The Production of Malignant Primary Hepatic Tumours in the Rat by Feeding Dimethylnitrosamine. Br. J. Cancer 10:114-122 (1956).

632) Terracini, B.; Magee, P.N.; Barnes, J.M.: Hepatic Pathology in Rats on Low Dietary Levels of Dimethylnitrosamine. Br. J. Cancer 21:559-565(1967).

633) Druckrey, H.; Ivankovic, S.; Mennel, H.D.; et al.:Selective Production of Carcinomas of the Nasal Cavity in Rats by N,N'-Dinitrosopiperazine, Nitrosopiperidine, Nitrosomorpholine, Methylallylnitrosamine, Dimethylnitrosamine, and Methylvinylnitrosamine.Z. Krebsforsch. 66:138-150 (1964).

634) Magee, P.N.; Barnes, J.M.: The Experimental Production of Tumours in the Rat by Dimethylnitrosamine (N-Nitrosodimethylamine). Acta Union Int. Centre Cancer 15:187-190 (1959).

635) Zak, F.G.; Holzner, J.H.; Singer, E.J.; Popper, H.:Renal and Pulmonary Tumors in Rats Fed Dimethylnitrosoamine. Cancer Res. 20:96-99 (1960)

636) Cardesa, A.; Pour, P.; Rustia, M.: The Syncarcinogenic Effect of Methylcholanthrane and Dimethylnitrosamine in Swiss Mice. Z. Krebsforsch. 79:98-107 (1973).

637) Popper, H.; Czygan, P.; Greim, H.; et al.: Mutagenicity of Primary and Secondary Carcinogens Altered by Normal and Induced Hepatic Microsomes. Proc. Soc.Exp. Biol. Med. 142:727-729 (1973).

638) Czygan, P.; Greim, H.; Garro, A.J.; et al.: Microsomal Metabolism of Dimethylnitrosamine and the Cytochrome P-450 Dependency of Its Activation to a Mutagen. Cancer Res. 33:2983-2986 (1973).

(5) 발암성 분류

여러 종의 실험 동물에서 디메틸니트로소아민의 발암성 효과에 대한 충분한 근거가 있다. 인간과 설치류 조직에서 대사작용의 유사함이 입증되었다.

비록 역학적 데이터가 없지만, 디메틸니트로소아민은 실질적인 목적을 고려하여 인체발암성 물질로서 간주하고 있다. 국제암연구기구(IARC)에서는 디메틸니트로소아민은 동물에서 충분한 발암성의 근거가 있다고 하여, 인체발암추정물질(Probably carcinogenic to humans, 2A)로 분류하였다[640)641).

미국 산업위생전문가협회(ACGIH)에서는 동물에서는 충분한 발암성 근거가 있으나 인간에서는 관련성을 알 수 없어서 A3(Confirmed Animal Carcinogen with Unknown Relevance to Humans)로 분류하고 있다.

8. 디메틸 카바모일 클로라이드

일련번호	유해물질의 명칭		화학식	노출기준				비고 (CAS번호 등)
	국문표기	영문표기		TWA		STEL		
				ppm	mg/m³	ppm	mg/m³	
76	디메틸 카르바모일클로라이드	Dimethyl carbamoylchloride	$(CH_3)_2NCOCl$	0.005	–	–	–	[79-44-7] 발암성 B, Skin

(1) 디메틸 카바모일 클로라이드란?

염화 디메틸 카바모일이라고도 한다. 액체상태이다.

---

639) Czygan, P.; Greim, H.; Garro, A.J.; et al.: Cytochrome P-450 Content and the Ability of Liver Microsomes from Patients Undergoing Abdominal Surgery to Alter the Mutagenicity of a Primary and a Secondary Carcinogen. J. Natl. Cancer Inst. 51:1761-1764(1973).

640) The International Agency for Research on Cancer: IARC Monographs on the Evaluation of Carcinogenic Risk of Chemicals to Humans, Vol. 17, Some NNitroso Compounds, pp. 125-175. IARC, Lyon, France(1978).

641) The International Agency for Research on Cancer: IARC Monographs on the Evaluation of Carcinogenic Risks to Humans, Suppl. 7, Overall Evaluations of Carcinogenicity: An Updating of IARC Monographs Volumes 1 to 42, p. 67. IARC, Lyon, France (1987).

(2) 물리화학적 특성

항목	내용	항목	내용
분자량	107.64	증기압	1.95 torr at 25℃
녹는 점	-33℃	밀도	1.17 at 20℃
끓는 점	165°~167℃	용해도	유기용제에 녹음
반응성	물에서 디메틸아민, 이산화탄소 및 염산으로 빠르게 가수분해된다.		

(3) 용도 및 노출

- 디메틸 카바모일 클로라이드는 다양한 염료, 약제, 살충제(카바메이트) 제조의 화학반응 중간체 역할을 하는 물질로 1961년에 만들어지기 시작했다.
- 디메틸 카바모일 클로라이드의 제조, 살충제 조제, 염료제조자, 제약회사 근로자들이 사용 과정에서 노출될 수 있다.

◆ 노출규모

2009년 작업환경실태조사에서 디메틸카르바모일 클로라이드를 제조하는 사업장은 3개(13명)이었다.

(4) 발암성

최소 6개월에서 최고 12년 동안 디메틸 카바모일 클로라이드(DMCC)에 노출된 17~65세 대상으로 DMCC 제조 공장 생산 근로자 39명, 가공 근로자 26명, 이전에 근무한 경력이 있는 42명을 조사한 결과 암으로 인한 사망자는 없었다[642].

1개월 이상 15년동안 디메틸 카바모일 클로라이드에 노출된(디에틸 카바모일 클로라이드에도 동시 노출) 100명의 근로자들을 추적관찰한 결과 악성종양은 발견하지 못하였다. 그러나 관찰기간이 짧아서 이 연구결과로 결론을 내리는 것은 곤란하다[643].

암컷 생쥐 피부에 도포, 피하 주사, 복강 내 주사 실험 결과 국소적 종양이 발생하였다. 쥐에 디메틸 카바모일 클로라이드를 흡입시킨 실험 결과 사망한 쥐에서 비강암이 발생하였다. 생쥐의 피부에 도포한 실험에서 도포한 부위에 종양이 발생했고, 350일이 지났을 때 나타난 종양은 유두종, 편평세포 암종, 각질가시세포종(keratoacanthoma)이었다.

---

[642] Von Hey W; Theiss AM; Zeller H: Possible health hazards in the manufacture and processing of dimethylcarbamyl chloride. Zentralbl Arbeitsmed Arbeitsschutz 24:71--77 (1974).

[643] Frentzel-Beyne R; Thiess AM; Wieland R: Survey of mortality among employees engaged in the manufacture of styrene and polystyrene at the BASF Ludwigshafen Works. Scand J Work Environ Health 2:231--239 (1976).

생쥐의 피하에 디메틸 카바모일 클로라이드를 주사한 실험에서는 주사한 부위에 종양 발생률이 대조군에 비해 더 높았다.

햄스터에게 디메틸 카바모일 클로라이드을 흡입시킨 실험에서는 비강에 신생물성 병변이 발생했다[644]. 또한 비강에 편평세포 암종도 99마리 중 50마리에서 나타났다.

작업장 내에서 디메틸 카바모일 클로라이드에 4~17년 동안 노출된 10명의 근로자들에서 염색체 이상이 확연히 증가하지 않았다[645]. 디메틸 카바모일 클로라이드는 여러 가지 다양한 유전독성 시험에서 양성반응을 보였다. 박테리아에 돌연변이와 DNA 손상을 유발하고, 균류에 염색체 이수성(aneuploidy), 돌연변이, 유전자 전환(gene conversion), DNA 손상이 나타났다.

노랑초파리에 성연관 열성치사 돌연변이가 나타났다[646]. 노랑초파리에 유전자 전좌(translocation)가 유도되지 않았다. 쥐 간세포를 이용한 실험에서 미예정 DNA합성(unscheduled DNA synthesis)은 일어나지 않았다[647]. 햄스터 난소 세포를 이용한 실험에서 디메틸 카바모일 클로라이드에 의해 DNA 가닥 절단, 염색체 이상이 나타났다. 생쥐 림프종 세포에서 유전자 돌연변이가 일어났다. 햄스터 배아세포에 형질전환(transformation)이 나타났다. 생체 외 실험에서는 자매염색분체 교환 유도에 대한 결과가 일관되게 나타나지 않았지만, 생체 내 실험에서는 디메틸 카바모일 클로라이드에 의해 소핵이 형성되었다.

디메틸 카바모일 클로라이드을 처리한 생쥐의 골수에서 자매염색분체가 교환되는 현상은 나타나지 않았다[648]. 송아지 흉선(calf thymus) DNA를 이용한 생체 외 실험에서 디메틸 카바모일 클로라이드를 처리한 후 6-디메틸 카바밀록시-2'-데옥시구아노신(6-dimethyl carbamyloxy-2'-deoxyguanosine)과 4-디메틸아미노티미딘(4-dimethyl amino thymidine)을 형성한 것으로 보아 디메틸 카바모일 클로라이드는 체내에서 직접적으로 알킬화 활성을 띠는 물질로 보인다.

---

644) Sellakumar AR; Laskin S; Kuschner M; et al.: Inhalation carcinogenesis by dimethylcarbamoyl chloride in Syrian golden hamsters. J Environ Pathol Toxicol 4:107--115 (1980).

645) Fleig J; Thiess AM: Chromosome investigations of persons exposed to dimethyl carbamoyl chloride and diethyl carbamoyl chloride. J Occup Med 20:745--746 (1978).

646) Foureman P; Mason JM; Valencia R; Zimmering S:(1994). Chemical mutagenesis testing in Drosophila. X. Results of 70 coded chemicals tested for the National Toxicology Program. Environ Mol Mutagen 23:208--227 (1994).

647) Dean BJ: Activity of 27 coded compounds in the RL1chromosome assay. In: Evaluation of short-term testsfor carcinogens. Prog Mutat Res 1:570--579 (1981).

648) Paika IJ; Beauchesne MT; Randall M; et al.: (1981). In vivo SCE analysis of 20 coded compounds, in: Evaluation of short-term tests for carcinogens. Prog Mutat Res 1:673--681 (1981).

(5) 발암성 분류

국제암연구기구(IARC)에서는 디메틸 카바모일 클로라이드가 인체에 미치는 발암성의 근거는 부적절하지만, 동물실험 결과 나타난 발암성의 근거는 충분하다고 평가하였다. 디메틸 카바모일 클로라이드를 인체 발암 추정 물질(Probably carcinogenic to humans, Group 2A)고 분류하였다. 디메틸 카바모일클로라이드의 직접적인 알킬화 작용을 하여 생체 내 체세포에 영향을 미치며 다양한 유전독성을 일으킨다는 것을 평가 근거로 삼았다.

미국 산업위생전문가협회(ACGIH)는 암 발생 최소화하기 위하여 TLV-TWA를 0.05 ppm(0.02 mg/m³)로 제시하였으며, 동물에서 호흡기계암(비강암 등)을 유발하는 것이 확실하여 인간에서 암이 의심되는 물질(A2, Suspected Human Carcinogen)로 구분하였다.

9. 1,1-디메틸하이드라진

일련번호	유해물질의 명칭		화학식	노출기준				비 고 (CAS번호 등)
				TWA		STEL		
	국문표기	영문표기		ppm	mg/m³	ppm	mg/m³	
74	1,1-디메틸하이드라진	1,1-Dimethylhydrazine	$(CH_3)_2NNH_2$	0.01	-	-	-	[57-14-7] 발암성 1B, Skin

(1) 1,1-디메틸하이드라진이란?

하이드라진류는 투명하고 무색의 암모니아 같은 냄새가 나는 액체물질이다. 반응성이 높으며 쉽게 화재가 발생하는 특징이 있다. 하이드라진류에는 다양한 종류가 있으며, 자연계에서도 발견이 되는데 식물에 소량의 하이드라진이 존재한다.

질소 원자에 결합해 있는 메틸기의 수와 위치에 따라 1,1-디메틸하이드라진과 1,2-디메틸하이드라진이 있다[649].

1,1-디메틸하이드라진은 N,N-디메틸하이드라진이라고도 한다. 자극적인 암모니아 냄새가 나며, 독성이 강한 흡습성의 액체이다. 물·에탄올·에테르에 잘녹는다. 공기 중에 놓아두면 노란색으로 변하고 산소와 이산화탄소를 흡수한다.

---

[649] [네이버 지식백과] 다이메틸하이드라진 [dimethylhydrazine] (두산백과) http://terms.naver.com/entry.nhn?cid=200000000&docId=1085932&mobile&categoryId=200000465

(2) 물리·화학적 특성

항 목	내 용	항 목	내 용
외관(색)	무색의 가연성인 흡습성 액체이며 공기 중 훈증기는 점차 황색으로 변함.	분자량	60.12
비중	0.782 (25℃), 0.791 (22℃)	냄새	암모니아 비슷한 생선 비린내가 남.
녹는 점	-57.2℃	끓는 점	62~63℃
증기압	103(20℃), 156.8(25℃)	증기밀도	2.1
용해도	물·에탄올·에테르에 쉽게 녹음	반응성	산화제로서 폭발적으로 발화함

(3) 용도 및 노출

- 하이드라진에 아이오딘화메틸을 작용시키면 생성된다. 1,1-디메틸하이드라진은 니트로소디메틸아민을 아연과 아세트산으로 환원시켜 만든다.
- 하이드라진, 1,1-디메틸하이드라진 그리고 1,2-디메틸하이드라진 등의 하이드라진 화합물은 암모니아, 디메틸아민, 과산화수소 또는 차아염소산나트륨 등과 같은 화학물질을 이용하여 제조한다.
- 디메틸니트로스아민의 환원반응에 의해 또는 카르복실산 하이드라지드와 포름알데히드의 알킬 촉매 환원반응 후 가수분해과정을 거쳐 1,1-디메틸하이드라진을 제조하기도 한다[650)651)652)443].
- 1.1-디메틸히드라진은 로켓의 저장 가능한 액체연료(storable liquid fuel)로 사용되었다.
- 1,1-다이메틸하이드라진은 제트기와 로켓 연료의 성분, 화학적 합성, 유기 과산화물 (organic peroxide) 연료첨가제의 안정제, 산성 가스(acid gas)의 흡착제, 사진 인화, 식물 생장조절제 등에 사용한다.
- 유기합성시약 등으로 쓰인다.

---

650) Budavari S, O'Neil MJ, Smith A, et al., eds. "The Merck index: An encyclopedia of chemicals, drugs, and biologicals", 11th ed. Rahway, NJ: Merck and Co., Inc., 512, 754 (1989).
651) International Agency for Research on Cancer (IARC). "Some aromatic amines, hydrazine and related substances, N-nitroso compounds and miscellaneous alkylating agents", IARC monographs on the evaluation of the carcinogenic risk of chemicals to humans. Vol. 4. Lyon, France: International Agency for Research on Cancer, 127-151 (1974).
652) Schmidt EW., "One hundred years of hydrazine chemistry", In: The Third Conference on the Environmental Chemistry of Hydrazine Fuels, SL-TR-87-74, 4-16 (1988).

- 1,1-디메틸하이드라진은 화학물질 합성, 유기 과산화물 연료 첨가제의 안정제, 산 가스의 흡수제 및 사진 인화용액으로 사용된다.
- 채소, 꽃 또는 사과, 포도, 땅콩, 벚찌, 봉숭아 및 토마토 같은 과일을 재배할 때에 사용되는 식물 성장 조절제의 안정제로 사용된다[653)654)655].
- 직업적 노출은 1,1-디메틸하이드라진을 제조하고 사용하는 과정에서 발생할 수 있다.

1) 스판덱스의 중합(산화 방지제)

스판덱스 중합공정에서 1,1-디메틸하이드라진은 부식방지 목적의 첨가제로 스판덱스 중합 반응기에 주입된다. 반응 후 분배기를 통해 스판덱스와 1,1-디메틸하이드라진을 분리하고 1,1-디메틸하이드라진은 재순환된다. 공정은 완전 밀폐된 설비에서 실시되고 있고 작업자는 주로 제어실에 위치하기 때문에 일상 작업에서 작업자의 노출 가능성은 매우 낮다고 할 수 있다.

일상적인 작업 외에 주기적으로 실시되는 대정비 작업 시 장비를 해체하고 장비 내부로 들어갈 때 흡입 또는 피부 노출 가능성은 증가할 수 있다.

- 투입 → 혼합 → 반응 → 용해 → 저장 → 정제 → 용융 → 방사 → 포장/출하

(4) 발암성

사람에서의 발암 작용은 아직 확인되지 않았다. 순수한 1,1-디메틸히드라진을 사용하는 작업자를 추적 조사한 결과, 전에 나타난 발암 소견과 추적 전조사 결과가 서로 일치하지 않았다.

일부 연구에서는 1,1-디메틸하이드라진이 다양한 종에서 발암성을 일으킨다고 보고하고 있다.

생쥐에 1,1-디메틸하이드라진을 경구투여한 실험 결과, 혈관 종양을 포함하여 여러 부위에 종양이 발생했다. 오랜 잠복기가 지난 후에 약간의 간 종양이 발견되었지만 발암성

---

653) International Agency for Research on Cancer (IARC). "Some aromatic amines, hydrazine and related substances, N-nitroso compounds and miscellaneous alkylating agents", IARC monographs on the evaluation of the carcinogenic risk of chemicals to humans. Vol. 4. Lyon, France: International Agency for Research on Cancer, 127-151 (1974).

654) Agency for Toxic Substances and Disease Registry (ATSDR), "Toxicological Profile for Hydrazine (Final Report)". NTIS Accession No. PB98-101025. Atlanta, GA: Agency for Toxic Substances and Disease Registry. 203 (1997).

655) International Agency for Research on Cancer (IARC). "Some aromatic amines, hydrazine and related substances, N-nitroso compounds and miscellaneous alkylating agents", IARC monographs on the evaluation of the carcinogenic risk of chemicals to humans. Vol. 4. Lyon, France: International Agency for Research on Cancer, 127-151 (1974).

을 평가하기에 부적합했다. 햄스터에게 매주 피하 투여하면서 자연사할 때까지 관찰한 실험에서는 말초신경초 종양(peripheral nerve sheath tumour)이 발생했다. 암컷에서 악성 림프종이, 수컷에서 양성 갈색세포종(phaeochromocytoma)이 미미하게 증가했다. MacEwen[656], Haun[657] 등은 개, 랫트, 마우스 그리고 햄스터에 흡입시켰을 때의 발암성에 대해 보고하였다. 쥐에서는 폐 및 뇌하수체에 양성종양이 관찰되었고, 생쥐에서는 호흡기, 특히 간에 종양이 많이 관찰되었고, 호흡기 상기도에 여러 가지 희귀한 양성 종양과 폐에 선종이 관찰되었다고 보고하였다. 간조직에는 여러 가지 양성 및 악성종양이 관찰되었는데, 이러한 증상은 0.05ppm에 노출된 마우스에서도 가끔 관찰되었다고 보고하였다.

햄스터에서는 증가된 종양과 1,1-디메틸하이드라진과의 관련성이 명확하지 않았다고 보고하였다. 5ppm에 노출된 생쥐는 혈관육종과 쿠퍼셀(kupffer cell) 육종이 증가하였지만, 다른 농도 수준에 노출된 생쥐에서는 종양이 관찰되지 않았다고 보고하였다. 5ppm에 노출된 쥐에서는 폐에서 종양, 편평상피세포와 간세포에서 악성종양이 관찰되었고, 비장의 섬세포 샘종이 증가하였다. 피부섬유종도 약간 증가하였다.

Jeong 등[658]은 매주 8~35㎎/㎏의 1,1-디메틸하이드라진을 피하주사한 시리안골든 햄드터(Syrian golden hamster)에서는 종양이 발생하지 않았다고 보고하였다. Roe 등[659]은 생쥐에 1,1-디메틸하이드라진을 마시도록 한 결과 폐종양의 발생률이 증가하였다. Toth[660]는 생쥐에 음용수에 0.1%의 1,1-디메틸하이드라진을 섞어서 먹인 결과, 각 장기에 혈관육종, 폐종양, 신장종양 그리고 간종양이 발생하였다고 보고하였다.

Trochimowicz[661]에 따르면, 생쥐에 1,1-디메틸하이드라진을 위관영양 투여한 결과 폐의 종양이 약간 커지는 것을 관찰하였으며, 1,1-디메틸하이드라진이 함유되어 있는 물을 마신 쥐와 생쥐에서는 간 종양이 관찰되었다고 보고하였다. Druckery 등[662]은 햄

---

656) MacEwen, J.D., Vernot, E.H., "Toxic Hazards ResearchUnit Annual Technical Report", AMRL-TR-77-46, ASA046-085. Aerospace Medical Research Laboratory, Wright-Patterson Air Force Base, OH (1977).
657) Haun, CC, Kinkead ER, Vemot EH, et al., "Chronic inhalation toxicity of unsymmetrical dimethylhydrazine: Oncogenic effects", AFAMRL-TR-85-020, (1984).
658) Jeong, J.Y., Kamino, K., "Lack of Tumorigenic Activity of 1,1-Dimethylhydrazine in Syrian Golden Hamsters Treated by Subcutaneous Injection", Toxicol. Pathol. 45:61-63 (1993)
659) Roe FJ, Grant GA, Millican DM., "Carcinogenicity of hydrazine and l,l-dimethylhydrazine for mouse lung", Nature, 216, 375-376 (1967)
660) Toth, B., "The Large Bowel Carcinogenic Effects of Hydrazines and Related Compounds Occurring in Nature and the Environment", Cancer 40:2427-2431 (1977)
661) Trochimowicz, H.J. "Heterocyclic and miscellaneous nitrogen compounds", in Patty's Industrial Hygiene and Toxicology, 4th Ed, G.D. Clayton and F.E. Clayton, eds. New York: John Wiley & Sons, 3442-3445 (1994)

스터에게 1,1-디메틸하이드라진을 투여한 물을 마시도록 한 결과, 혈관과 맹장에서 종양이 관찰되었다고 보고하였다.

1,1-디메틸하이드라진은 유전적 영향이 있다고 알려져 있다. 포유동물세포의 생체 외 실험에서 햄스터의 폐 세포와 생쥐 림프종 세포에 유전자 돌연변이를 유도했고, 햄스터 난소 세포에 염색체 이상을 일으켰으며, 생쥐 간세포에 미예정DNA합성(unscheduled DNA synthesis)을 유도했지만 쥐 간세포에서는 그렇지 않았다. 박테리아에 돌연변이를 유발한다는 근거에 대해서는 결론이 일치하지 않았다.

(5) **발암성 분류**

국제암연구센터(IARC)에서는 인체의 발암성 연구결과는 보고된 바 없지만, 동물 실험 결과는 발암성 근거가 충분하고 평가하여 인체발암 가능물질(Possibly carcinogenic to humans, Group 2B)로 분류하였다.

미국 산업위생가협의회(ACGIH)에서는 동물에서는 발암성이 확인되었으나 인간에서는 암발생에 대한 연관성을 알 수 없다고 평가하여 A3(Confirmed Animal Carcinogen with Unknown Relevance to Humans)로 분류하고 있다.

NIOSH에서는 1,1-디메틸히드라진의 발암성을 평가할 때에는 이 물질에 오염물질로서 함유되어 있는 1,1-니트로소디메틸히드라진의 함유량을 고려하여 야 한다고 제안하고 있다.

10. 1,2디브로모에탄

일련번호	유해물질의 명칭		화학식	노출기준				비 고 (CAS번호 등)
	국문표기	영문표기		TWA		STEL		
				ppm	mg/m³	ppm	mg/m³	
84	1,2-디브로모에탄	1,2-Dibromoethane	NH$_2$CH$_2$CH$_2$NH$_2$	–	–	–	–	[106-93-4] 발암성 1B, Skin

(1) **디브로모에탄이란?**

무색의 불연성인 무거운 액체이거나 고체이며 연하고 달콤한 냄새가 난다. 이브롬화에틸렌(ethylene dibromide)라고도 한다.

---

662) Druckery, H., Preussmann, R., Ivankovic, S., Schmahl, D., "Organotrope Carcinogens Wirkungen Bei 65 Verschiedenen N-nitroso-verbindurgen an BD-ratten", Z. Krebsforch 69:1201-1221 (1967)

(2) 물리화학적 특성

구 분	특 성
분자량, g	187.88
비중 (20℃, 물 = 1)	2.172 at 25℃
증기밀도(DEOA가 끓는점에서의 공기 =1)	
녹는점, ℃	9.97℃
끓는점, ℃	132℃
증기압, mmHg	11 torr at 25℃
물에 대한 용해도, g/100㎖	물에 약간 녹음(0.43 g/100 ml at 30℃). 알코올, 에테르 등 대부분의 유기용제에 잘 녹음.

(3) 용도 및 노출

- 각종 유기 합성의 출발 원료로 사용된다.
- 1,2-디브로모에탄의 노출은 해충 구제, 석유 정제, 그리고 방수작업에서 일어날 수 있다.
- 1,2-디브로모에탄을 함유하고 있는 가연(납이 첨가된)가솔린을 다룰 때 피부에 노출이 될 수 있다. 공기와 물에서는 적은 양이 감지된다.
- 토양 중의 선충을 방제하는 농약으로 사용한다(선충 구제약, nematicide).

1) 1,2-디브로모에탄의 제조(시료 채취)

유리 분리관 반응기(glass column reactor)에서 에틸렌과 브롬의 연속된 공급에 의해 수행된다. 제조된 1,2-디브로모에탄은 반응기에서 연속적으로 얻어지고, 저장탱크에 저장된 후 소량의 전환되지 않은 개시 물질을 제거하기 위해 자외선을 조사한다. 품질관리를 위한 시료 채취 시 근로자에게 노출이 발생할 수 있다.

2) 1,2-디브로모에탄의 제조(포장)

유리 분리관 반응기(glass column reactor)에서 에틸렌과 브롬의 연속된 공급에 의해 수행된다. 제조된 1,2-디브로모에탄은 반응기에서 연속적으로 얻어지고, 저장탱크에 저장된 후 소량의 전환되지 않은 개시 물질을 제거하기 위해 자외선을 조사한다. 제조가 완료된 후 저장탱크에서 용기로 포장하는 과정에서 근로자에게 노출이 발생할 수 있다.

(4) 발암성

1,2-디브로모에탄에 노출된 근로자들을 포함한 코호트 연구가 있지만 낮은 통계적 검증력과 각각의 노출에 대한 정보의 부재 때문에 인간에서 이 화합물의 발암성에 대한 결과는 거의 없다.

1,2-디브로모에탄은 생쥐, 쥐, 물고기의 경구 투여, 생쥐와 쥐의 흡입 그리고 생쥐의 피부투여로 실험되었다. 경구 투여 후 설치류 모두에서 복부의 편평세포암이 발생하였고 암, 수 생쥐에서 폐포성/세기관지의 폐종양이 생겼다.

수토끼에서 혈관육종, 암 생쥐에서 식도 유두종, 그리고 물고기에서 간과 위에 종양이 발생하였다. 흡입 후 1,2-디브로모에탄은 비강에 선종과 암선종, 혈관육종, 유선종양, 피하 간엽성 종양(subcutaneous mesenchymal[663] tumours), 그리고 폐포성/세기관지의 폐종양이 생쥐와 토끼에서 발생률이 증가하였다.

수컷 생쥐에서 복막 중피 종양이 생겼다. 1,2-디브로모에탄은 피부 투여 후 생쥐에서 피부와 폐종양이 발생하였다. 1,2-디브로모에탄은 박테리아와 초파리, 그리고 설치류와 인체 세포 체외에서 돌연변이를 일으킨다.

인체 내에서 염색체 이상이나 자매 염색분체 변화를 발생시키지 않는다. 1,2-디브로모에탄은 설치류 체외, 생체 내 실험에서 DNA와 결합한다.

(5) 발암성 분류

국제암연구기구(IARC)에서는 인체 내에서 1,2-디브로모에탄은 발암성에 관한 증거가 충분하지 않으나, 실험동물에서 1,2-디브로모에탄은 발암성에 관한 증거가 충분하다고 평가하여, 인체발암추정물질(Probably carcinogenic to humans, Group 2A)으로 분류하였다[664].

미국 산업위생전문가협회(ACGIH)에서는 동물에서는 발암성인 확인되었으나 인간에서는 관련성을 알 수 없다고 평가하여 A3(Confirmed Animal Carcinogen with Unknown Relevance to Humans)로 분류하였다.

---

663) 동물기관 내부에 있어 그 조직 중에 상당한 용량을 차지하며 존재하는 결합조직성 세포군과 이것이 만들어낸 기질의 총칭 또는 그것들이 차지하는 부위. 그 기관 고유의 기능을 영위하는 세포군, 즉 실질의 대응어이다.
664) 출처 : http://www.inchem.org/documents/iarc/vol71/022-ethdibromide.html

11. 디아니시딘

일련번호	유해물질의 명칭		화학식	노출기준				비 고 (CAS번호 등)
	국문표기	영문표기		TWA		STEL		
				ppm	mg/m³	ppm	mg/m³	
90	디아니시딘	Dianisidine	$C_{14}H_{16}N_2O_2$	–	0.01	–	–	[119-90-4] 발암성 1B

(1) 디아니시딘이란?

디아니시딘은 무채색과 자주색 고체이며, 냄새가 없다. 3,3'-dimethoxy benzidine (DMOB)이라고도 한다.

(2) 물리화학적 특성

항 목	내 용	항 목	내 용
수소이온지수(pH)	해당안됨	분자량	244.32
끓는 점	356 ℃	어는 점	–
인화점	206 ℃	휘발성	해당안됨
증기압	해당안됨	비 중	없음
(옥탄올/물)분배계수	1.81	증기밀도	8.43(공기=1)
반응성	상온, 상압에서 안정함	혼합금지물질	산화제

(3) 용도 및 노출

- 국내에서 디아니시딘을 직접 제조하는 사업장은 없으며 디아니시딘을 이용하여 아조계 유기안료를 생산하고 있다.
- 노출되는 공정은 디아니시딘 혹은 디아니시딘 염이 함유된 염료를 사용하는 날염공정이다.
- 아조계 유기안료를 생산하는 공정에서 발생하며 주 발생원은 디아니시딘을 투입하는 공정에서 노출 될 가능성이 크다. 주로 분진형태로 호흡기 및 피부를 통해 흡수된다.
- 인체 노출은 장비나 환기시설로 부터의 염료 물질의 흡입에 의해 생길 수도 있다. 피부 흡수는 완성된 염료, 직물 제조, 혼합, 포장 공정에서 일어난다[665]

---

665) Sittig, M. Handbook of Toxic and Hazardous Chemicals and Carcinogens, 1985. 2nd ed. Park Ridge, NJ: Noyes Data Corporation, 1985., p. 358

(4) 발암성

사람에서 디아니시딘 노출과 암 발생에 대한 의미 있는 연구가 보고된 것은 없다. 디아니시딘(3,3'-디클로르벤지딘과 오르토톨루이딘을 포함하여)은 벤지딘과 같은 공장에서 사용되어 벤지딘과 관련된 방광암의 위험에 기여하였을 수 있다[666]. 오직 이 화합물로 인해 발생한 직업성 방광 종양 사례는 없었다[667].

방광암의 발생증가에 대한 역학적인 증거는 아직 미약하다. 벤지딘, 디메칠벤지딘과 함께 노출된 경우, 방광암의 발생이 현저하게 증가하였다는 보고가 있으나 디아니시딘의 단독적인 영향으로 평가되기는 어렵다. 이 물질에 노출되는 대부분의 근로자들은 벤지딘이나, 다른 관련된 아민에도 동시에 노출되는데, 이것은 사람의 방광암 발생과 강한 연관성이 있다[668]. 벤지딘이 사용되는 공장에서 동일하게 취급되므로 벤지딘에 의한 방광암 위험성을 증가시키는데 영향을 미치는 것으로 관찰되었다.

동물에 대한 발암성은 충분한(sufficient) 것으로 보고되었다. 토끼에 디아니시딘을 경구 투여 한 후 방광, 장, 피부, 그리고 짐발선 등 여러 군데에서 종양이 생겼다. 햄스터에서는 위 유두종을 발생시켰다[669]. 디아니시딘은 쥐의 여러 장기에서 양성이나 악성 암의 발생률을 증가시켰다[670][671]. 쥐에게 위관 삽입하여 디아니시딘을 주입했을 때 다양한 부위에서 소장암, 피부암, 방광암(유두종)같은 종양이 발생하였다. 섭취 시켰을 때, 위의 입구에 암(유두종) 발생율이 증가하였다. 디아니시딘의 디하이드로클로라이드염을 쥐에게 물에 섞여 먹었을 때, 간암, 대장암, 피부암, 구강암이 관찰되었다. 수컷 쥐는 음경 꺼풀샘종, 소장암, 중피종 발생율이 증가하였고, 암쥐에서는 음핵샘암, 유선암, 자궁암과 자궁경부암이 증가하였다. 인체에서 디아니시딘의 유전적 그리고 다른 관련된 효과를 보여주는 데이터는 없다. 디아니시딘은 체외 중국 햄스터 세포에서 자매 염색분체 변형을 발생시켰고 체외 인체 세포와 쥐의 간세포에서 예정외 DNA 합성을 발생시켰다. 디아니시딘은 박테리아에서 돌연변이를 유발하였다.

---

666) Clayson, D.B. (1976) Occupational bladder cancer. Prev. Med., 5, 228-244
667) Genin, V.A. (1974) Hygienic assessment of dianisidine-sulphate production from standpoint of carcinogenous hazard for workers (Russ.). Gig. Tr. prof. Zabol., 6, 18-22
668) IARC. Monographs on the Evaluation of the Carcinogenic Risk of Chemicals to Man. Geneva: World Health Organization, International Agency for Research on Cancer, 1972-PRESENT. (Multivolume work)., p. V7 62 (1987)
669) IARC Monographs, 4, 41-47, 1974
670) IARC. Some Aromatic Amines. Hydrazine and Related Substances, N-Nitroso Compounds and Miscellaneous Alkylating Agents. IARC Monographs on the Evaluation of Carcinogenic Risk of Chemicals to Humans, vol.4. Lyon,France: International Agency for Research on Cancer.286 pp.1974.
671) NTP. Toxicology and Carcinogenesis Studies of 3,3-Dimethoxybenzidine Dihydrochloride (CAS No. 20325-40-0)in F344/N Rats(Drinking Water Studies). Technical Report Series No 372. Research 1990.

오르토-디아니시딘은 차이니즈 햄스터의 자매염색분체교환(SCE)을 일으켰고 인간세포와 쥐의 간세포에서 계획에 없던 DNA 합성을 일으켰으며 박테리아에서는 돌연변이원성을 나타냈다.

(5) 발암성 분류

국제발암연구기구(IARC)에서는 인간에 대한 발암성 근거는 부적절하지만 동물에 대한 발암성은 근거가 충분하다고 평가하여 디아니시딘을 인체발암가능물질(Possibly carcinogenic to humans, Group 2B)로 분류하였다[672].

12. 디아조메탄

일련번호	유해물질의 명칭		화학식	노출기준				비 고 (CAS번호 등)
	국문표기	영문표기		TWA		STEL		
				ppm	mg/m³	ppm	mg/m³	
93	디아조메탄	Diazomethane	CH_2N_2	0.2	–	–	–	[334-88-3] 발암성 1B

(1) 디아조메탄이란 무엇인가?

다이아조메테인이라고도 하며 냄새가 없는 황색 기체이다. 맹독성이 있는 메탄의 디아조화합물이다. 기체 상태 및 농후한 용액은 거치른 유리벽 등의 존재로 강력한 폭발성이 있다.

(2) 물리화학적 특성

항 목	내 용	항 목	내 용
수소이온지수(pH)	–	분자량	42.04
끓는 점	-23°C	어는 점	-145°C
증기압	–	비 중	1.45

에테르, 벤젠, 디옥산 및 알코올에 잘 녹는다. 물에서는 분해된다. 노란색 고체로 물에 녹기 어렵다.

---

672) IARC Monographs, Suppl. 6, 262-263, 1987

(3) 용도 및 노출

- 니트로소메틸요소의 알칼리를 작용시켜 통상 에테르용액으로 얻을 수 있다.
- 니트로소 메틸 우레탄에 수산화칼륨을 반응시키면 얻을 수 있는 노란색 기체이며 메테인의 디아조 화합물이다.
- 카르복실산, 페놀의 메틸화시약이다.
- 디아조메탄은 카복시산과 반응하여 메틸에스터과 그 동족체를 만들고, 또 페놀류와 반응하여 메틸에테르를 만드는 등의 메틸화제(化劑)로서 유기화합물 합성에 많이 이용된다.
- 불안정하기 때문에 장기보존이 힘들다는 단점이 있다.

(4) 발암성

근로자 그룹에서 발암성에 대하여 보고된 사례나 역학적 연구는 없다[673]. 생쥐에서 디아조메탄을 피부 투여한 후 폐종양 발생률을 증가시켰다. 가스에 노출되었을 때 쥐에서 폐종양이 발생하였다[674]. 유전자의 메틸화에 의한 강력한 변이원성이 있다.

(5) 발암분류

국제암연구기구(IARC)에서는 인체발암성 비분류물질(Not classifiable as to carcinogenicity to humans, Group 3)로 분류하였다.

미국 산업위생전문가협회(ACGIH)에서는 급성 자극증상을 방지하기 위하여 노출기준 TLV-TWA, 0.2 ppm(0.34 mg/m3)으로 제시하였고, 사람에 대한 발암성 의심물질(Suspected Human Carcinogen, A2)로 분류하였다.

13. 3,3-디클로로벤지딘

일련번호	유해물질의 명칭		화학식	노출기준				비 고 (CAS번호 등)
	국문표기	영문표기		TWA		STEL		
				ppm	mg/m³	ppm	mg/m³	
119	3,3-디클로로벤지딘	3,3-Dichlorobenzidine	$C_{12}H_{10}C_{12}N_2$	–	–	–	–	[91-94-1] 발암성 1B, Skin

---

673) 출처 : http://www.inchem.org/documents/iarc/vol07/diazomethane.html
674) International Agency for Research on Cancer: IARC Monographs on the Evaluation of Carcinogenic Risk of hemicals to Man, Vol. 7, Some Anti-Thyroid and Related Substances, Nitrofurans and Industrial Chemicals, pp. 223--228. IARC, Lyon, France (1974)

(1) 디클로로벤지딘이란 무엇인가?

3,3'-디클로로벤지딘은 물에 녹지 않고, 상온에서 노란색 고체이다.

(2) **물리화학적 특성**

항 목	내 용	항 목	내 용
수소이온지수(pH)	-	분자량	253.13
끓는 점	368°C (estimate)	어는 점	132°-133°C
증기압	368°C (estimate)	비 중	-

연한 염산용액과 알코올에 녹는다.

(3) **용도 및 노출**

- 3,3'-디클로로벤지딘은 잉크 및 도료 등에 사용되는 안료의 원료로 사용되고 있다.
- 염화 비닐 수지 및 폴리올레핀 등의 열가소성 합성수지의 착색에 사용되고 있다.

1) 3,3-디클로로벤지딘의 제조(시료 채취)

o-클로로니트로벤젠을 가성소다 중에서 환원해 히드라조 화합물(2,2-디클로로히드라조벤젠)로 만든 다음, 황산으로 벤지딘 전위시킨다. 전위가 끝나면 황산염을 여과해, 이 황산염을 염산에 의해 전환 정제해 제품을 얻는다. 생산제품의 품질관리를 위해서 작업자가 시료를 채취할 때 노출될 수 있다.

2) 3,3-디클로로벤지딘의 제조(포장)

o-클로로니트로벤젠을 가성소다 중에서 환원해 히드라조 화합물(2,2-디클로로히드라조벤젠)로 만든 다음, 황산으로 벤지딘 전위시킨다. 전위가 끝나면 황산염을 여과해, 이 황산염을 염산에 의해 전환 정제해 제품을 얻는다. 제조물질을 드럼에 포장하는 과정에서 근로자에게 노출이 발생할 수 있다.

(4) **발암성**

3,3-디클로로벤지딘에 노출된 근로자들에 대한 세 개의 후향적 역학 연구가 발암성의 증거를 제시하지 못했는데 연구들의 부적합한 질이나 통계적 검증력이 발암성에 대한 가능성을 자신있게 배제하지 못하였다. 3,3-디클로로벤지딘과 벤지딘은 같은 공장에서 생산될 수 있기 때문에 3,3-디클로로벤지딘은 벤지딘으로 인한 방광암의 발생률에 기여할 수도 있다.

발암 내용은 생쥐, 쥐, 햄스터와 개를 사용한 실험에서 유방, 간세포와 방광 등의 종양이나 암이 보고되고 있다.

경구 투여 후 3,3-디클로로벤지딘은 생쥐에서 간 세포 종양, 개에서 간세포 암, 쥐에서 유방, 짐발선 종양, 햄스터와 개에서 방광암이 발생하였다. 경구투여한 쥐와 태반으로 노출된 생쥐에서 백혈병의 발생율이 증가하였다[675].

동물세포나 동물을 사용한 일부 변이원성 시험에서 염색체 이상 등이 보고 되고 있다. 개에 체중 1 kg 당 1 일 10.4 mg의 3,3'-디클로로벤지딘을 7.1년간 입에서 준 실험에서는 GPT 활성의 상승이 인정되었다.

인체에서 3,3-디클로로벤지딘의 유전적 그리고 관련된 영향에 대한 데이터는 없다. 배양된 인체 세포에서 미예정 DNA 통합 발생이 보고되었다. 그것은 박테리아에서 돌연변이를 유발시켰다.

(5) 발암성 분류

국제암연구기구(IARC)에서는 3,3'-디클로로 벤지딘을 인체발암가능물질(Possibly carcinogenic to humans, Group 2B)로 분류하였다.

미국 산업위생전문가협회(ACGIH)에서는 인간에게는 발암 연관성을 알 수 없고 동물에서는 암 발생이 확인되었다고 평가하여 A3(Confirmed Animal Carcinogen with Unknown Relevance to Humans)로 분류하였다.

14. 1,2-디클로로에탄

일련번호	유해물질의 명칭		화학식	노출기준				비 고 (CAS번호 등)
				TWA		STEL		
	국문표기	영문표기		ppm	mg/m³	ppm	mg/m³	
123	1,2-디클로로에탄	1,2-Dichloroethane	ClCHCHCl	10	40	-	-	[107-06-2] 발암성 1B

(1) 1,2-디클로로에탄이란?

무채색의 액체로 클로로포름 같은 냄새가 난다.

---

675) 출처 : http://www.inchem.org/documents/iarc/suppl7/dichlorobenzidine-3,3'.html

(2) 물리화학적 특성

항 목	내 용	항 목	내 용
분자량	98.96	끓는 점	83.5℃
비중	1.2569 at 20℃	증기압	87 torr at 25℃
어는 점	-35.5℃	냄새의 서한도	88ppm

물에 약간 녹고(0.869 g/100ml at 20℃), 알코올, 클로로포름에 녹는다.

(3) 용도 및 노출

- 1,2-디클로로에탄은 주로 염화 비닐을 제조할 때 쓰인다.
- 트리클로로에틸렌, 테트라클로로에틸렌, 염화비닐리덴, 에틸렌아민, 트리이클로로에탄을 제조할 때 사용된다.
- 가솔린의 노킹방지제(antiknock fluids)의 납 포착제(scavenger), 페인트/바니시/마감제 제거제, 금속 탈지제(degreasing), 비누와 정련 화합물, 습윤제, 침투제, 유기 화합물, 광물 부유선광(ore flotation), 용제, 훈증제로 쓰인다.
- 염화비닐 같은 화학물질을 제조할 때 1,2-다이클로로에탄을 중간체로 사용하는 과정에서 발생하는 경우가 가장 많다.

1) 1,2-디클로로에탄 제조(시료 채취)

액상 또는 기상으로 에틸렌 1.05~1.10에 대해 염소를 1몰의 비율로 철제수형반응탑에 불어 넣는다. 혼합 가스는 탑저부에 송입되고 반응부는 냉각된다. 염소의 90~95%가 1,2-디클로로에탄으로 바뀐다. 기, 액의 혼합반응 생성물은 상부로부터 흘려, 기체 부분은 심랭해 1,2-디클로로에탄으로 회수하고, 또한 세정탑에서 염산을 묽은 가성소다 액으로 흡수, 제거해, 질소, 메탄, 에틸렌, 에탄을 폐기한다. 액상 부분은 각반 기포함의 탱크에서 6~8%의 가성소다로 세정되어 세퍼레이터로 하층에 쌓여 1,2-디클로로에탄이 된다. 이것을 상압에서 정류해 순도 99%이상의 제품을 만들어 철제 탱크에 축적한다. 생산제품의 품질관리를 위해서 작업자가 시료를 채취할 때 노출될 수 있다.

2) 1,2-디클로로에탄 제조(포장)

액상 또는 기상으로 에틸렌 1.05~1.10에 대해 염소를 1몰의 비율로 철제수형반응탑에 불어 넣는다. 혼합 가스는 탑저부에 송입되고 반응부는 냉각된다.

염소의 90~95%가 1,2-디클로로에탄으로 바뀐다. 기, 액의 혼합반응 생성물은 상부로부터 흘려, 기체 부분은 심랭해 1,2-디클로로에탄으로 회수하고, 또한 세정탑에서 염산을 묽은 가성소다액으로 흡수, 제거해, 질소, 메탄, 에틸렌, 에탄을 폐기한다. 액상 부분은 각반 기포함의 탱크에서 6~8%의 가성소다로 세정되어 세퍼레이터로 하층에 쌓여 1,2-디클로로에탄이 된다. 이것을 상압에서 정류해 순도 99%이상의 제품을 만들어 철제 탱크에 축적한다. 제조물질을 드럼관 또는 캔에 포장하는 과정에서 근로자에게 노출이 발생할 수 있다.

3) 가솔린 노킹 방지제 제조(혼합)

가솔린의 노킹 방지제로 쓰이는 사에틸납에 1,2-디클로로에탄을 혼합하면 납이 염화납[676]으로 전환되어 기관에 납화합물이 쌓이는 것을 막는다. 반응기에서 사에틸납과 1,2-디클로로에탄을 혼합하는 과정에서 작업자에게 노출이 발생할 수 있다.

3) 염화비닐 제조(현장 점검)

염화철(Ⅲ)의 촉매작용에 의해 에틸렌에 염소를 첨가시켜 1,2-디클로로에탄(EDC)을 합성하고, 이것을 약 500℃의 고열로 열분해(즉, 탈염화수소)시켜 염화비닐을 제조한다. 염화비닐을 제조하는 과정과 설비를 점검할 때에 작업자에게 노출이 발생할 수 있다.

4) 트리클로로에틸렌[677](trichloroethylene) 제조(투입)

1,2-디클로로에탄의 염소화로 얻은 테트라클로로에탄을 고온에서 탈염화수소하거나, 1,2-디클로로에탄을 옥시염소화하여 부산물로 얻어지는 테트라클로로에틸렌(사염화에틸렌)과 분리하여 얻는다. 1,2-디클로로에탄을 계량하여 반응기에 투입할 때 작업자에게 노출이 발생할 수 있다.

5) 에틸렌디아민[678](ethylenediamine) 제조(미반응 분출)

1,2-디클로로에탄과 암모니아를 반응시켜 제조한다. 생성된 에틸렌디아민을 포장할 때 미반응 1,2-디클로로에탄에 노출될 수 있다.

6) 염화비닐리덴[679](vinylidene chloride) 제조(투입)

1,2-디클로로에탄의 염소치환으로 얻어지는 1,1,2-트리클로로에탄올 수산화나트륨, 수산화칼슘에 의해 탈염화수소해서 제조한다. 1,2-디클로로에탄을 계량하여 반응기에 투입할 때 작업자에게 노출이 발생할 수 있다.

---

676) 염화납은 휘발성이 크기 때문에 증기상태가 되어 배기 가스로 배출된다.
677) 금속을 침식하지 않으며, 증기세척·침지세척에 적합하여 금속탈지제로 많이 쓰인다. 공업적으로 테트라클로로에틸렌 제조에 중요하며 고무·유지·플라스틱 등의 용제로도 쓰인다.
678) 대표적인 킬레이트시약이며, 분석시약으로서 각종 금속이온의 정량분석에 쓰이는 외에 의약품의 합성원료로도 쓰인다.
679) 1,1-디클로로에틸렌이라고 한다. 염화비닐·아세트산비닐·아크릴로니트릴 등과의 혼성중합체가 흔히 사용되고 합성섬유와 랩용 식품보존필름 등의 원료가 된다. 증기는 마취작용이 있기 때문에 유해하다.

(4) 발암성

코호트 연구와 코호트 내 환자 대조군 연구에서 1,2-디클로로에탄에 노출되었을 가능성이 있는 근로자들을 대상으로 조사한 결과, 여러 가지 암 발생위험도가 높게 나왔다. 림프계와 조혈계 암 발생 위험도가 높았고, 위암과 췌장암도 높게 나왔다.

코호트 연구는 모두 다양한 위험 인자에 잠재적으로 노출 가능성이 있는 근로자를 조사 집단으로 포함했기 때문에 특정 물질, 즉 1,2-디클로로에탄 노출과 관련된 초과위험도(excess risk)를 분석할 수 없었다.

쥐와 생쥐에 경구투여하는 실험 결과에서 생쥐는 폐에 양성 및 악성 종양과 악성 림프종, 수컷에서 간세포암, 암컷에서 유선 선암종과 자궁 선암종이 나타났다. 쥐는 수컷에서 전위부에 암종, 암컷에서 양성 및 악성 유선 종양, 암수 모두 혈관육종(haemangiosarcoma)이 발견되었다.

쥐와 생쥐에 흡입 투여한 후에 간, 폐, 젖샘을 포함하는 여러 부위에 종양이 증가했다. 생쥐에서는 1,2-디클로로에탄이 피부에 종양을 유발하지 않았다. 1,2-디클로로에탄은 사람의 림프아구 세포주(lymphoblastoid cell line)와 동물들의 배양 세포에 유전자 돌연변이를 유도했다. 생쥐 간을 이용한 세포 배양 실험에서 복강 내와 경구투여 후에 DNA 가닥 절단을 유도했지만 흡입 후에는 그렇지 않았다. 쥐에 위장관으로 투여한 후에도 간세포에 DNA 가닥 절단을 유도했다. 생쥐와 쥐의 생체 내외 실험에서 DNA, RNA, 단백질과 결합했다.

(5) 발암성 분류

국제암연구기구(IARC)에서는 인체의 발암성 연구결과는 근거가 부적합하지만, 동물 실험 결과는 발암성 근거가 충분하다고 평가하여, 1,2-다이클로로에탄은 인체 발암 가능 물질(Possibly carcinogenic to humans, Group 2B)로 분류하였다.

미국 산업위생전문가협회(ACGIH)에서는 간에 대한 손상을 최소화하기 위하여 작업장에서 대기를 통한 1,2-다이클로로에탄 노출의 허용한계를 40 mg/m³(10ppm)로 제시하였으며, 동물에서는 암 발생이 인정되나 사람에 대해서는 분류할 수 없다고 평가하여 A4(Not Classifiable as a Human Carcinogen)로 분류하였다.

15. 러버 솔벤트

일련번호	유해물질의 명칭		화학식	노출기준				비 고 (CAS번호 등)
				TWA		STEL		
	국문표기	영문표기		ppm	mg/m³	ppm	mg/m³	
142	러버 솔벤트	Rubber solvent (Naphtha)	–	400	–	–	–	[8030-30-6] 발암성 1B, 생식세포 변이원성 1B (벤젠 0.1% 이상인 경우에 한정함)

(1) 러버 솔밴트란?

러버 솔벤트는 투명하고 무색의 인화성 액체이다. 방향족 향기가 난다. 냄새 역치는 10 ppm 이다. 러버 솔벤트는 석유를 정제한 용제중의 하나이다. 벤젠이 1.5% 정도 함유되어 있다. 동의어로 지방족 석유나프타(Aliphatic petroleum naphtha), 석유나프타(Petroleum naphtha)가 있다.

(2) 물리화학적 특성

항 목	내 용	항 목	내 용
분자량	97 (mean)	끓는 점	45° to 125°C
비중	0.7366		

(3) 용도

러버 솔벤트는 접착제와 코팅제를 조제할 때에 고무(rubber)를 녹이는 용도로 사용된다. 이 접착제는 타이어나 구두 및 고무 제품를 만드는 데에 사용된다.

1) 러버 솔벤트 제조(시료 채취)

원유를 제유소에서 분별 증류하여 끓는점의 차이에 따라 LPG, 가솔린, 나프타, 제트연료, 등유, 윤활유, 중유 A·B·C, 아스팔트 등으로 분류하여 얻는다. 제조된 러버 솔벤트를 분석하기 위하여 시료를 채취할 때 노출될 수 있다.

2) 러버 솔벤트 제조(포장)

원유를 제유소에서 분별 증류하여 끓는점의 차이에 따라 LPG, 가솔린, 나프타, 제트연료, 등유, 윤활유, 중유 A·B·C, 아스팔트 등으로 분류하여 얻는다. 제조된 러버 솔벤트를 용기에 포장할 때에 노출될 수 있다.

3) 휘발유 배기가스 청정용 첨가제 제조(혼합)

휘발유 차량에서 배출되는 인체에 해로운 각종 배기가스를 정화시킬 목적으로 알콜과 자일렌, 톨루엔, 옥탄가가 높은 나프타, 이소펜탄을 혼합하여, 가솔린 내연기관용 첨가제를 제조한다. 용기에 나프타를 투입하여 다른 원료와 혼합하는 과정에서 작업자에게 노출이 발생할 수 있다.

4) 가솔린 내연기관 자동차의 대체연료[680] 제조(투입)

메탄올, 에틸알코올, 이소부틸알코올, 또는 이소프로필 알코올, 자이렌, 물로 처리한 경질 나프타, 석유 에테르를 혼합하여 가솔린 내연기관용 대체연료를 제조한다. 나프타를 계량하여 반응기에 투입할 때 노출 될 수 있다.

5) 방수제 제조(혼합)

아크릴수지, 크실렌, 러버 솔벤트, 산화티타늄과 같이 도포 시 방수기능을 갖는 성분을 제1용제그룹으로 하고, 이소부틸, 부틸셀로솔브, 아세트산부틸, 크실렌, 톨루엔과 같이 도포 시 백화제거기능을 갖는 성분을 제2용제그룹으로 하여, 각 용제그룹을 약 6:4 내지 8:2의 비율로 교반하여 제조한다. 용기에 러버솔벤트를 투입하여 다른 원료와 혼합하는 과정에서 작업자에게 노출이 발생할 수 있다.

(4) 발암성

발암성에 관한 유용한 연구결과가 없다. 미국 산업위생전문가협회(ACGIH)에서는 발암성 분류를 하지 않고 있다.

16. 4,4′-메틸렌디아닐린

일련번호	유해물질의 명칭		화학식	노출기준				비 고 (CAS번호 등)
	국문표기	영문표기		TWA		STEL		
				ppm	mg/m³	ppm	mg/m³	
172	4,4′-메틸렌디아닐린	4,4′-Methylenedianiline	$H_2NC_6H_4CH_2C_6H_4NH_2$	0.1	-	-	-	[101-77-9] 발암성 1B, 생식세포 변이원성 2, Skin

---

680) 가솔린과 혼합하여 사용이 가능하고, 배기가스중에 포함되어 있는 CO, HC, NOX등 공해의 원인이되는 유해가스 성분의 함유량이 가솔린의 경우보다 적어 저공해화를 달성할 수 있다.

(1) 4,4'-메틸렌디아닐린이란 무엇인가?

4,4'-메틸렌디아닐린(MDA)는 밝은 갈색 결정체로 연한 아민 같은 냄새가 난다.

(2) 물리화학적 특성

항 목	내 용	항 목	내 용
분자량	198.26	끓는 점	262° 와 268°C at 25 torr
비중	1.056 g/ml at 100°C	증기압	0.1 torr at 152°C
녹는 점	91.5° to 92°C		

(3) 용도

- 4,4'-메틸렌디아닐린은 1920년대부터 상업적으로 사용되어 왔다.
- 주로 4,4-디이소시안산 디페닐메탄 생산의 중간제로 사용되었다.
- 에폭시 수지의 경화 약품으로 사용되었다.
- 4,4'-메틸렌디아닐린의 생산과 4,4-디이소시안산 디페닐메탄 수지 사용중 노출이 될 수 있다.

1) 4,4'-메틸렌디아닐린 제조(시료채취)

제올라이트 또는 실리코-알루미나로부터 선택된 고체 산 촉매의 존재하에 2개 이상의 반응기속에서 아닐린 또는 이의 유도체와 포름알데히드 또는 이의 전구체를 반응시킨 다음, 반응수 또는 첨가된 물을 시약과 함께 증류시킴을 포함하는 메틸렌디아닐린을 합성할 수 있다. 제조된 메틸렌디아닐린을 분석하기 위하여 시료를 채취할 때에 노출될 수 있다.

2) 내열성 접착테이프[681] 제조(투입)

유리전이온도가 200℃ 이상인 폴리이미드 공중합체와 아크릴로니트릴/부타디엔 공중합체의 혼합물을 바인더로서 포함하는 접착층을 내열성 필름의 적어도 일면에 도포하여 제조된 것이다. 메틸렌디아닐린은 원료로 사용되며, 이를 계량하여 반응기에 투입할 때 노출될 수 있다.

---

[681] 이것은 테이핑시의 온도에서 탁월한 접착력 및 내열성을 보이고 에폭시 몰딩시의 온도 조건 하에서 도 접착력을 유지하여 납 프레임의 치수안정성을 향상시킬 수 있어 리드온칩용 접착테이프를 제조할 수 있다.

3) 기체차단성이 우수한 디스플레이용 기판[682]473) 제조(도포)

기체차단성이 크게 향상된 효과를 얻게 되는 디스플레이용 기판을 제조하는 데에 폴리이미드계 수지의 원료로 사용되어 기판 제조시에 미반응 메틸렌디아민에 노출될 수 있다.

4) Diphenylmethane-4,4'-diisocyanate(MDI)제조[683](현장점검)

아닐린에 포르말린을 반응시켜 산성축합을 하고 알카리로 중화, 증축하여 메틸렌디아닐린(MDA)을 만든다. MDA를 적당한 용제에 녹여 포스겐을 반응시켜 조MDI를 얻고 이것을 증류 정제하여 제품으로 만든다. 제조과정에서 현장의 시설과 반응과정을 점검할 때에 노출될 수 있다.

5) 주조공장(코어-메이킹)

코어-메이킹에 사용되는 합성수지의 경화제로 사용되기 때문에 코어-메이킹이 미반응 또는 열분해된 MDA에 노출될 수 있다.

6) 강화플라스틱 제조(첨가)

강화플라스틱을 제조할 때에 경화제로 첨가하기 때문에 노출될 수 있다.

(4) 발암성

인체에서 4,4-메틸렌디아닐린의 발암성을 평가할 있는 사례나 역학적 연구가 없다.

4,4'-메틸렌디아닐린과 그것의 디하이드로콜로라이드의 발암성은 생쥐, 쥐, 개의 경구 투여되었다.

생쥐에서 갑상선 난포세포 선종과 간세포 종양의 증가가 관찰되었다. 숫쥐에서 갑상선 난포세포 암과 간장에서 혹의 증가가 관찰되었고 암 쥐에서 갑상선 난포세포 선종이 발생하였다. 쥐 연구에서 4,4'-메틸렌디아닐린과 알려진 발암 물질을 함께 경구 투여하였을 때 발암 물질 혼자보다 갑상선 종양 발생률이 컸다.

4,4'-메틸렌디아닐린은 외부 대사 시스템이 있을 때에 쥐티푸스균에서 돌연변이를 발생시켰다. 외부 대사 시스템이 있을 때에 중국 햄스터 V79 세포에 DNA 손상을 발생시켰고, 쥐 간의 DNA 손상, 그리고 생체내 생쥐 골수에서 자매염색분체 교환을 발생시켰다.

---

682) 기체차단성이 우수한 디스플레이용 기판에 관한 것으로서, 더욱 상세하게는 통상의 플라스틱 기판 표면을 폴리이미드 또는 이의 전구체와 나노 크기의 층상 실리케이트가 고루분산되어 있는 나노복합액으로 코팅한 후에 건조 및 열처리하여 폴리이미드계 나노복합막을 형성하여 둠으로써 내열성을 비롯한 기계적 특성이외에도 기체차단성이 크게 향상된 효과를 얻게 되는 디스플레이용 기판을 제조할 수 있다.

683) Diphenylmethane diisocyanate, 1,1'-Methylenebis(4-isocyanate benzene) 백색 또는 미황색의 고체로 방향족탄화수소(벤젠, 톨루엔 등), 염소화 방향족 탄화수소(클로로벤젠 등), 니트로벤젠, 아세톤, 에테르, 초산에틸, 디옥산 등에 녹는다. 상온에서 부식성은 비교적 적다.

(5) 발암성 분류

국제암연구기구(IARC)에서는 실험 동물에서 4,4-메틸렌디아닐린의 발암성 증거는 충분하나, 인체에 대한 이용 가능한 데이터는 없어서, 인체발암가능 물질(Possibly carcinogenic to humans, Group 2B)로 구분하였다.

미국 산업위생전문가협회(ACGIH)에서는 간손상을 최소화하기 위하여 노출기준 TLV-TWA, 0.1 ppm (0.81 mg/m3)로 제시하였고, 동물에서는 발암성이 확인되었으나 사람에서는 관련성을 알 수 없는 A3(Confirmed Animal Carcinogen with Unknown Relevance to Humans)로 분류하였다.

17. 4,4′-메틸렌비스(2-클로로아닐린)

일련번호	유해물질의 명칭		화학식	노출기준				비 고 (CAS번호 등)
				TWA		STEL		
	국문표기	영문표기		ppm	mg/m³	ppm	mg/m³	
174	4,4′-메틸렌비스(2-클로로아닐린)	4,4′-Methylenebis(2-chloroaniline)	$CH_2(C_6H_4ClNH_2)_2$	0.01	—	—	—	[101-14-4] 발암성 1A, Skin

(1) 4,4′-메틸렌비스란?

4,4′-메틸렌비스(2-클로로아닐린)는 방향족 고리에 두개의 아민 작용기를 가진 방향족 화합물이다. MOCA(4,4′-디아미노-3,3′-디클로로디페닐메탄 : 4,4′-DIAMINO-3,3′-DICHLORO DIPHENYLMETHANE)라고도 한다. 물에 대하여 약간 용해성이 있다.

(2) 물리화학적 특성

항 목	내 용	항 목	내 용
외 관	무채색의 고체	냄 새	없음
수소이온지수(pH)	약 염기성	분자량	267.17
끓는 점	해당 없음.	어는 점	—
증기압	0.0013 mmHg	비 중	(물=1): 1.44 at 4℃
반응성	상온 상압에서 안정함	혼합금지물질	강산과 강염기

(3) 용도 및 노출

- 폴리우레탄과 에폭시 수지의 경화제로 사용한다.
- 반도체 제조용 제품제조, 석유 화학계 기초 화합물 제조에 사용한다.
- 합성수지 제조 및 바닥 방수 도료에 사용한다.
- 신발 바닥재에 사용한다.
- 제품생산을 위한 경화제 및 촉매제로 첨가 하여 완제품을 생산하거나 완제품을 위한 중간 원료를 생산하고 있었다.
- 해당 물질을 보관하는 용제, 계량대에서 직접 계량 및 계량된 통의 원료를 직접 투입하는 일련의 과정에서 노출될 수 있다.
- 작업자는 공기 중의 유해물질이 부유하면서 흡입으로 인한 노출, 피부와 접촉으로 인한 노출 및 섭취로 인하 소화기 계통의 노출이 예상된다.

1) 4,4′-메틸렌비스(2-클로로아닐린) 제조(현장관리)

오르토-클로로아닐린(ortho-chloroaniline)과 포름알데히드가 반응하여 생성된다. 근로자에게 4,4′-메틸렌비스(2-클로로아닐린)의 노출은 현장 관리하는 중에 발생된다.

- 원재료 → 반응 → 정제 → 시료채취 → 저장 → 포장 → 출하

2) 폴리우레탄 제조(원료 투입)

폴리우레탄을 주생산품으로 하는 사업장의 공정에서 해당 물질을 보관하는 용제, 계량대에서 직접 계량 및 계량된 말통의 원료를 직접 투입하는 일련의 과정에서 노출이 발생할 수 있다. 매일 작업이 반복되는 것이 아니라 한 달에 3~4번 정도 간헐적으로 취급한다.

- 원재료 → Prepolymer 제조 → 경화제 제조 → 계량 → Caking → Curing → 포장 → 출하

3) 방수도료, 수지 제조(포장)

원료 투입과 제품포장 단위공정에서 4,4′-메틸렌비스(2-클로로아닐린)가 사용되며, 이에 종사하는 근로자들은 노출된다. 한 달에 1~2번 간헐적으로 사용한다.

- 원료투입 → 반응 → 반제품 → 포장 → 출하

4) Shoe Sole생산(현장관리)

원료 투입과 제품포장 단위공정 및 현장관리 과정에서 4,4′-메틸렌비스(2-클로로아닐린)가 사용되며, 이에 종사하는 근로자들은 노출된다.

- 원료투입 → 반응 → 여과 → 취출 → 포장

5) 닥 방수재 생산(원료 투입)

원료 투입과 제품포장 단위공정에서 4,4'-메틸렌비스(2-클로로아닐린)가 사용되며, 이에 종사하는 근로자들은 노출된다.

- 원료투입 → 반응 → 여과 → 취출 → 포장

6) 스테르 수지 생산(계량)

원료 계량과 투입, 그리고 제품포장 단위공정에서 4,4'-메틸렌비스(2-클로로아닐린)가 사용되며, 이에 종사하는 근로자들은 노출된다.

- 원료투입 → 반응 → 반제품 → 포장 공정

7) 노출규모

2009년 작업환경실태조사에서 4,4-메틸렌비스(2-클로로아닐린)을 제조하는 사업장은 1개(5명), 사용하는 사업장은 2개(6명)이었다.

(4) **발암성**

4,4'-메틸렌비스(2-클로로아닐린)의 사람을 대상으로 한 발암성에 관한 유용한 연구보고는 없다. 화학적으로 구조가 유사한 3,3-dichlorobenzidine은 동물에 대하여 유력한 발암성 물질이며, 동물실험에서 방광암을 유발시키는 실험결과를 볼 때 4,4'-메틸렌비스(2-클로로아닐린)는 사람에 대한 발암성을 예상한다[684)685)].

쥐(Rat)를 대상으로 4,4'-메틸렌비스(2-클로로아닐린)를 경구로 노출시킨 결과는 혈관과 간장에서 종양이 발생하였다[686)].

4,4'-메틸렌비스(2-클로로아닐린)를 지속적으로 복용한 쥐를 관찰한 결과 발암전의 상태인 폐 선종을 일으킨다고 보고하였다[687)]. 동물에 대한 변이원성에 관한 연구는 진행되지 않았다.

---

684) Osorio AM, Clapp D, Ward E, et al. 1990. Biological monitoring of a worker acutely exposed to MBOCA. Am J Ind Med 18 (5): 577-589
685) Ward E, Halperin W, Thun M, et al. 1990. Screening workers exposed to 4,4'-methylenebis (2-chloroaniline) for bladder cancer by cystoscopy. In: International Conference on Bladder Cancer Screening in High-Risk Groups, September 13-14, 1989. J Occup Med 32(9):865-868
686) Stula EF, Sherman H, Zapp JA Jr, et al. 1975. Experimental neoplasia in rats from oral administrationof3,3'-dichlorobenzidine,4,4'-methylene-bis(2-chloroaniline), and4,4'-methylene-bis(2-methylaniline). Toxicol Appl Pharmacol 31:159-176
687) Russfield AB, Hornburger F, Boger E, et al. 1975. The carcinogenic effect of 4,4'-methylene-bis-(2-chloroaniline) in mice and rats. Toxicol Appl Pharmacol 31(1):47-54

(5) 발암성 분류

국제암연구기구(IARC)에서는 4,4'-메틸렌비스(2-클로로아닐린)는 사람에 대해 암을 유발 시킬 수 있는 발암성 물질로 간주하여 인체발암추정물질(Probably carcinogenic to humans)로 분류하였다.

18. 베타-프로피오락톤

일련번호	유해물질의 명칭		화학식	노출기준				비 고 (CAS번호 등)
				TWA		STEL		
	국문표기	영문표기		ppm	mg/m³	ppm	mg/m³	
225	베타-프로피오락톤	β-Propiolactone	$C_3H_4O_2$	0.5	—	—	—	[57-57-8] 발암성 1B, Skin

(1) 베타-프로피오락톤이란?

베타-프로피오락톤은 20℃에서 무색투명한 액체이며, 온도가 올라가면 기화한다.

(2) 물리화학적 특성

항 목	내 용	항 목	내 용
외 관	무색의 액체	냄 새	달콤한 냄새
분자량	72.06	끓는 점	162℃ at 760 torr(decomposes).
증기압	3.4 torr at 25℃	어는 점	-33.4℃
반응성	저장보관중에 중합함.	비 중	1.146

(3) 용도 및 노출

- 건물과 기구냉장실 등을 훈연법으로 소독할 때에 사용한다.
- 베타-프로피오락톤은 백신과 혈장, 조직이식, 효소와 관련된 혈액 제제, 외과적 장치에 증기 소독제(vapour sterilant), 밀폐된 공간에 기체 살균제(disinfectant)로 사용된다.
- 유기화합물의 합성에 사용된다.
- 살포자성 효과(sporicidal action) 때문에 영양형 박테리아(vegetative bacteria), 병원성 균류(fungi), 바이러스를 제거할 수 있다.
- 아크릴산(acrylic acid)과 그 에스터(ester)계 물질을 제조하는 과정에서 화학반응 중간체로도 사용된다.

(4) 발암성

사람을 대상으로 한 발암성에 대한 유용한 연구 자료가 없다.

생쥐 피부에 베타-프로피오락톤을 도포한 실험, 피하 혹은 복강 내 주사한 실험, 쥐를 이용한 흡입 실험, 피하 주사 실험 결과 국소적 종양이 발생했다. 쥐에 노출시킨 실험결과 비강암이 발생했다. 베타-프로피오락톤은 폴리뉴클레오타이드(polynucleotide), DNA와 반응하여 카복시에틸(carboxyethyl) 유도체를 형성하는 알킬화 작용을 일으킨다. 시토신(cytosine), 티민(thymine)과 반응하여 부산물을 형성한다. 체세포와 생식세포를 이용한 다양한 생체 내외 실험에서 돌연변이가 유도되었다. 박테리아를 이용한 실험 결과 돌연변이가 나타났다. 효모를 이용한 실험에서는 체세포분열 유전자 전환(mitotic gene conversion), 염색체 이수성(aneuploidy), 돌연변이가 유도되었다.

노랑초파리(Drosophila melanogaster)를 이용한 실험에서는 유전자 전위(heritable translocation)와 성연관 열성치사돌연변이가 발생했다. 인간 세포를 이용한 생체 외 실험 결과 세포 형질전환(cell transformation)과 유전자 돌연변이가 유도되었다. 포유동물세포를 이용한 실험에서 세포 형질전환, 유전자 돌연변이, 염색체 이상, 자매염색체 교환이 유도되었다. 생쥐를 이용한 생체 내 실험 결과 베타-프로피오락톤에 의해 위와 간에 유전자 돌연변이가 생겼다. 쥐의 간과 생쥐의 피부 각질형성세포(keratinocyte)에 DNA 가닥 절단이 유도되었다. 쥐의 생체 내 실험에서 골수세포에 염색체 이상이 유도되었다. 베타-프로피오락톤이 생쥐 피부 DNA와 RNA에 공유결합하는 것을 확인하였다. 생쥐의 생체 내 실험 결과 난모세포(oocyte), 정자세포(spermatid), 간세포, 지라세포에 소핵이 형성되거나 염색체 이상이 유도되었다. 베타-프로피오락톤에 의해 유도된 편평세포 피부암종 세포를 연구한 결과 2개 중 1개에서 H-ras 종양유전자의 특정 염기에 염기변위(transversion)가 일어난 것을 확인하였다.

(5) 발암성 분류

국제암연구기구(IARC)에서는 베타-프로피오락톤의 인체 발암성과 관련된 역학 연구는 없지만, 동물 실험 결과 나타난 발암성의 근거는 충분하다고 평가하여 인체 발암 가능물질(Possibly carcinogenic to humans, Group 2B)로 분류하였다.

미국 산업위생전문가협회(ACGIH)에서는 호흡기 자극증상과 동물에서 피부암을 일으키는 것을 방지하기 위하여 노출기준 TLV-TWA, 0.5 ppm (1.5mg/m3)로 제시하고 동물에서 발암성인 확인되었으나 사람에서는 관련성을 알 수 없는 A3(Confirmed Animal Carcinogen with Unknown Relevance to Humans)로 구분하였다.

19. 벤조일클로라이드

일련번호	유해물질의 명칭		화학식	노출기준				비 고 (CAS번호 등)
	국문표기	영문표기		TWA		STEL		
				ppm	mg/m³	ppm	mg/m³	
229	벤조일클로라이드	Benzoyl chloride	C₇H₅ClO	–	–	C 0.5		[98-88-4] 발암성 1B

(1) 벤조일클로라이드란?

무색의 투명한 액체로 자극성 냄새가 난다. 염화벤조일, 벤젠 카보닐 클로라이드라고도 한다.

(2) 물리화학적 특성

항 목	내 용	항 목	내 용
분자량	140.57	끓는 점	197.2°C
어는 점	-1.0°C	비 중	1.207 at 25°C
증기압	1 torr at 32.1°C; 0.4 torr at 20°C	증기밀도	4.88(air = 1.0)

(3) 용도 및 노출

- 벤조일클로라이드는 주로 톨루엔과 염소의 반응으로 생성된 벤조트리클로라이드에 벤조익산과 염화아연을 처리하여 제조한다.
- 벤조일클로라이드는 벤조일 퍼옥사이드 제조에 사용된다.
- 제초제 제조에 사용된다.
- 약품이나 플라스틱가소제 및 향수를 제조하는 데에 사용된다.

(4) 발암성

벤조일클로라이드를 포함한 톨루엔의 염소화 제품을 제조하는 공장에서 5명의 폐암과 1명의 상악동암이 보고되었다[688)689)]. 영국에서 1950년대에 톨루엔을 염소화시키는 공

---

688) Sakabe, H.; Matsushita, H.; Koshi, S.: Cancer Among Benzoyl Chloride Manufacturing Workers. Ann. N.Y.Acad. Sci. 271:67-70 (1976)
689) Sakabe, H.; Fukuda, K.: An Updating Report on Cancer Among Benzoyl Chloride Manufacturing Workers. Ind. Health 15:173-174 (1977.

장 근로자들을 대상으로 한 연구에서 폐암이 증가한다고 보고하였다[690]. 미국의 염소화 공장 근로자들을 대상으로 한 연구에서는 전체 암 발생이 유의하게 증가하는 것을 확인하지 못하였다. 폐암은 기대발생수가 2.8이었는데, 7명이 관찰되었다[691].

생쥐에다가 벤조일클로라이드를 피부에 도포한 시험에서 피부암이 발생하였다. 고용량을 도포한 군에서도 폐선종도 발생하였다[692][693]. 생쥐에 벤조일클로라이드 증기를 흡입시킨 실험에서 폐암이 발생하였다[694].

벤조일 트리클로라이드는 살모넬라 복귀돌연변이 실험에서 외부의 대사활성화 없이 돌연변이를 일으켰다[695]. 다른 실험에서는 이러한 현상이 관찰되지 않아 벤조일클로라이드가 분해되어 변이원성이 소실되었기 때문일 수 있다고 하였다[696].

(5) 발암성 분류

국제암연구기구(IARC)에서는 동물과 인체에 대한 발암성 자료를 평가한 결과 벤조일클로라이드와 알파 염소화 톨루엔의 복합노출은 사람에게 발암성일 가능성이 높은 인체발암추정물질(Probably carcinogenic to humans, Group 2A)로 구분하였다.

미국 산업위생전문가협회(ACGIH)에서는 노출기준을 안 점막, 호흡기 점막의 자극증상을 최소화하기 위하여 TLV-CEILING, 0.5 ppm (2.8 mg/m3)으로 제시하였으며, 사람에 대한 발암성은 분류할 수 없는 A4(Not Classifiable as a Human Carcinogen)로 분류하였다.

---

690) Sorahan, T.; Waterhouse, J.A.H.; Cooke, M.A.; et al.: A Mortality Study of Workers in a Factory Manufacturing Chlorinated Toluenes. Ann. Occup. Hyg. 27(2):173--182 (1983).

691) Wong, O.: A Cohort Mortality Study of Employees Exposed to Chlorinated Chemicals. Am. J. Ind. Med. 14(4):417-431 (1988).

692) Williams, A.E.: Benzoic Acid. In: Kirk-Othmer Encyclopedia of Chemical Technology, 3rd ed., Vol. 3, p. 786. John Wiley & Sons, New York (1978)

693) Fukuda, K.; Matsushita, H.; Sakabe, H.; Takemoto, K.: Carcinogenicity of Benzoyl Chloride, Benzal Chloride, Benzotrichloride and Benzoyl Chloride in Mice by Skin Application. Gann 72:655-664 (1981)

694) Fukuda, K.; Matsushita, H.; Sakabe, H.; Takemoto, K.: Carcinogenicity of Chemical Substances Relating to a Manufacture of Benzoyl Chloride (III) (Abstract). Presented at 49th Annual Meeting of Japanese Association of Industrial Health (1976)

695) Chiu, C.W.; Lee, L.H.; Wang, C.Y.; Bryan, G.T.: Mutagenicity of Some Commercially Available Nitro Compounds for Salmonella typhimurium . Mutat. Res. 58(1):11--22 (1978)

696) Yasou, K.; Fujimoto, S.; Katoh, M.; et al.: Mutagenicity of Benzotrichloride and Related Compounds. Mutat.Res. 58(2-3):143-150 (1978)

20. 벤조트리클로라이드

일련번호	유해물질의 명칭		화학식	노출기준				비 고 (CAS번호 등)
				TWA		STEL		
	국문표기	영문표기		ppm	mg/m³	ppm	mg/m³	
230	벤조트리클로라이드	Benzotrichloride	$C_7H_5Cl_3$	–	–	C 0.1	–	[98-07-7] 발암성 1B, Skin

(1) 벤조트리클로라이드란?

벤조트리클로라이드는 투명하거나 황색의 액체이다. 염화 벤질 및 벤조트라이클로라이드라고도 한다. 벤 인화성은 약하다.

(2) 물리화학적 특성

항 목	내 용	항 목	내 용
분자량	195.5	어는 점	-4.75°C
끓는 점	221°C	비 중	1.380
증기압	0.2 torr at 20°C; 2 torr at 55°C; 60 torr at 130°C	증기밀도	6.77

물에 녹지 않고, 알코올, 벤젠 및 에테르에 녹는다.

(3) 용도 및 노출

- 벤조트리클로라이드은 톨루엔을 염소 처리하여 만든다.
- 벤조트리클로라이드의 3분의 2 이상은 비닐바닥재(vinyl flooring)에 광범위하게 쓰이는 가소제인 벤질 부틸 프탈산(butyl benzyl phthalate) 혹은 식품 포장재와 같은 연질 비닐(염화 비닐, vinyl chloride)을 만드는데 사용한다.
- 4차 암모늄이온(quaternary ammonium) 화합물에도 쓰인다.
- 염료 산업에서는 트리페닐메탄(triphenylmethane) 염료를 만들 때 화학반응 중간체로 사용한다.
- 벤조트리클로라이드 유도체는 약제, 향수, 향신료에 쓰인다.
- 벤즈알데하이드(benzaldehyde)와 신남산(cinnamic acid)을 만들 때 사용한다.
- 벤조트리클로라이드는 주로 염화 벤조일을 만들 때 화학반응 중간체로 사용한다.
- 하이드록시벤조페논(hydroxybenzophenone) 자외선차단제를 만들 때 사용한다.

- 벤조일계 물질을 알코올, 페놀, 아민으로 유도하는 아실화(acylation) 과정에서, 분석용 시약을 만들 때 사용한다.

(4) 발암성

일본의 벤조트리클로라이드 제조 공장 2곳의 근로자를 대상으로 실시된 연구에서 기도암 6건이 보고되었는데, 조사 집단의 연령은 44세 이하였고 3명은 흡연자였다.

영국의 한 공장에서 염소화 톨루엔계 물질과 염화 벤조일에 노출된 근로자를 대상으로 실시된 사망률 조사에서 노출된 특정 물질에 관해서는 평가할 수 없지만 노출 수준이 높은 집단에서 모든 암의 표준화사망비가 1.2(발견 사례 66명/기대치 56.1명), 소화기계암은 표준화사망비가 4.0(발견 사례 5명/기대치 1.2명), 호흡기계암은 표준화사망비가 2.8(발견 사례 5명/기대치 1.8명)로 증가했다. 노출 수준이 낮은 집단에서는 구강암과 식도암의 표준화사망비가 5.7(발견 사례 2명/기대치 0.35명)로 뚜렷하게 증가했다.

미국의 한 염소 처리 공장에서 벤조트리클로라이드에 노출되었을 가능성이 있는 근로자 697명을 대상으로 사망률을 조사하여 기도암 사망률은 표준화 사망비가 2.5(폐암 6건 포함하여 7건/기대치 2.8명)로 나왔다. 근로기간에 따른 기도암 표준화사망비는 15년 미만인 경우에 1.3, 15년 이상인 경우에 3.8로 나왔다.

생쥐에 피부 도포, 쥐에 피하 투여했더니 모든 동물에서 육종이 발생했다. 옥수수유에 섞어 위장관으로 투여한 후에 생쥐는 암수 모두 전위부에 유두종과 암종이 증가했다. 쥐는 암컷만 갑상샘 C세포(thyroid C-cell) 종양이 증가했다. 생쥐에 피부 도포하는 2가지 실험 중 첫 번째 실험에서 피부에 편평세포암과 피부 섬유육종(fibrosarcoma) 및 피부 유두종이 발생했다. 생쥐에서 폐 선종 발생률을 증가시키는 것을 확인했다.

염화 벤질은 박테리아에 DNA 손상과 돌연변이를 유도했다. 설치동물 배양 세포에 자매 염색분체 교환, 염색체 이상, 돌연변이, DNA 가닥 절단을 유도했지만 생쥐 생체 내 실험에서는 소핵 형성 빈도가 증가하지 않았다. 사람의 배양 세포에 DNA 가닥 절단을 유도했지만 염색체 이상은 일으키지 않았으며, 자매염색분체 교환 현상에 대한 결과는 일치하지 않았다. 벤조트리클로라이드는 박테리아에 DNA 손상과 돌연변이를 일으켰다.

(5) 발암성 분류

국제암연구기구(IARC)에서는 동물 실험 결과에서 벤조트리클로라이드는 발암성 근거가 충분하지만, 인체 연구결과는 발암성 근거가 제한적이라고 평가하였다. 인체발암추정물질(probably carcinogenic to humans, Group 2A)로 분류하였다.

미국 산업위생전문가협회(ACGIH)에서는 피부, 구강 및 호흡기의 자극증상을 최소화하기 위하요 노출기준 TLV-Ceiling을 0.1 ppm (0.8 mg/m3)을 제시하였다. 동물에서 암 발생이 확인되었고 인간에게 암 발생 의심이 되는 A2(Suspected Human Carcinogen)로 분류하였다.

21. 부탄(이성체)

일련번호	유해물질의 명칭		화학식	노출기준				비 고 (CAS번호 등)
	국문표기	영문표기		TWA		STEL		
				ppm	mg/m³	ppm	mg/m³	
235	부탄(이성체)	Butane, isomers	$CH_3(CH)_2CH_3$	800	–	–	–	[75-28-5] [106-97-8] 발암성 1A, 생식세포변이원성 1B (부타디엔 0.1% 이상인 경우에 한정함)

(1) 부탄이란 무엇인가?

무색의 냄새 없는 연소성 기체이다. 상온에서 5기압 정도로 가압하면 액화하는 석유계 가스. 소형 봄베에 압입되어 가정이나 캠프용 연료로서 시판되고 있다. 뷰테인이라고도 한다. 4개의 탄소 원자를 가진 사슬모양 탄화수소로서, 4개의 탄소 원자가 사슬모양으로 결합하고 있는 노말뷰테인과 1개의 탄소 원자에 다른 3개의 탄소 원자가 결합한 아이소뷰테인의 두 이성질체가 있다.

- 노말뷰테인 : n-뷰테인이라고도 하며, 또 단지 뷰테인이라고 할 때는 이것을 가리킬 때가 많다. 천연가스나 석유분해가스에 함유되어 있다. 상온과 상압하에서는 무색의 기체로, 공기 또는 산소가 존재하면 잘 타며, 발열량은 2만7600kcal/㎥로 크다.

- 아이소뷰테인 : iso-뷰테인이라고도 한다. n-뷰테인과 마찬가지로 천연가스 또는 석유분해가스에 함유되어 있다. 무색의 기체로 인화성이 강하고, 쉽게 액화한다. 프로필렌과 화합시켜 고옥탄가의 가솔린을 얻는다. 또 아이소뷰틸렌을 합성하는 원료로도 사용된다.

(2) 물리화학적 특성

항목	내용	항목	내용
분자량	58.1	끓는 점	−0.5℃
비 중	20 ℃ 물=1에서 0.5788	증기압	1.557 mmHg
녹는 점	−138.35 ℃		

(3) 용도 및 노출

- 액화석유가스로서 연료로 사용된다.
- 석유화학 원료로서 부텐이나 부타디엔의 제조에도 사용된다.
- 잘 액화하는 점을 이용하여 가스라이터 연료의 주성분으로 사용된다.
- 끓는점이 낮아 상온에서 기체 상태이기 때문에 '부탄(뷰테인)가스'라고도 한다.
- 에어로졸 분사체 및 냉동제로 사용된다.
- 휘발유의 휘발성을 높이기 위한 첨가제로 사용한다.
- 화학공업의 원료로 사용된다.
- 식품 첨가제로 사용된다.

1) 부탄의 제조(시료 채취)

공업적으로는 석유 정제공정에서 상압증류공정 및 접촉개질공정(Platforming Unit)을 통해 생성된 프로판-부탄가스를 가스회수공정 (GCU: Gas Concentration Unit)을 거쳐 황 등의 불순물을 제거하여 프로판과 부탄으로 분리하여 생산하거나, 습성 천연가스·석유분해가스의 저온 분별증류로 분리하여 얻는다. 반응 후 품질관리를 위한 시료채취과정에서 작업자는 부탄에 노출될 수 있다.

2) 부탄의 제조(포장)

공업적으로는 석유 정제공정에서 상압증류공정 및 접촉개질공정(Platforming Unit)을 통해 생성된 프로판-부탄가스를 가스회수공정 (GCU: Gas Concentration Unit)을 거쳐 황 등의 불순물을 제거하여 프로판과 부탄으로 분리하여 생산하거나, 습성 천연가스·석유분해가스의 저온 분별증류로 분리하여 얻는다. 제조된 부탄을 용기에 주입하여 포장 시 작업자에게 노출이 발생할 수 있다.

3) 가스엔진697)의 연료(충전)

액화석유가스의 주성분은 프로판과 부탄으로 상온에서도 가압에 의해 액화할 수 있기 때문에 고압용기에 넣어 자동차 등에 적재하여 연료로 사용한다. 액화석유가스를 사용할 때에는 압력레귤레이터로 가스화(기화)하고, 가솔린기관의 기화기 대신 장치한 LPG혼합기로 가스화한 액화석유가스와 공기를 혼합하여 공급하는데, 기타 사항은 가솔린기관과 같다. 용기에 액화석유가스를 충전시 부탄에 노출 될 수 있다.

4) 가스풍로의 연료(충전)

간이 가스풍로의 연료로 부탄을 사용할 경우, 풍로 옆에 액체 부탄이 들어있는 소형의 봄베를 장치하여 사용한다. 봄베에 액화 부탄을 주입 시 부탄에 노출될 수 있다.

5) 라이터의 연료(충전)

사용하는 연료에 따라 오일라이터(벤젠・알코올 등의 휘발유)와 가스라이터(부탄・프로판이 주성분인 혼합 액화가스)로 나누어진다. 연료로 쓰이는 부탄・프로판 등의 혼합 액화가스를 3~5kg/㎠구의 압력을 준 액체상태에서 탱크에 저장할 수 있으며, 이 액화가스는 공기 속으로 흘러나오면 기화잠열을 흡수하여 가스화한다. 용적이 약 300배나 되기 때문에 오일 등의 휘발유를 사용한 것에 비해 오래 쓸 수 있다. 부탄이 함유된 혼합 액화가스를 라이터에 충전하는 과정에서 작업자에게 노출이 발생할 수 있다.

6) 도시가스의 성분(투입)

도시가스는 수소・일산화탄소・탄화수소(메탄・에탄・에틸렌・프로판・프로필렌・부탄 등)・이산화탄소・질소 등을 성분으로 하는 혼합가스이며, 그 성질은 구성하는 가스의 종류 및 양에 따라 규정된다.698)주성분인 부탄과 프로판의 조성비를 맞추며 부탄을 투입하는 과정에서 작업자에게 노출이 발생할 수 있다.

7) 발포스티렌699)의 제조(혼합)

폴리스티렌700) 수지에 부탄・펜탄・헥산 등의 발포제를 배합하여 가열・발포시켜 제조

---

697) 석탄가스・용광로가스・목탄가스・코크스로 가스・수소가스・발생로가스・액화석유가스・액화천연가스 등 상온의 가스를 사용하는 기관을 가스기관 또는 가스엔진이라 한다.
698) 도시가스의 비중도 구성가스의 조성에 따라 정해지는데, LPG계를 제외하면 일반적으로 1이하이며, 누설된 경우에도 쉽게 확산된다. 프로판・부탄 등을 주성분으로 하는 LPG는 비중이 크며, 낮은 곳에 정체하기 쉬운 성질을 갖기 때문에 폭발할 위험이 크다.
699) 단열재・완충재・돗자리・깔개 등으로 쓰인다. 목재대용으로 사용되는 저발포품으로부터 기계・전화제품 등의 포장용완충제로 사용되는 고발포품까지 사용범위가 넓으며, 저발포시트는 합성지(폴리스티렌페이퍼)로서도 사용된다.
700) 스티렌의 중합체로서 대표적 범용열가소성수지. 스티렌수지・폴리스티롤이라고도 한다. 폴리스티렌은 단단하고 무색・투명하며 전기적 특성도 좋고, 대량생산으로 값이 싸기 때문에 주방용품・문구・가구 등의 일용품, 자동차용의 대형 성형품 텔레비전캐비닛 등의 전화제품 등에 사용되고 있다.

한다. 반응용기에서 폴리스티렌 수지와 부탄을 혼합하는 과정에서 작업자에게 노출이 발생할 수 있다.

8) 식물성향료의 제조(현장 점검)

식물로부터 향료를 추출하는 방법으로 액화가스추출법은 프로판·부탄 등의 저급탄화수소를 이용하여, 특수한 장치로 꽃의 향기를 추출한다. 용제추출법에서는 용제의 제거에 가열이 필요하지만, 액화가스추출법은 저온에서 추출할 수 있다는 점이 특징이다. 추출 설비와 공정을 점검 시 작업자가 부탄에 노출될 수 있다.

9) 아세트산 제조(투입)

부탄이나 나프타로부터 직접 아세트산을 합성한다. 부탄을 반응용기에 투입 시 작업자에게 노출이 발생할 수 있다.

10) 티오펜(thiophene)701) 제조(투입)

부탄·부텐 또는 부타디엔을 황과 함께 고온에서 가열하여 제조한다. 용매로 쓰이며 수지·염료·의약품의 합성원료로도 쓰인다. 부탄을 반응용기에 투입 시 작업자에게 노출이 발생할 수 있다.

(4) 발암성

발암성에 대한 유용한 자료가 없다.

22. 브롬화 비닐

일련 번호	유해물질의 명칭		화학식	노출기준				비 고 (CAS번호 등)
				TWA		STEL		
	국문표기	영문표기		ppm	mg/m³	ppm	mg/m³	
254	브롬화 비닐	Vinyl bromide	C_2H_3Br	0.5	–	–	–	[593-60-2] 발암성 1B

(1) 브롬화 비닐이란?

브롬화 비닐은 무색의 높은 가연성 가스로 자극적인 냄새가 나는 물질이다. 물에 녹지 않고, 클로로포름, 에탄올, 아세톤, 벤젠 등에 잘 녹는다.

---

701) 황을 함유하는 5원자 헤테로고리화합물의 하나로 용매로 쓰이며 수지·염료·의약품의 합성원료로도 쓰인다.

(2) 물리화학적 특성

항 목	내 용	항 목	내 용
CAS 번호	00593-60-2	분자량	106.96
외관(색)		냄새	
녹는 점	-139.54℃	끓는 점	15.80℃ @ 760mmHg
비중	1.4933 (20℃)	pH	해당 안됨
증기압	1.033 mmHg at 25 deg C	증기밀도	3.7(공기=1)
용해도	20℃에서 물에는 녹지 않음. 클로로포름, 에탄올, 에테르, 아세톤, 벤젠에 용해됨.	반응성	햇빛 및 산화제에 의하여 중합될 수 있음.

(3) 용도

- 폴리머(중합체)와 공중합체를 제조하는 데 사용된다. 폴리머는 불꽃을 억제하는 방화제, 모노 아크릴 섬유 생산 등에 사용된다.
- 천, 잠옷, 가구 섬유 제조에 사용되고, 필름, 고무 제품 등의 제조에 사용된다.
- 난연제와 카펫 안감 물질을 위한 모노아크릴 섬유의 생산에 사용된다.
- 아크릴로니트릴과 공중합하여 직물과 혼방직물을 생산하는데 사용되며 주로 어린이들의 잠옷이나 가정의 비품으로 사용된다.
- 초산 비닐, 말레인산 무수물, 브롬화 비닐과 공중합되면 과립모양의 생성물을 생산하는데 사용된다.
- 염화 비닐과 브롬화 비닐의 공중합체는 스며들게 하거나 적층 섬유를 위한 필름을 제조하는데 사용되고, 고무 대용으로 이용된다.
- 브롬화 비닐은 가죽제품과 금속제품을 제조하는데 사용된다.
- 브롬화 비닐은 제약 원료의 합성 및 훈증제의 생산에도 사용된다.
- 아크릴 섬유의 생산, 브롬화비닐 수지류의 제조, 메틸브로모포름 제조, 혼합 추진제의 성분, 유기물질의 합성 등의 공정에서 발생한다[702].
- 제약분야에서 조효소(coenzyme) Q10 생산에, 유기 브롬 화합물 합성에 사용했다.

---

702) IARC. Monographs on the Evaluation of the Carcinogenic Risk of Chemicals to Man. Geneva: World Health Organization, International Agency for Research on Cancer, 1972-PRESENT. (Multivolume work)., p. V39 138 (1986)

- 주로 흡입과 피부 접촉으로 노출되고, 화학제품 생산공정, 고무와 플라스틱 생산 공정, 가죽제품 제조업 등에서 직업적으로 노출될 수 있다.
- 약제 합성에 중간체로, 특정 불소(fluorine)를 섞어 소화제의 성분으로, 난연제 성질을 갖는 공중합체 제조에 단량체로, 다양한 고분자의 성분으로 사용되는 브롬화 비닐마그네슘(vinyl magnesium bromide) 제조에 반응 개시제로 사용되었다.

1) 연구기관 실험실에서 합성실험(분석)

일부 연구기관(교육기관) 실험실에서 브롬화비닐을 제조하는 과정에서 노출될 수 있다.

- 원자재입고 → 교반 → 가열 → 반응 → 재증류 → 브롬화비닐 생성

(4) 발암성

브롬화 비닐의 노출과 인간 암의 관계에 대한 인간 연구는 적절한 자료가 없다. 브롬화 비닐의 동물 실험에서 종양 반응은 인간 발암성으로 알려진 염화비닐과 인간 발암성으로 추정되는 플루오르화 비닐과 비슷한 반응을 보인다.

암컷 생쥐의 피부 주입 실험 결과 피부암이나 다른 암이 관찰되지 않았다. 쥐에 브롬화 비닐을 흡입시킨 연구결과 간에서 혈관육종, 간세포 선종, 짐발 샘(Zymbal gland)에 편평세포 암종이 유발되었다. 수컷과 암컷 쥐에 브롬화 비닐을 흡입에 의해 노출시키면 간의 혈관육종, 외이도 피지선 암종, 간 종양 결절, 간세포 암종이 증가한다고 보고됐다[703].

브롬화 비닐은 염화 비닐보다 쥐에서 간 혈관육종의 효력있는 유발인자로 보인다. 브롬화 비닐, 염화 비닐 그리고 플루오르화 비닐이 동물 실험에서 간의 혈관육종을 유발한다는 것과 이 세가지 화학물질이 발암성의 가능한 일반적인 메카니즘을 암시하는 비슷한 DNA부산물 형성을 유발한다는 것은 사실이다. 브롬화 비닐은 쥐의 다수 기관에서 DNA 손상을 유발시킨다[704].

브롬화 비닐은 염화 비닐과 플루오르화 비닐과 비슷한 방법으로 대사한다. Cytochrome P450을 경유로 브로모에틸렌 옥사이드로 산화된다. 2-브로모아세트 알데히드로 재배열을 거쳐 브로모아세트산으로 산화된다. 브롬화 비닐의 대사는 염화 비닐보다 더 느리다[705].

---

703) Benya, T.J.; Busey, W.M.; Dorato, M.A.; et al.: Inhalation Carcinogenicity Bioassay of Vinyl Bromide in Rats. Toxicol. Appl. Pharmacol. 64:367-379 (1982)

704) Sasaki YF et al; Mutat Res 419 (1-3): 13-20 (1998)

705) Bolt, H.M.; Filser, J.G.; Hinderer, R.K.: Rat Liver Microsomal Uptake and Irreversible Protein Binding of [1, 2-14C] Vinyl Bromide. Toxicol. Appl. Pharmacol. 44:481-489 (1978) Bolt HM et al; Arch Toxicol Suppl 3: 129-42 (1980)

쥐의 노출군에서 간에 혈관육종이 발생했다. 외이도 피지선 신생물이 증가했다. 간세포 신생물의 발생 증가가 관찰됐다[706]. Salmonella Typhimurium(쥐티브스균) TA1530이나 TA100에 브롬화 비닐의 증기를 노출시키면 공기는 돌연변이를 유발시킬 수 있다. 페르바르비탈로 전처리된 Mice의 간 상층부분이나 사람의 간생검에 9000XG를 가하면 돌연변이 유발성은 증대된다.

브롬화 비닐의 증기는 쥐티브스균 TA1530과 TA100에서 돌연변이 유발성을 나타낸다. 쥐와 인간의 간효소에 생체체계의 활성을 높여준다[707]. 브롬화 비닐은 쥐티브스균을 가지고한 표준 단기 실험과 포유류에 속하는 자주닭개비속의 외인성 대사 활동에서 돌연변이 유발성이다[708].

(5) **발암성 분류**

국제암연구기구(IARC)에서는 브롬화 비닐이 인간에게 암을 유발할 근거는 부적합하지만, 동물 실험 결과 발암성의 근거가 충분하다고 평가하였다. 그리고 염화 비닐과 비슷하게 시토크롬 P450의 기질로 작용하는 것으로 보아 염화 비닐과 비슷한 발암 인자로 간주하였다. 브롬화 비닐은 인체 추정발암물질(Probably carcinogenic to humans, Group 2A)로 분류하였다.

23. 브이엠 및 피 나프타

일련번호	유해물질의 명칭		화학식	노출기준				비 고 (CAS번호 등)
				TWA		STEL		
	국문표기	영문표기		ppm	mg/m³	ppm	mg/m³	
257	브이엠 및 피 나프타	VM & P Naphtha	-	300	-	-	-	[8032-32-4] 발암성 1B, 생식세포 변이원성 1B (벤젠 0.1% 이상인 경우에 한정함)

---

706) Benya, T.J.; Busey, W.M.; Dorato, M.A.; et al.: Inhalation Carcinogenicity Bioassay of Vinyl Bromide in Rats. Toxicol. Appl. Pharmacol. 64:367-379 (1982)
707) Clayton, G.D., F.E. Clayton (eds.) Patty's Industrial Hygiene and Toxicology. Volumes 2A, 2B, 2C, 2D, 2E, 2F: Toxicology. 4th ed. New York, NY: John Wiley &Sons Inc., 1993-1994., p. 4179
708) American Conference of Governmental Industrial Hygienists, Inc. Documentation of the Threshold Limit Values and Biological Exposure Indices. 6th ed. Volumes I, II, III. Cincinnati, OH: ACGIH(미국산업위생전문가협회), 1991., p. 1691

(1) 브이엠 및 피 나프타란?

무색 내지는 황색의 맑은 유동성 가연성 액체이다. C5~C11의 탄화 수소를 함유하는 석유증류물이다. 전형적인 조성은 파라핀: 55.4%, 나프텐족 : 30.3%, 알킬벤젠 : 11.7%, 디시클로파라핀족 : 2.4%, 벤젠 : 0.1%이다.

(2) 물리화학적 특성

항목	내용	항목	내용
분자량	114	비중	0.850 to 0.870 at 15.6℃
끓는 점	94 to 175℃ (C7-C10 paraffinic hydrocarbons); 130 to 155℃(C8 and C9 aliphatic hydrocarbons)		

(3) 용도 및 노출

락커나 바니쉬의 용제로 사용된다. 빠르게 건조되는 유기용제로 사용된다.

1) 나프타 제조(현장점검)

원유를 상압 증류하여 제조할 수 있으며 직류 나프타, 경질 나프타(끓는점 100℃ 이하), 중질 나프타(끓는점 약 100~200℃)로 구분된다. 원유의 중질유분을 열분해하거나 접촉분해 하여 분해 나프타를 제조할 수 있다. 작업자는 밀폐된 공정으로 이뤄진 나프타 제조시설의 현장점검에서 노출이 될 수 있다.

2) 리그로인 제조(포장)

원유를 상압에서 증류, 정제하여 제조한다. 작업자는 리그로인을 용기(병)에 포장하는 작업에서 노출이 될 수 있다.

3) 도시가스 제조(시료분석)

나프타를 접촉수증기 개질을 하여 수소·일산화탄소·메탄 등을 대량으로 함유하는 가스로 전환시켜 도시가스로서 공급한다. 작업자는 품질관리를 위해 시료를 분석하는 과정에서 노출될 수 있다.

4) 암모니아 합성(시료채취)

나프타를 접촉수증기 개질을 하여 수소를 제조한 다음, 공기에서 분리시킨 질소와 함께 암모니아 합성을 하여 질소비료 등의 원료로 한다. 작업자는 질소비료에 사용되는 암모니아 합성을 위해 공기에서 분리시킨 질소와 나프타를 밀폐된 반응기에 넣고 반응시켜 제조하며 제조공정은 밀폐된 공정이므로 노출이 거의 일어나지 않으며 시료채취 시 노출될 수 있다.

5) 가소물(플라스틱) 제조(현장점검)

석유 또는 천연가스가 주원료이며 나프타(조제 가솔린)가 가장 중요한데, 이것을 분해하면 에틸렌·프로필렌·부텐·부타디엔 등의 올레핀과 벤젠·톨루엔·크실렌 등의 방향족 탄화수소가 얻어지고 이들을 조합하여 플라스틱합성의 단위체를 만든다. 작업자는 석유 또는 천연가스로부터 분해하여 플라스틱의 원료가 되는 모노머를 얻는 과정에서 현장점검 시 노출될 수 있다.

6) 대체천연가스(substitute natural gas) 제조(투입)

반응온도 450~500℃, 고압하·고활성 니켈을 촉매로 사용하여 나프타와 수증기를 반응시키면, 메탄을 주성분으로 하는 수소·일산화탄소 및 이산화탄소를 함유하는 가스가 생성된다. 다시 니켈 촉매에 의해 메탄화를 진행시키고 마지막에 이산화탄소를 제거하면 $1m^3$당 발열량이 약 9,200kcal인 고열량이 되어 천연가스와 동일한 성상의 가스를 얻을 수 있다. 작업자는 천연가스 제조 시 나프타를 드럼통에서 펌프를 통해서 반응기에 넣을 때 노출될 수 있다.

7) 벤진(benzine) 제조(현장점검)

벤진은 끓는점이 낮은 탄화수소의 혼합물로 되어 있고, 경질유분이 많은 원유를 증류하여 얻은 나프타를 고도로 정제하여 불순물질을 제거하고 제조된다. 벤진을 제조할 때 작업자는 현장점검 시 노출될 수 있다.

8) 카메라 렌즈 세제

사진기렌즈 조리개 날의 유분을 제거할 때 쓰인다. 조리개 날에 유분이 있으면 날의 움직임을 느리게 하고 노출과다를 초래한다. 작업자는 나프타를 세제와 함께 섞어서 사용할 때 노출이 될 수 있다.

(4) 발암성

생쥐의 피부에 이것을 도포하였을 때에 편평상피세포암이 증가하였다[709)710)]. 피부도포 실험에서 유전독성을 지지하는 결과는 없었다[711)].

---

709) King, R.W.: Skin Carcinogenic Potential of Petroleum Hydrocarbons. I. Separation and Characterization of Fractions for Bioassay. In: Proceedings of the Symposium on the Toxicology of Petroleum Hydrocarbons, pp. 170-184. American Petroleum Institute, Washington, DC (1982).

710) Lewis, S.C.: Skin Carcinogenic Potential of Petroleum Hydrocarbons. II. Carcinogenesis of Crude Oil Distillate Fractions and Chemical Class Subfractions. In: Proceedings of the Symposium on the Toxicology of Petroleum Hydrocarbons, pp. 185-195. American Petroleum Institute, Washington, DC (1982).

711) Butler, M.S.;Arnesen, U.; Cruzan, G.; et al.: Middle Distillates - A Review of the Results of a CONCAWE Programme of Short-Term Biological Studies. CONCAWE Report No. 91/51. Brussels (1991).

(5) 발암성 분류

미국 산업위생전문가협회(ACGIH)에서는 피부, 눈, 호흡기 자극 증상 및 중추신경계 억제증상을 최소화하기 위하여 노출기준 TLV-TWA를 300ppm(1370 mg/m3)으로 제시하고, 동물에서는 발암성이 확인되었으나 인간에서는 연관성을 알 수 없다고 평가하여 A3(Confirmed Animal Carcinogen with Unknown Relevance to Humans)로 구분하였다.

24. 비스-(클로로메틸)에테르

일련번호	유해물질의 명칭		화학식	노출기준				비 고 (CAS번호 등)
	국문표기	영문표기		TWA		STEL		
				ppm	mg/m³	ppm	mg/m³	
263	비스-(클로로메틸)에테르	bis-(Chloromethyl) ether	O(CH₂Cl)₂	0.001	–	–	–	[542-88-1] 발암성 1A

(1) 비스-(클로로메틸)에테르란?

무색의 액체이며 숨 막히는 듯한 냄새가 난다.

(2) 물리화학적 특성

항 목	내 용	항 목	내 용
분자량	114.96	비 중	1.315 at 20℃
어는 점	-41.5℃	끓는 점	105℃
밀 도	4.0	증기압	30 torr at 22℃
용해도	물에서는 분해되어 염산과 포름알데히드를 생성한다.		

(3) 용도 및 노출

음이온교환수지 제조에 중간 재료로 사용된다.

◆ 노출규모

2009년 작업환경실태조사에서 비스-클로로메틸 에테르는 사용하는 사업장이 9개(76명)이었다.

(4) 발암성

여러 나라의 많은 역학 연구[712)713)714)715)716)717)718)719)720)]와 사례 보고[721)722)723)724)]들이 클로로메틸 에테르 및 또는 비스-(클로로메틸)에테르에 노출된 근로자들에서 폐암의 위험이 증가한다는 것을 증명하였다. 심하게 노출된 근로자들에서 상대위험율이 10배 이상 높았다. 위험율은 노출 기간과 축적에 따라 증가한다. 조직학적 평가로 소세포 타입의 폐암이 주로 발생한다[725)]. 최고 상대위험율은 처음 노출 후 15~20년 후에 발생한다고 보였고[726)] 잠복기는 심하게 노출된 근로자에서 짧았다[727)728)].

---

712) IARC Monographs, 4, 231-238, 239-245, 1974
713) Albert, R.E., Pasternack, B.S., Shore, R.E., Lippmann, M., Nelson, N. & Ferris, B. (1975) Mortality patterns among workers exposed to chloromethyl ethers - a preliminary report. Environ. Health Perspect., 11, 209-214
714) DeFonso, L.R. & Kelton, S.C., Jr (1976) Lung cancer following exposure to chloromethyl methyl ether. An epidemiological study. Arch. environ. Health, 31, 125-130
715) Pasternack, B.S., Shore, R.E. & Albert, R.E. (1977) Occupational exposure to chloromethyl ethers. A retrospective cohort mortality study (1948-1972). J. occup. Med., 19, 741-746
716) Pasternack, B.S. & Shore, R.E. (1981) Lung cancer following exposure to chloromethyl ethers. In: Chwat, M. & Dror, K., eds, Proceedings of the International Conference on Critical Current Issues in Environmental Health Hazards, Tel-Aviv, Israel, pp. 76-85
717) Weiss, W. (1982) Epidemic curve of respiratory cancer due to chloromethyl ethers. J. natl Cancer Inst., 69, 1265-1270
718) McCallum, R.I., Woolley, V. & Petrie, A. (1983) Lung cancer associated with chloromethyl methyl ether manufacture: an investigation at two factories in the United Kingdom. Br. J. ind. Med., 40, 384-389
719) Weiss, W. & Boucot, K.R. (1975) The respiratory effects of chloromethyl methyl ether. J. Am. med. Assoc., 234, 1139-1142
720) Weiss, W., Moser, R. & Auerbach, O. (1979) Lung cancer in chloromethyl ether workers. Am. Rev. respir. Dis., 120, 1031-1037
721) Sakabe, H. (1973) Lung cancer due to exposure to bis(chloromethyl)ether. Ind. Health, 11, 145-148
722) Weiss, W. & Figueroa, W.G. (1976) The characteristics of lung cancer due to chloromethyl ethers. J. occup. Med., 18, 623-627
723) Reznik, G., Wagner, H.H. & Atay, Z. (1977) Long cancer following exposure to bis(chloromethyl)ether: a case report. J. environ. Pathol. Toxicol., 1, 105-111
724) Bettendorf, U. (1977) Occupational lung carcinoma after inhalation of alkylating agents. Dichlorodimethyl ether, monochlorodimethylether and dimethylsulphate (Ger.). Dtsch. med. Wochenschr., 102, 396-398
725) Weiss, W. & Boucot, K.R. (1975) The respiratory effects of chloromethyl methyl ether. J. Am. med. Assoc., 234, 1139-1142
726) Weiss, W. (1982) Epidemic curve of respiratory cancer due to chloromethyl ethers. J. natl Cancer Inst., 69, 1265-1270
727) Pasternack, B.S. & Shore, R.E. (1981) Lung cancer following exposure to chloromethyl ethers. In: Chwat, M. & Dror, K., eds, Proceedings of the International Conference on Critical Current Issues in Environmental Health Hazards, Tel-Aviv, Israel, pp. 76-85
728) Weiss, W. & Figueroa, W.G. (1976) The characteristics of lung cancer due to chloromethyl ethers. J. occup. Med., 18, 623-627

비스-(클로로메틸)에테르가 생쥐에 흡입노출[729)730)], 피부 적용[731)], 피하투여[732)733)] 되었을 때 적용 부위에 종양이 발생하였고 생쥐 피부 종양을 발생시키는 개시제였다[734)]. 또한 피하 투여 후 폐종양의 발생을 증가시켰다[735)]. 쥐에 흡입 노출 시켰을 때에는 호흡기 종양 (폐종양과 비강암)이 발생하였다[736)737)738)739)740)]. 생쥐에 클로로메틸 메틸 에테르를 피하 투여 했을 때 국부 육종이 발생하였고 피부 종양을 발생시키는 개시제였다[741)]. 쥐와 햄스터에서 흡입노출 되었을 때 호흡기 종양이 낮게 발생하였다[742)].

이온 교환 수지의 제조과정에서 비스-(클로로메틸)에테르 또는 클로로메틸메틸 에테르에 노출된 근로자들의 말초 림프구에서 염색체 이상 발생률이 근소하게 증가하였다[743)]. 비스-(클로로메틸)에테르는 생체 내 처리된 쥐의 골수에서 염색체 이상이 발생하지 않았다. 비스-(클로로메틸)에테르는 체외 인체 섬유아세포에서 예정외 DNA 통합을 발생시켰고 박테리아에 돌연변이 발생률을 높였다[744)]. 클로로메틸 메틸 에테르는 시리아 햄스터 배아 세포에서 바이러스성 변형을 높이고 박테리아에 돌연변이 발생률을 높였다[745)].

---

729) IARC Monographs, 4, 231-238, 239-245, 1974
730) Leong, B.K.J., Kociba, R.J. & Jersey, G.C. (1981) A lifetime study of rats and mice exposed to vapors of bis(chloromethyl)ether. Toxicol. appl. Pharmacol., 58, 269-281
731) IARC Monographs, 4, 231-238, 239-245, 1974
732) IARC Monographs, 4, 231-238, 239-245, 1974
733) Leong, B.K.J., Kociba, R.J. & Jersey, G.C. (1981) A lifetime study of rats and mice exposed to vapors of bis(chloromethyl)ether. Toxicol. appl. Pharmacol., 58, 269-281
734) Leong, B.K.J., Kociba, R.J. & Jersey, G.C. (1981) A lifetime study of rats and mice exposed to vapors of bis(chloromethyl)ether. Toxicol. appl. Pharmacol., 58, 269-281
735) IARC Monographs, 4, 231-238, 239-245, 1974
736) Leong, B.K.J., Kociba, R.J. & Jersey, G.C. (1981) A lifetime study of rats and mice exposed to vapors of bis(chloromethyl)ether. Toxicol. appl. Pharmacol., 58, 269-281
737) Zajdela, F., Croisy, A., Barbin, A., Malaveille, C., Tomatis, L. & Bartsch, H. (1980) Carcinogenicity of chloroethylene oxide, an ultimate reactive metabolite of vinyl chloride, and bis(chloromethyl)ether after subcutaneous administration and in intiation-promotion experiments in mice. Cancer Res., 40, 352-356
738) Dulak, N.C. & Snyder, C.A. (1980) The relationship between the chemical reactivity and the inhalation carcinogenic potency of direct-acting chemical agents (Abstract No. 426). Proc. Am. Assoc. Cancer Res., 21, 106
739) Kuschner, M., Laskin, S., Drew, R.T., Cappiello, V. & Nelson, N. (1975) Inhalation carcinogenicity of alpha halo ethers. III. Lifetime and limited period inhalation studies with bis(chloromethyl)ether at 0.1 ppm. Arch. environ. Health, 30, 73-77
740) Leong, B.K.J., Kociba, R.J., Jersey, G.C. & Gehring, P.J. (1975) Effects of repeated inhalation of parts per billion of bis(chloromethyl)ether in rats (Abstract No. 131). Toxicol. appl. Pharmacol., 33, 175
741) IARC Monographs, 4, 231-238, 239-245, 1974
742) Laskin, S., Drew, R.T., Cappiello, V., Kuschner, M. & Nelson, N. (1975) Inhalation carcinogenicity of alpha halo ethers. II. Chronic inhalation studies with chloromethyl methyl ether. Arch. environ. Health, 30, 70-72
743) IARC Monographs, Suppl. 6, 119-120, 159-160, 1987
744) IARC Monographs, Suppl. 6, 119-120, 159-160, 1987
745) IARC Monographs, Suppl. 6, 119-120, 159-160, 1987

(5) 발암성 분류

국제암연구기구(IARC)에서는 인간에게 충분한 발암성 근거가 있다고 평가하여 인체발암물질(carcinogenic to humans, Group 1)로 분류하였다.

미국 산업위생전문가협회(ACGIH)에서는 폐암과 비강암의 발생을 최소화하기 위하여 노출기준 TLV--TWA, 0.001 ppm (0.0047 mg/m3)로 제시하고, 인간에게 확인된 발암물질로 평가하여 A1 (Confirmed Human Carcinogen)으로 분류하였다.

25. 사염화탄소

일련번호	유해물질의 명칭		화학식	노출기준				비 고 (CAS번호 등)
	국문표기	영문표기		TWA		STEL		
				ppm	mg/m³	ppm	mg/m³	
268	사염화탄소	Carbon tetrachloride	CCl_4	5	−	−	−	[56-23-5] 발암성 1B, Skin

(1) 사염화탄소란?

무색의 무겁고 유동성인 액체이며 달콤한 냄새가 난다.

(2) 물리화학적 특성

항 목	내 용	항 목	내 용
분자량	153.84	비 중	액체, 1.589 at 25°C; 증가, 5.32
녹는 점	-23°C	끓는 점	76.5°C
증기압	91.3 torr at 20°C; 115.2 torr at 25°C	냄새서한도	> 10 ppm in air
물에 용해도	785 to 800 mg/L water at 20°C, 1160 mg/L water at 25°C;		

(3) 용도 및 노출

- 사염화탄소 생산, 냉매의 생산, 실험실, 그리고 탈지 작업할 때 발생한다.
- 플루오로카본 분사제 제조에 사용한다.
- 유지류, 락카, 바니쉬, 고무왁스 및 수지류의 용제로 사용한다.

- 탈지제 및 세척제로 사용된다. 과거에는 소화제로 사용하였다.
- 곡물 훈증소독제로 사용하였다.

1) 사염화탄소의 제조(포장)

오염화안티몬을 촉매로 해서 이황화탄소에 건조 염소가스를 불어 넣어 반응시킨다. 반응 종료 후 증류해 정제 제품을 얻는다. 이것은 소량의 염화유황 및 이황화탄소를 포함하고 있어 우선 분해조에서 소량의 가성소다를 가해 염화유황을 분해 제거한다. 다음에 탈황조로 보내고, 남아있는 이황화탄소를 유효 염소 10%의 진한 표백분액으로 분해한다. 이를 재증류한 뒤, 염화석회로 탈수한다. 모든 공정이 완료되어 사염화탄소가 제조되면, 이를 병(용기)에 포장하게 되는 데, 이 때 작업자는 사염화탄소에 노출될 수 있다.

- 염소가스, 황산 → 건조 → 염화(이염화탄소) → 조제증류 → 분해(가성소다) → 탈황(표백분) → 정제증류 → 탈수 → 포장

2) 사염화탄소의 제조(현장점검)

오염화안티몬을 촉매로 해서 이황화탄소에 건조 염소 가스를 불어 넣어 반응시킨다. 반응 종료 후 증류해 정제 제품을 얻는다. 이것은 소량의 염화유황 및 이황화탄소를 포함하고 있어 우선 분해조에서 소량의 가성소다를 가해 염화유황을 분해 제거한다. 다음에 탈황조로 보내고, 남아있는 이황화탄소를 유효염소 10%의 진한 표백분액으로 분해한다. 이를 재증류한 뒤, 염화석회로 탈수한다. 장치화된 설비를 점검하는 작업자는 사염화탄소에 노출될 수 있다.

- 염소가스, 황산 → 건조 → 염화(이염화탄소) → 조제증류 → 분해(가성소다) → 탈황(표백분) → 정제증류 → 탈수 → 포장

3) 용매추출(실험실 시약)

고체 또는 액체에 적당한 용매를 가하여, 그 용매에 가용성 성분을 녹여내는 분리법이다. 목적물질을 녹기 쉬운 형태로 화학변화시키면서 추출하는 방법이다. 작업자는 사염화탄소와 목적물질을 함유하고 있는 물질을 함께 섞어서 추출할 때 노출될 수 있다.

4) 제독 사염화탄소 소화액 제조(혼합)

크로라알와 피난 또는 감판과 크로라린 피리딘 또는 피바리링 혹은 디메틸 아닐린 등을 첨가하여 제조할 수 있다. 제조 과정에서 원료투입 후 혼합과정에서 노출될 수 있다.

5) 과립형 향료의 제조(첨가)

에틸렌에 비닐과 초산알콜을 혼합한 후 가열 성형하여 연질의 과립을 성형하고 이를 충분

히 건조시킨 후 침투제와 액체향료, 염료, 사염화탄소, 테레빈유 및 프로필렌글리콜을 가압 가열하여 교반한 혼합액에 침투시킨 후 자연 냉각하여 건조하여 제조한다. 첨가제로 교반기에 투입되는 과정에서 작업자는 노출될 수 있다.

6) 드라이크리닝용 세제의 제조(혼합)

크실렌 60%와 톨루엔 30%를 사염화탄소 9%와 혼합시킨 혼합물과 암모니아수와 가성가리에 향료유를 섞은 혼합물 1%를 서로 혼합시켜 된 드라이크리닝용 세제를 제조한다. 사염화탄소는 원료로 혼합되는 과정에서 작업자에게 노출될 수 있다.

7) 벤조페논(benzophenone)[746] 제조(축합)

벤젠과 사염화탄소를 염화알루미늄무수물 존재에서 축합시킨 뒤, 가수분해하면 생성된다. 작업자는 사염화탄소가 축합되는 과정에서 노출될 수 있다.

8) 염화몰리브덴(V)(molybdenum chloride)의 제조(가열)

사염화탄소 증기와 산화몰리브덴(VI)을 510℃로 가열한다. 염소기류하에서 금속몰리브덴을 서서히 가열하여 발생하는 기체를 냉각한다. 고체파라핀의 사염화탄소용액 또는 액상파라핀에 염소를 지나게 하여 조명하에서 염소화하고 합성한다. 원료로 사용되는 사염화탄소가 가열되는 과정에서 작업자는 노출될 수 있다.

9) 포스겐(phosgene)의 제조(투입)

염화카르보닐(carbonyl chloride)이라고도 하며, 사염화탄소를 발연황산으로 산화시켜 제조한다. 사염화탄소를 원료로 투입하는 과정에서 작업자는 노출될 수 있다.

10) 하이포아염소산(hypochlorous acid) 제조(투입)

산화수은(II)을 사염화탄소에 현탁시켜 염소와 반응시킨 다음, 물로 처리하면 수용액 속에서 하이포아염소산이 생긴다. 사염화탄소가 원료로 투입되는 과정에서 작업자는 노출될 수 있다.

11) 노출규모

2009년 작업환경실태조사에서 사염화탄소를 제조하는 사업장은 3개(93명), 사용하는 사업장은 14개(209명) 이었다.

(4) 발암성

사염화탄소로 인한 암의 위험에 대한 역학적 연구에서 비호지킨림프종에 대한 자료 수집을 하였고(두 개의 코호트연구와 한 개의 독립적인 코호트 내환자-대조군 연구) 사염화

---

[746] 디페닐케톤이라고도 하며, 향료의 고정제, 의약이나 농약의 합성 중간물질로서 이용된다.

탄소 노출의 연관성을 제시하였다. 하지만, 이 연구들에서 구체적으로 사염화탄소의 노출을 구별하지 않았으며 연관성은 통계적으로 강하지 않았다.

폐암을 조사한 화학공장 근로자의 코호트 내 환자-대조군 연구에서 사염화탄소의 노출에 연관성을 보이지 않았다. 환자-대조군 연구에서 사염화탄소와 만성림프성 백혈병, 뇌암, 여성 유방암, 그리고 안구 내의 흑생종의 연관성을 조사한 결과는 특별하지 않았다.

생쥐와 쥐에서 간종양을 발생시켰고 피하투여 후 쥐에서 유방 종양이 발생하였다. 생쥐의 흡입투여 연구에서 크롬친화세포의 발생률이 증가되었다. 알려진 발암물질 투여 후 사염화탄소를 투여한 실험들에서는 생쥐, 쥐 그리고 햄스터에서 간 손상 및 또는 종양의 발생이 증가하였다.

체외에서 사염화탄소의 DNA 결합은 여러 세포 시스템에서 관찰되었지만 체내 실험에서는 보고되지 않았다. 사염화탄소는 여러 체외 시스템에서 이수성을 유발시키며 돌연변이 유발 효과가 있다.

(5) 발암성 분류

국제암연구기구(IARC)에서는 사염화탄소의 인체 발암성에 대한 증거는 충분하지 않으며, 실험동물에 대한 발암성에 대한 증거는 충분하다고 평가하여 인체발암추정물질(probably carcinogenic to humans, Group 2A)로 분류하였다.

미국 산업위생전문가협회(ACGIH)에서는 간독성을 최소화하기위하여 노출기준 TLV-TWA, 5 ppm(31 mg/m3), TLV--STEL, 10 ppm (63 mg/m3)로 제시하고, 인간에 대하여 발암성이 의심되는 A2(Suspected Human Carcinogen)로 분류하였다.

26. 삼산화 안티몬(취급 및 사용물)

일련번호	유해물질의 명칭		화학식	노출기준				비 고 (CAS번호 등)
	국문표기	영문표기		TWA		STEL		
				ppm	mg/m³	ppm	mg/m³	
294	삼산화 안티몬 (취급 및 사용물)	Antimony trioxide (Handling & use, as Sb)	Sb_2O_3	–	0.5	–	–	[1309-64-4] 발암성 2
295	삼산화 안티몬(생산)	Antimony trioxide (Production)	Sb_2O_3	–	–	–	–	[1309-64-4] 발암성 1B

(1) 삼산화 안티몬이란 무엇인가?

안티몬은 은백색의 연한금속이다. 여러 가지 형태의 결정체이다.

(2) 물리화학적 특성

항 목	내 용	항 목	내 용
분자량	291.5	끓는 점	1550
녹는 점	656	밀 도	5.2/5.7
증기압	130 Pa(574)	용해도	물에 약간 녹는다.

(3) 용도 및 노출

- 황화안티몬을 구워서 생산한다.
- 플라스틱, 고무, 섬유, 종이 및 페인트의 난연제로 사용된다.
- 유리와 세라믹 제조에 첨가제로 사용된다. 화학공업에서 촉매제로 사용된다.

1) 삼산화 안티몬 제조(시료채취)

삼산화 안티몬은 안티몬을 산소 또는 열수증기에 의해 직접 산화시켜 얻는다. 이렇게 제조된 삼산화안티몬의 성분분석을 위해 시료채취 작업을 하는데, 이 공정에서 근로자에게 노출될 수 있다.

2) 방화도료(fireproofing coating)[747] 제조(혼합)

방화도료는 안료성분 중 삼산화안티몬(백색안료로 염화파라핀과 병용하여 주로 사용)이 20%이상 함유되어 제조된다. 방화성이 높이기 위해 삼산화안티몬을 다른 안료들과 혼합하는 공정에서 근로자에게 노출될 수 있다.

3) 과불소알콜 제조(첨가)

요오드와 오불화요오드 및 반응촉매를 사용하여 과불소에틸요오드[748]를 제조하는 방법에 있어서, 요오드와 오불화요오드, 그리고 고체 반응촉매인 삼산화안티몬을 이용하여 상압의 테트라플루오로에틸렌(Tetrafluoroethylene, 이하 TFE)을 연속적으로 주입하여 과불소에틸요오드를 연속적으로 제조한다. 촉매로 사용되어지기 위해 공정 중간에 첨가하게 되는 데, 이 과정에서 근로자에게 노출될 수 있다.

---

747) 목재의 인화 및 연소를 방지할 목적으로 목재에 도장하는 특수도료의 총칭.
748) 각종 발수/발유/방오가공제, 고성능 계면활성제 및 이형제 등의 표면개질제의 중간원료와 CFC/할론 대체물질 및 요오드레이저 등에 사용될 수 있다.

4) 노출규모

2009년 작업환경실태조사에서 삼산화안티몬(제품)을 제조하는 곳은 7개(61명), 사용하는 곳은 79개(585명)이었다.

(4) 발암성

사람에 대하여 삼산화 안티몬에 의한 유용한 발암성 역학연구는 부족하다. Davies[749]는 1973년에 안티몬을 처리하는 공장 근로자에서 폐암으로 인한 사망을 보고하였다. 후향적 연구에서 안티몬 처리공장 근로자에서 폐암으로 사망한 보고가 있었다[750]. 쥐에 흡입 노출 시켰을 때에 폐종양이 증가하였다.

(5) 발암성 분류

국제암연구기구(IARC)에서 삼산화 안티몬의 인간에서 발암성의 근거는 부적절하고 실험동물에서는 충분하다고 평가하여 인체발암추정물질(Probably carcinogenic to humans, Group 2A)로 구분하였다.

미국 산업위생전문가협회(ACGIH)에서 삼산화 안티몬을 인체에 발암성이 의심되는 물질인 A2(Suspected human carcinogen)로 분류한 것은 과거에 삼산화 안티몬에 노출되는 공장 근로자들에서 폐암 발생이 보고된 것을 근거로 한 것이다.

27. 삼수소화 비소

일련번호	유해물질의 명칭		화학식	노출기준				비 고 (CAS번호 등)
				TWA		STEL		
	국문표기	영문표기		ppm	mg/m³	ppm	mg/m³	
296	삼수소화 비소	Arsine	AsH_3	0.005	–	–	–	[7784-42-1]

(1) 삼수소화 비소는 무엇인가?

삼수소화 비소는 무색이고 마늘 냄새가 나는 가연성의 자극이 없는 독성가스이다. 냄새는 0.5ppm이상의 농도에서 감지된다. 아신이라고도 한다. 금속 비소화합물이 물과 반응하여 발생되고, 비소가 산과 접촉했을 때 생성되는 물질이다. 삼수소화 비소는 수용성이다. 일반적으로 액체 압축 기체 상태로 실린더에 넣어 운반한다.

---

749) Davies, T.A.L.: Employment Medical Advisory Service Statement, Health of Workers Engaged in Antimony Oxide Manufacture. Baynards House, Chepstow Place, London (November 1973).
750) McCallum, R.I.: Detection of Antimony in Process Workers' Lungs by X-Radiation. Trans. Soc. Occup. Med. 17:134-138 (1967).

(2) 물리화학적 특성

항 목	내 용	항 목	내 용
CAS 번호	7784-42-1	분자량	77.9
외관(색)	무색의 가연성의 독성이 높은 기체	냄새	마늘 냄새
녹는 점	-115 ℃	끓는 점	-55 ℃
비중	-55 ℃에서 1.689	pH	해당없음
증기압	20 ℃에서 10,000 hPa	증기밀도	2.7
용해도	유기 용제에 녹는 비극성 기체이고 수용성이며 에탄올과 알카리에도 약간 녹는다.	반응성	상온, 상압에서 안정함

(3) 용도 및 노출

- 삼수소화 비소는 흡입에 의해 주로 노출된다. 대개 비소와 비소 불순물이 산 또는 알칼리와 반응할 때 발생하는 부산물에 의해 일어난다.
- 삼수소화 비소는 다이오드, 트랜지스터 및 반도체 제조에 사용한다.
- 비철금속 제련, 정련 및 합금제조업체에서 사용한다.
- 반도체 생산에서 반도체 불순물, 유기물 합성, 축전지 제조, 전쟁 독가스로 사용한다.
- 아연도금, 납땜, 부식동판술, 광택제, 납 도금에 사용한다.
- 비소 불순물을 함유한 금속이나 천연 광석을 산과 함께 취급할 때 우발적으로 삼수소화 비소에 노출된다.
- 비철금속제련에서는 전기로, 정제로, 전로 공정에서 삼수소화 비소에 노출된다.
- 반도체 웨이퍼공정에서는 이온주입작업에서 삼수소화 비소에 노출된다.

1) 반도체소자공(반도체 웨이퍼 가공)

동력용 반도체 생산시 웨이퍼(집적회로를 만드는 토대가 되는 얇은 규소판) 가공 공정에서 이온주입 과정에서 삼수소화 비소에 노출될 수 있다.

- 산화/확산 → 감광액 도포 → 노광 → 현상 → 식각 → 이온 주입 → 화학기상증착 → 금속배선

2) 비철금속 제련 사업장 (현장점검)

비소함유광석이나 아연이며, 구리, 주석, 납, 코발트 등 비소를 불순물로 지니고 있는 광석들의 제련 과정에서 삼수소화 비소가 발생한다. 즉, 아연, 구리, 주석, 납을 산으로

세척하는 과정이나, 철광석의 제련과정(용해물의 정제), 주석의 제련과정(알루미늄 비화물을 함유한 광재에 물을 뿌리기), 아연제련(용석실 청소)과정이나 전기분해 과정에서 주로 발생한다. 따라서 설비를 점검할 때 노출될 가능성이 있다.

- 원료(동정광)하역 및 이송 → 건조로 → 자용로 → 전로 → 유도로 → 정제로

3) 비철금속 제련 사업장 (정제)

삼수소화 비소는 S로(특히 lance 작업) CL로, 정제로 과정 중에서 노출된다.

- 원료(동정광)하역 및 이송 → 건조로 → S로 → CL로 → C로 → 정제로

4) 반도체 제조(MP 공정)

이온 임플란트(IMP) 가공공정은 밀폐형 부스에서 작업이 자동으로 이루어지며, 작업자는 기계셋팅 및 장비점검 등의 작업을 하고 있다. 작업자는 방진복, 마스크, 방진화등을 착용하고 작업장에는 밀폐형 국소배기장치가 설치되어 있다.

(4) 발암성

인간에서 삼수소화 비소 자체의 발암 영향에 대해 보고된 증거는 없다. 실험동물에서 삼수소화 비소의 발암성이 확인된 자료는 없다. 삼수소화 비소의 변이원성에 관한 연구는 없다.

(5) 발암성 분류

국제암연구기구(IARC)와 미국 산업위생전문가협회(ACGIH)에서는 발암성에 관하여 분류하지 않았다.

삼수소화 비소는 폐암을 일으키는 발암성 물질로 미국산업안전보건연구원(NIOSH)에서만 발암성 물질로 규정하고 있다.

28. 스토다드 용제

일련번호	유해물질의 명칭		화학식	노출기준				비 고 (CAS번호 등)
	국문표기	영문표기		TWA		STEL		
				ppm	mg/㎥	ppm	mg/㎥	
326	스토다드 용제	Stoddard solvent	$C_9 \sim C_{11}$ paraffn(85%) + aromatics(15%)	100	–	–	–	[8052-41-3] 발암성 1B, 생식세포 변이원성 1B (벤젠 0.1% 이상인 경우에 한정함)

(1) 스토다드 용제란 무엇인가?

Mineral spirits 또는 White spirits이라고도 한다. 직쇄형 및 분지형 파라핀류((C9~C12) 및 나프텐(cycloparaffins) 및 방향족 탄화수소의 혼합물이다. 무색의 액체이며 등유(kerosene) 비슷한 냄새가 난다.

(2) 물리화학적 특성

항목	내용	항목	내용
분자량	대략 140	비중	0.79
끓는 점	152°C ~ 210°C	물에 대한 용해도	용해되지 않음
냄새 서한도	1~30 ppm		

(3) 용도 및 노출

페이트, 코팅제 및 왁스의 희석제로 사용된다. 드라이크리닝에 사용된다. 지용성 농약의 매체로 사용된다. 금속가공제품의 세척제로 사용된다.

(4) 발암성

스토다드 용제에 대한 사람과 동물에 대한 발암성 연구에 대하여 유용한 자료가 없다.

(5) 발암성 분류

미국 산업위생전문가협회(ACGIH)에서는 피부, 눈, 호흡기 자극 증상, 피부의 탈지 및 중추신경계억제증상(구역, 구토, 마취증상)을 최소화하기 위하여 노출기준 TLV-TWA를 100 ppm (525 mg/m^3)으로 제시하고, 발암성에 대한 평가와 분류는 하지 않았다.

29. 스트론티움크로메이트

일련번호	유해물질의 명칭		화학식	노출기준				비고 (CAS번호 등)
	국문표기	영문표기		TWA		STEL		
				ppm	mg/m^3	ppm	mg/m^3	
327	스트론티움크로메이트	Strontium chromate	$C_2H_2O_4 \cdot Sr$	–	0.0005	–	–	[7789-06-2] 발암성 1A

(1) 스트론티움크로메이트란 무엇인가?

노란색의 결정체, 분말이며 강산화성 물질이다.

(2) **물리화학적 특성**

항 목	내 용	항 목	내 용
분자량	203.6	비중	3.9
녹는 점	없음	끓는 점	해당 없음
증기압	해당 없음	용해도	염산, 질산 및 암모니아 액체에 녹는다. 물에 약간 녹는다.
반응성	상온상압에서 안정적이다.		

(3) **용도 및 노출**

- 에어로졸 흡입과 섭취에 의해 흡수될 수 있다.
- 스트론티움크로메이트는 스트론튬 염화물과 나트륨 크롬산염을 이용하여 제조한다.
- 금속 보호용 코팅제, 플라스틱의 안료 전기도금의 첨가물 등으로 사용된다.

(4) **발암성**

근로자를 대상으로 한 유용한 역학연구는 없다. 설치류에 대한 피하주사를 통한 실험에서 기관지암의 발생이 증가하였다.

스트론티움크로메이트는 다른 크롬 화합물과 같이 DNA 손상, 자매염색체 교환, 염색체 이상, 유성치사돌연변이 등을 일으켰다.

(5) **발암성 분류**

국제암연구기구(IARC)에서는 동물에 대하여 발암증거가 충분하다고 평가하고, 6가 크롬이 인간에게 있어 발암물질로 A1인 점을 근거로 하여 인체발암 추정물질(probably carcinogenic to humans, Group 2A)로 분류하였다.

미국 산업위생전문가협회(ACGIH)에서는 인체발암의심물질(Suspected human carcinogen, A2)로 분류하였다.

30. 실리콘 카바이드

일련번호	유해물질의 명칭		화학식	노출기준				비 고 (CAS번호 등)
				TWA		STEL		
	국문표기	영문표기		ppm	mg/m³	ppm	mg/m³	
350	실리콘 카바이드	Silicon carbide	SiC	–	10	–	–	[409-21-2] 발암성 1B [섬유상(수염형태 결정포함) 물질에 한정함]

(1) 실리콘카 바이드란 무엇인가?

입자상과 섬유상 등 여러 가지 형태가 있다. 순수한 것은 무색 투명한 육각판상 결정이나, 보통은 불순물로 인해서 갈색 또는 흑색 결정체이다.

(2) 물리화학적 특성

분자량은 40.07이고, 비중은 3.23이다. 녹는점 2,700℃ 이상이고, 2,200℃에서 승화한다. 아주 단단하며, 굳기는 루비와 다이아몬드의 중간 정도이다. 물과 산에 녹지 않는다. 화학적으로 극히 비활성이지만, 공기 중에서 1,750℃로 가열하면 급속히 산화된다. 산에는 침해되지 않으나, 수산화알칼리와 같이 용융하면 분해된다.

(3) 용도 및 노출

- 규석 SiO_2와 피치코크스 또는 석유코크스 등 탄소의 혼합물에 직접 전류를 통하고, 그 저항열을 이용해서 가열하여 만든다[751]. 반응이 종료한 후에는 방랭하고, 분쇄·수세하여 제품으로 만든다.
- 경도가 다이아몬드 다음으로 높아 연마재나 공구에 사용된다.
- 전기증열체, 고온구조재료 등에 사용된다.
- 연마재로서 숫돌·연마포·랩제 등에 사용된다.
- 특수내화물·화학반응용기나 저항발열체 등으로 사용된다.
- 전기로의 발열체로서 유명하다.

---

[751] $SiO_2 + 3C \rightarrow SiC + 2CO$ 반응시간은 10~30시간, 온도는 1800~1900℃이며, 2000℃ 이상이 되면 SiC가 다시 분해한다.

- 입상의 것은 주철의 재질을 개선하기 위하여 노안에 장입하기도 하고, 용탕에 첨가되기도 한다.
- 주철주물의 접종제로서도 쓰이며, 용금 중의 규소를 늘린다든지 큐폴라노내 분위기를 약산화성으로 기울게 하는 데도 쓰인다.
- 전자산업에서는 배리스터의 원료로서 사용된다.
- 레이저 발광 등도 관측되어 새로운 반도체 재료로서 주목되고 있다.

1) 탄화규소의 제조(분쇄)

규석과 피치코크스 또는 석유코크스 등 탄소의 혼합물에 직접 전류를 통하고, 그 저항열을 이용해서 가열하여 만든다. 반응시간은 10~30시간, 온도는 1,800~1,900℃이며, 2,000℃ 이상이 되면 탄화규소가 다시 분해된다. 반응이 종료한 후에는 방랭하고, 생성된 탄화규소의 덩어리를 파쇄, 분쇄, 세정하여 제품으로 만든다. 분쇄할 때 탄화규소 분진에 노출될 수 있다.

2) 반응소결 탄화규소(Reaction Bonded Silicon Carbide) 제조(현장점검)

반응소결 공정은 α-Sic와 탄소분말로 구성된 성형체에 액상의 실리콘(Si)을 침투시켜 Si와 C와의 화학반응에 의해 β-SiC를 생성시켜 결합시킴으로써 완전 치밀한 기계구조용 반응소결 탄화규소(Reaction Bonded Silicon Carbide)를 제조한다. 근로자는 수시로 반응기의 계기판이나 밸브상태 등 반응조건을 확인하는 작업을 수행 중 근로자에게 노출이 발생할 수 있다.

3) 방탄유리의 플라스틱 필름[752] 제조(분산)

필름의 주재료는 불포화 폴리에스테르, 에폭시, 비스말레이미드, 폴리이미드, 폴리아미드 등이 쓰이며 여기에 분산되는 섬유로는 탄소섬유, 실리콘 카바이드, 알루미나, 아라미드 등이 사용된다. 필름에 실리콘 카바이드를 분산시킬 때 노출될 수 있다.

4) SiC-TiC 복합재료[753]의 제조(혼합)

세라믹 기지상과 보강재를 혼합, 성형하여, 고온 가압소결하여 제조한다. 즉, β-SiC분말 60%, TiC분말 30%, 산화알루미늄 7%, 산화이트륨 3% 분말을 폴리프로필렌 볼밀 및 탄화규소볼, 에틸알코올을 용매로 사용하여 24시간 동안 습식 혼합한 후 상온 또는

---

752) 방탄 유리에 사용되는 플라스틱 필름은 일반적으로 섬유 강화 플라스틱이 쓰인다. 이것은 우수한 성질을 가진 섬유를 플라스틱에 분산시켜 뛰어난 기계적 물성을 가지도록 한 재료이다.
753) 단일 세라믹스의 기계적특성을 향상시키거나 또는 방전가공성등 어떤 기능을 부여하기 위하여 단일 세라믹스에 제2상을 보강재로 첨가한 재료를 복합재료라고 한다. SiC-TiC복합재료는 입자강화 복합재료로서, 일반적으로 가압소결법에 의해 제조된다. 주로 입자 강화 복합재료와 휘스커 강화 복합재료의 제조에 사용된다.

50℃이하의 핫플레이트에서 건조한다. 이렇게 준비된 원료조합을 1,850℃, 25MPa의 조건에서 1시간 동안 고온가압소결 함으로써 SiC-TiC 복합재료를 제조한다. 근로자는 원료를 혼합하는 공정에서 노출될 수 있다.

5) 탄화규소수지[754] 제조(배합)

탄화규소수지는 고순도의 탄화규소 분말에 산화알루미늄과 산화철 또는 붕소를 소량 첨가하여 고온으로 핫프레스함으로써 치밀하고 굽힘강도가 1㎟당 95kg에 달하는 소결체가 얻어진다. 탄화규소와 다른 원료를 배합할 때 미미하지만 탄화규소 분진에 노출될 수 있다.

6) 탄화규소벽돌[755] 제조(성형)

탄화규소에 보통의 점토를 소량 결합재로서 가하여 소성하면 탄화규소벽돌(silicon carbide brick)이 제조된다. 탄화규소와 점토를 배합하여 벽돌성형틀로 성형할 때, 습식 성형이므로 미미하지만 탄화규소 분진이 노출될 수 있다.

7) 사포 제조

사포를 제조하기 위해 롤러에 감겨진 기재를 이송시키고 이동하는 기재의 표면에 점, 접착제를 코팅한다. 이후 점, 접착제가 코팅된 기재를 건조시키고, 건조된 기재를 다시 롤 형태로 감아 포장하여 출고한다. 근로자는 점, 접착제를 코팅하는 공정에서 노출될 수 있다.

(4) 발암성

비섬유형 실리콘 카바이드는 독성이 약하고 섬유형 실리콘 카바이드가 독성이 강하다. 섬유상 실리콘 카바이드는 각섬석계 석면과 유사하게 폐암과 중피종을 유발한다. 실리콘 카바이드에 노출되는 근로자들을 대상으로 한 연구에서 폐암으로 인한 사망이 증가하였다. Infante-Rivard 등[756]은 585명의 실리콘 카바이드 제조공장 근로자들에 대한 후향적 역학연구에서 폐암으로 인한 표준화 사망률 (SMR = 1.69; CL = 1.09, 2.52) 이 증가하였다. 위암은 경계치정도로 증가하였다(SMR = 2.18; CL = 0.88, 4.51).

쥐나 양을 대상으로 한 동물실험에서 각섬석계 석면과 비슷한 결과가 관찰되었다. Stanton와 colleagues[757]는 실리콘 카바이드를 흉강내에 주입하여 중피종이 발생하는

---

754) 탄화규소를 주성분으로 하는 내열성 플라스틱이다.
755) 열전도성·기계강도 등이 커서 제철·제강용의 벽돌과 부정형 내화물 등에 쓰인다.
756) Infante-Rivard, C.; Dufresne, A.; Armstrong, B.; et al.: A Cohort Study of Silicon Carbide Workers. Am. J.Epidemiol. 140:1009-1015 (1994)
757) Stanton, M.F.; Layard, M.; Tegeris, A.; et al.: Carcinogenicity of Fibrous Glass. Pleural Response in the Rat in Relation to Fiber Dimension. J. Natl. Cancer Inst. 58:587-603 (1977)

것을 보고하였다. Johnson와 Hahn[758]는 암컷 쥐의 생체내 실험에서 실리콘카바이드 섬유가 중피종을 유발하는 것을 보고하였다.

(5) 발암성 분류

미국 산업위생전문가협회(ACGIH)에서는 노출기준으로 입자상인 경우에 TLV-TWA로 10 mg/m3, 호흡성 입자인 경우에는 3 mg/m3, 섬유상은 TLV-TWA로 0.1 f/cc을 제시하였다. 동물실험과 인간을 대상으로 한 역학연구결과를 근거로 폐암을 일으킬 수 있는 의심되는 물질로 평가하여 A2(Suspected Human Carcinogen)로 분류하였다.

31. 4-아미노디페닐

일련번호	유해물질의 명칭		화학식	노출기준				비고(CAS번호 등)
				TWA		STEL		
	국문표기	영문표기		ppm	mg/m³	ppm	mg/m³	
354	4-아미노디페닐	4-Aminodiphenyl	$C_6H_5C_6H_4NH_2$	−	−	−	−	[92-67-1] 발암성 1A, Skin

(1) 4-아미노디페닐은 무엇인가?

파라-아미노비페닐이라고도 한다. 꽃 향기가 나는 무색의 결정체이며 공기와 닿으면 산화되어 엷은 보라색으로 변한다.

(2) 물리화학적 특성

항목	내용	항목	내용
분자량	169.24	비중	1.16 at 20°C
녹는 점	53°C	끓는 점	302°C
증기밀도	5.8 (air = 1 at boiling point)	용해도	알코올, 클로로포름 및 에테르에 녹는다.

---

758) Johnson, N.F.; Hahn, F.F.: Induction of Mesothelioma After Intrapleural Inoculation of F344 Rats With Silicon Carbide Whiskers or Continuous Ceramic Filaments. Occup. Environ. Med. 53:813-816 (1996)

(3) 용도 및 노출

- 4-아미노디페닐과 그 염은 산업안전보건법 제37조에 의하여 제조금지물질이다.
- 과거에는 고무의 항산화제 염료제조의 중간원료 등에 사용되었다.

◆ 노출규모

2009년 작업환경실태조사에서 4-아미노디페닐을 사용하는 사업장은 1개(2명)이었다.

(4) 발암성

4-아미노디페닐 노출과 연관된 방광암 위험은 1950년대 중반 기술적 연구[759]에 의해 처음으로 입증되었다: 1935년과 1955년 사이에 4-아미노디페닐에 노출된 171명의 남성 중 19명에서 방광암이 발생하였다[760].

1955년에 노출되었다고 보고된 근로자들에 대한 감시 프로그램이 시행되었다. 그 이후 14년 동안 541명의 남성이 임상실험과 연구 실험에 의해 계속 감시되었고 86명이 관찰 기간 동안 요침사 검사에서 양성반응, 혹은 의심스러운 세포소견을 보였다. 그리고 43명에게서는 조직학적으로 검증된 방광암이 발생하였다[761].

다양한 화학물질을 생산해내는 화학공장에서 일하는 근로자들의 암 사망률 조사에서 방광암으로 인한 사망이 10배 증가되었다고 보고되었다. 초과발생하였다는 근거가 된 9건의 사례 모두 1949년 전에 그 공장에서 일을 시작하였고 4-아미노디페닐이 1941년부터 1952년까지 사용되어왔음이 알려졌다[762].

4-아미노디페닐의 구강 투여 후 토끼와 개에서 방광 유두종과 악성 종양이 발생하였다. 생쥐에서는 여러 군데의 종양과 투여량과 반응을 보여주는 혈관 육종[763], 간세포 악성 종양[764][765] 그리고 방광암[766][767]의 발생율이 증가하였다. 쥐를 대상으로 한 피하 투여

---

759) 있는 그대로의 상황을 파악하여 기술하는 연구 방법으로 특정현상에 대해 야기된 의문을 해결하기 위해 접근하는 1차적인 방법이다. 기술역학연구는 인구집단에서 질병 발생과 관계되는 모든 현상을 기술하는 것으로 질병 발생의 원인에 대한 가설을 얻기 위해 시행되는 연구이다. 인구학적, 지역적, 시간적 추세와 질병발생과의 연관성 유무를 관찰하는 역학연구이다.
760) IARC Monographs, 1, 74-79, 1972
761) Melamed, M.R. (1972) Diagnostic cytology of urinary tract carcinoma. A review of experience with spontaneous and carcinogen induced tumors in man. Eur. J. Cancer, 8, 287-292
762) Zack, J.A. & Gaffey, W.R. (1983) A mortality study of workers employed at the Monsanto Company plant in Nitro, West Virginia. Environ. Sci. Res., 26, 575-591
763) Schieferstein, G.J., Littlefield, N.A., Gaylor, D.W., Sheldon, W.G. & Burger, G.T. (1985) Carcinogenesis of 4-aminobiphenyl in BALB/cStCr1fC3HfNctr mice. Eur. J. Cancer clin. Oncol., 21, 865-873
764) IARC Monographs, 1, 74-79, 1972
765) Schieferstein, G.J., Littlefield, N.A., Gaylor, D.W., Sheldon, W.G. & Burger, G.T. (1985) Carcinogenesis of 4-aminobiphenyl in BALB/cStCr1fC3HfNctr mice. Eur. J. Cancer clin. Oncol., 21, 865-873

에서는 유선과 장에 악성 종양이 나타났다[768]. 인간에서 4-아미노디페닐의 유전적 영향과 그와 관련된 영향에 대한 데이터는 없다. 4-아미노디페닐은 개의 방광 상피 조직에 DNA 부가화합물을 형성했고 생체 실험된 쥐의의 혈청 알부민에 단백질 부가화합물을 형성했다. 그것은 인간의 섬유 모세포에 변형을 일으키고 배양된 설치류의 세포에서 DNA 사슬의 파괴, 예정외의 DNA 합성을 일으켰다. 4-아미노디페닐은 박테리아로의 돌연변이를 일으킨다[769].

(5) 발암성 분류

국제암연구기구(IARC)에서는 인간과 동물에서 암 발생이 확인된 것으로 평가하여 인체 발암물질(Carcinogenic to humans, Group 1)로 분류하였다.

미국 산업위생전문가협회(ACGIH)에서는 사람과 동물실험에서 확인된 발암성을 근거로 A1(Confirmed Human Carcinogen)으로 구분하였다.

32. 아세네이트 연(납과 그 화합물)

일련번호	유해물질의 명칭		화학식	노출기준				비 고 (CAS번호 등)
	국문표기	영문표기		TWA		STEL		
				ppm	mg/m³	ppm	mg/m³	
358	아세네이트 연	Lead arsenate, as Pb(AsO₄)₂	Pb_3HAsO_4	–	0.05	–	–	[7784-40-9] 발암성 1A, 생식독성 1A

※ 여기에서는 납과 그 화합물의 발암성에 대해서 전반적으로 다루었다.

(1) 정의

납과 그 화합물은 저농도[770]이긴 하지만, 널리 자연계에 분포하고 있다. 자연상태에서 납은 주로 황화 납(방연석) 형태로 발견된다. 납은 인간이 최초로 사용한 금속 중 하나로 로마제국 때에는 배관, 식기 등에 납을 사용했었다.

---

766) IARC Monographs, 1, 74-79, 1972
767) Schieferstein, G.J., Littlefield, N.A., Gaylor, D.W., Sheldon, W.G. & Burger, G.T. (1985) Carcinogenesis of 4-aminobiphenyl in BALB/cStCr1fC3HfNctr mice. Eur. J. Cancer clin. Oncol., 21, 865-873
768) IARC Monographs, 1, 74-79, 1972
769) IARC Monographs, Suppl. 6, 60-63, 1987
770) 평균 약 13 ppm 정도라고 한다.

납은 물보다 11.3배나 무거운 은회색의 유연한 금속으로 융점(327.5 ℃) 이상에서 융해된 납은 약 500℃~600℃부터 흄[771]을 발생시킨다. 납은 가열하면 산화되며, 이산화납(황색), 삼산화납(등색)을 거쳐 사산화납(적색)이 된다. 화합물은 1, 2, 3, 4가가 있으며, 4가보다 2가가 안정하다. 할로겐원소와는 잘 반응하지만 묽은 산에는 잘 녹지 않는다.

납 화합물의 종류[772]는 순수한 납과 4알킬납과 같은 유기납과 산화납 같은 무기납 그리고 다른 금속과 섞인 납의 합금 등으로 나누어지며 약 129여종이 있다. 납과 그 합금은 파이프, 축전지, 탄약, 케이블 커버, 방사능 차폐물 제조 등에 흔히 사용되고 있으며, 이 중에서도 자동차 배터리 제조에 가장 많은 양이 사용된다[773][564]. 축전지 제조에 약 50~70%이상, 무기약품제조에 약 25% 정도가 사용되고 있으며, 축전지에 사용한 납은 사용된 후 약 80%가 2차 제련과정을 거쳐 회수된다. 납 화합물은 페인트 안료, 염색약, 도자기 유약 제조에도 사용된다. 납 작업장의 예에는 크리스털 유리 제조 공정, 자동차 라디에이터 수리작업, 납 광산, 납땜 작업, 전선제조작업, 활자주조, 자동차 수리작업, 도자기 작업 등이 있다. 납의 용도는 다음과 같다.

- 단체 : 피복재(전선, 납관, 화학반응용기의 내장, 탱크의 내장)
- 합금 : 활자용 합금(납-주석-안티몬 계), 축수합금(납-동계), 저융점 합금, 특수황동
- 화합물 : Anti-knock제(내폭제)(4알킬납)
- 기타 : 축전지의 극판, 크리스탈 유리, 염화비닐 안정제, 안료(페인트, 그림도구, 고무의 착색, 도기의 유약), 농약, 살충제, 방사선 차폐재, 탄환

(2) **납의 직업적 노출**

납의 직업적 노출은 페인트, 베터리(제작 및 소각), 배관, 납땜, 유리착색, 용접, 놋쇠작업, 주물 작업, 납제련, 도자기 제작 등에서 발생한다. 주요 납 화합물과 용도는 다음 [표 1]과 같다.

---

771) 중금속을 가열했을 때 발생하는 증기가 공기 중의 산소와 결합하여 생성된 것. 상상 외로 많은 산업체의 근로자들이 해로운 중금속과 산소가 결합한 흄에 노출되어 있는 게 현실이다.
772) 납 화합물 종류: 초산납, 염화납, 질산납, 산화납, 아산화납, 과산화납, 황산납 등이 있다.
773) ATSDR (2007) Toxicological Profile for Lead, Washington DC, US Department of Health and Human Services, Public Health Service, Agency for Toxic Substances and Disease Registry

[표 22] 주요 납 화합물과 용도

화합물	주용도	비고
일산화 납 (PbO)	납유리, 연유, 금속접착제, 착색제, 축전지, 의약, 회반죽, 고무가황 촉진제	황등색분말, 공기중에서 가열하면 Pb_3O_4가 됨
이산화납 (PbO2)	납전지 전극판, 산화제, 안료원료	가열에 의하여 Pb_3O_4를 거쳐 PbO가 되는 갈색분말
사산화삼납 (Pb3O4)	안료, 납전지극판, 의약, 도료, 유약, 연유리, 성냥	적색분말로 500℃이상 가열하면 분해
염화납(PbCl2)	크롬산납안료, 분석시약, 유기합성시약	수난용성의 백색 결정
황화납(PbS)	유약, 반도체, 금속납제조	수불용성의 흑색 분말
질산납 [Pb(NO3)2]	성냥, 폭약, 방부제, 날염, 매염제, 안료, 연화합물의 원료	무색의 결정
염기성탄산납 [(PbCO3)2·Pb(OH)2]	유약, 페인트용안료, 회구, 의약, 염안정제, 시멘트용	420℃에서 분해하는 백색안료
황산납 (PbSO4)	유약, 촉매, 페인트용안료, 고무배합제, 염안정제, 전지	물에 거의 불용인 백색분말
초산납 (CH3COO)Pb2·3H2O	납도금, 촉매, 염색, 방수, 니스, 납염의 원료, 시약	초산냄새가 나는 백색결정으로 200℃이상에서 분해됨. 물에 용해
크롬산납 (PbCrO4)	안료, 도료, 잉크, 시약	황색분말
티오시안산납 [Pb(SCN)2]	염색, 안전성냥	무연분말, 납의 독성이 중심이라고 생각됨
납산칼슘 (Ca2PbO4)	산화제, 불꽃놀이, 성냥, 유리, 축전지 제조	녹색의 결정성 분말, 유기물과 접촉하면 발화의 위험 있음

출처 : 원광보건대학 대기오염연구실.
http://airlab.wkhc.ac.kr/acidrain/envdb/ham1/1-2.htm

작업장에서 근로자의 납 분진과 흄에 대한 노출한계는 0.05 mg/㎥(Pb으로서)이다. 납은 분진(먼지)이나 증기 상태의 납을 흡입하거나 먹음으로써 인체에 들어오게 된다. 납을 사용하는 작업장에서 납 증기나 납 먼지를 들이마시거나 먹게 되는 경우에 납중독이 발생할 수 있다. 호흡과 경구 및 경피로 흡수되어 신체에 들어온 납은 전신에 분포하지만 대변과 소변을 통해 어느 정도는 배설된다. 납은 적혈구와 친화성이 매우 커서 체내 순환하는 납량의 95% 이상이 적혈구와 결합하고, 혈류를 따라 인체의 각 기관으로 운반된다. 인체의 각 기관에 있는 총 납량을 체내부담(Body Burden)이라고 하는데, 체내부담의 약 90%가 뼈에 축적된다.

일반적으로 '혈중 납'의 측정값은 최근 한 달여간 노출되었던 납의 양을 나타낸다. 따라서 현재 측정된 혈중 납은 그 사람이 과거부터(특히 유연휘발유가 사용되던 오래 전부터) 현재까지 어느 정도 노출되었는지를 정확하게 파악하는데 한계가 있다. 퇴직 등으로 인하여 직업적 납 노출이 없는 경우에 체내에 납 부담을 평가하는데 뼛속납량의 측정이 필요하다. 뼛속의 납은 비교적 안정된 상태로 존재한다고 알려져 있다. 경골납량의 경우 반감기가 10년 이상으로 비교적 안정된 활성화되지 않은 상태로 존재하기 때문에 과거의 납 노출 정도를 나타내는 지표로서 의미가 있다. 체내 총 납 부담(total body lead burden)의 대부분을 차지하는 뼛속의 납량은 1990년 이전에는 이의 측정이 어려워 거의 이루어지지 않았고, 이후 비침습적인 방법인 XRF(x-ray luorescence)방법이 개발됨에 따라 일부 연구기관에서 뼛속의 납량을 측정하기 시작하였다[774].

(3) 발암성

국제 암연구소(IARC)[775]는 1987년에 납은 Group 2B(인체에 발암 가능물질, possibly carcinogenic to humans), 2006년에 무기납 화합물(lead compounds, inorganic)는 Group 2A(인체에 발암 우려 물질, probably carcinogenic to humans)와 유기납 화합물(lead compounds, organic)은 Group 3(인체 발암물질로 분류하기 어려운 물질, not classifiable as to carcinogenicity to humans)으로 분류하였다. 특히 무기납 화합물에 대해서는 1987년에 납과 함께 2B로 분류하였던 것을 2006년에 2A로 상향 분류하였다. 그리고 Lead chromate(VI) oxide는 1군(인체 발암 물질, carcinogenic to human)으로 분류하였다. 미국 환경청(EPA)[776]은 납 및 무기납 화합물을 Group B2(Probable human carcinogen-based on sufficient evidence of carcinogenicity in animals)으로 분류하였다. 그 근거로는 쥐 10마리와 마우스 1마리에 대한 생물학적 조사 결과, 식이와 용해성 몇몇 납의 염류(lead salts)에 의한 피하노출로 신장 종양이 증가하는 것으로 나타났으나 사람에 대한 발암성 증거는 충분하지 않았기 때문이다. 국립독성프로그램

---

774) 김남수・김진호・이병국. 퇴직한 납 근로자들의 체내 납 부담 노출지표가 신경행동학적 기능에 미치는 영향.한국산업위생학회지. 2010;20(3):156~167
775) 세계보건기구(WHO) 산하 국제암연구소(International Agency for Research on Cancer)
776) 미국환경청(U.S. Environmental Protection Agency)의 Integrated Risk Information System(IRIS)

(NTP)[777]는 2004년 11차 RoC[778] 이후 현재까지 납 및 납 화합물을 인간에게 암을 일으키는 것으로 간주되는 물질(Reasonably anticipated to be a human carcinogen[779])로 분류하고 있다.

1) 인간을 대상으로 한 연구결과

가. 직업적 코호트 연구(Occupational cohort studies)

1960년대부터 80년대에 납과 납화합물에 노출된 근로자에 대한 몇 건의 역학조사(미국에서 제련소와 배터리 공장의 근로자에 대한 조사, 미국에서 4에틸 납에 노출된 근로자에 대한 조사, 미국의 구리 제련공에 대한 조사)가 이루어졌다[780][781]. 두 개의 연구[782][783]에서는 노출과 암 사망률 사이의 관련성이 발견되지 않았으나, 코호트 사망률을 연구한 Selevan[784] 등은 납 제련소 근로자들의 호흡기암((SMR=111, obs=41, p>0.05)과 신장암(SMR=204, obs=6, p>0.05)의 발생율이 통계적으로 유의하지는 않았지만 초과하였다. Cooper와 Gaffey[785] 및 Cooper[786]는 배터리 공장 근로자와 납 제련소 근로자의 코호트 사망률 연구를 수행하였다. 배터리 공장 근로자에게서 암 사망률(SMR=113)이 높았으며, 위암(SMR=168, obs=34)과 폐암(SMR=124, obs=109)의 발생률 역시 높았으나 통계적으로 유의하지는 않았다. 제련소 근로자들에서도 비슷한 현상이 관찰되었으나 통계학적으로 유의하지 않았다. 연구 자료들은 흡연으로 인한 오염정보뿐만 아니라 노출량에 대한 정보도 부족하였고 비소, 카드뮴, 아연과 같은 다른 금속에 대한 노출도

---

777) 미국국립독성프로그램(National Toxicology Program)
778) Report of Carcinogen; 발암물질 목록
779) NTP에서 이군으로 분류하는 기준은 다음과 같다. ① 제한적인 인체 연구 증거 (limited evidence of carcinogenicity from studies in humans) 또는 ② 다양한 종·장기·조직·노출경로에 대한 충분한 동물실험 증거나 종양의 발생, 발생기관, 종양 유형, 발생 연령에 관해 비이상적인 경우 또는 ③ 사람에 대한 연구나 동물실험에서 증거가 부족하다고 하더라도 화학 구조의 유사성이나 발암기전의 상관성이 있는 경우
780) IARC (1980) IARC Monographs on the Evaluation of the Carcinogenic Risk of Chemicals to Humans, Vol 23, Some Metals and Metallic Compounds, Lyon
781) Cooper, W.C., Wong, O. & Kheifets, L. (1985) Mortality among employees of lead battery plants and lead producing plants, 1947-1980. Scand- J. Work Environ. Health, 11 , 331-345
782) Dingwall-Fordyce, l. and R.E. Lane. 1963. A follow-up study of lead workers. Br. J. lnd. Med. 20:313-315.
783) Nelson, D.J., L. Kiremidjian-Schumacher and G. Stotzky. 1982. Effects of cadmium, lead, and zinc on macrophage-mediated cytotoxicity toward tumor cells. Environ. Res. 28: 154-163.
784) Selevan, S.G., P.J. Landrigan, F.B. Stern and J.H. Jones.1985. Mortality of lead smelter workers. Am. J. Epidemiol. 122:673-683.
785) Cooper, W.C. and W.R. Gaffey. (1975) Mortality of lead workers. In: Proceedings of the 1974 Conference on Standards of Occupational Lead Exposure, J.F. Cole, Ed., February, 1974.Washington, DC. J. OccuP- Med. 17: 100-107.
786) Cooper, W.C., Wong, O. & Kheifets, L. (1985) Mortality among employees of lead battery plants and lead producing plants, 1947-1980. Scand- J. Work Environ. Health, 11 , 331-345

포함되어 있었다. 따라서 암의 발생율이 높았으나 섭취, 용량 관계가 분명치 않았으므로 납 노출로 인해 인체에 나타나는 잠재적인 발암성을 증명하거나 반박하는 자료가 불충분하였다.

① 폐암

폐암의 경우 6개의 고농도 노출 작업환경 코호트 연구에서 많은 정보를 얻을 수 있다. 미국(Wong, 2000)[787]과 영국(Fanning, 1988)[788]의 연구는 베터리 공장 근로자들을 대상으로 하였다. 미국에서 수행된 2개(Wong, 2000; Steenland, 1992[789])의 연구 및 이탈리아(Cocco, 1997)[790]와 스웨덴(Gerhardsson, 1986)[791]의 4개의 연구는 제련공장의 납 용광로 작업 근로자들을 대상으로 한 연구들이다. 이 연구들은 모두 납에 많이 노출된 근로자를 대상으로 실시된 것이다. 비소(arsenic, Group 1)에 많이 노출된 스웨덴의 사례를 제외하고, 나머지 연구에서는 대조군에 비해 폐암이 약간 증가하거나 비슷한 것으로 나타났다. 발암성이 증가한 수준은 흡연에 의한 영향에 해당하는 수준이었다. 배터리 공장 근로자 코호트에서는 작업환경에서 폐암을 일으키는 것으로 알려진 발암물질에 대한 노출이 거의 없어서 결과 해석에 혼동을 줄일 수 있었다. 용광로 작업 근로자 코호트 몇 개에서는 폐암을 일으키는 것으로 알려진 비소 노출이 소량 있었으며, 스웨덴 코호트에서는 특히 높게 나타났다. 스웨덴 용광로 코호트를 제외하고는 전반적으로 일반 집단과 비교해서 폐암 발생률에 거의 차이가 없거나 아주 약간 증가하는 것으로 나타났으며, 이러한 폐암 발생률 증가는 우연 또는 흡연에 의한 교란으로 설명이 미미한 수준이었다. 이들 코호트에서 용량-반응에 관한 자료는 거의 없거나 적었고 흡연에 관한 정보는 없었다. 스웨덴 용광로 코호트에서는 폐암 발생률이 2배 가량 증가하는 것으로 나타났지만, 이것은 비소 노출 때문인 것으로 추측된다.

핀란드 코호트내 환자-대조군 연구(Anttila, 1995)[792]의 경우 납 노출 수준이 위의 6개의 코호트보다는 낮지만 일반 집단보다는 높았다. 이 연구의 대상은 다양한 산업에 종사하며 납에 노출되는 핀란드 근로자를 대상으로 하였다. 혈중 납 농도에 대한 정보

---

787) Wong, O. & Harris, F. (2000) Cancer mortality study of employees at lead battery plants and lead smelters, 1947-995.Am J Ind Med 38, 255-270
788) Fanning, D. (1988) A mortality study of lead workers, 1926-985. Arch. Environ Health 43, 247-251
789) Steenland, K., Selevan, S. & Landrigan, P. (1992) The mortality of lead smelter workers: An update. Am J public Health 82,1641-1644
790) Cocco, P., Hua, F., Boffetta, P., Carta, P., Flore, C., Flore, V.,Onnis, A., Picchiri, G.F. & Colin, D. (1997) Mortality of Italian lead smelter workers. Scand. J Work Environ Health 23, 15-23
791) Gerhardsson L., Lundstrom, N.-G., Nordberg, G. & Wall, S.(1986) Mortality and lead exposures: a retrospective cohort study of Swedish smelter workers. Br. J. ind. Med., 43, 707-712
792) Anttila, A., Heikkila, P., Pukkala, E., Nykyri, E., Kauppinen, T.,Hernberg, S. & Hemminki, K. (1995) Excess lung cancer amongworkers exposed to lead. Scand J Work Environ Health 21,460-469

도 있었다. 이 연구에서는 납 노출 수준이 증가할수록 폐암 발생률이 조금씩 증가하는 경향을 나타냈지만, 통계적으로 유의하지는 않았다[793].

② 위암

위암의 경우 위의 6개의 고농도 작업환경 코호트 중 스웨덴에서 한 연구를 제외하고 5개(영국과 미국의 배터리 공장 근로자 연구, 이탈리아와 미국(2개)의 납 제련 공장의 용광로 작업 근로자 연구)에서 정보를 얻을 수 있다. 이5개 중 4개의 코호트에서 위암 발생률이 일반 인구집단에 비해 30~50% 정도 증가하는 경향이 일정하게 나타났다. 비소는 위암에는 영향을 주지 않는 것으로 알려져 있고 흡연에 의한 교란 역시 낮은 것으로 분석되었다. 그러나 이들 코호트에서 정량적인 용량-반응(dose-response) 관계 자료는 거의 얻을 수 없었다[794]. 민족, 식습관, 헬리코박터균 감염 또는 사회경제 상태가 위암 초과 발생에 혼란변수로 작용할 가능성이 있지만 관련 내용들이 포함된 코호트는 없었다. 따라서 무기납 노출시 위암은 사람에서 제한적 증거만 갖는 것으로 판단하였다.

③ 신장암

위에서 언급한 6개의 연구 중에서 위암 발생률 비교에서 검토했던 5개의 코호트 연구에서 신장암에 대한 정보도 얻을 수 있다. 한 연구에서는 신장암이 일반 집단에 비해 2배 증가하는 것으로 나타난 반면, 나머지 4개의 연구에서는 사망률이 기대치와 비슷하거나 그보다 낮았다[795]. 한편, 이들 연구대상에서 신장암 사망자 수가 모두 적었다.

④ 뇌암

위에서 언급한 6개 중 4개 코호트에서 뇌 및 신경계 암에 대하여 보고하였는데, 일관된 결과를 보이지 않았다. 그러나 모든 연구들의 뇌 및 신경계 암 사망자 수는 적었다. 핀란드 코호트내 환자-대조군연구에서 혈중 납 농도와 신경교종(glioma) 위험사이에 긍정적인 용량-반응 관계가 발견되었다[796].

---

793) IARC. (2006) IARC Monographs on the Evaluation of Carcinogenic Risks to Humans Volume 87 : Inorganic andOrganic Lead Compounds.

794) IARC. (2006) IARC Monographs on the Evaluation of Carcinogenic Risks to Humans Volume 87 : Inorganic andOrganic Lead Compounds.

795) IARC. (2006) IARC Monographs on the Evaluation of Carcinogenic Risks to Humans Volume 87 : Inorganic andOrganic Lead Compounds.

796) IARC. (2006) IARC Monographs on the Evaluation of Carcinogenic Risks to Humans Volume 87 : Inorganic andOrganic Lead Compounds.

나. 일반 인구집단 연구(General population cohort studies)

작업환경 코호트가 아닌 일반 인구집단 연구 중에서는 미국 NHANES II 집단에 대한 2개의 추적조사 연구에서 가장 많은 정보를 얻을 수 있다[797)798)].

동일한 집단을 분석한 이 2개의 연구에서 혈중 납 농도와 폐암 사이에 긍정적인 용량-반응 관계가 발견되었는데, 이는 통계적인 유의성이 있거나 거의 근접하였다. 그러나 앞의 작업환경 코호트 결과와 비교할 때 이처럼 저농도의 납 노출과 폐암 발생에 인과관계가 나타난 것은 흡연 등의 교란인자 때문일 가능성이 있다. 또한 소득 수준이 낮을수록 혈중 납 농도가 높은 것으로 나타나, 작업장에서 노출된 폐암 발암물질이 이러한 양-반응 관계에 영향을 주었을 수도있다[799)].

2) 동물 발암성 연구 자료

실험동물 연구 결과, 수용성 무기납(lead acetate, lead subacetate)과 불용성 무기납(lead phosphate, lead chromate), 그리고 유기납인 테트라에틸납 모두에서 발암성이 관찰되었다[800)]. 신장암이 가장 흔하게 발생했지만, 몇몇 연구에서는 뇌와 조혈기관계(hematopoietic system), 폐의 종양이 보고되었다[801)802)].

초산납을 경구투여시킨 쥐의 신장에서 종양이 발생하였으며, 만성노출 된 경우 암수 모두 선종과 선암종이 발견되었다. 임신한 마우스에게 임신 12일부터 산후 4주까지 식수를 통해 초산납을 투여한 경우, 그 자손에서 납 투여량에 비례하여 신장의 증식성 병변이 증가했다[803)]. 아초산납을 식이에 첨가하여 투여할 경우 래트에서 뇌의 신경교종이 발견되었으며, 쥐의 암수 모두 부신암이 관찰되었고, 특히 수컷에서는 고환암, 전립샘암이 나타났다. 이를 마우스의 복강 내에 투여했을 경우에는 폐샘 암종(lung adenocarcinoma)이 발생했다. 인산납을 피하주사 또는 피하주사/복강주사에 의해 노출된 래트에서는 신장

---

797) Jemal, A., Graubard, B.I., Devesa, S.S. & Flegal, KM. (2002) The association of blood lead level and cancer mortality among whites in the United States. Environ. Health Perspect 110 ,325-329

798) Lustberg, M. & Silbergeld, E. (2002) Blood lead levels and mortality. Arch Intern Med 162, 2443-2449

799) IARC. (2006) IARC Monographs on the Evaluation ofCarcinogenic Risks to Humans Volume 87 : Inorganic andOrganic Lead Compounds.

800) IARC.(2006) IARC Monographs on the Evaluation of Carcinogenic Risks to Humans Volume 87 : Inorganic and Organic Lead Compounds.

801) IARC. (1980) IARC Monographs on the Evaluation of the Carcinogenic Risk of Chemicals to Humans, Vol 23, Some Metals and Metallic Compounds, Lyon

802) IARC. (1987) IARC Monographs on the Evaluation of theCarcinogenic Risk of Chemicals to Humans, Vol 23, Some Metals and Metallic Compounds, Lyon

803) Waalkes, M.P., Diwan, B.A., Ward, J.M., Devor, D.E. & Goyer, R.A. (1995) Renal tubular tumors and atypical hyperplasias in B6C3F1 mice exposed to lead acetate during gestation and lactation occur with minimal chronic nephropathy. Cancer Res 55, 5265-5271

종양이 발생했다. 크롬산납을 쥐에 피하주사로 투여한 경우 투여한 자리에 육종(sarcoma)이 발생한 반면, 근육주사한 경우 콩팥 세포암(renal cell carcinoma)이 발생했다[804]. 크롬 자체가 발암 인자임을 고려해야 한다. 테트라에틸납을 피하 주사한 경우 암컷 마우스에서 림프종(lymphoma)이 발생했다. 그러나 나프텐산납(lead naphthenate), 탄산납(lead carbonate), 비산납(lead arsenate), 질산납(lead nitrate), 금속납(metallic lead, 납 파우더 형태로)에 노출된 경우는 종양 발생률이 유의하게 증가하지 않았다[805].

종합적으로 보았을 때 여러 종류의 수용성, 비수용성 납 화합물이 설치류에 신장암을 유발한다는 실험 자료들이 많다.

3) 유전독성연구 자료

사람에서 납에 의한 인체 유전독성 연구는 납과 더불어 다른 물질과 공동 노출된 경우가 많아 단독적인 유전독성을 구분하기가 어렵다. 작업장 외 노출연구에서는 혈중 납 농도와 유전독성과의 연관성이 나타나지 않았다. 납 자체가 염색체에 영향을 끼치는 것으로 나타났으나, 직업적으로 납에 노출되어 혈중 납 농도가 평균 48.7 μg/dL일 때도 자매염색분체교환(sister chromatid exchange, 이하 SCE)이 관찰되지 않았다[806]. Grandjean[807](1983) 연구에서는 일부 근로자에서 납 노출 용량에 따라 SCE가 증가되기도 했으나 대조군의 수가 너무 적었다. Huang[808]의 연구에 따르면 21명의 베터리 공장 근로자들의 혈중 납 농도가 50 μg/dL에 이르렀고, 납 용량 의존적으로 염색체이상(chromosome aberration)이 나타났다고 한다. 이 외에도 혈중납 농도가 22~89μg/dL일 때, 말초 림프구에서 체세포 분열이 증가했다[809].

납을 첨가한 식이로 실험한 마우스 단기 독성 시험에서 염색분체 간격(chromatid gap)은 약간 증가했으나 염색체 이상은 없었다[810]. Winstar 래트의 골수 세포에 초산납 500

---

804) IARC (1990) IARC Monographs on the Evaluation of Carcinogenic Risks to Humans, Vol. 49, Chromium, Nickel and Welding, Lyon
805) IARC (1980) IARC Monographs on the Evaluation of theCarcinogenic Risk of Chemicals to Humans, Vol 23, SomeMetals and Metallic Compounds, Lyon
806) Maki-Paakkanen, J., Sorsa, M. & Vainio, H. (1981) Chromosome aberrations and sister chromatid exchanges in lead-exposed workers. Hereditas 94, 269-275
807) Grandjean P, Olsen B. (1984) Lead. In: Vercruysse A, ed. Techniques and instrumentation in analytical chemistry. Volume 4: Evaluation of analytical methods in biological systems: Part B. Hazardous metals in human toxicology. New York, NY: Elsevier Science Publishing Co., Inc., 153-169
808) Huang XP, Feng ZY, Zhai WL, Xu JH. (1988) Chromosomal aberrations and sister chromatid exchanges in workers exposed to lead. Biomed Environ Sci 1(4), 382-387
809) Forni, A., Cambiaghi, G. & Secchi, G.C. (1976) Initial occupational exposure to lead. Chromosome and biochemical findings. Arch. environ. Health, 31, 73-78

ppm을 물에 녹여 6주간 노출시켰을 때에 염색체가 끊기거나 일부 소실되어도 염색체 이상은 없었으나, SCE는 통계적으로 유의하게 약간 증가하였다.

유전독성을 알아보기 위해 초산납 또는 염화납을 박테리아에 처리한 실험에서는 돌연변이가 일어나지 않았지만, 크롬산납과 브롬화납을 처리한 경우 돌연변이가 유발되었다. 하지만 추후에 이 돌연변이 현상은 음이온에 의한 것으로 밝혀졌다. 다양한 포유동물세포를 이용한 연구에서는 초산납과 크롬산납, 질산납이 DNA 가닥 절단을 유도하는 것으로 나타났고, 대부분의 연구에서 돌연변이 반응이 나타났다. 구강, 흡입, 피하 주사, 복강내 주사, 정맥 주사를 통한 동물 실험으로 유전독성을 알아본 실험에서는 DNA 가닥 절단 현상이 관찰되었다.

원숭이에게 1, 5 mg을 1년간 노출시켰을 때 7개월 후 전위(염색체 이상의 하나, translocation)나 복중심체(유전학에서는 두 개의 동원체를 가지는 것, dicentric) 같은 구조적 이상(aberration)이 림프구에서 증가되었으나, 대조군과 비교해서 유의성이 없었다[811].

(4) 발암성 분류

무기납 화합물에 의한 암 발생에 대한 코호트 연구는 배터리공장과 납 용광로 공장과 같이 매우 높은 농도의 납에 노출되는 근로자들을 대상으로 한 것이었다. 이 연구에서 폐암과 위암이 증가한다는 결론을 내리기에 충분한 근거를 제공하지 못하였다. 흡연과 비소에 중복 노출되는 교란인자들을 충분히 보정할 수 없었기 때문이다. 이외에도 뇌암, 신장암과 무기납 화학물과의 관련성에 대한 연구에서도 결과는 일정하지 않았다. 즉, 어떤 연구에서는 관련성이 있다고 하였으나 다른 연구에서는 그렇지 않다고 하였다.

동물실험에서는 납의 무기 화합물을 구강 또는 다른 경로로 투입하였을 경우에 신장암과 뇌암 등이 증가하는 것이 관찰되었다. 이들 연구에 대부분은 수용성의 무기납 화합물을 고농도로 투입하였을 경우에 암 발생에 증가하였고, 금속 납이나 산화납 및 사에틸납에 대해서는 실험결과가 적절하지 않았다. 또한 호흡기를 통한 흡입노출로 수행된 연구는 없었다. 무기 및 유기 납 화합물이 인체에 미치는 발암성의 근거는 부적합하지만, 무기납, 아세트산 납, 염기성 아세트산 납, 크롬산 납, 인산납의 동물에 대한 발암성 연구결과는 충분하다(표 23).

---

810) Jacquet, P., Leonard, A. & Gerber, G.B. (1977) Cytogenetic investigations on mice treated with lead. J Toxicol Environ Health 2, 619-624
811) Jacquet, P. & Tachon, P. (1981) Effects of long-term lead exposure on monkey leucocyte chromosomes. Toxicol Lett 8,165-169

특정 무기납 화합물은 실험동물에서 발암성을 나타내는 충분한 증거를 입수 할 수 있어서 국제 암연구기관(IARC)은 무기납 화합물을 2A군(사람에게 발암 우려가 있음)으로 분류하고 있다[812]. 납은 발암성 보고가 충분하다고 평가할 수 없으므로, 2B군(사람에 대한 발암 가능성이 있음)으로 분류하였다[813]. 유기납 화합물을 3군(인간 발암성에 대해 분류 할 수 없는 물질)로 분류하고 있다[814]. 그러나 유기 납 화합물은 인간과 동물의 체내에서 부분적으로 납 이온으로 대사되어있다. 따라서 유기 납이 체내로 들어가 대사과정을 거치면서 이온성 납이 되면 이것은 무기 납이 되어 독성을 유발할 가능성이 있다.

이러한 평가는 2006년 이후에 보고된 연구결과를 국제암연구소에서 검토한 후에도 같은 입장을 유지하고 있다[815].

[표 23] 납 및 납 화합물 IARC 발암 증거 구분

발암증거	Sufficient (충분)	Limited (제한적)	Inadequate (불충분)
무기납(inorganic lead) (Group 2A)			
Cancer in Human (인체발암)		○	
Cancer in experimental animal (동물발암)	○		
유기납(organic lead) (Group 3)			
(인체발암)			○
(동물발암)			○
납 가루(lead powder)			
(동물발암)			○
초산납(lead acetate), 차초산납(lead subacetate), 크롬산납(lead chromate), 인산납(lead phosphate)			
(동물발암)	○		

---

812) International Agency for Research on Cancer : IARC Monographs on the Evaluation of Carcinogenic Risks to Humans, Vol. 87, Inorganic and Organic Lead Compounds, Lyon, 2006
813) International Agency for Research on Cancer : IARC Monographs on the Evaluation of Carcinogenic Risks to Humans, Supplement 7, Lyon, 1987.
814) International Agency for Research on Cancer : IARC Monographs on the Evaluation of Carcinogenic Risks to Humans, Vol. 87, Inorganic and Organic Lead Compounds, Lyon, 2006.
815) Lead and lead compounds by Hartwig Muhle PhD and Kyle Steenland PhD. Citation for most recent IARC review IARC Monographs 87, 2006

산화납(lead oxide), 비산납(lead arsenate)			
(동물발암)			○
테트라에틸납(tetraethyl lead)			
(동물발암)			○

출처 : 식품의약품안전청. 유해물질 총서(납). 20110년 12월

33. 아크릴로니트릴

일련번호	유해물질의 명칭		화학식	노출기준				비 고 (CAS번호 등)
	국문표기	영문표기		TWA		STEL		
				ppm	mg/m³	ppm	mg/m³	
368	아크릴로니트릴	Acrylonitrile	CH_2CHCN	2	–	–	–	[107-13-1] 발암성 1B, Skin

(1) 아크릴로니트릴이란?

투명하고 무색 또는 담황색의 폭발성이 있고 가연성인 휘발성 액체이다. 피리딘과 비슷한 자극적인 냄새가 난다.

(2) 물리화학적 특성

항 목	내 용	항 목	내 용
분자량	53.06	비중	0.8
녹는 점	-83.5℃	끓는 점	77.3℃ at 76 torr
증기압	110 to 115 torr at 25℃		

(3) 용도 및 노출

- 아크릴 합성섬유제조에 사용된다.
- 프로필렌, 암모니아, 대기를 반응시켜 아크릴로니트릴을 제조한다.
- 아크릴로니트릴-부타디엔-스타이렌(ABS)수지, 아디포니트릴, 니트릴고무(nitrile rubber), 탄성중합체(elastomer), 스타이렌-아크릴로니트릴(SAN) 수지를 만드는 데 사용한다.

1) 아크릴로니트릴(acrylonitrile) 제조(포장)

40~90% 정도의 프로필렌과 암모니아를 인, 몰리브덴산 및 몰리브덴산의 창연, 주석 및 안티몬염을 주체로, 담체에 실리카를 이용한 것을 촉매로 하여 500℃이하, 3기압 이하로 몇 초간 기상 접촉시켜 반응을 하여 제조된다. 이렇게 제조되어 탱크로리에 저장된 아크릴로니트릴은 드럼통에 포장되면서 근로자에게 노출될 수 있다.

- 프로필렌, 암모니아, 공기 → 반응 → 회수 → 분류 → 정류 → 저장 →포장

2) 아크릴아미드 제조(현장점검)

아크릴로니트릴을 가수분해하면 아크릴아미드를 생성한다. 반응기 내에서 가수분해되는 공정을 점검하는 근로자에게 노출될 수 있다.

3) 아크릴로니트릴부타디엔 고무(acrylonitrile-butadiene rubber)[816][607] 제조 (투입)

니트릴고무라고도 하며, 아크릴로니트릴과 부타디엔의 에멀션화 중합에 의해 합성고무로 제조된다. 원료로 투입되는 공정에서 근로자에게 노출될 수 있다.

4) 아크릴 섬유(acrylic fiber)[817] 제조(계량)

아크릴 섬유는 아크릴로니트릴을 주요 원료로 하여 제조한다(단량체의 중합, 아크릴로니트릴 함유량이 중량의 40~50%인 것을 아크릴계 섬유). 아크릴로니트릴을 원료로 투입하기 이전에 계량하는 공정에서 근로자에게 노출될 수 있다.

5) 폴리아크릴로니트릴(polyacrylonitrile) 제조(시료분석)

아크릴로니트릴을 라디칼 중합시켜 얻는 비닐중합체로써 제조된다. 원료로 사용되는 아크릴로니트릴은 품질관리를 위해 소량 채취되어 실험실에서 분석되는 데, 이러한 분석과정에서 근로자에게 노출될 수 있다.

6) 아크릴 고무(acrylic rubber)[818] 제조(투입)

폴리아크릴레이트 고무라고도 하며, AR로 약칭한다. 아크릴산에스테르와 아크릴로니트

---

[816] 아크릴로니트릴 함유량은 15~50%인데 함유량이 많을수록 내유성·내마모성·내노화성이 좋고 인장강도나 굳기가 증가하지만, 반발탄성·저온특성은 낮아진다. 일반적으로는 내유성·내마모성 외에 내열성이 우수하고, 인장강도·전기절연성은 낮으며 케톤·에스테르 등에 대한 내용제성이 나쁘다. 용도로는 내유성이 요구되는 가솔린호스·오일실·패킹·개스킷·고무롤 등으로 쓰이며, NBR라텍스는 접착제, 종이·피혁의 처리제 등에도 사용된다. 아크릴로니트릴과 부타디엔의 1:1교호 혼성중합체는 치글러계 촉매에 의해 합성되는데 내유성과 함께 저온특성이 우수하며 그린강도가 높고, 가공하기 쉽다는 등의 특징이 있다.

[817] 아크릴섬유는 폴리프로필렌을 제외하고 나일론과 함께 가장 가벼운 합성섬유이며, 또한 인장특성이 양모보다 좋고, 양모와 같이 부드럽고 포근한 촉감을 가지며, 주로 단섬유 형태로 생산된다. 합성섬유는 일반적으로 다른 섬유와 혼방하여 쓰이는데, 특히 아크릴섬유는 양모·레이온·면 등과 혼방되고 있다.

[818] 내열성과 내유성이 뛰어나서 170℃의 오일에서도 충분히 견딘다. 내후성·내오존성도 좋으나 내한성·반발탄성·내마모성·내수성 등은 약하며, 절연 등의 전기특성도 다른 내유성 고무에 비해서는 약한 편이다. 자동차의 패킹이나 오일실(oil seal)에 주로 사용되지만 내충격성 플라스틱으로도 사용된다.

릴의 혼성중합체(ANM)가 있다. 제법은 에멀션화 중합에 의하는데 이때 다리걸침은 아민류로 실시한다. 원료로 투입되는 과정에서 근로자에게 아크릴로니트릴이 노출될 수 있다.

7) AES 수지[819] 제조(첨가)

EP고무에 스티롤과 아크릴로니트릴을 가하여 혼성중합시키면 ABS 수지와 같은 정도의 내충격성이 있는 AES수지를 얻는다. 부원료로 아크릴로니트릴이 첨가되는 과정에서 근로자에게 노출될 수 있다.

8) 아크릴로니트릴 원료공급(운송)

아크릴로니트릴을 원료로 사용하는 모회사에 공급하기 위해 탱크로리로 운송하여 저장될 때 근로자에게 노출될 수 있다.

9) 에이비에스수지(ABS copolymer)[820] 제조(투입)

그래프트형 중합방식으로 생산한다. 폴리부타디엔의 존재하에서 스티렌과 아크릴로니트릴을 혼성중합시키면, 이 혼성중합체의 일부가 폴리부타디엔에 그래프트중합(줄기가 되는 선모양고분자물질에 임의의 고분자물질의 가지를 붙이는 반응)하기 때문에 내충격성을 띠게 된다. 혼성중합을 위해 아크릴로니트릴이 원료로 투입되는 공정에서 근로자에게 노출될 수 있다.

10) 고흡수성수지(super absorbent polymer)[821] 제조(투입)

전분이나 셀룰로오스에 아크릴로니트릴을 그래프트 공중합시켜 분말형태로 제조한다. 원료로 투입되는 과정에서 근로자는 아크릴로니트릴에 노출될 수 있다.

11) 염화비닐리덴수지[822] 제조(첨가)

염화비닐리덴은 염화비닐에서 합성되지만, 가공하기 어려우므로 10% 전후의 염화비닐이나 아크릴로니트릴이 혼성중합된다. 부원료로 아크릴로니트릴을 계량한 후, 첨가되는 과정에서 근로자에게 노출될 수 있다.

---

819) AES 수지의 내후성은 ABS수지를 능가하며 안테나부품·솔라패널 등 주로 옥외용 부품으로 쓰인다.
820) 아크릴로니트릴(A)·부타디엔(B)·스티렌(S)으로 이루어지는 수지. 폴리아크릴로니트릴의 내열성·강성·내유성·내후성, 폴리부타디엔의 내충격성, 폴리스티렌의 좋은 광택, 전기특성, 가공성을 겸비한 우수한 성질을 가지고 있다. 이 3성분의 단순한 혼합물이 아니고, 여러 가지 형식으로 혼성중합시킨 것이다. 중합 형식에는 블렌드형과 그래프트형이 있다. 용도는 헬멧·각종 기계·하우징·자동차부품·합성목재 등에 쓴다.
821) 고흡수성 수지는 자기 무게의 수십~수백 배의 물을 빨아들이는 수지이다. 고흡수성수지는 흡수량이 크고 재료 그 자체가 물을 빨아들이므로 어떤 압력을 가해도 물을 방출하지 않는다. 고흡수성수지는 고분자전해질에 다리결합이나 불용부를 도입한 고분자이다. 생리용구로 실용화되기 시작해서, 현재는 어린이용 종이기저귀 등 위생용품 이외에 원예용 토양보수제, 육묘용 시트, 식품유통분야에서의 신선 도유지제 등으로 사용된다.
822) 염화비닐리덴수지는 염화비닐리덴을 라디칼 중합으로 만든 섬유 성형성의 결정성고분자이다. 난연성·내약품성·내후성이 뛰어나 방충망, 텐트, 자동차용 시트 등에 섬유나 모노필라멘트로 쓰인다. 그 밖에 기체를 투과시키지 않는 성질(gas-barrier)이 가장 좋은 고분자이므로 식품포장용 필름과 가정용 랩 필름으로 실생활에서 쓰이고 있다.

12) AAS수지(acrylonitrile styrene acrylic ester copolymer)[823] 제조(투입)

스티렌 수지로써 아크릴 고무에 아크릴로니트릴과 스티렌을 그래프트 혼성중합하여 제조한다. 근로자는 원료로 투입되는 공정에서 대기 중으로 아크릴로니트릴에 노출될 수 있다.

13) 노출규모

2009년 작업환경실태조사에서 아크릴로니트릴를 제조하는 사업장은 4개(64명), 사용하는 사업장은 53개(349명)이었다.

(4) 발암성

여러 역학 연구에서 이 물질에 노출된 사람들에게서 폐암 발생 위험도가 증가하였다. 그러나 작은 조사 집단, 불충분한 추적 연구 기간, 추적 연구의 불완전성, 부적합한 노출 평가, 다른 직업적 발암 요인의 교란변수, 흡연으로 인한 교란변수 등의 몇 가지 결함 때문에 정확한 결론을 내리기 어려웠다.

이후에 대규모의 연구들로 고무 공장에서 2년 이상 근무하고 두 가지 제조 공정에서 아크릴로니트릴을 사용한 근로자들을 대상으로 한 연구에서 표준화사망비(SMR)는 폐암 1.5, 방광암 4.0, 림프계 및 조혈계암 2.3이었다. 근로기간에 따른 폐암의 표준화사망비는 5년 미만 근무한 경우 1.0(사망자 4명/기대치 3.8명), 5-14년 근무한 경우 3.3(사망자 5명/기대치 1.5명)이었다.

아크릴로니트릴을 제조 및 사용하는 공장 9곳의 근로자를 대상으로 한 연구에서는 표준화사망비(SMR)가 증가하지는 않았다. 아크릴로니트릴 중합(polymerization) 공장과 아크릴 섬유 공장 근로자를 대상으로 한 연구에서 표준화사망비(SMR)는 증가하지 않았다. 그러나 노출 수준이 높은 집단의 표준화 사망비는 위암 1.7, 폐암 1.4이었다.

아크릴로니트릴, 라텍스 고무, 중합체, 아크릴 섬유, 비닐리덴(vinylidene)/아크릴로니트릴 중합체, 아크릴아마이드 제조 공장 근로자를 대상으로 연구한 경우에 노출된 집단의 표준화사망비는 높지 않았다. 대규모 연구에서도 결과는 모두 통계적으로 의미 있는 수준으로 나오지 않았다. 따라서 아크릴로니트릴과 폐암 간에 확실한 상관관계가 있다고 결론짓기 어렵다.

---

[823] 충격 강도가 높으며 성형할 때 유동성이 우수한 수지를 만들 수 있고, ABS 수지에 비하여 비중과 인장 강도, 신축성이 조금 크다. 스위치 케이스, 세탁기 등 전기·전자제품과 전등등 몸체 자동차 부품, 농기계 등 내후성·난연성·신축성 등이 요구되는 각종 제품의 부품으로 사용된다.

(5) 발암성 분류

국제암연구기구(IARC)에서는 인체의 발암성 연구결과는 근거가 부적합하지만, 동물 실험 결과는 발암성 근거가 충분하다고 평가하여 인체 발암 가능물질(Possibly carcinogenic to humans, Group 2B)로 구분하였다.

미국 산업위생전문가협회(ACGIH)는 두통, 구역, 호흡곤란 및 중추신경계 영향을 최소화하기 위하여 노출기준 TLV-TWA는 2 ppm (4.3 mg/m3)으로 제시하고, 동물에게서는 확강인된 발암물질이고 사람에서는 연관성을 알 수 없다고 평가하여 A3(Confirmed Animal Carcinogen with Unknown Relevance to Humans)로 구분하였다.

34. 아크릴아미드

일련번호	유해물질의 명칭		화학식	노출기준				비 고 (CAS번호 등)
	국문표기	영문표기		TWA		STEL		
				ppm	mg/m³	ppm	mg/m³	
370	아크릴아미드	Acrylamide (Inhalable fraction and vapor)	$CH_2CHCONH_2$	–	0.03	–	–	[79-06-1] 발암성 1B, 생식세포 변이원성 1B, 생식독성 2, Skin, 흡입성 및 증기

(1) 아크릴아미드란?

무색의 결정형 분말이다.

(2) 물리화학적 특성

항 목	내 용	항 목	내 용
분자량	71.08	비 중	1.122 at 30℃
녹는 점	84.5℃	끓는 점	192.6℃
밀도	1.122 g/mL(30℃/4℃)	증기압	0.9 Pa(7X10-3 mm Hg) (25℃)
용해도	물과 알코올에 섞인다.		

(3) 용도 및 노출

- 화학적·산업적 용도에 널리 사용되는 비닐 단량체이다.

- 아크릴로니트릴의 가수반응을 통해 합성된 이후로 정수 시설이나 폐수처리 시설의 응집제, 유정시설의 flow-control agent, 생화학 실험용 크로마토그래피의 겔(gel)에 사용되는 폴리아크릴아미드(polyacrylamides)의 합성에 주로 사용되고 있다.
- 아크릴아미드에 대한 인체의 직업적인 노출은 아크릴아미드 용액에 대한 피부접촉이나 용액에서 생성된 에어로졸의 흡입을 통해서 일어난다.

1) 아크릴아미드[824] 제조(포장)

아크릴로니트릴을 가수분해하여 제조된다. 가공이 완료된 아크릴아미드를 포장하는 공정에서 근로자에게 노출될 수 있다.

2) 하수처리장(투입)

아크릴아미드는 하수처리장에서 고체 응집제[825]로 사용된다. 즉, 액체 속에 현탁되어 있는 고체입자를 응집 침강시키기 위해 액체에 첨가하는 약품으로 사용된다. 하수에 아크릴아미드를 투입하는 공정에서 근로자에게 노출될 수 있다.

3) 겔[826] 전기영동(gel electrophoresis) 공정[827](계량)

폴리아크릴아미드 겔은 아크릴아미드, 계면제의 농도 및 그 양을 변화시킴으로서 분리하려고 하는 시료에 맞는 공극크기의 겔을 조제한다. 원료로 투입되기 전에 아크릴아미드를 계량하는 공정에서 근로자에게 노출될 수 있다.

4) 폴리아크릴아미드 제조(투입)

아크릴아미드로 수용액을 제조하고, 수용액의 pH를 조정한 다음 산화-환원계 중합개시제를 사용하여 중합하여 폴리아크릴아미드를 제조한다. 수용액에 아크릴아미드를 투입하는 공정에서 근로자들에게 노출될 수 있다.

5) 접착제 및 젤라틴[828] 제조(혼합)

아크릴아미드와 노말헥산을 혼합조에 혼합 후 8시간 동안 반응조에서 반응 및 숙성하여

---

824) 화학식 CH2=CHCONH2인 무색 결정으로, 단위체는 극약이며 물에 녹지만, 자외선이나 열에 의해 물에 녹지 않는 중합체를 만든다. 이렇게 제조된 중합체는 접합제 도료, 물 처리제, 종이·섬유의 마무리제 등에 사용되고 있다.
825) 배수처리에서 콜로이드성 물질의 처리로서 입자의 전하를 중화, 집합시키는 고분자량의 약품류이다. 음이온성인 것, 양이온성인 것과 비이온성인 것이 있다. 콜로이드입자와 고분자 물질의 분자간힘이 삭용하여 응고효과를 니디낸다.
826) 겔은 3차원구조이므로 구조의 공극보다 작은 입자는 빠른 속도로 이동시킬 수 있다. 겔은 3차원의 그물구조를 가지는 것으로 알려져 있다. 이 공극크기 분포의 상한보다 큰 분자는 이동하지 않고, 하한 보다 작은 분자는 신속하게 이동한다. 공극크기 분포 내의 분자는 그 형상·크기 및 실효전하에 따라서 이동속도가 다르므로 분리될 수 있다.
827) 폴리아크릴아미드 등을 겔(gel) 상태로 만들어 이것을 지지체로 한 전기이동공정이다.
828) 방수, 상수 응집공정, 토양 안정, 제지 및 면화 가공 시 사용되는 중합체 제조공정, 전기영동, 토질개량, 섬유의 개질 및 수지가공, 접착제 사용 및 제조와 관련된 공정에 사용된다.

완제품을 드럼용기 및 1톤 탱크로리에 포장하여 출하한다. 아크릴아미드를 계량하여 혼합하는 공정에서 근로자에게 노출될 수 있다.

- 원자재 입고 → 계량 → 혼합 → 반응/숙성 → 포장 → 출하

6) 노출규모

2009년 작업환경실태조사에서 아크릴아미드를 제조하는 사업장은 2개(41명), 사용하는 사업장은 26개(175명)이었다.

(4) 발암성

흡입과 피부접촉의 두 가지 경로로 아크릴아미드에 노출된 근로자들의 암으로 인한 사망률 조사에서 통계적으로 유의한 증가를 보이지 않았다. 미국의 아크릴아미드·복합체 제조 화학공장 근로자 371명을 대상으로 한 연구에서도 암으로 인한 사망률의 증가는 없었으며, 이후 2001년까지의 follow-up 연구에서도 용량-반응관계가 없었다.

아크릴아미드는 마우스의 뇌, 중심 신경 시스템, 갑상선, 내분비선 등의 암 발생률을 증가시켰다.

아크릴아미드는 노출된 수컷 설치류의 자손에게서 유전성이 있는 염색체 전위를 유발했으며 자매염색분체 교환(sister chromatid exchange), 소핵형성(micronucleus formation), 홀배수체(aneuploidy), 다배체(polyploidy) 등의 DNA 손상과 유전자 돌연변이를 나타냈다.

(5) 발암성 분류

국제암연구기구(IARC)에서는 인체의 발암성 연구결과는 근거가 부적합하지만, 동물 실험 결과는 발암성 근거가 충분하다고 평가하여 인체 발암 가능물질(Possibly carcinogenic to humans, Group 2B)로 분류하였다.

미국 산업위생전문가협회(ACGIH)는 중추신경계에 대한 영향과 암 발생을 최소화하기 위하여 노출기준 TLV-TWA, 0.03 mg/m3 (0.01 ppm)로 제시하고, 동물에게서는 확인된 발암물질이고 사람에서는 연관성을 알 수 없다고 평가하여 A3(Confirmed Animal Carcinogen with Unknown Relevance to Humans)로 분류하였다.

35. 액화 석유가스

일련번호	유해물질의 명칭		화학식	노출기준				비고 (CAS번호 등)
				TWA		STEL		
	국문표기	영문표기		ppm	mg/m³	ppm	mg/m³	
390	액화 석유가스	L.P.G (Liquified petroleum gas)	C_3H_6/C_3H_8 $/C_4H_8/C_4H_{10}$	1,000	-	-	-	[68476-85-7] 발암성 1A, 생식세포 변이원성 1B (부타디엔 0.1% 이상인 경우에 한정함)

(1) 액화 석유가스란?

무색의 냄새가 약간 나는 가연성 기체이다. 액화석유가스(Liquefied Petroleum Gas)는 유전에서 원유를 채취하거나 원유 정제시 나오는 탄화수소가스를 비교적 낮은 압력(6~7kg/cm2)을 가하여 냉각 액화시킨 것으로 기체가 액체로 되면 그 부피가 약 1/250로 줄어들어 저장과 운송에 편리하다.

(2) 물리화학적 특성

액화 석유가스(LPG)의 주성분은 프로판(C3H8, 비중 1.52, 폭발 범위 2.2~9.5%)과 부탄(C4H10)이며, 소량의 프로필렌(C3H6), 부틸렌(C4H8)등의 탄화수소가 단일 물질 또는 혼합물로 구성된 것이다.

발열량은 20,000~30,000 Kcal/m³로 다른 연료에 비해 열량이 높고 냄새나 색깔이 없다. 가정이나 영업장소에서 사용하는 LPG에는 누설될 때 쉽게 감지하여 사고를 예방할 수 있는 불쾌한 냄새가 나는 메르캅탄류의 화학 물질을 섞어서 공급한다.

(3) 용도 및 노출

- 가정이나 영업장소에서 연료로 사용한다.
- 한국, 중국, 일본 등 몇몇 국가에서 자동차 연료로도 쓰인다. 화학물질의 제조에 사용된다.

1) LPG(liquefied petroleum gas) 제조(현장점검)

원유를 상압 증류해 가솔린, 등유, 경유로부터 중유까지의 1차 제품을 제조할 때에 탑정으로부터 나오는 배기가스는 포화탄화수소이며, 불포화탄화수소는 거의 존재하지 않는다. 발생 가스의 약 10%는 면실을 면하기 어렵지만, 90%는 회수 가능하다.

LPG가 저장된 탱크로리 주변이나 가공설비를 점검하는 근로자에게 노출될 수 있다.

2) LPG 충전소(충전)

빈 LPG실린더에 충전 호스를 통해 충전하는 근로자에게 LPG가 노출될 수 있다.

3) LPG 용접

산소와 LPG를 사용하여 금속을 접합시키거나 절단시키기 위해 용접작업을 실시한다. 용접작업 시 비연소된 LPG가스에 근로자가 노출될 수 있다.

4) 엘피지자동차(LPG powered automobile) 운전

액화석유가스를 연료로 하여 달리는 자동차를 운전하는 근로자는 차량의 노후화로 연료통에서 미세하게 나오는 LPG에 노출될 수 있다.

5) 에어로졸(aerosol)[829] 제품 제조(혼합)

고체 또는 액체의 약제를 끓는점이 낮은 액화석유가스와 함께 용기에 넣어 제조한다. 스프레이 용기에 액화석유가스를 충전하는 공정의 근로자에게 노출될 수 있다.

6) 광휘 열처리[830]

강재의 담금질 등의 열처리로 표면 처리하는 것으로 액화석유가스에 공기를 혼합해 가열한 변성로에서 촉매의 존재하에서 접촉적으로 변성하게 한다. 이 공정을 담당하는 근로자에게 LPG가 노출될 수 있다.

(4) 발암성

사람이나 동물을 대상으로 발암성에 관한 유용한 연구자료가 없다.

(5) 발암성 분류

국제암연구기구(IARC)와 미국 산업위생전문가협회(ACGIH)에서는 발암성 평가와 분류를 하지 않았다.

---

829) 살충·구충제, 가정용 페인트, 헤어스프레이, 피부용 약제 등에 이용되고 있다. 분사제로 액화석유가스(LPG)·플론(flon ; 클로로플루오로카본)가스 등이 있다.
830) 광휘 열처리는 금속을 진공이나 보호 가스 속에서 달군 다음 천천히 식히는 열처리를 말한다.

36. 에탄올

일련번호	유해물질의 명칭		화학식	노출기준				비 고 (CAS번호 등)
	국문표기	영문표기		TWA		STEL		
				ppm	mg/m³	ppm	mg/m³	
393	에탄올	Ethanol	C₂H₅OH	1,000	–	–	–	[64-17-5] 발암성 1A (알코올 음주에 한정함)

(1) 에탄올이란?

에탄올은 특유한 냄새와 맛이 나는 무색 액체이다. 지방족 탄화수소 화합물 중 탄소 원자가 두 개인 에테인(C2H6)에 수소 원자가 하이드록시기(-OH)로 치환된 화합물로 지방족 탄화수소 유도체이다. 휘발성과 가연성을 가진 무색액체이다. 에틸알코올이라고도 하며 술의 주성분이라고 하여 주정으로도 불린다.

(2) 물리화학적 특성

항 목	내 용	항 목	내 용
분자량	46.07	비 중	0.7893
녹는 점	-114.5℃	끓는 점	78.3℃
냄새서한도	84 ppm		

- 다른 알코올·에테르·클로로포름등 유기용매나 물과 임의의 비율로 섞인다.
- 연소하기 쉬우며, 점화하면 빛깔이 없는 불꽃을 내며 탄다.
- 증기에 인화하면 폭발하는 수가 있다.
- 알코올의 작용기인 하이드록시기는 이온화하지 않으므로 알코올은 중성물질이다.
- 연소하기 쉬우며, 점화하면 빛깔이 없는 불꽃을 내며 탄다.
- 산화하면 아세트알데하이드를 거쳐 아세트산이 된다.

(3) 용도 및 노출

- 여러 가지 화학 약품의 합성 원료로 쓰인다.
- 음료에서는 알코올 발효법에 의해, 공업용에서는 에틸렌에 의해 생산한다.

- 각종 알코올 음료 속에 함유되어 있어 주정이라고도 한다.
- 단백질을 응고시키는 성질을 가지고 있으므로 살균작용이 있다. 살균력은 70% 수용액이 최대이고, 60% 이하 및 80% 이상에서는 소독·살균력이 거의 없는 것과 마찬가지이다. 소독용으로는 통상 70%인 것을 사용한다.

(4) 발암성

직업적 노출로 인한 암 발생에 대한 유용한 자료가 없다. 에탄올을 많이 마신 사람들을 대상으로 한 연구에서 구강암, 인두암, 식도암, 후두암 및 간암이 증가하였다. 대장암과 위암에 대해서는 결론을 내리기 어렵다.

생쥐에게 경구로 에탄올을 투여한 5건의 실험에서 발암성을 평가하였으나 이들 실험이 에탄올의 발암성 평가에는 적절하지 못하였다. 쥐에게 경구로 에탄올을 투여한 2건의 연구에서 한 연구에서는 암 발생의 차이를 확인하지 못하였고, 다른 한 연구는 평가하는 것이 부적절하였다. 알코올 음주자의 림파구에서 염색체 이상, 자매염색분체교환, 이수체 등이 관찰되었다. 설치류에서 우성 치사돌연변이, 이수체가 관찰되었다.

(5) 발암성 분류

동물실험에서 발암성에 대한 근거는 부적절하였다. 음주를 하는 사람에서는 암발생에 대한 근거가 충분하였다. 이에 따라서 국제암연구기구(IARC)에서는 인체발암물질(Carcinogenic to humans, Group 1)로 분류하였다.

미국 산업위생전문가협회(ACGIH)에서는 눈과 상기도의 자극증상을 최소화하기 위하여 노출기준 TLV-TWA, 1000 ppm (1880 mg/m3)로 제시하였고, 인간에 대한 발암성은 분류할 수 없다는 A4(Not Classifiable as a Human Carcinogen)로 구분하였다.

37. 에틸렌이민

일련번호	유해물질의 명칭		화학식	노출기준				비 고 (CAS번호 등)
				TWA		STEL		
	국문표기	영문표기		ppm	mg/m³	ppm	mg/m³	
403	에틸렌이민	Ethylenimine	$(CH_2)_2NH$	0.5	–	–	–	[151-56-4] 발암성 1B, 생식세포 변이원성 1B, Skin

(1) 에틸렌이민이란?

투명한 무색의 가연성 및 폭발성 액체로 암모니아 비슷한 강한 냄새가 난다. 아지리딘이라고도 한다.

(2) 물리화학적 특성

항 목	내 용	항 목	내 용
분자량	43.08	비 중	0.8321 at 24℃
끓는 점	56℃ at 760 torr	증기압	160 torr at 20℃
증기밀도	1.5	용해도	물, 알칼리 및 대부분의 유기 용제에 녹는다.

(3) 용도 및 노출

- 다이나마이트와 폭약제조에 사용된다.
- 에틸렌이민은 고반응도 그리고 휘발성이 강한 화학물질이다.
- 화합물의 노출은 양이온성 중합체의 생산에 모노머 그리고 중간 화합물로 사용될 때 발생한다.

1) 에틸렌이민 제조(현장점검)

에틸렌이민은 모노에탄올아민을 황산에스테르화한 다음 알칼리 분해해 얻는다. 장치화된 공정을 점검하는 근로자는 에틸렌이민에 노출될 수 있다.

2) 에틸렌이민 제조(시료채취)

에틸렌이민은 모노에탄올아민을 황산에스테르화한 다음 알칼리 분해해 얻는다. 품질관리를 위해 에틸렌이민의 시료를 채취하는 공정에서 근로자에게 노출될 수 있다.

3) 에폭시 수지의 경화제로 사용(배합)

에틸렌이민은 에폭시 수지의 경화제로 배합되어 사용된다. 배합되는 과정에서 근로자에게 노출될 수 있다.

(4) **발암성**

근로자를 대상으로 발암성에 관한 유용한 역학연구 자료는 없다. 생쥐의 경구투여로 투여했을 때 간세포 암과 폐종양의 발생률을 증가시켰다. 갓 난 생쥐의 일 회량 피하주사로 수컷에서 폐종양의 발생률을 증가시켰다. 쥐의 한 실험에서 오일로 투입한 후 주사부위에서 종양 발생률이 증가하였다. 에틸렌이민은 배양된 박테리아, 곤충, 포유류 세포에서 유전적 손상을 일으킨다. 생쥐에서 우성치사돌연변이도 유발한다. 에틸렌이민 고리가 해체되는 것이 돌연변이를 유발하는 작용의 중요한 대사 단계인 것으로 보인다.

(5) **발암성 분류**

국제암연구기구(IARC)에서는 발암성과 관련된 역학적 데이터는 없고, 실험동물에서 에틸렌이민의 발암성의 증거는 제한적이라고 평가하여 인체발암가능물질(Possibly carcinogenic to humans, Group 2B)로 분류하였다.

미국 산업위생전문가협회(ACGIH)에서는 피부, 눈, 점막과 호흡기의 자극증상을 최소화하고 신장에 대한 손상을 최소화하기 위하여 노출기준 TLV-TWA는 0.5 ppm (0.88 mg/m3)으로 제시하였고, 동물에서는 발암성이 확인되었으나 사람에서는 연관성을 알 수 없다고 평가하여 A3(Confirmed Animal Carcinogen with Unknown Relevance to Humans)로 분류하였다.

38. 1,2-에폭시프로판

일련번호	유해물질의 명칭		화학식	노출기준				비 고 (CAS번호 등)
	국문표기	영문표기		TWA		STEL		
				ppm	mg/m³	ppm	mg/m³	
415	1,2-에폭시프로판	1,2-Epoxypropane	CH_3CHOCH_2	2	–	–	–	[75-56-9] 발암성 1B, 생식세포 변이원성 1B

(1) 1,2-에폭시프로판이란?

유성의 황색 액체이다. 산화 프로필렌이라고도 한다.

(2) 물리화학적 특성

항 목	내 용	항 목	내 용
분자량	74.08	끓는 점	151°C
증기압	–	비 중	1.0061 at 20°C
반응성	실온에서 안정적임	혼합금지물질	–

(3) 용도 및 노출

- 폴리에테르 폴리올(polyether polyol), 프로필렌 글리콜(propylene glycol), 프로필렌 글리콜 에테르(propylene glycol ether)를 만들 때 화학반응 중간체로 쓰인다.
- 하이드록시프로필 스타치 에테르(hydroxypropyl starch ether)를 만들 때 사용한다.
- 폴리에테르 폴리올은 폴리우레탄을 만드는 원료인데, 이 폴리우레탄으로 경도, 강도, 밀도를 달리하여 다양한 제품을 생산한다. 주로 가구와 자동차시트, 침구, 카페트 밑판 등에 들어가는 연질 폴리우레탄 폼(polyurethane foam)을 만들고 세제, 직물, 소포제, 모발 관리제, 브레이크액, 윤활유에 들어가는 계면활성제나 단열재를 만들기도 한다.
- 프로필렌 글리콜은 직물과 건설 산업에서 불포화 폴리에스터 수지(unsaturated polyester resin)의 원료로 사용된다.
- 식품, 약물, 화장품에서 용제와 완화제 그리고 습윤제로도 쓰인다.
- 가소제, 열전달 유체, 유압유, 부동액, 항공용 제빙액으로도 쓰인다.
- 프로필렌 글리콜 에테르는 1,2-에폭시프로판과 알코올(대개 메탄올, 에탄올, 프로판

올, 부탄올)을 반응시킴으로써 생성된다. 주로 도장제, 페인트, 잉크, 수지, 세정제, 왁스 등을 제조할 때 쓰이며 열전달 유체와 제트 연료의 빙결방지제를 만들 때도 쓰인다.

- 전분에 1,2-에폭시프로판 처리를 함으로써 하이드록시프로필 스타치 에테르를 만드는데 이것은 주로 샐러드 드레싱, 파이 속재료, 음식 농후제 등을 만들 때 들어가는 식품첨가제, 말린 과일, 코코아, 향신료, 가공 견과류, 전분 등의 식재료에 훈증제로 쓰인다.
- 화학 산업에서 1,2-에폭시프로판과 1,2-에폭시프로판 유도체를 제조할 때, 그리고 하이드록시프로필 스타치 에테르를 제조할 때 1,2-에폭시프로판을 사용하는 전분(starch) 산업에서 발생한다.

1) PO[831] 제조 공정(시료 채취)

에틸렌과 벤젠을 사용하여 중간제품인 에틸벤젠을 제조한 후 프로필렌 등을 첨가 반응시켜 최종 제품인 PO를 생산한다. 이렇게 만들어진 PO는 Octanc solvent를 이용한 추출 증류로 고순도의 PO를 생산한다. PO를 제조는 자동화되어 있다. PO는 반응 이후 공정에서부터 발생되며, 각종 점검을 수행하는 현장운전원이 노출될 우려가 있다.

장치산업의 특성상 각 라인의 연결부 패킹제, 배관의 손상유무, 물질이송을 위한 동력축의 틈새 등을 통해 미세한 농도이지만 지속적으로 노출될 수 있으며, 반응기 내부물질의 순도 및 불순물여부의 확인을 위해 반응기 하부에 위치한 시료 채취 밸브를 열고 시료채취를 수행하는 작업 시 고농도에 노출될 우려가 있다.

- 원료투입 → 혼합/반응 → 증류 → 출하

2) PO[832] 제조 공정(출하)

에틸렌과 벤젠을 사용하여 중간제품인 에틸벤젠을 제조한 후 프로필렌 등을 첨가 반응시켜 최종 제품인 PO를 생산한다. 이렇게 만들어진 PO는 Octanc solvent를 이용한 추출 증류로 고순도의 PO를 생산한다. PO를 제조는 자동화되어 있다. PO는 반응 이후 공정에서부터 발생되며, 각종 점검을 수행하는 현장운전원이 노출될 우려가 있다.

출하작업은 파이프라인을 통해서 인접 사용자의 저장탱크로 직접 이송하는 방법과 탱크로리를 이용하는 방법, 그리고 드럼포장 등 3가지 유형이 있음을 확인하였다. 이중 탱크로리 작업 및 드럼포장 작업 시 눈과 피부에 접촉하거나 흡입 및 피부흡수에 의한 노출이 발생될 수 있다.

- 원료투입 → 혼합/반응 → 증류 → 출하

---

[831] 1,2-propylene oxide(PO), 1,2-epoxypropane의 다른 이름, 즉 동일 물질의 다른 이름이다.
[832] 1,2-propylene oxide(PO), 1,2-epoxypropane의 다른 이름, 즉 동일 물질의 다른 이름이다.

3) 폴리올[833](Polypropylene Glycol, PPG) 제조(현장 점검)

PO는 폴리올을 제조 시 주원료로 되며, 생산된 폴리올은 MDI와 함께 폴리우레탄 생산의 주원료로 사용된다. 반응기 내부는 완전 밀폐되어 있으며 반응공정에 주입되는 원료는 외부의 저장탱크에 연결된 배관을 통해 자동 주입되고, 근로자는 대부분 관리실에서 이상유무의 확인 및 반응로 계기판, 밸브상태의 반응조건 등을 확인하고 주기적으로 펌프의 교체나 정비작업을 수행한다. 출하작업은 파이프라인을 통해서 인접 사용자의 저장탱크로 직접 이송하는 방법과 탱크로리를 이용하는 방법, 그리고 드럼포장 등이 있다.

장치산업의 특성상 공기 중 오염농도를 가중시킬 수 있는 요인은 각 라인의 연결부 패킹제, 배관의 손상유무, 물질이송을 위한 동력축의 틈새 등을 통해 미세한 농도이지만 지속적으로 노출될 수 있다.

4) 계면활성제 제조(시료 분석)

반응기 내부는 밀폐되어있고, PO 등의 용액은 외부 저장탱크에 연결된 배관을 통해 자동 주입되고 있으며 근로자는 수시로 반응기의 계기판이나 밸브상태 등 반응조건을 확인하는 작업을 수행한다.

근로자가 저장 탱크에 있는 원료 검사 시 배관중간에서 샘플을 채취하거나 반응기 뚜껑을 열고 소량의 샘플을 채취하는 과정에서 비교적 짧은 시간이지만 높은 농도의 PO증기가 호흡기를 통해 노출될 수 있다. 또한 채취한 시료를 분석하는 과정에서 근로자에게 노출이 발생할 수 있다.

- 원료 → 반응 → 숙성 → 중화 → 포장

5) 메셀로스[834] 제조공정(원료 투입)

메셀로스는 천연의 고분자인 셀룰로스에 치환체(Methyl / Hydroxyethyl / Hydroxypropyl Group)를 도입한 수용성 고분자이다.

메셀로스 제조공정은 크게 원료주입, 합성, 미반응 가스 회수, 세정, 분체처리, 폐수처리 공정으로 구분된다. 적절한 공정이 이루어지고 있는지를 관리하는 현장관리 과정에서 근로자에게 PO에 노출이 발생할 수 있다.

- 펄프 분쇄/이송 → 반응공성 → 세척공정 → 입상/과립 → 1차(습식)분쇄 → 건조공정(1,2차) → 2차(건식) 분쇄 → 분급 → 저장/혼합 → 메셀로스

---

[833] 연질용 폴리올은 자동차 시트, 쿠션, 가구용 시트 드의 제조에 사용되며, CASE용 Polyol은 접착제, 바닥제 코팅제, 실란트 및 엘라스토머로 사용된다. 경질용 Polyol은 건축 단열재, 냉장고용 단열재, 파이프 단열/보온재로 사용된다.
[834] 건축, 페인트, 화학 산업, 의약품 등 다양한 산업분야에 핵심적인 첨가제로 사용되고 있다.

6) 의약품 중간제 제조(촉매제로 사용)

의약품 중간제 제조 시 원료의 투입 후 촉매제로 사용된다. 주원료는 외부의 저장탱크에 연결된 배관을 통해 자동 주입되고, 근로자는 대부분 관리실에서 작업하고 있으며, 작업현장에서는 반응로의 계기판, 밸브상태, 온도 및 압력, 발열, 반응이나 이상 반응상태 등 반응, 설비, 운전조건을 확인하는 작업을 수시로 하고 있으며, 반응 시 발생되는 가스, 증기는 반응로 내부에 있는 배출 관을 통해 증류장치로 이송하여 재사용하고 나머지는 외부의 세정 집진 장치를 통해 정화된다.

드럼에 들어있는 PO를 자동으로 반응기에 투입하는 작업을 통해 근로자에게 노출이 발생할 수 있다.

7) 알킬전분공장(투입)

알킬전분 제조 공정에서 산화프로필렌에 노출이 발생할 수 있다. 1,2-에폭시프로판의 노출은 반응기에 PO를 투입 시 근로자에게 발생할 수 있다.

(4) **발암성**

환자 대조군 연구에서 1,2-에폭시프로판 노출로 인한 암 발생 가능성을 제시하지만, 발암성이 있다고 확실하게 결론지을 수 없다.

위장관을 통해 1,2-에폭시프로판을 투여한 쥐에서 전위부(forestomach)에 종양이 발생했는데 주로 편평세포 종양이 많았다. 흡입 투여한 생쥐는 비강에 혈관종(haemangioma)과 혈관육종(haemangiosarcoma), 소수의 악성 상피성 종양(epithelial tumor)이 생겼다. 피하 투여한 생쥐에서는 국소적 육종이 발견되었다.

흡입 투여한 쥐는 암수 모두 비강에 유두모양 선종(papillary adenoma)이 생겼고, 암컷만 갑상샘 암종과 선종이 발견되었다. 비강에 유두모양 선종과 부신의 크롬친화세포종(adrenal pheochromocytoma)이 발견되었고, 암컷에서 젖샘의 섬유선종과 선암종 발생률이 증가했다. 1,2-에폭시프로판은 개, 쥐, 생쥐 수컷에서 헤모글로빈을 비롯한 단백질들과 결합하여 부산물을 형성했다.

알킬화 전분(alkylated starch) 제조 과정 중에 1,2-에폭시프로판에 노출된 남성 근로자 20명의 말초혈액 림프구에서 염색체 이상과 소핵이 생성된 것을 발견했다.

동물 실험에서는 DNA 부산물이 생쥐, 쥐, 개의 여러 기관에서 생성되었다. 쥐나 생쥐에서 우성치사돌연변이를 일으키지 않았다. 생쥐에 복강 내 투여한 후 골수세포에 소핵 생성, 염색체 이상, 자매염색분체 교환이 나타났다. 원숭이에게 흡입 투여한 후에는 자매염색분체 교환, 염색체 이상이 발견되지 않았다. 세포 배양 실험에서 사람 림프구에 자매염색분체 교환, 염색체 이상, 포유동물세포에 DNA 손상, 유전자 돌연변이, 염색체 이상, 자매염색분체 교환을 일으켰다.

(5) 발암성 분류

국제암연구기구(IARC)에서 인체의 발암성 연구결과는 근거가 부적합하지만, 동물 실험 결과는 발암성 근거가 충분하다고 평가하여 인체 발암물질(Possibly carcinogenic to humans, Group 2B)로 분류하였다.

39. 2,3-에폭시-1-프로판올

일련 번호	유해물질의 명칭		화학식	노출기준				비 고 (CAS번호 등)
	국문표기	영문표기		TWA		STEL		
				ppm	mg/m³	ppm	mg/m³	
416	2,3-에폭시-1-프로판올	2,3-Epoxy-1-propanol	$C_3H_6O_2$	2	-	-	-	[556-52-5] 발암성 1B, 생식세포 변이원성 2, 생식독성 1B

(1) 2,3-에폭시-1-프로판올이란?

무색의 점성을 띠는 액체로 냄새는 없다. 글리시돌이라고도 한다.

(2) 물리화학적 특성

항 목	내 용	항 목	내 용
분자량	74.08	녹는점	-45 ℃
비 중	1.1143 (25 ℃)	끓는 점	166.11 ℃ (분해 되어짐, 760 torr)
증기압	0.9 mmHg (6.2kPa, 20℃)	증기밀도	2.56 (Glycidol이 끓는점에서의 공기=1)
용해도	20 ℃ 물에서도 잘 녹는다. 에탄올, 에테르, 벤젠에 녹는다. 석유 에테르에 녹기 어렵다.	반응성	분해점에서 일부 아크롤레인이 된다. 순수한 것은 암모니아성 질산은을 환원하지 않는다. 물과 가열하면 글리세롤이 되고, 피리딘 중에서 끓이면 중합한다. 격렬하게 또는 폭발적으로 중합될 수도 있음. 중합반응 시 열 방출함

(3) 용도 및 노출

- 2,3-에폭시-1-프로판올은 천연오일과 비닐중합체의 안정제로 사용된다.
- 약제의 중간 반응물, 오일, 합성 hydraulic fluids의 첨가제와 몇몇 에폭시 레진에서 희석제로 사용된다.
- 염료측정제, 표면코팅제, 우유의 소독제, 고체 추진제의 동결제 등으로 사용된다.
- 전기전자부품 공정에서 2,3-에폭시-1-프로판올은 함침공정에서 함침액으로 사용된다.
- 전기전자부품 또는 소재의 본딩에서 2,3-에폭시-1-프로판올이 본딩 용제로 사용된다.
- 주사침과 허브를 결합하는 본딩용제로 사용된다.
- 2,3-에폭시-1-프로판올은 글리세롤(glycerol), 글리시딜 에테르(glycidyl ether), 에스터(ester) 및 아민(amine)계 물질의 조제에 사용되기 시작하였다.
- 제약 분야에서는 소독약으로 사용되었다.
- 기능성 에폭사이드(functional epoxide)의 제작에 중요한 화학반응 중간체로 사용되었는데, 예를 들어 포스겐(phosgene)과 2,3-에폭시프로판올의 반응으로 클로로폼산 2,3-에폭시프로필(2,3-epoxypropyl chloroformate)이 만들어지고, 아이소사이안산(isocyanate)과 2,3-에폭시프로판올의 반응은 상업적으로 중요한 물질인 글리시딜 우레탄(glycidyl urethane)계 물질을 생성할 수 있다.
- 2,3-에폭시-1-프로판올은 제약 분야에서 중간체, 합성 유압유(hydraulic fluid)에 첨가제, 몇몇의 에폭시 수지 시스템에서 반응성 희석제(reactive diluents)로 사용되며, 천연유(natural oil), 비닐 중합체(vinyl polymer), 균염성 염료(dye-levelling agent), 유화제(demulsifier)에 안정제로 사용된다.
- 2,3-에폭시-1-프로판올을 취급하는 근로자는 크게 함침, 본딩, 코팅 공정에서 작업한다.
- 2,3-에폭시-1-프로판올의 취급용도 중 본딩은 소재의 결합, 본딩액 주입, 건조, 검사 등의 단계로 이루어진다. 각 단계 중에 본딩액의 교반, 보충 등이 있다.
- 2,3-에폭시-1-프로판올을 사용한 본딩공정은 자동 본딩기의 경우에는 항상 밀폐하고 본딩기에 소재를 투입 시 노출이 가능하다. 간헐적으로 본딩기의 고장, 수리, 부품 교체 시 고농도로 노출이 가능하다. 본딩액을 정량, 교반시에도 노출이 된다.

- 2,3-에폭시-1-프로판올의 사용 공정은 전자·전기 제품 생산시에 함침 공정에서 가장 많은 노출이 된다. 함침은 절연, 내열, 진동 방지 등등의 목적으로 전기전자부품의 빈공간을 액체 성분에 담구거나 칠해서 공간을 채우는 작업이다. 함침은 보통 함침액의 정량, 교반, 주입, 건조의 단계로 이루어진다. 함침액의 정량과 교반은 주로 작업대 옆에서 이루어지며 최초 구입한 형태의 용기에서 소량의 함침액을 저장 용기나 종이컵, 플라스틱 용기에 덜어서 교반한 뒤 작업용기에 담거나 작업용기에 직접 덜어서 교반한다.

1) 전기전자부품 제조(함침[835])

2,3-에폭시-1-1프로판올을 함침액으로 사용하고, 보통 함침액의 정량, 교반, 주입, 건조의 단계로 이루어진다.

함침액으로 사용하는 용제는 건조가 자연상태에서 쉽게 되지 않아 건조기를 사용한다. 건조기에는 항상 고열이 발생하고 있어 용제의 증발량을 증가시킬 수 있으며, 건조기에 함침액을 주입한 소재를 투입하고 건조 후에 꺼낼 때 노출이 가능하다.

권선 → 테이프 → 납땜 → 날인 → 함침(정량/교반/주입/건조) → 검사 → 포장

2) 기계 제조(도장)

2,3-에폭시-1프로판올의 노출이 의심되는 분체도장 공정 시, 투입구에서 소재가 투입되면 2명의 작업자가 한 면씩 분체를 분사해 도장한다. 분체 도장을 하는 분체 도장 부스 내의 작업이 투입구와 나오는 곳이 모두 개방되었으므로 노출 가능성이 있고, 도장 후 건조로를 점검하는 과정에서 잔류해 있는 에폭시의 노출 가능성이 있다.

- 설계 → 기계가공 → 응결.사상 → 분체도장 → 조립 → 검사 → 출하

(4) 발암성

인체 발암성에 대한 역학적 연구 자료는 유용한 것이 없다. 2,3-에폭시-1-프로판올을 생쥐에 경구 투여한 결과 암수 모두에서 하르더샘(Harderian gland) 종양이 증가하였고[836][837], 수컷의 경우 전위부, 폐, 간, 피부에 종양이 발생했으며, 암컷의 경우 유방샘과 피하 조직에 종양이 생겼다. 생쥐에서 유선의 선종, 섬유선암 또는 복합적인 선암종의

---

[835] 함침은 절연, 내열, 진동 방지 등의 목적으로 전기전자부품의 빈공간을 액체 성분에 담구거나 칠해서 공산을 채우는 작업이다.

[836] U.S. National Toxicology Program: Toxicology and carcinogenesis studies of Glycidol (CAS No. 556-52-5) in F344/N and B6C3F1 Mice (Gavage Studies) NTP Technical Report No. 374. DHHS (NIH) Pub. No. 90-2829. NTP. National Institutes of Health, Research Triangle Park, NC (1990).

[837] International Agency for Research on Cancer, IARC Monographs on the Evaluation of the Carcinogenic Risks to Humans, Suppl. 7, Overall Evaluations of Carcinogenicity: An Updating of IARC Monographs Volumes 77, p. 469. IARC, Lyon, France 2000.

발생빈도는 현저히 증가하였다. 전위, 간, 폐의 종양성 병변이 증가하였고, 자궁의 종양, 피하조직에서의 종양성 병변이 증가하였다[838].

생쥐의 피부에 2,3-에폭시-1-프로판올을 피부 도포한 결과 피부 종양은 관찰되지 않았다. 쥐에 경구투여한 실험에서는 암수 모두에서 뇌 신경교종과 전위주 종양발생이 증가했다. 고환집막/복막 중피종, 장, 피부, 갑상샘과 짐발샘(Zymbal gland)의 종양이 수컷에서 증가했으며, 음핵샘, 유방샘과 구강 점막의 종양, 백혈병이 암컷에서 증가하였다. 수컷 랫트에서 종양이 나타난 가장 우세한 병변은 중피종이었는데, 흉막에서 발생하여 복강으로 전이하였다. 쥐에서 농도에 비례하여 젖샘, 뇌, 갑상선, 그리고 전위에서의 종양이 증가하였다. 햄스터에게 2,3-에폭시-1-프로판올을 경구투여한 결과 비장에 혈관육종의 발생이 미미하게 증가하였다.

2,3-에폭시-1-프로판올은 Salmonella Typhimurium 유래의 다양한 균주에서 대사활성이 전혀 나타나지 않은 경우와 대사활성계가 존재한 경우 둘 다에서 돌연변이를 유도하였다[839].

인간 림프구와 햄스터 세포를 생체 외 연구에서 염색체 이상과 자매염색분체 교환을 유도했지만, 생쥐 골수 세포를 이용한 생체 내 실험에서는 염색체 이상이 발견되지 않았다. 생체 외 실험에서 글리시돌에 의해 알킬레이트 DNA(alkylate DNA)가 생성되었다. 2,3-에폭시-1-프로판올은 에폭사이드 화학반응기가 있는 물질이 되기 쉬운데, 에폭사이드는 대사활성의 도움 없이 유전독성을 일으킬 수 있는 물질이다.

(5) 발암성 분류

국제암연구기구(IARC)에서는 2,3-에폭시프로판올이 인체에 미치는 발암성에 대해 유용한 역학 연구는 없고, 동물 실험 결과 나타난 발암성의 근거는 충분하다고 평가하여, 인체발암가능물질(Possibly carcinogenic to humans, Group 2A)로 분류하였다.

미국 산업위생전문가협의회(ACGIH)에서는 인간 발암성 증거는 불충분하고 동물 발암성 증거 충분하다고 평가하여 A3(Confirmed Animal Carcinogen with Unknown Relevance to Humans)로 분류하였다.

---

838) International Agency for Research on Cancer, IARC Monographs on the Evaluation of the Carcinogenic Risks to Humans, Suppl. 7, Overall Evaluations of Carcinogenicity: An Updating of IARC Monographs Volumes 77, p. 469. IARC, Lyon, France 2000.

839) U.S. National Toxicology Program: Toxicology and carcinogenesis studies of Glycidol (CAS No. 556-52-5) in F344/N and B6C3F1 Mice (Gavage Studies) NTP Technical Report No. 374. DHHS (NIH) Pub. No. 90-2829. NTP. National Institutes of Health, Research Triangle Park, NC (1990).

40. 오쏘-톨루이딘

일련번호	유해물질의 명칭		화학식	노출기준				비 고 (CAS번호 등)
				TWA		STEL		
	국문표기	영문표기		ppm	mg/㎥	ppm	mg/㎥	
441	오쏘-톨루이딘	o-Toluidine	$CH_3C_6H_4NH_2$	2	–	–	–	[95-53-4] 발암성 1A, Skin

(1) 오쏘-톨루이딘이란?

무색 또는 담황색의 액체이며 약한 방향이 있다. 공기 및 햇빛을 쬐면 검게된다. o,o′-디메틸벤지딘이라고도 한다. 아미노톨루엔·메틸아닐린이라고도 한다.

메틸기와 아미노기의 위치에 따라 3종의 이성질체가 있다.

황색을 띠고, 산소나 빛의 작용에 의해 적갈색으로 변한다. 물에는 거의 녹지 않지만 에탄올과 에테르에는 잘 녹는다.

(2) 물리화학적 특성

항 목	내 용	항 목	내 용
외 관	황색을 띠고, 산소나 빛의 작용에 의해 적갈색으로 변함	분자량	107.15
끓는점	199.7℃	어는점	α형 −24.4℃, β형 −16.25℃
증기압	< 1 torr at 20℃	비 중	0.9989(20℃)

(3) 용도 및 노출

색소제조, 고무 화학물질, 제약 및 농약제조에서 중간 재료로 사용된다.

(4) 발암성

다른 물질과 함께 오르토-톨루이딘에 노출된 근로자들을 대상으로 한 연구에서 방광암 발생의 증가를 확인하였으나 다른 방향족 아민이 함께 노출되어서 암 발생 증가여부를 판단하는 데에 부적절하였다.

오쏘-톨루이딘은 생쥐와 쥐에서 여러 가지 악성 종양을 유발한다. 생쥐에 식이를 통해 섭취시켰을 때에 암컷에서는 간세포암과 간 선종이 발생하였고, 숫컷에서는 혈관육종이 발생하였다. 쥐에서도 먹이로 섭취하였을 경우에 여러 장기에 암이 발생하였다.

(5) 발암성 분류

국제암연구기구(IARC)에서는 동물에 대한 발암성이 있고 인간에 대한 연구결과는 부적절하다고 평가하여 인체발암가능물질(Possibly carcinogenic to humans, Group 2B)로 분류하였다.

미국 산업위생전문가협회(ACGIH)에서는 동물에서는 암 발생의 근거가 있으나 사람에 대해서는 연관성을 확인할 수 없다고 평가하여 A3(Confirmed Animal Carcinogen with Unknown Relevance to Humans)로 분류하였다.

41. 오쏘-톨리딘

일련번호	유해물질의 명칭		화학식	노출기준				비 고 (CAS번호 등)
	국문표기	영문표기		TWA		STEL		
				ppm	mg/m³	ppm	mg/m³	
442	오쏘-톨리딘	o-Tolidine	$(CH_3C_6H_3NH_2)_2$	–	–	–	–	[119-93-7] 발암성 1B, Skin

(1) 오쏘-톨리딘이란?

붉은 색의 결정체이거나 파우더이다.

(2) 물리화학적 특성

항 목	내 용	항 목	내 용
수소이온지수(pH)	–	분자량	212.28
끓는 점	–	어는 점	129~131℃
증기압	–	비 중	0.9989(20℃)

(3) 용도 및 노출

- o-니트로톨루엔의 알칼리성 환원에 이어지는 벤지딘 전위에 의해 합성된다.
- 직접 아조 염료의 중요한 중간물이다.
- 각종 염료의 합성에 사용한다.
- 제초제, 합성고무와 고무의 가황제, 약품 및 농약의 중간제로 사용된다.
- 실험실에서는 당분석의 시약으로 사용된다.

- 직업적 노출은 염료나 안료 및 고무에 필요한 화학물질을 제조할 때에 피부와 호흡기를 통해서 이루어진다.
- 실험실이나 의료종사자들은 조직을 염색할 때에 노출될 수 있다.

◆ 노출규모

2009년 작업환경실태조사에서 오르토-톨리딘을 사용하는 사업장은 2개(4명)이었다.

(4) 발암성

오쏘-톨리딘은 피부를 통해서 빠르게 흡수되는 물질이다. 오르토-톨리딘에 노출되는 근로자들을 대상으로 여러 건의 코호트 연구가 수행되었다[840][841][842]. 오르토-톨리딘 노출과 방광암 발생에 대한 보고를 하였다.

쥐에 오쏘-톨리딘을 투여하였을 때 방광 이외 다른 조직에서 암 발생을 확인하였다[843][844][845][846][847]. 오쏘-톨리딘에 노출된 개에서 8년 후에 방광암이 발생하였다. 그러나 이 결과는 작은 수의 동물에서 관찰 것으로 해석에 주의가 필요하다[848]. 오쏘-톨리딘이 벤지딘과 동시에 노출된 경우에 벤지딘에 의한 암 발생까지 걸리는 시간을 단축한다는 증거가 있다[849]. 햄스터에 오쏘-톨리딘을 구강으로 투입했을 때 암 발생은 확인되지 않았다[850][851]. 쥐에 위삽관을 통해서 투입했을 때에 유방암이 유도되었다[852]. 오쏘-톨

---

[840] Rye, W.A.; Woorich, P.F.; Zanes, R.P.: Facts and Myths Concerning Aromatic Diamine Curing Agents. J. Occup. Med. 12:211-215 (1970).

[841] MacAlpine, J.B.: Papilloma of the Renal Pelvis in Dye Workers- Two Cases, One of Which Slows Bilateral Growths. Br. J. Surg. 35:137-140 (1947).

[842] Tsuchiya, K.; Okubo, T.; Ishizu, S.: An Epidemiological Study of Occupational Bladder Tumours in the Dye Industry of Japan. Br. J. Ind. Med. 32:203-209 (1975).

[843] U.S. National Toxicology Program: Toxicology and Carcinogenesis Studies of 3,3'-Dimethylbenzidine Dihydrochloride (CAS No. 612-82-8) in F344/N Rats. NTP Tech. Report Series No. 390. DHHS (NIH) Pub. No. 91-2845; NTIS Pub. No. PB-92-103-779. U.S. National Technical Information Service, Springfield, VA (1991).

[844] Pliss, G.B.: On Some Regular Relationships Between Carcinogenicity of Aminodiphenyl Derivatives and the Structure of Substance. Acta Intl. Union Contra. Cancer 19:499--501 (1963).

[845] Pliss, G.B.: Carcinogenic Properties of Orthotolidine (3,3'-Dimethylbenzidine). Gig. Tr. Prof. Zabol. 9:18--22(1965).

[846] Pliss, G.B.; Zabezhinsky, M.A.: CarcinogenicProperties of Orthotolidine (3,3'-Dimethylbenzidine). J. Natl. Cancer Inst. 55:181--182 (1970).

[847] Holland, V.R.; Saunders, B.C.; Rose, F.L.; Walpole, .L.: A Safer Substitute for Benzidine in the Detection f Blood. Tetrahedron 30:3299-3302 (1974).

[848] U.S. National Institute for Occupational Safety and Health: Criteria for a Recommended Standard -Occupational Exposure to o-Tolidine. DHEW (NIOSH) Pub. No. 78-179; NTIS Pub. No. PB-81-227-084. U.S. National Technical Information Service, Springfield, VA(1978)

[849] Saffiotti, U.; Cefis, F.; Montesano, R.; Sellakumar, A.R.: Induction of Bladder Cancer in Hamsters Fed Aromatic Amines. Ind. Med. Surg. 35:564 (1966)

리딘은 살모넬라를 이용한 복귀돌연변이 시험에서 외부 대사활성화가 된 경우에 변이원성이 관찰되었다[853][854][855][856].

(5) 발암성 분류

미국 산업위생전문가협회(ACGIH)에서는 오쏘-톨리딘은 벤지딘과 화학구조가 유사하며 동물실험에서 발암성의 근거는 충분하나 사람에서는 연관성을 알 수 없다고 평가하여 A3(Confirmed Animal Carcinogen with Unknown Relevance to Humans)로 분류하였다.

42. 캡타폴

일련번호	유해물질의 명칭		화학식	노출기준				비 고 (CAS번호 등)
	국문표기	영문표기		TWA		STEL		
				ppm	mg/m³	ppm	mg/m³	
525	캡타폴	Captafol(Inhalable fraction and vapor)	$C_{10}H_9C_{l4}NO_2S$	–	0.1	–	–	[2425-06-1] 발암성 1B, Skin, 흡입성 및 증기

(1) 캡타폴이란?

흰색의 결정형 고체로 자극성 냄새가 난다. 캡타폴은 과일, 채소, 관상식물, 잔디 등에 생기는 곰팡이병(fungal disease)을 관리하기 위한 목적으로 1961년부터 널리 사용하고 있는 살진균제(fungicide)이다.

---

850) Saffiotti, U.; Cefis, F.; Montesano, R.; Sellakumar, A.R.: Induction of Bladder Cancer in Hamsters Fed Aromatic Amines. Ind. Med. Surg. 35:564 (1966).
851) Sellakumar, A.R.; Montesano, R.; Saffiotti, U.: Aromatic Amines Carcinogenicity in Hamsters. Proc.Am. Assoc. Cancer Res. 10:78 (1969).
852) Griswold, D.P.; Casey, A.E.; Weisburger, E.K.; Weisburger, J.H.: The Carcinogenicity of Multiple Intragastric Doses of Aromatic and Heterocyclic Nitro or Amino Derivatives in Young Female Sprague-Dawley Rats. Cancer Res. 28:924-933 (1968).
853) Shimizu, H.; Takemura, N.: Mutagenicity and Carcinogenicity of Some Aromatic Amino and Nitro Compounds. Jpn. J. Ind. Health 18:138-139 (1976).
854) Waalkens, D.H.; Joosten, H.F.P.; Yih, T.D.; et al.:Mutagenicity Studies with o-Tolidine and 4,4'-Tetramethyldiamino-diphenylmethane. Mutat. Res. 89:197-202 (1981).
855) Reid, T.M.; Morton, K.C.; Wang, C.Y.; et al.: Mutagenicity of Azo Dyes Following Metabolism by Different Reductive/Oxidative Systems. Environ. Mutagen. 6:705-717 (1984).
856) Kennelly, J.C.; Stanton, C.A.; Martin, C.N.: The Effect of Acetyl-CoA Supplementation on the Mutagenicity of Benzidines in the Ames Assay. Mutat. Res. 137:39-45(1984).

(2) 물리화학적 특성

항목	내용	항목	내용
분자량	349.06	녹는 점	서서히 분해됨
끓는 점	159°~161°C	용해도	물에 거의 녹지 않음. 지방족 탄화수소 용제에 조금 녹음.

(3) 용도 및 노출

- 과일, 채소, 관상용 식물, 유리 및 식물 종자에 사용되는 항곰팡이제로 사용된다.
- 살진균제는 분말, 유화성 농축액, 유동 현탁액, 수화제, 다른 살충제와의 조합 등의 형태로 제조된다.
- 특정 종자전염성균 혹은 토양전염성균을 관리할 때도 사용하는데, 종자처리, 토양 처리, 엽면살포(foliar application) 등에 사용된다.
- 생산과 사용 과정에서 노출될 수 있으며, 수치는 낮지만 식품에 함유된 잔여물을 섭취함으로써 노출될 수 있다.

(4) 발암성

인체 발암성 연구는 유용한 결과가 없다. 생쥐에 경구투여를 한 실험에서 심장의 혈관내피종(hemangioendothelioma) 발생률이 용량에 따라 증가했다. 암컷에서 전위부 유두종(forestomach papilloma)이 발생했고, 암수 모두 소장 선종, 간세포암, 비장의 혈관종(angioma)이 발견되었다. 쥐에 경구투여한 실험에서 신장 종양은 수컷에서만 발견되었다. 암수 모두 간종양이 증가하였다.

인체에 대한 유전적 영향에 관한 유용한 연구결과는 없다. 쥐에 캡타폴을 투여한 후에 우성치사돌연변이가 나타났다. 단기적으로 실시한 사람/포유동물세포 배양 실험에서 유전자 돌연변이와 염색체 이상이 발견되었다.

(5) 발암성 분류

국제암연구기구(IARC)에서는 인체의 발암성 연구로는 유용한 결과가 없지만, 동물 실험에서는 발암성의 근거가 충분하다고 평가하였다. 또한 유전독성 연구에서 광범위하게 활성적으로 작용했다는 점을 고려했다. 캡타폴은 인체 발암 추정물질(Probably carcinogenic to humans, Group 2A)고 분류하였다.

미국 산업위생전문가협회(ACGIH)에서는 피부와 호흡기 자극 및 피부염 발생을 최소화하기 위하여 노출기준 TLV-TWA를 0.1 mg/m3로 제시하였고, 인간에 대한 발암성은 발암성 물질로 분류되지 않는 물질((Not Classifiable as a Human Carcinogen, A4)로 분류하였다.

43. 큐멘

일련번호	유해물질의 명칭		화학식	노출기준				비 고 (CAS번호 등)
	국문표기	영문표기		TWA		STEL		
				ppm	mg/m³	ppm	mg/m³	
532	큐멘	Cumene	$C_6H_5C_3H_7$	50	–	–	–	[98-82-8] 발암성 2, Skin

(1) 큐멘이란?

이소프로필벤젠(isopropyl benzene)으로 알려져 있다. 무색의 인화성 액체이며 코를 찌르는 강한 방향이 있다.

(2) 물리화학적 특성

항 목	내 용	항 목	내 용
분자량	120.19	녹는 점	-96℃
끓는 점	152.7℃	인화점	39℃
비 중	0.86 at 25℃	증기압	8 torr at 20℃
용해도	대부분의 유기용제에 녹으나 물에는 안 녹음	냄새역치	0.03~0.05 ppm.

(3) 용도 및 노출

- 큐멘은 프로필렌을 가진 벤젠의 알킬화(alkylation)에 의해 생성되거나, 원유나 정제유, 콜타르로부터 추출할 수 있다.
- 페놀, 아세톤, 아세토페논, 그리고 메틸 스티렌 제조 시에 사용된다.
- 페인트나 락커를 위한 신너로 사용된다.
- 세정제, 표면활성제, 페인트 희석제, 항공연료로 사용된다.
- 가솔린 엔진 배기가스, 담배 연기 등에 의해 큐멘이 공기 중으로 유출된다.
- 직업적 노출은 큐멘 생산과 사용, 큐멘 함유 생산물의 사용으로 오염된 공기의 흡입으로 노출된다.

(4) 발암성

사람 암발생에 대해 이용 가능한 자료는 없다. 생쥐를 이용한 흡입 독성실험에서 흡입량이 증가할수록 암수 모두에서 폐선종과 악성 폐암의 발생이 증가하였으며, 수컷에서 비장 혈관육종(haemangiosarcoma), 암컷에서 간세포 선종(adenoma)이 발생하였다. 쥐를 이용한 흡입 독성실험 결과 흡입량이 증가할수록 암수 모두에서 비강 상피종양(상피선종)과 수컷에서 신장 종양(양성 및 악성), 고환종양(간질성 세포 선종)이 증가하였다. 큐멘의 대사산물인 메틸스티렌 흡입 실험에서도 암수 생쥐에서 간세포 선종 및 악성종양이 증가하였으며, 수컷 쥐에서 신장 세뇨관 선종 및 악성종양이 증가하였다.

(5) 발암성 분류

국제암연구기구(IARC)에서는 큐멘이 인체에 미치는 발암성의 대한 자료는 없지만, 동물 실험 결과 나타난 큐멘과 그 대사산물인 메틸스티렌의 동물에 대한 발암성 근거는 충분하다고 평가하여, 인체발암가능물질(Possibly cacinogenic to humans, Group 2B)로 분류하였다[857].

44. 크로밀 클로라이드

일련번호	유해물질의 명칭		화학식	노출기준				비 고 (CAS번호 등)
				TWA		STEL		
	국문표기	영문표기		ppm	mg/m³	ppm	mg/m³	
535	크로밀 클로라이드	Chromyl chloride	CrO_2Cl	0.025	–	–	–	[14977-61-8] 발암성 1A, 생식세포변이원성 1B

(1) 크로모일 클로라이드란?

암적색의 불쾌한 냄새가 나는 발연성 액체이다.

(2) 물리화학적 특성

항 목	내 용	항 목	내 용
분자량	154.92	비 중	1.91(25°C 물=1)
녹는 점	-96.5°C	끓는 점	117°C

---

857) IARC. IARC Monographs on the Evaluation of Carcinogenic Risks to Humans VOLUME 101-009 Cumene. 2012.

- 물과 작용하여 삼산화크롬, 염산, 염화크롬 및 염소를 생성한다.
- 공기 중의 수증기에 의해서 발연한다.

(3) 용도 및 노출

- 유기물의 산화 및 염소화
- 크롬화합물 및 색소 제조시 삼산화 크롬의 용제
- 촉매제

(4) 발암성 분류

국제암연구기구(IARC)에서는 발암성 평가를 하지 않았다.

미국 산업위생전문가협회(ACGIH)에서는 사람과 동물에 대한 이용할 만한 독성 자료 부족한 상태에서 다른 크롬화합물과의 유사성을 고려하여 노출기준 TLV-TWA를 0.025 ppm (0.16 mg/m3)로 제시하였다. 발암성에 대한 분류는 하지 않았다.

미국 국립산업안전보건연구원(NIOSH)에서 잠재적 발암물질로 추정하고 있다.

45. 크리센

일련번호	유해물질의 명칭		화학식	노출기준				비 고 (CAS번호 등)
	국문표기	영문표기		TWA		STEL		
				ppm	mg/m³	ppm	mg/m³	
547	크리센	Chrysene	$C_{18}H_{12}$	–	–	–	–	[218-01-9] 발암성 1B, 생식세포 변이원성 2

(1) 크리센이란?

무색 내지 백색의 푸른 형광을 띤 결정체이다. 벤즈[a]페난트렌이라고도 한다. 다환방향족 탄화수소 중의 하나이다.

(2) 물리화학적 특성

항 목	내 용	항 목	내 용
분자량	228.3	밀 도	1.274 at 20°C
녹는 점	255° to 256°C	끓는 점	448°C
증기압	6.3 X 10-9 torr at 20°C	용해도	물에 녹지 않음.

(3) 용도 및 노출

- 실험실 시약으로 사용한다.
- 유기물질이 가열되어 분해할 때 생성된다.
- 크리센의 직업적 노출은 콜타르 생산과 코크스 제조과정, 석탄 가스화 과정, 아스팔트 제조공장 및 알루미늄 제조공장에서 다환방향족 탄화수소의 하나로 노출된다.

◆ 노출규모

2009년 작업환경실태조사에서 크리센을 사용하는 사업장은 1개(1명)이었다.

(4) 발암성

사람을 대상으로 한 발암성에 대한 유용한 자료는 없다. 설치류에 다양한 경로로 투입하였을 때에 피부, 간 및 폐암 발생을 보고하였다. 다환방향족탄화수소(PAH)에 노출되는 경우에 폐암, 백혈병, 비뇨기계암 및 피부암이 증가한다는 보고는 많다.

(5) 발암성 분류

국제암연구기구(IARC)에서는 동물에 대한 발암성은 근거가 충분하다고 평가하여 인체발암가능물질(Possibly cacinogenic to humans, Group 2B)로 분류하였다.

미국 산업위생전문가협회(ACGIH)에서는 동물에서 암 발생이 확인되었으나 사람에 대해서는 관련성을 알 수 없다고 평가하여 A3(Confirmed Animal Carcinogen with Unknown Relevance to Humans)로 분류하였다.

46. 클로로메틸 메틸에테르

일련번호	유해물질의 명칭		화학식	노출기준				비 고 (CAS번호 등)
	국문표기	영문표기		TWA		STEL		
				ppm	mg/m³	ppm	mg/m³	
554	클로로메틸 메틸에테르	Chloromethyl methylether	C_2H_5ClO	-	-	-	-	[107-30-2] 발암성 1A

(1) 클로로메틸 메틸에테르란?

무색의 투명한 액체이다. 인화성이 있고 반응성 있는 물질이다.

(2) 물리화학적 특성

항 목	내 용	항 목	내 용
분자량	80.5	비 중	1.0625 (10°/4°C)
어는 점	-103.5°C	끓는 점	59.5°C (760 torr)
용해도	물에서는 분해됨.		

(3) 용도 및 노출

- 화학물질의 중간산물이다.
- 이온교환수지를 제조할 때에 사용된다.
- 화학물질을 메틸화할 때에 사용된다.

(4) 발암성

클로로메틸 메틸에테르에 노출되면 폐암이 증가한다. 생쥐에 피하주사를 하였을 때에 육종이 발생하였으며 생쥐에 흡입시켰을 때에 폐종양이 증가하였다.

(5) 발암성 분류

국제암연구기구(IARC)에서는 인간에게 발암근거가 확인된 물질로 평가하여 인체발암물질(Carcinogenic to humans, Group 1)로 분류였다.

미국 산업위생전문가협회(ACGIH)에서 인간에게 발암성 의심물질 (Suspected Human Carcinogen, A2)로 분류하였다.

47. 2-클로로-1,3-부타디엔

일련번호	유해물질의 명칭		화학식	노출기준				비 고 (CAS번호 등)
	국문표기	영문표기		TWA		STEL		
				ppm	mg/m³	ppm	mg/m³	
557	2-클로로-1,3-부타디엔	2-Chloro-1,3-butadiene	$CH_2CClCHCH_2$	10	–	–	–	[126-99-8] 발암성 1B, Skin

(1) 2-클로로-1,3-부타디엔이란?

무색의 액체이며 코를 찌르는 듯한 매운 냄새가 난다. 인화성이 강하다.

베타-클로로프렌이라고도 한다.

(2) 물리화학적 특성

항 목	내 용	항 목	내 용
분자량	88.54	비 중	0.958(20℃, 물=1)
녹는 점	-130℃	끓는 점	59.4℃(760mmHg)
증기압(20℃)	25kPa (188mmHg;25 % v/v)	증기밀도	3.0 (베타-클로로프렌이 끓는 점에서의 공기 =1)
물에 대한 용해도 (20℃)	약간 용해됨	포화농도(20℃)	25,000ppm 베타-클로로프렌
냄새 서한도	0.1, 15, 227ppm (4~20% v/v)		

(3) **용도 및 노출**

합성 고무 제조에 사용된다.

(4) **발암성**

러시아의 연구에서 이 물질에 노출된 근로자들에게서 폐암과 피부암의 발생이 증가한다고 하였으나 미국의 연구에서는 그렇지 않았다. 쥐와 생쥐를 이용한 동물실험에서 암 발생 증가는 확인되지 않았다. 이 물질에 노출된 근로자들에서 이상염색체가 증가하였다

(5) **발암성 분류**

국제암연구기구(IARC)에서는 암 발생에 대한 근거가 제한적이라고 평가하여 인체가능 발암물질(Possibly cacinognic to humans, Group 2B)로 분류하였다.

미국 산업위생전문가협회(ACGIH)에서 눈, 피부 및 호흡기계의 자극증상을 최소화하기 위하여 노출기는 TLV-TWA를 10 ppm(36 mg/m3)으로 제시하고 암에 관한 분류는 하지 않았다.

48. 1-클로로-2,3-에폭시 프로판

일련 번호	유해물질의 명칭		화학식	노출기준				비 고 (CAS번호 등)
	국문표기	영문표기		TWA		STEL		
				ppm	mg/m³	ppm	mg/m³	
564	1-클로로-2, 3-에폭시 프로판	1-Chloro-2, 3-epoxy propane	C_3H_5OCl	0.5	1.9	–	–	[106-89-8] 발암성 1B, Skin

(1) 1-클로로-2,3-에폭시 프로판이란?

일명 에피클로로하이드린(Epichlorohydrin, ECH)이라고 한다.

(2) 물리화학적 특성

항 목	내 용	항 목	내 용
CAS 번호	106-89-8	분자량	92.53
외관(색)	무색의 불안정한 인화성 액체	냄새	달콤한 마늘냄새, 맵거나 클로로포름 같은 자극성 냄새
녹는 점	-25.6 ℃	끓는 점	760 mmHg : 117.9 ℃
비중	(물=1) : 1.1812(20℃), 1.1750(25℃)	pH	자료 없음
증기압	20 ℃ : 13 mmHg, 25 ℃ : 16.4 mmHg	증기 밀도	3.19 (AIR= 1)
용해도	25℃에서 물에 6.6%, 유기용제에서 대부분 혼화되기 쉬우며, 물에서 약간 녹기 쉽다.	반응성	불안정 조건 : 325℃ 이상에서 중합함.

(3) 용도 및 노출

- 프로필렌과 염소를 사용하여 중간제품인 아크릴로라이트를 제조한 후 염소 및 수산화칼륨 용약을 첨가 반응시켜 최종 제품인 에피클로로히드린(ECH)를 생산한다.
- 에폭시수지의 원료가 된다.
- 글리시드·글리세롤 유도체의 합성에 사용된다.
- 염소화고무의 안정제로도 사용된다.

- 천연수지와 합성수지, 점성고무, 셀룰로스 에스테르와 에테르, 페인트, 바니쉬, 손톱 에나멜과 락카, 셀룰로이드 세멘트의 용제 등으로 사용된다.
- 글리세린(glycerine) 제조에 사용된다.
- 프로필렌 고무의 강화(toughening) 또는 견고화(hardening) 작업에 사용된다.
- 셀룰로오스 에스테르계 물질과 셀룰로오스 에테르계 물질에 용매로 쓰인다.
- 제지업에서 습윤 강도(wet-strength)가 높은 수지에 사용되는 물질이다.

(4) 발암성

1-클로로-2,3-에폭시 프로판에 노출된 근로자들을 대상으로 한 역학연구에서 폐암, 중추신경계 종양, 백혈병 발생이 약하게 증가하였다. 용량-반응관계를 보이지는 않았다. 암 발생과 연관성을 보이지 않은 역학연구결과도 있었다.

생쥐에 1-클로로-2,3-에폭시 프로판을 복강 내에 주사한 후에 폐종양이 활성화되어 있었으며, 피하에 주사한 후에는 국부적 육종이 생긴 것이 관찰되었다. 쥐에 1-클로로-2,3-에폭시 프로판을 경구투여한 결과 전위부에 유두종과 암종이 나타났고, 흡입 실험한 결과 비강에 유두종과 암종이 나타났다.

1-클로로-2,3-에폭시 프로판은 알킬화물로 작용하는 기전 때문에 직접적인 발암 유발성이 있다. 실제로 여러 세균연구에서 발암성이 있는 것으로 나타났다. 1-클로로-2,3-에폭시 프로판에 노출된 근로자의 림프구에서 염색체 이상이 나타난 연구들이 있다. 박테리아와 포유동물을 이용한 대부분의 생체 내외 실험에서는 대사계에 상관없이 1-클로로-2,3-에폭시 프로판에 의해 유전적 손상이 유도되었다.

(5) 발암성 분류

국제암연구기구(IARC)에서는 1-클로로-2,3-에폭시 프로판의 인체에 미치는 발암성의 근거는 부적합하지만, 동물 실험 결과 나타난 발암성의 근거는 충분한 것으로 평가하여 인체 발암추정물질(Probably carcinogenic to humans, Group 2A)로 분류하였다. 미국 산업위생전문가협회(ACGIH)에서는 생식기계에 대한 영향을 최소화하기 위하여 노출기준 TLV-TWA는 0.5 ppm (1.9 mg/m3)로 제시하고 동물에서는 발암성 근거가 확인되었으나 사람에 대해서는 연관성을 알 수 없다고 평가하여 A3(Confirmed Animal Carcinogen with Unknown Relevance to Humans)로 분류하였다.

49. 트리클로로에틸렌

일련번호	유해물질의 명칭		화학식	노출기준				비 고 (CAS번호 등)
	국문표기	영문표기		TWA		STEL		
				ppm	mg/m³	ppm	mg/m³	
617	트리클로로에틸렌	Trichloroethylene	CCl$_2$CHCl	10	–	25	–	[79-01-6] 발암성 1B, 생식세포 변이원성 2

(1) 트리클로로에틸렌이란?

무색의 불연성인 유동성 액체이다. 아세틸렌의 염소화 반응으로 만드는 염소계 유기용제이다. 클로로포름 비슷한 달콤한 냄새가 난다.

(2) 물리화학적 특성

항목	내용	항목	내용
분자량	131.39	비중	1.4642 at 202℃
녹는 점	84.7℃	끓는 점	87.2℃
증기압	58 torr at 20℃ ; 69 torr at 25℃	증기 밀도	4.53(air = 1.0)
용해도	물에 섞임.		

(3) 용도 및 노출

- 탈지용제로 광범위하게 사용된다.
- 드라이크리닝에 사용된다.
- 추출용제로 사용된다.
- 화학제품 제조의 중간원료로 사용된다.

(4) 발암성

사람에서는 간과 담관암, 비호지킨스 림프종, 자궁경부암의 발생이 증가하였다. 신장암과 방광암의 발생이 증가하였다는 연구결과는 일치하지 않았다.

생쥐와 쥐를 이용한 동물실험에서 간암 발생이 증가하였다. 생쥐에서는 악성 림프종과 폐선종이 증가하였다.

트리클로로에틸렌에 노출된 근로자의 말초 림프구에 구조적 염색체 이상, 염색체 이수성(aneuploidy), 자매염색분체 교환에 관한 연구결과들은 명확하게 결론을 내리기 어렵다.

(5) 발암성 분류

국제암연구기구(IARC)에서는 사람을 대상으로 한 발암성 연구결과는 근거가 제한적이지만, 동물 실험 결과는 발암성 근거가 충분하다고 평가하여 인체 발암 추정물질(Probably carcinogenic to humans, Group 2A)로 분류하였다.

미국 산업위생전문가협회(ACGIH)에서는 중추신경계억제증상, 신장독성 및 암 발생을 최소화하기 위하여 노출기준TLV-TWA는 10 ppm (54 mg/m3), TLV-STEL는 25 ppm (135 mg/m3)으로 제시하고, 인간에게 암 발생이 의심되는 것으로 평가하여 A2 (Suspected Human Carcinogen)로 분류하였다.

50. 1,2,3-트리클로로프로판

일련번호	유해물질의 명칭		화학식	노출기준				비 고 (CAS번호 등)
	국문표기	영문표기		TWA		STEL		
				ppm	mg/m³	ppm	mg/m³	
619	1,2,3-트리클로로프로판	1,2,3-Trichloropropane	CH₂ClCHClCH₂Cl	10	-	-	-	[96-18-4] 발암성 1B, 생식독성 1B, Skin

(1) 1,2,3-트리클로로프로판이란?

1,2,3-트리클로로프로판은 무색내지 담황색의 가연성 액체이며, 염소계 용제이다. 트리클로로에틸렌 또는 클로로포름 비슷한 냄새가 난다.

(2) 물리화학적 특성

항 목	내 용	항 목	내 용
분자량	147.43	비 중	1.3889
녹는 점	-14.7℃	끓는 점	156.8℃
증기압	3.4 torr at 20℃	용해도	물에 약간 녹는다.

(3) 용도 및 노출

- 용제로 사용된다.
- 페인트나 바니시 제거제(varnish remover)로 사용된다.
- 세정제나 탈지제(degreasing agent) 등의 용제 및 추출제로 사용한다.
- 농약 및 다황화 고무류 생산의 중간제로 사용된다.
- 폴리설폰 액정 폴리머(polysulfone liquid polymer), 다이클로로프로펜(dichloropropene), 헥사플루오로프로필렌(hexafluoropropylene) 등을 생산할 때 화학반응 중간제로 사용된다.
- 다황화물(polysulfide) 합성 시에 가교제(cross-linking agent)로 쓰인다.

1) 1,2,3-트리클로로프로판 제조(시료채취)

프로필렌의 염소화로 제조한다. 합성 이후 공정에서부터 발생되며, 품질관리를 위한 시료채취와 분석 시 노출될 수 있다.

2) 1,2,3-트리클로로프로판 제조(현장점검)

프로필렌의 염소화로 제조한다. 합성 이후 공정에서부터 발생되며, 제조설비와 공정을 점검 시 현장운전원에게 노출이 발생할 수 있다. 현장출입시간은 1일 평균 4~6시간 이다.

3) 1,2,3-트리클로로프로판 제조(포장)

프로필렌의 염소화로 제조한다. 제조 된 1,2,3-트리클로로프로판을 용기에 포장 시 작업자에게 노출이 발생할 수 있다.

(4) 발암성

사람을 대상으로 한 역학연구는 유용한 것이 없다. 1,2,3-트리클로로프로판을 쥐와 생쥐에 경구투여한 실험에서 구강점막, 자궁, 전위부, 간, 신장, 췌장 등에 종양 발생이 증가하였다. 1,2,3-트리클로로프로판은 대사 활성화계가 존재할 때에는 생쥐 림프종 세포에 유전자 돌연변이, 햄스터 세포에 자매염색분체 교환, 염색체 이상을 유도하였다.

(5) 발암성 분류

국제암연구기구(IARC)는 사람에 대한 발암근거는 부적절하지만, 동물실험 결과에서 발암근거는 충분하다고 평가하여 인체 발암 추정물질(Probably carcinogenic to humans, Group 2A)로 분류하였다.

미국 산업위생전문가협회(ACGIH)에서는 눈과 호흡기의 자극증상을 최소화하기 위하여 노출기준 TLV-TWA를 10 ppm (60 mg/m3)으로 제시하고, 동물에서는 발암성인 확인되지만, 사람에서는 연관성을 알 수 없다고 평가하여 A3(Confirmed Animal Carcinogen with Unknown Relevance to Humans)로 분류하였다.

51. 퍼클로로에틸렌

일련번호	유해물질의 명칭		화학식	노출기준				비 고 (CAS번호 등)
	국문표기	영문표기		TWA		STEL		
				ppm	mg/m³	ppm	mg/m³	
645	퍼클로로에틸렌	Perchloroethylene	CCl₂CCl₂	25	–	100	–	[127-18-4] 발암성 1B

(1) 퍼클로로에틸렌이란?

테트라클로로에틸렌이라고도 하며, 무색의 휘발성 액체로 에테르와 비슷한 냄새가 나며 비가연성 물질이다. 공기 중에서 트리클로로에틸렌보다도 안정하며, 자외선이 없는 어두운 곳에서는 산화되지 않는다.

(2) 물리화학적 특성

냄새의 역치(Odor Threshold)는 약 50 ppm 이고 70 ppm에서는 대부분 냄새를 맡을 수 있다.

항 목	내 용	항 목	내 용
분자량	165.83	비 중	1.6227 at 20℃
녹는 점	-22℃(-2 F)	끓는 점	121℃(250 F)
증기압	19 torr (25℃) 20 torr (26.3℃) : 공기 중에서 25,000 ppm에서 포화됨	증기밀도	5.83(공기=1)
용해도	물에는 잘 녹지 않지만, 벤젠, 에테르, 에틴올, 클로로포름과는 임의의 비율로 섞임.	반응성	강한 산화제들(황산, 질산 등)에 의해 산화

(3) 용도 및 노출

- 드라이크리닝에 사용된다.
- 세척을 위한 용제로 사용되고 금속 세척에서 증기 탈지를 위해 주로 사용된다.

- 퍼클로로에틸렌은 상업적으로 중요한 염화계 탄화수소 용제이다.
- 화학적 중간 재료로 사용된다.
- 직물 산업(textile industry)에서 추출 용제로 사용된다.
- 가축 구충제, 조직 훈증제(grain fumigant)로 사용된다.
- 염화 탄소 생산에 사용된다.
- 고융점의 왁스, 피치, 유지 등을 제거하기 위한 증기 세정에 적합하다.
- 다량의 수분이 부착된 부품에서의 수분의 제거, 건조에는 트리클로로에틸렌보다도 효과가 높다.
- 오존층 파괴물질로써 사용이 제한되어 가고 있다.

1) 퍼클로로에틸렌 제조(시료 채취)

C2, C3탄화수소의 열염소화에 의해 테트라클로로에틸렌과 함께 제조한다.

품질관리를 위한 시료 채취과정에서 근로자에게 퍼클로로에틸렌의 노출이 발생할 수 있다.

- 원료투입 → 반응기 → 분리/정제 → 시료채취 → 저장 → 포장/출하

2) 드라이클리닝 (dry cleaning)(원료 투입)

대량의 의류를 능률적으로 드라이클리닝 할 때 드라이클리닝용제에는 독성이 있으므로, 작업자가 용제 증기를 흡입하지 않도록 밀폐장치가 되어 있다.

유성 휘발성 유기용제를 사용하여 마른(물에 젖지 않은) 상태로 세탁하는 법. 건식세탁이라고도 한다. 용제에는 ① 석유계 용제 ② 테트라클로로에틸렌 ③ 플루오르계 용제(F-113) ④ 트리클로로에탄 등 4종류가 있는데 모두 물과 섞이지 않는 유성이며 휘발성이다. 특히 합성용제의 경우는 완전밀폐장치가 되어 있고, 세정-탈액-건조 과정을 같은 기계에서 연속적·자동적으로 한다. 한편, 용제는 물에 비해 월등히 비싸므로, 증류와 여과로 더러워진 용제를 정화하고 다시 사용하는 재활용 시스템이 채용되고 있다.

- 원료투입 → 세정 → 탈액 → 건조

3) 비구면 렌즈 제조(세척 공정)

카메라렌즈, 디지털 카메라 부품 등의 정밀 부품 세척공정에 퍼클로로에틸렌이 사용되고 있다. 퍼클로로에틸렌의 사용은 세척 공정에서 사용된다.

세척 공정은 렌즈 표면에 부착된 이물질을 제거하는 공정이다. 세척기 안에서는 19가지 세척제를 사용하여 세척을 하며, 라인을 흐르며 자동으로 함침되며 세척한다. 이 19가지 세척 공정 중에서 PCE는 첫 번째와 두 번째 세척에서 두 번 사용된다. 위의 작업장에서

노출원은 세 곳이다. 첫 번째는 PCE 보충을 위해 세척기에 투입하는 작업 시(한달에 두세 번)에 노출이 많이 될 수 있고, 밀폐형 세척기(라인식)에 제품을 투입하기 위해 슬라이드 문을 여는 곳과 세척된 제품을 배출하기 위해 슬라이드 문을 여는 곳에서 노출이 될 수 있다. 또한 오래된 세척액을 배출하는 작업 시에도 노출이 될 수 있다.

- 소재입고 → 연삭 → 심취 → 세척 → 코팅 → 접합 → 흑칠 → 조립 → 검사

4) 휴대폰 부품 세척(수동 세척)

휴대폰 부품과 같은 정밀 부품의 세척공정에서 퍼클로로에틸렌을 사용한다. 세척 작업에는 원형 통에 부품들을 수 백 개씩 담아서 퍼클로로에틸렌 함침함에 담그고, 그 원형 통이 3~4분 돌면서 세척작업이 일어난다. 작업자 2, 3은 이런 방법으로 세척을 하며, 통이 돌아갈 때에는 용제가 담겨있는 통의 뚜껑을 닫아 놓는다. 그러나 세척 끝과 시작 사이의 준비 시간에는 뚜껑을 열어두고, 부품에 퍼클로로에틸렌이 묻은 상태에서 다음 작업을 위해 적재되는 시간이 있으므로, 고농도 노출이 일어날 수 있다.

세척 후 선반 위에서 자연 건조시키거나, 에어 건으로 세척 후 말리는 작업이 있는데 이 경우에도 고농도 노출 가능성이 있다. 체에 부품을 담아 손으로 반복적으로 함침을 하는 방법으로 수동 세척을 하는 공정에서도 고농도 노출이 가능하다.

- 원자재 입고 → 자동선반 → 세척(바렐세척, PCE) → 포장

5) 특수페인트, 세척제, 기타 화학제품을 생산(원료 투입)

퍼클로로에틸렌을 원재료로 하여 특수페인트, 세척제, 기타 화학제품을 생산할 때에 많은 노출이 가능하다.

퍼클로로에틸렌을 다른 물질과 일정량 배합하기 위해 배합 통에 일정양을 옮기는 작업을 수행해야 한다. 이렇게 배합 통으로 일정량을 옮기는 작업을 하기 위해 퍼클로로에틸렌 드럼통을 열어두면 노출이 될 수 있다. 이송 방법으로는 공기 압력으로 관을 통하여 배합 통으로 이송하는 경우와 수동으로 컵이나 다른 도구로 옮기는 경우가 있는데, 후자의 경우에 많은 양이 공기 중으로 노출 될 수 있다.

배합을 한 후에 고르게 섞기 위해 교반기로 옮기게 되는데, 교반 시작 전이나, 도중에 소량의 퍼클로로에틸렌을 투입하는 작업이 있다. 이 경우에는 소량이기 때문에 대부분 수동으로 이송용기에 따라서 직접 교반기에 투여한다. 이 작업 도중에 공기 중으로 노출 될 가능성이 높다.

- 액상 개근 → 고체 개근 → 투입 → 포장

(4) 발암성

퍼클로로에틸렌 노출과 식도암, 자궁경부암, 비호지킨 림프종 발생 위험도가 서로 상관관계가 있는 것으로 보인다. 식도암은 2개의 코호트 연구에서 퍼클로로에틸렌이 암을 유발하는 유력한 위험인자인 것으로 보였지만 흡연이나 음주 습관에 관한 정보가 부족하여 평가하기에 불확실했다. 자궁경부암은 3개의 코호트 연구에서 표준화사망비와 표준화발병비가 증가했지만, 사회경제적 잠재 교란변수를 적용하지 않은 결과이다. 비호지킨 림프종은 3개의 코호트 연구에서 표준화사망비와 표준화발병비가 증가했다. 신장암은 세 가지 코호트 연구결과가 서로 일치하지 않았다. 방광암은 표준화사망비와 표준화발병비가 증가했지만 통계적으로 의미 있는 수준은 아니었다.

생쥐에 대한 경구투여 실험에 의한 간세포암 발생과 쥐의 흡입 실험에 의한 백혈병 발생이 확인되었다.

(5) 발암성 분류

국제암연구기구(IARC)에서는 동물실험에서 암 발생 근거가 충분하나, 사람에 대한 연구에서는 부적절하다고 평가하여 인체발암추정물질(Probably carcinogenic to humans, Group 2A로 분류하였다.

미국 산업위생전문가협회(ACGIH)에서는 퍼클로로에틸렌의 노출기준을 눈점막의 자극증상과 두통 등 중추신경계억제증상을 최소화하기 위하여 노출기준 TLV-TWA는 25 ppm (170 mg/m3), TLV-STEL은 100 ppm (685 mg/m3)으로 제시하고 동물에서는 확인된 발암물질이나 사람에 대해서는 연관성을 알 수 없다고 평가하여 A3(Confirmed Animal Carcinogen with Unknown Relevance to Humans)로 분류하였다.

52. 페닐 글리시딜 에테르

일련번호	유해물질의 명칭		화학식	노출기준				비 고 (CAS번호 등)
	국문표기	영문표기		TWA		STEL		
				ppm	mg/m³	ppm	mg/m³	
650	페닐 글리시딜 에테르	Phenyl glycidyl ether(PGE)	$C_6H_5OCH_2CHOCH_2$	0.8	5	–	–	[122-60-1] 발암성 1B, 생식세포 변이원성 2, Skin

(1) 페닐 글리시딜 에테르(PGE)란?

무색의 액체이며, 불쾌하면서도 향긋한 냄새가 난다.

(2) 물리화학적 특성

항목	내용	항목	내용
분자량	150.17	비중	1.11 at 20°C
녹는 점	3.5°C	끓는 점	245°C at 760 torr
증기압	0.01 torr (1.3 Pa) at 20°C; 0.01 torr at 25°C	용해도	물에 거의 녹지 않음.

(3) 용도 및 노출

- 할로겐 화합물에 용해력이 강한 중간 화합물이다.
- 교차결합을 통해서 중합체의 길이를 연장시키는 역할을 하며 경화제로서 사용된다.
- 페놀과 에피클로로히드린의 농축에 의해서 합성된다.
- 에폭시 수지(epoxy resin)의 기본 구성요소이다. 페닐 글리시딜 에테르는 에폭시 수지에 포함되어 반응 조절제(reactive modifier) 역할을 한다.
- 에폭시 수지는 페인트 같은 보호 피막용, 강화 플라스틱 합판 및 합성물용, 공구세공, 물, 주조수지용, 결합재와 접착재용, 바닥재와 건축골재용으로 널리 사용한다.

1) 에폭시 코팅

에폭시의 희석제 용도로써 프라이머로 사용되는 페닐 글리시딜 에테르는 에폭시 코팅 공정과정에서 휘발하여 노출이 발생할 수 있다.

- 바닥 청소 → 프라이머 → 에폭시 1차 코팅 → 에폭시 2차 코팅 → 에폭시3차 코팅

2) 에폭시 바닥재 제조(혼합)

에폭시 바닥재 생산과정에서 페닐 글리시딜 에테르를 원료로 투입되는 과정에서 페닐 글리시딜 에테르가 휘발되어 노출이 발생할 수 있다.

- 원료투입(PGE) → 반응 → 희석 → 정제 → 용제회수 → 포장 → 출하

3) 아크릴 고무 제조(투입)

아크릴 고무는 에스테르 화합물의 단량체의 중합 반응으로 제조한다. 아크릴 고무 제조 시 에스테르 화합물과 반응시키기 위해 사용되는 단량체의 종류 중 하나로 페닐 글리시딜 에테르가 사용된다. 작업자는 단량체인 페닐 글리시딜 에테르를 드럼통에서 반응기로 펌프를 사용하여 투입할 때 노출 될 수 있다.

- 에스테르 화합물 + 단량체 → 중합 → 아크릴 고무

4) 페인트 제조(혼합)

작업자는 안료와 페닐 글리시딜 에테르를 반응기에 함께 넣고 교반 하여 페인트를 제조할 수 있다. 반응기에 함께 섞인 원료물질이 교반되어 질 때 작업자에게 노출될 수 있다.

• 원료투입 → 반응 → 희석 → 정제 → 용제회수 → 포장 → 출하

(4) 발암성

사람을 대상으로 암에 대한 역학연구보고는 유용한 것이 없다. 동물실험에서 비강암 발생이 확인되었다. 생체 외 실험 결과 페닐 글리시딜 에테르는 박테리아에 돌연변이를 유도하였다. 포유동물세포를 이용한 실험에서 형질전환(transformation)을 일으켰다.

생체 내 실험 결과 동물세포에 염색체 이상이 유도되지 않았고, 생체 내 실험 결과 소핵이나 염색체 이상이 생기지 않았다. 쥐 실험에서 우성치사돌연변이가 발생하지 않았다.

(5) 발암성 분류

국제암연구기구(IARC)에서는 발암성에 대한 평가를 하지 않았다.

미국 산업위생전문가협회(ACGIH)에서는 고환에 대한 독성과 비강암 발생을 최소화하기 위하여 노출기준 TLV-TWA를 0.1 ppm(0.6 mg/m³)로 제시하였고, 쥐에서 비강암이 발생하였다는 것을 근거로 동물에서는 발암근거가 확인되었고 사람에서는 관련성을 알 수 없는 것으로 평가하여 A3(Confirmed Animal Carcinogen with Unknown Relevance to Humans)로 분류하였다.

53. 페닐 하이드라진

일련번호	유해물질의 명칭		화학식	노출기준				비 고 (CAS번호 등)
	국문표기	영문표기		TWA		STEL		
				ppm	mg/m³	ppm	mg/m³	
655	페닐 하이드라진	Phenyl hydrazine	$C_6H_5NHNH_2$	5	20	10	45	[100-63-0] 발암성 1B, 생식세포 변이원성 2, Skin

(1) 페닐 하이드라진이란 무엇인가?

담황색의 결정 내지는 유성액체이며 방향이 약간 있다. 공기에 닿거나 빛을 쬐면 색깔이 진해진다.

(2) 물리화학적 특성

항 목	내 용	항 목	내 용
분자량	108.14	비 중	1.0978 at 20°C
녹는 점	20°C	끓는 점	243.5°C (decomposes)
증기압	0.04 torr at 25°C	용해도	물에 약간 녹음. 알코올, 벤젠, 에테르, 클로로포름, 아세톤 및 연한 산에 녹음.

(3) 용도 및 노출

- 분석시약과 유기화학물 합성에 사용된다.
- 염료와 약품 등의 중간 원료로 사용된다.

1) 페닐하이드라진 제조(시료채취 및 분석)

아닐린을 아질산나트륨과 염산으로 처리하고, 생성되는 벤젠디아조늄염을 아황산이나 염화주석(Ⅱ)으로 환원하여 합성한다. 합성 이후 공정에서부터 발생되며, 품질관리를 위한 시료채취와 분석 시 노출될 수 있다.

2) 글루코사존(glucosazone)[858] 제조(계량 및 투입)

헥소오스에 페닐 하이드라진을 작용시키면 D-글루코스페닐오사존이 얻어지는 데, 보통 이것을 글루코사존이라 부른다. 페닐히드라진을 계량하여 반응기에 투입 시 노출될 수 있다.

3) Fischer 인돌 합성(계량과 투입)

산성 조건(염산, 황산 등)에서 페닐 하이드라진과 알데히드 또는 케톤의 반응으로 방향족 헤테로사이클 인돌이 형성된다. 이것은 편두통약 제조에 사용된다. 페닐히드라진을 계량하여 반응기에 투입 시 노출될 수 있다.

4) 디페닐카르바지드(diphenylcarbazide)(계량 및 투입)

페닐 하이드라진을 포스겐과 축합시켜 얻어지는 화합물이다. 크롬산이온과 예민하게 반응하여 적자색을 나타내므로 비색정량용 분석시약으로 사용된다.

페닐히드라진을 계량하여 반응기에 투입 시 노출될 수 있다.

---

858) 오사존의 한 종류. 글루코스, 3위의 탄소원자 이하의 입체 배치가 글루코스와 동일한 만노오스, 프룩토오스, 글루코사민에서 유래된 것을 말한다. 물에 녹기 힘든 황색의 바늘꼴 결정으로, 당류의 분리·확인 등에 이용된다.

(4) 발암성

사람을 대상으로 발암성에 관한 유용한 연구결과는 없다. 생쥐에게 염산 페닐 하이드라진 1 mg을 매일 먹이에 섞어서 200일 동안 투여하였더니 폐의 선종과 선암 발생이 증가하였다. 음료수에 0.6~0.8mg/day을 섞어서 평생동안 먹였더니 혈관종양 발생이 증가하였다. 생체 내와 외로 변이원성에 대한 실험에서 양성이었다.

(5) 발암성 분류

국제암연구기구(IARC)에서는 발암성에 대한 평가와 분류를 하지 않았다.

미국 산업위생전문가협회(ACGIH)의 페닐 하이드라진의 노출기준을 비강점벽과 피부의 자극증상, 피부염, 피부감작을 최소화하기 위하여 노출기준 TLV-TWA는 5ppm (20 mg/m3)로 제시하고 동물에서는 확인된 발암물질이나 사람에 대해서는 연관성을 알 수 없다고 평가하여 A3(Confirmed Animal Carcinogen with Unknown Relevance to Humans)로 분류하였다.

미국 산업안전보건연구원(NIOSH)에서는 발암성 물질로 분류하고 있다.

54. 프로판 설톤

일련번호	유해물질의 명칭		화학식	노출기준				비 고 (CAS번호 등)
	국문표기	영문표기		TWA		STEL		
				ppm	mg/m3	ppm	mg/m3	
681	프로판 설톤	Propane sultone	$C_3H_6O_3S$	–	–	–	–	[1120-71-4] 발암성 1B

(1) 프로판 설톤이란 무엇인가?

백색의 결정체 또는 무색의 액체이다.

(2) 물리화학적 특성

항 목	내 용	항 목	내 용
외 관	흰색의 결정형 고체 또는 무색의 액체	냄 새	녹을 때 악취가 남
분자량	122.14	비 중	1.393 at 40℃
어는 점	31℃	끓는 점	112℃ torr

물이 적당히 녹고(100 g/L), 대부분의 유기용제에 녹으나, 지방족 탄화수소에 녹지 않는다.

(3) 용도 및 노출

- 설포프로필 기(-CH2CH2CH2SO3-)를 유도하는 중간제로 사용된다.
- 진균제, 살충제, 양이온 교환수지(cation-exchange resins), 염료 및 가황 촉진제(vulcanization accelerators)를 만드는 중간제로 사용된다.

(4) 발암성

인체의 발암성에 대한 유용한 역학연구는 없다. 설치류를 대상으로 한 발암성 연구에서 암 발생이 확인되었다. 생쥐 실험에서는 피부 도포 및 피하 투여한 후에 종양이 국소적으로 발생했다[859)860)]. 프로판 설톤을 여러 가지 방법(경구, 정맥, 피부, 피하 투여, 태내 투여)으로 쥐에 투여하는 실험을 실시한 결과, 뇌와 신경계, 백혈병, 외이도의 종양, 소장의 종양, 젖샘을 포함하여 다양한 부위에 종양이 발생했다.

프로판 설톤은 박테리아에 DNA 손상과 돌연변이를 유발했다. 설치동물과 사람의 배양 세포에 염색체 이상, 자매염색분체 교환, 세포 형질변환을 일으켰지만, 햄스터의 배아 세포에는 이러한 현상이 없었다. 쥐의 뇌 세포를 이용한 생체 실험에서는 DNA 가닥 절단 현상을 일으켰다.

(5) 발암성 분류

국제암연구기구(IARC)에서는 발암성과 관련된 역학 연구결과는 없지만, 동물 실험 결과는 발암성 근거가 충분하다고 평가하여 인체 발암 가능물질(Possibly carcinogenic to humans, Group 2B)로 구분하였다[861)862)].

미국 산업위생전문가협회(ACGIH)는 동물에서 암 발생이 확인되었고 인간에서는 연관성을 모르는 A3(Confirmed Animal Carcinogen with Unknown Relevance to Humans)로 분류하였다.

---

859) Druckrey, H.; Kruse, H.; Preussmann, R.: Propane Sultone: A Potent Carcinogen. Naturwissenschaften 55:449 (1968)

860) Druckrey, H.; Kruse, H.; Preussmann, R.; et al.: Carcinogenic Alkylating Substances. IV. 1,3-Propane Sultone and 1,4-Butane Sultone. Z. Krebsforsch. 75:69-84 (1970)

861) The International Agency for Research on Cancer: IARC Monographs on the Evaluation of Carcinogenic Risk of Chemicals to Man, Vol. 4. Some Aromatic Amines, Hydrazine, and Related Substances, N-NitrosoCompounds and Miscellaneous Alkylating Agents, pp.253-258. IARC, Lyon, France (1974)

862) International Agency for Research on Cancer: IARC Monographs on the Evaluation of Carcinogenic Risks to Humans. Suppl. 7, Overall Evaluations of Carcinogenicity: An Updating of IARC Monographs Volumes 1 to 42, p. 70. IARC, Lyon, France (1987).

55. 프로필렌 이민

일련 번호	유해물질의 명칭		화학식	노출기준				비 고 (CAS번호 등)
				TWA		STEL		
	국문표기	영문표기		ppm	mg/m³	ppm	mg/m³	
688	프로필렌 이민	Propylene imine	C_6H_7N	2	5	–	–	[75-55-8] 발암성 1B, Skin

(1) 프로필렌 이민이란?

무색의 투명한 가연성인 액체이며 강한 암모니아 비슷한 냄새가 난다. 2-메틸아지리딘이라고도 한다.

(2) 물리화학적 특성

항 목	내 용	항 목	내 용
외 관	인화성 흄을 내는 액체	냄 새	강한 암모니아성 냄새
수소이온지수(pH)	–	분자량	57.09
끓는 점	66°~67°C	어는 점	-65°C
증기압	112 torr at 20°C	비 중	0.802 at 25°C

(3) 용도 및 노출

- 다양한 종이, 섬유, 고무, 의약품을 제조하는 중간제로 사용된다.
- 라텍스 표면 코팅 레진을 생산하는 데에 사용된다.
- 프로필렌 이민은 중합체, 피복, 접착제, 직물 제조, 종이 가공 시에 중간체로 사용하는 반응성 알킬화제(alkylating agent)이다.

◆ 노출규모

2009년 작업환경실태조사에서 프로필렌이민은 사용하는 사업장은 1개(5명)이었다.

(4) 발암성

인체 발암성 연구는 유용한 결과가 없다. 쥐에 프로필렌 이민을 투여했을 때에 암 발생이 확인되었다. 프로필렌 이민을 구강삽관을 통해서 쥐에 투입하였을 경우에 암 발생을 확인하였다.

Ulland 등[863]은 발암성을 평가하기 위해 쥐에 위장관을 통해 체중 1 kg 당 0, 10, 20 mg 용량을 투여하는 실험을 실시한 결과, 암컷에 유방 선암종, 수컷에 백혈병과 소수의 장

(intestinal) 종양, 그리고 중성구성 백혈병(Granulocytic leukemia), 외이도의 편평 상피암(squamous cell carcinoma of the ear duct) 및 신경교종(gliomas)이 관찰되었다. 프로필렌 이민은 박테리아에서 돌연변이를 유발했다. 효모균에 유사분열재조합(mitotic recombination)을 유도했다. 생쥐 실험에서는 표준분석법(standard assay)을 이용했을 때 C3H 10T1/2 세포에 형질변환을 유도하지 않았지만, 다른 방법으로 추가 배양했더니 형질이 변환된 콜로니(colony)가 생겼다.

(5) 발암성 분류

국제암연구기구(IARC)군에서 이 물질은 쥐에서 발암성이 있다고 평가하였다. 이 연구결과를 근거로 동물에서는 발암성이 충분하다고 평가하여 인체 발암 가능물질(Possibly carcinogenic to humans, Group 2B)로 분류하였다[864)865)].

미국 산업위생전문가협회(ACGIH)에서는 동물에서 암 발생이 확인되었고 인간에서는 연관성을 모르는 A3(Confirmed Animal Carcinogen with Unknown Relevance to Humans)로 분류하였다.

56. 하이드라진

일련번호	유해물질의 명칭		화학식	노출기준				비 고 (CAS번호 등)
	국문표기	영문표기		TWA		STEL		
				ppm	mg/m³	ppm	mg/m³	
698	하이드라진	Hydrazine	$(NH_2)_2$	0.05	–	–	–	[302-01-2] 발암성 1B, Skin

(1) 하이드라진이란?

하이드라진은 암모니아 냄새를 내는 맑고 무색의 액체이다. 하이드라진류에는 하이드라진을 포함하여 1,1-dimethylhydrazine, 1,2-dimethylhydrazine과 같이 여러 종류가 있다. 적은 양의 하이드라진은 자연적으로 만들어 진다. 하이드라진은 반응성이 빠르

---

863) Ulland, B.; Finkelstein, M.; Weisburger, E.K.; et al.: Carcinogenicity of Industrial Chemicals Propylene Imine and Propane Sultone. Nature 230:460-461 (1971).

864) nternational Agency for Research on Cancer: IARC Monographs on the Evaluation of Carcinogenic Risk of Chemicals to Man, Vol. 9, Some Aziridines, N-, S-, & O-Mustards and Selenium, pp. 61-65. IARC, Lyon, France (1975).

865) International Agency for Research on Cancer: IARC Monographs on the Evaluation of Carcinogenic Risks to Humans, Suppl. 7, Overall Evaluations of Carcinogenicity: An Updating of IARC Monographs Volumes 1 to 42, p. 66. IARC, Lyon, France (1987).

고 쉽게 불이 붙는다. 담배연기에도 들어있다. 충격, 마찰 또는 열에 노출되면 폭발할 수 있고 고인화성으로 공기에 노출되면 자연 발화될 수도 있다.

(2) 물리화학적 특성

항 목	내 용	항 목	내 용
CAS 번호	302-01-2	분자량	32.0453
외관(색)	무채색	냄새	암모니아와 비슷하며 혹은 비린내가 나는 액체
녹는점	1.4℃(36℉)	끓는점	113.5℃
비중	25℃에서 1.004(물=1.0)	pH	정확한 자료 없음 (그러나 1% 액체에서는 10.7)
증기압	1.92 kPa (@ 25 ℃) 20℃에서 10.4 mmHg, 25℃에서 14.4 mmHg	증기밀도	1.1(공기=1.0)
용해도	• 물에 녹음 • 용매 가용성: 메탄올, 에탄올, 프로판올, 이소부탄올 • 용매 불용성: 클로로포름, 에테르	반응성	피해야 하는 물질: 하이드라진은 강력한 환원제로 철·구리 산화물과 망간, 납, 구리 도는 그들의 합금과 접촉하면 화재나 폭발의 위험이 있다.

(3) 용도 및 노출

- 암모니아를 하이포염소산나트륨으로 산화시키는 라싱법이 사용된다. 이 공정에서는 차아염소산나트륨(염소와 수산화나트륨 반응에서 얻어짐)이 암모니아를 산화하는데 사용된다. 이 반응은 서서히 일어나며 고압과 고온(20~150℃)이 필요하다. 이 반응은 서서히 일어나지만 금속이온 불순물 특히, 구리(II)에 의한 촉매가 필요하다.
- 암모니아 대신에 요소를 사용하는 제조법도 있다.
- 대부분의 하이드라진은 로켓추진연료로 사용된다.
- 보일러의 청관제, 수처리에 사용된다.
- 염료, 무전극 니켈도금 환원제로 사용된다.
- 우레탄 중합반응, 화학반응제(중합반응 촉매), 의약품, 암 연구에 사용된다.
- 연료전지 등에 사용되고 있다.
- 합성건물의 막음제(block)로 사용된다.
- 차의 에어백에 사용된다.

◆ 노출규모

2009년 작업환경실태조사에서 하이드라진을 제조하는 사업장은 1개(3명), 사용하는 사업장은 13개(276명) 이었다.

(4) 발암성

국제암연구기구(IARC)에서 발표한 자료를 보면 하이드라진에 6년간 노출된 한 남성에서 맥락막 흑색종이 보고된 바 있다. 하이드라진 공장에서 근무하는 423명의 남성을 대상으로 실시한 연구에서 다섯 건의 암(위암 3건, 췌장암 1건, 신경인성암(neurogenic cancer) 1건)이 보고되었지만, 가장 높은 수준으로 노출된 집단에서는 이 중 어떤 암도 나타나지 않았다. 이 코호트 연구를 1982년까지 연장시켜 사망률을 관찰한 추가 연구에서는 가장 높은 수준으로 노출된 집단에서만 두 명의 폐암 환자가 더 발생했다.

1945~71년 사이에 영국의 한 하이드라진 공장에서 최소 6개월간 하이드라진에 노출된 427명의 남성을 1992년까지 추적한 코호트 연구에서 영국의 잉글랜드와 웨일스 지역의 사망률을 비교했을 때 총 사망률, 폐암으로 인한 사망률, 소화기암으로 인한 사망률, 다른 종류의 암으로 인한 사망률은 증가하지 않았다.

하이드라진을 제조하는 다른 9곳의 공장에서 고용된 사람의 암 사망률이 예비조사에서 전혀 일반인들의 암 사망률과 크게 다르지 않았었다고 밝혀졌다.

생쥐에 경구투여한 실험 결과 그 자손 세대에서도 간, 유방, 폐에 종양이 발생했다. 식수에 하이드라진을 섞어 투여한 생쥐 실험에서는 최고 농도(50ppm)로 투여했을 때 종양은 발생하지 않았다. 생쥐를 이용한 복강 내 주사 실험 결과 폐 종양, 백혈병, 육종이 생겼다. 생쥐를 이용한 흡입 실험에서는 폐 선종 발생이 약간 증가한 것으로 나타났다.

쥐를 이용하여 식수를 통해 하이드라진에 노출시킨 실험에서는 체중 증가율이 심하게 감소했고, 간에 종양 발생이 증가했다. 쥐를 이용한 경구투여 실험에서는 폐와 간에 종양이, 흡입 실험에서는 양성, 악성 비강 종양이 나타났다.

햄스터를 이용한 흡입 실험에서는 양성 비강 폴립(polyp), 소수의 직장 종양, 갑상샘 선종이 나타났다. 햄스터에 황산 하이드라진(hydrazine sulfate)을 78주간 매우 고농도로 경구투여한 실험에서는 간세포 암종이 발생했다.

박테리아, 효모, 초파리(Drosophila)를 이용한 실험에서 하이드라진에 의해 유전자 돌연변이가 유도되었다. 생쥐, 쥐, 햄스터를 이용한 생체 내 실험에서 간 DNA에 N7-메틸구아닌(N7-methyl guanine)과 O6-메틸구아닌(O6-methylguanine)이 형성되었다.

하이드라진에 유발된 DNA의 손상은 무작위적이지 않고 신생아에서 낮은 농도에서는 DNA중간화합물의 생성은 낮은 하이드라진 처치농도는 낮았으나, 높은 처치농도에서는 이러한 화합물의 농도는 높아지는 것을 발견하였다. Droisophila에서 돌연변이를 관찰하는 유전활성시험에서 하이드라진의 유전활성을 발견할 수 있었다.

(5) 발암성 분류

국제암연구기구(IARC)에서는 하이드라진이 인체에 미치는 발암성의 근거는 부적합하지만, 동물 실험 결과 나타난 발암성의 근거는 충분하다고 평가하여, 하이드라진은 인체 발암 가능물질(Possibly carcinogenic to humans, Group 2B)로 분류하였다.

미국 산업위생전문가협의회(ACGIH)는 작업장에서 하이드라진의 허용한계를 0.013 mg/m3로 권고하였으며, 사람에 대한 발암의심물질(Suspected human carcinogen, A2)로 분류하였다.

57. 헥사메틸 포스포르아마드

일련번호	유해물질의 명칭		화학식	노출기준				비 고 (CAS번호 등)
	국문표기	영문표기		TWA		STEL		
				ppm	mg/m³	ppm	mg/m³	
706	헥사메틸 포스포르아미드	Hexamethyl phosphoramide	$[(CH_3)_2N]_3PO$	-	-	-	-	[680-31-9] 발암성 1B, 생식세포 변이원성 1B, Skin

(1) 헥사메틸 포스포르아마드란?

무색의 유동성 액체이며 방향이 있다.

(2) 물리화학적 특성

항 목	내 용	항 목	내 용
외 관	무색의 액체	냄 새	방향족 향기
수소이온지수(pH)	-	분자량	179.2
끓는 점	233°C at 760 torr	어는 점	5°~7°C
인화점	83.3°C, closed cup	휘발성	-
증기압	0.03 torr at 20°C	비 중	1.03 at 20°C
반응성	물을 만나면 황산과 메탄올로 빠르게 가수분해됨	혼합금지물질	-

헥사메틸 포스포르아마드는 알코올과 에테르에 용해된다.

(3) 용도 및 노출

- 헥사메틸 포스포르아마드는 방향족 폴리아미드 섬유제조에서 용제로 사용된다.
- 가스에 대한 선택적인 용제로 사용된다.
- 스타이렌의 중합반응의 촉매와 안정제로 사용된다. 다양한 중합체성 물질에 열과 자외선에 의한 분해를 막는 안정제로 사용되는 물질이다.
- 폴리비닐과 폴리올레핀 레진의 첨가제로 사용된다.
- 곤충에 대한 화학적 불임제(chemosterilant)로 사용된다.
- 살충제로 사용된다.

(4) 발암성

인체발암성에 대한 유용한 자료가 없다. Zapp[866]은 헥사메틸 포스포르아마드를 개에게 흡입시켰을 때에 편평상피화생(squamous metaplasia)이 생긴다고 하였다. 헥사메틸 포스포르아마드에 흡입 노출된 쥐의 비강에서 편평상피세포암이 보고되었다[867][868][869].

박테리아 실험에서 외인성 대사계의 존재 여부와 상관없이 어떤 돌연변이도 관찰되지 않았다[870]. 외인성 대사계가 있는 조건에서 대장균(Escherichia coli)을 이용한 실험에서는 돌연변이가 관찰되었다.

쥐 비강 상피세포를 이용한 생체 외 실험에서도 DNA가 단백질과 교차결합을 형성한 것이 확인되었다. 포유동물세포를 이용한 생체 외 실험 결과 헥사메틸 포스포르아마이드에 의해 자매염색분체 교환, 소핵, 염색체 돌연변이가 유도되었다.

인간세포를 이용한 생체 외 실험에서는 헥사메틸 포스포르아마이드에 의해 소핵 형성, 자매염색분체 교환이 유도되었다. 생쥐를 이용한 생체 내 실험에서는 골수 세포에 자매염색분체 교환이 일어났다. 생체 내 실험에서는 생쥐 골수세포에 염색체 이상이 유도되지 않았지만, 쥐 골수세포에는 염색체 이상이 유도되었다.

---

866) Zapp, J.A.: Inhalation Toxicity of Hexamethyl Phosphoramide. Am. Ind. Hyg. Assoc. J. 36:916 (1975).
867) Lee, K.P.; Trochimowicz, H.J.: Pulmonary Response to Inhaled Hexamethylphosphoramide in Rats. Toxicol. Appl. Pharmacol. 62:90-103 (1982).
868) Lee, K.P.; Trochimowicz, H.J.: Induction of Nasal Tumors in Rats Exposed to Hexamethylphosphoramide by Inhalation. J. Natl. Cancer Inst. 68:157-171 (1982).
869) Lee, K.P.; Trochimowicz, H.J.: Induction of Nasal Tumors in Rats Exposed to Hexamethylphosphoramide by Inhalation. J. Natl. Cancer Inst. 68:157-171 (1982).
870) U.S. National Toxicology Program: Hexamethylphosphoramide. In: Results and Status: Testing Information and Study Results. Online at: http://ntpserve r.niehs.nih.gov/main_pages/NTP_ALL_STDY_P G.html (updated 02/07/2001)

생쥐에 우성치사 돌연변이가 유도되는지를 알아본 두 실험 연구에서는 한 연구에서 양성, 다른 연구에서 음성의 결과가 나왔다. 노랑초파리(D.melanogaster)를 이용한 돌연변이 실험으로 보아 헥사메틸 포스포르아미이드는 DNA 교차결합 형성을 유발하는 것으로 추측되었다[871].

(5) 발암성 분류

국제암연구기구(IARC)에서는 헥사메틸 포스포르아미이드의 인체 발암성과 관련된 유용한 역학 연구는 없고, 동물 실험 결과 나타난 발암성의 근거는 충분하다고 평가하여 인체 발암 가능물질(Possibly carcinogenic to humans, Group 2B)로 분류하였다[872)873)].

미국산업위생전문가협회(ACGIH)는 헥사메틸 포스포르아마드의 발암성에 대하여 동물에서는 발암성이 확인되었으나 인간에서는 관련성이 확인되지 않았다고 평가하여 A3(Confirmed Animal Carcinogen with Unknown Relevance to Humans)로 분류하였다.

58. 헵타클로르

일련번호	유해물질의 명칭		화학식	노출기준				비 고 (CAS번호 등)
	국문표기	영문표기		TWA		STEL		
				ppm	mg/m³	ppm	mg/m³	
718	헵타클로르	Heptachlor & Heptachlor epoxide	$C_{10}H_5Cl_7$ $C_{10}H_5Cl_7O$	–	0.05	–	–	[76-44-8] 발암성 2, Skin

(1) 헵타클로르란?

백색 내지 담갈색의 불연성인 밀랍과 같은 고체이며 장뇌냄새가 난다. 헵타뮬(Heptamul) 또는 헵타그란(Heptagran)이라고도 한다.

---

871) U.S. National Toxicology Program: Hexamethylphosphoramide. In: Results and Status: Testing Information and Study Results. Online at: http://ntpserve r.niehs.nih.gov/main_pages/NTP_ALL_STDY_P G.html (update zd 02/07/2001)

872) International Agency for Research on Cancer: IARC Monographs on the Evaluation of the Carcinogenic Risk of Chemicals to Man, Vol. 15, Some Fumigants, the Herbicides 2,4-D and 2,4,5-T, Chlorinated Dibenzodioxins and Miscellaneous Industrial Chemicals, pp. 211-222. IARC, Lyon, France (1977).

873) International Agency for Research on Cancer: IARC Monographs on the Evaluation of Carcinogenic Risks to Humans, Vol. 71, Re-evaluation of Some Organic Chemicals, Hydrazine and Hydrogen Peroxide, p.1465. IARC, Lyon, France (1999).

(2) 물리화학적 특성

항 목	내 용	항 목	내 용
분자량	373.32	어는 점	95°~96°C
끓는 점	135°~145°C (at 1 to 1.5 torr)	밀도	1.65 to 1.67 g/ml(at 25°C)
증기압	0.0003 torr (at 25°C)	반응성	공기중, 습한 상태, 일상적인 태양광 아래서 안정상태임.

냄새 역치는 0.02 ppm이다. 물에 용해되며(0.056 mg/L), 아세톤과 벤젠 사염화탄소 사이클로헥산에 물보다 더 잘 용해된다. Stability:

(3) 용도 및 노출

헵타클로르는 살충제이다. EPA에서는 1978년에 사용을 금지하였다.

(4) 발암성

헵타클로르 노출과 혈액 이상의 연관성에 대해서는 많은 보고가 있었다. 1978년에 Infante 등[874]은 출생 전후기에 헵타클로르에 노출된 어린이들에게서 34명의 혈액이상과 1명의 신경아세포종(neuroblastoma)을 보고하였다.

1987년에 Epstein과 Ozonoff[875]는 백혈병을 포함한 25명의 혈액이상으로 무형성 빈혈(aplastic anemia), 과립세포감소증(agranulocytosis), 거대적아구성 빈혈(megaloblastic anemia), 혈소판 감소성 자반증 등을 보고하였다. 여러 동물실험에서 여러 장기에 암을 일으키는 것으로 보고되었다. 미국 국립암연구소(NCI)에서 수행한 연구결과는 생쥐에 식이를 통해서 헵타클로르를 투여하였는 데, 간세포암이 암컷 생쥐에서 유의하게 증가하였다[876].

Epstein[877]는 1955년에 출판하지 않은 연구에서 쥐에 헵타클로를 투여하였을 때에 뇌하수체와 다른 내부분비 기관에서 종양이 발생하였다고 하였다. 쥐(CD Rats)를 대상으로 한 실험에서 뇌하수체와 유방에 종양이 발생하였다고 하였다. 그러나 양-반응 관계는

---

874) Infante, P.F.; Epstein, S.S.; Newton, W.A., Jr.: Blood Dyscrasias and Childhood Tumors and Exposure to Chlordane and Heptachlor. Scand. J. Work Environ. Health 4:137-150 (1978).

875) Epstein, S.S.; Ozonoff, D.: Leukemias and Blood Dyscrasias Following Exposure to Chlordane and Heptachlor. Teratog. Carcinog. Mutagen. 7:527-540 (1987).

876) U.S. National Cancer Institute: Bioassay of Heptachlor for Possible Carcinogenicity. Technical Report Series No. 9. DHEW (NIH) Pub. No. 77-809. U.S.Government Printing Office, Washington, DC (1977).

877) Epstein, S.S.: Carcinogenicity of Heptachlor and Chlordane. Sci. Total Environ. 6:103-154 (1976). No liver tumors were recorded.

없었다[878]. 암컷 쥐에 투여하였을 때에 갑상선의 여포암과 선종이 비교군에 비하여 증가하였다. 연구자는 이 결과에 대하여 비교군의 발생 변이를 고려할 때에 투여군의 발생은 상대적으로 높지 않다고 하였다[879].

쥐(CFN rats)에 헵타클로르를 식이로 투여하였을 경우에 암 발생이 통계적으로 유의하게 증가하지 않았다[880]. 헵타클로르는 박테리아를 이용한 변이원성 시험에서 음성이었다[881)882)883)884)885]. 헵타클로르는 rec 시험에서도 활성이 없었다[886]. 생쥐 림프종세포(L5178Y tk+/tk-mouse lymphoma cell)에서 시행한 변이 원성 시험에서 양성이었다[887]. 헵타클로르를 투여한 후 염색체 이상 빈도가 생쥐의 골수 세포에서 확인 되었다[888].

(5) 발암성 분류

국제암연구기구(International Agency for Research on Cancer Working Group, IARC)에서는 헵타클로르를 인간에 대한 발암성은 부적절한 것으로 평가하여[889], 인체 발암성 비분류물질(Not classifiable as to carcinogenicity to humans, Group 3)으로 분류하였다.

---

878) Jolley, W.P.; Stemmer, H.; Pfitzer, E.A.: Effects of Feeding Diets Containing a Mixture of Heptachlor and Heptachlor Epoxide to Female Rats for 2 Years. Unpublished report to the Velsicol Corporation. Kettering Laboratory, University of Cincinnati, OH(January 28, 1966).

879) U.S. National Cancer Institute: Bioassay of Heptachlor for Possible Carcinogenicity. Technical Report Series No. 9. DHEW (NIH) Pub. No. 77-809. U.S. Government Printing Office, Washington, DC (1977).

880) Witherup, S.; Cleveland, F.P.; Stemmer, K.: The Physiological Effects of the Introduction of Heptachlor Epoxide in the Varying Levels of Concentration into the Diets of CFN Rats. Unpublished report to the Velsicol Corporation. Kettering Laboratory, University of Cincinnati, OH (November 10, 1959).

881) Marshall, T.C.; Dorough, H.W.; Swim, H.E.: Screening of Pesticides for Mutagenic Potential Using Salmonella typhimurium Mutants. J. Agric. Food. Chem. 24:560-563 (1976).

882) Moriya, M.; Ohta, T.; Watanabe, K.; et al.: Further Mutagenicity Studies on Pesticides in Bacterial Reversion Assay Systems. Mutat. Res. 116:185-216 (1983).

883) Gentile, J.M.; Gentile, G.J.; Bultman, J.; et al.: An Evaluation of the Genotoxic Properties of Insecticides Following Plant and Animal Activation. Mutat. Res.101(1):19-29 (1982).

884) Shirasu, Y.; Moriya, M.; Kato, K.; et al.: Mutagenicity Screening in Pesticides in the Microbial System. Mutat.Res. 40:19-30 (1976).

885) Probst, G.S.; McMahon, R.E.; Hill, L.E.; et al.: Chemically-Induced Unscheduled DNA Synthesis in Primary Rat Hepatocyte Cultures: A Comparison with Bacterial Mutagenicity Using 218 Compounds. Environ. Mutagen. 3(1):11-32 (1981).

886) Shirasu, Y.; Moriya, M.; Kato, K.; et al.: Mutagenicity Screening in Pesticides in the Microbial System. Mutat. Res. 40:19-30 (1976).

887) McGregor, D.B.; Brown, A.; Cattanach, P.; et al.: Responses of the L5178Y tk+/tk- Mouse Lymphoma Cell Forward Mutation Assay: III. 72 Coded Chemicals. Environ. Mol. Mutagen. 12:85-154 (1988).

888) Markaryan, D.S.: Cytogenetic Effect of Some Chloroorganic Insecticides on the Nuclei of Bone Marrow Cells. Gentica 1:132-137 (Russian) (1966).

889) International Agency for Research on Cancer: IARC Monographs on the Evaluation of the Carcinogenic Risk of Chemicals to Humans, Suppl. 7, Overall Evaluations of Carcinogenicity: An Updating of IARC Monographs Volumes 1 to 42, pp. 146-148. IARC, Lyon, France (1987).

최소화하기 위한 것으로 TLV-TWA, 0.05 mg/m3로 제시하였으며, 혈액의 이상(blood dyscrasias)과 동물에서 관찰된 발암가능성을 최소화하기 위한 것이었다. 헵타클로르를 동물에서는 발암성이 확인되었으나 인간에서는 연관성을 알수 없는 것으로 평가하여 A3(Confirmed Animal Carcinogen with Unknown Relevance to Humans)로 분류하였다.

59. 황산

일련번호	유해물질의 명칭		화학식	노출기준				비 고 (CAS번호 등)
	국문표기	영문표기		TWA		STEL		
				ppm	mg/m³	ppm	mg/m³	
723	황산	Sulfuric acid (Thoracic fraction)	H_2SO_4	–	0.2	–	0.6	[7664-93-9] 발암성 1A (강산 Mist에 한정함), 흉곽성

(1) 황산이란?

황산은 분자식이 H2SO4으로 그 수용액을 말한다. 이것은 묽고 유성의 무색, 무취이다. 황산은 매우 부식성이 강하고 물과 에틸알콜에 매우 잘 녹는다. 물 및 알콜과 접촉시 발열반응을 한다.

(2) 물리화학적 특성

순수한 황산은 무색으로 점성이 있는 기름 같은 액체이다. 겨울철에는 결정화한다. 많은 무기물 및 유기물을 녹이며, 가열하면 290℃에서 분해하기 시작하여 삼산화황을 발생한다.

항 목	내 용	항 목	내 용
CAS 번호	7664-93-9	분자량	98.08
외관(색)	무색(순수하지 않은 경우 갈색)	냄새	무취
녹는점	10.3 ℃(100%)	끓는점	338℃(98%)
비중	1.8(g/㎤)	pH	0.3(1 N 용액), 1.2(0.1 N 용액), 2.1(0.01 N 용액)
증기압	5.93×10^{-5} mmHg (@ 25℃)	증기밀도	3.4 (공기=1, @ 황산 끓는점 온도)
용해도	물과 에틸알콜에 잘 녹음	반응성	물과 접촉하면 발열반응

(3) 용도 및 노출

- 황산은 공업적으로 백금이나 오산화바나듐 촉매를 이용해 만든다. 황 또는 황화석, 보통 황화철을 배소하여 이산화황을 만들고, 이것을 산화시키고 물에 흡수시켜서 제조한다. 이 밖에 각종 광석제련소에서 황화광석을 처리할 때의 폐가스·석유분해가스·석탄가스 등으로부터 얻는 이산화황을 이용하는 경우도 있다.
- 화학공업에서 기초원료로 가장 중요한 것 중의 하나이다. 황산암모늄·과인산석회·망초·황산칼륨·석고·술폰산 또는 그 염, 이 밖에 질산·염산·인산·아세트산·크롬산 등과 같은 각종 산, 인산암모늄·황화수소·염소·인조섬유·합성섬유·염료·산화티탄 리토폰·페놀 등의 제조에 사용된다.
- 제품의 생산에 사용될 경우는 비료, 화학물질, 염료 혹은 색소, 황산지(parchment paper), 접착제, 그리고 다른 산의 생산에 사용되며 석유의 정제, 모직물의 탄화(carbonization), 레이온 및 필름 생산 산업, 피혁 산업 등에 사용된다.
- 미네랄과 식물성 오일의 정제, 우라늄이나 구리 광석의 추출물로써 혹은 아연이나 구리의 생산에 사용된다.
- 알킬화 촉매 및 실험실 약품 등으로도 사용된다.
- 아세트산·아세트산셀룰로오스, 각종 에스테르의 제조, 석유의 분해 등에도 사용된다.
- 니트로벤젠·니트로글리세롤·니트로셀룰로오스 등의 제조에는 니트로화시약으로 진한 황산이 조제로 필요하다.
- 알데히드·숙신산·옥시산, 케톤 등에서는 산화조제, 아연·철·알루미늄·나트륨 등에 의해서 각종 유기화합물을 만들 때에는 환원조제로 사용된다.
- 황산은 흡습성이 강해 황산과 반응하지 않는 물질의 수분을 빼앗는 용도로 사용할 수 있다. 또 고온의 진한 황산은 산화력이 강해 구리나 은 등을 산화시킨다.
- 금속제련·제강·방직·제지·식품 등의 각종 공업에 광범위하게 사용되고 있으며, 이밖에 실험실용 시약·의약품으로서의 용도도 많다.
- 철강·황동·청동·구리·은 등의 녹제거나, 석유·유지·그리스·타르·지방산 등의 세정에 다량으로 사용된다.
- 녹말·목재의 당화나 방부제·제초제·살균제·살충제·매염제·축전지·피혁의 탈모제로도 쓴다.
- 수처리 과정에서는 pH 조절을 위해 사용된다.

- 알루미늄을 윤이 나게 하는데 사용되며 배터리 충전액으로도 사용된다.
- 전기도금, 에칭액(etchant), 금속의 세정(pickling metal), 비철 야금(nonferrous metallurgy), 철강 등에도 사용된다.

1) 황산제조(시료채취)

황 또는 황화석, 보통 황화철을 배소하여 이산화황을 만들고, 이것을 산화시키고 물에 흡수시켜서 제조한다.

이산화황을 산화하는 방식에 따라 질산식과 접촉식의 두 가지가 사용된다.

접촉식에서는 촉매(대부분 산화바나듐 V2O5계 촉매)를 사용하여 제조한다.

접촉식으로 만든 접촉황산은 순도와 농도가 높고 발연황산까지 만들 수 있는 특성을 지닌다. 촉매를 제거하기 위해서 원료인 이산화황을 각종 공정을 거쳐 정제하기 때문에 비교적 순도가 높은 것을 얻을 수 있다.

근로자는 반응이 완료된 후 시료를 채취하는 공정에서 노출이 발생할 수 있다.

- 원재료투입(이산화황) → 산화 → 물로 흡수 → 황산 제품 → 용기 포장

2) 비료제조의 원료(황산 투입)

황산공장, 인산공장, 그리고 복합비료공장으로 구분되며 각 공장이 서로 연계되어 최종적으로 복합비료를 생산하게 된다.

황산 제조는 복합비료의 인산질 성분이 되는 인산을 만들기 위한 중간제품으로 사용된다. 인산은 복합비료의 인산질 성분을 공급하기 위한 복합비료공장의 중간제품으로서 인광석 및 황산을 원료로 사용하며 다음과 같은 공정 과정을 거치면서 인산이 생산된다.

복합비료는 비료의 삼요소인 질소, 인산, 가리 등을 포함한 비료로 암모니아, 염산, 요소, 가리 및 충전물(석고) 등을 원료로 사용 입자비료를 만드는데 있으며 다음과 같은 공정 과정을 거치면서 복합비료가 생산된다.

황산은 인산 제조를 위해 투입과정에서 근로자에게 노출될 수 있다.

- 중화 및 제립(암모니아와 인산) → 건조 → 선별 → 냉각 및 제품피복 → 회수

3) 기타 기초 유기화합물 제조(분해공정)

큐멘(Cumene), 페놀(Phenol), 그리고 아세톤(Acetone)을 생산하는 공정에서 pH 조절용으로 황산이 사용된다.

원료가 되는 벤젠과 프로필렌을 인산촉매 하에 투입하여 반응과정을 거친 후 농축을 시키고 분해하는 과정을 거치게 된다. 이후 증류와 정제 과정을 거치면서 최종 제품으로 저장

혹은 출하된다. 황산이 사용되는 공정은 분해 공정과 Effluent System이다. 분해 공정에서는 불순물을 제거해주기 위해 Dytek이라는 물질이 Residue 형태로 투입되는데 이 물질이 염기성을 갖기 때문에 황산을 투입해주게 된다. 또한 재생 및 폐수공정인 Effluent System에서는 페놀을 잡아주기 위해 가성소다(NaOH)가 첨가된 중합제를 투입하게 되는데 이 경우 pH를 맞추기 위해 황산을 투입하고, 근로자에게 노출이 발생할 수 있다.

- 원재료 투입(벤젠, 프로필렌) → 반응 → 농축 → 분해 → 증류/정제 → 저장/출하

4) 비철 금속 압연, 압출 및 연신제품 제조(용융)

비철금속 형재 또는 비철금속합금 형재를 압연·압출·인발 및 기타방법으로 가공, 처리하여 1차 형태의 박판, 시트, 선, 봉, 바, 대 및 관 등을 생산할 때 황산이 사용된다.

황산이 노출 가능한 공정은 황산에 금속을 용융시키거나 황산에 용융된 금속을 전기를 이용하여 도금하는 공정 즉, 용해공정, 제박공정, 후처리공정 등이 포함된다. 또한 공정 중 발생한 폐수를 처리하는 폐수처리 공정과 에칭테스트를 수행하는 성능검사 공정 등에서도 황산 등을 취급한다.

용융 공정에서 근로자에게 황산의 노출이 발생할 수 있다.

- 약품 혼합 및 투입 → 용해 → 제박 → 후처리 → 도공 → 선별 → 포장 → 폐수처리 → 성능검사 → 연마

5) 인쇄회로기판 제조(도금)

도금작업에서는 염산, 황산, 초산 등의 산성물질과 수산화나트륨, 수산화칼륨 등의 알카리성 물질 및 시안화칼륨, 시안화나트륨 등의 시안화 크롬화합물 이외에도 실제로 다수의 화학물질을 취급하고 있다.

인쇄회로기판(Printed Circuit Board)은 적층판에 구리 배선 패턴을 스크린인쇄법 또는 사진 제판법으로 형성한 것이다. 적층판에는 종이 또는 유리 섬유에 페놀 수지나 에폭시 수지를 입힌 것이 일반적으로 널리 사용되고 있다.

이적층판의 평면 또는 양면에 구리박을 붙인 적층판에 스크린 인쇄에 의해 레지스트 잉크로 회로를 인쇄하여 불필요한 부분의 구리박을 부식하여 제거하고, 레지스트 잉크를 알칼리 수용액으로 벗겨낸 다음에 납땜이 필요 없는 부분에 솔더(solder=납땜)레지스트를 스크린 인쇄한다.

- 내층 I → 내층 II → 드릴 → Photo → 도금 → PSR 인쇄 → Marking 인쇄 → 표면처리 → 외형가공 → 검사

6) 축전지890)) 제조(축전지 조립)

연축전지의 구성은 음극판이 해면상의 납으로 되어 있고 양극판이 이산화납(PbO2)이고 전해액은 황산으로 이루어진다.

축전지 제조업 중 연축전지(혹은 납축전지; lead storage battery)를 제조하는 산업에서의 일반적인 제조 공정 흐름은 극판 제조, 격리판 제조, 축전지 상자(case) 제조, 밧데리 조립 등으로 대별된다.

근로자의 황산 노출은 축전지 조립과정에서 노출이 발생할 수 있다.

- 극판제조 → 격리판제조 → 축전지 상자 제조 → 축전지 조립 → 포장/출하

7) 방사선 필름 현상(현상액 주입)

종합병원에서 영상의학과 등과 같이 X-ray와 MRI 촬영이 실시되는 곳에서 필름 현상할 때 황산이 사용된다. 규모가 큰 종합 병원의 경우 필름 현상을 외주로 처리하지만 규모가 작은 종합병원의 경우 방사선과 등에서 근무하는 작업자가 직접 현상하거나 별도로 설치된 현상실에서 현상이 이루어진다. 필름현상 시 사용되는 현상액에는 황산, 초산 등의 산류가 함유되어 있다.

필름 현상액의 주입과정에서 근로자에게 노출이 발생할 수 있다.

8) 폐수처리(실험실 분석)

연구동(폐수처리장)에서 나오는 폐수를 화학적 특성으로 검사하고 실험할 때 황산을 실험용으로 사용하며, 유해물질에 노출되고 있다.

- 염색폐수유입 → 참사조 → 중화조 → 집수조 → 폭기조 → 반응, 응집조 → 침전, 방류, 저장, 농축 → 반응, 저장, 탈수 → 실험작업

(4) **발암성**

현재까지 연구된 황산에 의한 발암성 연구는 대부분 호흡기계 암과의 연관성에 대한 보고들이 대부분이다. 그러나 많은 연구들이 황산과 호흡기계 암과의 분명한 연관성을 밝히는데 한계점을 갖고 있는데, 황산에 대한 정확한 노출 자료가 부족하다는 것과 황산 외에 암을 유발할 수 있는 요인들(흡연, 음주, 기타 발암물질), 즉 혼란변수를 충분히 보정하지 못했다는 점이다. 그럼에도 불구하고 많은 연구들에서 황산에 대한 직업적 노출과 호흡기계 암은 원인적 연관성을 갖고 있다고 보고하고 있다. 현재까지 보고된 발암성에 대한 역학연구자료들을 정리하면 다음과 같다.

---

890) 축전지는 화학전지의 일종으로서 프란데전지(연축전지), 알카리전지(알카리 축전지 니켈/카드뮴축전지), 은축전지 등이 있다. 가장 많이 사용되고 있는 것은 연축전지이다.

Lynch 등[891]은 에탄올 생산 중 황산을 사용하는 공정을 대상으로 743명의 작업자를 조사한 결과 후두암(laryngeal cancer)에 대한 발생 위험은 표준 집단과 비교하여 산출한 표준화사망비(SMR, Standardized mortality rate)가 5.04(관찰값 4, 표준집단 0.8)였고 해당 코호트의 전체 SMR 값은 3.2(관찰값 7, 표준집단 2.2) 이었다고 보고하였다. Lynch 등은 이러한 결과의 원인은 에탄올 제조 과정 중 고농도의 황산을 사용함으로 인해 diethyl sulfate에 노출되기 때문이라고 설명했다.

Forastiere 등[892]은 비누 생산 공장에 근무하며 황산에 노출되는 작업자를 대상으로 호흡기계 암의 발생 위험도를 평가하였다. 연구 대상은 1964년에 입사하였거나 적어도 1972년까지 입사 후 1년 이상 된 근로자 361명의 남성이었다. 1974년까지 작업장 공기 중 황산 농도는 $0.64-1.12$ mg/m³로 측정되었다. 이 연구에서 활용한 표준집단은 유럽 암등록자료(European Cancer Register)를 이용하였다. 이 연구 결과 폐암의 표준화사망비는 1.69(95% 신뢰구간: 0.55-3.86)였고 후두암의 표준화사망비는 6.94(95% 신뢰구간: 2.25-16.2)로 모두 표준집단에 비해 높게 나타났다.

Beaumont 등[893]은 황산과 기타 산을 이용하여 철을 세척하는 공정을 대상으로 연구하였는데, 노출 집단 1165명과 두 개의 비교집단을 이용하여 사망률에 대한 조사를 하였다. 공장 내의 각 지역과 직무별로 측정된 황산 농도는 $0.09-0.92$ mg/m³였다.

첫 번째 비교 집단은 미국 인구집단이었으며 이를 이용하여 비교한 결과 폐암에 의한 표준화사망비는 1.64(95% 신뢰구간: 1.14-2.28)였고 황산에 20년 이상 노출된 집단의 표준화사망비는 1.93(95% 신뢰구간: 1.10-3.13) 이었다.

두 번째 비교 집단은 펜실베니아주에 있는 Allegheny County의 철강 노동자 51,472명이었으며 이를 이용하여 비교한 결과 황산이 아닌 다른 산을 취급한 작업자들만이 폐암에 의한 표준화사망비는 2.0(95% 신뢰구간: 1.06-3.78)으로 비교집단보다 높게 나타났다. Beaumont 등은 이 연구결과를 바탕으로 황산에 노출될 경우 폐암 발생 위험은 증가하며 흡연력만으로는 이러한 폐암 사망비의 증가를 설명할 수 없었다고 하였다.

---

891) Lynch J; Hanis NM; Bird MG; et al.: An association of upper respiratory tract cancer with exposure to dimethyl sulfate. J Occup Med 21:333-341. 1979
892) Forastiere F; Valesini S; Salimei E; et al.: Respiratory cancer among soap production workers. Scand J Work Environ Health 13:158-260. 1987
893) Beaumont, J.J et al.: Lung cancer mortality in workers exposed to sulfuric acid mist and other acid mists. J. Natl. Cancer INST., 79, 911-921, 1987.

Steenland 등[894]은 금속 산세척 공장을 대상으로 공기 중 황산 농도가 2mg/m³ 수준에서 근무하였던 1165명의 근로자에게 후두암의 발생 위험이 증가하였다고 보고하였다. 이후 1989년에 동일 집단을 추적 관찰하며 음주와 흡연에 대해 보정하여 폐암에 의한 표준화사망비를 조사한 결과 1.36(0.97-1.84)으로 음주와 흡연을 보정하기 전(SMR; 1.56, 1.12-2.11) 보다 약간 낮아짐을 확인 하였다. 이후 1997년에는 초기 연구 집단을 대상으로 10년 동안 1031명의 남성근로자를 추적관찰 한 결과 미국 표준 후두암 발생율 5.6에 비해 관찰 집단에서는 14로 높게 나타남을 확인 하였다. 이를 음주와 흡연에 대해 보정한 결과 비교집단의 후두암 발생율이 6.4로 14% 상승함으로 인해 후두암 발생비는 비교집단에 비해 2.2배(95% 신뢰구간; 1.2-3.7) 높다고 보고하였다.

Coggon 등[895]은 축전지 제조공장 두 곳에서 1950년 이후 입사한 근로자들을 대상으로 상기도 암에 대한 nested case-control study를 수행하였다. 조사대상 코호트의 구성은 황산 노출집단 2678명, 황산 노출 가능 집단 367명, 비노출집단 1356명이었다. 이 연구에서는 표준집단으로 미국 인구를 이용하였으며 인년(person-years) 방법을 사용하였다. 조사결과 황산 노출집단 중 전체 사망률은 국가 인구 집단과 비교한 결과 전체 암에 대한 표준화망비는 0.92, 후두암에 대한 표준화사망비는 0.48, 폐암에 대한 표준화 사망비는 0.98로 나타나 모두 표준집단에 비해 낮은 사망률을 나타내었다. Cogoon 등은 이 연구결과를 토대로 황산 농도가 1 mg/m³ 이하의 수준에서는 호흡기계 암에 의한 사망 위험도는 낮다고 결론지었다.

Soskolne 등[896]은 석유정제업(Baton Rouge, LA)을 대상으로 Lynch 등[897]이 기존에 연구하였던 후두암의 위험도가 높게 나타난다는 연구결과에 대해 환자-대조군 연구기법으로 재조사를 하였다. 연령, 성, 인종을 보정하여 재조사한 결과 50명의 후두암 사례가 일치하였다고 보고하였다. 노출수준은 직무, 작업위치, 노출시기 등을 후향적으로 고찰하여 추정하였다. 이 연구에서는 음주와 흡연을 보정한 결과 고노출 수준에서 암 발생에 대한 상대위험도(odds ratio)는 4.0(95% 신뢰구간: 1.26-12.7)으로 높게 나타났다. 후두암에 대한 상대위험도는 노출수준이 높아질수록 크게 나타났는데 중간 정도의 노출군에서는 4.6(95% 신뢰구간: 0.83-25.35), 고노출군에서는 13.4(95% 신뢰구간:

---

894) Steenland NK; Schnorr T; Beaumont JJ; et al.: Incidence of laryngeal cancer and exposure to acid mists. Br J Ind Med 45(11):766-776. 1988
895) Coggon D; Pannett B; Wield C: Upper aerodigestive cancer in battery manufacturers and steel workers exposed to mineral acid mists. Occup Environ Med 53:445-449. 1996
896) Soskolne CL; Zeighami EA; Hanis NM; et al.: Laryngeal cancer and occupational exposure to sulfuric acid. Am J Epidem120(3):358-369. 1984
897) Lynch J; Hanis NM; Bird MG; et al.: An association of upper respiratory tract cancer with exposure to dimethyl sulfate. J Occup Med 21:333-341. 1979

2.08-85.99)였다. 이 연구의 제한점은 노출수준이 직접 측정된 값이 아니고 후향적 추정을 통해 그룹화하여 사용했다는 점과 diethyl sulfate의 노출을 보정하지 못했다는 점이다. 그럼에도 불구하고 Soskolne 등898)은 연구결과를 토대로 황산 노출과 후두암의 발생간에는 양-반응 관계가 있다고 결론내렸다.

Suarez-Almazor 등899)은 황산과 암 발생 위험에 대한 25개의 역학연구자료를 검토(review)한 결과 황산 노출과 후두암과는 중간 정도의 연관성이 있다고 발표하였다. 그러나 저자는 검토한 연구자료들이 흡연, 음주, 기타 황산을 제외한 물질에 대한 보정이 되지 않은 경우가 많아 자료의 정확도가 떨어진다고 지적하였다. Sathiakumar 등은 기존 연구자료를 검토한 결과 황산이 분명한 발암성 물질이라고 하기에는 증거가 부족하다고 결론 내렸다.

국제암연구소(IARC, International Agency for Research on Cancer)에서는 1992년에 황산과 관련된 발암 및 독성 자료를 종합적으로 평가한 결과 동물에 대한 발암성 자료는 없으나 산 미스트의 입자가 수 ㎛ 미만의 미세한 경우 상기도와 하기도에 침착가능하고 점막 상피세포를 자극하며 치아부식을 유발하고 폐 기능의 변화를 초래하는 급성 영향등이 있다고 정리하였다. 특히 천식환자의 경우 황산에 의한 폐 기능의 변화 위험이 더욱 크다고 하였다. 또한 산에 의한 pH 6.7 미만으로 저하될 경우 세포 기형, 유전자 돌연변이, 염색체 변이 등이 발생할 수 있음을 여러 in vitro 연구자료를 토대로 확인하였다. 발암성과 관련된 자료는 미국, 캐나다, 스웨덴, 이탈리아 등의 연구결과(황산 혹은 황산을 포함한 무기산 미스트 노출과 후두암 및 폐암과의 연관성)를 토대로 황산을 포함한 산성도가 높은 무기산 미스트에 직업적으로 노출될 경우 인체에 암을 유발할 가능성이 충분하다고 판단하여 Group 1으로 분류하였다.

Laskin과 Sellakumar900)의 연구결과가 유일한 동물 발암성 연구자료로 검토하였다901)902)903)904). Laskin과 Sellakumar는 햄스터(Syrian golden male)를 대상으로

---

898) Soskolne CL; Zeighami EA; Hanis NM; et al.: Laryngeal cancer and occupational exposure to sulfuric acid. Am J Epidem120(3):358-369. 1984
899) Suarez-Almazor M; Soskolne CL; Fung K; et al.: Empirical assessment of the effect of different summary worklife exposure measures on the estimation of risk in case-referent studies of occupational cancer. Scand J Work Environ Health 18:233-241. 1992
900) Laskin S; Sellakumar AR: Final report of progress to the Environmental Protection Agency - comparison of pulmonary carcinogenicity of known carcinogens with and without added sulfuric acid mists, airborne respirable particles, and gases. Report No. 68-02-1750. U.S. Environmental Protection Agency, Washington, DC, 1978
901) International Agency for Research on Cancer.: Occupational exposures to mists and vapours from sulfuric acid and other strong inorganic acids. IARC Monogr Eval Carcinogen Risk Chem Hum Vol. 54, pp. 41-130. 1992

하루 6시간씩 주 5일, 전체 생존기간 동안 황산 100 mg/m³ 농도에 노출시키며 관찰한 결과 매우 고농도에서도 견뎌냈고 중간 정도의 폐 이상을 관찰하였다. 주로 조직학적으로 관찰된 이상은 폐부종과 출혈이었으며 황산에 단독으로 노출시켰을 경우 호흡기계 암은 발견되지 않았다. 이 연구 프로젝트에서는 황산과 함께 폐암 물질로 밝혀져 있는 benzo(a)pyrene(BaP)과 함께 노출시키며, BaP에 의해 발생한 폐암을 황산이 더욱 진전시키는 promotion effect가 있는지를 관찰하였는데, 황산에 의한 발암진전 효과는 없다고 보고하였다. 이 연구에서는 결론적으로 황산은 단독으로 폐암을 일으키지 않으며 BaP에 의해 발생된 암을 더욱 진전시키는 효과도 없다고 결론지었다.

황산에 의한 유전독성과 관련된 in vivo 실험자료는 보고되지 않았으며, 주로 in vitro 연구결과가 보고되고 있다. Demerec 등905)697)은 Escherichia coli의 유전자 돌연변이를 관찰한 결과 황산에 의한 돌연변이 증가는 관찰되지 않았다고 보고하였다. Cipollaro 등906)은 Salmonella typhimurium(strains; TA97, TA98, TA102, TA1535)를 대상으로 물질대사의 활성도에 상관없이 황산에 의한 유전자 돌연변이는 관찰되지 않았다고 하였다.

Morita 등907)도 중국 햄스터의 난소세포를 황산에 노출시켰을 때 염색체 변이를 관찰하였다. Cipollaro 등908)은 섬게(Sphuerechinus granduris, Purucentrotus lividus)를 대상으로 황산에 노출시킨 결과 유사분열 변이가 유도됨을 확인하였는데 그 주요 원인은 pH의 변화에 의한 영향이라고 하였다.

이는 황산뿐만 아니라 염산, 인산 등 다른 산을 이용하여 실험한 결과 동일한 결과를 확인함으로써 변이원성의 원인은 황산 중 황산염(sulfate)이 아니라 수소이온(H+)에 의한 pH 변화 때문이라고 발표하고 있다.

---

902) National Toxicological Program: Strong inorganic acid mists containing sulfuric acid CAS No. 7664-93-9(sulfuric acid), Report on Carcinogen, 11th ed. 2000
903) Agency for Toxic Substances and Disease Registry: Toxicological Profile for Sulfur Trioxide and Sulfuric Acid, 1998
904) American Conference of Governmental Indusrial Hygienists: Documentation of the Threshold Limit Values and Biological Exposure Indices, 7th edition, 2004
905) Demerec M, Bertani G, Flint J.:. A survey of chemicals for mutagenic action on E. coli. The American Naturalist 85: 119- 136. 1951
906) Cipollaro M, Corsale, G, Esposito A, et al.: Sublethal pH decrease may cause genetic damage to eukaryotic cell: A study on sea urchins and Salmonella typhimurium. Teratog Carcinog Mutagen 6:275-287. 1986
907) Morita, T., Watanabe, Y., Takeda, K. and Okumura, K.; Effect of pH in the in vitro chromosomal aberration rest. Mutat. Res., 225, 55-60, 1989.
908) Cipollaro M, Corsale, G, Esposito A, et al.: Sublethal pH decrease may cause genetic damage to eukaryotic cell: A study on sea urchins and Salmonella typhimurium. Teratog Carcinog Mutagen 6:275-287. 1986

Soskolne 등[909]은 황산 노출에 의해 체액의 pH를 산성화시킬 수 있고 이러한 산성화 정도가 직접 세포에 미칠 경우 유전독성이 발현되며 호흡기계통의 암을 유발 하거나, 만성적인 기관지 자극을 통해 암을 진전시킬 수 있다고 가설을 세웠다. 만성적인 자극에 의한 염증은 발암 기전을 유발하기 쉬운 자유라디칼이 발생되고 유전독성 작용을 유발하기 때문이다. 그러나 여전히 황산에 의한 발암기전은 충분히 밝혀지지 못하고 있다.

(5) 발암성 분류

국제암연구기구(IARC, International Agency for Research on Cancer)에서는 1992년에 황산과 관련된 발암 및 독성 자료를 종합적으로 평가한 결과 산미스트의 입자가 수 ㎛ 미만의 미세한 경우 상기도와 하기도에 침착 가능하고 점막 상피세포를 자극하며 치아부식을 유발하고 폐 기능의 변화를 초래하는 급성영향 등이 있다고 정리하였다. 또한 산에 의한 pH 6.7 미만으로 저하될 경우 세포 기형, 유전자 돌연변이, 염색체 변이 등이 발생할 수 있음을 여러 in vitro 연구자료를 토대로 확인하였다. 발암성과 관련된 자료는 미국, 캐나다, 스웨덴, 이탈리아 등의 연구결과(황산 혹은 황산을 포함한 무기산 미스트 노출과 후두암 및 폐암과의 연관성)를 토대로 황산을 포함한 산성도가 높은 무기산 미스트에 직업적으로 노출될 경우 인체에 암을 유발할 가능성이 충분하다고 판단하여 인체발암물질(Carcinogenic to humans, Group 1)로 분류하였다.

60. 황산 디메틸

일련번호	유해물질의 명칭		화학식	노출기준				비고 (CAS번호 등)
	국문표기	영문표기		TWA		STEL		
				ppm	mg/m³	ppm	mg/m³	
724	황산 디메틸	Dimethyl sulfate	$(CH_3)_2SO_4$	0.1	–	–	–	[77-78-1] 발암성 1B, 생식세포변이원성 2, Skin

(1) 황산 디메틸이란?

무색의 유성 액체이며 불쾌한 파냄새가 난다. 디메틸설페이트나 메틸 설페이트(Methyl sulfate)라고도 한다.

---

909) Soskolne CL, Pagan0 G, Cipollaro M, et al.: Epidemiologic and toxicologic evidence for chronic health effects and the underlying biologic mechanisms involved in sub-lethal exposures to acidic pollutants. Arch Environ Health 44: 180-l91. 1989

(2) 물리화학적 특성

항목	내용	항목	내용
분자량	126.1	끓는 점	188°C
인화점	83.3°C, closed cup	어는 점	-27°C
증기압	0.5 torr at 20°C	비중	1.332 at 20°C
반응성	물을 만나면 황산과 메탄올로 빠르게 가수분해됨	증기밀도	4.35 (air = 1.0)

(3) 용도 및 노출

염료, 향수, 광물유 등의 유기화합물 제조에서 메틸화제(methylating agent)로 사용된다.

(4) 발암성

황산 디메틸에 대한 이용할 수 있는 역학연구는 없으며 기관지암 사례가 일부 있을 뿐이다. 디메틸 설페이트의 노출로 인하여 사람에게서 호흡기암의 증가를 확인하지는 못하였다. Druckrey[910]는 15년 동안 황산 디메틸에 노출된 화학공장 근로자에서 기관지암을 보고 하였다. Thiess 등[911]은 최소한 3년 동안 황산 디메틸에 노출된 24명의 근로자에서 임상 소견 및 흉부엑스선 상 폐암을 확인하지 못하였다. 그러나 한 번이라도 황산 디메틸를 취급한 근로자 368명중에서는 4건의 폐암을 확인하였다. 이 경우에는 대상자 수가 적어서 통계적으로 유의하지는 않았다. 15년 동안 황산 디메틸를 제조하는 3개 공장의 근로자에 대한 건강진단에서 폐암을 발견하지 못하였다[912].

황산 디메틸을 동물실험에서 흡입이나 피하주입을 통해서 주입하였을 때에 발암성이 확인되었다. 황산 디메틸를 쥐에 흡입, 피하주사, 정맥 주사등을 통한 실험에서 육종과 신경계의 종양이 발생하였다. 1966년에 Druckrey 등[913]은 쥐(rat)에 매우 높은 용량을 피하

---

910) Druckrey, H.; Preussmann, R.; Nashed, N.; Ivankovic, S.: Alkylating Agents With Carcinogenic Action. I. The Carcinogenic Action of Dimethyl Sulfate in the Rat. Dimethyl Sulfate as a Probable Cause of Occupational Cancer. Zeit. f. Krebsforsch. 68:103 (1966).
911) Thiess, A.M.; Oettel, H.; Uhl, C.: Contribution to the Problem of Occupationally Induced Lung Cancers. Zentralbl. Arbmed. Arbschutz. 19:97-113 (1969).
912) Pell. S.: Epidemiologic Study of Dimethyl Sulfate and Cancer of the Respiratory System. E.I. du Pont de Nemours & Co., Inc., Wilmington, DE (September 1972).
913) Druckrey, H.; Preussmann, R.; Nashed, N.; Ivankovic, S.: Alkylating Agents With Carcinogenic Action. I. The Carcinogenic Action of Dimethyl Sulfate in the Rat. Dimethyl Sulfate as a Probable Cause of Occupational Cancer. Zeit. f. Krebsforsch. 68:103 (1966).

주입하였을 때에 육종이 발생한다고 하였다. Preussmann[914]은 동질의 알킬 설페이트 에스테르를 이용한 실험에서 쥐에서 육종을 발생시키는 것을 확인하였다. Druckrey 등[915]은 1970년에 쥐를 가지고 10과 3 ppm의 흡입독성 실험에서 살아남은 쥐에서 악성 종양이 발생하였다고 보고 하였다. 한편, 정맥을 통하여 매주 주입했을 때에는 암 발생을 확인하지 못하였다. 임신한 쥐에 20mg/kg dimethyl sulfate을 주입했을 때 새끼에서 간장에 암이 발생하였다.

황산 디메틸에 노출된 근로자들의 림프구에서 염색체이상(chromosomal aberrations)이 관찰되었다. 생체와 실험(in-vitro tests)에서 대사적 활성화 없이 유전독성이 일관성 있게 관찰되었다. 생체실험에서 DNA에 알킬화염기를 형성하였다.

(5) 발암성 분류

국제암연구기구(International Agency for Research on Cancer, IARC)는 황산 디메틸의 인간에 대한 발암성의 근거로는 충분하지 않다고 평가하였다[916][917]. 그러나 동물실험결과 충분한 근거를 가지고 있어서 인체발암추정물질(Probably carcinogeic to humans, 2A)로 분류하였다[918].

미국 산업위생전문가협회(ACGIH)에서는 피부와 눈의 자극의 최소화하기 위하여 TLV-TWA, 0.1 ppm (0.5 mg/m3)로 제시하였다. 또한 설치류에서 보고된 생식독성을 최소화하기 위한 것이다. 황산 디메틸을 동물에 대한 발암성물질(animal carcinogen)이지만 사람에서는 관련성을 알 수 없는 A3(Confirmed Animal Carcinogen with Unknown Relevance to Humans)으로 분류하고 있다.

---

914) Preussmann, R.: Direct Alkylating Agents as Carcinogens. Food Cosmet. Toxicol. 6:576-577(1968).
915) Druckrey, H.; Kruse, H.; Preussmann, S.; et al.: Cancerogenic Alkylating Agents. III. Alkyl Halides, Alkyl Sulfates, Alkyl Sulfonates and Ring Stressed Heterocycles. Zeit. f. Krebsforsch. 74:241-270 (1970).
916) International Agency for Research on Cancer: IARC Monographs on the Evaluation of the Carcinogenic Risk of Chemicals to Man, Vol. 4, Some Aromatic Amines, Hydrazine, and Related Substances, NNitroso Compounds and Miscellaneous Alkylating Agents, pp. 271-276. IARC, Lyon, France (1974).
917) International Agency for Research on Cancer: IARC Monographs on the Evaluation of Carcinogenic Risks to Humans — Overall Evaluations of Carcinogenicity: An Updating of IARC Monographs, Vol. 1-42, Suppl.
918) International Agency for Research on Cancer: IARC Monographs on the Evaluation of Carcinogenic Risks to Humans — Overall Evaluations of Carcinogenicity: An Updating of IARC Monographs, Vol. 1-42, Suppl. 7, p. 200. IARC, Lyon, France (1987).

직업성 암을 유발하는 발암물질 시리즈
직업성 암을 유발하는 **발암물질 I**

제 3 장

직업성 암

Ⅰ 호흡기계 암
Ⅱ 조혈림프계암
Ⅲ 기타 암

직업성 암을 유발하는 발암물질 시리즈
직업성 암을 유발하는 **발암물질 Ⅰ**

제 3 장
직업성 암

I. 호흡기계 암

1. 폐암[919)]

(1) 정의

폐암은 폐에 생긴 악성종양으로 암세포의 크기와 형태에 따라 비소세포폐암과 소세포폐암으로 구분한다. 폐암 중 약 80-85%는 비소세포폐암이며 비소세포폐암 중에 편평상피세포암, 선암, 대세포암 등이 있다.

직업성 폐암은 1879년에 라돈과 관련하여 처음으로 보고되었으며, 가장 오래된 직업성 폐암은 방사성 분진을 흡입한 중유럽의 광산근로자에게 발견되었다. IARC에 의해 1군 발암물질로 확인된 인자 107종에서 26가지 인자가 폐암과 관련된 것으로 간주되고 있으며, 2종의 발암인자를 제외하고는 모두 직업적 노출과 관련이 되어있어 직업성 암 종의 기여율은 0.6-40%로 알려지고 있다.

직업성 암으로서의 폐암은 방사성 분진 외에 원인물질로 작용하는 것은 크롬산염, 비소와 그 화합물, 니켈, 베릴륨, 석면 등이 있다. 일본에서는 발생로 가스공에서 폐암이 발생되었는데 가스 중에 함유된 3, 4-벤조피렌 등 방향족 탄화수소가 원인인 것으로 알려져 있으며 금속 정련소에서 비소에 의한 것으로 사료되는 폐암이 발생 되었다.

---

919) 김수근외 4명, "직업성 암 인정기준 해설 및 업무관련성 평가, 대한의사협회 의료정책연구소, 2016.

(2) **통계**

2019년에 발표된 중앙암등록본부[920] 자료에 따르면 2017년 우리나라에서는 연 232,255건의 암이 발생 되었는데, 그 중 폐암(C33~C34)은 남녀를 합쳐서 연26,985건으로 전체 암 발생의 11.6%로 3위를 차지하였다.

인구 10만 명당 조발생률은 52.7건이다. 남녀의 성비는 2.2 : 1로 남자에게 더 많이 발생하였다. 발생 건수는 남자가 18,657건으로 남성의 암 중에서 2위를 차지했고, 여자는 8,328건으로 여성의 암 중 5위 차지하였다. 남녀를 합쳐서 연령대별로 보면 70대가 34.6%로 가장 많았고, 60대가 28.1%, 80대 이상이 18.7%의 순이다.

조직학적(국제질병분류ICD-10 코드 C34)으로는 2017년의 폐암 전체 발생 건수 26,960건 가운데 암종(carcinoma)이 88.2%, 육종(sarcoma)이 0.2%를 차지하였다. 암종 중에서는 선암이 46.7%로 가장 많았고, 편평상피세포암이 21.6%, 소세포암이 11.0%를 차지하였다[921].

---

[920] 중앙암등록본부는 보건복지부 사업인 중앙암등록사업을 수행하기 위해 1980년 국립의료원에 설치되었다. 중앙암등록사업은 병원의 자율적인 참여로 암등록사업을 시작하였으며, 이후 암진단 및 치료가 가능한 전국의 의료기관으로 암등록 병원을 확대함. 중앙암등록본부는 2000년 9월 국립암센터로 이관되었으며, 2004년 12월 암관리법에 근거 중앙암등록본부로 지정됨. 2003년 암관리법 제정 이후 중앙암등록사업과 지역암등록사업은 국가사업("국가암등록통계사업")으로 편입되었으며, 중앙암등록본부는 사업의 중추기관으로서 역할을 하고 있음. 중앙암등록본부의 역할은 ① 암발생 현황 등 암관련 전국단위 통계자료 수집·관리·분석 ② 국가 단위 암등록통계(암발생률, 암생존율, 암유병률 등) 산출 ③ 지역암등록본부 지원 ④ 국가암등록통계사업 교육과정 개발 및 운영 ⑤ 암등록지침서, 국가암등록사업 연례 보고서 발간 ⑥ 국가암등록통계사업 관련 연구사업 수행 ⑦ 국제공인 암관련 통계 생산 등 국제협력에 관한 사항 ⑧ 국제 암등록교육자료 개발 및 운영

2017년 암등록통계 용어정의

- 조발생률: 해당 관찰기간동안 특정 인구집단에서 새롭게 발생한 암환자수(상피내암 제외)를 전체인구수로 나눈 값으로, 인구 10만 명당 암이 발생하는 비율
- 연령표준화발생률: 연령구조가 다른 지역별 또는 기간별 암발생률을 비교하기 위해 각 연령군에 해당하는 표준인구의 비율을 가중치로 부여해 산출한 가중평균발생률 (표준인구: 우리나라 2000년 주민등록연앙인구)
- 연간%변화율: 암발생률의 연간 증가/감소율. 연도별 연령표준화발생률에 선형회귀모형을 적용하여 나온 값으로 암발생률 추이를 요약하는 지표임
- 상대생존율: 암환자의 5년 생존율과 동일한 연도, 성별, 연령인 일반인의 5년 생존율의 비로, 일반인과 비교하여 암환자가 5년간 생존할 확률을 의미함. 예를 들어, 상대생존율이 100%라면 일반인과 생존율이 같다는 것임

$$5년\ 상대생존율 = \frac{해당기간\ 암발생자의\ 5년\ 관찰생존율}{암발생자와\ 동일한\ 연도,\ 성별,\ 연령인\ 일반인구의\ 5년\ 기대생존율}$$

- 암유병자: 암 치료를 받는 암환자 및 암 완치 후 생존하고 있는 사람을 포함한 수치로, 전국단위 암발생통계를 산출하기 시작한 1999년 1월 1일부터 2017년 12월 31일까지 19년 동안 암을 진단받은 사람 중 2018년 1월 1일 생존한 사람을 대상으로 산출

[921] 보건복지부 중앙암등록본부 2019년 12월 발표자료

[표 45] 주요 암발생 현황 : 남녀전체, 2017[922]

(단위 : 명, %, 10만 명)

순위	암종(2016년 순위)	발생자수	분율%	조발생률	연령표준화발생률*
	모든 암	232,255	100.0	453.4	282.8
	갑상선암 제외	206,085	-	402.3	238.3
1	위	29,685	12.8	57.9	33.3
2	대장	28,111	12.1	54.9	30.8
3	폐(4)	26,985	11.6	52.7	27.5
4	갑상선(3)	26,170	11.3	51.1	44.5
5	유방	22,395	9.6	43.7	31.6
6	간	15,405	6.6	30.1	17.0
7	전립선	12,797	5.5	25.0	12.9
8	췌장(9)	7,032	3.0	13.7	7.3
9	담낭 및 기타담도(8)	6,846	2.9	13.4	6.7
10	신장	5,299	2.3	10.3	6.7

* 연령표준화발생률: 우리나라 2000년 주민등록연앙인구를 표준인구로 사용

[표 46] 성별 주요 암발생 현황 : 2017[923]

(단위 : 명, %, 명/10만 명)

순위	남자					여자				
	암종('16 순위)	발생자수	분율	조발생률	표준화발생률*	암종	발생자수	분율	조발생률	표준화발생률*
	모든 암	122,292	100.0	478.1	301.6	모든 암	109,963	100.0	428.6	278.7
	갑상선암 제외	116,257	-	454.5	280.7	갑상선암 제외	89,828	-	350.2	209.8
1	위	19,916	16.3	77.9	47.5	유방	22,300	20.3	86.9	63.0
2	폐	18,657	15.3	72.9	42.7	갑상선	20,135	18.3	78.5	68.9
3	대장	16,653	13.6	65.1	39.9	대장	11,458	10.4	44.7	23.0
4	전립선	12,797	10.5	50.0	29.0	위	9,769	8.9	38.1	21.1
5	간	11,500	9.4	45.0	27.6	폐	8,328	7.6	32.5	15.8
6	갑상선	6,035	4.9	23.6	20.8	간	3,905	3.6	15.2	7.4
7	췌장(10)	3,733	3.1	14.6	8.8	자궁경부	3,469	3.2	13.5	10.5
8	신장(9)	3,617	3.0	14.1	9.6	췌장	3,299	3.0	12.9	6.0
9	담낭 및 기타담도(7)	3,555	2.9	13.9	8.1	담낭 및 기타담도	3,291	3.0	12.8	5.5
10	방광(8)	3,525	2.9	13.8	8.2	자궁체부	2,986	2.7	11.6	8.1

* 연령표준화발생률: 우리나라 2000년 주민등록연앙인구를 표준인구로 사용

922) 2017년 국가암등록통계 참고자료
923) 2017년 국가암등록통계 참고자료

[표 47] 2017년 폐암 발생 건수 전체 및 폐암(C34)의 조직학적 형태에 따른 발생 빈도

조직학적형태 Histological group	발생자 수 cases	%
1. 암종 (Carcinoma)	23,779	88.2
1.1 편평상피세포암 (Squamous cell carcinoma)	5,827	21.6
1.2 선암 (Adenocarcinoma)	12,602	46.7
1.3 소세포암 (Small-cell carcinoma)	2,953	11.0
1.4 대세포암 (Large-cell carcinoma)	419	1.6
1.5 기타 명시된 암 (Other specified carcinomas)	1,978	7.3
2. 육종 (Sarcoma)	57	0.2
3. 기타 명시된 악성 신생물 (ther specified cancer)	32	0.1
4. 상세 불명의 악성 신생물 (Unspecified cancer)*	3,092	11.5
총 계	26,960	100.0

* 589명의 DCO 포함. (Death Certificate Only, DCO : 전체 암 등록 환자 중 사망진단서에서만 암으로 확인된 경우임 〈보건복지부 중앙암등록본부 2019년 12월 발표자료〉

(3) **역사적 측면**

직업성 폐암에 대한 최초의 기술은 1879년 Harting과 Hesse에 의해 보고 되었다. 이들은 동부 유럽의 ERZ 산맥에서 작업하던 광부의 부검 결과를 호흡기계의 암종으로 공식 보고했다. 악성 종양은 이후 1차성 폐암으로 확인되었다. 체코슬로바키아의 요아힘(Joachimstha) 인근 광산에서의 라돈농도가 높음을 발견하였고, 이 지역은 높은 폐암 발생률을 나타내고 있어서, 라돈이 폐암의 원인이라는 가설을 유도했다.

직업적 노출과 관련된 폐암의 다음 보고는 반세기 후인 1935년이었다. Pfeil은 독일의 크롬산업에서 작업하던 근로자 중에서 2명의 폐암 환례를 보고했다. 최초의 보고는 1911년 독일의 대규모 크롬제조업에서 발생했고, 기침과 붉은색 객담을 배출하였다. 환자는 늑골골절로 고생하다가 폐에 종양이 있는 것으로 진단되었다. 사망 후 조사 결과, 전이된 1차성 폐암으로 확진하였다. Pfeil은 두 번째 환자를 치료했는데, 이 환자도 같은 크롬사업장에서 처음부터 일했고 삼출성의 늑막염의 증상을 보였다. 환자는 사망 당시 폐암으로 확인되었다. 1935년 이전까지 동일한 사업장에서 근무하던 5명의 근로자가 추가적으로 폐암으로 사망했다. 같은 1935년에, Lynch와 Smith는 석면이 석면폐증을 유발하는 것 외에도 추가적으로 폐암을 유발할 가능성이 있다고 보고하였다. 그 이후로 가스 생산, 니켈, 비소, mustard gas와 chloromethylmethyl ether 등의 다양한 직업적 노출이 폐암 증가와 관련될 것으로 보고되었다.

직업군에서 폐암의 위험 요인에 대한 연구를 통해 폐암의 위험요인을 이해하게 되었다. 1970년대 이후 최근까지 최초로 보고된 폐암 유발 물질은 에피 클로로하이드린, 비-비소성 살충제, 디젤연소가스, 유리제조 공정 등이 있다.

(4) 폐암에 대한 직업적 기여

폐암은 지금까지 가장 잘 알려진 직업성 암이며, 직업적인 발암물질에 대한 과거 노출이 폐암 사망과 장애의 전 세계적인 중요한 결정인자다. 여러 연구자들이 폐암의 집단에 대한 질병 부담에 있어서 직업성 암의 기여를 추정했다.

폐암의 직업적 기여율과 관련된 여러 연구가 진행되었고, Steenland 등은 6.3~13.0%를 보고하였지만 다른 연구에서는 24%까지 보고하기도 하였다. 또한 직무노출매트릭스(job-exposure matrices)를 이용한 연구를 통해 폐암의 집단에서의 기여율이 0.6~35%의 범위 정도로 추정되었고, 관련 직업군을 선정한 후에 알려진 발암물질 목록에 대한 노출을 이용해 추정했을 때는 2.4~40%까지로 지역적인 특성 및 다양한 산업과 노출에 따라 달랐다. 직업적 노출과 폐암간의 관련성에 대한 연구가 진행될수록 집단에서의 기여율(PAF)은 조금씩 증가할 것으로 예상되는데, 특히 흡연에 대한 규제가 정착되면 더욱 그러할 것 이다. 반면에, 직업적 위험인자에 대한 보다 엄격한 규제가 시행된다면, 직업적 노출의 기여도는 감소할 수도 있을 것이다.

2005년, Driscoll 등은 남성(88,000명)의 약 10% 폐암 사망과 여성(14,000명)의 5%의 폐암 사망이 8가지의 직업성 폐암 발암물질(즉, 비소, 석면, 베릴륨, 카드뮴, 크롬, 디젤 배기가스, 니켈, 실리카)로 인한 것이며, 이로 인해 전 세계적으로 102,000명이 사망하고 969,000의 DALYs를 초래하는 것으로 추정하였다. 세계보건기구(WHO)의 14개 역학적 지역구분을 이용하여 폐암의 직업적인 기여율을 비교한 결과, 아동 및 성인의 사망률이 가장 낮은 아메리카 지역("A" 지역)에서 PAF가 5%로 가장 낮았고, 아동사망율은 낮고 성인사망율이 높은 유럽의 "C"지역에서 PAF가 14%로 가장 높았다. 남성 중에서의 PAF는 6~5%이고, 여성에서는 2~9%로 추정하였다. 동일한 국가 내에서도 직업성 폐암의 기여율이 연도별로 다양하게 나타났으며, 예를 들어 이태리에서는 1976~1980년에는 11.9%, 2002~2005년에는 4.9%로, 다양한 산업적 특성과 직업적 노출에 기인하여 다르게 나타났다. 세계보건기구는 전 세계적으로 모든 암의 약 19%가 작업장을 포함한 환경에 기인하며, 1년에 약 130만 명의 사망을 유발할 것으로 추정하고 있다. 베릴륨과 실리카와 같은 직업성 폐암 유발물질로 인해 2004년 111,000명의 폐암사망을 유발했고, 석면은 중피종으로 인해 59,000명의 사망을 초래하기도 하였다.

(5) 위험요인

세계보건기구 산하 국제암연구회(International Agency for Research on Cancer)의 연구발표에 따르면 인체에서 발암성이 확실한 폐암 발암물질로는 흡연(1986년), 비소 및 그 화합물(1987년), 석면(1987년), 라돈 붕괴물질(1988년), 니켈 화합물(1990년), 6가 크롬(1990년), 베릴륨과 그 화합물(1993년), 결정형유리규산(1997년) 등이다. 이 외에도 디젤엔진 연소물질 및 그 안에 포함되어 있는 다핵방향족 탄화수소(1989년)와 포름알데히드(1995년) 등은 실험동물에서는 발암성의 증거가 충분하고, 인체에서는 아직 증거가 충분하지 않지만 폐암을 유발할 가능성이 있는 물질로 규정하고 있다.

공기 중의 발암물질에는 디젤 연소물, 벤조피린, 방사선물질, 비산화물질, 크롬 및 니켈 혼합물, 비연소성 지방족 탄화수소 등이 있으며, 이들 물질은 도시의 공기 속에 포함되어 폐암을 일으키는 위험요인으로 작용한다. 특히 흡연과 환경오염원은 폐암 발생에 있어 상승작용을 한다는 보고가 있다.

1) 흡연

직업성 폐암을 일으키는 주요 원인물질은 다양하게 존재한다.

폐암의 가장 큰 위험 요인은 흡연이다. 담배에서 발견되는 유해 물질은 약 4,000종 가량 되는 것으로 알려져 있는데, 이 중에서 발암 물질로 알려진 것이 60종 이상이다.

간접흡연은 비흡연자가 흡연자와 같이 생활하면서 담배 연기를 흡입하는 경우로 직접 흡연과 마찬가지로 폐암을 일으킬 수 있다. 간접흡연자는 간접흡연이 없는 사람에 비해 20~30 % 정도 높아질 것으로 예상되고 있다. 몇 종의 잘 알려진 발암물질은 주류연보다 오히려 부류연에 더 짙은 농도로 존재하는데, 간접흡연자는 대체로 주류연보다 부류연에 많이 노출된다.

직업성 폐암의 대표적인 원인물질인 석면의 경우 흡연과 상승작용을 일으킨다. 즉 흡연만 하는 경우에는 비흡연자에 비해 폐암이 발생할 확률이 10배 이상 높고, 석면에만 노출된다면 5배 높다고 알려져 있지만, 석면에 노출되면서 흡연을 하는 경우 폐암이 발생할 확률이 50-90배 이상 높아진다. 이는 흡연 시 노출되는 다환방향족탄화수소 등의 발암물질이 석면섬유와 결합해 폐포내로 깊숙이 침투할 수 있도록 도와주며, 흡연에 의해 기관지 섬모운동의 장애로 석면섬유의 제거를 더욱 어렵게 만들어 발생위험이 더욱 증가하는 것으로 보고 있다.

흡연은 일반적으로, 특히 남성에서, 대부분의 국가에서 폐암의 가장 중요한 원인으로 간주되고 있다. 직업적인 폐암의 발암물질에 대한 노출이 흡연과 드물지 않게 동시에 일어나므로, 직업적 발암물질에 대한 노출과 폐암의 위험성의 관련성에 대한 흡연의 가능한 영향을 면밀하게 조사할 필요가 있다. 과거 대부분의 직업적 역학 연구에서 흡연은 직업적 노출과 폐암의 관련성을 연구할 때 잠재적인 혼란변수로 단순하게 취급되었다. 그러나 흡연이 폐암에 대한 직업성 발암물질(예. 석면 및 규산/규폐증)의 영향을 변경시킨다는 일부 증거가 나오고 있다. 반면에, 비흡연자에서 폐암 환자의 숫자가 제한되어 있기 때문에, 공식적인 검정에서는 그와 같은 잠재적인 상호작용에 대해 제대로 조사가 이루어지지 않았다.

역학적 연구에서 폐암에 대한 흡연과 직업성 발암물질의 결합 효과(joint effect)가 곱셈(승) 또는 덧셈(합)의 위험모형에 근거한다면(multiplicative 또는 additive risk model), 상호작용이 존재하는 것으로 판단된다. 폐암 위험성에 대한 석면 노출과 흡연 사이의 고전적인 상승작용(synergism)의 사례가 역학 및 산업보건의 여러 교재들에서 자주 인용되고 있다.

석면노출이 없었던 비흡연자와 비교할 때, 석면에 노출된 비흡연자가 폐암 사망률이 약 5배 높았고, 석면에 노출되지 않는 흡연자는 약 10배의 폐암 사망위험이 확인되었는데, 석면에 노출되는 흡연자는 약 50배의 폐암 사망 위험이 있었다. 상승작용의 존재는 합의 모형에 근거해 평가되지만, 다양한 연구집단에서의 사망비는 실제 곱(승)의 모형에 잘 적합 된다. 세계보건기구에 의해 결정형 규산은 가장 보편적인 직업적 유해인자 중 하나로, 8가지 폐암 발암물질(비소, 석면, 베릴륨, 카드뮴, 크롬, 디젤배기가스, 니켈, 규산) 중 가장 높은 폐암 발생을 유발하는 것으로 알려져 있다. 흡연이 규산 노출과 직업성 폐암의 연구에서 혼란변수인지 아니면 효과 변경인자 인지에 대한 논란이 지속되고 있다.

Cassidy 등은 유럽 7개 국가에서의 다기관 환자-대조군 연구를 통해 규산 분진 노출의 효과가 비흡연자(OR=1.41, 95% CI:0.79-2.49%), 과거흡연자(OR=1.31, 95% CI: 0.99-1.73%) 및 현재 흡연자 (OR=1.41, 95% CI: 1.07-1.87%)에서 유사하게 나타났고, 상호작용의 근거가 없음을 확인했다(p=0.37). 흡연은 다변량 모형에서 혼란변수로 보정되었다. 그럼에도 불구하고, 흡연과 규산의 폐암의 위험에 대한 상호작용 또는 상승효과에 대한 공식적인 검정은 없었다. 합과 곱, 2가지 상호작용 효과는 캐나다 몬트리올의 남성을 대상으로 한 최근의 2개의 환자-대조군 연구(1979-1986년; 1996-2001년)를 결합한 재분석(pooled analysis)에서 이루어졌다. Vida 등은 흡연과 규산의 결합 효과는 합과 곱의 사이에 위치하며, 곱의 효과에 조금 더 가깝다고 주장했다.

그러나 이 보고서에서 제시된 비차비(OR) 추정치는 대부분의 노출수준 구분에서 부정확했기 때문에 한계가 있다. 보다 최근인 2011년, 홍콩 거주 중국 남성을 대상으로 한 대규모 집단기반의 환자-대조군 연구(1,208명의 환자와 1,069명의 대조군) 결과, 비흡연자 (OR=2.58, 95% CI: 1.11-6.01%)가 과거 흡연자(OR=1.54, 95% CI: 1.01-2.36%) 에 비해 규산분진에 대한 직업적 노출로 인한 폐암위험도가 상대적으로 더 크다는 사실을 확인했다. 흡연과 규산의 결합 효과를 추가적으로 더 조사했고, 경계성으로 유의한 상승 효과가 확인되었다(1.61, 95% CI: 0.95-2.73%). 결합 효과는 곱(승)의 모형에서 크게 벗어나지는 않았지만, 합의 상호작용이 존재하는 것으로 보였다. 자기 보고식의 규산 노출보고 및 낮은 통계적 검정력과 같은 한계로 인해, 이러한 홍콩연구의 소견은 노출 구분 및 평가를 개선한 대규모 분석연구를 통해 확인을 해야만 한다. 동일 그룹의 홍콩 연구자들에 의해 흡연과 규폐증과의 결합효과를 메타분석을 통해 규명하고자 하였다.

폐암 위험도에 있어서 흡연과 규폐증간의 위험비와 음의 곱의 상호작용이 유의함 (a weighed "relative silicosis effect: 상대적 규폐증 효과", 0.29, 95% CI: 0.20-0.42%)을 확인하였지만, 관찰된 상승효과지표는 1.0으로 결합효과가 합의 모형에 일치하지는 않았다. 규산분진 노출과 폐암의 위험도의 연관성에 대한 흡연의 역할은 아직까지는 불명확한 상태로 남아있다.

전체적으로는 흡연이 폐암의 가장 중요한 위험인자이고, 직업적 노출과 폐암의 관련성에 있어서 흡연의 영향을 부적절하게 고려하는 경우 정확하지 못한 위험도 추정을 초래할 수 있다. 이는 약하거나-중등도의 발암성이 있는 물질에 대한 직업적 노출을 평가할 때 특히 중요하다. 흡연이 직업적 노출과 폐암의 위험성에 대한 많은 관련성에서 혼란변수이거나 효과 변경인자로써 작용하는지는 여전히 확인해야만 한다.

2) 유전자 다형성

흡연에 의한 발암 위험의 크기는 같은 담배를 피우는 사람도 유전자 소인으로 바뀔 가능성이 있다. 유전자 관련 연구는 아직 초기 단계에 있으며, 근거로는 충분하지 않지만, 발암물질의 대사 경로에 있는 효소의 활성 등을 결정하는 유전자 다형성[924]이 위험요인으로 꼽히고 있다.

폐암은 대부분 후천적 유전자 이상 때문에 발생하며, 선천적 유전자 이상에 의한 경우는 드물다고 알려져 있다. 가족력이 있는 경우, 가족력이 없는 일반 사람들보다 2~3배 정도 발병 위험이 높은 것으로 보고되고 있다.

---

[924] 같은 인간, 같은 인종이라도 유전자의 염기 배열은 사람에 따라 여러 종류가 있다. 특히 인구의 1% 이상의 빈도로 존재하는 유전자의 변이를 유전자 다형성이라고 한다. 유전자 다형성에 따라 만들어지는 단백질의 기능이 달라지고 발암 위험에 차이가 발생할 수 있다고 생각한다.

3) 직업 및 환경요인

석면 이외에도 결정형 유리규산 분진에 노출되면 폐암 발생 위험이 증가한다. 비소, 베릴륨, 카드뮴, 6가크롬, 니켈 등의 중금속에 노출되는 경우 폐암 발생 위험이 증가한다. 콜타르 피치, 비스-클로로메틸에테르(bis-chloromethylether), 검댕 같은 화기물질에 노출되는 경우에도 폐암 발생 위험이 증가한다. 알루미늄 생산, 코크스(cokes) 생산, 주물업, 도장공과 같이 특정 작업에 종사하는 경우에도 폐암 위험이 증가한다.

국제암연구기구(IARC)의 연구발표에 따르면 직업적 폐암 발암물질은 물리적, 화학적, 그리고 생물학적 인자로 구분될 수 있다. 화학적 인자는 가장 큰 부분을 차지하며, 다환방향족탄화수소(PAHs), 분진 및 섬유(dusts and fibers), 금속류(metals and related substances), 알킬화물질(alkylating agents and other organic chemicals) 등이 포함된다.

환경적 요인으로는 디젤 연소물, 대기오염 먼지 중에는 다핵방향족탄화수소(PAHs), 중금속 등 발암 물질이 함유되어 있으며, 장기간 다량의 노출이 있는 경우 폐암 발생 위험을 증가시킨다. 미세먼지는 WHO 세계보건기구에서 정한 1군 발암 물질로서, 미세 먼지가 높은 지역에서의 폐암 발생 위험이 증가한다고 보고되고 있다.

4) 석면

석면과 연관된 폐암은 직업상 노출 때문인 경우가 많다. 석면은 건축 자재(예전의 슬레이트 지붕 등), 저밀도 단열재, 전기 절연재, 방화재 등 다용도로 쓰여 왔는데, 석면에 노출된 후 10~35년 정도의 잠복기를 거쳐 폐암이 발병하는 것으로 알려져 있다. 게다가 흡연자라면 폐암의 위험이 훨씬 더 커지기 쉽다.

5) 직업적 요인[925]

석면 이외에도 결정형 유리규산 분진에 노출되면 폐암 발생 위험이 증가한다. 비소, 베릴륨, 카드뮴, 6가크롬, 니켈 등의 중금속에 노출되는 경우 폐암 발생 위험이 증가한다. 콜타르 피치, 비스-클로로메틸에테르(bis-chloromethylether), 검댕 같은 화기물질에 노출되는 경우에도 폐암 발생 위험이 증가한다. 알루미늄 생산, 코크스(cokes) 생산, 주물업, 도장공과 같이 특정 작업에 종사하는 경우에도 폐암 위험이 증가한다.

6) 환경적 요인

디젤 연소물, 대기오염 먼지 중에는 다핵방향족탄화수소(PAHs), 중금속 등 발암 물질이 함유되어 있으며, 장기간 다량의 노출이 있는 경우 폐암 발생 위험을 증가시킨다. 미세먼

---

[925] 국가암정보센터 암정보

지는 WHO 세계보건기구에서 정한 1군 발암 물질로서, 미세 먼지가 높은 지역에서의 폐암 발생 위험이 증가한다고 보고되고 있다.

7) 방사선 물질

모든 종류의 방사성 동위원소는 발암 원인이 될 수 있다. 우라늄은 소세포폐암의 발생과 밀접한 연관을 보이며, 특히 흡연자에게서 발생 빈도가 현저히 증가한다. 라돈은 라듐이 토양이나 암석, 물 속에서 붕괴할 때 발생하는 무색무취의 방사성 가스로, 대개 지표면을 통해 건물 내부 등으로 들어간다. 흡연에 다음가는 폐암 발생 원인으로 추정된다.

단순 X-선 촬영이나 전산화단층촬영(CT) 같은 방사선학적 검사에서 쐬는 방사선량은 미미하므로 폐암의 발생 원인이 되지 않는다.

2. 악성중피종(Mesothelioma)

(1) 정의

악성중피종(malignant mesothelioma)이란 중피세포에서 발생한 악성종양을 말한다. 악성중피종은 일반적으로 흉강과 폐를 둘러싸고 있는 얇은 막을 침범한다. 이 막을 흉막이라고 부른다. 이 질환은 또 복강을 싸고 있는 막인 복막을 침범할 수 있으며 매우 드물게는 고환초막과 심막이라는 심장을 둘러싼 막을 침범한다. 실제로 악성중피종의 80%가 흉막에서 발생하고 20% 미만은 복막에서 발생하며, 나머지 부위는 매우 드문 것으로 알려져 있다.

1970년대부터 석면에 대한 규제를 시작한 미국의 경우 매년 3300명의 악성 중피종 환자가 발생하는 것으로 알려져 있다. 미국에서 악성중피종의 발생율은 2000년도에 최고치를 나타내다가 이후로 감소하고 있다. 선진국에서는 작업장과 일반 환경에서의 석면 노출에 대한 제재가 시행되고 있어, 조만간 악성중피종의 발생이 최고치를 이루다가 이후부터는 점점 감소할 것으로 예상되나, 개발도상국이나 제3세계의 대부분 국가에서는 석면광산에 대한 통제나 산업장과 주거환경에서의 석면사용의 제재가 늦게 이루어졌거나 아직도 이루어지지 않아 당분간은 악성중피종의 발생은 지속적으로 증가할 것으로 예상된다.

(2) 통계

우리나라는 2019년에 발표된 중앙암등록본부 자료에 의하면 2017년에 232,255건의 암이 새로이 발생했는데, 그 중 악성 중피종(C45)은 남녀를 합쳐서 163건이며 이는 전체 암 발생의 0.07% 정도로 매우 드문 암종에 속한다. 석면에 대한 피해 사례가 늘어나면서 1997년 청석면과 갈석면의 수입 사용이 금지되고, 2008년도 석면 사용 금지법안이 만들어져 2009년 석면과 석면함유 제품의 사용, 제조, 유통, 수입이 전면 금지되기까지 석면이 지속적으로 사용되어 왔으므로 우리나라의 경우도 악성 중피종의 발생은 당분간 증가할 것으로 생각된다[926].

외국의 경우도 악성 중피종은 남성에게 더 많이 생기는 것으로 알려져 있으며 우리나라 통계도 남자가 119건, 여자가 44건으로, 남자가 여자에 비해 2.7 : 1 비율로 더 많다. 이는 남성이 석면에 노출될 가능성이 더 높은 것과 관련되어 있을 것으로 생각된다. 남녀를 합쳐서 연령대별로 보면 70대가 37.4%로 가장 많았고, 60대가 31.3%, 50대가 16.6%의 순이다.

(3) 위험요인

석면의 노출과 악성중피종의 발생에 관한 역학적 연구들은 악성중피종이 석면에 의해 특이적으로 발생되는 질병으로 석면에 의한 기여위험도가 80-90%에 이르는 석면이 원인이 되어 발생하는 질환이다[927].

악성중피종은 폐암에 비해 적은 양의 석면 노출 후에도 발생하는 것으로 알려져 있다.[928] 석면에 오랫동안 또는 고농도로 노출된 사람은 악성중피종이 발생할 위험이 증가하지만 단기간 노출된 사람도 악성중피종에 걸릴 수 있다. 이 질환은 석면에 노출된 지 적어도 15년 이후에 발생하는 것으로 알려져 있으면 한다. 석면노출 후 20~40년의 잠복기를 거친다. 석면노출에 의한 악성중피종의 발생은 1935년에 처음 보고된 이후 1960년에 남아프리카공화국의 석면광산 종사자에서 33명의 악성중피종 환자가 보고되면서 석면의 건강영향에 대한 관심은 높아지기 시작했다. 이들은 모두 석면에 노출된 이후 20~40년이 지나고 나서 발생한 사례였다[929].

국내에서 석면은 1930년대 석면광산이 개발되면서 본격적인 노출이 이루어졌고 해방 이후 잠시 그 사용이 줄었다가, 1970년대 경제개발과 함께 다량의 석면이 수입되면서 슬레이트를 포함한 건축자재, 다양한 기계 부품 그리고 보온재 등에 사용되었다[930]. 특히

---

926) 보건복지부 중앙암등록본부 2019년 12월 발표자료

연도	2013년	2014년	2015년	2016년	2017년
중피종 발생자 수(명)	131	135	140	137	163

927) McDonald JC, Armstrong BG, Edward CW, Gibbs AR, Lloyd HM, Pooley FD, Ross DJ, Rudd RM. Case-referent survey of young adults with mesotheliom: I. Lung fibre analyses. Ann Occup Hyg 2001; 45: 513-518.

928) Anderson HA, Lilis R, Daum SM, Selikoff IJ. Asbestosis among household contacts of asbestos factory workers. Ann N Y Acad Sci 1979; 330: 387-399.

929) Wagner JC, Sleggs CA, Marchad P. Diffuse pleural mesothelioma among asbesos exposure in the North Western Cape Province. Br J Ind Med 1960; 17: 260-271.

930) Choi JK, Paek DM, Paik NW. The Production, the use, The number of workers and exposure level of asbestos in Korea. Korean Ind Hyg Assoc J 1998; 8: 242-253. [In Korean]

대량 사용된 건축자재는 석면사용이 중지되거나 최소화된 현재에도 폐기와 재건축 과정에서 작업자들 뿐 아니라 일반 시민들에게도 상시적인 노출을 발생시키고 있다. 흉막중피종은 모든 석면이 원인이 되는 한편, 복막중피종은 크리소타일(백석면)은 일어나기 어려운 것으로 알려져 있다.

흡연으로 석면에 의한 폐암 위험은 강화되지만, 악성중피종의 위험을 강하게 할 수는 없을 것으로 여겨지고 있다.

일부 소수의 환자는 제올라이트(zeolite)라는 광물인 규산염에 대한 노출, 또는 1960년대 이전에 X선 검사에서 혈관을 잘 보이게 하기 위해서 사용했던 조영제(Thorotrast)와 연관이 있다. 몇몇의 경우에는 원인을 알 수 없다.

중피종은 다른 석면관련 질병과 다르게 양·반응 관계를 설정할 수 없다. 중피종의 잠복기는 다른 석면관련 질병들이 긴 것과 같이 30~40년 정도이다. 악성중피종은 중피에 발생하는 예후가 매우 불량한 종양으로 발생장소는 늑막(80%), 복막(10-15%), 기타(희귀) 부위에 발생하며 남녀의 비율은 45 : 1로 잠복기는 20~40년으로 보통 진단시의 평균연령은 60세이며 진단 후 생존 수명은 6-18개월이라는 역학적인 특징이 있다.

악성중피종의 직업적 원인의 평가에 있어서는 다음의 점을 고려하여야 한다.

- 악성중피종의 대부분은 석면 노출에 의해 발생한다.
- 악성중피종은 낮은 수준의 석면 노출의 경우에도 일어날 수 있다. 그러나 매우 낮은 수준의 환경적인 노출(예, 주거환경 중에 석면 노출)이 있을 경우에 위험도는 매우 낮다.
- 약 80%의 악성중피종 환자는 석면에 직업적인 노출이 있을 가능성이 높으므로 신중한 작업력과 환경력을 조사해야한다.
- 단기간 또는 낮은 수준의 직업적인 노출이 있다면, 악성중피종의 발생원인에 직업이 기여할 확률이 크다.
- 악성중피종의 원인을 석면 노출로 간주하려면 처음 노출에서 최소 10년이 필요하며 잠재기는 약 30~40년으로 폐암보다도 더 길다.
- 흡연은 악성중피종의 발생 위험에 전혀 영향을 주지 않는다.

악성중피종의 위험을 줄이려면 석면 노출을 피해야 한다. 석면 노출에는 안전농도가 없기 때문에, 어떤 석면 노출도 문제가 될 수 있다. 특히 오래된 집에 살고 있거나 건물에서 일을 하고 있다면 석면을 함유한 단열재나 그 외 석면을 방출하는 부분에 대하여 전문가의 점검을 받아야 한다. 이런 구역은 제거되거나 전문적으로 안전하게 밀폐해야 한다. 일상적으로 석면을 함유한 물질을 다루는 작업자들은 자신의 노출을 제한하고, 석면 먼지를 옷에 묻혀서 집에 가져오지 않도록 해야 한다.

II. 조혈림프계암

1. 급성골수성 백혈병

(1) 정의

백혈병은 혈액 또는 골수 속에 종양세포(백혈병 세포)가 출현하는 질병이다. 백혈병은 임상소견과 검사소견 그리고 경과에 따라 급성백혈병과 만성백혈병으로 구분한다. 또한 급성백혈병은 백혈병세포의 종류에 따라 급성골수성백혈병(급성비림프성백혈병)과 급성림프성백혈병으로 나뉜다. 급성백혈병은 백혈구가 악성세포로 변하여 골수에서 증식하여 말초혈액으로 퍼져 나와 전신에 퍼지게 되며 간, 비장, 림프선 등을 침범하는 질병이다. 대개 골수나 말초 혈액에 골수아세포가 20% 이상 차지하는 경우를 골수성백혈병으로 정의한다. 골수에서 암세포가 자라게 되면 정상 조혈세포를 억제하여 조혈을 방해하므로 빈혈, 백혈구 감소, 혈소판 감소가 오게 되며 이로 인한 증상으로 병원을 찾게 된다.

(2) 종류

급성골수성백혈병은 광학현미경상의 형태학적 소견과 면역표현형, 임상적 특성, 세포유전학과 분자적 이상들에 근거한 국제보건기구(WHO) 분류를 사용한다. 급성골수성백혈병의 세계보건기구 (WHO, 2001년) 분류는 ① 재발성 세포유전학적 전위를 갖는 급성골수성백혈병 ② 다계열 이형성이 있는 급성골수성백혈병 ③ 치료와 연관된 급성골수성백혈병과 골수이형성증후군 ④ 분류되지 않은 급성골수성백혈으로 구분한다.

[표 48] 급성골수성백혈병의 세계보건기구 (WHO, 2001년) 분류

I. 재발성 세포유전학적 전위를 갖는 급성골수성백혈병	t(8;21)(q22;22); AML1(CBFa)/ETO를 갖는 급성골수성백혈병
	비정상적 골수호산구와 inv(16)(p13;q22) 또는 t(16;16)p13;q22)를 갖는 급성골수성백혈병
	급성전골수성백혈병과 변형들; t(15;17)(q22;q11)
	11q23 (MLL) 이상이 있는 급성골수성백혈병
II. 다계열 이형성이 있는 급성골수성백혈병	골수이형성증후군이나 골수이형성증후군/골수증식성질환 이후에 발생한 급성골수성백혈병
	이전에 골수이형성증후군이 없었던 급성골수성백혈병
III. 치료과 연관된 급성골수성백혈병과 골수이형성증후군	

IV. 분류되지 않은 급성골수성백혈병 IV. 분류되지 않은 급성골수성백혈병	미세분화 급성골수성백혈병
	미성숙 급성골수성백혈병
	성숙 급성골수성백혈병
	급성 골수단핵구성 백혈병
	급성 단핵구성 백혈병
	급성 적혈구계 백혈병
	급성 거대핵모세포성 백혈병
	골수섬유증을 동반한 급성전골수증
	급성 호염기성 백혈병

(3) **통계**

2019년에 발표된 중앙암등록본부 자료에 의하면 2017년에 우리나라에서는 232,255건의 암이 새로이 발생했는데, 그 중 골수성백혈병(C92~C94)은 2,300건으로 전체 암 발생의 1%를 차지했다. 인구 10만 명당 조(粗)발생률(해당 관찰 기간 중 대상 인구 집단에서 새롭게 발생한 환자 수. 조사망률도 산출 기준이 동일)은 4.5건이다.

남녀의 성비는 1.4 : 1로 남자에게 더 많이 발생하였다. 발생 건수는 남자가 1,331건, 여자는 969건이었다. 남녀를 합쳐서 연령대별로 보면 70대가 21.5%로 가장 많았고, 50대가 19.3%, 60대가 18.7%의 순이었다[931].

(4) **위험요인**

급성 골수성백혈병의 원인으로 이온화 방사선, 벤젠, 세포독성 약물 등이 잘 알려져 있다. 산화에틸렌은 현제 인체발암물질로 분류되고 조혈기계암 및 급성 골수성백혈병을 일으킨다고 의심 받는다. 또한 스티렌(styrene), 1,3-부타딘엔, 염화비닐, 페인트, 아질산염(nitrite) 등도 원인으로 보고되었다. 고형암에서는 노출 후 10-30년의 잠복기를 가지게 되나, 백혈병은 더 짧은 잠복기를 갖는 것이 일반적으로 알려져 있다. 원폭 방사선 노출 생존자의 경우 급성백혈병의 위험은 노출 후 2년에서 5년까지 정점으로 증가하다가 10년 후 에는 감소하는 것으로 나타났다. 반대로 고형암의 경우 시간이 지남에 따라 감소하지 않고 유지하거나 증가하는 것으로 나타났다.

---

[931] 보건복지부 중앙암등록본부 2019년 12월 발표 자료

(5) 인정사례[932]

> 16년간 광고 인쇄물 작업을 한 38세 남성 인쇄업체 작업자에게 발생한 급성골수성백혈병

가. 개요

근로자 ○○○은 1998년 4월 1일부터 ㅁ사업장에서 근무를 시작하였다. 입사 이후 16년 동안 광고 인쇄물 편집, 실사출력(솔벤트 잉크 프린터), 재단, 포장, 시트지 시공 등의 업무를 하였다. 2014년 2월 호흡곤란과 피로 증상이 시작되었으며 4월에 골수 검사를 통해 급성 골수성 백혈병을 확진 받고 사망하였다. 이에 유가족은 16년간 인쇄업체에서 시트지 인쇄, 출력, 시공작업(인쇄물 제거 및 부착) 등을 하면서 화학약품 등 유해물질에 노출되어 질병이 발생했을 가능성이 있다고 생각하여 2018년 7월 근로복지공단에 업무상 질병으로 인정해 줄 것을 요청하였고, 근로복지공단은 산업안전보건연구원에 업무상질병 인정여부의 결정을 위한 역학조사를 요청하였다.

나. 작업환경

ㅁ 사업장은 유치원, 어린이집, 차량 등 내외부에 부착하는 광고물 시트지를 제작하여 현장에 시공하는 회사로 현재 상용 근로자는 5명이었다. 고객으로부터 주문을 받은 다음 디자인(PC작업), 편집(PC작업), 인쇄, 재단, 포장 순서로 작업이 이루어지며, 이후 현장에서 시공 작업도 하였다. 시트지 출력작업을 현재는 UV프린터를 이용하고 있으나, 이전하기 전에는 주로 솔벤트 프린터를 운용하였다고 하였으며, UV프린터 쪽의 창문 환기팬을 제외하고는 환기장치가 없었다. 근무형태는 주 5일(오전 9시~오후 7시) 근무와 격주 토요일 근무이었다. 출장시공은 한 달에 2~4회 정도 수행한다고 하는데, 주로 어린이집이나 유치원 차량 등에 들어가는 작업이 많아 새 학기 시작 직전인 12월~2월에는 평소보다 3~4배 정도의 물량이 있다고 하였다.

다. 해부학적 분류

림프조혈기계암

라. 유해인자

화학적 요인

마. 의학적 소견

근로자는 2014년 2월부터 호흡곤란과 피로 증상 시작되었으며, 동년 4월 대학병원에서 골수검사를 통해 급성골수성백혈병을 진단받았다. 2011년 8월에 외상성 경막하 출혈을

---

[932] 안전보건공단 산업안전보건연구원, 「직업병 진단 사례집 (2018・2019)」 2019.

진단받은 바 있으며, 수술 후 진단명은 만성 경막하 출혈이었다. 갑상선기능저하증의 상병이 건강보험 요양급여내역에서 확인되었다. 배우자 진술 상 20년 동안 하루 반갑 정도의 흡연을 하였고, 음주는 주2회 1회당 소주1.5병 정도라고 하였다. 기타 혈액질환이나 암에 대한 가족력은 없었다.

사. **고찰 및 결론**

근로자 ○○○은 38세가 되던 2014년에 급성 골수성 백혈병을 진단받았다. 1998년부터 □사업장에서 근무하면서 실사출력기(시트지 인쇄), 재단, 포장, 시트지 시공(인쇄물 제거 및 부착) 등을 수행하였다. 급성골수성백혈병의 직업적 위험요인으로는 벤젠, 1,3-부타디엔, 포름알데히드 등이 있다. 근로자는 16년간 솔벤트 잉크를 사용하는 인쇄와 시공 작업을 하면서 신나 등 다양한 유기용제를 사용하였다.

근로자가 작업할 당시는 유기용제에 벤젠 함유량이 높았던 시기로, 작업형태와 작업 기간을 고려할 때 시공 작업 중 유기용제 특히 벤젠 노출 가능성은 컸을 것이며, 과거자료를 이용한 벤젠 누적노출량은 7.64ppm·year (최대 14.94ppm·year)로 추정한다. 따라서 근로자의 상병은 업무관련성에 대한 과학적 근거가 상당하다고 판단한다.

2. 만성 골수성백혈병

(1) 정의

만성골수성백혈병은 골수구계 세포가 백혈구를 만드는 과정에서 생긴 악성 혈액질환이다. 환자의 90% 이상에서 특징적인 유전자의 이상 (필라델피아 염색체의 출현)으로 혈액세포가 과다하게 증식하여 백혈구와 혈소판 등이 증가하며, 만성적인 경과를 보이는 혈액암이다. 만성골수성백혈병은 천천히 진행되지만 치료하지 않고 내버려 두면 점차 진행되어 급성백혈병으로 진행이 된다.

(2) 통계

2019년에 발표된 중앙암등록본부 자료에 의하면 2017년에 우리나라에서는 232,255건의 암이 새로이 발생했는데, 그 중 골수성백혈병(C92~C94)은 2,300건으로 전체 암 발생의 1%를 차지하였다. 인구 10만 명당 조(粗)발생률(해당 관찰 기간 중 대상 인구 집단에서 새롭게 발생한 환자 수. 조사망률도 산출 기준이 동일)은 4.5건이다.

남녀의 성비는 1.4 : 1로 남자에게 더 많이 발생하였다. 발생 건수는 남자가 1,331건, 여자는 969건이었다. 남녀를 합쳐서 연령대별로 보면 70대가 21.5%로 가장 많았고, 50대가 19.3%, 60대가 18.7%의 순이었다.

(3) 위험요인

1) 발생기전

만성골수성백혈병은 대부분 9번 염색체와 22번 염색체의 일부 유전자가 서로 자리바꿈을 하면서 특징적인 필라델피아 염색체 유전자의 부산물인 bcr-abl 단백이 나타나며 이것은 타이로신 키나제라는 효소의 활성화를 통해 암세포의 성장이 이루어지고 혈액암이 발생하게 된다.

2) 원인

만성 골수성백혈병은 이온화 방사선 및 벤젠과 분명한 연관이 있지만 급성 골수성백혈병(AML)만큼 분명하지는 않다. 고무산업 근로자와 전기업체 근로자는 특별한 표현형의 암 발생이 증가하며, 전기업체 근로자는 비 이온화 방사선 노출 때문일 것이다. 만성 골수성백혈병의 발생율은 50세까지는 급성 골수성백혈병과 유사하나 60세 이상에서는 6배나 증가한다. 만성 골수성백혈병은 미성숙 및 성숙 과립구세포의 축적이 특징적이며, 정상 골수와 적혈구 형성을 억제한다. 환자의 30%는 증상 없이 백혈구 수치가 증가한 것으로 진단된다. 90%의 환자는 필라델피아(Philadelphia) 염색체(9, 22번 염색체의 전위)로 특징 지워진다. 염색체 이상은 모든 단계에 지속되지만 모세포시기(blastic phase)에는 홀배수체(aneuploidy)를 포함한 부가된 염색체 이상이 있고 그것은 더욱 악성의 특징을 반영한다. 골수섬유화증은 방사선 노출 및 벤젠 노출군에서 발생 증가가 관찰된다. 대부분 만성골수성백혈병의 원인은 알려진 것이 거의 없다. 일부 고단위 방사선에 노출된 경우 발병 빈도가 증가하는 것으로 알려져 있다. 연령이 증가할수록 만성골수성백혈병의 위험도는 증가한다. 발생 빈도와 가족력 간에는 상관관계가 없다.

3. 급성림프구성백혈병

(1) 정의

백혈병은 혈액 또는 골수 속에 종양세포(백혈병 세포)가 생기는 질병이다. 백혈병은 경과에 따라 급성백혈병과 만성백혈병으로 구분한다. 또한 급성 백혈병은 백혈병 세포의 종류에 따라 급성골수성백혈병(급성비림프구성백혈병)과 급성림프구성백혈병으로 나뉜다. 급성림프구성백혈병은 림프구계 백혈구가 악성 세포로 변하여 골수에서 증식하고 말초 혈액으로 퍼지는데 간, 비장, 림프계, 대뇌, 소뇌, 척수 등을 침범하는 질병이다. 이 질병은 림프모구(lymphoblast)라고 불리는 원시적인 조혈세포가 정상적인 혈액세포로 성장하지 않은 채 증식하는 것이다. 이러한 비정상적인 세포들이 정상적인 세포를 밀

쳐내게 된다. 이 비정상적인 세포들은 림프절(lymph node)을 붓게 만들며 림프절에서 채취될 수 있다. 주로 10세 이전의 어린이에서 가장 흔한 백혈병이다. 성인에서도 가끔 생기기도 하나 50세 이상에서는 드물다.

20세 까지로 국한된 질병으로 최고 발병율은 2~9세에 나타난다. 이후 60세 이후에 약간의 발병율 증가가 있다. 다운증후군, 판코니증후군, 블루움증후군, 클라인펠터 증후군에는 없는 것으로 보아 환경적인 기여도가 강하게 내포 되어 있다. 부계 직업의 영향에 대한 연구에서 원전산업 근로자, 자동차 수리공, 탄화수소 노출 직업, 의료 및 사회복지 서비스 직업 등이 종양과 연관되어 있었다. 모계에서는 약제사, 직물 근로자, 화학노출 근로자, 탄화수소 노출 근로자, 가내공업, 호텔 또는 서비스 업무에서 연관이 있었다. 가정에서 솔벤트 노출도 중요하다.

임상적 특징으로는 급성림프구성 백혈병은 쉽게 멍이 들고, 세포침착에 의한 림프 절병, 골수 병변, 비정상 림프 전구물질을 가진 림프조직을 가진다. 대개 골수나 말초혈액에 림프아세포가 20% 이상 차지하는 경우를 림프구성백혈병으로 정의 한다.

(2) 종류

과거 FAB(French-America-British, 1985)분류를 많이 사용했으나 1999년에 국제보건기구 WHO (World Health Organization)에서는 림프구에서 유래한 종양에 대해 형태학적, 임상적, 면역학적, 유전학적 정보를 종합해서 새로운 분류[933]를 사용하고 있다.

(3) 통계

2019년에 발표된 중앙암등록본부 자료에 의하면 2017년에 우리나라에서는 232,255건의 암이 새로이 발생했는데, 그 중 림프구성백혈병(C91)은 822건으로 전체 암 발생의 0.4%를 차지하였다. 인구 10만 명당 조(粗)발생률(해당 관찰 기간 중 대상 인구 집단에서 새롭게 발생한 환자 수. 조사망률도 산출 기준이 동일)은 1.6건이다.

---

[933] • 급성림프구성백혈병의 WHO (World Health Organization)분류, 1999

B세포	전구 B세포종양 전구 B세포 림프아구성 백혈병/림프종 (전구 B세포 급성 림프아세포성 백혈병)
T세포	전구 T세포종양 전구 T림프아세포성 림파종/백혈병 (전구 T세포 급성 림프아세포성 백혈병)

• 급성림프구성백혈병의 FAB(French - America - British, 1985)분류

L1	작은 림프모구, 적은양의 세포질, 일정한 모양, 핵인은 뚜렷하지 않음
L2	큰 림프모구, 세포질이 세포면적의 20%이상, 다양한 크기와 모양, 25%이상에서 핵인 관찰
L3	큰 림프모구, 세포질은 중등도로 풍부, 호염기성, 공포 함유, 버킷 림프종세포와 유사한 모양

남녀의 성비는 1.3 : 1로 남자에게 더 많이 발생하였다. 발생 건수는 남자가 458건, 여자는 364건이었다. 남녀를 합쳐서 연령대별로 보면 10대가 18.9%로 가장 많았고, 60대가 13.7%, 50대가 13.5%의 순이었다.

(4) 위험요인

1) 개요

급성림프구성백혈병은 20세 까지로 국한된 질병으로 최고 발병율은 2-9세에 나타난다. 이후 60세 이후에 약간의 발병율 증가가 있다. 다운증후군, 판코니증후군, 블루움증후군, 클라인펠터 증후군에는 없는 것으로 보아 환경적인 기여도가 강하게 내포되어 있다. 부계직업의 영향에 대한 연구에서 원전산업 근로자, 자동차 수리공, 탄화수소 노출 직업, 의료 및 사회복지 서비스 직업 등이 종양과 연관되어 있었다. 모계에서는 약제사, 직물 근로자, 화학노출 근로자, 탄화수소 노출 근로자, 가내공업, 호텔 또는 서비스 업무에서 연관이 있었다. 가정에서 솔벤트 노출도 중요하다.

T-세포 림프종은 인간 T-세포 림프구성 바이러스(HTLV-1)와 강하게 연관되어 있으며, Burkitt's 림프종은 EB 바이러스와 강하게 관련이 있다. 사회경제적 요인 외에 알려진 위험은 히단토인(hydantoin) 치료와 면역 억제이다. 면역 억제는 유전적인 것과 약물에 의한 또는 감염, 자가면역, 방사선 치료에 의한 이차적인 면역억제가 있을 수 있다. 직업적인 위험은 고무산업 근로자, 수의사, 우라늄 광부, 석면 노출 근로자, 나무꾼, 금속 근로자, 여자직물 근로자, 화학자, 벤젠 노출 근로자, 농부 등에서 높다. 임파선 외 조직보다는 임파선조직이 우선 검사되어야 한다. 치료는 조직학적인 유형에 의해 선택된다. 예후는 임파선 소포(follicular)의 형태에 달려있다. 조기 발견 방법은 없다.

2) 유전적 소인

암유전자가 직접 또는 인접 부위 유전자들의 변화에 따라 활성화되면 백혈병이 발생하는 것으로 여겨진다.

- 21번 염색체의 상염색체를 특징으로 하는 다운증후군
- 클라인펠터 증후군, 파타우 증후군
- 판코니증후군, 블룸증후군, 혈관확장성 운동실조
- 쌍생아와 형제 등 급성백혈병환자 가족에서의 발병도 유전적 소인이 급성 백혈병의 병인에 관여할 가능성이 있다.

3) 흡연
- 흡연은 급성골수성 백혈병의 발생위험도를 증가시키는 유일하게 검증된 생활습관 관련 위험요인이다.
- 담배를 피우는 사람에서 급성골수성 백혈병의 위험도가 1.4~24배 로 나타나고 있다.

4) 방사선 조사
- 원자폭탄이 투하되었던 지역에서의 급성백혈병의 발생 빈도가 10~15배 가량 높게 나타났다. (일본 히로시마 원폭 피해, 러시아 체르노빌 원전 사고의 예)
- 어렸을 때 고에너지의 방사선에 노출된 경우 T세포 계열 급성 림프아구성 백혈병 발생 위험이 높아진다.
- 강직성 척수염 치료를 위하여 방사선 조사를 받았던 환자들에서도 백혈병 발생률이 5배 가량 증가하였다.

감염에 대한 병인 설명에서 Kinlen 과 동료들은[934] 더 고립된 지역의 어린이들에게 흔한 감염원 노출이 적기 때문에 집단 면역이 지체되고 고립된 지역의 어린이들은 보통 위험보다 높을 수 있다는 제기를 했었다. 인구 고밀도 지역은 집단 면역을 잘 획득하는 경향이 있어서 감염 유행이나 속발적인 백혈병으로부터 예방 되어 진다. Graves는[935] 유복한 지역의 어린이가 더 큰 위험에 있다는 것을 제시했는데 그 이유는 유복함은 효과적인 위생으로부터 오고 유년기 초기에 감염원에 노출이 감소했기 때문이라고 하였다. 그러나 감염원 노출도 비슷하게 위험을 증가시킨다고 하였다.

5) 화학약품과 직업성 노출
- 벤젠은 유전자 손상을 불러와 백혈병으로 진전될 수 있다.
- 페인트, 방부제, 담배, 제초제, 살충제, 전자장 노출이 백혈병 발병률을 높인다.
- 목재를 사용한 작업(woodworking industry)에 종사하는 경우 호지킨림프종의 발생과 사망에 있어 상대위험도가 1.8-7.2로 일관된 증가가 나타났다[936].
- 도장공의 경우에는 10년 이상 일한 경우 다발성 골수종에 대한 비차비가 4.1(1.8-10.4) 이었다[937].

---

934) Kinlen L. Evidence for an infective cause of childhood leukemia: comparison of a Scottish new town with nuclear reprocessing sites in Britain. Lancet 1988; ii:1323-7.
935) Greaves MF. Childhood leukemia. BMJ 2002; 324:283-7.
936) McCunney RJ. Hodgkin's disease, work, and the environment. A review. J Occup Environ Med. 1999 Jan;41(1):36-46.
937) Demers PA, Vaughan TL, Koepsell TD, Lyon JL, Swanson GM, Greenberg RS, Weiss NS. A case-control study of multiple myeloma and occupation. Am J Ind Med. 1993 Apr;23(4):629-39.

- 현재까지 국제암연구기구(IARC)에서 인간에서의 발암 물질로서 조혈기암과 관련이 있는 것은 벤젠, 방사선, 에틸렌옥사이드, 포름알데히드, 항암제, 2,3,7,8-Tetrachlorodibenzo-p- dioxin(TCDD), 1,3 부타디엔, 비비소계 살충제와 트리클로로에틸렌 등이 포함되어 있다.
- 벤젠노출과 관련이 있는 직업으로는 석유화학공업 근로자, 페인트공, 세척공, 연구원(화학, 제약 등에서의 벤젠 취급), 타이어제조업 근로자, 제철공장 근로자, 주물공장 근로자, 신발 공장 근로자, 폐기물 처리, 화학 산업 및 품 산업과 고무산업, 인쇄 등이 있다.

1940년대부터 1960년대 까지 이탈리아와 터키의 혈액학자들은 급성 백혈병과 윤전 그라비어 인쇄와 신발 제조 공업에서의 벤젠 포함 잉크와 접착제의 관계를 제시했었다. 가장 설득력 있고 잘 인용되는 연구는 1,200명의 고무 근로 자의 코호트연구로 가장 최근에 추적 관찰시에 예상치 2.7 명에 비해서 골수성 백혈병이 9명이 발생하였다[938]. 미국 대법원의 요구는 산업안전보건청의 작업장 노출기준(PEL)을 10ppm에서 1ppm으로 낮추는 것에 대한 중요성을 보여준다. 1ppm에서 40년 노출은 백혈병 위험을 70% 증가시킨다고 한다(95% CI1.1-2.5). 주유소와 자동차 정비 같은 저용량 노출 직업에서도 벤젠과 백혈병의 관계가 제기되었지만 증거는 결론적이지 않다.

벤젠과 관련성이 알려진 질환으로는 범혈구감소증, 재생불량성 빈혈, 급성골수성 백혈병과 변이가 있다. 벤젠과 관련성 의심되는 질환으로는 만성골수성 백혈병, 만성림프구성 백혈병, 발작성 야간혈색뇨, 다발성 골수종이 있으며, 벤젠과 관련성 보고된 질환으로는 급성림프아구성 백혈병, 골수화생이 동반된 골수섬유화증, 비호치지스 병, 혈소판 증가증이 있다.

6) 농작물 노출

농약에 노출된 근로자를 대상으로 한 환자 대조군 연구에 대한 메타분석 결과 모든 림프조혈계암에 대한 비차비는 1.33(1.19-1.49), 비호지킨스 림프종의 비차비는 1.35(1.17-1.55), 백혈병의 비차비는 1.35(0.91-2.00), 다발성 중피종의 비차비는 1.16(0.99-1.36)이었다[939].

어떤 연구에서 phenoxyacetic acid 제초제, 클로로페놀(chlorophenol)에 노출된 농업 근로자에서 높은 비율의 비호지킨스 림프종을 보고했다. 다발성 골수종, 호지킨스 병,

---

938) Hayes R, Songnian Y, Dosemeci M, et al. Benzene and lymphohematopoietic malignancies in humans. Am J Ind Med 2001; 40:117-26.
939) Merhi M, Raynal H, Cahuzac E, Vinson F, Cravedi JP, Gamet-Payrastre L. Occupational exposure to pesticides and risk of hematopoietic cancers: meta-analysis of case-control studies. Cancer Causes Control. 2007 Dec;18(10):1209-26.

백혈병은 특별히 제초제와 연관 지을 수 없지만 농업 근로자에게서 높은 직업적인 발병률을 보인다.

7) 항암제 등 치료 약제

항암제, 특히 알킬화제들은 염색체 손상을 일으켜 이차성 백혈병을 일으킬 수 있다(싸이클로포스파마이드, 멜팔란, 부설판, 프로카바진, 에토포사이드, 독소루비신 등).

8) 바이러스

EBV(엡스타인-바 바이러스)나 HTLV-1(인간 T-세포 림프친화성 바이러스 1형)같은 바이러스 감염은 골수세포 내의 염색체에 손상을 주고 면역 체계의 이상을 초래하여 백혈병을 일으킨다. HIV(Human Immunodeficiency Virus, 인간면역결핍바이러스)에 의한 후천성면역결핍증도 림프구성백혈병을 일으킬 수 있다.

9) 의학적 노출

항암제, 특히 알킬화제들은 염색체 손상을 일으켜 이차성 백혈병을 일으킬 수 있다(사이클로포스파마이드, 멜팔란, 부설판, 프로카바진, 에토포사이드, 독소루비신 등).

만성림프구성 백혈병은 치료적 이온화 방사선에 의해 증가되지 않는 유일한 조혈기계 암이다. 치료적으로 방사선을 받았던 14,558명의 강직성 척추염 환자들에 대한 코호트[940])에서 예상치 5.5 명에 비해 52 명의 백혈병 환자가 발생하였다.

알킬화 치료제와 대사저해치료는 급성골수성 백혈병(5q- 또는 7q-)과 골수이형성 증후군을 유의하게 증가시킨다. 더욱 특이적인 면역억제 치료는 비호지킨스 림프종을 유도하고 비교위험도를 40-100배 증가시킨다.

10) 비전리 방사선(non-ionizing radiation)

전자기장 영역에서 일하는 근로자에게서 백혈병 발병에 대한 관심이 집중 되면서 처음 환자-대조군 연구에서 자기장 영역의 근로자에서 발병이 높다는 자료가 있었지만 아직까지 이러한 위험에 대한 어떠한 기전도 확립되지 못했다. 일반 인구를 바탕에 둔 연구에서 전기, 전자, 통신근로자와 무선통신 작동자에서 급성림프구성 백혈병, 급성골수성 백혈병, 만성골수성 백혈병, 만성림프 구성 백혈병의 증가된 위험을 나타났다. 메타 분석에서는 높은 노출에서 어린이 뇌종양은 증가되었으나 통계적으로 유의하지는 않았고 백혈병은 증가하였으며, 경계적으로 유의했다. 전자기 영역의 강력하고 가장 일치된 유해 영향은 어린이 백혈병이다.

---

940) Court Brown WM, Doll R. Mortality from cancer and other causes after radiotherpy for ankylosing spondylitis. BMJ 1965; 2:1327-32.

11) 석면(asbestos)

1960년대부터 석면 노출과 다양한 면역 질환과의 관련성에 대한 사례 연구들이 보고되었다. 임상 역학연구는 석면노출 및 석면폐증과 류마티스 인자 및 면역 조절 인자의 유병률 증가와 관련이 있다고 보고되었다. 석면 노출과 비호지킨스 림프종, 만성림프구성 백혈병, 급성 백혈병과 관련이 있으나 결과가 일관되게 나타나지 않으며, 제한적인 증거를 보이고 있다. 추후 연구가 필요한 부분이다.

12) 고무산업 및 그 외 직업(Rubber industry and other occupations)

고무산업은 급성골수성 백혈병, 만성골수성 백혈병, 다발성 골수종의 높은 위험이 있는 것으로 보고되어 왔다. 어떤 범위까지 고무산업에서의 노출이 벤젠 노출과는 별도로 독립적으로 기여하는 지는 후향적 노출의 복잡성 때문에 절대적으로 확인할 수는 없다. 발암성 단량체인 1, 3-부타디엔은 독립적인 위험 인자가 될 수 있지만 명확히 증명되지는 못했다. 화학 근로자, 기계운전자, 도장공은 조혈기계 암의 발병률을 증가시키는 것으로 보고되었다.

13) 삼염화 에틸렌과 그 외 솔벤트 노출(Trichloroethylene and other solvent exposure)

삼염화 에틸렌은 드라이크리닝, 금속 탈지, 오일과 레진의 용제로 사용하는 유기화학물질이다. 동물실험에서 간과 신장암의 원인으로 보고되었다. 여러 연구에서 간, 신장, 조혈기 암의 발생 증가를 보고하였으나 일부 연구만이 삼염화 에틸렌 노출을 분리하였으며, 결과는 여러 용제에 의해 혼란되는 경향이 있는 진단(직업적 또는 환경적 원인으로 발생하는 림프조혈기 암)이다.

백혈병은 보통 백혈구의 증가로 알려져 있으나 백혈구가 정상이거나 백혈구 감소를 포함하여 전체 혈액세포의 감소로 나타나는 경우도 드물지 않다. 보통 진단은 말초 혈액, 골수, 골수 외 조직내에 백혈구 세포의 확인으로 진단된다. 급성골수성 백혈병과 급성림프구성 백혈병의 중요한 차이점은 급성골수성 백혈병에서 Auer's rods의 발견과 세포학적 염색에서 TdT양성(급성 림프구성 백혈병), Lysosomal enzyme 양성(급성 골수성 백혈병) 소견이다.

세포 유전학적인 특징은 치료와 예후에 대한 집단 분류를 정의하는데 사용되고 병인적인 추정에도 사용된다. 단클론 항체(monoclonal antibody)의 사용을 통한 면역 표현형은 60%의 비호지킨스 림프종은 B-cell 형이고 30-40%가 T-cell 형이라는 것을 보여준다.

여러 연구들은 급성골수성 백혈병과 비호지킨스 림프종의 염색체 변화와 제초제, 용제, 석유화학물, 연소산물, 석면 등의 직업적 물질 노출과의 연관성 보고했다. 비록 이러한 보고가 다양하게 나타나지만 가장 자주 언급되는 이상이 5와 7염색체이며, 이러한 소견은 그전의 항암 화학요법 후에 발생하는 백혈병과 관련이 있다. 환경요인에 의한 염색체 변화와 병의 변질과 진행으로부터 구분하는 것은 아직 환경적인 병인 문제를 해결하는데 널리 적용되지 않는다.

실험실 검사 이상의 또 다른 사용은 자매염색분체교환(sister chromatid exchange : SCE)과 같은 염색체 변화가 암의 발생을 예측할 수 있다는 가능성에 대한 것이다. 산화에틸렌(Ethylene oxide)은 동물의 발암물질이며, 사람에서는 발암가능물질로 노출 근로자에게서 염색체 변화(SCE)가 증가한다. 벤젠 노출근로자에게서 염색체 이상을 유발한다.

(5) 인정사례

방사성동위원소 치료작업자에서 발생한 급성림프구성백혈병

가. 개요

근로자 ㅇㅇㅇ는 2000년 6월 1일부터 2001년 2월 28일까지 ㅁㅁ병원에서 초빙연구원으로 근무하던 중, 의약분업사태로 인한 파업사태가 발생하였고, 이로 인해 파업에 참여하지 않은 ㅁㅁ병원으로 환자들이 집중되어 연구범위 외에 종양환자의 방사성동위원소 근접처치시술(brachytherapy)을 단기간에 집중적으로 수행하였다. 2011년 가슴의 통증으로 대학병원에서 급성림프구성 백혈병 진단을 받았고, 2012년 1월 사망하였다.

나. 작업환경

근로자 ㅇㅇㅇ는 애초 연구범위에 한하여 방사성동위원소를 취급하였으나, 의약분업으로 인근 의료기관의 파업으로 환자수가 폭증하자 진료와 치료업무에 치중하게 되었다. 처치시술은 진료 대상 암환자 전원에 대하여 방사선 동위원소의 삽입 및 제거, 동위원소가 삽입되어 있는 72시간동안 드레싱 등의 처치를 직접 수행하였다.

근로자는 주로 자궁경부암환자의 근접치료를 시행하였으며, 이외에도 식도암, 구강 내설암 환자에 대한 방사성 동위원소 설치와 제거도 담당하였다. 재직기간동안 처치한 환자의 수는 매주 6명 정도로 6개월 동안 150명 정도로 추산되었다.

다. 해부학적 분류

림프조혈기계암

라. 유해인자

물리적요인(전리방사선)

마. 의학적 소견

○○○는 최초 가슴통증과 근육통을 호소하여 대학병원 방문하여 수행한 혈액검사에서 백혈구수가 41,490 개/uL로 측정되어 골수검사를 시행하였고, 그 결과 급성림프구성백혈병(필라델피아 염색체 양성)을 진단받고 항암치료를 시행하던 중 사망하였다.

근로자의 특이 과거력이나 가족력은 없었으며, 의무기록상 음주와 흡연도 하지 않았다고 기록되어 있었다. 발병 8년 전부터 건강검진기록을 조회한 결과 혈액검사에 이상 소견 없었고, 발병년도에 이상지질혈증(TG 473 g/dL)만 진단받았다.

바. 고찰 및 결론

근로자 ○○○는 업무를 하는 동안 전리방사선에 노출되었고, 수작업으로 이루어져 수부는 보호구 없이 노출이 되었던 점, 같은 사업장 뿐만 아니라 대부분의 의료기관 내 방사선 출입관리구역이 상대적으로 자율적으로 관리되었던 정황근거, 사업장의 같은 부서의 동료근로자들의 높은 피폭선량 등을 근거로 보아 방사선 피폭선량은 기록된 총 누적선량, 연간 최대 노출선량보다 높았을 것으로 추정되었다. 따라서 신청 상병은 업무관련성이 높다고 판단되었다.

4. 만성림프구성 백혈병

(1) 정의

만성림프구백혈병은 혈액 속에서 비교적 성숙한 림프구가 현저하게 증가하는 병이다. 이는 다시 림프구의 종류에 따라 B세포와 T세포로 구분될 수 있지만, 대부분의 경우 B세포의 증식으로 나타난다.

(2) 통계

2019년에 발표된 중앙암등록본부 자료에 의하면 2017년에 우리나라에서는 232,255건의 암이 새로이 발생했는데, 그 중 림프구성백혈병(C91)은 822건으로 전체 암 발생의 0.4%를 차지했다. 인구 10만 명당 조(粗)발생률(해당 관찰 기간 중 대상 인구 집단에서 새롭게 발생한 환자 수. 조사망률도 산출 기준이 동일)은 1.6건이다. 남녀의 성비는 1.3 : 1로 남자에게 더 많이 발생했다. 발생 건수는 남자가 458건, 여자는 364건이있다. 남녀를 합쳐서 연령대별로 보면 10대가 18.9%로 가장 많았고, 60대가 13.7%, 50대가 13.5%의 순이었다[941].

---

941) 보건복지부 중앙암등록본부 2019년 12월 발표 자료

(3) 위험요인

명확한 원인은 아직 규명되어 있지 않으며 바이러스 감염이나 방사선 조사 등 환경적 직업적 요인과의 연관성도 밝혀진 바는 없다. 다만, 가족력이 있는 경우 만성림프구백혈병의 발병위험이 증가하는 것으로 알려져 있다. 그러나 아직 만성림프구백혈병의 위험을 증가시키는 유전적 소인이나 양상에 대해서는 잘 알려져 있지 않으며, 인간백혈구 항원(HLA, Human leukocyte antigen)과도 관련이 없는 것으로 생각된다.

5. 다발성골수종

(1) 정의

다발성골수종은 골수에서 항체를 생산하는 백혈구의 한 종류인 형질세포(Plasma Cell)가 비정상적으로 증식하는 혈액질환으로 특히 뼈를 침윤하는 것이 특징이고 면역장애, 조혈장애 및 신장장애를 일으키는 치명적인 질환이다.

(2) 통계

2019년에 발표된 중앙암등록본부 자료에 의하면 2017년에 우리나라에서는 232,255건의 암이 새로이 발생했는데, 그 중 다발성골수종(C90.0)은 남녀를 합쳐서 1,543건으로 전체 암 발생의 0.7%를 차지했다. 남녀의 성비는 1.1 : 1로 남자에게 더 많이 발생했다. 발생 건수는 남자가 811건, 여자가 732건이었다. 남녀를 합쳐서 연령대별로 보면 70대가 33.2%로 가장 많았고, 60대가 30.3%, 50대가 17.2%의 순이었다.

(3) 위험요인

다발성골수종은 이온화 방사선과 벤젠 노출은 골수종의 발병 증가와 관련되어 있다. 2배 이하의 위험이 석유 정제, 석유화학산업 근로자, 농부, 목공, 식당 근로자, 인쇄공, 비소 및 납 노출자, 절삭유, 제초제, 페인트 노출자와 연관되어 있다.

다발성골수종의 발생 위험도를 증가시키는 위험요인은 거의 알려진 것이 없다. 정확한 원인은 밝혀지지 않았지만 환경적 요인으로 방사선이나 화학물질(중금속, 유기용매, 제초제, 살충제 등)에의 노출이 다발성골수종의 위험인자가 될 수 있다. DNA 고두배수체, c-myc RNA 과표현, N-ras 돌연변이와 같은 염색체 이상이나 발암유전자에 의하여 생기는 경우도 있다.

다발성골수종은 형질세포가 비정상적으로 증식해 이곳에서 분비되는 싸이토카인(인터루킨-6, 인터루킨-1, 종양괴사인자 등)이 너무 많이 분비되고 그 결과 파골세포(Osteoclast)를 자극해 뼈 조직을 파괴하게 된다.

뼈 조직이 파괴됨으로써 통증이 발생하고, 칼슘이 혈액으로 방출되어 심한 고칼슘 혈증으로 심각한 탈수, 의식저하, 심장 및 신장에 피해를 주게 된다.

6. 악성림프종

(1) 정의

림프조직 세포가 악성으로 전환되어 과다증식하며 생기는 종양을 말하며, 림프종에는 호지킨림프종[942]과 비호지킨림프종(악성림프종)[943]이 있다. 비호지킨림프종(악성림프종)은 특징적 소견을 가지는 호지킨림프종을 제외한 나머지 악성림프종을 모두 포함한다.

(2) 종류

면역표현형과 세포계열에 따른 WHO분류법을 최근에 사용하고 있다.

[표 49] 림프종의 WHO 분류 (2008년)

B 세포 신생물	
성숙 B 세포 종양	미만성 거대B세포림프종

• 만성림프구성백혈병/소림프구성림프종
• B-세포 전림프구성백혈병
• 비장변연B세포림프종
• 모발성세포백혈병
• 분류되지 않는 비장림프종/백혈병
  – 비장 미만성 적색수질 B-소세포림프종
  – 모발성세포백혈병 변이
• 림프형질세포림프종
  – 발덴스트롬(Waldenstrom) 마크로글로불린혈증
	• T세포/조직구 풍부 거대B세포림프종
	• 중추신경계의 원발성 미만성 거대B세포림프종
	• 원발성 피부 미만성 거대B세포림프종, 하지형
	• 고령의 EBV 양성 미만성 거대B세포림프종
	• 만성염증과 연관된 미만성 거대B세포림프종
	• 림프종 형태의 육아종
	• 원발성 종격동 (흉선) 거대B세포림프종

---

942) 호지킨병(Hodgkin's Disease)이 종양은 조직구 또는 그물세포(reticulum cell)의 종양으로 Reed-Sternberg cell이 존재하는 것에 따라서 병리적으로 구분된다. 진단 시 평균연령은 32세로 20세와 70세 근처에 많다. 임파선 비대가 특징이며 정확한 진단은 흡입술이 거의 부적절하므로 외과적 생검(조직검사)이 요구된다.

943) 비호지킨림프종(Non-hodgkin's Lymphoma)단클론(monoclonal) 신생물로 임파구, 대식세포와 그 전구체, 유도체의 증가와 관계되어 있다. 발병률은 남자에서 50% 높고 40대 이후에 많다. 대부분의 연구에서 사회 경제적 지위와 함께 증가하는 경향이 있다. 또한 조기발견 방법은 없는 특징이 있다. T-세포 림프종은 풍토적인 사람 T-세포 림프구성 바이러스(HTLV-1)와 강하게 연관되어 있으며, Burkitt's 림프종은 EB 바이러스와 강하게 관련되어 있다. 사회경제적 요인 외에 알려진 위험은 히단토인(hydantoin) 치료와 면역 억제이다. 면역 억제는 유전적인 것과 약물에 의한 또는 감염, 자가면역, 방사선 치료에 의한 이차적인 면역억제가 있을 수 있다. 직업적인 위험은 고무 근로자, 수의사, 우라늄 광부, 석면 노출 근로자, 나무꾼, 금속 근로자, 여자 직물 근로자, 화학자, 벤젠 노출 근로자, 농부 등에서 높게 나타난다. 임파선 외 조직보다는 임파선 조직이 우선 검사되어야 한다. 치료는 조직학적인 유형에 의해 선택된다. 예후는 임파선 소포(follicular)의 형태에 달려있다. 조기 발견 방법은 없다.

- 중쇄질환
  - 알파중쇄질환
  - 감마중쇄질환
  - 뮤중쇄질환
- 형질세포골수종
- 골의 단독형질세포종
- 골외 조직의 형질세포종
- 림프절외 변연B세포림프종
- 림프절변연B세포림프종
  - 소아 림프절변연림프종
- 여포성림프종
  - 소아 여포성림프종
- 원발성 피부여포중심세포림프종
- 맨틀세포림프종

- 혈관내 거대B세포림프종
- ALK 양성 거대B세포림프종
- 형질모구성 림프종
- HHV-8과 연관된 다중심 캐슬만(Castleman) 질환으로부터의 거대B세포림프종
- 원발성삼출성림프종
- 버킷림프종
- 분류되지 않는 B세포림프종

T세포와 NK세포 신생물
성숙 T-세포 및 NK세포림프종

- T-세포 전림프구성백혈병
- T-세포 거대과립림프구성백혈병
- NK 세포의 만성 림프구증식성 질환
- 공격성 NK세포백혈병
- 소아의 EBV 양성T-세포 림프구증식성 질환
- 우두모양 물집증 (Hydroa vaccineforme)양 림프종
- 성인 T-세포백혈병/림프종
- 림프절외 NK/T-세포림프종, 비형태
- 장병변연관 T-세포림프종
- 간비 T-세포림프종
- 피하지방층양 T-세포림프종
- 균상식육종
- 세자리(Sezary) 증후군
- 원발성 피부 CD30 양성 T-세포 림프구증식성 질환
  - 림프종양 구진증
  - 원발성 피부 역형성 거대세포림프종
- 원발성 피부 감마-델타 T-세포림프종

- 원발성 피부 CD8 양성 공격성 표피지향성(epidermotropic) 세포독성 T-세포림프종
- 원발성 피부 CD4 양성 소/중 T-세포림프종
- 말초 T-세포림프종, 미분류형
- 모세포형 T-세포림프종
- 역형성대세포림프종, ALK 양성
- 역형성대세포림프종, ALK 음성

호지킨림프종	이식후 림프구증식성질환

• 결절성림프구우세형호지킨병
• 전형적호지킨병
  - 결절성경화형 전형적호지킨병
  - 림프구충만성전형적호지킨병
  - 혼합세포형 전형적호지킨병
  - 림프구결핍성 전형적호지킨병
	• 초기 병변
	  - 형질세포증식증
	  - 감염성 단핵구증 양상의 이식후 림프구증식성질환
	• 다형 이식후 림프구증식성질환
	• 단형 이식후 림프구증식성질환
	• 전형적 호지킨림프종 형태의 이식후 림프구증식성질환

(3) 통계

2019년에 발표된 중앙암등록본부 자료에 의하면 2017년에 우리나라에서는 232,255건의 암이 새로이 발생했는데, 그 중 호지킨림프종(C81)과 비호지킨림프종(C82~C86, C96)을 합한 악성림프종은 남녀를 합쳐서 5,049건으로 전체 암 발생의 2.2%를 차지했다. 남녀의 성비는 1.3 : 1로 남자에게 더 많이 발생했다. 발생건수는 남자가 2,880건, 여자가 2,169건이었다. 남녀를 합쳐서 본 연령대별로는 60대가 22.3%로 가장 많았고, 70대가 21.4%, 50대가 17.7%의 순이었다. 조직학적으로는 2017년의 혈액 및 림프양 종양(M9590~M9989)의 전체 발생 건수 13,577건 가운데 호지킨림프종(Hodgkin lymphoma)이 2.1%를, B세포 종양(B-cell neoplasms)이 48.5%, 골수성 종양(Myeloid neoplasms)이 34.5%를 차지하고 있다[944].

(4) 위험요인

명확한 발생원인을 밝힐 수 없는 경우가 많으며, 일부에서는 엡스타인바 바이러스(Epstein-Barr virus) 등의 바이러스와 비정상 면역조절이 원인이 되기도 한다. 또한 면역결핍에서 림프종이 발생할 수 있으며, 장기 이식, 후천성면역결핍증, 선천성면역결

---

[944] 보건복지부 중앙암등록본부 2019년 12월 발표 자료

핍증후군, 자가면역질환 등에서 발생빈도가 증가한다. 선천적 혹은 후천적인 면역결핍은 중요한 위험인자 중 하나이다.

바이러스 중에는 사람 T세포 바이러스(HTLV-1)에 의한 림프종, 후천성면역결핍바이러스와 연관된 림프종, 만성 C형 간염 연관성 림프종, 엡스타인바 바이러스와 연관된 버킷 림프종과 NK/T 림프종, 헬리코박터균과 연관된 말트 림프종 등이 있다.

면역결핍상태에서 림프종이 발생할 수 있으며, 장기 이식, 후천성면역결핍증, 선천성면역결핍증후군, 자가면역질환 등에서 발생빈도가 증가한다. 선천적 혹은 후천적인 면역결핍은 중요한 위험인자 중 하나이다. 장기이식 후에 면역억제 치료를 받는 환자의 림프종 발생은 잘 알려져 있으며 신장 이식 환자의 경우나 심장이나 조혈모세포이식 후에는 발생 위험성이 훨씬 높다. 쇼그렌증후군, 루푸스 그리고 류마티스관절염 등 다양한 자가면역질환이 악성림프종과 관련이 있다.

골수증식질환 등으로 항암화학요법이나 방사선 치료를 받은 경우 2차적으로 발생 위험이 높아질 수 있다.

7. 비호지킨림프종

(1) 정의

림프조직 세포가 악성으로 전환되어 과다증식하며 생기는 종양을 말하며, 악성림프종에는 호지킨림프종과 비호지킨림프종이 있다. 비호지킨림프종은 특징적 소견을 가지는 호지킨림프종을 제외한 나머지 악성림프종을 모두 포함한다.

(2) 종류

면역표현형과 세포계열에 따른 WHO분류법을 최근에 사용하고 있다.

(3) 통계

2019년에 발표된 중앙암등록본부 자료에 의하면 2017년에 우리나라에서는 232,255건의 암이 새로이 발생했는데, 그 중 비호지킨림프종(C82~C86, C96)은 남녀를 합쳐서 4,762건으로 전체 암 발생의 2.1%를 차지했다. 인구 10만 명당 조(粗)발생률(해당 관찰 기간 중 대상 인구 집단에서 새롭게 발생한 환자 수. 조사망률도 산출 기준이 동일)은 9.3건이다. 남녀의 성비는 1.3 : 1로 남자에게 더 많이 발생했다. 발생건수는 남자가 2,708건, 여자가 2,054건이었다. 남녀를 합쳐서 본 연령대별로는 60대가 23.0%로 가장 많았고, 70대가 22.1%, 50대가 17.8%의 순이었다[945].

---

945) 보건복지부 중앙암등록본부 2019년 12월 발표 자료

(4) 위험요인

명확한 발생원인을 밝힐 수 없는 경우가 많으며 일부에서는 엡스타인바 바이러스(Epstein-Barr virus) 등의 바이러스와 비정상 면역조절이 원인이 되기도 한다. 또한 면역결핍에서 림프종이 발생할 수 있으며, 장기 이식, 후천성면역결핍증, 선천성 면역결핍 증후군, 자가면역질환 등에서 발생빈도가 증가한다.

선천적 혹은 후천적인 면역결핍은 중요한 위험인자 중 하나이다. 바이러스 중에는 사람 T세포 바이러스(HTLV-1)에 의한 림프종, 후천성면역결핍바이러스와 연관된 림프종, 만성 C형 간염 연관성 림프종, 엡스타인바 바이러스와 연관된 버킷 림프종과 NK/T 림프종, 헬리코박터균과 연관된 말트 림프종 등이 있다.

장기이식 후에 면역억제 치료를 받는 환자의 림프종 발생은 잘 알려져 있으며 신장 이식 환자의 경우나 심장이나 조혈모세포이식 후에는 발생 위험성이 훨씬 높다. 쇼그렌증후군, 루푸스 그리고 류마티스관절염 등 다양한 자가면역질환이 악성림프종과 관련이 있다. 골수증식질환 등으로 항암화학요법이나 방사선 치료를 받은 경우 2차적으로 발생 위험이 높아질 수 있다.

III 기타 암

1. 후두암

(1) 정의

후두는 목의 식도와 기도의 입구 부위에 위치하고 있는 중요한 기관이다. 다양한 모양의 연골이 후두를 구성하고, 연골부는 여러 종류의 막과 인대로 둘러싸여 있다.

후두암은 두경부(머리와 목)에서 중요 기관 중 하나인 후두에 발생하는 악성 종양이다. 후두암은 후두의 비정상적 세포 성장으로 형성된 종괴 또는 종양이다. 후두암은 후두개 또는 성대의 위, 아래에 생길 수 있다. 조직학적으로는 호흡상피에서 발암단계를 거쳐 발생하는 편평세포암(squamous cell carcinoma)이 거의 대부분을 차지한다.

(2) 통계

2019년에 발표된 중앙암등록본부 자료에 의하면 2017년에 우리나라에서는 232,255건의 암이 새로이 발생했는데, 그 중 후두암(C32)은 남녀를 합쳐서 1,218건으로 전체 암 발생의 0.5%를 차지하였다. 인구 10만 명당 조(粗)발생률(해당 관찰 기간 중 대상 인구 집단에서 새롭게 발생한 환자 수. 조사망률도 산출 기준이 동일)은 2.4건이다. 남녀의 성비는 15.0 : 1로 남자에게 더 많이 발생하였다. 발생 건수는 남자가 1,142건, 여자는 76건이었다. 남녀를 합쳐서 연령대별로 보면 60대가 33.5%로 가장 많았고, 70대가 29.9%, 50대가 21.6%의 순이다[946].

(3) 위험요인

후두암의 원인은 오랜 흡연이 주요인으로 알려져 있고 음주 역시 중요한 인자로 되어 있다. 흡연 및 음주에 의해 안정적으로 후두암의 위험이 높아진다. 흡연과 음주는 각각 따로, 또는 상승작용으로 후두암 발생 위험을 확실히 높인다. 또한 목에 다른 이유로 방사선 치료를 받은 경우, 바이러스, 유전적인 인자 등이 후두암의 원인으로 거론되고 있고, 만성적인 자극이나 유해한 공기의 흡인, 위산역류 등이 비흡연자에서 암의 원인으로 지적되고 있다.

후두암의 직업적 위험요인은 석면, 유리규산, 디젤흄, 용접흄, 니켈 금속가공유(특히 비수용성 광물유) 등이다. 후두암 발생이 높았던 직업은 건설도장공 및 근로자, 기계공, 금속 및 플라스틱 제작공, 기계운전공, 고무공장 근로자 등이다.

모든 암과 같이 후두암도 젊은 사람보다는 나이 많은 사람에게서 많이 발생한다. 40세 이하에서는 발생하는 경우가 거의 없다. 가족의 1세대 간(부모, 형제, 자매 및 자식)에 두경부 암 환자가 있는 가족 구성원들에서 그렇지 않은 가족 구성원에 비하여 후두암 발생 위험이 2배로 증가하였다[947].

2. 난소암

(1) 정의

난소암이란 여성 생식과 호르몬 분비에 중요한 역할을 담당하는 난소[948]에서 발생하는 암을 가리킨다. 난소암은 암이 발생하는 조직에 따라 크게 상피세포암, 배세포종양, 그리고 성삭기질종양으로 구분한다. 난소의 표층(상피세포암종)에서 형성된 암세포가 가장 흔하며 난자를 생성하는 세포(생식세포종양)와 난소 주위의 지지조직(기질종양)에서 형

---

946) 보건복지부 중앙암등록본부 2019년 12월 발표 자료
947) 김수근·김원술·권영준·정윤경·박소영,「직업성 암 인정기준 해설 및 업무관련성 평가」,대한의사협회 의료정책연구소, 2016, 202면.
948) 난소는 골반 내 장기로 자궁의 양쪽에 위치하고 모양은 편평한 타원형이며 길이 2.5-3㎝, 너비 1.2-2㎝정도 된다. 난소는 난자와 여자호르몬을 배출하는 기관으로 피질과 수질로 나뉜다.

성된 암세포는 이보다 드물다. 난소암의 90% 이상이 난소 표면의 상피세포에서 발생하는 상피성 난소암이며, 실제 우리 주위에서 발견되는 대부분의 암은 이 상피성 난소암이다.

(2) 난소암 종류

난소 상피세포암은 세포형태에 따라 장액성 난소암, 점액성 난소암, 자궁내막양 난소암, 투명세포암 및 드물게 악성 브레너(Brenner) 종양으로 나누어지며, 그 외에 미분화세포암, 미분류 난소암도 포함된다. 또 난소 상피세포에는 암(악성)뿐만 아니라 양성 및 경계성 암이 생길 수 있다. 이들 중 경계성 암은 세포 및 조직 형태의 전부는 아니고 일부가 악성 양상을 보이고 있고 기저막 이하부의 침윤을 일으키지 않은 상태를 의미한다. 난소 상피세포암의 세포형태에 따른 조직학적 분류는 다음과 같다.

1) 장액성 난소암(Serous carcinoma)

육안적으로 난소표면의 유두돌기 증식이 특징적으로 나타나며, 급속한 증식으로 조직괴사와 출혈이 나타날 수 있다. 그리고 반대측 난소에도 전이가 되는 경우가 많아 대부분 난소 양측성으로 발생한다. 또한 악성인 장액성 선암은 특이적으로 CA-125(cancer antigen-125)를 분비하기 때문에 진단에 도움이 된다. 2019년 보건복지부 중앙암등록본부 자료에 의하면 2017년 발생건수는 1,184건으로, 전체 난소암의 43.8%를 차지하며 흔히 발생하는 난소암으로 보고되고 있다.

2) 점액성 난소암(Mucinous carcinoma)

양성의 경우 육안적 소견으로 표면이 매끈하며 내부는 투명하고 끈끈한 점액성 물질로 차 있다. 2019년 보건복지부 중앙암등록본부 자료에 의하면 2017년 발생건수는 326건으로, 전체 난소암의 12.1%를 차지하고 있다. 일반적으로 장액성 난소암보다 예후가 양호한 것으로 알려져 있으나, 예후가 매우 불량한 형태의 점액성 난소암도 있다.

3) 자궁내막양 난소암(Endometroid carcinoma)

조직학적으로 자궁내막과 유사하며, 10~20%에서 자궁내막증이 관찰된다. 육안적 소견은 두꺼운 피막으로 둘러싸여 있으며, 단면에 연홍색 출혈이 관찰되기도 한다. 대부분이 악성이며 호발 연령은 40~50대이다.

4) 투명세포암(Clear cell carcinoma)

매우 희귀한 종양으로 50~60대가 대부분이다. 특징적으로 투명세포암은 자궁내막증 및 자궁내막암과 조직발생학적으로 유사하며, 자궁내막증과 자궁내막암이 함께 관찰되기도 한다. 육안적 소견은 다양하며, 다른 난소 상피세포암과 구별이 힘든 경우가 많다. 대개 표면이 매끈한 피막으로 덮혀 있고 견고하며, 세포질 내에 투명한 물질이 차 있다.

5) 브레너 종양(Malignant brenner tumor)

브레너 종양은 거의 대부분이 양성 종양이며, 악성 종양은 흔치 않다. 발생연령은 25~71세로 다양하나, 대부분이 50세 이상이다. 일반적으로 난소 한쪽에서 발생하며, 난소 양측성으로 오는 경우는 10% 이하이다.

6) 미분화세포암(Undifferentiated carcinoma)

상피세포가 분화능력보다 증식능력이 강할 때 발생하는 난소 상피세포암으로, 분화가 덜 되어있기 때문에 어떤 범주에도 속하지 않는 형태이다. 세포자체의 악성변화와 세포분열이 심하며, 모든 난소 상피세포암 중 예후가 가장 나쁜 것으로 알려져 있다.

7) 미분류 난소암(Unclassified carcinoma)

두 가지 세포 유형의 중간 상태로 특별히 분류할 수 없는 경우를 말한다.

(3) 통계

2019년에 발표된 중앙암등록본부 자료에 의하면 2017년에 우리나라에서는 232,255건의 암이 새로이 발생했는데, 그 중 난소암(C56)은 2,702건으로 전체 암 발생의 1.2%, 전체 여성암 발생의 2.5%를 차지하였다. 인구 10만 명당 조(粗)발생률(해당 관찰 기간 중 대상 인구 집단에서 새롭게 발생한 환자 수. 조사망률도 산출 기준이 동일)은 5.3건이다. 연령대별로 보면 50대가 28.5%로 가장 많았고, 40대가 22.0%, 60대가 17.1%의 순이다. 조직학적으로는 2017년의 난소암 전체 발생 건수 2,702건 가운데 암종(carcinoma)이 83.2%, 생식세포종양이 4.4%를 차지하였다. 암종 중에서는 장액암이 43.8%로 가장 많았고, 그 다음으로 점액암이 12.1%를 차지하였다[949].

(4) 위험요인

난소암의 정확한 원인은 알 수 없지만 많은 위험 인자들이 존재하고 있다. 대부분의 난소암은 50세가 넘은 여성에서 발생하고, 60세가 넘은 여성에서 가장 위험이 높으며 연령이 증가함에 따라 급격히 상승하는 특징이 있다. 여러 연구를 통해 고려되고 있는 난소상피암의 관련 요인으로는 배란, 유전 요인, BRCA1 또는 BRCA2 유전자의 돌연변이 및 이상변화, 유방암, 자궁내막암, 또는 대장암을 앓았던 기왕력, 환경요인 등이 있다.

- 산과력과 배란

    출산한 적이 없는 사람의 경우 난소암의 발생 위험이 증가한다. 또한 배란의 횟수가 많을수록 난소암 발생이 증가한다. 즉, 초경이 빠르고 폐경이 느린 사람에게 난소암의 발생위험도가 증가한다.

---

[949] 보건복지부 중앙암등록본부 2019년 12월 발표자료

- **호르몬 제재**

    경구 피임약을 5년 이상 장기 복용하는 경우에 그렇지 않은 여성에 비해 난소암의 발생 위험이 감소한다.

- **유전요인**

    - BRCA1 또는 BRCA2 유전자의 돌연변이 및 이상 변화

        대부분의 난소암은 유전적이지 않으며, 난소암의 5-10%만이 유전적 성격을 갖고 있다. BRCA1 또는 BRCA2 유전자의 돌연변이 및 이상변화가 있을 경우 난소암의 위험도가 높아지며, 모친이나 자매가 난소암에 걸린 경우는 그렇지 않은 경우에 비해 난소암에 걸릴 확률이 더 높아지는 것으로 알려져 있다.

    - 유방암, 자궁내막암, 또는 대장암을 앓았던 기왕력

        유방암, 자궁내막암 또는 대장암을 앓았던 적이 있는 여성에서 난소상피암의 위험도가 높다.

- **환경적요인**

    석면과 활석 및 방사선 동위원소에 노출된 경우도 난소상피암의 발생과 관계가 있다. 이는 석면이나 활석 분말입자가 자궁, 난관을 통하여 복강 내에서 복막자극을 일으켜 난소상피암을 유발시키는 것으로 추정되고 있다. 미국의 의료종사를 대상으로 사망등록자료를 이용한 연구에서 방사선 기사들의 난소암으로 인한 사망률이 증가한다고 하였고,[950] 중국에서 수행된 엑스선 종사자들의 연구에서도 그러하였다[951]. 프랑스 원자력 발전소 종사 근로자들을 대상으로 한 연구에서도 난소암 발생의 증가가 경미하게나마 관찰되었다[952]. 그러나 미국에서 우라늄 생산시설의 근로자를 대상으로 한 연구, 캐나다의 방사선량 등록 자료를 이용한 연구에서는 난소암 발생이 증가하였다는 것을 관찰하지 못했다[953].

(5) 주 증상

난소암은 암이 상당히 진행하기까지 특별한 증상이 나타나지 않는 경우가 많다. 간혹 증상이 나타나는 경우도 그 증상이 하복부나 복부의 불편감, 통증, 소화기 장애에 의한 증상

---

950) Petrslis SA, Dosemeci M, Adams EE, Zahm SH. Cancer mortality among women employed in health care occupations in 24 U.S. states, 1984-1993. Am J Ind Med 1999;36:159-65.

951) Wang JX, Zhang LA, LI BX, Zhao YC, Wang ZQ, Jhang JY, Aoyama T. Cancer incidence and risk estimation among medical x-ray workers in China, 1950-1995, Health Phys 2002;82:455-66.

952) Tell-Lamberton M, Bergot D, Gagneau M, Samson E, Giraud JM, Neron MO, Hubert P. Cancer Mortality Among French Atomic Energy Commissin Workers. AM J INd Med 2004;45:34-44.

953) 김수근외 4, 앞의 책, 213면.

등과 같이 비특이적이고 불분명하여 다른 질환으로 오인하여 진단이 늦어지는 경우가 많다. 대부분의 경우는 복수로 인해 복부팽만이 되거나 복부에서 만져지는 종괴를 발견하고서야 비로소 병원을 찾는 경우가 많은데, 폐경 이후 비정상적인 질출혈을 일으키기도 한다. 난소암은 복막과 림프절 전이가 잘되며, 이 경우 복수가 차거나 복부대동맥 주위와 골반내의 림프절이 붓고, 암이 점차 흉부와 목의 림프절로도 퍼지면서 다양한 증상이 나타날 수 있다.

흔히 나타날 수 있는 난소암의 일반적인 증상은 다음과 같다.
- 복통
- 복부팽만감
- 복부팽대
- 복강내 종괴
- 비정상적인 질출혈
- 비뇨기 증상(빈뇨, 배뇨곤란, 대하증, 오심, 구토, 변비, 요통)

3. 비부비동암

(1) 정의

비강암과 부비동암은 특징이 유사하여 비부비동암으로 통칭한다. 코 안의 빈 곳인 비강에 발생한 암을 비강암이라 하고, 비강 주위에 있는 동굴과 같은 부비동에 발생하는 암을 부비동암(paranasal sinus cancer)이라 한다. 부비동암을 발생하는 위치에 따라 상악동암, 사골동암, 전두동암, 접형동암으로 분류하기도 한다.

비부비동암의 종류는 다음과 같다.

(2) 분류

1) 상피성 악성 종양
   - 편평세포암종
   - 선암종
   - 선양낭성암
   - 미분화암
   - 후각신경아세포종

2) 비상피성 악성 종양
- 육종
- 악성 섬유성 조직구종 (malignant fibrous histiocytoma)
- 혈관주위세포종 (hemangiopericytoma)
- 림프종
- 전이암

(3) **통계**

2019년에 발표된 중앙암등록본부 자료에 의하면 2017년에 우리나라에서는 232,255건의 암이 새로이 발생했는데, 그 중 비부비동암(C30~C31)은 남녀를 합쳐서 419건으로 전체 암 발생의 0.2%를 차지하였다. 인구 10만 명당 조(粗)발생률(해당 관찰 기간 중 대상 인구 집단에서 새롭게 발생한 환자 수. 조사망률도 산출 기준이 동일)은 0.8건이다. 남녀의 성비는 1.5 : 1로 남자에게 더 많이 발생하였다. 발생 건수는 남자가 254건, 여자가 165건이었다. 남녀를 합쳐서 연령대별로 보면 60대가 25.3%로 가장 많았고, 50대가 24.8%, 70대가 21.0%의 순이다.[954]

(4) **위험요인**

현재까지 비부비동암의 발생 원인이 명확하게 밝혀진 것이 없다. 상악동암 환자의 70~80%가 부비동염의 기왕력이 있고, 만성 부비동염을 비롯한 만성 비질환을 앓은 지 10년이상 지난 후, 비강암 또는 부비동암이 발생한 경우가 대조군에 비하여 4배 이상 높다는 보고가 있다.

상악동암의 발생은 작업 환경과 연관이 있다. 비강과 부비강의 악성종양은 일반인에서는 드문 암이지만, 특정한 작업환경과 관련되어 발생될 위험률이 높은 암 중 하나이다. 즉 니켈, 가죽 먼지, 광물유, 크롬, 이소프로필알코올, 칠지, 땜질, 용접, 나무 등을 취급하는 근로자에서 상악동암의 발생이 보다 많다. 비부비동암은 다른 암에 비해 흡연이나 식이요인의 영향이 낮은 것으로 알려져 있는데, 편평상피세포암의 경우 흡연과 관련성이 많이 보고되고 있다. 비강암과 관련된 직업적 요인으로는 목재분진, 포름알데히드, 크롬과 니켈 등의 중금속이 있으며 절삭유와 PAH 등도 관련되어 있는 것으로 알려져 있다. 직업성 비부비동암의 첫 사례는 1932년 Welsh 니켈 제련소에서 보고되었다. 특히 니켈은 편평상피세포암, 목재분진은 선암종의 발생과 관련이 있다고 보고되었다.

---

954) 보건복지부 중앙암등록본부 2019년 12월 발표 자료

목재분진은 1965년 영국 가구 공장에서 부비강암의 발생이 현저히 증가된 것이 보고된 이래로 비부비동암 발암인자로 인식되어 왔고 이후로 몇몇 연구를 통해 목재분진에 노출되는 작업에서 발생이 증가함이 증명되었다. 목재분진에 의해 발생하는 조직학적 세포형은 주로 선암이다. 목재분진은 보존제, 살충제 및 진균 단백뿐만 아니라 많은 생물학적 활성물질을 함유하고 있다. 목재분진에 함유된 발암인자는 분명하지 않지만 가구 제조공정에서 나무가 태워지므로 PAH가 중요한 역할을 할 것으로 판단하고 있다[955].

2013년 7월부터 시행되는 직업성 암 인정기준에서 비부비동 암은 6가크롬 또는 그 화합물에 의한 비부비동암, 니켈 화합물에 의한 비·부비동암, 목재분지에 의한 비부비동암으로 규정하였다.

4. 비인두암

(1) 정의

인두는 해부학적으로 매우 복잡한 부위이며 비인두, 구인두, 하인두 등과 같이 다른 위치와 기능이 있는 구조들을 합쳐서 지칭하는 말이다. 비인두암은 상인두암이라고도 불리우며, 비인두에 생긴 암을 말한다. 비인두는 해부학적으로 비강이 끝나는 지점으로 입을 열면 보이는 구개수 및 편도선(정확하게는 구개편도)의 후상방 부위를 가리키며, 두개저의 뼈를 경계로 뇌와 접하고 있다. 후비공에서 연구개의 자유연에 이르는 상인두에 생긴 악성종양을 말한다. 비인두의 악성종양은 3가지 형으로 분류되며 1형은 각화 편평상피세포암종, 2형은 비각화 편평상피세포암종으로 일명 이행세포암종이라 하며, 3형은 미분화암종으로 림프상피암이나 역행성암이라고도 한다. 3형이 가장 흔하며 예후는 1형이 불량한 것으로 알려져 있다.

(2) 위험요인

비인두암의 정확한 원인은 알려져 있지 않다. 비인두암은 면역학적인 원인으로 엡스타인바 바이러스(epstein-barr virus)와의 연관성이 제기되어 왔다. 전 세계적으로 10만 명당 1명 꼴로 발병하지만 중국 남부 지방에서는 30배에 가까운 발병률을 보이고 이민을 간 중국인들이 많이 사는 지역인 대만, 홍콩, 인도네시아 등지에서도 높은 발병률을 보여 인종적 요인이 있을 것으로 추정되며 유전적 요인도 보고되었다. 그런데 유행 지역에서 미국으로 이민간 중국인 2세에서는 발병률이 줄어드는 것으로 보아 음식이나 생활환경도 중요한 요인으로 작용하는 것으로 짐작된다.

---

955) 김수근외 4, 앞의 책, 222면.

특히 바이러스(Epstein-Barr Virus, EBV) 감염과 만성적인 코의 염증, 불결한 위생환경, 비인두의 환기 저하, 소금으로 절인 보존 음식물에 포함되어 있는 니트로사민(nitrosamine)과 음식물을 가열할 때 발생하는 다환 탄화수소(polycyclic hydrocarbon)의 노출과도 관련이 있는 것으로 보여진다[956].

또한 포름알데히드 처리 작업은 연관성이 있다. 직업적으로 포름알데히드에 노출된 근로자의 경우 비인두암이 잘 생기는 것으로 보고되었다. 특히 20-25년 동안 포름알데히드에 노출된 근로자에서 비인두암에 의한 사망률이 높았다. 포름알데히드에 노출되는 근로자에서 환자-대조군 연구가 다수 시행되었는데, 메타분석에서 비인두암의 위험도 증가하는 것으로 나타났다.

(3) 예방[957]

여러 다른 암과 마찬가지로 조기 발견이 중요하므로 경부의 종괴나 지속적으로 생기는 한쪽 코막힘, 귀 먹먹함(이충만감) 등의 증상이 있을 때는 세침흡인검사 및 코 내시경을 시행하여 조기 진단을 위해 노력한다. 또한 암의 국소침범이나 전신전이가 있기 전에 치료하여 치료 결과를 향상시키는 것도 중요하다. 비인두암의 발생이 바이러스(Epstein-Barr Virus) 및 불결한 위생이나 음식 등과 연관되었을 가능성이 보고되어 있으므로 평소 개인 위생관리를 철저히 하고 신선한 과일과 채소를 섭취하는 것이 도움이 된다.

5. 방광암

(1) 정의

방광암은 오래전부터 보고된 직업성 암으로, 유럽과 일본에서 벤지딘 또는 벤지딘계 염료 때문에 많은 직업성 방광암이 발생되었던 바가 있다. 방광은 골반 내에 있으며 윗면은 복막으로 덮여 있는 소변을 저장하는 풍선처럼 생긴 장기이다.

방광암은 방광에서 비정상세포가 통제할 수 없이 성장하는 것이다. 방광암에는 세 종류가 있으며 서로 다른 세포 형태를 가지고 있다. 이 중 방광암의 약 90%가 이행세포암에 해당되고 나머지는 편평세포암(6-8%) 또는 선암(2%)이다.

그 외 방광의 근육에서 유래한 육종, 신경 세포에서 유래한 소세포암종, 악성림프종 그리고 타 장기의 암이 방광으로 전이된 방광의 전이성암 등이 있다.

---

[956] 서울대학교병원 의학정보, http://www.snuh.org/
[957] 서울대학교병원 의학정보, http://www.snuh.org/

(2) 방광암의 종류

1) 방광암의 병리학적 분류

방광에 발생한 암의 약 95%는 상피암으로 대부분은 요로상피종양이며, 5%는 근육모세포, 내피세포에서 기원한 사이질조직(interstital tiussue) 종양이다. 요로의 악성상피조양에는 방광에 발생한 암의 대부분은 상피세포로부터 유래된 상피종양이다. 악성 상피종양에는 이행상피세포암종, 편평상피세포암종, 샘암종(adenocarcinoma)이 있다. 그 외 방광의 근육에서 유래한 육종, 신경 세포에서 유래한 소세포 암종, 악성 림프종 그리고 타 장기의 암이 방광으로 전이된 방광의 전이성암 등이 있다.

2) 이행상피세포암종(요로세포암종)

소변과 직접 접촉하는 요로상피세포에서 유래하며, 방광암의 대부분을 차지한다. 이행상피세포암종은 방광뿐 아니라 상부 요로인 신우 및 요관에서 발생하는 경우도 있으므로 이에 대한 검사가 필요하다. 현미경적 소견에서는 유두 형태(papillary)가 특징적으로 나타나며, 유두의 형태는 가지(branch)를 내거나 유두가 융합하는 비정형성 양상을 보인다. 이행상피세포암종의 등급은 세포의 분화 정도(세포 이행성의 정도)에 따라 세 가지로 분류하는데, WHO(세계보건기구)에서는 1973년 분화도가 정상에 제일 가까운 것을 좋은 분화도(등급 1), 그 정반대를 나쁜 분화도(등급 3), 이 둘에 속하지 않는 것을 중간 분화도(등급 2)로 규정하였고, 등급 1에서는 6%, 등급 2에서는 52%, 등급 3에서는 82% 이상이 점막하층 침윤성인 것으로 알려져 있다. 최근에는 보다 객관적인 방식으로 조직의 분화도를 구분하기 위하여 2004년 WHO에서 검사자 간에 많은 오차를 보이는 중간 분화도(등급 2)를 없애고, 이행상피세포암종의 분류 방식을 저악성도의 유두양 요로상피종양(papillary urothelial neoplasm of low malignant potential; PUNLMP)과 저분화도 (low grade)및 고분화도(high grade)로 분류하는 방식으로 바꾸었다. 그러나 많은 연구에서 새로운 분류 방식의 유용성이 증명된 것은 아니기 때문에 현재는 기존의 방식과 2004년 분류 방식을 모두 사용하고 있다.

3) 편평상피세포암종

방광암의 약 3% 정도를 차지하며 남자에게서 많이 생기고, 대개 악성도와 침윤성이 높다. 편평상피세포암의 발생은 지속적으로 방광 내 카테터를 유치하고 있는 척수 손상 환자, 세균 감염이나 방광 결석 등 방광 내 이물질에 의한 만성적인 방광 점막 자극이 있는 환자, 만성적인 배뇨장애 증상이 있는 환자와 연관된다고 알려져 있다. 그 외에도 중동, 아프리카, 동남아시아, 남미 지역의 경우, 풍토병인 주혈흡충에 의한 편평상피세포암종의 빈도가 높다. 일반적으로 방광에 발생하는 선암이나 편평상피세포암은 이행상피세포암에 비해 예후가 불량하다. 그 이유는 기존의 방광염 증상에 의해 발견이 늦어지기 때문에 조기에 치료할 수 있는 기회를 놓치기 때문인 것으로 알려져 있다. 그러나 병기별로 따지면 같은 병기의 이행상피세포암과 예후가 비슷하다.

4) 샘암종(adenocarcinoma)

방광암의 2% 이하를 차지하며, 요막관에서 발생하는 요막관 샘암종과 비요막관 샘암종으로 나눌 수 있다. 비요막관 샘암종은 방광의 어느 부위에서나 생길 수 있고 방광뒤집힘증(bladder exstrophy), 무기능방광, 만성적인 자극, 방광탈출증(cystocele)에 의해 장기간에 걸쳐 방광 점막에 광범위한 샘상피화생(glandular epithelium metaplasia)이 진행된 경우에 흔히 발생한다. 요막관 샘암종은 특징적으로 방광천장(bladder dome)에 생겨서 방광 안으로 돌출되거나 요막관 잔여 구조물을 통하여 방광 밖으로 돌출될 수 있다. 샘암종은 대부분이 분화도가 나쁘고 침윤성 종양이며 치료를 위해 부분 또는 근치적 방광적출술 시도하지만 예후는 대부분 불량하다.

(3) 방광암의 진행단계에 따른 분류

방광암은 크게 셋으로 나누는데, 암이 방광 점막이나 점막 하층에만 국한되어 있어 경요도방광종양절제술로 종양의 완전 절제가 가능한 비근침윤성(표재성) 방광암과 방광암이 근육층을 침범하여 종양의 완전 제거를 위해 방광적출술이 필요한 근침윤성 방광암 그리고 전이성 방광암으로 나뉜다.

1) 비근침윤성(표재성) 방광암

방광암 진단 시 약 70%는 비근침윤성(표재성) 방광암으로 진단되는데 보통 양배추 혹은 말미잘 모양으로 방광의 안쪽으로 튀어 나와 있다. 비근침윤성 방광암은 쉽게 전이하지는 않지만 수술 후 흔히 재발하고 근침윤성 방광암으로 진행할 수 있다.

2) 근침윤성 방광암

방광암 진단 당시에 20% 정도는 이미 암세포가 방광의 근육층 이상을 침범한 근침윤성 방광암으로 진단되었다. 근침윤성 방광암은 방광 근육층을 뚫고 자라고 주위 조직으로 침윤하기 쉬우며 잘 전이한다는 특징을 가지고 있다.

3) 전이암

방광암 진단 시 10%의 환자는 이미 다른 장기로 방광암이 퍼진 전이성 방광암으로 발견되었다. 전이암은 기본적으로 원발암의 성질을 가지게 된다. 따라서 방광암이 폐로 전이되었어도 폐암이 아니라 방광암 치료에 쓰이는 항암제로 치료하게 된다.

(4) 위험요인

방광암의 원인은 일부분만 알려져 있다. 그러나 방광암의 확립된 위험 요인은 연령, 흡연, 업무로 의한 각종 화학 약품의 노출, 진통제 및 항암제, 감염 및 방광 결석, 방사선치료 등이 방광암의 위험 인자로 알려져 있다.

- 연령

  방광암은 연령에 비례하여 증가하는 경향을 보인다. 2016년 보건복지부 국가암등록사업연례 보고서에 따르면 전체 방광암 환자 중 40세 이하는 1.9%(77명)에 불과하다.

- 흡연

  흡연은 방광암의 가장 중요한 단일 위험 인자로 흡연자가 방광암에 걸릴 확률은 비흡연자의 2~7배이며 남자의 경우 방광암의 50-65%가, 여자의 경우 20-30%가 흡연에 의한 것으로 알려져 있다. 방광암의 발생 빈도는 흡연의 기간 및 흡연량과 직접적인 관계가 있으며, 흡연을 시작한 시점과도 밀접한 관계가 있어 유소년기에는 직접 흡연뿐 아니라 간접 흡연으로도 방광암의 발생 빈도가 증가한다. 방광암의 발생 빈도는 금연과 동시에 감소되어 1-4년 내에 방광암의 발생 빈도의 약 40% 가량이 감소되고, 25년 후에는 60% 가량 감소된다.

  담배의 발암 물질은 폐를 통하여 우리 몸에 흡수되어 피로 들어가게 된다. 피 속의 발암 물질은 신장에서 걸러져 소변에 포함된다. 소변에 포함된 화학 물질은 방광 내 소변이 직접 접촉하는 점막 세포에 손상을 가하게 되고 결과적으로 암세포가 된다.

- 업무로 의한 각종 화학 약품의 노출

  사업장에서 노출되는 각종 화학 물질이 두 번째로 흔한 방광암 발병 인자로 알려져 있고, 전체 방광암의 20-25%가 직업과 관련된 것으로 보고되고 있다. 방향족 아민(aromatic amine)이라 불리는 화학 물질을 취급하는 직업을 가진 사람의 경우 방광암에 걸릴 위험성이 높다고 알려져 있다. 대표적인 화학 물질로는 2~나프틸아민 (2~naphthylamine), 4~아미노바이페닐(4~aminobiphenyl), 벤지딘 (benzidine) 등이 있으며, 이러한 화학 물질은 고무, 가죽, 직물, 인쇄 재료, 페인트 제품 등을 만드는 데 사용된다.

- 진통제 및 항암제

  페나세틴(phenacetin)이 함유된 진통제를 만성적으로 사용하면 방광암에 걸릴 확률이 증가한다. 페나세틴은 신독성과 발암성으로 인해 1980년대 이후 사용되지 않으며 그 대사체인 paracetamole이 사용된다. 하지만 대사체에서는 유사한 독성이 발견되지 않는다.

항암제 중 사이클로포스파마이드(cyclophosphamide)는 방광암에 걸릴 확률을 9배 증가시킨다고 보고되고 있다. 페나세틴 함유 진통제, cyclophosphamide(항암제의 하나), 커피, 염소 소독된 식수가 거론되고 있지만, 역학 연구에서는 일치하는 결과를 얻지는 못하였다.

- 감염 및 방광 결석

주혈흡충증(schistosomiasis)이라고 부르는 기생충감염이 방광암 발생 위험을 증가시킨다. 방광결석이나 만성 방광염증 등도 방광암의 원인이 될 수 있다. 편평상피세포암의 발생은 지속적으로 방광 내 카테터를 유치하고 있는 척수 손상 환자, 세균 감염이나 방광 결석 등 방광내 이물질에 의한 만성적인 방광 점막 자극이 있는 환자, 만성적인 배뇨장애 증상이 있는 환자와 연관된다고 알려져 있다.

- 방사선 치료

골반 부위에 방사선 치료를 받은 경우에는 방광암 발생 위험률이 2~4배 증가하는 것으로 알려져 있다. 자궁경부암 등으로 방사선 치료를 받은 환자에서도 방광암이 발생할 수 있다[958].

- 기타

그 밖에도 인종, 성별, 개인의 과거력이나 가족력에 따라서도 방광암의 위험 요인이 존재한다. 미국 백인은 미국 아프리카 흑인에 비해 방광암에 걸릴 확률이 2배 높고, 여러 인종 중 아시아인이 방광암에 걸릴 확률이 가장 낮다고 한다. 또한, 남자의 경우 여자에 비해 2~3배 방광암에 잘 걸리며, 직계 가족 중에 방광암 환자가 있거나, 자신이 방광암으로 치료받은 적이 있으면 방광암에 걸릴 확률이 증가한다. 비소 등도 방광암의 발생률을 높이는 것으로 알려져 있다.

방광암의 유전적 요인으로는 유전적 다형성(pleomorphism), N~아세틸트랜스퍼라제(N~ acetyltransferase) 표현형, 종양 유전자의 활성화와 염색체의 변화 등이 있으며, 이러한 유전 요인과 환경 요인이 복합적으로 방광암을 발생시킨다. 방광암의 발생과 관계 있는 유전자 이상으로는 p53, pRb, 염색체 9(chromosome 9)가 알려져 있다.

(5) 통계

2019년에 발표된 중앙암등록본부 자료에 의하면 2017년 우리나라에서는 232,255건의 암이 새로이 발생했는데, 그 중 방광암(C67)은 남녀를 합쳐서 4,379건으로 전체 암 발생의 1.9%를 차지하였다. 인구 10만 명당 조(粗)발생률(해당 관찰 기간 중 대상 인구 집단에서 새롭게 발생한 환자 수. 조사망률도 산출 기준이 동일)은 8.5건 이다.

---

[958] 김수근외 4, 앞의 책, 254면.

남녀의 성비는 4.0 : 1로 남자에게 더 많이 발생하였다. 발생 건수는 남자가 3,525건으로 남성의 암 중에서 10위를 차지했고, 여자는 854건이었다. 남녀를 합쳐서 연령대별로 보면 70대가 33.9%로 가장 많았고, 60대가 25.3%, 80대가 21.6%의 순이다.

조직학적으로는 2017년의 방광암 전체 발생 건수 4,379건 가운데 암종(carcinoma)이 93.6%, 육종(sarcoma)이 0.1%를 차지하였다. 암종 중에서는 이행상피세포암이 89.8%로 가장 많았고, 그 다음으로 선암이 1.9%를 차지하였다[959].

[표 50] 방광암의 조직학적 형태에 따른 발생 빈도, 2017년 방광암 발생 건수 전체

조직학적 형태 Histological group	발생건수 cases	%
1. 암종 (Carcinoma)	4,099	93.6
1.1 편평상피세포암 (squamous-cell carcinoma)	24	0.6
1.2 이행상피세포암 (Transitional cell carcinoma) (include transitional cell carcinoma with squamous and/ or glandular differentiation)	3,933	89.8
1.3 선암 (Adenocarcinoma)	83	1.9
1.4 기타 명시된 암 (other specified carcinomas)	27	0.6
1.5 상세불명암 (Unspecified carcinoma)	32	0.7
2. 육종 (Sarcoma)	5	0.1
3. 기타 명시된 악성 신생물 (Other specified malignant neoplasm)	4	0.1
4. 상세 불명의 악성 신생물 (Unspecified malignant neoplasm)[960]	271	6.2
총계	4,379	100.0

〈보건복지부 중앙암등록본부 2019년 12월 발표자료〉

6. 피부암[961]

(1) 정의

피부암은 제6차 한국표준질병·사인분류(KCD-6)에 따른 질병 분류에 따르면 피부의 악성 흑색종(C43)과 기타 피부의 악성신생물(C44), 즉 비흑색종 피부암으로 구분된다. 기타 피부의 악성신생물은 기저세포암과 편평상피세포암으로 구분된다.

---

959) 보건복지부 중앙암등록본부 2019년 12월 발표자료
960) 43명의 DCO 포함, (Death Certificate Only, DCO : 전체 암 등록 환자 중 사망진단서에서만 암으로 확인된 경우임)
961) 김수근외 4명·「직업성 암 인정기준 해설 및 업무관련성 평가」의료정책연구소. 2016.

피부는 표면에서 가까운 순서로 표피, 진피 및 소위 지방층이라고 부르는 피하 조직의 세 부분으로 크게 나눌 수 있다. 피부암이란 인체의 가장 바깥층인 피부에서 발생한 암으로 피부를 구성하고 있는 모든 조직과 세포에서 발생할 수 있다.

(2) 종류

가장 흔하게 발생하는 것은 편평상피세포암, 기저세포암, 악성흑색종의 세 가지이다. 대부분 환경적, 직업적으로 발생하는 피부암은 비흑색종 피부암이며, 각질세포에서 발견된다.[962] 이들은 대부분 기저세포암 혹은 편평상피세포암이다.

1) 기저세포암

기저세포암은 표피의 최하층인 기저층이나 모낭 등을 구성하는 세포가 악성화한 종양으로 편평상피세포암과 함께 가장 흔한 비흑색종성 피부암이며, 국소적으로 침윤하고 전이가 드문 악성 종양이다.

2) 이형 기저세포암

기저세포 모반증(basal cell nevus syndrome)과 면포를 동반한 선상의 편측성 기저세포 모반증은 모양과, 자연사, 역학적인 면에 있어서 기저세포암과 구별된다. 비록 이 두 모반증들은 기저세포암의 병태생리를 설명하는데 있어서 몇 가지 중요한 점이 있지만, 이 두 모반증 자체가 환경적으로 기저세포암을 일으키지는 않는다. 기저세포 모반증은 엑스선에 노출된 개개인에 있어서 기저세포암 발생을 증가시키는 전구인자로 작용하는 것으로 여겨진다[963].

3) 편평상피세포암

편평상피세포암은 표피의 각질형성세포에서 유래한 악성 종양이다. 종양의 크기 및 깊이, 원인, 해부학적 위치, 조직학적 특성에 따른 전이 등의 생물학적 양상이 기저세포암보다 복잡한 비흑색종성 피부암으로 우리나라에서 기저세포암과 함께 가장 많은 피부암의 하나이다.

4) 이형 편평상피세포암

보웬병(Bowen's disease)은 햇빛에 노출되었거나 노출되지 않은 피부건 간에 단일 병변으로 나타난다. 매우 느리게 성장하며, 종종 임상적으로 표재성 기저세포암으로 오인되는 홍반성반을 가진다. 조직학적으로 광선각화증으로 보이나 태양광에 노출되지 않은

---

962) Emmett EA. Occupational skin cancers. State Art Rev Occup Med 1987; 2:165-77
963) Howell J. Nevoid basal cell carcinoma syndrome. Profile of genetic and envirmental factors in oncogenesis J Am Acad Dermatol 1984; 11:98-104

피부 병변의 경우에 있어서는 진피에서의 태양광에 의한 퇴행성 병변은 보이지 않는다. 전이의 위험성은 광선각화증을 동반한 편평상피세포암에 비하여 높으며, 연구결과들에 따라서 약 3-11% 정도로 보고되고 있다. 비소 노출은 태양광에 노출되지 않은 보웬병 병변의 발생에 있어서 잘 알려져 있는 위험인자이다.

각질가시세포종(keratoacanthoma) 또는 자가로 치유되는 편평상피세포암은 다발성 광선각화증이 있는 환자에게서 매우 드물게 단일 병변으로 발생한다. 이 병변은 중심부가 각질조각으로 채워져 있는 분화구 모양을 가진다. 이 병변은 광선에 노출된 노인에게서 종종 발견된다. 병변은 4~6주간 동안 갑자기 성장하며 자연적으로 나선모양의 깊은 흉터를 남긴다. 발생 후 완전한 치유까지 약 1년 정도가 소요된다. 더 큰 모양의 병변의 경우 심각한 변형을 일으키며, 나선모양의 형태가 나타나지 않는다. 편평상피세포암과 다른 점을 찾기는 매우 어려우며, 종종 심각한 병변은 전이가 되기도 한다.

5) 악성흑색종

악성흑색종은 멜라닌세포의 악성 종양으로 멜라닌세포가 존재하는 곳에는 어느 부위에서나 발생할 수 있으나 피부에 가장 많이 발생한다. 멜라닌세포는 사람의 피부색을 결정하는 멜라닌 색소를 생성하는 세포이며, 멜라닌은 자외선으로부터 피부를 보호하는 기능을 가지고 있다. 악성흑색종은 이 멜라닌세포 또는 모반세포(반점)가 악성화한 것으로 악성도가 높다.

6) 기타

피부에 발생할 수 있는 암의 종류의 몇 가지 예로는 혈관육종(Angiosarcoma), 융기성 피부섬유육종(Dermatofibrosarcoma protuberans, DFSP), 파제트병(Paget's disease), 피지샘암(Sebaceous carcinoma), 에크린샘암(Eccrine carcinoma), 아포크린샘암(Apocrine gland carcinoma), 피부림프종(Cutaneous lymphoma) 등을 들 수 있다.

(3) 통계

2019년에 발표된 중앙암등록본부 자료에 의하면 2017년에 우리나라에서는 232,255건의 암이 새로이 발생했는데, 그 중 피부암(C43~C44)은 남녀를 합쳐서 연 6,345건으로 전체 암 발생의 2.7%를 차지하였다.

남녀의 성비는 0.8 : 1로 여자에게 더 많이 발생하였다. 발생 건수는 남자가 2,816건, 여자가 3,529건이었다. 남녀를 합쳐서 연령대별로 보면 70대와 80대 이상이 각각 29.9%로 가장 많았고, 60대가 20.0%의 순이었다. 70대 이상이 59.8%를 차지하였다[964].

---

964) 보건복지부 중앙암등록본부 2019년 12월 발표 자료

(4) 위험요인

1) 일반적 위험요인

가. 자외선

피부를 과도하게 일광에 노출시키는 것은 피부암 발생의 주요원인이다. 자외선은 p53 유전자의 돌연변이를 유발하고 면역 반응을 억제하여, 피부암을 유발하는 것으로 생각된다. 피부의 과도한 자외선에의 노출은 기저세포암과 편평상피세포암에서 모두 연관성을 가지고 있는데, 기저세포암의 경우 간헐적으로 짧은 시간 내에 과다 노출되는 것과 연관되어 있고 편평상피세포암의 발생은 자외선의 노출량과 직접적인 상관관계(linear correlation)를 갖는다.

태양광선은 파장에 따라 자외선, 가시광선, 적외선으로 나눌 수 있다. 이 중 자외선이 피부에 광생물학적 반응을 유발하는 중요한 광선이다. 자외선은 다시 파장에 따라 자외선 A(320-400nm), 자외선 B(280-320nm), 자외선 C(200-280nm)로 나뉜다. 이 중 자외선 C는 오존층에 의해 제거되어 지표에는 도달하지 않으며, 자외선 A와 자외선 B는 지표면에 도달하여 피부에 많은 영향을 미친다.

나. 유전적 요인

가족 중에 흑색종이 발생했던 경우 흑색종이 좀 더 조기에 발생할 수 있으며, 이형성 모반도 다발성으로 발생할 확률이 더 높다. 따라서 가족 중에 흑색종의 과거력이 있는 사람이 있다면 색소성 병변에 대한 보다 주의 깊은 관찰이 필요하다. 또한 유전 질환 중에서 피부암의 발생 위험을 높이는 것들이 있는데, 그 예로는 롬보 증후군, 바젝스 증후군, 색소건피증, 모반모양 기저세포암 증후군 등이 있다.

다. 모반의 개수와 종류

선천 모반과 후천 모반 모두에서 악성흑색종이 발생할 수 있으며, 악성흑색종의 일부는 모반과 연관된다. 모반의 수가 많을수록 악성흑색종의 발생위험도 높아지며, 악성흑색종의 가족력이 있는 경우 비전형적 모습을 보이는 모반(이형성 모반) 또한 악성흑색종의 발생위험을 높인다. 선천성 모반의 크기가 클수록 악성흑색종의 발생위험이 높아지는데, 선천성 모반의 크기가 20cm 이상인 거대모반에서 흑색종이 발생할 가능성이 있고 그 빈도는 6~12%로 알려져 있다.

• 이형성 모반(비전형 멜라닌 세포성 모반)이란?

이형성 모반은 전형적인 후천 멜라닌 세포 모반과는 다른 몇 가지 특징을 가지고 있다. 일반적으로 크기가 5mm 이상으로 크고, 두 가지 이상의 색조(갈색, 분홍색, 검정색 등)가 불규칙하게 배열되어 있으며, 그 경계부위 또한 불규칙하고 불분명하다. 이형성 모반의 개수가 많을수록 악성흑색종의 위험도가 높아지며, 악성 흑색종의 가족력이 있는 경우나 다른 부위에 악성 흑색종이 있는 경우 그 위험도는 더 높아진다. 병변의 개수가 1~2개로 적을 경우에는 완전절제 후 평생 동안 주기적인 검진을 받아야 하며, 병변의 개수가 많을 경우 모든 병변을 제거할 필요는 없지만, 두피나 항문 부위 등 주기적으로 관찰하기 어려운 부위는 제거하는 것을 고려해야 한다. 이형성 모반을 진단받았을 때는 최소한 1~2개월에 한 번 정도는 자가검진을 시행하여야 하며, 위험도에 따라 3~12개월마다 피부과 전문의에게 정기검진을 받아야 한다.

라. 성·나이의 차이

편평상피세포암은 남자에서 2배 정도 더 많이 발생하며, 40세 이후에 발생 위험도가 증가한다. 기저세포암은 남자에서 좀더 많이 발생하며, 고령자에게 주로 발생한다.

마. 면역 억제

장기 이식, 백혈병, 림프종, 면역 억제제의 사용과 같은 만성적인 면역 억제로 인해 피부암이 발생할 수 있다.

바. 과거에 피부암이 발생했던 경우

과거에 피부암이 발생했던 경우 다른 피부암의 발생 위험이 높아진다. 편평상피세포암 진단 후 3~5년 뒤에 비흑색종피부암(편평상피세포암과 기저세포암)이 발생할 확률은 약 50% 정도이고, 기저세포암 발생 후 흑색종이 발생할 확률이 3배 정도 높아진다는 보고도 있다. 따라서 이전에 피부암이 발생했던 적이 있다면 3~12개월 간격으로 주기적인 관찰이 필요하다.

사. 전암 병변의 존재

대표적인 전암 병변으로는 광선각화증과 보웬병이 있다. 이러한 전암 병변은 치료하지 않을 경우 편평상피세포암으로 진행될 수 있으며, 비흑색종피부암(편평상피세포암, 기저세포암)의 강력한 예측인자로서 작용한다.

- 광선각화증(Actinic Keratosis)이란?

  장기간의 일광 노출 부위에 주로 발생하며, 쉽게 일광화상을 입고 햇빛에 잘 그을리지 않으며 주근깨가 많이 나는 백인에게서 발생 위험이 높다. 일반적으로 일광 노출 부위에 경계가 불분명한 적갈색의 인설성 병변으로 나타나며, 아랫입술에도 흔히 나타나는데 이는 광선입술염(Actinic cheilitis)이라 한다. 만성적인 일광 노출로 인해 발생하기 때문에 피부 주변에서 잡티 등의 얼룩덜룩한 색소성 병변이 발생하며, 모세혈관확장증이나 일광탄력섬유증, 그리고 거칠고 깊은 주름 등 광노화와 관련된 변화가 눈에 두드러지게 나타난다. 광선각화증이 편평상피세포암으로 이행하는 비율은 보고에 따라 1% 미만에서 20%까지로 아직 정확히 알려져 있지는 않지만, 이는 결국 만성적인 일광 손상을 의미하는 것이므로 비흑색종피부암이 발생할 위험을 가지고 있는 사람들을 알아내는 임상적인 의미가 있다.

- 보웬병(Bowen's disease)이란?

보통 60세 이상에서 발생하며, 남녀에게서 동등한 비율로 발생한다. 전신 어디에서나 발생할 수 있는데 노출 부위의 병변은 만성적인 일광 노출이 중요한 요인이며, 그 외 비소나 이온화 방사선에의 노출, 면역 억제, 사람유두종바이러스(HPV)의 감염 등에 의해 발생하기도 한다. 병변 부위는 경계가 명확한 홍반성 판으로 불규칙한 경계를 가지고 있으며, 각질이나 가피(딱지)로 덮여 있다. 또한 간혹 과각화되어 사마귀양 병변을 보이는 경우도 있다. 보웬병의 5% 정도가 악성화되어 편평상피세포암으로 진행하며, 이 중 약 33%에서 전이가 이루어질 수 있다. 또한 보웬병이 있는 경우 다른 피부암의 발생률도 높아, 보웬병 환자의 약 30-50%에게서 다른 비흑색종피부암이 발생한다는 보고가 있다.

2) 직업적·환경적 요인으로 위험요인

퍼시벌 포트(Percivall Pott)는 1775년에 화학적 인자와 피부암의 발생과 관련성에 대하여 처음으로 언급하였다. 굴뚝청소를 하면서 발생하는 검댕에 의한 음낭에 생긴 편평상피세포암에 대하여 기술하였다. 이후로 많은 종류의 화학물질, 산업현장에서 발생하는 혼합물들이 피부암의 발생과 연관이 있음이 밝혀졌다. 다양한 연구에서 비흑색종 피부암과 연관되어 나타나는 특별한 표현형에 대하여 기술하고 있다. 외형상 나타나는 특징 중 중요하게 여겨지는 위험인자는 흰색 피부, 파란 눈, 금발 혹은 붉은 색의 머리카락, 유년기 주근깨, 태양광에 대한 피부 민감성, 태닝을 못하는 경우가 있다. 어두운 색의 피부는 자외선에 대하여 더 저항성을 나타내는데 이는 멜라닌 농도가 증가할수록 표피세포에 대한 보호가 강해지기 때문이다.

자외선 노출은 비흑색종 피부암의 발생에 있어서 중요한 위험인자이다. 비흑색종 피부암의 경우 햇빛에 노출되는 부위에서 호발하며 머리, 목, 팔, 손이 대표적이다. 호주에서는 셀틱지방에서 이주한 거의 매일 태양광에 노출된 인구집단에서 전 세계적으로 가장 높은 발생율을 보인다[965].

---

965) Marks R, Jolley D, Dorevitch AP, et al. The incidence of non-meleanocytic skin cancers in an Australian population: results of a five-year prpspective study. Med J Aust 1989;150:475-8.

편평상피세포암의 경우 기저세포암에 비하여 더 자외선과 연관이 있는데, 기저세포암의 20-30% 정도는 태양광에 비교적 덜 노출되는 몸통이나 눈꺼풀에서 발생하기 때문이다. 편평상피세포암은 태양광에 노출되는 빈도, 기간, 그리고 지리적으로 남쪽지역 사람들에게서 더 많이 발생하는데 이는 비교적 햇빛 노출이 더 강하기 때문이다.

악성흑색종의 발생원인은 선천적 요인과 후천적 요인으로 구분되는데, 선천적 요인으로는 선천성 모반, 세포성 모반 등이 제시되고, 후천적 요인으로는 자외선 노출, 화상 반흔 등이 제시되고 있다. 기타 피부암 중 기저세포암은 장시간 자외선 노출이 주 원인이고 편평상피세포암은 만성 궤양이나 반흔 등에서 발생하는 경향이 높고, 그 외에도 자외선 노출, 화학물질(특히 비소, 검댕, 광물유 등), 유두종 바이러스 감염 등이 원인으로 알려져 있다.

IARC에서 보고한 암종의 신체 부위별 위험요인에 대한 보고서에 따르면, 비흑색종 피부암을 유발하는 충분한 근거(sufficient evidence)를 가진 유발인자는 검댕, 메톡살렌, 자외선 A와 함께 노출되는 미네랄 오일, 비소와 그 무기화합물, 엑스선, 감마선, 콜타르 증류, 콜타르 피치, 태양광, 혈암유, 그리고 사이클로스포린 및 아자티오프린과 같은 약제가 있다. 이 외에도 정제된 석유, 미용용 자외선 조사기계, 질소 머스터드, 크레오소트 등이 제한적인 근거(limited evidence)로 제시되었다.

검댕, 10년 이상 노출된 콜타르, 정제되지 않은 광물유, 비소 또는 그 무기화합물, 엑스선 또는 감마선 등의 전리방사선 노출에 따라 발생한 피부암이 산업재해보상보험법 시행령 [별표 3]에 의거 하여 직업성 암 인정기준으로 명시되었다. 일본의 직업성 암 인정기준에는 이와 유사하지만, 검댕, 미네랄 오일, 타르, 피치, 아스팔트 또는 파라핀에 노출되는 업무에 의한 피부암으로 제시하고 있다.

- 검댕에 의한 피부암
- 콜타르에 의한 피부암
- 정제되지 않은 광물유에 의한 피부암
- 전리방사선에 의한 피부의 기저세포암

이 외에도 비흑색종 세포암인 기저세포암과 편평상피세포암의 발생이 모두 자외선(햇빛)노출과 관련이 높으므로, 건설업, 지붕수리, 농부, 선원, 어부 등 야외 작업 근로자들은 자외선 노출로 인한 피부암의 고위험군으로 제시되고 있다. 특히 고속도로 건설 근로자들은 야외 작업뿐만 아니라 콜타르에 노출되며 방향족탄화수소 노출에 의한 피부암 발생 위험이 높은 것으로 보고되고 있다.

우물, 약초, 살충제, 산업공정에서 발생하거나 존재하는 비소의 경우 편평상피세포암과 기저세포암을 야기한다. 콜타르피치나 광물유, 안트라센 같은 PAH 또한 비흑색종 피부암을 야기한다. 다른 잠재적인 발암물질로는 폴리클로리네이티드 바이페닐(PCBs), 염화 비닐 등이 있으나 아직 근거들이 부족하다[966][967][968].

흡연과 편평상피세포암의 연관성은 최근 들어서 밝혀졌으며, 연령, 성별, 햇빛 노출을 보정한 비교위험도는 2였다[969]. 하지만 흡연과 다른 피부암의 연관성은 없었다. 흡연이 피부암 생성에 관여하는 메커니즘으로는 p53유전자의 변이 또는 면역기능의 억제로 인한 면역감시기능의 상실로 여겨지며, 이는 면역억제 치료를 받는 환자에게서 편평세포암의 위험이 증가하는 것으로 확인할 수 있다[970].

7. 신장암

(1) 정의

신장은 늑골 하단의 높이에서 좌우 양쪽에 넓은 콩 같은 모양을 한 길이 10cm × 5cm, 폭 3cm 정도의 장기에서 혈액을 걸러 소변을 생성하고, 혈압 조절에 대한 호르몬이나 조혈에 대한 호르몬을 생산하고 있다. 신장에서 발생하는 종양에는 성인에게서 발생하는 신세포암과 소아에게서 발생하는 윌름스 종양이 있다. 또한 드문 종양으로 육종이 있다. 신장에는 양성 종양이 발생할 수 있다. 가장 빈도가 높은 것은 신장 혈관 근육지방종[971]이다.

신세포암은 2004년 세계보건기구의 기준 및 1997년 UICC/AJCC기준에 준해서 크게 다음과 같이 5가지 형태로 분류한다. 조직형이 혼재되어 있는 경우에는 가장 우세한 조직 형태로 분류하며 부가적으로 혼재하는 조직 형태를 기록한다.

- 투명세포형 신세포암[972] (clear cell type – conventional type)

---

966) Gallagher RP, Bajdik CD, Fincham S, et al. Chmical exposures, Medical history, and risk of squamous and basel cell carcinoma of the skin, cancer Epidemiol Biomakerkers prev 1996; 5:419-24.
967) Jamed RC, Busch H, Tamburro CH, et al. Polychlorinated biphenyl exposure and human diseas. J Occup Med 1993; 35:136-48.
968) Langard S, Rosenberg J, Anderson A, Heldaas SS. Incidence of cancer among workers exposed to vinyl chloride in polyvinyl chloride mamufacture. Occup Environ Med 2000; 57:65-8.
969) De Hertog SA, Wensveen CA, Bastiaens MT, et al. Leiden Skin Cancer Study. Relation between smoking and skin cancer. J Clin Oncol 2001;19:231-8.
970) 김수근외 4, 앞의 책, 277면.
971) 일반적으로 방치해도 상관없지만, 10cm 이상의 크기로 출혈의 위험이 있어 치료의 대상이 된다.
972) 투명세포형 신세포암은 전체 신세포암의 70~80%를 차지하며, 신장의 근위곡세뇨관 세포로부터 발생한다. 이 조직형은 혈관이 풍부하고, 다른 장기로의 전이도 잘 일으키며, 표적 치료 및 면역 치료에 반응하는 특징을 가지고 있다.

- 유두상 신세포암973) (papillary type – 1형 및 2형)
- 혐색소 신세포암 (chromophobe type)
- 집뇨관 신세포암 (collecting duct type)
- 상세 불명 (unclassified)

여기에서는 성인에게서 발생하는 신세포암 (이하 "신장암"이라고 한다)의 업무관련성을 중심으로 해설을 한다.

(2) 통계

신장암은 대부분 신장의 실질(신장에서 소변을 만드는 세포들이 모여 있는 부분으로 수질과 피질로 구성됨)에서 발생하는 신장세포암을 말한다. 2019년에 발표된 중앙암등록본부 자료에 의하면 2017년 우리나라에서는 232,255건의 암이 새로이 발생했는데, 그 중 신장암(C64)은 남녀를 합쳐서 5,299건으로 전체 암 발생의 2.3%로 10위를 차지하였다. 구 10만 명당 조(粗)발생률(해당 관찰 기간 중 대상 인구 집단에서 새롭게 발생한 환자 수. 조사망률도 산출 기준이 동일)은 10.3건이다.

남녀의 성비는 2.1 : 1로 남자에게 더 많이 발생하였다. 발생 건수는 남자가 3,617건으로 남성의 암 중에서 8위를 차지했고, 여자는 1,682건이었다. 남녀를 합쳐서 연령대별로 보면 50대가 26.1%로 가장 많았고, 60대가 25.8%, 70대가 18.6%의 순이다.

조직학적으로는 2017년의 신장암 전체 발생 건수 5,299건 가운데 암종(carcinoma)이 91.3%를 차지했다. 암종 중에서는 신세포암이 90.1%로 가장 많았고, 그 다음으로 편평이행세포암이 0.5%를 차지하였다974).

(3) 위험요인

신장암은 낮은 유병률로 인하여 원인이 잘 알려져 있지 않다. 대부분의 연구에서 의미 있게 나온 위험인자로는 흡연, 비만, 고혈압이 있으며, 이와 함께 과다한 동물성 지방섭취 및 고에너지 음식 섭취 등의 식이 습관, 유기용매나 가죽, 석유제품, 카드뮴 등의 중금속에 직업적 노출 등이 거론되고 있으며, 다낭종신 같은 신기형이나 신결석, 장기간의 혈액투석 같은 기존 질병이 위험인자로 알려져 있다. 또한 폰 히펠 린다우 증후군(von

---

973) 유두상 신세포암은 전체 신세포암의 10~15%를 차지하는데, 세포 및 조직 형태에 따라 1형 및 2형 으로 나누며, 2형이 1형에 비해 좀 더 공격적인 성향을 보인다. 또한, 유두상 신세포암은 투명세포형 신세포암에 비해 상대적으로 젊은 연령층에서 발생하고 혈관이 적고, 다발성으로 발생하는 경향이 있다.
974) 보건복지부 중앙암등록본부 2019년 12월 발표자료

Hippel-Landau disease)[975] 과 관련된 신세포암 등 몇몇 가족성 신세포암이 발견되어 유전적 요인도 관여하는 것으로 알려져 있다. 최근에는 종양억제 유전자 등의 유전자 이상 및 염색체 이상, 특정 종양유전자 및 성장인자의 발현 등이 신장암의 발생과 관련이 있을 것으로 추정되어 활발한 연구가 이루어지고 있다. 암발생 위험요인들을 비직업적인 요인과 직업적인 요인으로 구분하면 다음과 같다.

1) 비직업적 요인

가. 흡연

흡연과 신장암의 연관성은 많은 역학연구에서 여러 해 동안 증명되었다. 남성에게서 장기간에 걸친 과도한 흡연은 신세포암 발생과 밀접한 관계가 있으며, 흡연량 및 흡연기간에 비례하여 위험도가 높아지며, 금연 시에는 그 위험도가 점진적으로 낮아지는 것으로 보고되고 있다. 호주의 한 대규모 연구에서는 신장암의 원인 중 흡연이 남성에서 30%, 여성에서 24% 차지한다고 하였다.

나. 비만

비만, 특히 과도한 비만은 신세포암 발생과 관련이 있으며, 여러 연구에서 비만 정도가 심할수록 그 위험도(1.4~4.6배의 위험도)는 더 높아진다. Yu등[976])에 의한 연구에서 남성과 여성 모두에서 비만의 영향이 의미 있었다. Maclure와 Hankinson[977]도 환자대조군 연구를 통해 여성에서 비만이 신장암을 일으키는 요인이라고 하였다. 석유화학 및 정제공장 직원을 대상으로 한 nested 환자대조군연구에서 BMI가 신장암을 유의하게 증가시켰다.

다. 고혈압

McCredie 와 Stewart[978]는 2년 이상의 베타 차단제사용과 고혈압 모두 각각 신장암과

---

975) 폰 히펠 린다우 증후군은 신생아 36,000명에 한 명 꼴로 나타나는, 유전성 질환(상염색체 우성유전) 으로 다양한 장기에 양성 및 악성종양을 동반하는 희귀질환이다. 이 질환은 눈의 망막에 혈관종, 소뇌와 척수에 혈관아세포종, 부신에 갈색세포종, 췌장의 낭종 및 암 등과 함께 신장에 신세포암을 유발시키는 질환이다. 신세포암은 폰 히펠 린다우 병환자의 25~45%에서 발견되며 주로 투명세포형 신세포암이 발생한다. 이러한 신세포암은 비교적 발병연령이 낮고(30~40대) 대개 양측성으로 여러 개가 동시에 발생한다. 또한 이 증후군에 동반된 신장의 낭종성 병변도 흔히 신세포암을 지니고 있다. 이 질환과 관련된 폰 히펠 린다우 유전자는 3번 염색체 단완(3p25~3p26)에 위치한 비교적 작은 유전자로 산발형 투명세포형 신세포암환자의 약 50%에서도 이 유전자 돌연변이가, 추가적으로 약 20%의 환자에서 유전자 촉진부위(promoter)의 과메틸화(hypermethylation)가 관찰되어 폰 히펠 린다우 유전자의 불 활성화가 투명세포형 신세포암 발생에 결정적인 역할을 한다고 생각되고 있다.
976) Yu MC, Mack TM, Hanish R, Cicinoti C, Henderson BE. Cigarette smoking, obesity, diuretic use and coffee consumption as risk factors for renal cell carcinoma. J Natl Cancer Inst 1986;77:351-6
977) Maclure M, Hankinson S. Analysis of selection bias in a case-control study of renal adenocarcinoma. Epidemiology 1990;6:441-7
978) McCredie M, Stewart JH. Risk factors for kidney cancer in New South Wales, Australia.II. Urologic disease, hypertension, obesity, and hoemonal factors. Cancer Causes Control 1992;3:323-31

연관 있고 이뇨제의 사용은 무관하다고 밝혔다. 반대로, Yu 등[979]은 이뇨제의 사용을 통제한 후에는 여성에서 고혈압과 신장암과의 유의한 연관성을 찾지 못 하였다.

석유화학 및 정제공장 직원을 대상으로 한 연구에서는 비만도를 고려하더라도 고혈압과 신장암의 연관성은 유의 하였다[980].

고혈압은 여러 연구에서 신장암 발생의 한 위험인자(1.4-3.2배의 위험도)로 인정되고 있다. 현재 고혈압치료제(특히 이뇨제계통)와 신세포암 발생과의 관련성은 아직도 논란이 많다.

라. 약물

대부분의 진통제사용은 신장암 발생과 별다른 관계가 없는 것으로 밝혀졌으나 페나세틴의 장기복용은 신장암의 발생위험도를 높이는 것으로 알려져 있다. 페나세틴(Phenacetion)함유 진통제와 신장암의 연관성은 여러 연구에서 일관되게 나타났다. 아세타아미노펜은 아직 광범위하게 연구되지 않았다. Sandler 등[981]은 아세타미노펜과 만성신장질환의 연관성은 증명하였지만, 신장암과 진통제의 연관성은 밝혀내지 못 하였다.

마. 호르몬

호르몬과 신장암 발생과의 관련성은 동물실험에서 여성호르몬의 투여가 실험동물에서 신장암을 발생시키고, 신장암 세포에 호르몬 수용체가 발견되는 것을 기초로 그 관련성이 대두 되었으나 이후의 연구에서 호르몬상태와 관련된 어떤 상황도 신장암 발생과 관련이 없는 것으로 보고되고 있다.

바. 유전

신장암의 유전형(hereditary forms)들이 확인되었는데, 주로 젊은 나이에 발생하여 양측성이고 다발성인 성향을 나타낸다. 신장암은 발생하기 쉬운 가족이 있는 것으로 알려져 있다. 유전자 분석도 진행되어 그 가계에 일어난 유전자 이상의 발견 수는 미래의 신장암에 걸릴 것을 예측 할 수 있다. 신장암의 유전자 분석은 진행했지만, 가족의 발생을 예측할 수 있는 것을 제외하고는 아직 연구가 진행되고 있는 단계이다.

---

979) Yu MC, Mack TM, Hanish R, Cicinoti C, Henderson BE. Cigarette smoking, obesity, diuretic use and coffee consumption as risk factors for renal cell carcinoma. J Natl Cancer Inst 1986;77:351-6
980) Gamble JF, Pearlman ED, Nocolich MJ. Anested case-control study of kidney cancer among refinery/petrochemical workers, Environ Health Perspect 1996;104:642-50
981) Sandler DP, Smith JC, Weinberg CR, er al. Analgesics use and chronic renal disease. N Engl J Med 1989;320:1238-43

사. 기타

신장암의 다른 위험인자들은 육류섭취, 서북부 유럽인종, 이전의 신장 결석 및 감염 등이다. 커피 소비는 위험인자로서 확인되지 않았다. 술과 신세포암 의 발생은 일부 보고에서 여성에서 적당량의 술 섭취가 신세포암 발생을 줄인다는 보고가 있으나 논란이 있으며, 남성에서는 술과 신세포암 발생과는 관련성이 없는 것으로 알려져 있다. 장기간 투석, 후천성 신낭종등도 신장암과의 연관성이 보고되었다. 이런 위험인자들은 이전에 발생한 손상에 의해 신장암이 발생할 수 있음을 시사한다.

2) 직업적인 요인

신장암을 발병요인으로 직업적인 위험인자로는 금속(비소, 카드뮴, 납, 우라늄), 방향족 탄화수소(PAHs), 유기용제(염화물 포함), 석면 등이 있다. 이들에 대한 발암성을 밝히기 위한 연구에는 독성학 연구와 직업역학연구가 있다.

Walker등[982]의 독성학 연구에서 특정 화학 발암물에 노출된 후 쥐에서 신장암을 발생시키는 유전자를 확인하였다. 실험에 사용된 쥐들은 4번 염색체에 한 돌연변이가 발현된 경우 일반 쥐보다 신장암의 발생위험이 70배 증가 하였다. 이 결과는 발암물질 노출에 따른 종양 억제 유전자의 돌연변이가 암을 일으키는 것을 의미한다. 이 연구는 신장암의 발암과정 메카니즘에 의미있는 관점을 부여한다.

독성학 연구에서는 여러 발암물질 중 석면, 납 등은 동물에게 신장암의 원인이라고 밝혀졌다. 염화 비닐리덴(vinyliden cholride), 디클로로아세틸렌(dicholroacetylene), 니트로사민(nitro samines), 다환방향족탄화수소(PAHs), 방향족 아민(aromatic amines), 큐오마린(coumarins), 염료(various dyes) 등의 유기 화합물이 동물에서 신장암을 일으키는 것으로 나타났다.

신장암의 발생에서 직업적 인자를 찾기 위한 역학적 연구는 암 사망률을 연구하는 대규모 직업 코호트 연구와 환자-대조군 연구를 통해 이루어져왔다.

코호트연구는 노출에 구체적인 정보가 풍부하다는 이점이 있는 반면 잠재적 교란변수(흡연, 비만 등)에 대한 정보는 부족한 편이었고, 환자- 대조군 연구는 교란변수에 대한 설명은 용이 하였으나 직업적 노출정보가 부정확하였다. 이들 연구의 또 다른 약점은 노출 평가의 어려움, 회상 바이어스, 비교적 드문 질환이라는 특성에서 기인하는 통계 검정력의 부재 등이다. 신장암의 직업적 요인들은 다음과 같다.

---

[982] Walker C, Goldworthy TL, Wolf DC, Everitt J. Predisposition to renal cell carcinoma alteration of a cancer

가. 다환방향족 탄화수소(PAHs)

Redmond 등983)789)은 1950년과 1955년 사이에 코크스 공장에서 일한 근로자들을 대상으로 연구하였는데 잠재적 교란변수를 통제 하였을때 신장암에 대한 비교위험도가 7.5배로 나타났다. 코크스 오븐에서 일했던 근로자들은 코크스 및 석탄 연소의 부산물에 노출되었던 것으로 보인다.

Rockette와 Arena984)의 연구에 따르면 콜타르 피치와 석유 코크스 연소 휘발물도 신장암의 사망률을 높이는 것으로 보인다. 탄소음극봉(carbon anodes)을 제조하기 위하여 예열할 때에 불완전 연소된 다환방향족 탄화수소(PAHs)등이 함유된 휘발물질에 노출된 근로자들은 신장암의 표준화사망율이 증가되었다. 캐나다의 한 환자-대조군연구에서는 석탄 연소에 노출된 경우 흡연을 보정한 후에도 신장암 위험이1.7배로 증가되었다. 콜타르피치에 대한 노출 역시 신장암의 위험과 유의하게 연관성을 보였다.

나. 석유 기원 탄화수소(Petroleum-based hydrocarbons)

국제암연구기구(IARC)에서 1989년 원유 정제공장 근로자에 대하여 발암물질 노출에 따른 근무환경을 분류하고, 역학적 연구에 대하여 광범위한 검토 후 최신지견을 담아 메타분석을 실시하였다. 연구결과 가솔린이나 증류된 연료 또는 오일 미스트 등은 다환방향족탄화수소(PAHs)를 함유하고 있으며, 암 발생 가능성이 있는 발암인자(possibel carcinogen)로 제시되었다. 특히 가솔린은 특유의 방향 물질로 발암성이 제기되었다.

다. 유기용제 (organic solvents)

McLaughin 등985)은 20년 이상 근무한 근로자에서 통계적으로 유의한 2.6배의 비차비를 보였다. 210명의 신장암 환자를 대상으로한 환자-대조군 연구에서 Kadamani 등986)은 중등도 이상의 탄화수소노출을 확인하였고, 용제 누적노출의 비차비는 3.5이었다. 대규모 핀란드 연구에서 672건의 신장암을 연구한 결과 비염화 용제(non-chlorinated solvents)의 노출에서 3.4배 이상의 위험을 나타냈다. 다트리클로로에틸렌에 노출된 근로자의 잠재적 유전자 (GST) 상호작용을 보았다. GSTM1이 발현된 근로자에서 비차비=2.7(CI, 1.2-6.3), GSTT1+가 발현된 근로자의 비차비=4.2 (CI, 1.2-14.9) 이었다.

---

983) Remond CK, Ciocco A, Lioyd JW, Rush HW. Long-term mortality study of steelworkers. VI-Mortality from malignant neoplasms among coke oven workers. J Occup Med 1972; 14:621-9

984) Rockette HE, Arena VC. Mortality studies of aluminum reduction plant workers; potroom and acrbon departments. J Occup Med 1983; 25:549-57

985) McLaughlin JK, Blot WJ. A critical review of epidemiology studies of trichloroethylene and perchloroethylene and risk of renal-cell cancer. Int Arch Occup Environ Health 1997; 70:222-31

986) Kadamani S, Asal NR, Nelson RY. Occupational hydrocarbon exposure and risk of renal cell carconoma. Am J Ind Med 1989; 15:131-41

이 문제는 암 발생기전으로 볼 때나 직업 역학적 데이터로 볼 때 아직 완전히 결론 내리기는 어려워 보인다[987)988)].

트리클로로에틸렌(trichloroethylene)과 퍼클로로에틸렌(perchloroethylene)의 위험성은 아직 정확히 밝혀지지 않았다. 일곱 개의 코호트 연구와 여섯 개의 환자-대조군연구를 검토한 결과, 하나의 코호트 연구에서만 통계적으로 유의하였다. 따라서 앞으로 대규모 인구집단을 대상으로, 노출을 정량적으로 분석하여 용량-반응관계를 증명할 수 있는 연구가 필요할 것이다[989)].

기타 유기용제들의 경우 전자변압기의 수리 및 재연마에 종사하는 근로자에서 일련의 신장암이 보고되었다. 변압기의 에폭시코팅에 사용된 유기용제를 비롯하여 변압기에 채워진 폴리클로리네이티드 바이페닐(PCBs)에의 노출이 있었다. PCB는 잠재적으로 방암 촉진자(promoter)역할을 하고 용제는 발암 개시제(initiator)역할을 했을 것으로 생각된다[990)].

라. 카드뮴

Kolonel[991)]에 의한 환자-대조군 연구에서 백인남성에서 발생한 64건의 신장암 환자와 269명의 대조군을 분석하였다. 직업적으로 카드뮴에 노출된 근로자의 비교위험도는 2.5였다. 게다가 흡연과 카드뮴 노출의 상승효과는 비교 위험도 4.4로 나타났다.

1991년 핀란드에서 338명의 신장암 사례를 대상으로 한 연구에서도 카드뮴 노출의 연관성을 보였다[992)]. 동물에서 잠재적 발암성과 신독성을 보이는 카드뮴 역시 신장암과 연관이 있어 왔으나 연관성을 어느정도 시사하는지는 더 많은 노력이 필요하다.

마. 납

Selevan과 동료들[993)]은 납 제련소 근로자를 대상으로한 사망 코호트 연구를 수행하였

---

987) Bruning T, Lammert M, Kempkes M, et al. Influence of polymorphi는 of GSTM1 and GSTT1 for risk of renal cell cancer in workers with long-term high occupational exposure to trichloroethene. Arch Toxicol 1997; 71:596-9
988) Lash LH, Parker JC, Scott CS. Modes of action of trichloroethylene for kidney tumorigenesis. Environ Health Perspect 2000; 108:225-40
989) McLaughlin JK, Blot WJ. A critical review of epidemiology studies of trichloroethylene and perchloroethylene and risk of renal-cell cancer. Int Arch Occup Environ Health 1997; 70:222-31
990) Shalat SL, True LD, Fleming LE, Pace P. Kidney cancer in utility workers exposed to perchlorinated biphenyls(PCB's).Br J Ind Med 1989;46:823-4
991) Kolonel LN. Association of cadmium with renal cancer. Cancer 1976; 37:1782-90
992) Partanen T, Heikkila P, Hernberg S, et al. Renal cell cancer and occupational exposure to chemical agents. Scand J Work Environ Health 1991; 17:231-9
993) Selevan SSG, Landrigan PJ, Stern FB, Jones JH. Mortality of lead smelter workers. Am JEpidemiol 1985;122:673-83

다. 제련과정에서 납 노출은 상당하였을 것으로 보이며, 공기를 통한 노출 허용량인 200 ug/m^{3}의 2배를 넘는 수준이었다. 5건의 사망을 포함한 신장암의 표준화사망비(SMR)는 301(98~703)이었다. 또한 20년 이상 노출된 근로자에서 만성 신질환에 대한 표준화사망비는 392로 유의하였다. 만성 신질환과 신장암에 대한 이후 연구 결과들은 일관되지는 않았다. 최근의 Steenland 와 Boffetta[994]에 의한 검토에서 납 제련 및 배터리공장에 일하는 근로자에서의 신장암의 위험-40건의 신장암을 포함-은 1.01(95% CI, 0.7-1.4)에 불과하였으며, 8개 중 2개의 연구에서만 위험도가 1 이상이었다. 납의 신독성에 관한 증거는 아직 완전하지 않은 상태이다.

바. 철강, 알루미늄, 페로실리콘 및 실리콘 금속

철강과 알루미늄 환원 공장에 대한 연구[995]에서 일부 근로자들의 신장암 증가를 보였다. 또 최근 노르웨이 연구에서 페로실리콘(ferrosilicon) 및 실리콘 금속(silicon metal) 제조업에서 신장과 요관에서 암 발생이 용광로 근로자 (표준화 발생비 SIR 1.3;0.66-2.38) 및 용광로에서 일하지 않는 근로자(SIR 1.7;1.03-2.55) 모두에서 증가하였다. 제련과정에서 생성된 다환방향족탄화수소(PAHs)나 금속 세척에 사용된 유기용제에 의한 신장암의 발생 가능성이 있으므로 금속에 의한 신장암 발생 자체는 아직 명확하지 않다.

사. 기타직업군

석면에 노출된 근로자[996], 우라늄, 페로크롬 (ferrochromium) 근로자, 로켓엔진 시험대 근로자[997], 신문 기자, 인쇄자, 사무직 등이다.

---

994) Steenland K, Boffetta P. Lead and cancer in humans:where are we now? Am J Ind Med 2000; 38:295-9
995) Hobbesland A, Kjuss H, Thelle DS. Study of cancer incidence among 8530 male workers in eight Norwegian plants producing ferrosilicon and silicon metal. Occup Environ Med 1999; 56:625-31(Selikoff의 연구에서 17,800명 중 기대사망인 8.1보다 큰 18명이 신장암으로 사망하여 표준화사망비(SMR) 222로 통계적으로 유의하였다. 이탈리아의 석면 제품을 취급하는 근로자를 장기간 관찰한 코호트에서도 비슷한 결과가 관찰되었다. 국제암연구기구(IARC)에서 37개의 코호트 연구를 메타분석하였다. 연구결과 실제 신장암에 의한 사망건수는 매우 제한적으로 석면노출과 신장암의 인과관계는 있어 보이나 그 위험 정도는 폐암에 비하여 낮아 보이는 결과를 도출하였다)
996) Selikoff IJ, Hommond EC, Seidman HA. Mortality experience of insulation workers in the united State and Canada, 1948-1976. Ann N Y Acad Med 1979; 330:91-116;Sali D, Boffetta P. Kidney cancer and occupational exposure to asbestos: a meta-analysis of occupational cohort studies. Cancer Causes Control 2000; 11:37-47
997) Ritz B, Morgenstern H, Fronies J, Moncau J. Chemical exposures of rocket-engine test-stand personnel and cancer mortality in a cohort of aerospace workers. J Occup Environ Med 1999;41:903-10(로켓 엔진 시험 작업에 종사하는 근로자에서는 히드라진(hydrazine)이 포함된 연료의 노출로 인하여 신장암과 방광암의 비교 위험도가 증가하였다(상대위험도 RR 1.8, 0.6-5.1))

(4) 예방998)

신장암의 예방을 위해서는 금연이 가장 중요하다. 고혈압 환자에게는 적절한 혈압조절이 필수이며, 다낭신 등의 신기형, 장기간 투석을 요하는 경우, 가족력이 있는 경우에는 신장암의 발생가능성이 높다. 따라서 정기적인 검진이 필요하다. 신장에 한번 암이 발생하면 재발이나 전이의 위험성을 항상 가지고 있어 평소에 적절한 검사를 통해 자신의 콩팥이 정상 구조를 가지고 있는지, 정상 기능을 하는지 면밀히 체크해 둘 필요가 있다. 최근에는 건강검진이 활성화되면서 조기에 진단되는 신장암이 증가하고 있다. 그러나 많은 경우에 이미 다른 장기로 전이된 상태에서 발견되고 있다. 또한 국소 신장암으로 근치적 신적출술을 시행한 경우에도 병기에 따라서 20~30%에서 재발 하는 것으로 알려져 있다. 이렇게 전이되거나 재발한 신장암은 치료가 매우 어려우므로 조기진단 및 예방이 가장 중요하다. 신장암의 반 이상은 검진이나 다른 검사 중에 우연히 발견된 암으로, 이러한 경우는 대부분 크기도 작고 병기도 낮아 예후도 좋은 편이다. 그러므로 신세포암의 조기 진단을 위해서는 40대 이후에 건강검진 시에 복부 초음파촬영 등의 영상진단법을 적극적으로 도입하고, 신장암 발생과 관련이 있는 장기간의 투석 등의 기존 질환이 있는 환자나 유전적 요인의 폰 히펠-린 다우 증후군 등의 가족력이 있는 사람은 규칙적인 검진이 필요하다. 그리고 평상시의 생활 습관으로 동물성 지방은 적게, 과일과 채소는 많이 섭취하는 식이조절이 꼭 필요하다.

8. 침샘암

(1) 정의

침샘암은 침샘에서 발생하는 악성종양이다. 업무상 질병 인정기준에는 전리방사선에 의한 암종으로 규정하고 있다. 침샘은 이하선, 악하선, 설하선과 소타액선으로 구성되어 있다. 귀의 앞쪽, 아래쪽(전하방)에 위치한 이하선은 주타액선 중 부피가 가장 크다. 턱밑에 위치한 악하선은 턱밑에 위치하고, 크기가 가장 작은 설하선은 구강저의 점막 바로 아래에 위치한다. 소타액선은 입술, 혀, 연구개, 경구개, 구강협부, 인두벽 등의 점막에 골고루 분포한다. 침샘종양이 가장 많이 발생하는 곳은 이하선이다. 침샘암의 대표적인 종류는 점액표피양 암(mucoepidermoid carcinoma), 선양낭성 암(adenoid cystic carcinoma), 악성 혼합종(malignant mixed tumor), 타액관 암(salivary duct carcinoma), 편평세포 암이다.

---

998) 김수근·김동일·김병권·김용규·김원술·권영준·박래웅·심상효·임남구·임대성·진영우, "직업성 암 관련 정보의 배포 및 확산을 위한 웹기반 통합 정보시스템 개발", 안전보건공단 산업안전보건연구원, 2013, 662면.

(2) 통계

2019년에 발표된 중앙암등록본부 자료에 의하면 2017년에 우리나라에서는 232,255건의 암이 새로이 발생했는데, 그 중 침샘암(C07~C08)은 남녀를 합쳐서 563건으로 전체 암 발생의 0.2%를 차지하였다. 인구 10만 명당 조(粗)발생률(해당 관찰 기간 중 대상 인구 집단에서 새롭게 발생한 환자 수. 조사망률도 산출 기준이 동일)은 1.1건이다.

남녀의 성비는 1.02 : 1로 남자에게 더 많이 발생하였다. 발생 건수는 남자가 285건, 여자는 278건이었다. 남녀를 합쳐서 연령대별로 보면 50대가 23.3%로 가장 많았고, 60대가 18.3%, 70대가 16.3%의 순이었다[999].

(3) 위험요인

침샘에는 다양한 암종이 있고 발병원인에 대해서도 확실히 알려진 것은 없다. 다만, 가능성 있는 원인으로서는 방사선에 노출된 경력이 있는 경우, 바이러스(Epstein-Barr virus, EBV)와의 관련, 직업적으로 규사분진에 노출된 경우 및 유전적 소인 등이 일부 알려져 있다.

또한 목재분말의 흡인이 비강내 소타액선암의 발생과 관련되어 보고된 적이 있다. 흡연, 음주와의 직접적 관련성은 아직 알려진 바가 없다.

9. 위암

(1) 정의

위는 소화기관 중에서 가장 넓은 부분이며, 배의 왼쪽 윗부분인 왼쪽 갈비뼈 아래에 위치하고, 위쪽으로는 식도와 연결되고 아래쪽으로는 십이지장과 연결되어 있다.

위암의 대부분을 차지하는 위선암은 위벽의 점막층에서 발생하며, 조기 위암[1000]과 진행성 위암[1001]으로 나뉜다. 조기 위암이란 암이 점막층과 점막하층에 국한된 초기 단계에 해당하는 위암을 뜻하며, 진행성 위암은 점막하층을 지나 근육층 및 그 이상의 단계로 진행한 위암을 뜻한다.

---

999) 보건복지부 중앙암등록본부 2019년 12월 발표 자료
1000) 조기위암은 대부분 증상이 없기 때문에 검사에서 우연히 발견되는 경우가 많다. 궤양을 동반한 조기 위암인 경우에 속쓰림 증상 등이 있을 수 있지만, 환자분이 느끼는 대부분의 소화기 증상은 비궤양성 소화불량 증상으로 조기위암과 직접 관계가 없는 경우가 많다.
1001) 암에 의한 특이한 증상은 없으며, 암이 진행함에 따라 동반되는 상복부 불쾌감, 팽만감, 동통, 소화불량, 식욕부진, 체중감소, 빈혈 등의 진행성 전신증상이 있을 수 있다.

(2) 통계

위장관 계통은 전 세계적으로 암이 발생하는 가장 흔한 부위이다[1002]. 2019년에 발표된 중앙암등록본부 자료에 의하면 2017년 우리나라에서는 232,255건의 암이 새로이 발생했는데, 그 중 위암(C16)은 남녀를 합쳐서 29,685건, 전체 암 발생의 12.8%로 1위를 차지하였다. 인구 10만 명당 조(粗)발생률(해당 관찰 기간 중 대상 인구 집단에서 새롭게 발생한 환자 수. 조사망률도 산출 기준이 동일)은 57.9건이다.

남녀 성비는 2 : 1로 남자에게 더 많이 발생하였다. 발생 건수는 남자가 19,916건으로 남성 암 중 1위를 차지했고, 여자는 9,769건으로 여성의 암 중 4위였다. 남녀를 합쳐서 연령대별로 보면 60대가 28.1%로 가장 많았고, 70대가 25.4%, 50대가 22.5%의 순이다[1003].

(3) 위험요인

위암은 여러 가지 요인이 복합적으로 작용하여 발생하게 된다. 위암은 기존의 관련 질병과 가족력 등에 의해서도 영향을 받는다. 만성 위축성 위염, 헬리코박터 균 감염[1004], 장상피화생, 위 세포이형성증 등 몇몇 양성 질환이 암을 유발한다고 한다. 위궤양과 같은 위의 양성 질환으로 인해 위의 부분 절제 수술을 받은 경우 남아있는 위에서의 위암 발생이 정상인에 비해 2~6배 정도가 높다. 이런 질환들이 직업적 노출과 연관될 때, 그 노출이 위암의 위험인자로 분류될 수 있다. 예를 들어 메틸 메타크릴레이트 노출이 만성 위염을 일으킨다면 위암의 위험인자로 인식되는 것이다.

위암의 위험 증가는 석탄 먼지, 실리카, 석면 등 먼지가 많은 직업에서 에서 관찰되었다. 석탄먼지는 여러 연구에서 위험인자로 제시되었으나[1005][1006], 그 메커니즘은 알려져 있지 않다.

다방향족 탄화수소(PAHs)와 금속 등이나 석탄 먼지의 질소화가 발암작용을 할 것으로 추측한다. 석탄 광부에서 위암의 위험은 진폐증이 없거나 경미한 경우에는 제한적인데,

---

[1002] Parkin, MD, Pisani P, Ferlay J. Global cancer statistics. CA Cancer J Clin 1999; 49:33-64.
[1003] 보건복지부 중앙암등록본부 2019년 12월 발표 자료
[1004] 헬리코박터 파이로리균 감염이 위암 발병에 독립적으로 관여한다고 인정하기에는 아직 의학적 증거가 불충분하지만 전체 위암 환자의 40~60%에서 헬리코박터 파이로리균이 양성으로 나오므로 이 균의 감염자는 위암의 상대적 위험도가 높은 것으로 알려져 있다.
[1005] Swaen GMH, Meijers JMM, Slangen JJM. Risk of gastric cancer in pneumoconiotic coal miners and the effect of respiratory impairment. Occup Environ Med 1995; 52:606-10
[1006] Frumkin H. Cancer of the liver and gastrointestinal tract. In: Rosenstock L, Cullen MR, eds. Textbook of clinical occupational and environmental medicine, 1st edn. Philadelphia:WB Saunders; 1994:576-84

이는 진폐증이 심할 경우 호흡기의 세정작용이 손상되기 때문에 위장관 노출이 발생하기 때문이다[1007].

시멘트나 채석업, 화강암, 기타 광업, 실리카 노출이 있는 직종 등 먼지가 많은 산업[1008][1009]에서 위암의 증가가 나타났다. 석면 노출 역시 위암과 연관성이 여러 연구[1010][1011]에서 제시되었지만, 모든 연구에서 연관성을 입증하지는 못하였다. 고농도의 석면에 평생 노출 되었을 때의 비교 위험도가 약 1.3 정도였다.

그밖에 가구제조업이나 제지업에서 목재분진과 부산물에 노출된 근로자, 농부[1012], 금속업[1013], 고무산업 종사자[1014]에서도 위암의 위험이 꾸준하게 증가하였다[1015].

10. 대장암

(1) 정의

대장암은 길이 약 2m의 대장(결장·직장·항문)에 발생하는 암으로, 동양인은 S상 결장과 직장이 많이 생긴다[1016]. 암이 발생하는 위치에 따라 결장에 생기는 암을 결장암, 직장에 생기는 암을 직장암이라고 하고, 이를 통칭하여 대장암 혹은 결장직장암이라고 한다.

대장암은 대장 점막의 세포에서 발생한 선종이라는 양성종양[1017]의 일부가 암화 발생한 것과 정상 점막에서 직접 발생하는 경우가 있다. 대장암은 점막의 표면에서 발생하고 대장벽에 점점 깊이 침투하고 있고, 진행되어서 림프절[1018]이나 간이나 폐 등 다른 장기로

[1007] Swaen GMH, Meijers JMM, Slangen JJM. Risk of gastric cancer in pneumoconiotic coal miners and the effect of respiratory impairment. Occup Environ Med 1995; 52:606-10

[1008] Xu ZY, Brown LM, Pan GW, et al. Cancer risks among iron and steel workers in Anshan, China, Part II: Case-control studies of lung and stomach cancer. Am J Ind Med 1996; 30:7-15

[1009] Simpson J, Roman E, Law G, Pannett B. Women's occupation and cancer: preliminary analysis of cancer registrations in England and Wales, 1971-1990. Am J Ind Med 1999; 36:172-85

[1010] Frumkin H, Berlin J. Asbestos exposure and gastrointestinal malignancy: review and meta-analysis. Am J Ind Med 1988; 14:79-85

[1011] Tsai SP, Waddell LC Jr, Gilstrap EL, Ransdell JD, Ross CE. Mortality among maintenance employees potentially exposed to asbestos in a refinery and petrochemical plant. Am J Ind Med 1996; 29:89-98

[1012] Blair A, Zahm SH. Agricultural exposures and cancer. Environ Health Perspect 1995; 103(Suppl 8):203-8

[1013] Calvert GM, Ward E, Schnoor TM, Fine IJ. Cancer risks among workers exposed to metalworking fluids: a systematic review. Am J Ind Med 1998; 33:228-92

[1014] Straif K, Keil U, Taeger D, et al. Exposure to nitrosamines, carbon black, asbestos and talc and mortality from stomach, lung and laryngeal cancer in a cohort of rubber workers. Am J Epiemiol 2000; 152:297-306

[1015] Toren diseases. Am J Ind Med 1996; 29:123-30

[1016] 대장은 결장, 직장의 2부분으로 나누어진다. 결장은 다시 맹장, 상행결장, 횡행결장, 하행결장 및 에스결장으로 나누어진다.

[1017] 증식이 완만하고, 전이하지 않고 장기 및 생활에 중대한 영향을 미치지 않는 종양이다.

전이한다.

(2) 통계

2019년에 발표된 중앙암등록본부 자료에 의하면 2017년에 우리나라에서는 232,255건의 암이 새로이 발생했는데, 그 중 대장암(C18~C20)은 남녀를 합쳐 28,111건으로 전체의 12.1%로 2위를 차지하였다. 인구 10만 명당 조(粗)발생률(해당 관찰 기간 중 대상 인구 집단에서 새롭게 발생한 환자 수. 조사망률도 산출 기준이 동일)은 54.9건이다. 남녀의 성비는 1.5 : 1로 남자에게 더 많이 발생하였다. 발생 건수는 남자가 16,653건으로 남성의 암 중 3위, 여자는 11,458건으로 여성의 암 중 3위였다. 남녀를 합쳐서 연령대별로 보면 70대가 26.0%로 가장 많았고, 60대가 25.9%, 50대가 21.2%의 순이었다[1019].

(3) 위험인자

대부분의 대장암은 양성 종양인 선종성 용종에서 유래한다고 알려져 있다.

전체 대장암의 약 5~15%는 유전적인 요인으로 인해 발생한다. 육체적 활동 수준이 대장암의 위험인자일 가능성이 있으며, 따라서 업무 연관성이 있을 수 있다. 여러 연구들에서 사무직 업무는 대장암을 증가시키고, 육체적 노동이 많은 업무는 예방하는 것으로 나타났다. 이러한 육체적 노동의 대장암 예방효과는 근위대장에 집중되어 나타나고, 직장암에서는 일정하지 않았다.

육체적 활동 외에는 하부 위장관의 암과 연관 있는 직업적 인자는 드문편인데[1020], 한가지 예외가 석면이다[1021]. Frumkin 과 Berlin[1022]은 메타분석을 통해 석면노출에 의한 대장암의 비교 위험도 1.6을 제시하였으며 석면 근로자를 대상으로 한 가장 큰 코호트 연구 결과와도 일치하였다. 그러나 좀 더 적은 노출을 대상으로 한 연구에서는 결과가

1018) 몸 전체의 면역 기관의 하나이다. 면역은 자신의 몸의 외부에서 들어온 세균이나 바이러스 등의 적(비자기)과 변질된 자신의 세포 (종양 세포 등) 공격·제거하는 기능이다. 림프절은 전신의 조직에서 모인 림프액이 흐르는 림프관의 중간에 위치해, 박테리아, 바이러스, 종양 세포 등이 없는지를 확인하고 면역 기능을 발동하는 "관문"과 같은 역할을 한다. 림프절은 1~25mm의 크기로, 안에는 면역 담당 세포인 림프구가 모여 있다. 림프절 붓는 원인으로는 감염, 면역 알레르기 이상, 혈액 암, 암의 전이 등을 들 수 있다.
1019) 보건복지부 중앙암등록본부 2019년 12월 발표 자료
1020) Lagergren J, Bergstrom R, Nyren O. Association between body mass and adenocarcinoma of the esophagus and gastric cardia. Ann Intern Med 1999; 130:883-90
1021) Germani D, Belli S, Bruno C, et al. Cohort mortality study of women compensated for asbestosis in Italy. Am J Ind Med 1999; 36:129-34
1022) Frumkin H, Berlin J. Asbestos exposure and gastrointestinal malignancy:review and meta-analysis. Am J Ind Med 1988; 14:79-85

불명확하였다. 따라서 석면이 대장의 발암물질로 영향을 미친다는 전제는 성립되나 결론 짓기에는 아직 미흡하다.

고무 제조업에 종사한 근로자, 인쇄업에 종사하는 사람과 기자들, 자동차 모형을 만드는 업종에 종사하는 사람에 대한 연구에서 대장암의 위험이 약간 증가하였으나 그 정도는 위암의 비교위험도 보다는 낮았다. 가구제조업의 목재 분진은 대장암과 연관이 있었다[1023].

조직학적으로 선종성 용종[1024](그냥 '선종'이라고도 한다.)은 대장암으로진행할 수 있다. 궤양성 대장염(ulcerative colitis)과 크론병(Crohn's disease)이 있을 경우 대장암 발병 위험이 4배에서 20배로 상승한다. 대장암의 약 5~15%는 유전적 소인[1025]과 관계가 있는 것으로 알려져 있다.

(4) 예방[1026]

대장암의 일반적인 위험도를 가진 사람의 경우 미국 예방의학전문위원회(US preventive services task force)[864]에서는 가정에서 매년 대변 잠혈검사, 정기적 S상 결장경 검사, 혹은 이 두 가지를 병합하여 하도록 권장하고 있다.

미국 예방의학전문위원회에서 S상 결장경 검사 주기는 제시하지 않았지만 다른 기관[1027][1028]에서는 5년을 추천하였다. 또한 S상 결장경 대신에 대장 내시경 검사로 대체할 수 있는데 검사 기간은 역시 제시하지 않았지만, 다른기관은 10년마다 권장되고 있다. 이중조영 바륨 관장은 비교적 더 효과적이며, 수지 직장 검사는 권장되지 않았다.

S 결장경 검사가 근위부 일부를 놓칠 수 있지만, 대장 내시경의 비용과 합병증을 고려할 때 비용대비 효과가 뛰어나다. 비교적 신기술인 가상 대장내시경이나 대변 DNA검사 등에 대한 효과는 아직 충분하지 않다. 일부 직장에서 대장암에 대한 검진 프로그램이 실시되었는데, 직업적 연관성이 우려되어서가 아니라, 검진 효과가 좋고 해당 직장의 여건이 편리하

[1023] Innos K, Rahn M, Rahu K, Lang I, Leon D. Wood dust exposure and cancer incidence: a retrospective cohort study of furniture workers in Estonia. Am J Ind Med 2000; 37:501-11
[1024] 용종은 장 점막의 일부가 주위 점막 표면보다 돌출하여 마치 혹처럼 형성된 병변이다.
[1025] 유전적 요인에 의해 발생하는 대장암은 환경적인 요인에 의해 발생하는 경우와는 달리 원인이 명확한 경우가 많다. 또한 출생 시부터 결함이 있는 유전자를 갖고 태어나므로 일반인에서보다 대장암의 발생이 어린 시기에 나타나는 공통점을 가지고 있고, 유전자의 기능이 대장에만 국한되지는 않기 때문에 대장 외 장기에도 이상 소견을 나타내는 경우가 많다(관련 질환 : 가족성 용종증, 유전성 비용종증 대장암, 포이츠-예거 증후군, 연소기 용종증)
[1026] 김수근·김동일·김병권·김용규·김원술·권영준·박래옹·심상효·임남구·임대성·진영우, "직업성 암 관련 정보의 배포 및 확산을 위한 웹기반 통합 정보시스템 개발", 안전보건공단 산업안전보건연구원, 2013, 685면.
[1027] Winawer SJ, Fletcher RH, Miller L, et al. Colorectal cancer screening: clinical guidelines and rationale. Gastroenterology 1997; 112:594-642
[1028] Winawer SJ, Fletcher RH, Miller L, et al. Colorectal cancer screening: clinical guidelines and rationale. Gastroenterology 1997; 112:594-642

기 때문이었다. 이렇듯, 직장이 암 검진이나 기타 보건사업에 적당한 장소일 수 있다. 암의 위험을 높인다고 알려진 특정 산업 환경-목형공, 석면 근로자, 폴리프로필렌 생산 근로자 등-에서 암검진이 실시되었다. 이 프로그램은 일반적으로 50% 미만의 낮은 참여도를 보였다. 참가하지 않은 근로자들은 불참의 이유로 불편함, 부끄러움, 불안감, 치료의 불필요성, 직업적으로 위험도가 낮다고 생각해서 등을 꼽았는데, 일반 인구집단의 암 검진 불참의 이유와 대부분 비슷하였다. 특정 직업군에서의 대장암의 조기검진이 유병율과 사망률을 낮춘다는 근거는 아직 없다. 대장암 조기검진의 일반적 유용성과 다양한 직업적 노출인자에 대한 데이터가 확립될 때까지 직장에서 조기검진의 필요성 판단을 유보해야 할 것이다.

대장암의 비직업적인 여러 가지 요인들을 피하기는 쉽지 않다. 특히 유전적인 소인, 가족적인 소인 등은 피할 수 없다. 그러나 정기적인 검사를 통하여 대장암을 조기에 발견하여 치료하는 것은 상당히 효과적인 방법이다. 그러므로 증상이 없는 저위험군인 경우, 50세 이후부터 매 5~10년마다 대장내시경검사를 받아야 한다. 또한 궤양성 대장염, 크론병, 포이츠-예거 증후군, 가족성 용종증 등이 있는 경우와, 가족 중 연소기 용종, 대장암 혹은 용종, 유전성 비용종증 대장암이 있는 고위험군은 전문의와 상담 후 검사 방법과 검사 간격을 결정하여 정기적인 대장내시경검사를 받는 것이 필요하다.

11. 간암

(1) 정의

우리 몸의 모든 장기에는 암(악성 종양)이 생길 수 있으며, 그것이 간에 생기면 간암이라고 한다. 간은 장으로부터 혈류가 모이는 부위이므로 위와 장 등 다른 기관에서 생긴 암들이 간으로 전이되는 경우가 많은데, 이런 경우는 엄밀한 의미의 간암이 아니다. 일반적으로 간암이라고 하면 성인의 원발성(原發性) 간암(간 자체에 기원을 둔 암) 중 발생 빈도가 가장 높은 간세포암종을 의미한다.

'종양(tumor)'이란 신체 세포가 스스로의 분열과 성장·사멸을 조절하는 기능에 어떤 이유로든 고장이 생겨서 과다하게 증식한 덩어리를 말한다. 종양은 양성 종양(benign tumor)과 악성 종양(malignant tumor, 암)으로 나뉘는데, 양성은 상대적으로 성장 속도가 느리고 전이(종양 세포가 다른 부위로 옮겨 가는 것)를 하지 않는 데 비해 악성은 성장이 빠르고 주위 조직과 다른 신체 부위로 퍼져 나가 생명까지 위협하는 수가 많다.

간은 체내의 다양하고 총괄적인 대사 과정에서 매우 중요한 역할을 담당한다. 우리가 섭취하는 음식물을 통해 탄수화물, 단백질, 지방의 대사 및 소화 작용, 비타민 및 호르몬

대사, 체내로 흡수된 화학물질의 해독, 혈액속에 침입한 세균의 파괴, 혈액응고인자 합성, 혈액량 조절 등의 다양한 기능을 통하여 기본적인 신체 기능을 유지시키고, 인체를 외부의 해로운 물질로부터 보호하여 생명을 유지하는 데 필수적인 장기이다.

(2) 종류

병리학적으로 원발성 간암에는 간세포암종(肝細胞癌腫), 담관상피암종(膽管上皮癌腫), 간모세포종(肝母細胞腫), 혈관육종(血管肉腫) 등 다양한 종류가 있으며, 크게는 간세포에서 기원한 간세포암종과 담관세포에서 기원한 담관세포암종으로 나뉜다. 간세포암종은 우리나라 원발성 간암의 약 74.5%를 차지하고, 그 다음이 담관세포암종이며, 그 외의 암종은 드물다. 여기서는 간세포암종을 주로 다루며 '간암'에 대한 별도의 규정이 없을 경우 간세포암종을 말한다.

(3) 통계

2019년에 발표된 중앙암등록본부 자료에 의하면 2017년 우리나라에서는 232,255건의 암이 새로이 발생했는데, 그 중 간암(C22)은 남녀를 합쳐서 15,405건, 전체 암 발생의 6.6%로 6위를 차지하였다. 인구 10만 명당 조(粗)발생률(해당 관찰 기간 중 대상 인구 집단에서 새롭게 발생한 환자 수. 조사망률도 산출 기준이 동일)은 30.1건이다.

남녀의 성비는 2.9 : 1로 남자에게 더 많이 발생했하였다. 발생 건수는 남자가 11,500건으로 남성의 암 가운데 5위를 차지했고, 여자는 3,905건으로 여성의 암 중 6위다. 남녀를 합쳐서 연령대별로 보면 60대가 26.7%로 가장 많았고, 50대가 25.3%, 70대가 23.9%의 순이다.

조직학적으로는 2017년의 간암 전체 발생 건수 15,405건 가운데 암종(carcinoma)이 96.8%, 육종이 0.3%를 차지하였다. 암종 중에서는 간세포암이 77.0%로 가장 많았고, 그 다음으로 담도암이 16.8%를 차지하였다[1029].

(4) 위험요인

간암의 대표적인 위험인자로는 만성B형 혹은 C형 간염, (모든 원인의)간경변증, 알코올성 간질환, 비만 또는 당뇨와 관련된 지방간질환, 그 외 아프리카 등지에서는 곰팡이류인 아플라톡신 B 등이 간암의 위험을 증가시킨다.

1029) 보건복지부 중앙암등록본부 2019년 12월 발표 자료

1) 직업적 위험인자

Steenland와 Palu 등[1030]은 도장공에서 간암 증가를 보고하였다. 핵무기 생산 공장의 근로자의 간암발생율이 증가된다고 보고되었다[1031]. 일부 연구에서 고무 및 석면 근로자의 간암 증가가 있었지만 대부분 연구들의 결과와 일관 되지는 않는다. 최근의 여성근로자를 대상으로 한 연구에서 직업적 간암의 증거는 발견되지 않았다[1032].

화학약품에 대량 노출되는 일부 직업군은 간암의 원인으로 알려져 있긴하지만 일반적인 직업적 발암물질로 분류되지는 않는다. 양조장 근로자의 간암 증가는 아마도 알코올 섭취 증가와 연관 있을 것이다. 이와 마찬가지로 보건의료 근로자와 성매매자들은 B형 간염바이러스에 노출될 수 있고, 곡식 정미업 이나 기타 식품 가공업 종사자들은 아플라톡신에 노출될 수 있다[1033]. 유해화학물질에 노출된 근로자들은 간 괴사 및 섬유화를 일으킬 수 있고, 용제의 암 위험성은 아직 확실히 밝혀지지 않았더라도 노출사고 등으로 대용량 피폭된 경우에선 직업성 간암의 가능성도 배제할 수 없다.

2) 바이러스

우리나라에서 발표된 자료에 따르면 간암 환자들의 74.2%가 B형 간염바이러스(HBV) 표면항원 양성, 8.6%가 C형 간염바이러스(HCV) 항체 양성, 6.9%가 장기간 과음 병력자, 10.3%가 기타의 원인이었다. 대부분 B형 간염 보유 산모로부터 출생 시 감염되는 B형 간염바이러스 만성 보유자는 반수 이상이 만성 간염 혹은 간경변증(간경화의 표준말)으로 진행되며 간경변증 환자의 경우 한 해 1~5%에서 간암이 발생한다. 간암은 간경변증이 심할수록, 연령이 높을수록, 또 남자에서 더 잘 생긴다.

3) 비직업성 위험인자

가. 간경변증

알코올성 간염과 모든 원인의 간경변증(흔히 '간경화'로 알려져 있음)이 간암 발생을 일으킬 수 있으며, 간경변증은 그 원인에 상관없이 간암의 가장 주요한 위험인자이다. 간염바이러스와 연관되지 않은 간경변증에서도 간암의 발생 위험이 높다.

1030) Steenland K, Palu S. Cohort mortality study of 57000 painters and other union members: a 15 year update. Occup Environ Med 1999; 56:315-21
1031) Gilbert ES, Koshurnikova NA, Sokolinkov M, et al. Liver cancers in Mayak workers. Radiat Res 2000; 154:246-52
1032) Gilbert ES, Koshurnikova NA, Sokolinkov M, et al. Liver cancers in Mayak workers. Radiat Res 2000; 154:246-52
1033) 패된 땅콩이나 옥수수 등에 생기는 아스페루길루스라는 곰팡이에 존재하는 아플라톡신 B1이라는발암물질(우리나라에는 거의 없음)을 섭취했을 경우이다.

나. B형 간염바이러스

우리나라의 경우 전체 간암 환자의 75% 가량이 B형 간염바이러스(HBV, hepatitis B virus) 보유자이다. 이들 중 연령이 높거나 간경변증이 있는 사람에게 간암이 더 잘 생기며, C형 간염바이러스(HCV) 중복 감염과 과도한 음주도 간암의 위험을 높다. 성별로는 남자가 더 위험하다.

우리나라 성인 중 B형 간염바이러스 보유자가 과거의 10%에서 3% 이내로 줄었고, 10세 이하의 연령층에서는 1% 미만으로 나타난 만큼, 향후 B형 간염바이러스에 의한 간암의 발생은 점차 감소할 것으로 보인다.

다. C형 간염바이러스

전체 간암 환자의 10%가량이 C형 간염바이러스와 연관하여 발생한다. 이 바이러스에 대한 백신은 아직 개발되지 않았지만, 최근 효과적인 경구용 항바이러스제들이 개발되고 있어 적절한 치료와 더불어 추적관찰이 필요하다.

라. 아플라톡신 B1

부패된 땅콩이나 옥수수 등에 생기는 아스페루길루스(Aspergillus)라는 곰팡이에서 생성되는 아플라톡신 B1이라는 발암물질을 섭취할 경우에 간암에 걸릴 수 있다. 우리나라에는 이 곰팡이가 거의 없다.

마. 알코올

세계보건기구(WHO) 산하 국제암연구소(IARC, International Agency for Research on Cancer)에서는 알코올을 1급 발암물질로 분류하고 있다. 과도한 알코올 섭취는 간경변증을 유발하고, 이는 간암으로 진행할 수 있다. 음주자가 흡연도 하는 경우엔 암 발생 위험이 더욱 커진다. 알코올은 특히 C형 간염바이러스(HCV) 감염자에서 간암 발생률을 높이며, B형 간염바이러스(HBV) 보유자에서도 간암 발생을 앞당긴다.

바. 흡연

흡연은 간암의 발생 위험을 높이는 요인 중 하나이다. 담배 연기가 폐로 흡수되면서 각종 유해물질이 간을 포함한 전신으로 퍼져 물질대사에 포함되기 때문이다. 국제암연구기관에서는 술과 함께 흡연도 간암의 1급 발암원으로 분류하고 있다. 흡연자가 음주도 하면 간암 발생 위험이 더욱 증가한다.

사. 비만

과체중이나 비만이 간암을 유발할 수 있는 것은 비만과 관련된 인슐린 저항 상태가 발암과정을 촉진하기 때문으로 설명되고 있으며, 특히 특발성(特發性, idiopathic, 발병 원인을 잘 모름) 간경변증이나 만성 감염 같은 전구(前驅) 질환(전구 질환 또는 전구 병변이란, 먼저 생긴 병변이 더 중대한 병을 속발시켰다고 판단되는 경우에 앞선 병변을 이르는 말)이 있는 경우에는 과체중과 비만으로 인한 간암 발생 위험도가 더욱 높아진다고 알려졌다. 비만인 사람의 간암 발생 위험도는 정상 체중일 경우의 약 2배에 달한다.

(5) 예방

1) 간암예방접종

간암 예방의 핵심은 발암 원인을 피하는 것이다. 실제로 우리나라에서의 간암 환자 중 75%정도가 B형 간염, 10%정도가 C형 간염을 가지고 있으므로 우리나라 전체 간암의 85% 정도가 간염바이러스와 관련이 있고 이들 간염바이러스에 감염되지 않도록 조치하는 것이 가장 확실한 간암 예방법이다. B형 간염 예방백신[1034]은 직장에서 바이러스 노출을 피하는 중요한 일차예방 활동이다. 성인의 경우는 B형 간염바이러스에 대한 감염 상태를 혈액 검사로 간단히 알아볼 수 있으므로 검사 후 필요에 따라 접종 여부를 결정하면 된다.

의료계와 미국 직업안전보건청(OSHA)[1035] 모두에서 이 백신의 일상적 접종을 권장하고 있다. 그러나 아직까지 C형 간염바이러스에 대한 예방백신은 개발되어 있지 않다. 또한, A형간염 또는 B형간염에 감염된 체액에 노출될 위험이 있는 근로자의 항체 검사를 통해 추적검사가 필요한 사람을 확인할 수 있다.

2) 생활습관 개선

만성 간염 환자는 간암 발생의 위험이 높아지므로 술은 절제해야 하며, 알코올성 간염이나 간경변증이 있는 경우 금주는 절대적으로 필요하다. 술을 마시지 않아도 비만만으로도 지방성간염이 심하게 생길 수 있는데 비만이 지속되면 간경변증이 생기기도 하고 간암도 생길 수 있으므로 비만을 조절하는 것이 간암 예방에 도움이 된다. 비만한 경우 간암 발생 위험이 높아지는 것으로 알려져 있으므로 간암을 예방하기 위해서는 건강한 식생활과 적당한 운동을 통해 적정체중을 유지하는 것이 도움이 된다.

[1034] 우리나라는 국가예방접종사업을 통해 영아들에게 B형 간염 예방접종을 실시하고 있으며, B형 간염 수직감염 예방사업을 통해 B형 간염바이러스 보유 산모로부터 신생아가 감염되지 않도록 출생 즉시 면역혈청글로불린과 함께 예방백신을 접종하고 있다. 예방접종에 관한 보다 자세한 정보는 질병관리본부에서 제공하는 예방접종도우미(http://nip.cdc.go.kr)에서 참고하실 수 있다.

[1035] Occupational Safety and Health Administration, United States Department of Labor. OSHA Regulations (Standards-29CFR)Bloodborne Pathogens-1910.1330.56 FR 64004, Dec. 06, 1991, as amended at 57 FR 12717, April 13, 1992; 57 FR 29206, July 1, 1992; 61 FR 5507, Feb. 13, 1996.

담배연기 속에는 각종 발암물질이 다량 들어있으며, 흡연은 간암을 유발하는 발암원 중 하나이다. 따라서 담배를 피우지 말고, 간접흡연에 노출되지 않도록 주의하는 것이 간암 예방에 도움이 된다. 특히 간질환(B형 또는 C형 간염바이러스 보유자, 간경변 환자 등)을 가지고 있는 경우에는 절대 금연하여야 한다.

3) 정기검진

간암의 조기발견은 중국, 대만, 남아프리카, 이탈리아, 알래스카 등 고위험집단에서 시도되었다. 대부분의 경우 B형 간염 항원 만성 보유자, 간경화 환자 등 고위험 집단에서 시행되었다. 그중 알파-태아단백과 고해상도 초음파 두 가지 검사가 가장 주목 받고 있다. 알파-태아단백 검사만으로 작은 간암을 찾는데 50%의 민감도를 보인다. 큰 암의 경우 그 민감도는 85~90% 정도이다. 일부 연구에서 그 특이도는 50% 미만으로 보고되었는데, 알파-태아단백이 간염 등 기타질환에서도 증가할 수 있기 때문이다. 이러한 값들은 검사의 정상치 상한선 조절로 조정될 수 있다. 초음파검사만 90%의 민감도, 79%의 특이도를 나타낸다. 가장 효과적인 방법은 두 가지 검사를 차례로 수행하는 것인데, 알파-태아단백 수치 이상자를 초음파 검사와 함께 추적 관찰하는 것이다.

우리나라는 국가암검진사업을 통해 40세 이상 남녀 중 간경변증이나 B형 간염항원 양성, C형 간염항체 양성, B형 또는 C형 간염 바이러스에 의한 만성 간질환 환자인 경우 1년마다 복부초음파검사와 혈청알파태아단백검사를 통하여 정기적인 검진을 받도록 권고하고 있다.

12. 갑상선 암

(1) 정의

갑상선에 생긴 혹을 갑상선 결절이라고 총칭하는데 크게 양성과 악성으로 나눈다. 이중 악성 결절들을 갑상선암이라고 한다. 갑상선암을 치료하지 않고 방치하면 암이 커져 주변조직을 침범하거나 림프절전이, 원격전이를 일으켜 심한 경우 생명을 잃을 수도 있다. 갑상선에 생기는 결절의 5-10%정도가 갑상선암으로 진단된다.

(2) 종류

갑상선암은 기원이 된 세포의 종류나 세포의 성숙 정도에 따라 분류된다. 기원 세포의 종류에 따라 나누면, 여포세포[1036]에서 기원하는 유두암과 여포암, 저분화암 및 미분화

[1036] '여포'란 소포라고도 하는 것으로, 동물의 내분비 샘 조직에서 다수의 세포가 모여 이루어진 주머니 모양의 구조물이다. 난소나 갑상선, 뇌하수체 중간엽 등에서 비슷한 조직 모양을 볼 수 있다.

암(역형성암)1037), 여포세포 이외의 세포에서 기원하는 수질암과 림프종, 그리고 전이성 암 등이 있다.

1) 여포세포 기원의 암

가. 분화 갑상선암

(가) 유두암(papillary thyroid cancer)

유두암이란 갑상선암 중 가장 흔한 것으로 우리나라의 경우 최근 발생한 갑상선암의 97% 이상을 차지하며 요오드 섭취량이 많은 나라에서 더 빈번하게 발생한다. 현미경으로 관찰하였을 때 암종이 유두 모양이어서 이런 이름이 붙었는데, 유두상 갑상선암 또는 유두상암이라고도 한다.

유두암은 일반적으로 천천히 자라며 예후도 갑상선암 중 가장 좋다. 많은 경우에 주변 조직을 침범하며, 석회화도 드물지 않게 보인다. 유두암은 갑상선의 한쪽 엽에만 생길 수도 있지만 전체 유두암의 20~45%에서 양쪽 엽을 다 침범한 형태로 나타나고(양측성), 갑상선 주변 임파선으로 번진 경우도 많게는 약 40%에서 관찰된다. 이런 경우에도 조기에 적절한 치료를 받으면 대부분 잘 치유된다. 드물지만 폐나 뼈 등 다른 부위로 원격전이를 하는 예가 있으므로 조기 발견과 치료가 무엇보다 중요하다.

(나) 여포암(follicular thyroid cancer)

여포암은 유두암 다음으로 많으며 40~50대에 흔히 발생한다. 여포암은 갑상선의 혈관들을 침범하는 경향이 있으므로 림프절로 전이하기보다는 혈류를 통해 폐, 뼈, 뇌 등 다른 장기로 전이하는 경우가 많아 유두암보다 예후가 약간 좋지 않은 것으로 알려져 있다. 여포암과 비슷한 행태를 보이는 것으로 휘르틀레세포암(Hurthle cell carcinoma)1038)이 있다. 갑상선 세포의 한 종류인 휘르틀레 세포에서 기원하는 암인데, 여포암처럼 혈류를 타고 퍼져 나가는가 하면 여포암과 달리 주변 림프절 전이도 흔하게 일으킨다. 갑상선 결절의 수술전 세포검사(미세침흡인세포검사) 결과 여포종이나 휘르틀레세포종양이 의심되는 경우에는 악성과 양성의 감별을 위해 진단 목적의 수술을 권유한다. 이러한 분화암들은 정상 갑상선 세포의 성질을 대부분 유지하고 있기 때문에 방사성요오드치료 등에 반응이 좋아 생존율이 높다.

1037) 세포의 구조와 기능이 특수화하고 성숙한 정도를 '분화도'라 하는데, 현미경으로 암세포들을 관찰하면 성숙 즉 분화가 비교적 잘 된 것은 정상 세포를 많이 닮았고, 분화가 안 된 것은 정상 세포보다 미성숙한 형태를 보인다. 이 둘의 중간 단계인 암도 있다. 분화암과 미분화암을 구분하는 것은 분화도에 따라 특성이 달라서 치료 방법도 달라지기 때문이다. 미분화암은 분화암에 비해 분열 속도나 퍼져나가는 속도가 빠르고, 치료 성적이 좋지 않은 경우가 많다.
1038) 독일의 생리학자 카를 휘르틀레의 이름을 딴 것으로, 우리나라에서는 이를 영어 식으로 읽어 '허들/허슬세포암'이라고도 한다.

나. 저분화 갑상선암 (poorly differentiated thyroid cancer)

분화 갑상선암에 비해 암세포의 분화 상태가 나쁘며 예후 역시 상대적으로 좋지 않은, 드문 암으로 분화 암세포가 시간이 지나면서 역분화해 발생하는 것으로 생각된다. 저분화암과 분화암이 같이 발견되는 경우도 있다.

다. 미분화암 (역형성암, undifferentiated thyroid cancer, anaplastic thyroid cancer)

전체 갑상선암의 1% 미만을 차지하며 갑상선 분화암(유두암, 여포암)이 오랜 시간이 지나면서 분화의 방향이 역전되어 생기는 것으로, 발병 시기도 분화암보다 약 20년정도 늦어 60대 이후에 발생 빈도가 가장 높다.

2) 비(非)여포세포 기원의 암

가. 수질암

갑상선 수질(속질)에 생기는 수질암은 전체 갑상선암의 1% 미만을 차지하며 서양에 비해 동양, 특히 한국에서는 드물게 나타난다. 몸속의 칼슘 양을 조절하는 칼시토닌(calcitonin)이란 호르몬을 분비하는 C세포(부여포세포(parafollicular C cell): 여포세포 옆에 붙어 있는 세포로, 비여포세포(여포 세포가 아닌 세포) 중 하나))에 발생한다. 대부분의 수질암에서 칼시토닌의 분비가 증가하기 때문에 혈액 내 칼시토닌 양의 측정은 수질암을 진단하거나 치료 후 재발을 발견하는 데 매우 중요하다. 수질암의 또 다른 특징은, 일부 환자에겐 이 암이 부모로부터 물려받은 돌연변이된 'RET 원종양유전자(proto-oncogene)'에 의해 발병한다는 점이다(oncogene이 '암유전자'이니 proto-oncogene은 쉽게 말해 '암의 원유전자'라 한다). 이럴 경우 부갑상선이나 뇌하수체, 부신 등 다른 내분비 기관의 이상이 동반된다. 따라서 갑상선 수질암 환자에게 가족력이 있는 것으로 의심되면 RET 원종양유전자의 돌연변이 유무를 검사하고, 가족성 수질암으로 판명될 경우엔 환자 가족을 대상으로 유전자 검사를 시행하여 조기 발견 및 예방적 수술 등의 적절한 조치를 취해야 한다.

(3) **통계**

2019년에 발표된 중앙암등록본부 자료에 의하면 2017년에 우리나라에서는 232,255건의 암이 새로이 발생했는데, 그 중 갑상선암(C73)이 남녀를 합쳐서 26,170건, 전체 암 발생의 11.3%로 4위를 차지하였다. 인구 10만 명당 조(粗)발생률(해당 관찰 기간 중 대상 인구 집단에서 새롭게 발생한 환자 수. 조사망률도 산출 기준이 같음)은 51.1건이다. 남녀 성비는 0.3 : 1로 여자가 훨씬 많았다. 발생 건수는 남자가 6,035건으로 남성 암 중에서 6위를 차지했고, 여자는 20,135건으로 여성의 암 중 2위였다. 남녀를 합쳐서 연령대별로 보면 40대가 27.9%로 가장 많았고, 50대가 25.2%, 30대가 20.6%의 순이다.

조직학적으로는 2017년의 갑상선암 전체 발생 건수 26,170건 가운데 암종(carcinoma)이 99.5%를 차지하였다. 나머지 0.5%는 상세 불명의 악성 신생물이었다. 암종 중에서는 유두상암이 96.4%, 여포성암이 1.8%를 차지하였다[1039].

(4) 위험요인

1) 발생기전

모든 암의 발생기전은 유사하다. 정상적인 세포는 성장, 분화, 사멸이 적절히 조절되어 그 양이나 크기가 일정하게 유지된다. 한데 이런 과정 중 하나에서라도 이상이 생길 경우 암이 발생할 수 있다. 유전자 돌연변이 등으로 인해 비정상세포(암세포)의 생성 및 사멸 과정이 조절되지 않으면 비정상세포가 증가한다. 발암유전자(oncogene)나 종양억제유전자(tumor suppression gene), DNA수선유전자(DNA repair gene) 등에 변이가 생긴 결과 세포의 성장이 억제되지 않는 반면 사멸은 억제되어 암세포가 비정상적으로 자라게 되는 것이다.

이 외에 세포의 성장에는 주변 혈관을 통한 산소 및 영양분 공급이 중요하고, 이 과정에 관여하는 섬유아세포성장인자(FGF, fibroblast growth factor), 인슐린양성장인자(IGF-1, insulin-like growth factor-1), 변형성장인자(TGF-α, transforming growth factor-α) 등 여러 성장인자들과, 혈관 생성에 관여하는 혈관내피세포성장인자(VEGF, vascular endothelial growth factor)도 종양의 성장에 매우 중요하다.

갑상선암의 발생과 진행에도 위의 여러 인자가 복합적으로 관여하는데, 특히 갑상선자극호르몬(TSH, thyroid-stimulating hormone)이 중요한 역할을 하는 것으로 알려졌다. 갑상선 세포의 성장을 부추기는 역할을 하는 TSH가 분화 갑상선암 세포의 성장까지 자극하기 때문이다. 또한 최근 연구에 따르면 갑상선 유두암의 경우 B-Raf라는 단백질의 생성에 관여하는 BRAF 유전자의 돌연변이가 중요한 역할을 한다고 한다.

- 갑상선유두암

유전자 하나의 돌연변이가 암 발병으로 이어지는 것은 아니다. 갑상선암의 경우에도 여러 과정의 연속적 이상이 발병에 관여한다고 추론되고 있다.

세포의 대표적인 신호전달 경로 중 하나인 타이로신 키나아제 경로(tyrosine kinase pathway)의 활성화가 초기 단계의 갑상선암 생성에 관여하는 것으로 알려졌으나 다음 단계(세포의 성장과 암의 진행)에 관여하는 요인과 기전은 아직 충분히 밝혀지지 않았다. 신호전달 경로를 이처럼 활성화하는 유전자 변화로는 RET/PTC재배열, RAS와,

---

[1039] 보건복지부 중앙암등록본부 2019년 12월 발표자료

BRAF의 돌연변이 등이 알려져 있다. 이들 유전자의 변이는 서로 배타적으로 나타난다. 즉, RAS 돌연변이가 있는 경우 RET/PTC재배열과 BRAF 돌연변이는 나타나지 않는 등 돌연변이가 동시에 나타나는 경우는 거의 없다.

- 여포암

여포암은 유두암과 달리 요오드 결핍 지역에서 많이 발생하며 RAS 유전자의 변이가 주로 발견된다. 이 외에 PAX8-PPARγ이라고 부르는 유형의 유전자 재배열도 흔히 나타난다.

2) 발생원인

가. 전리방사선

방사선 노출은 갑상선암의 위험 인자로 현재까지 가장 잘 알려져 있고 증명되어 있는 요인이다. 방사선으로 인한 갑상선암의 95% 이상이 갑상선 유두암이다. 가장 중요한 요인은 치료적 방사선 노출과 환경 재해로 인한 방사선 노출이다. 노출된 방사선의 용량에 비례하여 갑상선암의 발병 위험도가 증가한다. 방사선이 0.1 Gy((gray: 1 그레이는 1 킬로그램의 물질에 1 줄[J=joule]의 방사선 에너지가 흡수되는 것)[1040]를 넘는 경우 암 발생이 증가했으며, 그 이하의 양에서는 영향이 없는 것으로 알려져 있다. 어릴 적 머리나 목 부위에 여러 이유로 방사선 치료를 받은 경우 갑상선암의 발생이 증가한다. 또한 1986년 우크라이나 체르노빌이라는 도시에서 발생한 원자력 발전소 사고의 예를 보면 이 지역의 어린이에게서는 다른 지역에 비해 5~8배 많은 갑상선암이 발생하였으며 어린 나이에 방사선에 노출될수록 갑상선암의 발생 위험이 증가했다. 암은 방사선 노출 후 빠르게는 4~5년 후부터 발생하지만, 30년 후까지도 발병 위험도가 높고, 30년이 지난 뒤엔 위험도가 감소하지만 정상인보다는 암에 걸릴 가능성이 큰 것으로 나타났다.

1040) 방사선 측정에 쓰는 각종 단위
- 방사능(물질이 방사선을 내는 능력)의 단위: 1 퀴리(Ci)=3.7×1010 베크렐(Bq). 1 베크렐은 1초에 한 개의 핵종(원자핵)이 붕괴하는 방사능 활동.
- 방사선 조사(쪼이는 양)의 단위: 1 뢴트겐(R)=2.58×10^{-4} 쿨롬/킬로그램(C/kg). 이를 전리방사선(이온화 방사선) 단위라고 한다. 이 수식을 말로 풀면, 1 뢴트겐은 공기 1kg에 대하여 방출된 전리성 입자가 공기 속에서 2.58×10^{-4} 쿨롬의 전기량을 갖는 이온군을 생기게 하는 방사선의 세기다.
- 방사선 흡수선량(어떤 물체가 쬔 방사선 의 양)을 나타내는 단위: 1 래드(Rad)=0.01×그레이(Gy)=1 센티그레이(cGy)
- 선량당량(생물학적으로 인체에 영향을 미치는 방사선의 양) 단위: 1 렘(rem)=0.01 시버트(Sv)=1 센티시버트(cSv)=10 밀리시버트(mSv). 1 시버트는 매 킬로그램당 1줄(J=joule)의 방사선량이다.
- 엑스선 촬영을 한 번 할 때의 방사선 선량당량은 평균적으로 약 0.05 밀리시버트(mSv).
- 500 밀리렘(mrem) 즉 5mSv는 보통 사람이 일정 기간 동안 받아도 아무런 영향이 없는 한계선량
- 일상생활을 하면서 연간 받게 되는 자연 방사선량은 평균적으로 약 240mrem=2.4mSv.

방사선은 DNA 구조를 파괴시켜 RET/PTC라는 유전자의 이상을 유도하여 갑상선암 발생률을 높인다. 과거에는 편도선염, 흉선 비대, 천식, 여드름 등 양성 질환 치료에 방사선을 사용하여 갑상선암의 위험이 높았으나 최근에는 두경부의 악성 종양(악성 림프종, 후두암 등)에 방사선 치료를 하는 경우가 많다.

이 경우에도 역시 갑상선기능저하증뿐 아니라 갑상선 결절 및 암 발생의 위험도가 증가한다. 반면, 유방암의 방사선 치료 시에는 치료하는 방사선량이 꽤 많음에도 불구하고 갑상선암의 위험도는 증가하지 않는 것으로 알려져 있다.

나. 유전적 요인

여러 가족성 증후군1041)이 있는 경우 갑상선암의 발생이 증가한다. 흔하게 알려져 있는 것은 가족성 갑상선암이다. 가족성수질암 증후군이라 하여 RET라는 유전자에 돌연변이가 발생하면 갑상선수질암이 발생할 수 있다. 이는 전체 수질암의 20%를 차지한다. 부모가 갑상선유두암이나 여포암을 진단받은 경우 자녀에게서 갑상선암이 발생할 위험도는 아들의 경우 7.8배, 딸의 경우 2.8배 증가한다. 일반적으로 유두암은 약 5%에서 가족력을 가지는 것으로 보고되고 있다.

다. 이전의 기저 갑상선질환(갑상선종, 양성 갑상선결절)

갑상선종, 갑상선 결절, 만성 림프구성 갑상선염이나 그레이브스병 등 기존에 갑상선 질환을 가지고 있던 사람들에게서 갑상선암이 더 많이 생기는가에 대해서는 논란이 많았다. 하지만 현재까지 축적된 여러 연구들을 종합해보면, 갑상선종의 병력, 양성 갑상선 결절은 강한 갑상선암의 위험 요인인 것으로 생각된다. 여성에게서는 각각 6, 30 의 상대 위험도를 보였다. 그러나 이전의 갑상선기능저하나 갑상선기능항진은 암의 위험도와는 관련이 없다.

라. 기타 원인

(가) 호르몬 요인

갑상선암은 남성보다 여성에게서 많이 발생하기 때문에 갑상선암과 여성 호르몬, 생식 요인(productive factors)과의 상관관계에 대한 많은 관심이 있었다. 다만, 에스트로젠 제제 투여(경구 피임약, 수유 억제제, 폐경기 여성의 호르몬 치료) 등이 갑상선암의 발생 위험을 증가시키는가에 대해서는 증거가 일반적으로 미약하며, 연구들의 결과가 일치하

1041) 가족성 대장 용종증(FAP, familial adenomatous polyposis)은 상염색체 우성 유전질환으로 이 환자들에서 갑상선암이 많이 발생한다. 하지만 발생률 및 사망률은 매우 낮으므로 선별검사를 권고하지는 않는다. 드문 상염색체 우성 유전질환인 Cowden병(Cowden's disease)에서도 갑상선암을 포함한 갑상선 이상이 많이 발생하는 것으로 알려져 있다.

지 않는다. 최근에 이전 자료들을 모아서 분석한 결과에 의하면, 인공 중절 및 첫 출산 당시의 나이는 미약하지만 유의하게 갑상선암의 위험도를 증가시키는 것으로 보고되었으며, 경구 피임약 역시 위험도를 약간 증가시켰다. 경구 피임제 중단 시 위험도는 점차 감소한다.

하지만 폐경 후의 여성호르몬제 보충 요법은 갑상선암의 위험을 증가시키지 않았다.

(나) 식이 요인

- **요오드** : 드요오드 결핍에 의한 장기간의 갑상선자극호르몬(TSH) 자극은 여포암의 발생과 연관이 있는 것으로 보인다. 하지만 요오드 결핍 지역이 아닌 지역에서는 연관성을 찾을 수 없었다. 우리나라는 요오드가 풍부한 지역이므로 요오드 섭취량이 암의 발생에 큰 영향을 미치지는 않겠다.

- **십자화과 채소류** : 양배추, 브로콜리 같은 십자화과의 채소류는 갑상선종을 유발할 수 있는 물질을 함유하고 있는 것으로 알려져 있으나, 이들 채소에 같이 함유된 항산화제들이 암 예방 효과를 가지는 것으로 알려져 있어 이러한 채소류의 다량 섭취 시 갑상선암의 발생이 감소했다는 보고가 있다.

- **커피** : 우리나라와 가장 가까운 일본의 연구에서는 커피 섭취가 갑상선암 발생을 감소시킬 수 있다고 보고하였으나, 여러 연구들의 결과를 종합하면 갑상선암과 커피 섭취는 관련이 없어 보인다.

- 파스타, 빵, 감자, 버터, 치즈 등의 음식 및 고칼로리 식이는 비만과 함께 갑상선암의 위험을 높인다는 보고들이 있다.

- **담배** : 이전에는 관련이 없다는 보고가 많았으나 최근의 연구들 중에는 담배가 갑상선암의 발생 위험을 낮춘다는 보고들이 있다. 이유는 확실치 않지만 흡연에 갑상선자극호르몬 농도를 낮추는 효과가 있는 것이 이와 관련 있을 것으로 생각된다.

(다) 양성 유방질환

유방암이나 양성 유방 질환들과 갑상선암의 연관성에 대해서는 많은 논란이 있었다. 유방 질환 때문에 갑상선암의 위험도가 증가했다는 최근의 보고도 있는 만큼 앞으로 철저한 연구 조사가 요구된다.

(라) 비만

최근의 대규모 연구들에서는 과체중 및 비만인 경우 갑상선암의 빈도가 증가한다고 보고되고 있다.

(4) 방사선 노출과 갑상선 암

유두암종과 여포암종은 모두 가장 흔한 형태의 갑상선암이며, 전리 방사선등의 직업 및 환경 노출과 특히 연관성이 높다. 이들은 전체 갑상선암의 90% 정도를 차지한다.

지난 20년간 방사성 요오드, 핵 누출 사고, 핵무기 개발 등 잠재적인 직업 노출에 대한 대중의 관심과 걱정이 급증하고 있다. 이러한 관심은 1986년 1.8 X 1018 베크렐(4800만 큐리)의 방사능 요오드가 대기 중으로 방출 되었던 체르 노빌 원자력 발전소 사고 당시 정점을 찍었다. 같은 해에 미국 에너지 본부에서 대량의 방사성 요오드가 워싱턴 주 한포드 핵시설에서 플루토늄 생산 중에 방출되었다고 보도하였다. 전리 방사선 이외의 직업 노출, 환경 노출, 의료 노출에 의한 갑상선암의 발생에 대한 정보는 거의 없는 실정이다. 갑상선 암종과 환경 속 방사성 요오드 사이의 연결고리에 대한 증거는 일관적이지 않지만, 환자에게서 핵 시설이 있는 지역에 거주하였거나, 군부대에 복무한 적이 있는지, 체르노빌 사고 당시 노출 가능성 여부는 반드시 알아두어야 한다.

1) 직업 노출

중국의 방사선사 27,000명을 관찰한 발생 연구에서 갑상선의 발생은 방사선에 노출되지 않는 25,000명의 내과의사보다 유의하게 증가하였다[1042]. 갑상선암의 대부분이 급성 고농도 감마 방사선 노출로 인한 것이기는 하지만, 저농도의 만성적 엑스선 노출도 연관이 가능하다고 보았다.

Fraser 등[1043]은 39,718명의 원자력 직원들의 사망을 관찰하였으나 갑상선암의 유병율이나 사망률 증가를 확인하지 못하였다. 또 다른 연구는 방사능 근로자 95,217명을 연구하여 갑상선암의 표준화사망비(SMR) 증가를 관찰하였으나, 외적인 방사능 용량에 따른 증가는 없었다[1044]. 덴마크의 연구에서 방사선치료 근로자 4,151명에서 갑상선암의 위험은 일반인구 집단보다 높지 않았다[1045].

Antonelli 등[1046]은 병원에서 대용량 방사선에 노출되는 50명의 근로자 갑상선 결절을 관찰하여 비노출 집단 근로자들에 비교하였다. 그 결과 노출 집단에서 갑상선 결절의 비

1042) Wang J, Inskip PD, Boice JD, et al. Cancer incidence among medical diagnostic x-ray workers in China, 1950 to 1985. Int J Cancer1990; 45:889-95.
1043) Fraser P, Carpenter L, Maconochie N, et al. Cancer mortality and morbidity in employees of the United Kingdom Atomic Energy Authority, 1946-86. Br J Cancer 1993; 67:615-24.
1044) Kendall GM, Muirhead CR, MacGibbon BH, et al. Mortality and occupational exposure to radiation: first analysis of the National Registry for Radiation Workers. BMJ 1992; 304:220-5.
1045) Andersson M, Engholm G, Ennow K, et al. Cancer risk among staff at two radiotherapy departments in Denmark. Br J Radiol 1991; 64:455-60.
1046) Andersson M, Engholm G, Ennow K, et al. Cancer risk among staff at two radiotherapy departments in Denmark. Br J Radiol 1991; 64:455-60.

교 위험도가 증가하였고, 방사선에 대한 직업적 노출이 갑상선 결절의 위험인자일 수 있다고 밝혔다. 이 결과는 개인별 선량 측정 자료가 없고, 노출 근로자 수가 적으며, 갑상선 결절의 진단이 초음파 유소견을 바탕으로 한다는 점에서 한계를 가진다. 노출군이나 비노출군 모두에서 갑상선 암의 발생은 관찰되지 않았다.

Inskip 등[1047]은 2,400명의 사후처리 근로자들의 갑상선에 초음파와 결절의 바늘 생검(needle aspiration)을 실시하였다. 그 결과 갑상선 질환의 증가는 없었으나 방사능 용량과 상관관계는 있어 보였다.

2) 의료 방사선 노출

가. 외부 감마 방사선 또는 광자 방사선

갑상선암의 원인 인자로 가장 많이 연구된 것은 전리방사선이다. 전리방사선이 갑상선암의 원인임을 강하게 시사한 역사적인 사건은 머리와 목의 양성 질환 때문에 외부 감마 방사선 치료를 받은 어린이들에서 발생하였다. 첫 번째 케이스는 1907년 흉선 비대로 호흡곤란을 겪는 한 소년에게서 엑스선을 조사한 후에 나타났다. 이후 수십 년 동안, 외용적 방사선 치료는 편도선 비대, 두피의 곰팡이 감염, 얼굴, 여드름, 결핵으로 인한 목 아데노이드염 등에 사용되었다.

1950년대에 들어서 몇몇 후향적 연구에서 어릴 적 방사선 노출이 있는 성인에서 갑상선 암의 유병율이 높음이 나타났다[1048)1049)1050]. 이 보고 이후에 여러 코호트 연구에서 소아의 감마 방사선 외부 노출이 갑상선 유두암[1051] 및 여포암[1052]뿐 아니라 양성 종양의 위험인자임을 밝혀내었다. 이러한 위험의 정도는 노출용량 의존적이며, 소아에 노출될 경우 1Gy 당 비교 위험도 7.7이었다[1053]. 이러한 방사선 치료 요법의 대부분은 1960년

1047) Inskip PD, Hartshorne MF, Tekkel M, et al. Thyroid nodularity and cancer among Chernobyl clean-up workers from Estonial. Radiat Res 1997; 147:225
1048) Clark DE. Association of irradiation with cancer of the thyroid in children and adolescents. JAMA 1955;159:1007-9.
1049) Duffy F. Cancer of the thyroid in children: a report of 28 cases. J Clin Endocrinol Metab 1950; 10;1296-308.
1050) 6. Simpson CL, Hempemann LH, Fuler LM. Neoplasia in children treated with x-rays in infancy for thymic enlargement. Radiology 1955;64:840-5.
1051) 전체 갑상선암 중 가장 흔히 발견되는 암으로 요오드 섭취량이 많은 나라에서 더 많이 발생한다. 유두암은 일반적으로 매우 천천히 자라며 예후도 갑상선암 중 가장 좋다.
1052) 여포암은 최근 유두암에 비해 상대적으로 빈도가 많이 줄어들고 있다. 여포암은 갑상선의 혈관들을 침범하는 경향이 있으므로 주변 림프절로 전이되는 경우는 흔치 않지만, 대신에 암세포가 혈액을 타고 폐, 뼈, 뇌 등의 부위로 퍼져나가는 원격전이를 갑상선유두암에 비해 흔히 볼 수 있으며, 유두암보다 예후가 약간 좋지 않은 것으로 알려져 있다.
1053) Ron E, Lubin JH, Shore RE, et al. Thyroid cancer after exposure to external radiation: a pooled analysis of seven studies. Radiat Res 1995; 141:259-77.

대 후반에 사라졌지만, 방사선에 의해 유발되는 갑상선 종양의 잠재기가 40년 이상이기 때문에 그 위험은 아직 존재한다.

나. 치료적 방사성 요오드

방사성 요오드의 치료적 이용에 따른 갑상선 암종 발생에 대한 정보는 감마 또는 광자 방사선의 위험에 비하여 별로 알려진 것이 없다. 치료목적의 대용량 방사성 요오드 사용은 그레이브 병의 치료에 이용되었다. 1970년대의 한 대규모 합동 연구에서 요오드-131의 장기간 유해성을 그레이브병[1054] 환자 20,000명에서 연구하였더니, 갑상선 절제술로 치료받은 대조군과 유의한 차이는 없었다[1055]. Ron 등[1056]이 그 연구를 1990년대까지 추적 관찰하였다. 방사성 요오드 치료를 받았던 평균 나이는 46세였고, 평균 추적관찰 기간은 21.2년이었다. 전체 암 사망률의 위험 증가는 없었지만 I-131 치료를 받은 환자의 갑상선 암 표준화사망비(SMR)는 3.94 (95% CI 2.52-5.86)로 증가하였다. 하지만 절대적 위험은 낮았으며, 갑상선 암으로 인한 사망은 드물었고, 위험성은 주로 유독성결절 갑상선종에서 증가하였다. 해당 연구자는 갑상선 암 사망률 증가요인은 치료가 아니라 갑상선 중독증에 있을 수 있다고 결론 지었다.

스웨덴의 1950년-1975년 사이에 I-131 치료를 받은 10,552명의 갑상선 항진증 환자들의 사망률에 대한 연구[1057]에서 환자들은 스웨덴 등록소를 통해 매칭하고 15년간 추적관찰하였다. 대상자들의 갑상선에 조사된 양은 60~100Gy였으며 대상자의 95% 이상이 노출 당시 나이 40세 이상이었다. 연구결과 10년 이상 추적한 사람들에서 갑상선암의 증가는 관찰되지 않았고, 표준화사망비(SMR)는 0.66 (95% CI, 0.08-2.37)이었다[1058].

최근 방사성 요오드의 갑상선암의 위험에 대한 연구는 1950~1991년 사이에 I-131치료를 받은 7,400명의 코호트 연구[1059]로 연구대상자에서 발생한 모든 암과 사망을 영국과 웨일스의 등록소 자료와 비교하였다.

1054) 그레이브스병은 갑상선호르몬의 과잉분비 때문에 일어나는 갑상선 기능항진증의 대표적인 질환이다. 안구 돌출성 갑상선종이라고도 한다. 이 병은 갑상선 호르몬이 너무 많아 생기는 호르몬 중독증이며, 갑상선 호르몬의 과잉작용에 해당되는 임상 증상이 나타난다.

1055) Dobyns BM, Sheline GE, Workman JB, et al. Malignant and benign neoplasms of the thyroid in patients treated for hyperthyroidism: a report of the Cooperative Thyrotoxicosis Therapy Follow-up Study. J Clin Endocrinol Metab 1974;38:976-98.

1056) Ron E, Doody MM, Becker DV, et al. Cancer mortality following treatment for adult hyperthyroidism. Cooperative Thyrotoxicosis Terapy Follow-up Study Group. JAMA 1998;280:347-55.

1057) Holm LE, Dahlqvist I, Israelsson A, et al. Malignant thyroid tumors after iodine-131 therapy: a retrosective study. N Engl J Med 1980; 303:188-91.

1058) Hall P, Berg G, Bjelkengren G, et al. Cancer mortality after iodine-131 therapy for hyperthyroidism. Int J Cancer 1992:50:886-90.

1059) Franklyn JA, Maisonneuve P, Sheppard M, et al. Cancer incidence and mortality after radioiodine treatment ofr hyperthyroidism: a population-based cohort study. Lancet 1999; 353:2111-15.

연구결과 전체 암 발생과 사망률은 낮았으나 갑상선암의 발생과 사망률은 증가하였다(표준화 발생비 SIR 3.25;1.69-6.25: SMR 2.78;1.16-6.67).

Ron 등922)의 연구에서는 갑상선암과 사망 건수가 작았으며, 갑상선암과 사망률의 원인이 갑상선 중독증인지 방사선 요오드인지 구분하기 어려웠다.

다. 진단 목적의 방사선 요오드

지금은 사용하지 않지만, 예전에는 저용량 I-131을 갑상선 스캔에 결절이나 갑상선항진증을 찾는 용도로 사용하였다. 스웨덴의 연구자는 I-131 스캔을 받은 35,000명 이상을 평균 관찰기간 20년 동안 추적하였으며1060) 평균 사용 용량은 0.5Gy였다. 연구결과 일반 인구 집단의 기대치와 비교하여 갑상선암의 유의한 증가는 없었다.

이 코호트 연구는 이후 40년의 추적 관찰로 연장되었다1061). 연장된 연구에서 갑상선암의 증가가 관찰되었다(SIR 1.35;1.05-1.71). 하지만, 증가한 경우는 갑상선암 의심으로 검사를 받은 경우에 국한되며, 기타 이유로 검사 받은 대상자에서는 발견되지 않았다. 게다가, 위험 정도는 방사선 용량, 경과 시간, 노출된 나이 등에 무관하였다. 저자는 갑상선암 발생의 원인이 방사선 노출이 아니라 기존의 갑상선 질환 때문이라고 결론 내렸다. 연구 대상자들의 93% 이상이 I-131검사 당시 나이가 20세가 넘었던 점에 주목할 필요가 있다. 따라서 이 연구에서 성인의 I-131노출 위험성을 약하게 보이고 있더라도, 영유아나 소아의 위험성은 따로 평가되어야 할 것이다.

3) 환경노출

가. 자연 방사능

자연 방사능 노출에 의한 갑상선암에 대한 정보는 많지 않지만, 중국의 한 연구1062)에서 자연 방사능이 높은 지역과 낮은 지역의 갑상선 결절 발생을 관찰하였다. 2,000명의 여자 노인에서 방사능이 높은 지역(14cGy)과 낮은 지역(5cGy) 사이의 결절 발생 차이는 없었다.

나. 외부 감마 또는 광자 방사선

히로시마와 나가사키에서와 같이 핵무기나 핵 실험의 파편을 공기 중에서 노출된 사람에서 갑상선암이나 결절의 위험이 증가할 수 있다. 일본 전쟁 생존자에서 외부 감마 방사선

1060) Holm LE, Wiklund KE, Lundell GE, et al. Thyroid cancer after diagnostic doses of iodine-131: aretrospective cohort study. J Natl Cancer Inst 1988; 80:1132-8.
1061) Hall P, Mattson A, Boice JD Jr. Thyroid cancer after diagnostic administration of iodine-131. Radiat Res 1996;145:86-92.
1062) Wang ZY, Boice JD Jr, Wei LX, et al. Thyroid nodularity and chromosome aberrations among women in areas of hihg background radiation in China. J Natl Cancer Inst 1990;82:478-85.

노출로 인하여 갑상선 암종에 대한 기록은 잘 정리되 있다[1063][1064]. 이 노출은 원자 폭탄이 공기 중에서 폭발하면서 발생한 것으로, 즉각적으로 전신을 관통하는 광자 방사선의 외부 피폭이 가하여졌다. 선형의 용량반응관계가 나타났으며 갑상선암의 비교위험도가 증가하였다. 연령 관련 효과도 나타났는데, 15세 이전에 노출된 경우 가장 위험이 높았고, 15세 이후 노출은 영향이 미미하였다[1065].

13. 뇌암

(1) 정의

뇌암이란 두개골 내에 생기는 모든 종양을 말한다. 즉 뇌 및 뇌 주변 구조물에서 발생하는 모든 종양을 포함하여 말한다. 뇌암은 악성 뇌암(악성 신경교종, 뇌전이암)과 양성 뇌암(뇌수막종, 청신경초종, 뇌하수체종양, 양성 신경교종 등)으로 나눌 수 있다. 또한, 뇌암을 구성하는 세포에 따라서 신경교종, 뇌수막종, 신경초종, 뇌하수체종양 등으로 구분하기도 한다. 그 중에서 흔한 원발성 뇌암으로는 신경교종이 40% 정도로 가장 많고, 수막종이 20%, 뇌하수체선종이 15%, 신경초종이 15%, 기타 종양 10% 정도 이다[1066]. 신경교종은 거의 대부분 악성종양으로 성상세포에서 발생하며, 1 grade와 2 grade는 성상세포종, grade 3과 grade 4는 악성 성상세포종 혹은 교아세포종이라 불린다.

뇌안에서 호발하는 림프종은 종종 소교종이라 부르며 뇌수막종은 신경교종 다음으로 가장 많이 호발하는 뇌암으로 대부분이 양성종양이다. 신경종은 또한 신경초종이라 불리며 대부분 양성이다.

(2) 통계

성인에서 뇌암의 가장 높은 발생률은 65세에서 75세 사이에서 나타난다. 뇌암은 유년기에 백혈병 다음으로 가장 많이 발생하는 악성종양이다. 대략 1/5 가량의 발생률과 치사율을 가지며, 몇몇의 조직학적인 타입은 어린이에게서 배제된다. 예를 들어 속질모세포종(원시 신경 외배엽 종양)의 경우 어린이에게서는 거의 1/4을 차지하지만 성인에게서 호발하는 종양에서는 2%미만으로 발생한다.

1063) Ron E, Lubin JH, Shore RE, et al. Thyroid cancer after exposure to external radiation: a pooled analysis of seven studies. Radiat Res 1995; 141:259-77.
1064) Thompson DE, Mabuchi K, Ron E, et al. Cancer incidence in atomic bomb survivors. Part II: Solid tumors. Raidat Res 1994; 137:S17-S67.
1065) Ron E, Lubin JH, Shore RE, et al. Thyroid cancer after exposure to external radiation: a pooled analysis of seven studies. Radiat Res 1995; 141:259-77.
1066) 김수근외 10, 앞의 연구보고서, 721면.

2012년에 발표된 중앙암등록본부 자료에 의하면 2010년에 우리나라에서는 연 202,053건의 암이 발생되었는데, 그 중 뇌암은 남녀를 합쳐서 연 1,804건으로 전체 암 발생의 0.9%를 차지하였다. 남녀의 성비는 1.2:1로 남자에게서 더 많이 발생하였다. 발생건수는 남자가 연 977건, 여자가 연 827건이었다. 남녀를합쳐서 본 연령대별로는 50대가 18.3%로 가장 많고, 60대가 15.6%, 70대가 15.3%의 순이다.

(3) 위험요인에 관한 연구

뇌암의 병인은 아직 잘 밝혀지지 않았다. 비록 몇몇의 유전적 요인이 의심되지만, 단지 유전적인 요인이 뇌암의 발생에 있어서 기여하는 정도는 미미하다. 머리 손상, 엑스선 노출, 바이러스 등이 뇌암을 발생시키는 것으로 의심되며, 두개내 림프종은 면역억제와 관련이 있는 것으로 여겨지고 있다[1067].

최근 10년 동안 뇌암의 발생은 많은 공업화된 국가에서 증가하고 있다[1068]. 이러한 증가는 남녀 모두에서 65세 이상에 발생하고 있지만 진단기술의 발달인지, 보고 절차의 원인인지, 실제로 발생률이 증가했는지에 대해서는 명확 하지 않다.

1) 환경 직업적 영향

뇌암 발생은 여성보다 남성에게서 높게 나타났으며, 이는 직업적 노출이나 환경적으로 노출될 만한 화학물질에 대한 동물실험에서 뇌암의 위험이 증가하고 있는 것으로 확인되었다. 설치류를 이용한 연구에서 많은 직업적, 환경적 노출인자들이 뇌암 위험성을 증가시키는 것으로 의심되었다. 또한 역학적 연구에서 특별한 노출요인 없이 일반인구집단보다 뇌암이 더 잘 발생하는 직업과 공정이 분류되었으나 많은 연구들은 일관성을 보이지 않았으며, 아직까지는 뇌암을 유발하는 직업적, 환경적 요인은 없는 것으로 여겨진다[1069].

2) 동물실험연구

뇌암에서는 다양한 화학물질에 노출된 근로자들에게서 위험성이 있을 것으로 생각되는 요인이나 물질을 구분하기 위해서 동물실험의 초점이 맞춰져 있다. 이러한 예측의 기초에는 중추신경계에 작용하는 많은 외부물질을 제외하고 인간과 많은 포유동물들이 공통의 기전을 공유하기 때문이다. 많은 물질들이 실험적인 연구를 통해 뇌암을 유발할 수 있는 것으로 밝혀졌다.

1067) Preston-Martin S, Mack WJ. Neoplasms of the nervous system. In: Schottenfeld D, Fraumeni JF, eds. Cancer epidemiology and prevention, 2nd edn. Philadelphia, WB Saunders, 1996
1068) Davis DL, Ahlbom A, Hoel D, Percy C. Is brain cancer mortality increasing in industrialized countries? Am J Ind Med 1991; 19:421-31.
1069) 김수근외 10, 앞의 연구보고서, 724면.

밝혀진 요인에는 가족력과 니트로소유레아(nitrosoureas), 트리아제(triazenes), 히드라진, 그리고 다양한 방향족 탄화수소가 포함된다[1070]. 동물실험을 통하여 흡인, 섭취, 또는 태반을 통한 노출로 인하여 뇌암을 유발할 수 있는 염화비닐, 아크로 니트릴, N-니트로소 화합물, 무기납, 디에틸황산염 또는 디메틸황산염, 산화에틸렌, 2-메틸라지리딘, 1,3-프로판 술톤, 7,12-디메틸벤젠스라젠이다.

3) 역학적 연구

뇌암과 직업적 환경적 노출과의 연관성은 명확하게 밝혀지지 않았다. 그러한 이유는 다음과 같다. 첫째, 뇌암의 희귀성으로 직업적 분류에 대한 많은 연구들이 통계적으로 설명하기에는 설명력이 부족하였고, 환자-대조군 연구나 대규모 코호트 연구 등의 충분한 케이스가 모인 연구에서는 노출 정보를 파악하기가 어려웠다. 둘째, 많은 연구들의 사후부검을 통한 조직학적인 분류에 의존하고 있는데, 이 또한 많은 뇌암들이 악성 또는 양성으로 분류되지 않았다.

조직학적인 다른 분류의 암인 경우 다른 위험인자를 가지고 있기 때문에, 모든 조직학적분류를 통합한 경우 실제적인 연관성이 가려질 수 있다. 마지막으로 몇몇의 연구에서 사회경제적 지위와 뇌암의 발생과의 관계에 있어서 양의 상관관계를 갖는 것이 확인되었다[1071].

(4) 뇌암과 연관성이 있는 인자 및 직업

1) 염화비닐

1976년에 Maltoni[1072]는 염화비닐의 흡인과 뇌암과의 연관성을 실험 연구를 통하여 밝혀냈다. 같은 시기에 염화비닐에 노출된 근로자에서 뇌암의 위험성 있다는 역학적 연구가 발표되었다[1073][1074]. 몇몇 연구들에서 조직학적인 정보들을 얻을 수 있었으나 연관성을 찾을 수 없었다. 국제암연구기구(IARC)에서는 뇌암과 염화비닐과의 연관성을 찾지 못했다[1075][1076].

1070) National Toxicology Program. Ninth annual report on carcinogens. Research Triangle Park, NC: US Department of Health and Human Services, Public Health Service, 2000.
1071) Preston-Martin S, Mack WJ. Neoplasms of the nervous system. In: Schottenfeld D, Fraumeni JF, eds. Cancer epidemiology and prevention, 2nd edn. Philadelphia, WB Saunders, 1996
1072) Maltoni C. Predictive value of carcinogenesis bioassays. Ann NY Acad Sci 1976; 271:431-43.
1073) Doll R. Effects of exposure to vinyl chloride. Scand J Work Envitron Health 1988;14:16-78
1074) Waxweiler RJ, Stringer W, Wagoner JK, et al. Neoplastic risk among workers exposed to vinyl chloride. Ann NY Acad Sci 1976;271:40-8.
1075) Simonato L, L`Abbe KA, Anderson A, et al. A collaborative study of cancer incidence and mortality among vinyl chloride workers. Scand J work Environ Health 1991;17:159-69.
1076) Wu W, Steenland K, Brown D, et al. Cohort and case-control of workers exposed to vinyl chloride: an update. J Occup Med 1989;315:518-23.

2) 포름알데히드

장례지도사(시체 방부처리사), 병리학자, 장의사, 해부학자 같은 포름알데히드에 노출되어 있는 직업군에서 뇌암의 발생이 높은 결과가 도출되었으나[1077] 많은 연구에서 공업적으로 노출된 근로자와의 연관성을 찾을 수 없었다[1078][1079]. 사회경제적 지위가 비슷한 해부학자와 정신과 의사를 비교하여 연구한 연구에서 해부학자에서 높은 위험도를 가지고 있는 것으로 연구 결과가 나왔지만, 사회경제적 지위가 가능한 교란변수로 제시되었다[1080].

3) 무기납

Anttila와 그 대학 연구팀은 무기납과 관련된 핀란드 근로자를 대상으로 혈중 납을 지속적으로 관찰한 코호트 연구에서 신경교종의 위험성이 납과 연관 있음을 밝혀냈다[1081]. Cocoo와 그 대학 연구팀은 직업적 노출 매트릭스를 이용하여 부검을 통해 납 노출 강도와 뇌암 과의 연관성을 밝혀냈다[1082]. 이 연관성이 있는 연구에 대단한 이목이 집중 되었는데 이는 납 중독에 의한 표적장기가 중추신경계이며, 동물에서 납 염화물이 발암성을 나타냈기 때문이다[1083].

4) 유기용제

ornling 등[1084]은 몇몇의 유기용제 노출과 관련된 직업군에서 뇌암의 위험도가 높았기 때문에 유기 용매가 뇌암 유발물질이라 하였다.

Heineman과 그 대학 연구팀[1085]은 성상세포종과 염화 메틸렌, 사염화탄소, 사염화에틸렌, 염화에틸렌의 연관성을 직무-노출 매트릭스를 통하여 밝혀냈으며, Rodvall과 그

[1077] IARC Working Group. Wood dust and formaldehyde. IARC monographs on the evaluation of the carcinogenic risk of chemicals to humans, vol 62.Lyon:International Agency for Rearch on cancer,1995.
[1078] IARC Working Group. Wood dust and formaldehyde. IARC monographs on the evaluation of the carcinogenic risk of chemicals to humans, vol 62.Lyon:International Agency for Rearch on cancer,1995.
[1079] Blair A,Heikkila P, O`Berg M, et al. Mortality among industrial workers exposed to formaldehyde. J Natl Cancer Inst 1986;6:1071-84.
[1080] Stroup NE, Blair A, Erikson GE, Brain cancer and other causes of death in anatomists. J Natl Cancer Inst 1986;77:1217-24.
[1081] Anttila A, Heikkila P, Nykyri E, et al. Risk of nervous system cancer among workers exposed to lead. J Occup Environ Med 1996;38:131-6.
[1082] Cocco P, Dsemeci M, Heineman EF. Brain cancer and occupational exposure to lead. J Occup Environ Med 1998;40:937-42.
[1083] National Toxicology Program. Ninth annual report on carcinogens. Research Triangle Park, NC:US Department of Health and Human Services, Public Health Service, 2000.
[1084] Tornling G, Gustavsson P, Hogstedt C. Mortality and cancer incidence in Stockholm fire fighters. Am J Ind Med 1994;25:219-28.
[1085] Heineman EF, Cocco P, Gomez MR, er al. Occupational exposure to chlorinated aliphatic hydrocarbons and risk of astrocytic brain cancer. Am J Ind Med 1994;26:155-69.

대학연구팀1086)은 신경교종에 대한 스웨덴 환자 대조군 연구에서 유기 용제, 그리스, 세척제에서 뇌암의 위험성이 증가한다고 하였다. 어린이들을 대상으로 한 몇몇의 연구에서 페인트의 노출과 뇌암의 연관성을 밝혀냈지만1087), 어린이에서 탄화수소 노출과 뇌암과의 연관성은 일관적이지 않았다.

5) 전리방사선

몇몇의 연구에서 핵연료나 핵무기를 만드는 근로자에서 뇌암 발생이 증가하는 것을 확인하였다1088).

구강 전체에 엑스선을 받았거나 두피에 전리방사선 조사를 받은 개개인에 대한 연구에서 뇌암의 위험성이 높아지는 것을 확인 할 수 있었다1089). 비행기 조종사의 경우 높은 고도의 비행을 하는 경우 대기중의 방사선에 노출이 많으며, 뇌암의 발생 위험성을 증가 시킨다1090). 이전까지는 전리방사선 노출과 뇌암과는 관계가 없다고 하였기 때문에 이들 연구는 의미가 있었으며, 아직까지는 어떤 방사성 물질과 공장에서 일반적으로 노출되는 어떤 물질이 관련이 있는지는 명확하지 않다1091).

6) 소방관

연기는 연소된 물질에서의 복합적인 혼합물의 연소로 방향족탄화수소, 벤젠, 포름알데히드, 기타 여러 물질을 포함하고 있다1092). 몇몇의 연구에서 소방관에서 뇌암의 발생위험도가 2배 정도 높은 것으로 나타났다1093)1094)1095)1096). 하지만 몇몇의 연구에서는

1086) Rodvall Y, Ahlbom A, Spannare B, Nise G. Glioma and occupational exposure in Sweden, a case-control study. Occup Environ Med 1996;53:526-37.
1087) Colt JS, Blair A. Parental occupational exposures and risk of childhood cancer. Environ Health Perspect 1998;106(Suppl3):909-25.
1088) Alexander V. Brain tumor risk among United States nuclear workers. Occup Med 1991;6:695-714.
1089) Preston-Martin S, Mack WJ. Neoplasms of the nervous system. In: Schottenfeld D, Fraumeni JF, eds. Cancer epidemiology and prevention, 2nd edn. Philadelphia, WB Saunders, 1996
1090) Ballard T, Lagorio S, De Angelis G et al. Cancer incidence and mortality among flight personnel: a meta-analysis. Aviation Space Environ Med 2000;71:216-24.
1091) 김수근외 10, 앞의 연구보고서, 729면.
1092) Lees PSJ. Combustion products and other firefighter exposures. Occup Med State Art Rev 1995; 10:691-707.
1093) Tornling G, Gustavsson P, Hogstedt C. Mortality and cancer incidence in Stockholm fire fighters. Am J Ind Med 1994;25:219-28.
1094) Aronson KJ, Tomlinson GA, Smith L, Mortality among fire fighters in metropolitan Toronto. Am J Ind Med 1994;26:89-101.
1095) Demers PA, Heyer NJ, Rosenstock L. Mortality among firefighters from three Northwest US cities. Br J Ind Med 1992;49:664-70.
1096) Vena JE, Fiedler Rc. Mortality ina municipal workers cohort: IV. fire fighters. Am J Ind Med 1987; 11:671-84.

연관성을 찾을 수 없었다[1097][1098]. 오직 화재 발생건수로 인한 위험성을 확인한 연구에서만 용량 반응 관계를 보였다.

7) 석유화학공업

1978년에 텍사스에서 이전에 석유화학공장에서 근무했던 근로자들을 대상으로 한 대규모 집단에서의 증례보고가 있고 나서부터 석유화학 근로자들이 뇌암에 있어서 높은 위험도를 가졌으리라 의심하기 시작했다[1099]. 이후 실제로 연관성이 있는지 확인하기 위한 연구가 진행되었나.

초기 연구의 결과로는 석유화학 공업 관련 근로자에게서 2배 높은 위험도가 나타났으며, 조직학적으로는 성상세포종이나 교아세포종이 주를 이루었다[1100]. 그러나 공장의 지원을 받아 시행된 연구에서는 위험성이 나타나지 않았다. 이러한 양립성은 사망률과 코호트 연구와 전체 근로자 대 노출가능성이 있는 집단으로 하여금 차이가 발생한 것이다.

최근의 코호트 연구들도 같은 제한점으로 인하여 다양한 결과가 나타났다[1101]. 몇몇의 환자 대조군에서는 석유화학 공업과 뇌암과의 연관성은 밝혀냈으나 어떤 특정한 물질의 노출과 연관성이 있는지에 대해서는 밝혀내지 못했다[1102][1103].

(5) **임상적 평가**

직업적, 환경적 노출로 인한 뇌암의 진단, 임상 양상, 치료, 경과는 비노출군과 비교하여 차이가 없다. 환자들은 암 종류 및 위치에 따라 두통, 발작, 인격의 변화, 구토, 감각소실, 반신 감각 저하, 반신마비, 운동실조 같은 다양한 증상을 나타낸다[1104].

종양은 주로 증상이 발현된 이후에 CT나 MRI를 통해 발견해 낼 수 있으며, 치료는 수술이나, 방사선 치료, 항암치료 및 이들 방법을 혼합한 치료를 하며 이러한 치료 방법은

1097) National Toxicology Program. Ninth annual report on carcinogens. Research Triangle Park, NC: US Department of Health and Human Services, Public Health Service, 2000.
1098) Feychting M, Floderus B, Ahlbom A. Parental occupational exposure to magnetic fields and childhood cancer(Sweden). Cancer Causes Controls 2000;11:151-6.
1099) Waxweiler RJ, Alexander V, Leffingwell SS, et al. Mortality from brian tumors and other causes in a cohort of petrochemical workers. J Natl Cancer Inst 1983;70:75-81.
1100) Savitz DA, Moure R. Cancer risk among oil refinery workers, a review of epidemiologic studies. J Occup Med 1984;26:662-70.
1101) Cooper SP, Labarthe D, Downs T, et al. Cancer mortality among petroleum refinery and chemical manufacturing workers in Texas. J Environ Path Toxicol Oncol 1997;16:1-14.
1102) Demers PA, Vaughan TL, Schommer RR. Occupation, socioeconomic status, and brain tuomr mortality: a death certificate-based case-control study. J Occup Med 1991;33:1001-8.
1103) Thomas TL, Stewart Pa, Stemhagen A, et al. Risk of astrocytic brain tumors associated with occupational chemical exposure. A case-refernt study. Scand J Work Environ Health 1987;13:417-23.
1104) Cairncross JG. Tumors of the central medicine. Philadelphia: JB Lippincott Company,1992.

조직학적이나 위치에 따라 달라진다. 뇌암의 경우 선별검사는 임상에서 추천되지 않는다. 이는 역학적인 증거들을 볼 때 개개인이 얼마나 높은 위험군에 있는지 모호하고, 아직 가능한 선별검사 방법이 없기 때문이다[1105].

[1105] 김수근외 10, 앞의 연구보고서, 734면.

부록

- 화학물질 및 물리적 인자의 노출기준
- 참고자료

직업성 암을 유발하는 발암물질 시리즈
직업성 암을 유발하는 **발암물질 I**

화학물질 및 물리적 인자의 노출기준

제정 1986.12.22	(노동부고시	제86-45호)
개정 1988.12.23	(노동부고시	제88-69호)
개정 1991. 3.30	(노동부고시	제91-21호)
개정 1998. 1. 5	(노동부고시	제97-69호)
개정 2002. 2. 4	(노동부고시	제2002- 2호)
개정 2002. 5. 6	(노동부고시	제2002- 8호)
개정 2007. 6. 8	(노동부고시	제2007-25호)
개정 2008. 6.17	(노동부고시	제2008-26호)
개정 2009. 9.25	(노동부고시	제2009-38호)
개정 2010. 6.28	(노동부고시	제2010-44호)
개정 2011. 3. 2	(고용노동부고시	제2011-13호)
개정 2012. 3.26	(고용노동부고시	제2012-31호)
개정 2013. 8.14	(고용노동부고시	제2013-38호)
개정 2016. 8.22	(고용노동부고시	제2016-41호)
개정 2018. 3.20	(고용노동부고시	제2018-24호)
개정 2018. 7.30	(고용노동부고시	제2018-62호)
개정 2020. 1.14	(고용노동부고시	제2020-48호)

제 1 장 총칙

제1조(목적) 이 고시는 「산업안전보건법」 제106조 및 제125조, 「산업안전보건법 시행규칙」 제144조에 따라 인체에 유해한 가스, 증기, 미스트, 흄이나 분진과 소음 및 고온 등 화학물질 및 물리적 인자(이하 "유해인자"라 한다)에 대한 작업환경평가와 근로자의 보건상 유해하지 아니한 기준을 정함으로써 유해인자로부터 근로자의 건강을 보호하는데 기여함을 목적으로 한다.

제2조(정의) ① 이 고시에서 사용하는 용어의 뜻은 다음과 같다.

1. "노출기준"이란 근로자가 유해인자에 노출되는 경우 노출기준 이하 수준에서는 거의 모든 근로자에게 건강상 나쁜 영향을 미치지 아니하는 기준을 말하며, 1일 작업시간동안의 시간가중평균노출기준(Time Weighted Average, TWA), 단시간노출기준(Short Term Exposure Limit, STEL) 또는 최고노출기준(Ceiling, C)으로 표시한다.
2. "시간가중평균노출기준(TWA)"이란 1일 8시간 작업을 기준으로 하여 유해인자의 측정치에 발생시간을 곱하여 8시간으로 나눈 값을 말하며, 다음 식에 따라 산출한다.

$$\text{TWA환산값} = \frac{C_1 \cdot T_1 + C_2 \cdot T_2 + \cdots\cdots + C_n \cdot T_n}{8}$$

주) C : 유해인자의 측정치(단위 : ppm, mg.m^3 또는 개/cm^3)
T : 유해인자의 발생시간(단위 : 시간)

3. "단시간노출기준(STEL)"이란 15분간의 시간가중평균노출값으로서 노출농도가 시간가중평균노출기준(TWA)을 초과하고 단시간노출기준(STEL) 이하인 경우에는 1회 노출 지속시간이 15분 미만이어야 하고, 이러한 상태가 1일 4회 이하로 발생하여야 하며, 각 노출의 간격은 60분 이상이어야 한다.
4. "최고노출기준(C)"이란 근로자가 1일 작업시간동안 잠시라도 노출되어서는 아니 되는 기준을 말하며, 노출기준 앞에 "C"를 붙여 표시한다.

② 이 고시에서 특별히 규정하지 아니한 용어는 「산업안전보건법」(이하 "법"이라 한다), 「산업안전보건법 시행령」(이하 "영"이라 한다), 「산업안전보건법 시행규칙」(이하 "규칙"이라 한다) 및 「산업안전보건기준에 관한 규칙」(이하 "안전보건규칙"이라 한다)이 정하는 바에 따른다.

제3조(노출기준 사용상의 유의사항) ① 각 유해인자의 노출기준은 해당 유해인자가 단독으로 존재하는 경우의 노출기준을 말하며, 2종 또는 그 이상의 유해인자가 혼재하는 경우에는 각 유해인자의 상가작용으로 유해성이 증가할 수 있으므로 제6조에 따라 산출하는 노출기준을 사용하여야 한다.

② 노출기준은 1일 8시간 작업을 기준으로 하여 제정된 것이므로 이를 이용할 경우에는 근로시간, 작업의 강도, 온열조건, 이상기압 등이 노출기준 적용에 영향을 미칠 수 있으므로 이와 같은 제반요인을 특별히 고려하여야 한다.

③ 유해인자에 대한 감수성은 개인에 따라 차이가 있고, 노출기준 이하의 작업환경에서도 직업성 질병에 이환되는 경우가 있으므로 노출기준은 직업병진단에 사용하거나 노출기준 이하의 작업환경이라는 이유만으로 직업성질병의 이환을 부정하는 근거 또는 반증자료로 사용하여서는 아니 된다.

④ 노출기준은 대기오염의 평가 또는 관리상의 지표로 사용하여서는 아니 된다.

제4조(적용범위) ① 노출기준은 법 제39조에 따른 작업장의 유해인자에 대한 작업환경개선기준과 법 제125조에 따른 작업환경측정결과의 평가기준으로 사용할 수 있다.

② 이 고시에 유해인자의 노출기준이 규정되지 아니하였다는 이유로 법, 영, 규칙 및 안전보건규칙의 적용이 배제되지 아니하며, 이와 같은 유해인자의 노출기준은 미국산업위생전문가협회(American Conference of Governmental Industrial Hygienists, ACGIH)에서 매년 채택하는 노출기준(TLVs)을 준용한다.

제 2 장 노출기준

제5조(화학물질) ① 화학물질의 노출기준은 별표 1과 같다.

② 별표 1의 발암성, 생식세포 변이원성 및 생식독성 정보는 법상 규제 목적이 아닌 정보제공 목적으로 표시하는 것으로서 발암성은 국제암연구소(International Agency for Research on Cancer, IARC), 미국산업위생전문가협회(American Conference of Governmental Industrial Hygienists, ACGIH), 미국독성프로그램(National Toxicology Program, NTP), 「유럽연합의 분류·표시에 관한 규칙(European Regulation on the Classification, Labelling and Packaging of substances and mixtures, EU CLP)」 또는 미국산업안전보건청(American Occupational Safety & Health Administration, OSHA)의 분류를 기준으로, 생식세포 변이원성 및 생식독성은 유럽연합의 분류·표시에 관한 규칙(European Regulation on the Classification, Labelling and Packaging of substances and mixtures, EU CLP)을 기준으로 「화학물질의 분류·표시 및 물질안전보건자료에 관한 기준」에 따라 분류한다.

제6조(혼합물) ① 화학물질이 2종 이상 혼재하는 경우에 혼재하는 물질간에 유해성이 인체의 서로 다른 부위에 작용한다는 증거가 없는 한 유해작용은 가중되므로 노출기준은 다음식에 따라 산출하되, 산출되는 수치가 1을 초과하지 아니하는 것으로 한다.

$$\frac{C_1}{T_1} + \frac{C_2}{T_2} + \cdots + \frac{C_n}{T_n}$$

주) C : 화학물질 각각의 측정치
　　T : 화학물질 각각의 노출기준

② 제1항의 경우와는 달리 혼재하는 물질간에 유해성이 인체의 서로 다른 부위에 유해작용을 하는 경우에 유해성이 각각 작용하므로 혼재하는 물질 중 어느 한 가지라도 노출기준을 넘는 경우 노출기준을 초과하는 것으로 한다.

제7조(분진) 삭제

제8조(용접분진) 삭제

제9조(소음) ① 소음수준별 노출기준은 별표 2-1과 같다.

② 충격소음의 노출기준은 별표 2-2와 같다.

제10조(고온) 작업의 강도에 따른 고온의 노출기준은 별표 3과 같다.

제10조의2(라돈) 라돈의 노출기준은 별표 4와 같다.

제11조(표시단위) ① 가스 및 증기의 노출기준 표시단위는 피피엠(ppm)을 사용한다.

② 분진 및 미스트 등 에어로졸(Aerosol)의 노출기준 표시단위는 세제곱미터당 밀리그램(mg/㎥)을 사용한다. 다만, 석면 및 내화성세라믹섬유의 노출기준 표시단위는 세제곱센티미터당 개수(개/㎤)를 사용한다.

③ 고온의 노출기준 표시단위는 습구흑구온도지수(이하"WBGT"라 한다)를 사용하며 다음 각 호의 식에 따라 산출한다.

1. 태양광선이 내리쬐는 옥외 장소 :

    WBGT(℃) = 0.7 × 자연습구온도 + 0.2 × 흑구온도 + 0.1 × 건구온도

2. 태양광선이 내리쬐지 않는 옥내 또는 옥외 장소 :

    WBGT(℃) = 0.7 × 자연습구온도 + 0.3 × 흑구온도

제12조(재검토기한) 고용노동부장관은 「행정규제기본법」 및 「훈령·예규 등의 발령 및 관리에 관한 규정」에 따라 이 고시에 대하여 2020년 1월 1일을 기준으로 매 3년이 되는 시점(매 3년째의 12월 31일까지를 말한다)마다 그 타당성을 검토하여 개선 등의 조치를 하여야 한다.

부칙 〈2002.5.6〉

(시행일) 이 고시는 2003년 7월 1일부터 시행한다.

부칙 〈2007.6.8〉

(시행일) 이 고시는 2008년 1월 1일부터 시행한다.

부칙 〈2008.6.17〉

(시행일) 이 고시는 2009년 1월 1일부터 시행한다.

부칙 〈2009.9.25〉

(시행일) 이 고시는 2009년 9월 25일부터 시행한다.

부칙 〈2010.6.28〉

(시행일) 이 고시는 2010년 6월 28일부터 시행한다.

부칙 〈2011.3.2〉

(시행일) 이 고시는 2011년 3월 2일부터 시행한다.

부칙 〈2012.3.26〉

(시행일) 이 고시는 2012년 3월 26일부터 시행한다.

부칙 〈2013.8.14〉

(시행일) 이 고시는 발령한 날부터 시행한다.

부칙 〈2016.8.22〉

(시행일) 이 고시는 발령한 날부터 시행한다.

부칙 〈2018.3.20〉

(시행일) 이 고시는 발령한 날부터 시행한다.

부칙 〈2018.7.30〉

(시행일) 이 고시는 발령한 날부터 시행한다.

부칙 〈2020.1.14〉

(시행일) 이 고시는 2020년 1월 16일부터 시행한다.

〈별표 1〉 화학물질의 노출기준(개정 2018.7.30.)

일련번호	유해물질의 명칭 (국문표기)	유해물질의 명칭 (영문표기)	화학식	노출기준 TWA (ppm)	노출기준 TWA (mg/m³)	노출기준 STEL (ppm)	노출기준 STEL (mg/m³)	비고 (CAS번호 등)
1	가솔린	Gasoline	-	300	-	500	-	[8006-61-9] 발암성 1B, (가솔린 증기의 직업적 노출에 한정함), 생식세포 변이원성 1B
2	개미산	Formic acid	HCOOH	5	-	-	-	[64-18-6]
3	게르마늄 테트라하이드라이드	Germanium tetrahydride	GeH₄	0.2	-	-	-	[7782-65-2]
4	고형 파라핀 흄	Paraffin wax fume	-	-	2	-	-	[8002-74-2]
5	곡물분진	Grain dust	-	-	4	-	-	-
6	곡분분진	Flour dust (Inhalable fraction)	-	-	0.5	-	-	흡입성
7	과산화벤조일	Benzoyl peroxide	(C₆H₅CO)₂O₂	-	5	-	-	[94-36-0]
8	과산화수소	Hydrogen peroxide	H₂O₂	1	-	-	-	[7722-84-1] 발암성 2
9	광물털 섬유	Mineral wool fiber	-	-	10	-	-	발암성 2, (알칼리 산화물 및 알칼리토금속 산화물의 중량비가 18% 이상인 불특정 모양의 인공 유리규산 섬유에 한정함)
10	구리(분진 및 미스트)	Copper (Dust & mist, as Cu)	Cu	-	1	-	2	[7440-50-8]
11	구리(흄)	Copper(Fume)	Cu	-	0.1	-	-	[7440-50-8]
12	규산칼슘	Calcium silicate	CaSiO₃	-	10	-	-	[1344-95-2]
13	규조토	Diatomaceous earth	-	-	10	-	-	-
14	글루타르알데하이드	Glutaraldehyde	OCH(CH₂)₃CHO	-	-	C 0.05	-	[111-30-8]
15	글리세린미스트	Glycerin mist	CH₂OHCHOH · CH₂OH	-	10	-	-	[56-81-5]
16	글리시돌	Glycidol	C₃H₆O₂					2,3-에폭시-1-프로판올 참조
17	글리콜 모노에틸에테르	Glycol monoethyl ether	C₂H₅OCH₂CH₂OH					2-에톡시에탄올 참조
18	금속가공유 (혼합용매추출물)	Metal Working Fluids (as mixed solvent soluble aerosol)	-	-	0.8	-	-	-
19	나프탈렌	Naphthalene	C₁₀H₈	10	-	15	-	[91-20-3] 발암성 2, Skin
20	날레드	Naled	C₄H₇Br₂Cl₂O₄P					디메틸 1,2-디브로모-2,2-디클로로에틸 포스페이트 참조

일련번호	유해물질의 명칭 국문표기	유해물질의 명칭 영문표기	화학식	노출기준 TWA ppm	노출기준 TWA mg/m³	노출기준 STEL ppm	노출기준 STEL mg/m³	비고 (CAS번호 등)
21	납 및 그 무기화합물	Lead and Inorganic compounds, as Pb	Pb	–	0.05	–	–	[7439-92-1] 발암성 1B, 생식독성 1A(납(금속)의 경우 발암성 2)
22	납석	Agalmatolite	$Al_2O_3 \cdot 4SiO_2 \cdot H_2O$	–	–	–	–	
23	내화성세라믹섬유	Refractory ceramic fibers(Respirable fibers)		–	0.2개/cm³	–	–	흡흡성, 발암성 1B(알루미늄 산화물 및 알루미늄 규산염 산화물의 중량비가 18% 이하인 불특정 모양의 인공 유리규산 섬유에 한정함)
24	노난	Nonane	$CH_3(CH_2)_7CH_3$	200	–	–	–	[111-84-2]
25	노말-니트로소디메틸아민	n-Nitrosodimethylamine	$(CH_3)_2NNO$	–	–	–	–	디메틸니트로소아민 참조
26	2-N-디부틸아미노에탄올	2-N-Dibutylaminoethanol	$(C_4H_9)_2NCH_2CH_2OH$	2	–	–	–	[102-81-8] Skin
27	N-메틸 아닐린	N-Methyl aniline	$C_6H_5NHCH_3$	0.5	–	–	–	[100-61-8] Skin
28	노말-발레알데히드	n-Valeraldehyde	$CH_3(CH_2)_3CHO$	50	–	–	–	[110-62-3]
29	노말-부틸 글리시딜에테르	n-Butyl glycidyl ether (BGE)	$C_4H_9OCH_2CHOCH_2$	3	–	–	–	[2426-08-6] 발암성 2, 생식세포 변이원성 2, Skin
30	노말-부틸 락테이트	n-Butyl lactate	$CH_3CH(OH)COO(CH_2)_3CH_3$	5	–	–	–	[138-22-7]
31	노말-부틸아크릴레이트	n-Butyl acrylate	$C_7H_{12}O_2$	2	–	10	–	[141-32-2]
32	노말-부틸알코올	n-Butyl alcohol(1-Butanol)	$CH_3CH_2CH_2CH_2OH$	20	–	–	–	[71-36-3]
33	N-비닐-2-피롤리돈	N-Vinyl-2-pyrrolidone (NVP)	C_6H_9NO	0.05	–	–	–	[88-12-0] 발암성 2
34	N-에틸모르폴린	N-Ethylmorpholine	$C_6H_{13}ON$	5	–	–	–	[100-74-3] Skin
35	N-이소프로필아닐린	N-Isopropyl aniline	$C_6H_5NHCH(CH_3)_2$	2	–	–	–	[768-52-5] Skin
36	노말-초산 부틸	n-Butyl acetate	$CH_3COO(CH_2)_3CH_3$	150	–	200	–	[123-86-4]
37	노말-초산 아밀	n-Amyl acetate	$CH_3COOC_5H_{11}$	50	–	100	–	[628-63-7]
38	N-페닐-베타-나프틸 아민	N-Phenyl-β-naphthyl amine	$C_{10}H_7NHC_6H_5$	–	–	–	–	[135-88-6] 발암성 2
39	노말-프로필 니트레이트	n-Propyl nitrate	$C_3H_8NO_3$	25	–	40	–	[627-13-4]
40	노말-프로필 아세테이트	n-Propyl acetate	$CH_3COOCH_2CH_2CH_3$					초산 프로필 참조
41	노말-프로필 알코올	n-Propyl alcohol	$CH_3CH_2CH_2OH$	200	–	250	–	[71-23-8] Skin
42	노말-헥산	n-Hexane	$CH_3(CH_2)_4CH_3$	50	–	–	–	[110-54-3] 생식독성 2, Skin

일련번호	유해물질의 명칭 (국문표기)	유해물질의 명칭 (영문표기)	화학식	노출기준 TWA ppm	노출기준 TWA mg/m³	노출기준 STEL ppm	노출기준 STEL mg/m³	비고 (CAS번호 등)
43	니켈(가용성화합물)	Nickel (Soluble compounds, as Ni)	Ni	–	0.1	–	–	[7440-02-0] 발암성 1A
44	니켈(불용성 무기화합물)	Nickel (Insoluble Inorganic compounds, as Ni)	Ni	–	0.2	–	–	[7440-02-0] 발암성 1A
45	니켈(금속)	Nickel(Metal)	Ni	–	1	–	–	[7440-02-0] 발암성 2
46	니켈 카르보닐	Nickel carbonyl, as Ni	Ni(CO)₄	0.001	–	–	–	[13463-39-3] 발암성 1A, 생식독성 1B
47	니코틴	Nicotine	$C_{10}H_{14}N_2$	–	0.5	–	–	[54-11-5] Skin
48	니트라피린	Nitrapyrin	$C_6H_3Cl_4N$	2-클로로-6-(트리클로로메틸) 피리딘 참조				
49	니트로글리세린	Nitroglycerin(NG)	$CH_2NO_3CHNO_3CH_2NO_3$	0.05	–	–	–	[55-63-0] Skin
50	니트로글리콜	Nitroglycol	$(CH_2ONO_2)_2$					에틸렌글리콜 디니트레이트 참조
51	4-니트로디페닐	4-Nitrodiphenyl	$C_6H_5C_6H_4NO_2$	–	–	–	–	[92-93-3] 발암성 1B, Skin
52	니트로메탄	Nitromethane	CH_3NO_2	20	–	–	–	[75-52-5] 발암성 2
53	니트로벤젠	Nitrobenzene	$C_6H_5NO_2$	1	–	–	–	[98-95-3] 발암성 2, 생식독성 1B, Skin
54	니트로에탄	Nitroethane	$C_2H_5NO_2$	100	–	–	–	[79-24-3]
55	니트로톨루엔 (오쏘, 메타, 파라-이성체)	Nitrotoluene (o, m, p-isomers)	$CH_3C_6H_4NO_2$	2	–	–	–	[88-72-2] 발암성 1B, 생식세포 변이원성 1B, 생식독성 2, Skin, [99-08-1][99-99-0] Skin
56	니트로트리클로로메탄	Nitrotrichloromethane	CCl_3NO_2					클로로피크린 참조
57	1-니트로프로판	1-Nitropropane	$CH_3CH_2CH_2NO_3$	25	–	–	–	[108-03-2]
58	2-니트로프로판	2-Nitropropane	CH3CHNO2CH3	10	–	–	–	[79-46-9] 발암성 1B
59	대리석	Marble	–	–	10	–	–	–
60	데미톤	Demeton	$(C_2H_5O)_2PSOC_2H_4S$ C_2H_5	–	0.1	–	–	[8065-48-3] Skin
61	데카보란	Decaborane	$B_{10}H_{14}$	0.05	–	0.15	–	[17702-41-9] Skin
62	2,4-디	2,4-D (2,4-Dichloro henoxyacetic acid)(Inhalable fraction)	$Cl_2C_6H_3OCH_2COOH$	–	10	–	–	[94-75-7] 발암성 2, 흡입성
63	디글리시딜에테르	Diglycidyl ether(DGE)	$C_6H_{10}O_3$	0.1	–	–	–	[2238-07-5]

일련번호	유해물질의 명칭 국문표기	유해물질의 명칭 영문표기	화학식	노출기준 TWA ppm	노출기준 TWA mg/m³	노출기준 STEL ppm	노출기준 STEL mg/m³	비고 (CAS번호 등)
64	디니트로벤젠(모든 이성체)	Dinitrobenzene(all isomers)	$C_6H_4(NO_2)_2$	0.15	–	–	–	[528-29-0][99-65-0][100-25-4][25154-54-5] Skin
65	디니트로-오쏘-크레졸	Dinitro-o-cresol	$CH_3C_6H_2OH(NO_2)_2$	–	0.2	–	–	[534-52-1] 생식세포 변이원성 2, Skin
66	3,5-디니트로-오쏘-톨루아미드	3,5-Dinitro-o-toluamide	$C_8H_7N_3O_5$	–	5	–	–	[148-01-6]
67	디니트로톨루엔	Dinitrotoluene	$(NO_2)_2C_6H_3CH_3$	–	0.2	–	–	[25321-14-6] 발암성 1B, 생식세포 변이원성 2, 생식독성 2, Skin
68	디메톡시메탄	Dimethoxymethane	$CH_3OCH_2OCH_3$	1,000	–	–	–	[109-87-5]
69	디메틸니트로소아민	Dimethylnitrosoamine	$(CH_3)_2NNO$	–	–	–	–	[62-75-9] 발암성 1B, Skin
70	디메틸-1,2-디브로모-2,2-디클로로에틸포스페이트	Dimethyl-1,2-dibromo-2,2-dichloroethyl phosphate	$C_4H_7Br_2Cl_2O_4P$	–	3	–	–	[300-76-5] Skin
71	디메틸벤젠(모든 이성체)	Dimethylbenzene(all isomers)	$C_6H_4(CH_3)_2$					크실렌(모든 이성체) 참조
72	디메틸아닐린	Dimethylaniline (N,N-Dimethylaniline)	$C_6H_4N(CH_3)_2$	5	–	10	–	[121-69-7] 발암성 2, Skin
73	디메틸아미노벤젠 (혼합이성체 포함)	Dimethylaminobenzene (mixed isomers, Inhalabable fraction and vapor)	$(CH_3)_2C_6H_3NH_2$	0.5	–	–	–	[1300-73-8] 발암성 2, Skin, 흡입성 및 증기
74	디메틸아민	Dimethylamine	$(CH_3)_2NH$	5	–	15	–	[124-40-3]
75	N,N-디메틸아세트아미드	N,N-Dimethyl acetamide	C_4H_9NO	10	–	–	–	[127-19-5] 생식독성 1B, Skin
76	디메틸카르바모일클로라이드	Dimethyl carbamoylchloride	$(CH_3)_2NCOCl$	0.005	–	–	–	[79-44-7] 발암성 1B, Skin
77	디메틸포름아미드	Dimethylformamide	$HCON(CH_3)_2$	10	–	–	–	[68-12-2] 생식독성 1B, Skin
78	디메틸프탈레이트	Dimethylphthalate	$C_{10}H_{10}O_4$	–	5	–	–	[131-11-3]
79	2,6-디메틸-4-헵타논	2,6-Dimethyl-4-heptanone	$[(CH_3)_2CHCH_2]_2CO$					디이소부틸케톤 참조
80	1,1-디메틸하이드라진	1,1-Dimethylhydrazine	$(CH_3)_2NNH_2$	0.01	–	–	–	[57-14-7] 발암성 1B, Skin
81	디보란	Diborane	B_2H_6	0.1	–	–	–	[19287-45-7]

직업성 암을 유발하는 발암물질 시리즈

일련번호	유해물질의 명칭 (국문표기)	유해물질의 명칭 (영문표기)	화학식	노출기준 TWA ppm	노출기준 TWA mg/m³	노출기준 STEL ppm	노출기준 STEL mg/m³	비 고 (CAS번호 등)
82	디부틸 포스페이트	Dibutyl phosphate (Inhalable fraction and vapor)	$(C_4H_9O)_2(OH)PO$	–	5	–	10	[107-66-4] Skin, 흡입성 및 증기
83	디부틸 프탈레이트	Dibutyl phthalate	$C_6H_4(CO_2C_4H_9)_2$	–	5	–	–	[84-74-2] 생식독성 1B
84	1,2-디브로모에탄	1,2-Dibromoethane	CH_2BrCH_2Br	–	–	–	–	[106-93-4] 발암성 1B, Skin
85	디비닐 벤젠	Divinyl benzene	$C_6H_4(CH=CH_2)_2$	10	–	–	–	[1321-74-0]
86	디설피람	Disulfiram	$C_{10}H_{20}N_2S_4$	–	2	–	–	[97-77-8]
87	디설포톤	Disulfoton (Inhalable fraction and vapor)	$C_8H_{19}O_2PS_3$	–	0.05	–	–	[298-04-4] Skin, 흡입성 및 증기
88	디시클로펜타디에닐 철	Dicyclopentadienyl iron	$C_{10}H_{10}Fe$	–	10	–	–	[102-54-5]
89	디시클로펜타디엔	Dicyclopentadiene	$C_{10}H_{12}$	5	–	–	–	[77-73-6]
90	디아니시딘	Dianisidine	$C_{14}H_{16}N_2O_2$	–	0.01	–	–	[119-90-4] 발암성 1B
91	1,2-디아미노에탄	1,2-Diaminoethane	$H_2NCH_2CH_2NH_2$	10	–	–	–	[107-15-3] Skin
92	디아세톤 알코올	Diaceton alcohol	$C_6H_{12}O_2$	50	–	–	–	[123-42-2]
93	디아조메탄	Diazomethane	CH_2N_2	0.2	–	–	–	[334-88-3] 발암성 1B
94	디아지논	Diazinon (Inhalable fraction and vapor)	$C_{12}H_{21}N_2O_3PS$	–	0.01	–	–	[333-41-5] 발암성 1B, Skin, 흡입성 및 증기
95	디에탄올아민	Diethanolamine	$(HOCH_2CH_2)_2NH$	–	2	–	–	[111-42-2] 발암성 2, Skin
96	디에틸렌 글리콜 모노부틸 에테르	Diethylene glycol onobutyl ether	$CH_2(CH_2)_3OCH_2CH_2OCH_2CH_2OH$	10	–	–	–	[112-34-5]
97	2-디에틸아미노에탄올	2-Diethylamino ethanol	$(C_2H_5)_2NC_2H_4OH$	2	–	–	–	[100-37-8] Skin
98	디에틸아민	Diethylamine	$(C_2H_5)_2NH$	5	–	15	–	[109-89-7] Skin
99	디에틸 에테르	Diethyl ether	$C_2H_5OC_2H_5$	400	–	500	–	[60-29-7]
100	디에틸 케톤	Diethyl ketone	$C_2H_5COC_2H_5$	200	–	–	–	[96-22-0]
101	디에틸렌 트리아민	Diethylene triamine	$(NH_2CH_2CH_2)_2NH$	1	–	–	–	[111-40-0] Skin
102	디에틸 프탈레이트	Diethyl phthalate	$C_6H_4(COOC_2H_5)_2$	–	5	–	–	[84-66-2]
103	디(2-에틸헥실) 프탈레이트	Di(2-ethylhexyl)phthalate	$C_6H_4(COOC_8H_{17})_2$	–	5	–	10	[117-81-7] 발암성 2, 생식독성 1B
104	디엘드린	Dieldrin	$C_{12}H_8Cl_6O$	–	0.25	–	–	[60-57-1] 발암성 2, Skin,
105	디옥사티온	Dioxathion	$C_{12}H_{26}O_6P_2S_4$	–	0.2	–	–	[78-34-2] Skin
106	1,4-디옥산	1,4-Dioxane (Diethylene dioxide)	$OCH_2CH_2OCH_2CH_2$	20	–	–	–	[123-91-1] 발암성 2, Skin

일련번호	유해물질의 명칭 (국문표기)	유해물질의 명칭 (영문표기)	화학식	TWA ppm	TWA mg/m³	STEL ppm	STEL mg/m³	비고 (CAS번호 등)
107	디우론	Diuron	$C_9H_{10}Cl_2N_2O$	–	10	–	–	[330-54-1] 발암성 2
108	디이소부틸케톤	Diisobutyl ketone	$[(CH_3)_2CHCH_2]_2CO$	25	–	–	–	[108-83-8]
109	디이소프로필아민	Diisopropylamine	$(CH_3)_2CHNHCH(CH_3)_2$	5	–	–	–	[108-18-9] Skin
110	2,6-디-삼차-부틸-파라-크레솔	2,6-Di-tert-butyl-p-c resol(Inhalable fraction and vapor)	$C_{15}H_{24}O$	–	2	–	–	[128-37-0] 흡입성 및 증기
111	디-이차-옥틸프탈레이트	Di-sec-octyl phthalate	$C_6H_4(COOC_8H_{17})_2$					디-(2-에틸헥실)프탈레이트 참조 [2764-72-9][85-00-7][6385-62-2] Skin, 흡입성
112	디쿼트	Diquat(Inhalable fraction)	$C_{12}H_{12}Br_2N_2$	–	0.5	–	–	[141-66-2] Skin
113	디크로토포스	Dicrotophos	$C_8H_{16}NO_5P$	–	0.25	–	–	[50-29-3] 발암성 2
114	디클로로디페닐트리클로로에탄	Dichlorodiphenyltrichloroethane(D.D.T)	$C_{14}H_9Cl_5$	–	1	–	–	[594-72-9]
115	1,1-디클로로-1-니트로에탄	1,1-Dichloro-1-nitroethane	$CH_3CCl_2NO_2$	2	–	–	–	
116	1,3-디클로로-5,5-디메틸 하이단토인	1,3-Dichloro-5,5-dimethyl hydantoin	$C_5H_6Cl_2N_2O_2$	–	0.2	–	0.4	[118-52-5]
117	디클로로디플루오로메탄	Dichlorodifluoromethane	CCl_2F_2	1,000	–	–	–	[75-71-8]
118	디클로로메탄	Dichloromethane	CH_2Cl_2	50	–	–	–	[75-09-2] 발암성 2
119	3,3-디클로로벤지딘	3,3-Dichlorobenzidine	$C_{12}H_{10}Cl_2N_2$	–	–	–	–	[91-94-1] 발암성 1B, Skin
120	디클로로아세트산	Dichloro acetic acid	$C_2H_2Cl_2O_2$	0.5	–	–	–	[79-43-6] 발암성 2, Skin
121	디클로로아세틸렌	Dichloroacetylene	$ClCCCl$	–	–	C 0.1	–	[7572-29-4] 발암성 2
122	1,1-디클로로에탄	1,1-Dichloroethane	CH_3CHCl_2	100	–	–	–	[75-34-3]
123	1,2-디클로로에탄	1,2-Dichloroethane	$ClCH_2CH_2Cl$					이염화 에틸렌 참조
124	1,1-디클로로에틸렌	1,1-Dichloroethylene	CH_2CCl_2	5	–	20	–	[75-35-4] 발암성 2
125	1,2-디클로로에틸렌	1,2-Dichloroethylene	$CHClCHCl$	200	–	–	–	[540-59-0]
126	디클로로에틸에테르	Dichloroethylether	$(ClCH_2CH_2)_2O$	5	–	10	–	[111-44-4] 발암성 2, Skin
127	디클로로 테트라플루오로에탄	Dichlorotetrafluoroethane	$F_2ClCCClF_2$	1,000	–	–	–	[76-14-2]
128	2,2-디클로로-1,1,1-트리플루오로에탄	2,2-Dichloro-1,1,1-tri fluoroethane	$CHCl_2CF_3$	10	–	–	–	[306-83-2]
129	1,2-디클로로프로판	1,2-Dichloropropane	$CH_3CHClCH_2Cl$	10	–	110	–	[78-87-5] 발암성 1A

일련번호	유해물질의 명칭 국문표기	유해물질의 명칭 영문표기	화학식	노출기준 TWA ppm	노출기준 TWA mg/m³	노출기준 STEL ppm	노출기준 STEL mg/m³	비 고 (CAS번호 등)
130	디클로로프로펜	Dichloropropene	CHClCHCH₂Cl	1	–	–	–	[542-75-6] 발암성 2, Skin
131	2,2-디클로로프로피온산	2,2-Dichloropropionic acid(Inhalable fraction)	CH₃CCl₂COOH	–	6	–	–	[75-99-0] 흡입성
132	디클로로플루오로메탄	Dichlorofluoromethane	CHCl₂F	10	–	–	–	[75-43-4]
133	1,1-디클로로-1-플루오로에탄	1,1-Dichloro-1-fluoroethane	C₂Cl₂FH₃	500	–	–	–	[1717-00-6]
134	디클로르보스	Dichlorvos(Inhalable fraction and vapor)	(CH₃O)₂POOCHCCl₂/C₄H₇Cl₂O₄P	–	0.1	–	–	[62-73-7] 발암성 2, Skin, 흡입성 및 증기
135	디페닐	Diphenyl	C₁₂H₁₀					비페닐 참조
136	디페닐메탄디이소시아네이트	Diphenylmethanediisocyanate	NCOC₆H₄CH₂C₆H₄NCO					메틸렌비스페닐이소시아네이트 참조
137	디페닐아민	Diphenylamine	C₆H₅NHC₆H₅	–	10	–	–	[122-39-4]
138	디프로필렌 글리콜메틸 에테르	Dipropylene glycol methyl ether	CH₃CH(OCH₃)CH₂OCH₂CH(OH)CH₃	100	–	150	–	[34590-94-8] Skin
139	디프로필 케톤	Dipropyl ketone	(CH₃CH₂CH₂)₂CO	50	–	–	–	[123-19-3]
140	디플루오로디브로모메탄	Difluorodibromomethane	CBr₂F₂	100	–	–	–	[75-61-6]
141	디하이드록시벤젠	Dihydroxybenzene	C₆H₄(OH)₂	–	2	–	–	[123-31-9] 발암성 2, 생식세포 변이원성 2
142	러버 솔벤트	Rubber solvent(Naphtha)	–	400	–	–	–	[8030-30-6] 발암성 1B, 생식세포 변이원성 1B(벤젠 0.1% 이상인 경우에 한정함)
143	레조시놀	Resorcinol	C₆H₄(OH)₂	10	–	20	–	[108-46-3]
144	로듐금속	Rhodium, Metal	Rh	–	0.1	–	–	[7440-16-6]
145	로듐, 불용성화합물	Rhodium, Insoluble compounds, as Rh	Rh	–	1	–	–	[7440-16-6]
146	로진 열분해산물	Rosin core solder pyrolysis products, as Formaldehyde	–	–	0.1	–	–	
147	로테논	Rotenone(Commercial)	C₂₃H₂₂O₆	–	5	–	–	[83-79-4]
148	론넬	Ronnel	(CH₃O)₂PSOC₆H₂Cl₃	–	10	–	–	[299-84-3]
149	루지	Rouge	–	–	10	–	–	
150	리튬하이드라이드	Lithium hydride	LiH	–	0.025	–	–	[7580-67-8]
151	린데인	Lindane	C₆H₆Cl₆	–	0.5	–	–	[58-89-9] 발암성 1A, 수유독성, Skin

일련번호	유해물질의 명칭 국문표기	유해물질의 명칭 영문표기	화학식	노출기준 TWA ppm	노출기준 TWA mg/m³	노출기준 STEL ppm	노출기준 STEL mg/m³	비고 (CAS번호 등)
152	말라티온	Malathion(Inhalable fraction and vapor)	$C_{10}H_{19}O_6PS_2$	–	1	–	–	[121-75-5]발암성 1B, Skin, 흡입성 및 증기
153	망간 및 무기 화합물	Manganese & Inorganic compounds, as Mn	Mn	–	1	–	–	[7439-96-5]
154	망간 시클로펜타디에닐 트리카르보닐	Manganese cyclopentadienyl tricarbonyl, as Mn	$C_5H_5Mn(CO)_3$	–	0.1	–	–	[12079-65-1] Skin
155	망간(흄)	Manganese(Fume)	Mn	–	1	–	3	[7439-96-5]
156	메빈포스	Mevinphos	$(CH_3O)_2PO_2C(CH_3)CHCOOCH_3$	0.01	–	0.03	–	[7786-34-7] Skin
157	메타크릴산	Methacrylic acid	CH_2CCH_3COOH	20	–	–	–	[79-41-4]
158	메타-크실렌-알파,알파-디아민	m-Xylene-α,α'-diamine	$C_6H_4(CH_2NH_2)_2$	–	–	–	C 0.1	[1477-55-0] Skin
159	메타-톨루이딘	m-Toluidine	$CH_3C_6H_4NH_2$	2	–	–	–	[108-44-1] Skin
160	메타-프탈로디니트릴	m-Phthalodinitrile(Inhalable fraction and vapor)	$C_8H_4N_2$	–	5	–	–	[626-17-5] 흡입성 및 증기
161	메탄올	Methanol	CH_3OH					메틸 알코올을 참조
162	메테에티올	Methanethiol	CH_3SH	0.5	–	–	–	[74-93-1]
163	메토밀	Methomyl	$C_5H_{10}N_2O_2S$	–	2.5	–	–	[16752-77-5]
164	2-메톡시에탄올	2-Methoxyethanol	$CH_3OCH_2CH_2OH$	5	–	–	–	[109-86-4] 생식독성 1B, Skin
165	2-메톡시에틸아세테이트	2-Methoxyethyl acetate	$CH_3COOCH_2CH_2OCH_3$	5	–	–	–	[110-49-6] 생식독성 1B, skin
166	메톡시클로르	Methoxychlor	$C_{16}H_{15}Cl_3O_2$	–	10	–	–	[72-43-5]
167	4-메톡시페놀	4-Methoxyphenol	$CH_3OC_6H_4OH$	–	5	–	–	[150-76-5]
168	메트리뷰진	Metribuzin	$C_8H_{14}N_4OS$	–	5	–	–	[21087-64-9]
169	메틸 노말-부틸케톤	Methyl n-butylketone	$CH_3COCH_2CH_2CH_2CH_3$	5	–	–	–	[591-78-6] 생식독성 2, skin
170	메틸 노말-아밀케톤	Methyl n-amylketone	$CH_3(CH_2)_4COCH_3$	50	–	–	–	[110-43-0]
171	메틸 데메톤	Methyl demeton	$(CH_3O)_2PSO(CH_2)_2SC_2H_5$	–	0.5	–	–	[8022-00-2] Skin
172	4,4'-메틸렌디아닐린	4,4'-Methylenedianiline	$H_2NC_6H_4CH_2C_6H_4NH_2$	0.1	–	–	–	[101-77-9] 발암성 1B, 생식세포 변이원성 2, Skin

일련번호	유해물질의 명칭 (국문표기)	유해물질의 명칭 (영문표기)	화학식	노출기준 TWA ppm	노출기준 TWA mg/m³	노출기준 STEL ppm	노출기준 STEL mg/m³	비 고 (CAS번호 등)
173	1,1'-메틸렌비스 (4-이소시아네이토사이클로헥산)	1,1'-Methylenebis (4-isocyanatocyclohexane)	$CH_2[(C_6H_{10})NCO]_2$	0.005	–	–	–	[5124-30-1]
174	4,4'-메틸렌비스 (2-클로로아닐린)	4,4'-Methylenebis (2-chloroaniline)	$CH_2(C_6H_4ClNH_2)_2$	0.01	–	–	–	[101-14-4] 발암성 1A, Skin
175	메틸렌비스페닐 이소시아네이트	Methylene bisphenyl isocyanate	$NCOC_6H_4CH_2C_6H_4NCO$	0.005	–	–	–	[101-68-8] 발암성 2
176	메틸메타크릴레이트	Methyl methacrylate	$CH_2C(CH_3)COOCH_3$	50	–	100	–	[80-62-6]
177	메틸 멀캡탄	Methyl mercaptan	CH_3SH					메탄에티올 참조
178	메틸삼차 부틸에테르	Methyl tert-butyl ether (MTBE)	$C_5H_{12}O$	50	–	–	–	[1634-04-4] 발암성 2
179	메틸 2-시아노아크릴레이트	Methyl 2-cyanoacrylate	$CH_2C(CN)COOCH_3$	2	–	4	–	[137-05-3]
180	2-메틸시클로펜타디에닐 망간트리카르보닐	2-Methylcyclopentadienyl manganese tricarbonyl, as Mn	$CH_3C_5H_5Mn(CO)_3$	–	0.2	–	–	[12108-13-3] Skin
181	메틸시클로헥사놀	Methylcyclohexanol	$C_7H_{14}O$	50	–	–	–	[25639-42-3]
182	메틸시클로헥산	Methylcyclohexane	$CH_3C_6H_{11}$	400	–	–	–	[108-87-2]
183	메틸실리케이트	Methyl silicate	$(CH_3O)_4Si$	1	–	–	–	[681-84-5]
184	메틸 아민	Methyl amine	CH_3NH_2	5	–	15	–	[74-89-5]
185	메틸 아밀알코올	Methyl amylalcohol	$(CH_3)_2CHCH_2CHO HCH_3$	25	–	40	–	[108-11-2] Skin
186	메틸 아세틸렌	Methyl acetylene	C_3H_4	1,000	–	1,250	–	[74-99-7]
187	메틸 아세틸렌 프로파디엔 혼합물	Methyl acetylene propadiene mixture(MAPP)	–	1,000	–	1,250	–	[59355-75-8]
188	메틸 아크릴레이트	Methyl acrylate	$CH_2CHCOOCH_3$	2	–	–	–	[96-33-3] Skin
189	메틸 아크릴로니트릴	Methyl acrylonitrile	CH_2CHCH_2CN	1	–	–	–	[126-98-7] Skin
190	메틸알	Methylal	$CH_3OCH_2OCH_3$					디메톡시메탄 참조
191	메틸 알코올	Methanol	CH_3OH	200	–	250	–	[67-56-1] Skin
192	메틸 에틸 케톤	Methyl ethyl ketone(M.E.K)	$CH_3COC_2H_5$	200	–	300	–	[78-93-3]

직업성 암을 유발하는 **발암물질 I**

일련번호	유해물질의 명칭 (국문표기)	유해물질의 명칭 (영문표기)	화학식	노출기준 TWA ppm	노출기준 TWA mg/m³	노출기준 STEL ppm	노출기준 STEL mg/m³	비고 (CAS번호 등)
193	메틸 에틸 케톤 퍼옥사이드	Methyl ethyl ketone peroxide	$C_8H_{16}O_4/C_8H_{18}O_6$	–	–	C 0.2	–	[1338-23-4]
194	메틸 이소부틸 케톤	Methyl isobutyl ketone	$CH_3COCH_2CH(CH_3)_2$	50	–	75	–	[108-10-1] 발암성 2
195	메틸 이소시아네이트	Methyl isocyanate	CH_3NCO	0.02	–	–	–	[624-83-9] 생식독성 2, Skin
196	메틸 이소부틸 카르비놀	Methyl isobutyl carbinol	$(CH_3)_2CHCH_2CHOHCH_3$					메틸 아밀 알코올을 참조
197	메틸 이소아밀 케톤	Methyl isoamyl ketone	$CH_3COCH(C_2H_5)_2$	50	–	–	–	[110-12-3]
198	메틸 이소프로필 케톤	Methyl isopropyl ketone	$(CH_3)_2CH3COCH$	200	–	–	–	[563-80-4]
199	메틸 클로라이드	Methyl chloride	CH_3Cl	50	–	100	–	[74-87-3] 발암성 2, Skin
200	메틸 클로로포름	Methyl chloroform	CH_3CCl_3	350	–	450	–	[71-55-6]
201	메틸 파라티온	Methyl parathion (Inhalable fraction and vapor)	$C_8H_{10}NO_5PS$	–	0.2	–	–	[298-00-0] Skin, 흡입성 및 증기
202	메틸 포메이트	Methyl formate	$HCOOCH_3$	100	–	150	–	[107-31-3]
203	메틸 프로필 케톤	Methyl propyl ketone	$CH_3COC_3H_7$	200	–	250	–	[107-87-9]
204	메틸 하이드라진	Methyl hydrazine	CH_3NHNH_2	0.01	–	–	–	[60-34-4] 발암성 2, Skin
205	5-메틸-3-헵타논	5-Methyl-3-heptanone	$C_8H_{16}O$					에틸 아밀 케톤 참조
206	면분진	Cotton dust, raw	–	–	0.2	–	–	–
207	모노크로토포스	Monocrotophos (Inhalable fraction and vapor)	$C_7H_{14}NO_5P$	–	0.05	–	–	[6923-22-4] 생식세포 변이원성 2, Skin, 흡입성 및 증기
208	모노클로로벤젠	Monochlorobenzene	C_6H_5Cl					클로로벤젠 참조
209	모르폴린	Morpholine	C_4H_9ON	20	–	30	–	[110-91-8] Skin
210	목재분진(적삼목)	Wood dust(Western red cedar, Inhalable fraction)	–	–	0.5	–	–	흡입성, 발암성 1A
211	목재분진 (적삼목외 기타 모든 종)	Wood dust(All other species, Inhalable fraction)	–	–	1	–	–	흡입성, 발암성 1A
212	몰리브덴(불용성화합물)	Molybdenum(Insoluble compounds)(Inhalable fraction)	Mo	–	10	–	–	[7439-98-7] 흡입성

직업성 암을 유발하는 발암물질 시리즈

일련번호	유해물질의 명칭 (국문표기)	유해물질의 명칭 (영문표기)	화학식	노출기준 TWA ppm	노출기준 TWA mg/m³	노출기준 STEL ppm	노출기준 STEL mg/m³	비고 (CAS번호 등)
213	몰리브덴(불용성화합물)	Molybdenum (Insoluble compounds) (Respirable fraction)	Mo	–	5	–	–	[7439-98-7] 호흡성
214	몰리브데늄(수용성화합물)	Molybdeunum (Soluble compounds) (Respirable fraction)	Mo	–	0.5	–	–	[7439-98-7] 발암성 2, 호흡성
215	무수 말레산	Maleic anhydride	$(CHCO)_2O$	–	0.4	–	–	[108-31-6]
216	무수 초산	Acetic anhydride	$(CH_3CO)_2O$	1	–	3	–	[108-24-7]
217	무수 프탈산	Phthalic anhydride	$C_6H_4(CO)_2O$	1	–	–	–	[85-44-9] Skin
218	바륨 및 그 가용성화합물	Barium and soluble compounds	Ba	–	0.5	–	–	[7440-39-3]
219	백금(가용성염)	Platinum (Soluble salts, as Pt)	$Na_2PtCl_6 \cdot 6H_2O$/ $PtCl_4/(NH_4)_2PtCl_6$	–	0.002	–	–	[7440-06-4]
220	백금(금속)	Platinum(Metal)	Pt	–	1	–	–	[7440-06-4]
221	베노밀	Benomyl	$C_{14}H_{18}N_4O_3$	–	10	–	–	[17804-35-2] 발암성 2, 생식독성 1B
222	베릴륨 및 그 화합물	Beryllium & Compounds	Be	–	0.002	–	0.01	[7440-41-7] 발암성 1A
223	베타-나프틸아민	β-Naphthylamine	$C_{10}H_7NH_2$	–	–	–	–	[91-59-8] 발암성 1A
224	베타-클로로프렌	β-Chloroprene	$CH_2CClCHCH_2$					2-클로로-1, 3-부타디엔 참조
225	베타-프로피오락톤	β-Propiolactone	$C_3H_4O_2$	0.5	–	–	–	[57-57-8] 발암성 1B, Skin
226	벤젠	Benzene	C_6H_6	0.5	–	2.5	–	[71-43-2] 발암성 1A, 생식세포 변이원성 1B, Skin
227	1,2-벤젠디아민	1,2-Benzenediamine	$C_6H_4(NH_2)_2$	–	0.1	–	–	[95-54-5]
228	1,3-벤젠디아민	1,3-Benzenediamine	$C_6H_4(NH_2)_2$	–	0.1	–	–	[108-45-2]
229	벤조일클로라이드	Benzoyl chloride	C_7H_5ClO	–	–	C 0.5	–	[98-88-4] 발암성 1B
230	벤조트리클로라이드	Benzotrichloride	$C_7H_5Cl_3$	–	–	C 0.1	–	[98-07-7] 발암성 1B, Skin
231	벤조피렌	Benzo(a) pyrene	$C_{20}H_{12}$	–	–	–	–	[50-32-8] 발암성 1A, 생식세포 변이원성 1B, 생식독성 1B
232	벤지딘	Benzidine	$NH_2C_6H_4C_6H_4NH_2$	–	–	–	–	[92-87-5] 발암성 1A, Skin
233	2-부타논	2-Butanone	$CH_3COC_2H_5$	–	–	–	–	메틸 에틸 케톤 참조

일련 번호	유해물질의 명칭 국문표기	유해물질의 명칭 영문표기	화학식	노출기준 TWA ppm	노출기준 TWA mg/m³	노출기준 STEL ppm	노출기준 STEL mg/m³	비 고 (CAS번호 등)
234	1,3-부타디엔	1,3-Butadiene	$CH_2CHCHCH_2$	2	–	10	–	[106-99-0] 발암성 1A, 생식세포 변이원성 1B
235	부탄(이성체)	Butane, isomers	$CH_3(CH_2)_2CH_3$	800	–	–	–	[75-28-5][106-97-8] 발암성 1A, 생식세포 변이원성 1B(부타디엔 0.1% 이상인 경우에 한정함)
236	2-부톡시에탄올	2-Butoxyethanol	$C_4H_9OCH_2CH_2OH$	20	–	–	–	[111-76-2] 발암성 2, Skin
237	부타에티올	Butanethiol	$CH_3CH_2CH_2CH_2SH$	0.5	–	–	–	[109-79-5]
238	부틸 멜캡탄	Butyl mercaptan	$CH_3CH_2CH_2CH_2SH$					Butanethiol 참조
239	부틸아민	Butylamine	$C_4H_9NH_2$			C 5	–	[109-73-9] Skin
240	이차-부틸알코올	sec-Butyl alcohol (2-Butanol)	$CH_3CHOHCH_2CH_3$	100	–	150	–	[78-92-2]
241	삼차-부틸알코올	tert-Butyl alcohol	$(CH_3)_3COH$	100	–	150	–	[75-65-0]
242	불소	Fluorine	F_2	0.1	–	–	–	[7782-41-4]
243	불화수소	Hydrogen fluoride, as F	HF	0.5	–	C 3	–	[7664-39-3] Skin
244	붕소산 사나트륨염 (무수물)	Borates tetrasodium salts(Anhydrous) (Inhalable fraction)	$Na_2B_4O_7$	–	1	–	–	[1330-43-4] 생식독성 1B, 흡입성
245	붕소산 사나트륨염 (오수화물)	Borates tetrasodium salts(Pentahydrate) (Inhalable fraction)	$Na_2B_4O_7 \cdot 5H_2O$	–	1	–	–	[12179-04-3] 생식독성 1B, 흡입성
246	붕소산 사나트륨염 (십수화물)	Borates tetrasodium salts(Decahydrate)(Inhalable fraction)	$Na_2B_4O_7 \cdot 10H_2O$	–	5	–	–	[1303-96-4] 생식독성 1B, 흡입성
247	브로마실	Bromacil	$C9H_{13}BrN_2O_2$	–	10	–	–	[314-40-9] 발암성 2
248	브로모클로로메탄	Bromochloromethane	CH_2BrCl	200	–	250	–	[74-97-5]
249	브로모포롬	Bromoform	$CHBr_3$	0.5	–	–	–	[75-25-2] 발암성 2, Skin
250	1-브로모프로판	1-Bromopropane	$CH_3CH_2CH_2Br$	25	–	–	–	[106-94-5] 발암성 2, 생식독성 1B
251	2-브로모프로판	2-Bromopropane	$(CH_3)_2CHBr$	1	–	–	–	[75-26-3] 생식독성 1A
252	브롬	Bromine	Br_2	0.1	–	0.3	–	[7726-95-6]
253	브롬화 메틸	Methyl bromide	CH_3Br	1	–	–	–	[74-83-9] 생식세포 변이원성 2, Skin
254	브롬화 비닐	Vinyl bromide	C_2H_3Br	0.5	–	–	–	[593-60-2] 발암성 1B

직업성 암을 유발하는 발암물질 시리즈

일련번호	유해물질의 명칭 (국문표기)	유해물질의 명칭 (영문표기)	화학식	노출기준 TWA ppm	노출기준 TWA mg/m³	노출기준 STEL ppm	노출기준 STEL mg/m³	비 고 (CAS번호 등)
255	브롬화 수소	Hydrogen bromide	HBr	–	–	C 2	–	[10035-10-6]
256	브롬화 에틸	Ethyl bromide	C_2H_5Br	5	–	–	–	[74-96-4] 발암성 2, Skin
257	브이엠 및 피 나프타	VM & P Naphtha	–	300	–	–	–	[8032-32-4] 발암성 1B, 생식세포 변이원성 1B(벤젠 0.1% 이상인 경우에 한정함)
258	비닐 벤젠	Vinyl benzene	$C_6H_5CHCH_2$					스티렌 참조
259	비닐 시클로헥센디옥사이드	Vinyl ycloheXenedioxide	$C_8H_{12}O_2$	0.1	–	–	–	[106-87-6] 발암성 2, Skin
260	비닐 아세테이트	Vinyl acetate	$CH_3COOCHCH_2$	10	–	15	–	[108-05-4] 발암성 2
261	비닐 톨루엔	Vinyl toluene	$CH_3C_6H_4CHCH_2$	50	–	–	–	[25013-15-4]
262	비소 및 그 무기화합물	Arsenic & inorganic compounds, as As	As	–	0.01	–	–	[7440-38-2] 발암성 1A
263	비스-(클로로메틸)에테르	bis-(Chloromethyl)ether	$O(CH_2Cl)_2$	0.001	–	–	–	[542-88-1] 발암성 1A
264	비페닐	Biphenyl	$C_{12}H_{10}$	0.2	–	–	–	[92-52-4]
265	사브롬화 아세틸렌	Acetylene tetrabromide	$CHBr_2CHBr_2$	1	–	–	–	[79-27-6]
266	사브롬화 탄소	Carbon tetrabromide	CBr_4	0.1	–	0.3	–	[558-13-4]
267	사산화 오스뮴	Osmium tetroxide, as Os	OsO_4	0.0002	–	0.0006	–	[20816-12-0]
268	사염화탄소	Carbon tetrachloride	CCl_4	5	–	–	–	[56-23-5] 발암성 1B, Skin
269	산화규소(결정체 석영)	Silica(Crystalline quartz) (Respirable fraction)	SiO_2	–	0.05	–	–	[14808-60-7] 발암성 1A, 호흡성
270	산화규소 (결정체 크리스토바라이트)	Silica(Crystalline cristobalite) (Respirable fraction)	SiO_2	–	0.05	–	–	[14464-46-1] 발암성 1A, 호흡성
271	산화규소 (결정체 트리디마이트)	Silica(Crystalline tridymite) (Respirable fraction)	SiO_2	–	0.05	–	–	[15468-32-3] 발암성 1A, 호흡성
272	산화규소 (결정체 트리폴리)	Silica(Crystalline tripoli) (Respirable fraction)	SiO_2	–	0.1	–	–	[1317-95-9] 발암성 1A, 호흡성
273	산화규소 (비결정체 규소, 용융된)	Silica(Amorphous silica, fused)(Respirable fraction)	SiO_2	–	0.1	–	–	[60676-86-0] 호흡성
274	산화규소 (비결정체 규조토)	Silica (Amorphous diatomaceous earth)	SiO_2	–	10	–	–	[61790-53-2]

직업성 암을 유발하는 발암물질 I

일련번호	유해물질의 명칭 (국문표기)	유해물질의 명칭 (영문표기)	화학식	노출기준 TWA ppm	노출기준 TWA mg/m³	노출기준 STEL ppm	노출기준 STEL mg/m³	비 고 (CAS번호 등)
275	산화규소 (비결정체 침전된 규소)	Silica (Amorphous precipitated silica)	SiO_2	-	10	-	-	[112926-00-8]
276	산화규소 (비결정체 실리카겔)	Silica (Amorphous silicagel)	SiO_2	-	10	-	-	[112926-00-8]
277	산화마그네슘	Magnesium oxide	MgO	-	10	-	-	[1309-48-4]
278	산화 메시틸	Mesityl oxide	$CH_3COCHC(CH_3)_2$	15	-	25	-	[141-79-7]
279	산화 붕소	Boron oxide	B_2O_3	-	10	-	-	[1303-86-2] 생식독성 1B
280	산화아연 분진	Zinc oxide (Respirable fraction)	ZnO	-	2	-	-	[1314-13-2] 호흡성
281	산화아연	Zinc oxide	ZnO	-	5	-	10	[1314-13-2]
282	산화 알루미늄	Aluminum oxide	Al_2O_3	-	-	-	-	알파-알루미나 참조
283	산화 에틸렌	Ethylene oxide	$(CH_2)_2O$	1	-	-	-	[75-21-8] 발암성 1A, 생식세포 변이원성 1B
284	산화주석 및 무기화합물	Tin oxide & Inorganic compounds except. SnH4, as Sn	$Sn/SnCl_2/SnCl_4/Sn SO_4/K_2SnO_3 \cdot 3H_2O$	-	2	-	-	[7440-31-5] Skin
285	산화철	Iron oxide, as Fe	Fe_2O_3	-	5	-	-	[1309-37-1]
286	산화철(흄)	Iron oxide(Fume, as Fe)	Fe_2O_3	-	5	-	-	[1309-37-1]
287	산화칼슘	Calcium oxide	CaO	-	2	-	-	[1305-78-8]
288	산화프로필렌	Propylene oxide	CH_3CHOCH_2	-	-	-	-	1, 2-에폭시프로판 참조
289	삼차부틸크롬산	tert-Butyl chromate, as CrO_3	$[(CH_3)_3CO]_2CrO_2$	-	-	-	C 0.1	[1189-85-1] 발암성 1A, Skin
290	삼불화붕소	Boron trifluoride	BF_3	-	-	C 1	-	[7637-07-2]
291	삼불화염소	Chlorine trifluoride	ClF_3	-	-	C 0.1	-	[7790-91-2]
292	삼불화질소	Nitrogen trifluoride	NF_3	10	-	-	-	[7783-54-2]
293	삼브롬화붕소	Boron tribromide	BBr_3	-	-	C 1	-	[10294-33-4]
294	삼산화 안티몬 (취급 및 사용물)	Antimony trioxide (Handling & use, as Sb)	Sb_2O_3	-	0.5	-	-	[1309-64-4] 발암성 2
295	삼산화 안티몬(생산)	Antimony trioxide (Production)	Sb_2O_3	-	-	-	-	[1309-64-4] 발암성 1B
296	삼수소화 비소	Arsine	AsH_3	0.005	-	-	-	[7784-42-1]
297	석고	Gypsum(Inhalable fraction)	$CaSO_4 \cdot 2H_2O$	-	10	-	-	[13397-24-5] 흡입성

일련번호	유해물질의 명칭 국문표기	유해물질의 명칭 영문표기	화학식	노출기준 TWA ppm	노출기준 TWA mg/m³	노출기준 STEL ppm	노출기준 STEL mg/m³	비고 (CAS번호 등)
298	석면(모든 형태)	Asbestos(All forms)	-	-	0.1개/cm³	-	-	발암성 1A
299	석탄분진	Coal dust (Respirable fraction)	-	-	1	-	-	호흡성
300	석회석	Lime stone	-	-	10	-	-	[1317-65-3]
301	설퍼릴 플루오라이드	Sulfuryl fluoride	SO_2F_2	5	-	10	-	[2699-79-8]
302	설퍼 모노클로라이드	Sulfur monochloride	S_2Cl_2	-	-	C 1	-	[10025-67-9]
303	설퍼 테트라플루오라이드	Sulfur tetrafluoride	SF_4	-	-	C 0.1	-	[7783-60-0]
304	설퍼 펜타플루오라이드	Sulfur pentafluoride	S_2F_{10}	-	-	C 0.01	-	[5714-22-7]
305	설포텝	Sulfotep	$(C_2H_5)_4P_2S_2O_5$	-	0.2	-	-	[3689-24-5] Skin
306	설프로포스	Sulprofos	C12H19O2PS3	-	1	-	-	[35400-43-2] Skin
307	세손	Sesone	$C_8H_7Cl_2NaO_5S$	-	10	-	-	[136-78-7]
308	세슘하이드록시드	Cesium hydroxide	CsOH	-	2	-	-	[21351-79-1]
309	셀레늄 및 그 화합물	Selenium and compounds	$Se/Na_2SeO_3/Na_2SeO_4/SeO_2SeOCl_2$	-	0.2	-	-	[7782-49-2]
310	셀루로우즈	Cellulose(paper fiber)	$(C_6H_{10}O_5)n$	-	10	-	-	[9004-34-6]
311	소디움 2, 4-디클로로페녹시에틸 설페이트	Sodium 2, 4-dichlorophenoxyethyl sulfate	$C_8H_7Cl_2NaO_5S$					세손 참조
312	소디움 메타바이설파이트	Sodium metabisulfite	$Na_2S_2O_5$	-	5	-	-	[7681-57-4]
313	소디움 비설파이트	Sodium bisulfite	$NaHSO_3$	-	5	-	-	[7631-90-5]
314	소디움 아지이드	Sodium azide	NaN_3	-	-	-	C 0.29	[26628-22-8]
315	소디움 플루오로아세테이트	Sodium fluoroacetate	$CH_2FCOONa$	-	0.05	-	0.15	[62-74-8] Skin
316	소석고	Plaster of Pariss (Inhalable fraction)	-	-	10	-	-	[10034-76-1] 흡입성
317	소우프스톤	Soapstone	$3MgO \cdot 4SiO_2 \cdot H_2O$	-	6	-	-	[14807-96-6]
318	소우프스톤	Soapstone(Respirable fraction)	$3MgO \cdot 4SiO_2 \cdot H_2O$	-	3	-	-	[14807-96-6] 호흡성
319	수산화나트륨	Sodium hydroxide	NaOH	-	-	-	C 2	[1310-73-2]
320	수산화칼륨	Potassium hydroxide	KOH	-	-	-	C 2	[1310-58-3]

일련 번호	유해물질의 명칭 국문표기	유해물질의 명칭 영문표기	화학식	노출기준 TWA ppm	노출기준 TWA mg/m³	노출기준 STEL ppm	노출기준 STEL mg/m³	비 고 (CAS번호 등)
321	수산화 칼슘	Calcium hydroxide	Ca(OH)$_2$	–	5	–	–	[1305-62-0]
322	수산화테트라메틸암모늄	Tetramethylammonium hydroxide	C4H13NO	–	1	–	–	[75-59-2]
323	수은(아릴화합물)	Mercury(Aryl compounds)	Hg	–	0.1	–	–	[7439-97-6] Skin
324	수은 및 무기형태 (아릴 및 알킬 화합물 제외)	Mercury elemental and inorganic form(All forms except aryl & alkyl compounds)	Hg	–	0.025	–	–	[7439-97-6] 생식독성 1B, Skin
325	수은(알킬화합물)	Mercury(Alkyl compounds)	Hg	–	0.01	–	0.03	[7439-97-6] Skin
326	스토다드 용제	Stoddard solvent	C$_9$ ~ C$_{11}$ araffn(85%) + aromatics(15%)	100	–	–	–	[8052-41-3] 발암성 1B, 생식세포 변이원성 1B(벤젠 0.1% 이상인 경우에 한정함)
327	스트론튬크로메이트	Strontium chromate	C$_2$H$_2$O$_4$ · Sr	–	0.0005	–	–	[7789-06-2] 발암성 1A
328	스트리치닌	Strychnine	C$_{21}$H$_{22}$N$_2$O$_2$	–	0.15	–	–	[57-24-9]
329	스티렌	Styrene	C$_6$H$_5$CHCH$_2$	20	–	40	–	[100-42-5] 발암성 2, 생식독성 2, Skin
330	스티빈	Stibine	SbH$_3$	0.1	–	–	–	[7803-52-3]
331	시스톡스	Systox	(C$_2$H$_5$O)$_2$PSOC$_2$H$_5$ C$_2$H$_5$					데미톤 참조
332	시아노겐	Cyanogen	(CN)$_2$	10	–	–	–	[460-19-5]
333	시안아미드	Cyanamide	H$_2$NCN	–	2	–	–	[420-04-2]
334	시안화 나트륨	Sodium cyanide	NaCN	–	3	–	5	[143-33-9] Skin
335	시안화 비닐	Vinyl cyanide	CH$_2$CHCN					아크릴로니트릴 참조
336	시안화 수소	Hydrogen cyanide	HCN	–	–	C 4.7	–	[74-90-8] Skin
337	시안화 칼륨	Potassium cyanide	KCN					시안화합물 참조
338	시안화합물	Cyanides, as CN	KCN/Ca(CN)$_2$	–	5	–	–	[151-50-8][592-01-8]Skin
339	시클로나이트	Cyclonite	C$_3$H$_6$N$_6$O$_6$	–	0.5	–	–	[121-82-4] Skin
340	시클로펜타디엔	Cyclopentadiene	C$_5$H$_6$	75	–	–	–	[542-92-7]
341	시클로펜탄	Cyclopentane	C$_5$H$_{10}$	600	–	–	–	[287-92-3]
342	시클로헥사논	Cyclohexanone	C$_6$H$_{11}$O	25	–	50	–	[108-94-1] 발암성 2, Skin
343	시클로헥사놀	Cyclohexanol	C$_6$H$_{11}$OH	50	–	–	–	[108-93-0] Skin
344	시클로헥산	Cyclohexane	C$_6$H$_{12}$	200	–	–	–	[110-82-7]

일련 번호	유해물질의 명칭 국문표기	유해물질의 명칭 영문표기	화학식	노출기준 TWA ppm	노출기준 TWA mg/m³	노출기준 STEL ppm	노출기준 STEL mg/m³	비고 (CAS번호 등)
345	시클로헥센	Cyclohexene	C_6H_{10}	300	–	–	–	[110-83-8]
346	시클로헥실아민	Cyclohexylamine	$C_6H_{11}NH_2$	10	–	–	–	[108-91-8] 생식독성 2
347	시헥사틴	Cyhexatin	$C_{18}H_{34}OSn$	–	5	–	–	[13121-70-5]
348	실레인	Silane	SiH_4	5	–	–	–	[7803-62-5]
349	실리콘	Silicon	Si	–	10	–	–	[7440-21-3]
350	실리콘 카바이드	Silicon carbide	SiC	–	10	–	–	[409-21-2] 발암성 1B[섬유상(수염형태 결정 포함) 물질에 한정함]
351	실리콘 테트라하이드라이드	Silicon tetrahydride	SiH_4					실레인 참조
352	아니시딘 (오, 파라-이성체)	Anisidine(o, p-isomers)	$NH_2C_6H_4OCH_3$	–	0.5	–	–	[29191-52-4] Skin
353	아닐린과 아닐린 동족체	Aniline & homologues	$C_6H_5NH_2$	2	–	–	–	[62-53-3] 발암성 2, 생식세포 변이원성 2, Skin
354	4-아미노디페닐	4-Aminodiphenyl	$C_6H_5C_6H_4NH_2$	–	–	–	–	[92-67-1] 발암성 1A, Skin
355	2-아미노에탄올	2-Aminoethanol	$HOCH_2CH_2NH_2$					에탄올아민 참조
356	3-아미노-1,2,4-트리아졸 (또는 아미트롤)	3-Amino-1,2,4-triazole (or Amitrole)	–	–	0.2	–	–	[61-82-5] 발암성 2, 생식독성 2
357	2-아미노피리딘	2-Aminopyridine	$NH_2C_5H_4N$	0.5	–	–	–	[504-29-0]
358	아세비이트 연	Lead arsenate, as Pb $(AsO_4)_2$	Pb_3HAsO_4	–	0.05	–	–	[7784-40-9] 발암성 1A, 생식독성 1A
359	아세토니트릴	Acetonitrile	CH_3CN	20	–	–	–	[75-05-8] Skin
360	아세톤	Acetone	CH_3COCH_3	500	–	750	–	[67-64-1]
361	아세톤시아노히드린	Acetone cyanohydrin	$(CH_3)_2C(OH)CN$	–	–	C 4.7	–	[75-86-5]
362	아세트알데히드	Acetaldehyde	CH_3CHO	50	–	150	–	[75-07-0] 발암성 1B
363	아세틸살리실산 (Aspirin)	Acetylsalicylic acid (Aspirin)	$C_9H_8O_4$	–	5	–	–	[50-78-2]
364	아스팔트 흄 (벤젠 추출물)	Asphalt(Bitumen)fumes (as benzene soluble aerosol) (Inhalable fraction)	–	–	0.5	–	–	[8052-42-4] 발암성 2, 흡입성
365	아연 스테아린산	Zinc stearate (Inhalable fraction)	$Zn(C_{18}H_{35}O_2)_2$	–	10	–	–	[557-05-1] 흡입성

일련번호	유해물질의 명칭 국문표기	유해물질의 명칭 영문표기	화학식	노출기준 TWA ppm	노출기준 TWA mg/m³	노출기준 STEL ppm	노출기준 STEL mg/m³	비고 (CAS번호 등)
366	아진포스 메틸	methyl (Inhalable fraction and vapor)	$C_{10}H_{12}N_3O_3PS_2$	–	0.2	–	–	[86-50-0] Skin, 흡입성 및 증기
367	아크로레인	Acrolein	CH_2CHCHO	0.1	–	0.3	–	[107-02-8] Skin
368	아크릴로니트릴	Acrylonitrile	CH_2CHCN	2	–	–	–	[107-13-1] 발암성 1B, Skin
369	아크릴 산	Acrylic acid	$CH_2CHCOOH$	2	–	–	–	[79-10-7] Skin
370	아크릴아미드	Acrylamide (Inhalable fraction and vapor)	$CH_2CHCONH_2$	–	0.03	–	–	[79-06-1] 발암성 1B, 생식세포 변이원성 1B, 생식독성 2, Skin, 흡입성 및 증기
371	아트라진	Atrazine	$C_8H_{14}ClN_5$	–	5	–	–	[1912-24-9] 발암성 2
372	아황화니켈 (Inhalable fraction)	Nickel subsulfide	Ni_3S_2	–	0.1	–	–	[12035-72-2] 발암성 1A, 생식세포 변이원성 2, 흡입성
373	안티모과 그 화합물	Antimony & compounds, as Sb	Sb	–	0.5	–	–	[7440-36-0]
374	알드린	Aldrin	$Cl_2H_8Cl_6$	–	0.25	–	–	[309-00-2] 발암성 2, Skin
375	알루미늄(가용성 염)	Aluminum(Soluble salts)	Al	–	2	–	–	[7429-90-5]
376	알루미늄(금속분진)	Aluminum(Metal dust)	Al	–	10	–	–	[7429-90-5]
377	알루미늄(알킬)	Aluminum(Alkyls)	Al	–	2	–	–	[7429-90-5]
378	알루미늄(용접 흄)	Aluminum(Welding fumes)	Al	–	5	–	–	[7429-90-5]
379	알루미늄(피로파우더)	Aluminum(Pyropowders)	Al	–	5	–	–	[7429-90-5]
380	알릴글리시딜에테르	Allyl glycidyl ether(AGE)	$CH_2CHCH_2OC_4H_5O$	1	–	–	–	[106-92-3] 발암성 2, 생식세포 변이원성 2, 생식독성 2, Skin
381	알릴 알코올	Allyl alcohol	CH_2CHCH_2OH	0.5	–	4	–	[107-18-6] Skin
382	알릴프로필 디설파이드	Allylpropyl disulfide	$CH_2CHCH_2S_2C_3H_7$	0.5	–	–	–	[2179-59-1]
383	알파-나프틸아민	α-Naphthyl amine	$C_{10}H_7NH_2$	–	0.006	–	–	[134-32-7] 발암성 2
384	알파-나프틸티오우레아 (ANTU)	α-Naphthylthiourea (ANTU)	$C_{11}H_{10}N_2S$	–	0.3	.	–	[86-88-4] 발암성 2, Skin
385	알파-메틸 스티렌	α-Methyl styrene	$C_6H_5C(CH_3)=CH2/C_9H_{10}$	50	–	100	–	[98-83-9] 발암성 2
386	알파-알루미나	α-Alumina	Al_2O_3	–	10	–	–	[1344-28-1]
387	알파-클로로아세토페논	α-Chloroacetophenone	$C_6H_5COCH_2Cl$	0.05	–	–	–	[532-27-4]
388	암모늄 설파메이트	Ammonium sulfamate	$NH_2SO_3NH_4$	–	10	–	–	[7773-06-0]

일련번호	유해물질의 명칭 (국문표기)	유해물질의 명칭 (영문표기)	화학식	노출기준 TWA ppm	노출기준 TWA mg/m³	노출기준 STEL ppm	노출기준 STEL mg/m³	비고 (CAS번호 등)
389	암모니아	Ammonia	NH_3	25	–	35	–	[7664-41-7]
390	액화 석유가스	L.P.G (Liquified petroleum gas)	$C_3H_6/C_3H_8/C_4H_8/C_4H_{10}$	1,000	–	–	–	[68476-85-7] 발암성 1A, 생식세포 변이원성 1B(부타디엔 0.1%이상인 경우에 한함)
391	에머리	Emery	–	–	10	–	–	[1302-74-5]
392	에탄에티올	Ethanethiol	C_2H_5SH	0.5	–	–	–	[75-08-1]
393	에탄올	Ethanol	C_2H_5OH					에틸 알코올 참조
394	에탄올아민	Ethanolamine	$HOCH_2CH_2NH_2$	3	–	6	–	[141-43-5]
395	2-에톡시에탄올	2-Ethoxyethanol	$C_2H_5OCH_2CH_2OH$	5	–	–	–	[110-80-5] 생식독성 1B, Skin
396	2-에톡시에틸아세테이트	2-Ethoxyethyl acetate	$C_2H_5OCH_2CH_2OCOCH_3$	5	–	–	–	[111-15-9] 생식독성 1B, Skin
397	에티온	Ethion	$C_9H_{22}O_4P_2S_2$	–	0.4	–	–	[563-12-2] Skin
398	에틸렌 글리콜 디니트레이트	Ethylene glycol dinitrate	$(CH_2NO_3)_2$	0.05	–	–	–	[628-96-6] Skin
399	에틸렌글리콜모노부틸에테르아세테이트	Ethyleneglycol monobutyl etheracetate	$C_4H_9OCH_2OO-CH_3$	20	–	–	–	[112-07-2] 발암성 2
400	에틸렌 글리콜메틸에테르 아세테이트	Ethylene glycol methyl ether acetate	$CH_3COOCH_2CH_2OCH_3$	5	–	–	–	[110-49-6] 생식독성 1B, Skin
401	에틸렌 글리콜 (증기 및 미스트)	Ethylene glycol (Vapor and mist)	CH_2OHCH_2OH	–	–	C 100	–	[107-21-1]
402	에틸렌디아민	Ethylenediamine	CH_2BrCH_2Br					1,2-디아미노에탄 참조
403	에틸렌이민	Ethylenimine	$(CH_2)_2NH$	0.5	–	–	–	[151-56-4] 발암성 1B, 생식세포 변이원성 1B, Skin
404	에틸렌 클로로하이드린	Ethylene chlorohydrin	CH_2ClCH_2OH	–	–	C 1	–	[107-07-3] Skin
405	에틸리덴 노르보르넨	Ethylidene norbornene	C_9H_{12}	–	–	C 5	–	[16219-75-3]
406	에틸 멀캡탄	Ethyl mercaptan	C_2H_5SH					에탄에티올 참조
407	에틸 벤젠	Ethyl benzene	$C_2H_5C_6H_5$	100	–	125	–	[100-41-4] 발암성 2
408	에틸 부틸 케톤	Ethyl butyl ketone	$C_2H_5COC_4H_9$	50	–	–	–	[106-35-4]
409	에틸 실리케이트	Ethyl silicate	$(C_2H_5O)Si/(CH_2H_5)_4SiO_4$	10	–	–	–	[78-10-4]
410	에틸 아민	Ethyl amine	$C_2H_5NH_2$	5	–	15	–	[75-04-7] Skin

일련번호	유해물질의 명칭 국문표기	유해물질의 명칭 영문표기	화학식	노출기준 TWA ppm	노출기준 TWA mg/m³	노출기준 STEL ppm	노출기준 STEL mg/m³	비고 (CAS번호 등)
411	에틸 아밀 케톤	Ethyl amyl ketone	$C_8H_{16}O$	25	–	–	–	[541-85-5]
412	에틸 아크릴레이트	Ethyl acrylate	$CH_2CHCOOC_2H_5$	5	–	–	–	[140-88-5] 발암성 2
413	에틸 알코올	Ethyl alcohol	C_2H_5OH	1,000	–	–	–	[64-17-5] 발암성 1A (알코올 음주에 한정함)
414	에틸 에테르	Ethyl ether	$C_2H_5OC_2H_5$					디에틸 에테르 참조
415	1,2-에폭시프로판	1,2-Epoxypropane	CH_3CHOCH_2	2	–	–	–	[75-56-9] 발암성 1B, 생식세포 변이원성 1B
416	2,3-에폭시-1-프로판올	2,3-Epoxy-1-propanol	$C_3H_6O_2$	2	–	–	–	[556-52-5] 발암성 1B, 생식세포 변이원성 2, 생식독성 1B
417	에피클로로히드린	Epichlorohydrin	C_3H_5OCl	0.5	–	–	–	[106-89-8] 발암성 1B, Skin
418	엔도설판 (Inhalable fraction and vapor)	Endosulfan	$C_9H_6Cl_6O_3S$	–	0.1	–	–	[115-29-7] Skin, 흡입성 및 증기
419	엔드린	Endrin	$C_{12}H_8Cl_6O$	–	0.1	–	–	[72-20-8] Skin
420	염소	Chlorine	Cl_2	0.5	–	1	–	[7782-50-5]
421	염소화 비닐리덴	Vinylidene chloride	CH_2CCl_2					1,1-디클로로에틸렌 참조
422	염소화 산화디페닐	Chlorinated diphenyloxide	$C_{12}H_4Cl_6O$	–	0.5	–	2	[55720-99-5]
423	염소화 캄펜	Chlorinated camphene	$C_{10}H_{10}Cl_8$	–	0.5	–	1	[8001-35-2] 발암성 2, Skin
424	염화 메틸렌	Methylene chloride	CH_2Cl_2					디클로로메탄 참조
425	염화 벤질	Benzyl chloride	$C_6H_5CH_2Cl$	1	–	–	–	[100-44-7] 발암성 1B
426	염화 비닐	Vinyl chloride	CH_2CHCl					클로로에틸렌 참조
427	염화 수소	Hydrogen chloride	HCl	1	–	2	–	[7647-01-0]
428	염화 시아노겐	Cyanogen chloride	$CClN$	–	–	C 0.3	–	[506-77-4]
429	염화 아연 흄	Zinc chloride fume	$ZnCl_2$	–	1	–	2	[7646-85-7]
430	염화 알릴	Allyl chloride	CH_2CHCH_2Cl	1	–	2	–	[107-05-1] 발암성 2, 생식세포 변이원성 2, Skin
431	염화 암모늄 흄	Ammonium chloride fume	NH_4Cl	–	10	–	20	[12125-02-9]
432	염화 에틸	Ethyl chloride	C_2H_5Cl	1,000	–	–	–	[75-00-3] 발암성 2, Skin
433	염화 에틸리덴	Ethylidene chloride	CH_3CHCl_2	10	–	–	–	[107-06-2] 발암성 1B
434	염화 티오닐	Thionyl chloride	$SOCl_2$	–	–	C 0.2	–	[7719-09-7]
435	오쏘-이차-부틸페놀	o-sec-Butylphenol	$C_2H_5(CH_3)CHC_6H_4OH$	5	–	–	–	[89-72-5] Skin

직업성 암을 유발하는 발암물질 시리즈

일련 번호	유해물질의 명칭 국문표기	유해물질의 명칭 영문표기	화학식	TWA ppm	TWA mg/m³	STEL ppm	STEL mg/m³	비 고 (CAS번호 등)
436	오쏘-디클롤로벤젠	o-Dichlorobenzene	$C_6H_4Cl_2$	25	–	50	–	[95-50-1]
437	오쏘-메틸시클로헥사논	o-Methylcyclohexanone	$C_7H_{12}O$	50	–	75	–	[583-60-8] Skin
438	오쏘-클로로벤질리덴 말로노니트릴	o-Chlorobenzylidene malononitrile	$ClC_6H_4CHC(CN)_2$	–	–	C 0.05	–	[2698-41-1] Skin
439	오쏘-클로로스티렌	o-Chlorostyrene	C_8H_7Cl	50	–	75	–	[2039-87-4]
440	오쏘-클로로톨루엔	o-Chlorotoluene	$C_6H_4CH_3Cl$	50	–	75	–	[95-49-8]
441	오쏘-톨루이딘	o-Toluidine	$CH_3C_6H_4NH_2$	2	–	–	–	[95-53-4] 발암성 1A, Skin
442	오쏘-톨리딘	o-Tolidine	$(CH_3C_6H_3NH_2)_2$	–	–	–	–	[119-93-7] 발암성 1B, Skin
443	오쏘-프탈로디니트릴	o-Phthalodinitrile (Inhalable fraction and vapor)	$C_6H_4(NH_2)_2$	–	1	–	–	[91-15-6] 흡입성 및 증기
444	오불화 브롬	Bromine pentafluoride	BrF_5	0.1	–	–	–	[7789-30-2]
445	오산화바나듐	Vanadium pentoxide (Inhalable fraction)	V_2O_5	–	0.05	–	–	[1314-62-1] 발암성 2, 생식세포 변이원성 2, 생식독성 2, 흡입성
446	오카르보닐 철 (펜타카르보닐철)	Iron pentacarbonyl, as Fe	$Fe(CO)_5$	0.1	–	0.2	–	[13463-40-6]
447	오존	Ozone	O_3	0.08	–	0.2	–	[10028-15-6]
448	옥살산	Oxalic acid	$HOOCCOOH \cdot 2H_2O$	–	1	–	2	[144-62-7]
449	옥타클로로나프탈렌	Octachloronaphthalene	$C_{10}Cl_8$	–	0.1	–	0.3	[2234-13-1] Skin
450	옥탄	Octane	C_8H_{18}	300	–	375	–	[111-65-9]
451	와파린	Warfarin	$C_{19}H_{16}O_4$	–	0.1	–	–	[81-81-2] 생식독성 1A, Skin
452	요오드 및 요오드화물	Iodine and iodides (Inhalable fraction and vapor)	I_2	0.01	–	0.1	–	[7553-56-2] 흡입성 및 증기
453	요오드포름	Iodoform	CHI_3	0.6	–	–	–	[75-47-8]
454	요오드화 메틸	Methyl iodide	CH_3I	2	–	–	–	[74-88-4] 발암성 2, Skin
455	용접 흄 및 분진	Welding fumes and dust	–	–	5	–	–	발암성 2
456	우라늄 (가용성 및 불용성 화합물)	Uranium (Soluble & insoluble compounds, as U)	$U/U_3O_8/UF_4/UH_3/U F_6/UO_2(NO_3)_2 \cdot 6H_2 O/UO_2SO_4 \cdot 3H_2O$	–	0.2	–	0.6	[7440-61-1] 발암성 1A
457	운모	Mica (Respirable fraction)	–	–	3	–	–	[12001-26-2] 호흡성

일련번호	유해물질의 명칭 국문표기	유해물질의 명칭 영문표기	화학식	노출기준 TWA ppm	노출기준 TWA mg/m³	노출기준 STEL ppm	노출기준 STEL mg/m³	비 고 (CAS번호 등)
458	유리 섬유 분진	Fibrous glass dust	-	-	5	-	-	-
459	육불화 셀레늄	Selenium hexafluoride, as Se	SeF_6	0.05	-	-	-	[7783-79-1]
460	육불화 텔레늄	Tellurium hexafluoride, as Te	TeF_6	0.02	-	-	-	[7783-80-4]
461	육불화 황	Sulfur hexafluoride	SF_6	1,000	-	-	-	[2551-62-4]
462	은(가용성 화합물)	Silver (Soluble compounds, as Ag)	$AgNO_3/AgF$	-	0.01	-	-	[7440-22-4]
463	은(금속, 분진 및 흄)	Silver (Metal, dust and fume)	Ag	-	0.1	-	-	[7440-22-4]
464	이불화산소	Oxygen difluoride	OF_2	-	-	C 0.05	-	[7783-41-7]
465	이브롬화 에틸렌	Etylene dibromide	$NH_2CH_2CH_2NH_2$	-	-	-	-	1,2-디브로모에탄 참조
466	이산화염소	Chlorine dioxide	ClO_2	0.1	-	0.3	-	[10049-04-4]
467	이산화질소	Nitrogen dioxide	NO_2/N_2O_4	3	-	5	-	[10102-44-0]
468	이산화탄소	Carbon dioxide	CO_2	5,000	-	30,000	-	[124-38-9]
469	이산화티타늄	Titanium dioxide	TiO_2	-	10	-	-	[13463-67-7] 발암성 2
470	이산화 황	Sulfur dioxide	SO_2	2	-	5	-	[7446-09-5]
471	이소부틸 알코올	Isobutyl alcohol	$(CH_3)_2CHCH_2OH$	50	-	-	-	[78-83-1]
472	이소아밀 알코올	Isoamyl alcohol	$(CH_3)_2CHCH_2OH$	100	-	125	-	[123-51-3]
473	이소옥틸 알코올	Isooctyl alcohol	$C_7H_{15}CH_2OH$	50	-	-	-	[26952-21-6] Skin
474	이소포론	Isophorone	$C_9H_{14}O$	-	-	C 5	-	[78-59-1] 발암성 2
475	이소포론 디이소시아네이트	Isophorone diisocyanate	$C_{12}H_{18}N_2O_2$	0.005	-	-	-	[4098-71-9] Skin
476	이소프로폭시에탄올	Isopropoxyethanol	$(CH_3)_2CHOCH_2CH_2OH$	25	-	-	-	[109-59-1] Skin
477	이소프로필 글리시딜 에테르	Isopropyl glycidyl ether (IGE)	$C_6H_{12}O_2$	50	-	75	-	[4016-14-2]
478	이소프로필아민	Isopropylamine	$(CH_3)_2CHNH_3$	5	-	10	-	[75-31-0]
479	이소프로필 알코올	Isopropyl alcohol	$CH_3CHOHCH_3$	200	-	400	-	[67-63-0]
480	이소프로필 에테르	Isopropyl ether	$[(CH_3)_2CH]_2O$	250	-	310	-	[108-20-3]
481	이염화아세틸렌	Acetylene dichloride	$CHClCHCl$	-	-	-	-	1,2-디클로로에틸렌 참조

일련번호	유해물질의 명칭 국문표기	유해물질의 명칭 영문표기	화학식	노출기준 TWA ppm	노출기준 TWA mg/m³	노출기준 STEL ppm	노출기준 STEL mg/m³	비고 (CAS번호 등)
482	이염화 에틸렌	Ethylene dichloride	ClCHCHCl	10	–	–	–	[107-06-2] 발암성 1B
483	이트리움(금속 및 화합물)	Yttrium (Metal & compounds, as Y)	$Y/Y(NO_3)_3 \cdot 6H_2O/YCl_3/Y_2O_3$	–	1	–	–	[7440-65-5]
484	이피엔	EPN(Inhalable fraction)	$C_{14}H_{14}NO_4PS$	–	0.1	–	–	[2104-64-5] Skin, 흡입성
485	이황화탄소	Carbon disulfide	CS_2	1	–	–	–	[75-15-0] 생식독성 2, Skin
486	인(황색)	Phosphorus(yellow)	P_4	–	0.1	–	–	[12185-10-3]
487	인덴	Indene	C_9H_8	10	–	–	–	[95-13-6]
488	인듐 및 그 화합물	Indium & compounds, as In(Indium & compounds as Fume) (Respirable fraction)	In	–	0.01	–	–	[7440-74-6] 호흡성
489	인산	Phosphoric acid	H_3PO_4	–	1	–	3	[7664-38-2]
490	일산화질소	Nitric monoxide	NO	25	–	–	–	[10102-43-9]
491	일산화탄소	Carbon monoxide	CO	30	–	200	–	[630-08-0] 생식독성 1A
492	자당	Sucrose	$C_{12}H_{22}O_{11}$	–	10	–	–	[57-50-1]
493	자철광	Magnesite	$MgCO_3$	–	10	–	–	[546-93-0]
494	전분	Starch	$(C_6H_{10}O_5)n$	–	10	–	–	[9005-25-8]
495	주석(금속)	Tin(Metal)	Sn	–	2	–	–	[7440-31-5]
496	주석(유기화합물)	Tin (Organic compounds, as Sn)	$(C_4H_9)_2Sn(C_8H_{15}O_2)/[(C_4H_9)_3Sn]_2O/(C_6H_5)SnCl/(C_4H_9)_2SnCl_2/(C_4H_9)_4Sn$	–	0.1	–	–	[7440-31-5] Skin
497	지르코늄 및 그 화합물	Zirconium and compounds, as Zr	$ZrO_2/ZrOCl_2 \cdot 8H_2O/ZrCl_4/ZrH_2/H_2ZrO_2(C_2H_3O_2)_2$	–	5	–	10	[7440-67-7]
498	질산	Nitric acid	HNO_3	2	–	4	–	[7697-37-2]
499	철바나듐 분진	Ferrovanadium dust	FeV	–	1	–	3	[12604-58-9]
500	철염(가용성)	Iron salts(Soluble, as Fe)	Fe	–	1	–	–	[7439-89-6]
501	초산	Acetic acid	CH_3COOH	10	–	15	–	[64-19-7]
502	초산 이차-부틸	sec-Butyl acetate	$CH_3COOCHCH_3CH_2CH_3$	200	–	–	–	[105-46-4]

직업성 암을 유발하는 **발암물질 I**

일련번호	유해물질의 명칭 (국문표기)	유해물질의 명칭 (영문표기)	화학식	노출기준 TWA ppm	노출기준 TWA mg/m³	노출기준 STEL ppm	노출기준 STEL mg/m³	비고 (CAS번호 등)
503	초산 삼차-부틸	tert-Butyl acetate	$CH_3COOC(CH_3)_3$	200	–	–	–	[540-88-5]
504	초산 이차-아밀	sec-Amyl acetate	$CH_3COOCH(CH_3)(CH_2)CH_3$	50	–	100	–	[626-38-0]
505	초산 이차-헥실	sec-Hexyl acetate	$CH_3COOCH(CH_3)CH_2CH(CH_3)_2$	50	–	–	–	[108-84-9]
506	초산 메틸	Methyl acetate	CH_3COOCH_3	200	–	250	–	[79-20-9]
507	초산 에틸	Ethyl acetate	$CH_3COOC_2H_5$	400	–	–	–	[141-78-6]
508	초산 이소부틸	Isobutyl acetate	$CH_3COOCH_2CH(CH_3)_2$	150	–	187	–	[110-19-0]
509	초산 이소아밀	Isoamyl acetate	$CH_3COOCH_2CH_2CH(CH_3)_2$	50	–	100	–	[123-92-2]
510	초산 이소프로필	Isopropyl acetate	$CH_3COOCH(CH_3)_2$	100	–	200	–	[108-21-4]
511	초산 프로필	n-Propyl acetate	$CH_3COOCH_2CH_2CH_3$	200	–	250	–	[109-60-4]
512	카드뮴 및 그 화합물	Cadmium and compounds, as Cd(Respirable fraction)	Cd/CdO	–	0.01 (0.002)	–	–	[7440-43-9] 발암성 1A, 생식세포 변이원성 2, 생식독성 2, 호흡성
513	카르보닐 클로라이드	Carbonyl chloride	$COCl_2$					포스겐 참조
514	카바릴	Carbaryl	$C_{12}H_{11}NO_2$	–	5	–	–	[63-25-2] 발암성 2, Skin
515	카보푸란	Carbofuran(Inhalable fraction and vapor)	$C_{12}H_{15}NO_3$	–	0.1	–	–	[1563-66-2] 흡입성 및 증기
516	카보닐 플루오라이드	Carbonyl fluoride	COF_2	2	–	5	–	[353-50-4]
517	카본블랙	Carbon black (Inhalable fraction)	C	–	3.5	–	–	[1333-86-4] 발암성 2, 흡입성
518	카올린	Kaoline (Respirable fraction)	$H_2Al_2Si_2O_8 \cdot H_2O$	–	2	–	–	[1332-58-7] 호흡성
519	카프로락탐(분진)	Caprolactum(Dust) (Inhalable fraction)	$CH_2CH_2CH_2NHCH_2CH_2CO$	–	1	–	3	[105-60-2] 흡입성
520	카프로락탐(증기)	Caprolactum(Vapor)	$CH_2CH_2CH_2NHCH_2CH_2CO$	–	20	–	40	[105-60-2]
521	카테콜	Catechol	$C_6H_4(OH)_2$	5	–	–	–	[120-80-9] 발암성 2, Skin
522	칼슘 시안아미드	Calcium cyanamide	CaCN	–	0.5	–	–	[156-62-7]

직업성 암을 유발하는 발암물질 시리즈

일련번호	유해물질의 명칭 (국문표기)	유해물질의 명칭 (영문표기)	화학식	노출기준 TWA ppm	노출기준 TWA mg/m³	노출기준 STEL ppm	노출기준 STEL mg/m³	비 고 (CAS번호 등)
523	칼슘 크로메이트	Calcium chromate	CaCrO$_4$	–	0.001	–	–	[13765-19-0]
524	캄파(인조)	Camphor(Synthetic)	C$_{10}$H$_{16}$O	2	–	3	–	[76-22-2]
525	캡타폴	Captafol (Inhalable fraction and vapor)	C$_{10}$H$_9$Cl$_4$NO$_2$S	–	0.1	–	–	[2425-06-1] 발암성 1B, Skin, 흡입성 및 증기
526	캡탄	Captan (Inhalable fraction)	C$_9$H$_8$Cl$_3$NO$_2$S	–	5	–	–	[133-06-2] 발암성 2, 흡입성
527	케로젠	Kerosene	–	–	200	–	–	[8008-20-6] 발암성 2, Skin
528	케텐	Ketene	CH$_2$CO	0.5	–	1.5	–	[463-51-4]
529	코발트 및 그 무기화합물	Cobalt and inorganic compounds	Co/CoO/Co$_2$O$_3$/Co$_3$O$_4$	–	0.02	–	–	[7440-48-4] 발암성 2
530	코발트 하이드로카르보닐	Cobalt hydrocarbonyl, as Co	HCO(Co)$_4$	–	0.1	–	–	[16842-03-8]
531	퀴논	Quinone	OC$_6$H$_4$O					파라-벤조퀴논 참조
532	큐멘	Cumene	C$_6$H$_5$C$_3$H$_7$	50	–	–	–	[98-82-8] 발암성 2, Skin
533	코발트 카르보닐	Cobalt carbonyl, as Co	CO$_2$(Co)$_4$	–	0.1	–	–	[10210-68-1]
534	크레졸(모든 이성체)	Cresol(all isomers)(Inhalable fraction and vapor)	CH$_3$C$_6$H$_4$OH	–	22	–	–	[95-48-7][106-44-5][108-39-4][1319-77-3] Skin, 흡입성 및 증기
535	크로밀 클로라이드	Chromyl chloride	CrO$_2$Cl	0.025	–	–	–	[14977-61-8] 발암성 1A, 생식세포 변이원성 1B
536	크로톤알데히드	Crotonaldehyde	CH$_3$CHCHCHO	2	–	–	–	[4170-30-3] 발암성 2, 생식세포 변이원성 2, Skin
537	크롬광 가공(크롬산)	Chromite ore processing (Chromate), as Cr	Cr	–	0.05	–	–	[7440-47-3] 발암성 1A
538	크롬(금속)	Chromium(Metal)	Cr	–	0.5	–	–	[7440-47-3]
539	크롬(6가)화합물 (불용성무기화합물)	Chromium(Ⅵ)compounds (Water insoluble inorganic compounds)	Cr	–	0.01	–	–	[18540-29-9] 발암성 1A
540	크롬(6가)화합물 (수용성)	Chromium(Ⅵ)compounds (Water soluble)	Cr	–	0.05	–	–	[18540-29-9] 발암성 1A
541	크롬산 연	Lead chromate, as Cr	PbCrO$_4$	–	0.012	–	–	[7758-97-6] 발암성 1A, 생식독성 1A

일련번호	유해물질의 명칭 국문표기	유해물질의 명칭 영문표기	화학식	노출기준 TWA ppm	노출기준 TWA mg/m³	노출기준 STEL ppm	노출기준 STEL mg/m³	비고 (CAS번호 등)
542	크롬산 연	Lead chromate, as Pb	PbCrO$_4$	–	0.05	–	–	[7758-97-6] 발암성 1A, 생식독성 1A
543	크롬산 아연	Zinc chromates, as Cr	ZnCrO$_4$/ZnCr$_2$O$_4$/ZnCr$_2$O$_7$	–	0.01	–	–	[13530-65-9][11103-86-9][37300-23-5] 발암성 1A
544	크롬(2가)화합물	Chromium(Ⅱ)compounds, as Cr	Cr	–	0.5	–	–	[7440-47-3]
545	크롬(3가)화합물	Chromium(Ⅲ)compounds, as Cr	Cr	–	0.5	–	–	[7440-47-3]
546	크루포메이트	Crufomate	C$_{12}$H$_{19}$ClNO$_3$P	–	5	–	–	[299-86-5]
547	크리센	Chrysene	C$_{18}$H$_{12}$	–	–	–	–	[218-01-9] 발암성 1B, 생식세포 변이원성 2
548	크실렌(모든 이성체)	Xylene(all isomers)	C$_6$H$_4$(CH$_3$)$_2$	100	–	150	–	[1330-20-7][95-47-6][108-38-3][106-42-3]
549	크실리딘	Xylidine	(CH$_3$)$_2$C$_6$H$_3$NH$_2$					디메틸아미노벤젠 참조
550	1-클로로-1-니트로프로판	1-Chloro-1-nitropropane	C$_2$H$_5$ClNO$_2$	2	–	–	–	[600-25-9]
551	클로로디페닐(42% 염소)	Chlorodiphenyl (42% Chlorine)	C$_{12}$H$_7$Cl$_3$	–	1	–	–	[53469-21-9] Skin
552	클로로디페닐(54% 염소)	Chlorodiphenyl (54% Chlorine)	C$_{12}$H$_5$Cl$_5$	–	0.5	–	–	[11097-69-1] 발암성 2, Skin
553	클로로디플루오로메탄	Chlorodifluoromethane	CHClF$_2$	1,000	–	1,250	–	[75-45-6]
554	클로로메틸 메틸에테르	Chloromethyl methylether	C$_2$H$_5$ClO	–	–	–	–	[107-30-2] 발암성 1A
555	2-메틸-3(2H)-이소시아졸론과 5-클로로-2-메틸-3(2H)-이소시아졸론의 혼합물	5-Chloro-2-methyl-3(2H)-isothiazolone, mixt. with 2-methyl-3(2H)-isothiazolone (Inhalable fraction)	C$_4$H$_4$ClNOS · C$_4$H$_5$NOS	–	0.1	–	–	[55965-84-9] 흡입성
556	클로로벤젠	Chlorobenzene	C$_6$H$_5$Cl	10	–	20	–	[108-90-7] 발암성 2
557	2-클로로-1,3-부타디엔	2-Chloro-1,3-butadiene	CH$_2$CClCHCH$_2$	10	–	–	–	[126-99-8] 발암성 1B, Skin
558	클로로브로모메탄	Chlorobromomethane	CH$_2$BrCl	–	–	–	–	브로모클로로메탄 참조
559	클로로아세트알데히드	Chloroacetaldehyde	ClCH$_2$CHO	–	–	C 1	–	[107-20-0] 발암성 2
560	클로로아세틱액시드	Chloroacetic acid (Inhalable fraction and vapor)	CH2ClCOOH	–	2	–	4	[79-11-8] 흡입성 및 증기
561	클로로아세틸 클로라이드	Chloroacetyl chloride	ClCH$_2$COCl	0.05	–	–	–	[79-04-9] Skin

직업성 암을 유발하는 발암물질 시리즈

일련 번호	유해물질의 명칭		화학식	노출기준				비 고 (CAS번호 등)
	국문표기	영문표기		TWA		STEL		
				ppm	mg/m³	ppm	mg/m³	
562	2-클로로에탄올	2-Chloroethanol	CH_2ClCH_2OH					에틸렌 클로로하이드린 참조
563	클로로에틸렌	Chloroethylene	CH_2CHCl	1	-	-	-	[75-01-4] 발암성 1A
564	1-클로로-2,3-에폭시 프로판	1-Chloro-2,3-epoxy propane	C_3H_5OCl					에피클로로히드린 참조
565	2-클로로-6-(트리클로로 메틸)피리딘	2-Chloro-6-(trichloro methyl)pyridine	$C_6H_3Cl_4N$	-	10	-	20	[1929-82-4]
566	클로로펜타플루오로에탄	Chloropentafluoro ethane	$ClCF_2CF_3$	1,000	-	-	-	[76-15-3]
567	클로로포름	Chloroform	$CHCl_3$					트리클로로메탄 참조
568	클로로피크린	Chloropicrin	CCl_3NO_2	0.1	-	-	-	[76-06-2]
569	클로르단	Chlordane	$C_{10}H_6Cl_8$	-	0.5	-	-	[57-74-9] 발암성 2, Skin
570	클로르피리포스	Chlorpyrifos(Inhalable fraction and vapor)	$C_9H_{11}Cl_3NO_3PS$	-	0.1	-	-	[2921-88-2] Skin, 흡입성 및 증기
571	클로피돌	Clopidol	$C_7H_7Cl_2NO$	-	10	-	-	[2971-90-6]
572	탄산칼슘	Calcium carbonate	$CaCO_3$	-	10	-	-	[471-34-1]
573	탄탈륨(금속 및 산화물)	Tantalum (Metal & oxide fume)	Ta/Ta_2O_5	-	5	-	-	[1314-61-0]
574	탈륨(가용성화합물)	Thallium (Soluble compounds, as Tl)	$Tl_2SO_4/TlC_2H_3O_2/TlNO_3$	-	0.1	-	-	[7440-28-0] Skin
575	터페닐 (오쏘, 메타, 파라 이성체)	Terphenyls (o, m, p-isomers)	$C_{18}H_{14}$	-	-	C 5	-	[26140-60-3]
576	테레빈유	Turpentine	$C_{10}H_{16}$	20	-	-	-	[8006-64-2]
577	텅스텐(가용성화합물)	Tungsten (Soluble compounds) (Respirable fraction)	W	-	1	-	3	[7440-33-7] 호흡성
578	텅스텐 및 불용성화합물	Tungsten metal and Insoluble compounds (Respirable fraction)	W	-	5	-	10	[7440-33-7] 호흡성
579	테트라니트로메탄	Tetranitromethane	$C(NO_2)_4$	1	-	-	-	[509-14-8] 발암성 2
580	테트라메틸 숙시노니트릴	Tetramethyl succinonitrile	$C_8H_{12}N_2$	0.5	-	-	-	[3333-52-6] Skin
581	테트라메틸 연	Tetramethyl lead, as Pb	$(CH_3)_4Pb$	-	0.075	-	-	[75-74-1] 발암성 2, Skin

일련번호	유해물질의 명칭 (국문표기)	유해물질의 명칭 (영문표기)	화학식	노출기준 TWA ppm	노출기준 TWA mg/m³	노출기준 STEL ppm	노출기준 STEL mg/m³	비 고 (CAS번호 등)
582	테트라소디움 피로포스페이트	Tetrasodium pyrophosphate	$Na_4P_2O_7$	–	5	–	–	[7722-88-5]
583	테트라에틸 연	Tetraethyl lead, as Pb	$Pb(C_2H_5)_4$	–	0.075	–	–	[78-00-2] 발암성 2, Skin
584	테트라클로로나프탈렌	Tetrachloronaphthalene	$C_{10}H_4Cl_4$	–	2	–	–	[1335-88-2]
585	1,1,1,2-테트라클로로-2,2-디플로로에탄	1,1,1,2-Tetrachloro-2,2-difluoroethane	$CCl_3 \cdot CClF_2$	500	–	–	–	[76-11-9]
586	1,1,2,2-테트라클로로-1,2-디플로로에탄	1,1,2,2-Tetrachloro-1,2-difluoroethane	$CCl_2F \cdot CCl_2F$	500	–	–	–	[76-12-0]
587	테트라클로로메탄	Tetrachloromethane	CCl_4					사염화탄소 참조
588	1,1,2,2-테트라클로로에탄	1,1,2,2-Tetrachloroethane	$CHCl_2CHCl_2$	1	–	–	–	[79-34-5] 발암성 2, Skin
589	테트라클로로에틸렌	Tetrachloroethylene	CCl_2CCl_2					퍼클로로에틸렌 참조
590	테트라하이드로퓨란	Tetrahydrofuran	C_4H_8O	50	–	100	–	[109-99-9] 발암성 2, Skin
591	테트릴	Tetryl	$(NO_2)_3C_6H_2N(NO_2)CH_3$	–	1.5	–	–	[479-45-8]
592	텔레늄과 그 화합물	Tellurium & compounds, as Te	$Te/H_2Te/K_2TeO_3/Na_2H_4TeO_6$	–	0.1	–	–	[13494-80-9]
593	텔루르화 비스무스	Bismuth telluride	Bi_2Te_2	–	10	–	–	[1304-82-1]
594	템포스	Temephos	$S[C_6H_4OP(S)(OCH_3)_2]_2$	–	10	–	–	[3383-96-8] Skin
595	독사펜	Toxaphene	$C_{10}H_{10}Cl_8$					염소화 캄펜 참조
596	톨루엔	Toluene	$C_6H_5CH_3$	50	–	150	–	[108-88-3] 생식독성 2
597	톨루엔-2,4-디이소시아네이트	Toluene-2,4-diisocyanate(TDI)	$CH_3C_6H_3(NCO)_2$	0.005	–	0.02	–	[584-84-9] 발암성 2
598	톨루엔-2,6-디이소시아네이트	Toluene-2,6-diisocyanate(TDI)	$CH_3C_6H_3(NCO)_2$	0.005	–	0.02	–	[91-08-7] 발암성 2
599	톨루올	Toluol	$C_6H_5CH_3$					톨루엔 참조
600	트리글리시딜이소시아누레이트	Triglycidylisocyanurate	C12H15N3O6	–	0.1	–	–	[2451-62-9]
601	2,4,6-트리니트로 톨루엔	2,4,6-Trinitrotoluene (TNT)	$CH_3C_6H_2(NO_2)_3$	–	0.1	–	–	[118-96-7] Skin
602	2,4,6-트리니트로페놀	2,4,6-Trinitrophenol	$HOC_6H_{12}(NO_2)_3$					피크린산 참조

일련번호	유해물질의 명칭		화학식	노출기준				비고 (CAS번호 등)
	국문표기	영문표기		TWA		STEL		
				ppm	mg/m³	ppm	mg/m³	
603	트리메틸 벤젠(혼합 이성체)	Trimethyl benzene (mixed isomers)	$(CH_3)_3C_6H_3$	25	–	–	–	[25551-13-7]
604	트리메틸아민	Trimethylamine	$(CH_3)_3N$	5	–	15	–	[75-50-3]
605	트리메틸 포스파이트	Trimethyl phosphite	$(CH_3O)_3P$	2	–	–	–	[121-45-9]
606	트리멜리틱 안하이드리드	Trimellitic anhydride (Inhalable fraction and vapor)	$C_9H_4O_5$	–	0.0005	–	0.002	[552-30-7] Skin, 흡입성 및 증기
607	트리부틸 포스페이트	Tributyl phosphatee (Inhalable fraction and vapor)	$(C_4H_9O)_3PO$	–	2.5	–	–	[126-73-8] 발암성 2, 흡입성 및 증기
608	트리에틸아민	Triethylamine	$(C_2H_5)_3N$	2	–	4	–	[121-44-8] Skin
609	트리오르토크레실 포스페이트	Triorthocresyl phosphate	$(CH_3C_6H_4O)_3PO$	–	0.1	–	–	[78-30-8] Skin
610	트리클로로나프탈렌	Trichloronaphthalene	$C_{10}H_5Cl_6$	–	5	–	–	[1321-65-9] Skin
611	트리클로로니트로메탄	Trichloronitromethane	CCl_3NO_2					클로피크린 참조
612	트리클로로메탄	Trichloromethane	$CHCl_3$	10	–	–	–	[67-66-3] 발암성 2, 생식독성 2
613	1,2,4-트리클로로벤젠	1,2,4-Trichlorobenzene	$C_6H_3Cl_3$	–	–	C 5	–	[120-82-1]
614	트리클로로아세트산	Trichloroacetic acid	CCl_3COOH	1	–	–	–	[76-03-9] 발암성 2
615	1,1,1-트리클로로에탄	1,1,1-Trichloroethane	CH_3CCl_3					메틸 클로로포름 참조
616	1,1,2-트리클로로에탄	1,1,2-Trichloroethane	$CHCl_2CH_2Cl$	10	–	–	–	[79-00-5] 발암성 2, Skin
617	트리클로로에틸렌	Trichloroethylene	CCl_2CHCl	10	–	25	–	[79-01-6] 발암성 1A, 생식세포 변이원성 2
618	1,1,2-트리클로로-1,2,2-트리플루오로에탄	1,1,2-Trichloro-1,2,2-trifluoroethane	$CCl_2F \cdot CClF_2$	1,000	–	1,250	–	[76-13-1]
619	1,2,3-트리클로로프로판	1,2,3-Trichloropropane	$CH_2ClCHClCH_2Cl$	10	–	–	–	[96-18-4] 발암성 1B, 생식독성 1B, Skin
620	트리클로로플루오로메탄	Trichlorofluoromethane	CCl_3F					플루오로트리클로로메탄 참조
621	트리클로로헥실틴 하이드록사이드	Trichlorohexyltin hydroxide	$C_{18}H_{34}OSn$					시헥사틴 참조
622	트리클로르폰	Trichlorfon (Inhalable fraction)	$C_4H_8Cl_3O_4P$	–	0.3	–	–	[52-68-6] 흡입성
623	트리페닐 아민	Triphenyl amine	$(C_6H_5)_3N$	–	5	–	–	[603-34-9]
624	트리페닐 포스페이트	Triphenyl phosphate	$(C_6H_5O)_3PO$	–	3	–	–	[115-86-6]
625	트리플루오로 브로모메탄	Trifluoro bromomethane	$CBrF_3$	1,000	–	–	–	[75-63-8]

일련번호	유해물질의 명칭 국문표기	유해물질의 명칭 영문표기	화학식	TWA ppm	TWA mg/m³	STEL ppm	STEL mg/m³	비고 (CAS번호 등)
626	입자상다환식방향족 탄화수소(벤젠에 가용성)	Particulate polycyclicaromatic hydrocarbons (as benzene solubles)	$C_{14}H_{10}/C_{16}H_{10}/C_{12}H_9N/C_{20}H_{12}$	–	–	–	–	발암성 1A~2(물질의 종류에 따라 발암성 등급 차이가 있음)
627	2,4,5-티	2,4,5-T(2,4,5-Trichlorophenoxy acetic acid)	$C_{13}C_6H_2OCH_2COOH$	–	10	–	–	[93-76-5]
628	티오글리콜산	Thioglicolic acid	$C_2H_4O_2S$	1	–	–	–	[68-11-1] Skin
629	티람	Thiram	$C_6H_{12}N_2S_4$	–	1	–	–	[137-26-8] Skin
630	4,4'-티오비스 (6-삼차-부틸-메타-크레졸)	4,4'-Thiobis (6-tert-butyl-m-cresol)	$C_{22}H_{30}O_2S$	–	10	–	–	[96-69-5]
631	티이디피	TEDP	$(C_2H_5)_4P_2S_2O_5$					설포텝 참조
632	티이피피	Tetraethyl pyrophosphate (TEPP)(Inhalable fraction and vapor)	$(C_2H_5)_4P_2O_7$	–	0.01	–	–	[107-49-3] Skin, 흡입성
633	파라-니트로아닐린	p-Nitroaniline	$C_6H_6N_2O_2$	–	3	–	–	[100-01-6] Skin
634	파라-니트로클로로벤젠	p-Nitrochlorobenzene	$ClC_6H_4NO_2$	0.1	–	–	–	[100-00-5] 발암성 2, 생식세포 변이원성 2, Skin
635	파라-디클로로벤젠	p-Dichlorobenzene	$C_6H_4Cl_2$	10	–	20	–	[106-46-7] 발암성 2
636	파라-벤조퀴논	p-Benzoquinone	OC_6H_4O	0.1	–	–	–	[106-51-4]
637	파라-삼차-부틸톨루엔	p-tert-Butyltoluene	$CH_3C_6H_4C(CH_3)_3$	10	–	15	–	[98-51-1]
638	파라치온	Parathion(Inhalable fraction and vapor)	$(C_2H_5O)_2PSOC_6H_4NO_2$	–	0.05	–	–	[56-38-2] 발암성 2, Skin, 흡입성 및 증기
639	파라쿼트	Paraquat(Respirable fraction)	$C_{12}H_{14}Cl_2/C_{12}H_{14}N_2$ $(CH_3SO_4)_2$	–	0.1	–	–	[4685-14-7] 호흡성
640	파라-페닐렌디아민	p-Phenylene diamine	$C_6H_8N_2$	–	0.1	–	–	[106-50-3] Skin
641	파라-톨루이딘	p-Toluidine	$CH_3C_6H_3NH_2$	2	–	–	–	[106-49-0] 발암성 2, Skin
642	파라이트	Perlite		–	10	–	–	[93763-70-3]
643	퍼밤	Ferbam(Respirable fraction)	$[(CCH_3)_2NCS_2]_3Fe$	–	10	–	–	[14484-64-1] 흡입성
644	퍼클로로메틸 멜캡탄	Perchloromethyl mercaptan	CCl_3SCl	0.1	–	–	–	[594-42-3]

직업성 암을 유발하는 발암물질 시리즈

일련번호	유해물질의 명칭		화학식	노출기준				비고 (CAS번호 등)
	국문표기	영문표기		TWA		STEL		
				ppm	mg/m³	ppm	mg/m³	
645	퍼클로로에틸렌	Perchloroethylene	CCl₂CCl₂	25	-	100	-	[127-18-4] 발암성 1B
646	퍼클로릴 플루오라이드	Perchloryl fluoride	ClO₃F	3	-	6	-	[7616-94-6]
647	페나미포스	Fenamiphos(Inhalable fraction and vapor)	-	-	0.1	-	-	[22224-92-6] Skin, 흡입성 및 증기
648	페노티아진	Phenothiazine	S(C₆H₁₄)₂ NH	-	5	-	-	[92-84-2] Skin
649	페놀	Phenol	C₆H₅OH	5	-	-	-	[108-95-2] 생식세포 변이원성 2, Skin
650	페닐 글리시딜 에테르	Phenyl glycidyl ether (PGE)	C₆H₅OCH₂CHOCH₂	0.8	-	-	-	[122-60-1] 발암성 1B, 생식세포 변이원성 2, Skin
651	페닐 멉캡탄	Phenyl mercaptan	C₆H₅SH	0.1	-	-	-	[108-98-5] Skin
652	페닐 에테르(증기)	Phenyl ether(Vapor)	(C₆H₅)₂O	1	-	2	-	[101-84-8]
653	페닐 에틸렌	Phenyl ethylene	C₆H₅CHCH₂					스티렌 참조
654	페닐 포스핀	Phenyl phosphine	C₆H₅PH₂	-	-	C 0.05	-	[638-21-1]
655	페닐 하이드라진	Phenyl hydrazine	C₆H₅NHNH₂	5	-	10	-	[100-63-0] 발암성 1B, 생식세포 변이원성 2, Skin
656	펜설포티온	Fensulfothion(Inhalable fraction and vapor)	C₁₁H₁₇O₄PS	-	0.1	-	-	[115-90-2] Skin, 흡입성 및 증기
657	페아실 클로라이드	Phenacyl chloride	C₆H₅COCH₂Cl					알파-클로로아세토페논 참조
658	2-펜타논	2-Pentanone	CH₃COC₃H₇					메틸 프로필 케톤 참조
659	펜타보레인	Pentaborane	B₅H₉	0.005	-	0.015	-	[19624-22-7]
660	펜타에리트리톨	Pentaerythritol	C(CH₂OH)₄	-	10	-	-	[115-77-5]
661	펜타클로로나프탈렌	Pentachloronaphthalene	C₁₀H₃Cl₅	-	0.5	-	-	[1321-64-8]
662	펜타클로로페놀	Pentachlorophenol(Inhalable fraction and vapor)	C₆Cl₅OH	-	0.5	-	-	[87-86-5] 발암성 1B, Skin, 흡입성 및 증기
663	펜탄(모든 이성체)	Pentane, all isomers	C₅H₁₂	600	-	750	-	[109-66-0][78-78-4][463-82-1]
664	펜티온	Fenthion	C₁₀H₁₅O₃PS	-	0.2	-	-	[55-38-9] 생식세포 변이원성 2, Skin
665	포노포스	Fonofos(Inhalable fraction and vapor)	C₁₀H₁₅OPS₂	-	0.1	-	-	[944-22-9] Skin, 흡입성 및 증기
666	포레이트	Phorate(Inhalable fraction and vapor)	C₇H₁₇O₂PS₃	-	0.05	-	-	[298-02-2] Skin, 흡입성 및 증기
667	포름산 에틸	Ethyl formate	HCOOC₂H₅	100	-	-	-	[109-94-4]

직업성 암을 유발하는 발암물질 I

일련번호	유해물질의 명칭 (국문표기)	유해물질의 명칭 (영문표기)	화학식	TWA ppm	TWA mg/m³	STEL ppm	STEL mg/m³	비고 (CAS번호 등)
668	포름아미드	Formamide	HCONH$_2$	10	–	–	–	[75-12-7] 생식독성 1B, Skin
669	포름알데히드	Formaldehyde	HCHO	0.3	–	–	–	[50-00-0] 발암성 1A, 생식세포 변이원성 2
670	포스겐	Phosgene	COCl$_2$	0.1	–	–	–	[75-44-5]
671	포스드린	Phosdrin	(CH$_3$O)$_2$PO$_2$C(CH$_3$)					메비포스 참조
672	포스포러스 옥시클로라이드	Phosphorus oxychloride	POCl$_3$	0.1	–	0.5	–	[10025-87-3]
673	포스포러스 트리클로라이드	Phosphorus trichloride	PCl$_3$	0.2	–	0.5	–	[7719-12-2]
674	포스포러스 펜타설파이드	Phosphorus pentasulfide	P$_2$S$_5$/P$_4$S$_{10}$	–	1	–	3	[1314-80-3]
675	포스포러스 펜타클로라이드	Phosphorus pentachloride	PCl$_5$	0.1	–	–	–	[10026-13-8]
676	포스핀	Phosphine	PH$_3$	0.3	–	1	–	[7803-51-2]
677	포틀랜드 시멘트	Portland cement	–	–	10	–	–	[65997-15-1]
678	푸르푸랄	Furfural	C$_4$H$_3$OCHO	2	–	–	–	[98-01-1] 발암성 2, Skin
679	푸르푸릴 알코올	Furfuryl alcohol	C$_4$H$_3$OCH$_2$OH	10	–	15	–	[98-00-0] 발암성 2, Skin
680	프로파르길 알코올	Propargyl alcohol	HCCCH$_2$OH	1	–	–	–	[107-19-7] Skin
681	프로판 설톤	Propane sultone	C$_3$H$_6$O$_3$S	–	–	–	–	[1120-71-4] 발암성 1B
682	프로폭서	Propoxur(Inhalable fraction and vapor)	C$_{11}$H$_{15}$NO$_3$	–	0.5	–	–	[114-26-1] 발암성 2, 흡입성 및 증기
683	프로피온산	Propionic acid	CH$_3$CH$_2$COOH	10	–	15	–	[79-09-4]
684	프로핀	Propyne	C$_3$H$_4$					메틸 아세틸렌 참조
685	프로필렌 글리콜 디니트레이트	Propylene glycoldinitrate	C$_3$H$_6$N$_2$O$_6$	0.05	–	–	–	[6423-43-4] Skin
686	프로필렌 글리콜 모노메틸 에테르	Propylene glycolmonomethyl ether	CH$_3$OCH$_2$CHOHCH$_3$	100	–	150	–	[107-98-2]
687	프로필렌 디클로라이드	Propylene dichloride	CH$_3$CHClCH$_2$Cl					1,2-디클로로프로판 참조
688	프로필렌 이민	Propylene imine	C$_6$H$_7$N	2	–	–	–	[75-55-8] 발암성 1B, Skin
689	플루오로트리클로로메탄	Fluorotrichloromethane	CCl$_3$F	–	–	C 1,000	–	[75-69-4]
690	플루오라이드	Fluorides, as F	–	–	2.5	–	–	[7681-49-4]
691	피레트럼	Pyrethrum	C$_{21}$H$_{28}$O$_3$/C$_{22}$H$_{28}$O$_5$/C$_{20}$H$_{28}$O$_3$	–	5	–	–	[8003-34-7]
692	피로카테콜	Pyrocatechol	C$_6$H$_4$(OH)$_2$					카테콜 참조
693	피리딘	Pyridine	C$_5$H$_5$N	2	–	–	–	[110-86-1] 발암성 2

직업성 암을 유발하는 발암물질 시리즈

일련번호	유해물질의 명칭 국문표기	유해물질의 명칭 영문표기	화학식	노출기준 TWA ppm	노출기준 TWA mg/m³	노출기준 STEL ppm	노출기준 STEL mg/m³	비 고 (CAS번호 등)
694	피크린산	Picric acid	$HOC_6H_2(NO_2)_3$	–	0.1	–	–	[88-89-1] Skin
695	피클로람	Picloram	$C_6H_3Cl_3N_2O_2$	–	10	–	–	[1918-02-1]
696	피페라진 디하이드로클로라이드	Piperazine dihydrochloride	$C_4H_{10}N_2 \cdot 2HCl$	–	5	–	–	[142-64-3] 생식독성 2
697	핀돈	Pindone(Pival)	$C_{14}H_{14}O_3$	–	0.1	–	–	[83-26-1]
698	하이드라진	Hydrazine	$(NH_2)_2$	0.05	–	–	–	[302-01-2] 발암성 1B, Skin
699	하이드로젠 셀레늄	Hydrogen selenide, as Se	H_2Se	0.05	–	–	–	[7783-07-5]
700	하이드로케네이티드 티페닐	Hydrogenated terphenyls	$C_6H_5C_6H_4C_6H_5$	0.5	–	–	–	[61788-32-7]
701	하이드로퀴논	Hydroquinone	$C_6H_4(OH)_2$	–	–	–	–	디하이드록시 벤젠 참조
702	4-하이드록시-4-메틸-2-펜타논	4-Hydroxy-4-methyl-2-pentanone	$C_6H_{12}O_2$	–	–	–	–	디아세톤 알코올 참조
703	2-하이드록시 프로필 아크릴레이트	2-Hydroxypropyl acrylate	$CH_2CHCOOCH_2CH OHCH_3$	0.5	–	–	–	[999-61-1] Skin
704	하프니움	Hafnium	Hf	–	0.5	–	–	[7440-58-6]
705	2-헥사논	2-Hexanone	$CH_3COCH_2CH_2CH_2 CH_3$	–	–	–	–	메틸 노말 부틸케톤 참조
706	헥사메틸 포스포아미드	Hexamethyl phosphoramide	$[(CH_3)_2N]_3PO$	–	–	–	–	[680-31-9] 발암성 1B, 생식세포 변이원성 1B, Skin
707	헥사메틸렌 디이소시아네이트	Hexamethylene diisocyanate	$C_{15}H_{22}N_2O_2$	0.005	–	–	–	[822-06-0]
708	헥사클로로나프탈렌	Hexachloronaphthalene	$C_{10}H_6Cl_6$	–	0.2	–	–	[1335-87-1] Skin
709	헥사클로로부타디엔	Hexachlorobutadiene	$CCl_2CClCClCCl_2$	0.02	–	–	–	[87-68-3] 발암성 2, Skin
710	헥사클로로시클로펜타디엔	Hexachlorocyclopentadiene	C_5Cl_6	0.01	–	–	–	[77-47-4]
711	헥사클로로에탄	Hexachloroethane	CCl_3CCl_3	1	–	–	–	[67-72-1] 발암성 2
712	헥사플루오로아세톤	Hexafluoroacetone	F_3COCOF_3	0.1	–	–	–	[684-16-2] Skin
713	헥산(다른 이성체)	Hexane(other isomer)	$(CH_3)_2C_3H_5/n(CH_3)_4C_2H_2$	500	–	1,000	–	[75-83-2][79-29-8][96-14-0][107-83-5]
714	헥손	Hexone	$CH_3COCH_2CH(CH_3)_2$	50	–	75	–	[108-10-1] 발암성 2
715	헥실렌글리콜	Hexylene glycol	$(CH_3)_2COHCH_2CH OHCH_3$	–	–	C 25	–	[107-41-5]

일련 번호	유해물질의 명칭 국문표기	유해물질의 명칭 영문표기	화학식	노출기준 TWA ppm	노출기준 TWA mg/m³	노출기준 STEL ppm	노출기준 STEL mg/m³	비고 (CAS번호 등)
716	2-헵타논	2-Heptanone	CH3(CH2)4COCH3					메틸 노말 아밀케톤 참조
717	3-헵타논	3-Heptanone	C2H5COC4H9					에틸 부틸 케톤 참조
718	헵타클로르	Heptachlor & Heptachlor epoxide	$C_{10}H_5Cl_7/C_{10}H_5Cl_7O$	–	0.05	–	–	[76-44-8], [1024-57-3] 발암성 2, Skin
719	헵탄	Heptane	CH3(CH2)5CH3	400	–	500	–	[142-82-5]
720	활석(석면 불포함)	Talc (Containing no asbestos fibers)	–	–	2	–	–	[14807-96-6] 호흡성
721	활석(석면 포함)	Talc (Containing asbestos fibers)	–	–	–	–	–	석면 참조
722	활성탄	Activated carbon	–	–	5	–	–	
723	황산	Sulfuric acid (Thoracic fraction)	H_2SO_4	–	0.2	–	0.6	[7664-93-9] 발암성 1A(강산 Mist에 한정함), 흉곽성
724	황산 디메틸	Dimethyl sulfate	$(CH_3)_2SO_4$	0.1	–	–	–	[77-78-1] 발암성 1B, 생식세포 변이원성 2, Skin
725	황산암모늄	Ammonium Sulfate	NH4SO4NH4	–	10	–	20	[7783-20-2]
726	황화광	Sulfide ore	–	–	2	–	–	
727	황화니켈 (흄 및 분진)	Nickel sulfide roasting (Fume & dust, as Ni)	NiS	–	1	–	–	[16812-54-7] 발암성 1A, 생식세포 변이원성 2
728	황화수소	Hydrogen sulfide	H_2S	10	–	15	–	[7783-06-4]
729	휘발성 콜타르피치 (벤젠에 가용물)	Coal tar pitch volatiles (Benzene solubles)	$C_{14}H_{10}/C_{16}H_{10}/C_{12}H_8N/C_{20}H_{12}$	–	0.2	–	–	[65996-93-2] 발암성 1A, 생식독성 1B
730	흑연 (천연 및 합성, Graphite 섬유제외)	Graphite (Natural & Synthetic, Except Graphite fibers, Respirable fraction)	C	–	2	–	–	[7782-42-5] 호흡성
731	기타 분진 (산화규소 결정체 1% 이하)	Particulates not otherwise regulated (no more than 1% crystalline silica)	–	–	10	–	–	발암성 1A (산화규소 결정체 0.1% 이상에 한함)

주: 1. Skin 표시 물질은 점막과 눈 그리고 경피로 흡수되어 전신 영향을 일으킬 수 있는 물질을 말함 (피부자극성을 뜻하는 것이 아님)
  2. **발암성 정보물질의 표기는 「화학물질의 분류·표시 및 물질안전보건자료에 관한 기준」에 따라 다음과 같이 표기함**
     가. 1A: 사람에게 충분한 발암성 증거가 있는 물질
     나. 1B: 시험동물에서 발암성 증거가 충분히 있거나, 시험동물과 사람 모두에서 제한된 발암성 증거가 있는 물질
     다. 2: 사람이나 동물에서 제한된 증거가 있지만, 구분1로 분류하기에는 증거가 충분하지 않은 물질
  3. 생식세포 변이원성 정보물질의 표기는 「화학물질의 분류·표시 및 물질안전보건자료에 관한 기준」에 따라 다음과 같이 표기함
     가. 1A: 사람에게서의 역학조사 연구결과 양성의 증거가 있는 물질
     나. 1B: 다음 어느 하나에 해당하는 물질
        ① 포유류를 이용한 생체내(in vivo) 유전성 생식세포 변이원성 시험에서 양성
        ② 포유류를 이용한 생체내(in vivo) 체세포 변이원성 시험에서 양성이고, 생식세포에 돌연변이를 일으킬 수 있다는 증거가 있음
        ③ 노출된 사람의 정자 세포에서 이수체 발생빈도의 증가와 같이 사람의 생식세포 변이원성 시험에서 양성
     다. 2: 다음 어느 하나에 해당되어 생식세포에 유전성 돌연변이를 일으킬 가능성이 있는 물질
        ① 포유류를 이용한 생체내(in vivo) 체세포 변이원성 시험에서 양성
        ② 기타 시험동물을 이용한 생체내(in vivo) 체세포 유전독성 시험에서 양성이고, 시험관내(in vitro) 변이원성 시험에서 추가로 입증된 경우
        ③ 포유류 세포를 이용한 변이원성시험에서 양성이며, 알려진 생식세포 변이원성 물질과 화학적 구조활성 관계를 가지는 경우
  4. 생식독성 정보물질의 표기는 「화학물질의 분류·표시 및 물질안전보건자료에 관한 기준」에 따라 다음과 같이 표기함
     가. 1A: 사람에게 성적기능, 생식능력이나 발육에 악영향을 주는 것으로 판단할 정도의 사람에서의 증거가 있는 물질
     나. 1B: 사람에게 성적기능, 생식능력이나 발육에 악영향을 주는 것으로 추정할 정도의 동물시험 증거가 있는 물질
     다. 2: 사람에게 성적기능, 생식능력이나 발육에 악영향을 주는 것으로 의심할 정도의 사람 또는 동물시험 증거가 있는 물질
     라. 수유독성: 다음 어느 하나에 해당하는 물질
        ① 흡수, 대사, 분포 및 배설에 대한 연구에서, 해당 물질이 잠재적으로 유독한 수준으로 모유에 존재할 가능성을 보임
        ② 동물에 대한 1세대 또는 2세대 연구결과에서, 모유를 통해 전이되어 자손에게 유해영향을 주거나, 모유의 질에 유해영향을 준다는 명확한 증거가 있음
        ③ 수유기간 동안 아기에게 유해성을 유발한다는 사람에 대한 증거가 있음

5. 발암성, 생식세포 변이원성 및 생식독성 물질의 정의는 「산업안전보건법」 시행규칙 [별표 11의 2] 유해인자의 분류기준 제1호나목 6) 발암성 물질, 7) 생식세포 변이원성 물질, 8) 생식독성 물질 참조
6. 화학물질이 IARC 등의 발암성 등급과 NTP의 R등급을 모두 갖는 경우에는 NTP의 R등급은 고려하지 아니함
7. 혼합용매추출은 에텔에테르, 톨루엔, 메탄올을 부피비 1:1:1로 혼합한 용매나 이외 동등 이상의 용매로 추출한 물질을 말함
8. 노출기준이 설정되지 않은 물질의 경우 이에 대한 노출이 가능한 한 낮은 수준이 되도록 관리하여야 함

〈별표 1-2〉 〈삭제〉

〈별표 2-1〉 소음의 노출기준(충격소음제외)

1일 노출시간(hr)	소음강도 dB(A)
8	90
4	95
2	100
1	105
1/2	110
1/4	115

주: 115dB(A)를 초과하는 소음 수준에 노출되어서는 안됨

〈별표 2-2〉 충격소음의 노출기준

1일 노출회수	충격소음의 강도 dB(A)
100	140
1,000	130
10,000	120

주: 1. 최대 음압수준이 140dB(A)를 초과하는 충격소음에 노출되어서는 안 됨
    2. 충격소음이라 함은 최대음압수준에 120dB(A) 이상인 소음이 1초 이상의 간격으로 발생하는 것을 말함

〈별표 3〉 고온의 노출기준

(단위 : ℃, WBGT)

작업휴식시간비 \ 작업강도	경작업	중등작업	중작업
계 속 작 업	30.0	26.7	25.0
매시간 75%작업, 25%휴식	30.6	28.0	25.9
매시간 50%작업, 50%휴식	31.4	29.4	27.9
매시간 25%작업, 75%휴식	32.2	31.1	30.0

주: 1. 경작업 : 200kcal까지의 열량이 소요되는 작업을 말하며, 앉아서 또는 서서 기계의 조정을 하기 위하여 손 또는 팔을 가볍게 쓰는 일 등을 뜻함
    2. 중등작업 : 시간당 200~350kcal의 열량이 소요되는 작업을 말하며, 물체를 들거나 밀면서 걸어다니는 일 등을 뜻함
    3. 중작업 : 시간당 350~500kcal의 열량이 소요되는 작업을 말하며, 곡괭이질 또는 삽질하는 일 등을 뜻함

〈별표 4〉 라돈의 노출기준(신설 2018.3.20.)

작업장 농도(Bq/m^3)
600

주: 1. 단위환산(농도): 600 Bq/m^3 = 16pCi/L(※ 1pCi/L=37.46 Bq/m^3)
    2. 단위환산(노출량) : 600 Bq/m3인 작업장에서 연 2,000시간 근무하고, 방사평형인자(Feq) 값을 0.4로 할 경우 9.2 mSv/y 또는 0.77 WLM/y에 해당(※ 800 Bq/m³(2,000시간 근무, Feq=0.4) = 1WLM = 12 mSv)

참/고/자/료

❏ **국내문헌**

가. 단행본

- 김덕기, 「업무상질병으로 인한 사용자의 민사책임」, 북엠, 2020.
- 김덕기, 「업무상 질병 1: 인정기준 해설 및 판례」, 북엠, 2020.
- 김덕기, 「업무상 질병 2: 인정사례 및 판례」, 북엠, 2020.
- 김덕기, 「직업성 암 인정기준 해설 및 인정사례·판례」, 북엠, 2020.
- 김상호·배준호·윤조덕·박종희·원종욱·이정우, 「산재보험의 진화와 미래(상권)」, 21세기북스, 2017.
- 김수근·김원술·권영준·정윤경·박소영「직업성 암 인정기준 해설 및 업무관련성 평가」의료정책연구소, 2016.
- 김수복, 「업무상 재해의 이론과 실제」, 중앙경제사, 1995.
  「산업재해보상보험법」, (주)중앙경제, 2008.
- 박영호, 「의료과실과 의료소송」, 육법사, 2001.
- 박종희, 「출퇴근 재해의 업무상 재해 인정관련 입법론적 개선방안에 관한 연구」, 노동부, 2005,
- 범경철, 「의료분쟁소송」, 법정출판사, 2003.
- 송계용·지제근·함의근, 「핵심 병리학」, 고려의학, 1998.
- 안전보건공단, 「직업병 진단사례집 2018·2019」, 2019.
- 안전보건공단, 「직업병 진단사례집 2017·2018」, 2018.
- 안윤옥 외, 「역학의 원리와 응용」, 서울대학교출판부, 2005.
- 외교부, 「알기쉬운 유럽 노동법 해설」, 2013.
- 이광석, 「산재사고보상과 소송실무」, 백영사, 2000.
- 이상영, 「채권 총론」, 박영사, 2020.
- 이상국, 「산재보험법Ⅰ」, 대명출판사, 2017.
- 이상국, 「산재보험법Ⅱ」, 대명출판사, 2017.
- 이시윤, 「신민사소송법」, 제5판, 2009.
- 이영환, 「의료과오와 의사의 민사책임」, 부산대학교출판부, 1997.
- 예방의학 편찬위원회, 「예방의학」, 계측문화사, 2004.

- 장창곡·박병주, 「역학의 기초」, 계축문화사, 2003.
- 정진우, 「산업안전보건법론」, 한국학술정보(주), 2014.
- 조홍식, 「판례환경법: 서울시호흡기질환 사건-자동차배기가스 배출금지청구사건」, 박영사, 2012.
- 한경식, 「산업재해 보상 및 배상론」, 한국학술정보, 2007.
- 한성헌 외, 「역학의 이해」, 계축문화사, 2007.
- Kenneth J. Rothman, 주재신 역, 「역학원론」, 문화출판사, 2003.
- Koziol, 신유철 옮김, 「유럽손해배상법」, 법문사, 2005.
- Raymond S. Greenberg 외, 김준연 외 역, 「의학역학」, 계축문화사, 2006.
- Leon Gorids(한국역학회 옮김), 「역학」, E PUBLIC, 2009.

나. 연구논문

- 강봉수, "의료과오소송에 있어서의 입증경감", 법조 제29권 제6호, 법조협회, 1980.
- 강성규, "역학조사(疫學調査)와 산재보상", 안전보건 연구동향 제5권 제12호, 산업안전보건연구원, 2011.
- 강원랜드복지재단, "폐광지역 진폐재해자의 생활실태에 대한 조사연구," 2008.
- 강영호, "재해보상의 법적성질과 재해보상요건", 재판자료, 39집, 1987.
- 고용노동부, "업무상 재해 인정기준 및 판정절차 연구" 2014.
- 고용노동부, "업무상 질병 인정범위 및 기준에 관한 연구" 2012.
- 고용노동부, "직업성 암 진단 및 판정을 위한 유해물질 노출수준에 관한연구", 2013.
- 고용노동부, "직업성 암 등 업무상 질병 진단 및 판정을 위한 유해물질 노출 수준에 관한 연구", 2015.
- 국회환경노동위원회, "진폐의 예방과 진폐근로자의 보호 등에 관한 법률일부 개정 법률안 검토보고서", 2010. 4.
- 김덕기, "업무상 질병의 인과관계에 관한 일고찰-상당인과관계를 중심으로-", 홍익법학 제20권 제20호, 홍익대학교법학연구소, 2019.
- _____ "업무상 질병으로 인한 사용자의 민사책임", 동국대학교 박사학위논문, 2020.
- 김덕중, "민법상 안전배려의무의 법리에 관한 고찰", 원광법학 제24권 제3호, 원광대학교법학연구소, 2008.
- 김수근·김동일·김병권·김용규·김원술·권영준·박래웅·심상효·임남구·임대성·진영우, "직업성 암 관련 정보의 배포 및 확산을 위한 웹기반 통합 정보시스템 개발", 안전보건공단 산업안전보건연구원, 2013.

- 김승원·피영규·박미진, "화학물질 노출 및 취급기록의 보존과 근로자 접근권 연구", 한국산업안전보건공단 산업안전보건연구원, 2019.
- 김은아·이상길·서희정·전교연·박순우, "반도체 제조공정 근로자에 대한 건강실태 역학조사-암질환 중심-(2019-연구원-271)", 산업안전보건연구원, 2019.
- 김은아·전희경·김은주. "국가별 직업병분류 현황 관련 유형(types), 기준(criteria), 콘텐츠(contents) 분석", 산업안전보건연구원, 2012.
- 김은아, "직업병 및 업무관련성질환 통계 개선방안 연구[2011-연구원-1961]", 산업안전보건연구원, 2011.
- 김은아·이상길·성정민, "전자산업 근로자 림프조혈기계 악성질환 사례연구", 산업안전보건연구원, 2016.
- 김장기, "국내외 산재보험제도의 비교연구: 한·미·일을 중심으로" 근로복지공단 노동보험연구원, 2009.
- 김재국, "영미법상 징벌적 손해배상의 도입에 관한 소고", 비교사법 제2권 제1호, 한국비교사법학회, 1995.
- 박도현·유병수 "통계학적 관점에서 본 집단적 유해물질 사건에서의 인과관계 법리에 관한 연구: '담배소송'(대법원 2014. 4. 10. 선고2011다22092판결)을 중심으로, 공익과 인권 제15호, 서울대학교 공익인권법센터, 2015.
- 박종권, "의료과오의 인과관계에 관한 입증경감", 의료법학 제5권 제1호, 한국사법행정학회, 2004.
- 박해식 외, "업무상 재해의 인정요건으로서의 업무와 재해와의 인과관계", 행정재판실무편람(Ⅱ), 서울행정법원, 2002.
- 방기호, "진폐의예방과진폐노동자의 보호 등에 관한 법률 해설", 법제처, 1985.
- 산업안전보건연구원, "근로자건강진단 실무지침 제3권 유해인자별 건강장해", 2017.
- 산업안전보건연구원, "근로자건강진단 실무지침 제3권 유해인자별 건강장해", 2015
- 서울대학교 산학협력단, "반도체 3사 산업보건 위험성 평가 자문", 2009.
- 손미아·백도명·박미진·이원규·임연호·김현·윤재원, "전자산업의 본건관리 실태조사 및 노동자 보호방안 마련- 반도체 제조업 중심(2018-연구원-823)", 산업안전보건연구권 연구보고서, 2018.
- 위계찬, "독일민법상 인과관계 및 손해의 귀속", 재산법연구 제31권 제2호, 한국재산법학회, 2014.
- 유범상, "한국의 노동정치와 공론장", 서울대학교 박사학위논문, 2000.
- 이달휴, "산업재해보상보험법상 질병의 업무상 판단", 중앙법학 제15권 제4호, 중앙법학회, 2013.

- 이상원, "산업재해소송에 있어서 법리구성에 관한 몇 가지 문제", 법조 제38권 제12호, 법조협회, 1989.
- 이선구, "담배소송에서 역학적 증거에 의한 인과관계 증명에 관한 소고", Journal of Preventive Medicine and Public Health, 제49권 제2호, 대한예방의학회, 2016.
  _____ "독성물질 노출에 따른 손해배상 청구에서의 '손해'의 해석론", 민사법학 제77권 제77호, 한국민사법학회, 2016.
- 이은영, "산업재해와 안전의무", 인권과 정의, 제181호, 대한변호사협회, 1991.
- 이은일, "직업병 역학연구에 있어서의 폭로의 평가", 한국역학회지 제15권 제1호, 한국역학회, 1993.
- 이정우, "우리나라의 진폐증과 진폐정도 관리", 한국산업안전공단, 안전보건 제17권 제15호, 2005.
- 이종성・신재훈・백진이・정지영・김형근・최병순, "만성폐소새성폐질환을 동반한 광물성 분진 노출 이직근로자의 철 결핍", 한국산업보건학외지 제29권 제1호, 2019.
- 이현주・정홍주・이홍무・오창수・정호열・석승훈, "외국의 산재보험제도 연구 – 선보장 후정산제도를 중심으로, 2004.
- 이창현, "유독물질의 노출로 인한 불법행위 책임에 대한 소고", 사법 제1권 제43호, 사법발전재단, 2018.
- 임자운, "반도체 직업병 10년 투쟁의 법・제도적 성과와 과제", 과학기술학연구 제18권 제1호, 한국과학기술학회, 2018.
  _____ "첨단 산업의 유해성과 그 해소 방안– 삼성반도체 사례를 중심으로", 서울대학교 노동법연구 제39호, 서울대학교 노동법연구회, 2015.
- 임자운, "반도체 노동자의 업무상 질병 인정 사례 분석", 2020.
- 전국진폐재해자협회, 진폐협회보 제1호, 1995.
- 정남순, "국내외 석면피해 소송의 현황과 문제점", 환경법과 정책 제2권, 강원대학교 비교법학연구소, 2009.
- 정형근, "업무상 재해와 백혈병", 법조 제496권 제1호, 법조협회, 1998.
- 정홍주, "산재보험 장해보상 급여의 국제비교와 정책적 시사점", 사회보장연구 제27권 제2호, 2011.
- 조규상, "업무상 질병의 인정", 산업보건 제208권, 대한산업보건학회, 2005.
- 조재호, "업무상 질병에서의 인과관계 증명책임", 사회보장법연구 제6권 제1호, 서울대 사회보장법연구회, 2017.
- 중앙노동위원회, "노동위원회 60년 평가와 향후 발전방향 연구", (사)한국노동사회연구소, 2014.
- 차성민, "원자력사고의 책임 법리에 관한 비교 고찰" 법조 제62권 제9호, 법조협회, 2013.

- 최영태, "탄광직업병(규폐)에 관한 조사보고", 석탄 2, 대한석탄공사, 1954.
- 테드 스미스 외, 공유정옥 외 옮김, Challenging The Chip: 세계 전자산업의 노동권과 환경정의, 메이데이, 2009.
- 피용호, "석면노출 근로자에 대한 산재보상의 규율과 문제점", 원광법학 제25권 제1호, 원광대학교 법학연구소, 2009.
- 함태성·정민호, "석면피해구제에 대한 법적 검토" 환경법과 정책 제6권, 강원대학교 비교법학연구소, 2011.

❏ 외국문헌

가. 영미

- American Law Institute, The Restatement (Second) of Torts, 1965.
- American Law Institute, The Restatement (Third) of Torts: Products Liability, 1998.
- Alcorn, "Liability Theories for Toxic Torts", 3 Natural Resources and Environment 3, 1988.
- A. Larson, "The Law of Worker's Compensation," New York: Mathew Bender, 1993.
- Arthur Larson, Workmen's Compensation Law, Matthew Bender & Co, 1991. B. MACMAHON & T. PUCH. EPIDEMIOLOGY : PRINCIPLES AND METHODS 1, 1972.
- Bender, T. J., Beall, C., Cheng, H., et al, "Cancer incidence among semiconductor and electronic storage device workers", Occup Environ Med, 64(1), 2007.
- Buster·Butterfield, "Common Defences", in Foerster/Rolph(eds.), Toxic Tort Litigation, 2nd, ed. 2013.
- Boston, Gerald W. & M. Stuart Madden, Law of Environmental and Toxic Torts, 1994.
- Bloor. M., The South Wales Miners' Federation, Miners' Lung and the Instrumental Use of Expertise, 1900-1950', Social Studies of Science, 30:1, 125-40, 2000.
- Bloomquist v. Wapello County, 500 N.W.2d 1, Iowa, 1993.
- Black & Lilienfeld, "Epidemiological Proof in Toxic Tort Litigation", 52 Fordham L. Rev. 732, 736, 750-751, 1984.
- Borel v. Fibreboard Paper Products Corp., 493 F. 2d 1076, 1083(5th Cir. 1973), cert. denied, 419 U.S. 869, 95 S. Ct. 127, 42 L.Ed 2d 107, 1974.
- Brennan & Carter, "Legal and Scientific Probability Causation of Cancer and Other Environmental Disease in Individuals", 10 J. HEALTHPOL., POL'Y & L. 33, 45, 1985.

- Brickman, Lester, On the Theory Class's Theories of Asbestos Litigation: The Disconnect Between Scholarship and Reality, Pepperdine Law Review, 2004.

- Bufton. M. and Melling, J., Coming Up for Air: Experts, Employers and workers in CampaiGns to Compensate Silicosis Suffers in Britain, 1918, 1939, Social History of Medicine, 18:1, 2005.

- Burk, When Scientists Act Like Lawyers: The Problem of Adversarial Science, 33 Jurimetrics J. 363, 1993.

- Calabresi, "Concerning Cause and the Law of Torts : An Essay for Harry Kalven Jr." 43 U. CHI. L. REV. 69, 73-91, 1975.

- Cetrulo, Toxic Torts: A Complete Personal Injury Guide, 1993.

- Chang, Y.-M., Tai, C.-F., Yang, S.-C., et al, "Cancer incidence among workers potentially exposed to chlorinated solvents in an electronics factory", Journal of Occupational Health, 47(2), 2005.

- Checkoway, Harvey, "Methods of treatment of exposure data in occupational epidemiology", Medicina del lavoro, Vol. 77, no.1, 1986.

- Chungsik Yoon, "Much Concern But Little Research on Semiconductor Occupational Health Issues", Journal of Korean Medical Science vol. 27 no. 5, 2012.

- Comment, "Epidmiological Proof of Probability : Implementing the Proporttional Recovery Approach in Toxic Exposure Torts", 89 DICK. L. REV. 233. 238 n. 38, 1984.

- Comment, DES and a Proposed Theory of Enterprise Liability, Fordham Law Review, Vol.46, 1978.

- Considine, G. D., Van Nostrand's encyclopedia of chemistry, 5th edition, Hoboken : Wiley-Interscience, 2005.

- Dannelly · Sheffey · Cummings, "Introduction to the Use of Scientific and Medical Evidence in Toxic Tort Litigation", in: Rudlin(ed.), Toxic Tort Litigation, 2007.

- Dannelly · Sheffey · Cummings/Hanchey, "The Use of Scientific and Medical Evidence", in Foerster/Rolph(eds.), Toxic Tort Litigation, 2nd. ed, 2013.

- Darnton, A., "A further study of cancer among the current and former employees of National Semiconductor (UK) Ltd., Greenock. Merseyside (UK)" Health and Safety Executive and Institute of Occupational Medicine, 2010.

- Dennison, Handling Toxic Tort Litigation, 57 Am. Jur. Trials 395 (Originally published 1995. August 2017 Update).

- David G. Owen, A Punitive Damages Overview: Functions, Problems and Reform, 39 Vill.L.Rev. 368, 1994.
- David Rosenberg, "The Causal Connection in Mass Exposure Cases: A Public Law Vision of the Tort System," 97 Harv. L. Rev. 851, 1984.
- Davis, Arizona Workers' Compensation Handbook, Continuing Legal Education, State Bar of Arizona, 1992.
- Eggen, Toxic Torts in a Nutshell, 3rd ed, 2005.
- Ellen R. Peirce and Terry M. Dworkin, Workers' Compensation and Occupational Disease: A Return to Original Intent, 67 Or.L.Rev. 649, 656-57, 1988.
- Eurogip. Statistical review of occupational injuries France 2009 data. 2010.
- Eurogip. Work-related cancers: what recognition in Europe? 2010.
- Farber, "Toxic Causation", 71 Minn. L. Rev. 1219, 1987.
- Gibbs, A. R.. Pathological Reactions of the Lung to Dust, In Morgan WKC, Seaton A Editors. Occupational Lung Diseases. 3rd ed. hiladelphia W.B. Saunders Company, 1995.
- Green et al., Reference Guide on Epidemiology, in Reference Manual on Scientific Evidence, 3rd. ed, 2011.
- Glen O. Robinson, "Multiple Causation in Tort Law: Reflection on the DES Cases", 68 Va. L. Rev. 713, 1982.
- Hall & Silbergeld, "Reapprasing Epidemiology : A Response to Mr. Dore", 7 HARV. ENVTL. L. REV. 441, 445, 1983.
- Hayes, R. B., S. N. Yin, M. Dosemeci, G. L. Li, S. Wacholder, L. B. Travis, C. Y. Li, N. Rothman, R. N. Hoover and M. S. Linet, "Benzene and the dose-related incidence of hematologic neoplasms in China. Chinese Academy of Preventive Medicine--National Cancer Institute Benzene Study Group." J Natl Cancer Inst 89(14), 1997, 1065-1071.
- Handling Toxic Tort Litigation, 57 Am. Jur. Trials 395.
- Hollingsworth · Lasker, "The Case Against Differential Diagnosis: Daubert, Medical Causation Testimony, and Scientific Method, 37 J. Health L. 85, 2004.
- Hunter's Diseases of Occupations 942 (P.A. Raffle, et al., ed., Oxford Univ. Press. 1987.
- Harris Jr, Ora Fred, "Toxic Tort Litigation and the Causation Element: Is There Any Hope of Recognition," South West Law Journal, Vol. 40, 1986.
- IIAC. The Industrial Injuries Advisory Council. Accessed at Oct 2013.

- IIAC. IIAC Position Papers. Accessed at Oct 2013.
- Ira B. Shepard, Martin J. McMahon, Jr., "Recent Developments in Federal Income Taxation: The Year 2006", 8 Fla. Tax Rev. 433, 2007.
- Jaros v. E.I. Dupont (In re Hanford Nuclear Reservation Litig.), 292 F.3d 1124, 1133, 9th Cir. 2002.
- Jones·Dunn·Lawrence·Ehrich, "Theories of Liability and Damages, in:Foerster/Rolph(eds.)", Toxic Tort Litigation, 2nd, ed, 2013.
- H. Calvert, Social Security, Sweet and Maxwell, 1978.
- Jacob, "Of Causation in Science and Law : Consequences of the Erosion of Safeguards", 40 BUS. LAW 1229, 1232, 1985.
- Jeremiah Smith, Legal "Cause in Actions of Tort", 25 Harv. L. Rev. 102, 1911.
- John G. Fleming, Forwod : Comparative Negligence at Last-By Judicial Choice, 64 Calf. L. Rev. 239, 1976.
- John W. Wade, Uniform Comparative Negligence Act, 14 The Forum 379(1978-1979).
- John L. Diamond·Lawrence C. Levine·M. Stuart Madden, Understanding Torts, LexisNexis, 3rd ed, 2007.
- Jones, J. H., "Exposure and control assessment of semiconductor manufacturing". AIP Conference Proceedings, 166(1), 1988.
- Junius C. McElveen Jr. & Pamela S. Eddy, "Cancer and Toxic Substances: The Problem of Causation and the Use of Epidemiology", 33 Clev. St. L. Rev. 29, 38(1984-1985).
- Kalas, "Medical Surveillance Damages in Toxic Tort Litigation", 2 Journal of Environmental Law 126, 1992.
- Kenneth S. Abraham., "Individual Action and Collective responsibility: the Dilemma of Mass Tort Reform", 73 Va. L. Rev. 845, 860, 867-868, 1987.
- Kyle D. Logue, Reparations as Redistribution, 84 B.U. L. REV. 1319, 1334, 2004.
- Kerr, L.E., Black Lung, Journal of Public Health Policy, 1:1, 1980.
- Kelley v. Am. Heyer-Schulte Corp., 957 F. Supp. 873, 882 (W.D. Tex. 1997 ; Hall v. Baxter Healthcare Corp., 947 F. Supp. 1387, 1413 (D. Or. 1996).
- Lynch, Benton & Pagliaro, "On the Frontier of Toxic Tort Liability : Evolution or Abdication?", 6 TEMP. ENVTL. & TECH. J. 1, 22-23, 1987.
- LaDou, J., "Potential occupational health hazards in the microelectronics industry." Scandinavian Journal of Work, Environment & Health, 9(1), 1983.

- Malone, "Ruminations on Cause-in-Fact", 9 STAN L. Rev. 60, 1956.
- Morgan, W, J, 「Social Welfare in the Britisb and West German Coal Industries」, Anglo-German Foundation for the Study of Industrial · Society, 1989.
- Miller & Keane, Encyclopedia and Dictionary of Medicine, Nursing, and Allied Health 568, 2d ed, 1978.
- Nichols, L., & Sorahan, T., "Cancer incidence and cancer mortality in a cohort of UK semiconductor workers, 1970-2002", Occup Med (Lond), 55(8), 2005.
- Note, "Causation in Environmental Law: Lessons from Toxic Torts", 128 Harvard Law Review 2256, 2015.
- Note, DES and a Proposed Theory of Enterprise Liabity, 46 Fordham L. Rev. 963, 965, 1978.
- Prosser, Comparative Negligence, 41 Calif. L. Rev.1, 6, 1953.
- Ralph H. Johnson, "Biological Markers in Tort Litigation", 3 Statistical Science 367, 1988.
- Redlich, C. A. Pulmonary Fibrosis and Interstitial Lung Disease, In Harber P. Schenker MB, Balmes JR Editors. Occupation and Environmental Respiratory Disease. St. Louis Mosby- Year Book, Inc., 1996.
- Rudlin · Cunningham · Waskom, "Causation and the Use of Experts" in Foerster · Rolph(eds.), Toxic Tort Litigation, 2nd. ed, 2013.
- Rizzo, "Forward : Fundamentals of Causation", 63 CHI-KENT L. Rev. 397, 405, 1987.
- R. J. Buchanan and C. Huang, "Informal caregivers assisting people with multiple sclerosis," International Journal of MS Care, Vol.13, 2011.
- Richard W. Wright, "Causation in Tort Law", 73 Cal. L. Rev. 1735, 1985.
- Robert J. Peaslee, "Multiple causation and demage", 47 Harv. L. Rev. 1127, 1934.
- Robert L. Rabin, "Environment Liability and the Tort System", 24 Hous. L. Rev. 27, 1987.
- Rosenberg, "The Casual Connection in Mass Exposure Cases : A 'Public Law' Vision of the Tort System", 97 Harv. L. Rev. 849, 856-857, 1984.
- Saul Levmore, "Probabilistic Recoveries, Restitution, and Recurring Wrongs", 19 J. Legal Stud. 69, 1990.
- Schnatter, A. R., Glass, D. C., Tang, G., Irons, R. D., & Rushton, L, Myelodysplastic syndrome and benzene exposure among petroleum workers: an international pooled analysis. Journal of the National Cancer Institute, 104(22), 2012, 1724-1737.

- Second Task Force for Research Planning in Environmental Health Science, U.S. Dept. of Health, Education & Welfare, Human Health and the Environment - Some Research Needs, 7, 1976.

- Sorahan, T., Waterhouse, J. A., McKiernan, M. J., & Aston, R. H., "Cancer incidence and cancer mortality in a cohort of semiconductor workers", Br J Ind Med, 42(8), 1985.

- Stanton & Wrench Mechanisms of Mesothelioma Induction With Asbestos and Fibrous Glass, 48 J. Nat'l Cancer Inst. 797, 811-15, 1972.

- Shaw·Miller, "Special Cases: Asbestos Litigation", in: Rudlin(ed.), Toxic Tort Litigation, 2007.

- Ted Smith, Amanda Hawes, International Campaign for Responsible Technology. 760 N. First Street, Suite 3, San Jose, CA, USA, 95112.

- Troyen A. Brennan, Causal Chains and Statistical Links: The Role of Scientific Uncertainty in Hazardous-Substance Litigation, Cornell Law Review, 1988.

- Todd A. Snow, TENNESSEE'S TREATMENT OF CARPAL TUNNEL SYNDROME AS AN ACCIDENTAL INJURY UNDER THE TENNESSEE WORKERS' COMPENSATION LAW, 33 U. Mem. L. Rev. 173.

- Whal·Sheffey, "Theories of Liability and Damages in Toxic Tort Cases", in: Rudlin(ed.), Toxic Tort Litigation, 2007.

- Wagner, "Trans-Science in Torts", 96 YALE L. J. 428, 1986.

- Wayne E. Thode, "The Indefensible Use of the Hypothetical Case to Determine Cause in Fact". 46 Tex. L. Rev. 423, 1968.

- Wex S. Malone, Ruminations Cause-In-Fact, 9 Stan. L. Rev. 60, 1956.

- Wong, Using Epidemiology to Determine Causation in Disease, 3 NATL RESOURCES & ENT'T 20, 21-22, 49, 1988.

- WONG, Otto, "Risk of acute myeloid leukaemia and multiple myeloma in workers exposed to benzene." Occupational and environmental medicine, 52.6, 1995, 380-384

다. 독일

- Bienenfeld, Die Haftungen ohne Verschulden, 1933.

- Enneccerus·Lehmann, Recht der Schuldverhältnisse 13. Bearbeitung 1950.

- Esser, Schuldrecht II § 60 ; Herm. Lange, Empfiehlt es sich, die Haftung für schuldhaft verursachte Schäden zu begrenzen? Kann für den Umfang der Schadensersatzpflicht auf die Schwere des Verschuldens und die Tragweite der verletzten Norm abgestellt werden ? Gutachten für den 43, Deutschen Juristentag, 1960.

- A. Laufs, Arztrecht, 4. Aufl., C. H. Beck'sche Verlag, 1987.
- G. Boehmer, Anm. zu BGH, JZ 1958.
- Hohloch, Die negatorischen Ansprüche und ihre Beziehungen zum Schadensersatzrecht, 1976.
- Lindenmaier, Adäquate Ursache und nächste Ursache, ZHR 113, 1950.
- M.L.Müller, Die Bedeutung des Kausalzusammenhang im Strafund Schadensersatzrecht, 191.
- Mandl, Vladimír Zivilistischer Aufbau des Schadenersatzrechtes: ein rechtstheoret. Versuch, 1932.
- Max Kaser, Handbuch der Altertumswissenschaft, Rechtsgeschichte des Alterums. Band Ⅹ. Das Römische Privatrecht, Erster Abschnitt : Das altrömische, das vorkassische und das klassische Recht, 2 Auflage, C.H.Beck, 1971.
- Max Ludwig Müller Die Bedeutung des Kausalzusammenhanges, 1912.
- Mommsen, Zur Lehre von dem Interesse, Braunschweig 1855.
- Münchener Kommentar zum Bürgerliches Gesetzbuch:BGB. Band 3: Schuldrecht Besonder Teil Ⅱ 5. Auflage 2019.
- Paul Zybell, Die Fürsorgepflicht des Diensherrn nach § 618 BGB, Buchdruckerei von R. Noske, 1906.
- Rümelin, Die Verwendung der Kausalbegriffe, AcP 90.
- J. von Staudingers, Kommentar zum Bürgerlichen Gesetzbuch mit Einführungsgesetz und Nebengesetzen:BGB, De Gruyter, 2019
- Träger, Der Kausalbegriff, Neudruck 1929.
- Vischer, Frank ; Der Arbeitsvertrag, S.175, erw. Aufl., Basel, Helbing Lichtenhahn, 2014.
- Weitnauer, Zur Lehre vom adäquaten Kausalzusammenhang, in : Festschrift für Oftinger, 1969.
- W. Gitter, Sozialrecht, C.H Beck, 1981.

라. 프랑스

- M.Sauzet, De la responsabilite des patrons vis-a-vis des ouvriers dans les accidents industriels, Rev. crit. leg. et jurisp. 1883.
- Michael Dore, "A Commentary on the Use of Epidemiological Evidence in Demonstrating Cause-in-Fact", 7 HARV. ENVTL. L. REV. 429, 431, 1983.
- Michael Dore, "A Commentary on the Use of Epidemiological Evidence in Demonstrating Cause-in-Fact", 7 HARV. ENVTL. L. REV. 429, 436, 1983.

직업성 암을 유발하는
발암물질 Ⅰ

초판인쇄	2025년 09월 05일	
초판발행	2025년 09월 10일	저자와의 합의에 의해 인지 생략
저자	김덕기	
발행인	김덕기	
발행처	한국도시환경연구원	
주소	서울특별시 강남구 학동로 101길 26, 4층 410호	
전화	02-453-2005	
팩스	02-453-2006	
교재문의	gommaul0419@naver.com	
ISBN	979-11-987784-8-2 93360	

이 책의 무단 전재 또는 복제 행위는 저작권법 제136조 제1항에 의해 5년 이하의 징역 또는 5,000만원 이하의 벌금에 처하거나 이를 병과할 수 있습니다.
파본은 교환해 드립니다.

정가 36,000원

직업성 암을 유발하는 발암물질 시리즈
직업성 암을 유발하는 **발암물질 I**